AF523568

Johann Wappis / Berndt Jung / Stefan Schweißer

Six Sigma anwenden

Herausgeber der Praxisreihe Qualität (vormals Praxisreihe Qualitätswissen): von 1991 (Gründungsjahr) bis 2016 Franz J. Brunner; seit 2016 Kurt Matyas.

In der Praxisreihe Qualität sind bereits erschienen:

Jörg Brenner
Lean Production
Praktische Umsetzung zur Erhöhung der Wertschöpfung
3., überarbeitete Auflage
ISBN 978-3-446-45664-8

Jörg Brenner
Lean Administration
Verschwendung erkennen, analysieren, beseitigen
ISBN 978-3-446-45472-9

Werner Friedrichs
Das Fitnessprogramm für KMU
Methoden für mehr Effizienz im Automobil-, Anlagen- und Sondermaschinenbau
ISBN 978-3-446-45341-8

Franz J. Brunner
Japanische Erfolgskonzepte
Kaizen, KVP, Lean Production Management, Total Productive Maintainance, Shopfloor Management, Toyota Production Management, GD3 – Lean Development
4., überarbeitete Auflage
ISBN 978-3-446-45428-6

Franz J. Brunner
Qualität im Service
Wege zur besseren Dienstleistung
ISBN 978-3-446-42241-4

Franz J. Brunner, Karl W. Wagner, unter Mitarbeit von Peter H. Osanna, Kurt Matyas, Peter Kuhlang
Qualitätsmanagement
Leitfaden für Studium und Praxis
6., überarbeitete Auflage
ISBN 978-3-446-44712-7

Menderes Güneş, Marwan Hamdan, Mirko Klug
Gewährleistungsmanagement
ISBN 978-3-446-44795-0

Marco Einhaus, Florian Lugauer, Christina Häußinger
Arbeitsschutz und Sicherheitstechnik
Der Schnelleinstieg für (angehende) Führungskräfte: Basiswissen, Haftung, Gefährdungen, Rechtslage
2., aktualisierte und erweiterte Auflage
ISBN 978-3-446-47185-6

René Kiem
Qualität 4.0
QM, MES und CAQ in digitalen Geschäftsprozessen der Industrie 4.0
ISBN 978-3-446-44736-3

Bernd Klein
Kostenoptimiertes Produkt- und Prozessdesign
ISBN 978-3-446-42131-8

Wilhelm Kleppmann
Versuchsplanung
Produkte und Prozesse optimieren
10., überarbeitete Auflage
ISBN 978-3-446-46146-8

Veit Kohnhauser, Markus Pollhamer
Entwicklungsqualität
ISBN 978-3-446-42796-9

Karl Koltze, Valeri Souchkov
Systematische Innovation
TRIZ-Anwendung in der Produkt- und Prozessentwicklung
2., überarbeitete Auflage
ISBN 978-3-446-45127-8

Kurt Matyas
Instandhaltungslogistik
Qualität und Produktivität steigern
8., aktualisierte Auflage
ISBN 978-3-446-46932-7

Arno Meyna, Bernhard Pauli
Zuverlässigkeitstechnik
Quantitative Bewertungsverfahren
2., überarbeitete und erweiterte Auflage
ISBN 978-3-446-41966-7

Wilfried Sihn, Alexander Sunk, Tanja Nemeth, Peter Kuhlang, Kurt Matyas
Produktion und Qualität
Organisation, Management, Prozesse
ISBN 978-3-446-44735-6

Stephan Sommer
Taschenbuch automatisierte Montage- und Prüfsysteme
Qualitätstechniken zur fehlerfreien Produktion
ISBN 978-3-446-41466-2

Konrad Wälder, Olga Wälder
Statistische Methoden der Qualitätssicherung
Praktische Anwendung mit MINITAB und JMP
ISBN 978-3-446-43217-8

Johann Wappis
Berndt Jung
Stefan Schweißer

Six Sigma anwenden

Null-Fehler-Management in der Praxis

7., aktualisierte und erweiterte Auflage

Praxisreihe Qualität
Herausgegeben von Kurt Matyas

Die Autoren:
Dipl.-Ing. Dr. Johann Wappis
Vorstand von StEP-Up – Unternehmensplattform zur Steigerung von Effektivität und Produktivität, selbstständiger Trainer und Coach sowie Lektor an mehreren Hochschulen

Dipl.-Ing. Dr. Berndt Jung
Geschäftsführer der Jung + Partner Management GmbH, Vorstand von StEP-Up – Unternehmensplattform zur Steigerung von Effektivität und Produktivität und Lektor an mehreren Hochschulen

Dipl.-Ing. Stefan Schweißer
ist Managing Partner und Produktmanager für die Fachthemen „Werkzeuge zur Produkt- und Prozessoptimierung" und „Six Sigma" bei der Jung + Partner Management GmbH sowie Lektor an mehreren Hochschulen

Bibliografische Information Der Deutschen Bibliothek:
Die Deutsche Bibliothek verzeichnet diese Publikation in der Deutschen Nationalbibliografie; detaillierte bibliografische Daten sind im Internet über *http://dnb.d-nb.de* abrufbar.

ISBN 978-3-446-47674-5
E-Book-ISBN 978-3-446-47742-1

www.hanser-fachbuch.de
Lektorat: Lisa Hoffmann-Bäuml
Herstellung: Carolin Benedix
Satz: Eberl & Koesel Studio, Kempten
Coverconcept: Marc Müller-Bremer, Rebranding, München, Germany
Coverrealisierung: Max Kostopoulos
Druck und Bindung: CPI books GmbH, Leck
Printed in Germany

Vorwort

Six Sigma wurde Mitte der 1980er-Jahre von Motorola als strategische Initiative zur Verbesserung der Qualität und Reduktion der Kosten entwickelt und eingeführt. Bis Mitte der 1990er-Jahre war Six Sigma relativ unbekannt. Erst nachdem General Electric eine Six Sigma-Initiative startete und damit in der Wirtschaftspresse Schlagzeilen machte, begannen sich weltweit Unternehmen damit zu beschäftigen. Heute zählt Six Sigma zu den leistungsfähigsten Modellen zur Optimierung von Produkten und Prozessen.

Im Zentrum von Six Sigma stehen Verbesserungsprojekte, so genannte „Six Sigma-Projekte", mit deren Hilfe die Prozesse bzw. Produkte im Unternehmen optimiert werden. Verbesserungen werden nach dem **DMAIC-Ablauf**

Define – Measure – Analyze – Improve – Control

umgesetzt. Jeder Schritt ist mit schlagkräftigen und erprobten Werkzeugen hinterlegt. Während des gesamten Verbesserungsprojektes orientiert man sich konsequent an den Bedürfnissen der Kunden. Dieser klare und standardisierte Rahmen macht das Verbessern im Unternehmen zur Routine.

Das vorliegende Buch soll Six Sigma-Green Belts und Six Sigma-Black Belts, aber auch Führungskräften als Hilfestellung bei der Umsetzung von Six Sigma dienen. Zunächst wird dazu in **Abschnitt 1** ein **Überblick über Six Sigma** gegeben. Es wird erläutert, was Six Sigma ist und die Erfolgsfaktoren von Six Sigma werden dargestellt.

Abschnitt 2 beschreibt das **Management von Six Sigma-Projekten**. Um die begrenzten Ressourcen zielgerichtet einzusetzen, müssen aus den vielen Vorschlägen für Verbesserungen die besten Ideen ausgewählt werden. Diese werden anschließend konsequent in Projektform abgewickelt.

Abschnitt 3 behandelt die **statistischen Grundlagen**. Ein Erfolgsfaktor der Six Sigma-Projekte liegt in der Nutzung schlagkräftiger Werkzeuge. Auch wenn man in der Praxis die Berechnungen einer Statistik-Software überlässt, ist für die Interpretation der Ergebnisse die Kenntnis der statistischen Hintergründe erforderlich. Die grundlegenden statistischen Zusammenhänge sind in diesem Abschnitt zusammengefasst. Sie können ihn vorerst auch überspringen und sich erst bei der Interpretation der Berechnungen wieder diesem Kapitel zuwenden.

Anschließend wird in den **Abschnitten 4 bis 8** das **Vorgehen bei der Abwicklung von Verbesserungsprojekten** erläutert. Die Basis bildet die Six Sigma-Roadmap, ein Leitfaden zur Umsetzung der Six Sigma-Projekte. Anhand dieser Roadmap wird Schritt für Schritt die Umsetzung der Verbesserungsprojekte erläutert. Die eingesetzten Werkzeuge und Verfahren werden detailliert beschrieben.

Abschnitt 9 beschäftigt sich mit der **Verankerung von Six Sigma in der Unternehmensorganisation**. Damit Six Sigma auch nachhaltig und erfolgreich betrieben werden kann, müssen die notwendigen Rahmenbedingungen für die Verbesserungsarbeit geschaffen werden. Die erforderlichen Maßnahmen und Schritte zur Entwicklung dieser Rahmenbedingungen und zur Verankerung von Six Sigma in der Unternehmensorganisation werden vorgestellt. Am Ende dieses Abschnittes wird zudem auf die Problemlösung nach 8D eingegangen, da ein nachhaltiger Problemlösungsprozess eine wichtige Ergänzung zu Six Sigma ist.

Der letzte Teil des Buches ist **Design for Six Sigma** (DFSS) gewidmet. **Abschnitt 10** beschreibt die Anwendung von Six Sigma, wenn der Schwerpunkt des Verbesserungsprojektes in der Entwicklung von neuen Lösungen für Produkte bzw. Prozesse liegt. Die Umsetzung von Verbesserungen erfolgt nach dem **PIDOV-Modell**

Plan – Identify – Design – Optimize – Validate

Das Vorgehensmodell und auch die eingesetzten Werkzeuge werden erläutert.

Bei der Erstellung des Buches haben wir besonderes Augenmerk auf die Darstellung von bewährten Methoden und Werkzeugen gelegt. Keines der beschriebenen Werkzeuge ist neu. Vielmehr greift Six Sigma auf erprobte und etablierte Werkzeuge zurück.

Ebenso wichtig ist uns auch die leichte Übertragbarkeit der Inhalte in die betriebliche Praxis. Daher werden anhand von Beispielen auch der Rechengang mit Statistik-Software und die Interpretation der Ergebnisse erläutert. Zur leichteren Nachvollziehbarkeit sind die Menü-Pfade in der Software angegeben.

Für die Umsetzung von Six Sigma werden von den Autoren vor allem die im Folgenden angeführten Softwarepakete empfohlen. Diese wurden auch zur Erstellung der Beispiele im Buch herangezogen.

- **Minitab** (*www.minitab.com*): Minitab zählt zu den im Rahmen von Six Sigma-Programmen am häufigsten eingesetzten Softwarepaketen. Eine besondere Stärke von Minitab liegt im Bereich der Statistischen Versuchsplanung. Den Anwenderinnen und Anwendern wird bei der Erstellung der Versuchspläne und der Analyse der Versuchsergebnisse die Rechenarbeit abgenommen und sie können sich auf die Interpretation der Rechenergebnisse und der anschaulichen Grafiken konzentrieren. Dies hat maßgeblich zur breiteren Anwendung der Statistischen Versuchsplanung in der Praxis beigetragen.
- **JMP** (*www.jmp.com*): JMP ist hinsichtlich der Funktionen mit Minitab vergleichbar. Auch JMP stellt umfassende Rechenergebnisse und Grafiken sehr anschaulich dar. Es werden eine Vielzahl von Online-Ressourcen (z. B. Video-Tutorials) zur Verfügung gestellt, die den Anwenderinnen und Anwendern den Umgang mit JMP erleichtern.

- **SigmaXL** (*www.SigmaXL.com*): SigmaXL ist ein Excel-Add-In, das über eine Reihe von Analyseverfahren verfügt, die in Six Sigma-Projekten zur Anwendung kommen. Nachdem die Praxisanwender in der Regel mit Excel gut vertraut sind, ist die Hemmschwelle gering, SigmaXL für eine Analyse heranzuziehen. SigmaXL wird daher z. B. von Six Sigma-Green Belts genutzt, die nicht ständig und intensiv mit Statistik-Softwarepaketen arbeiten und daher nicht die Routine dabei haben.
- **Q-DAS** (*www.q-das.com*): Die Software von Q-DAS wird in den Unternehmen insbesondere für den Nachweis der Produkt- und Prozessqualität sowie der Prüfprozesseignung eingesetzt. Eine besondere Stärke dieses Programmpaketes liegt darin, dass eine Vielzahl von Normen und Richtlinien von Automobilherstellern in der Software abgebildet ist.

Um das Verständnis für die Werkzeuge zu erleichtern, stehen Ihnen viele der in diesem Buch verwendeten Dateien als Download zur Verfügung:

Internet-Adresse: *www.step-up.at/download/nullfehler/*

Benutzername: nullfehler

Kennwort: management

Häufig wird das Vorgehen beim Einsatz statistischer Werkzeuge erst klarer, wenn man den Rechengang anhand konkreter Beispiele mit Hilfe von Excel „händisch“ nachvollzieht. Für die industrielle Praxis empfehlen wir jedoch, eine auf die jeweilige Anwendung ausgerichtete Software einzusetzen.

An dieser Stelle ist es eine angenehme Aufgabe, all jenen zu danken, die zum Gelingen dieses Buches beigetragen haben. Unser herzlicher Dank ergeht an unsere Kollegen und Freunde, allen voran den Herren Dipl.-Ing. Dr. Markus Battisti, MA, Ing. Peter Gritsch, MSc und Dipl.-Ing. (FH) Gernot Schieg, MSc. Weiters danken wir Herrn Dipl.-Ing. Gunther Spork, Mitarbeiter der Magna Powertrain, für die vielen spannenden Diskussionen zu diesem Thema. Unser besonderer Dank gilt Frau Ing. Klaudia Priestersberger, MSc für das sorgfältige Lektorat.

Für die gute Zusammenarbeit über die vielen Jahre bedanken wir uns beim Herausgeber der „Praxisreihe Qualität“, Herrn ao. Univ.-Prof. Dipl.-Ing. Dr. techn. Kurt Matyas. Nicht zuletzt gilt unser Dank auch dem Carl Hanser Verlag, vertreten durch Frau Lisa Hoffmann-Bäuml, für die gute Zusammenarbeit.

Der größte Dank gebührt aber unseren Ehefrauen. Durch viel Verständnis und das richtige motivierende Wort zum richtigen Zeitpunkt haben sie wesentlich zum Gelingen dieses Buches beigetragen.

Trotz aller Sorgfalt sind wir uns sicher, dass es noch verbesserungswürdige Stellen im Buch gibt. Kommentare, Verbesserungsvorschläge oder Fragen zu diesem Buch schreiben Sie bitte an *buchautoren@step-up.at*. Für wertvolle Hinweise dürfen wir uns schon jetzt bei unseren Leserinnen und Lesern bedanken.

Wir wünschen Ihnen viel Erfolg bei der Umsetzung Ihrer Verbesserungsprojekte!

Wien, Mai 2023

Johann Wappis *Berndt Jung* *Stefan Schweißer*

Inhalt

1 Einleitung

Das Hauptziel von Six Sigma ist die Verbesserung von Produkten und Prozessen. Unternehmen müssen Umsätze erzielen und vor allem Gewinne erwirtschaften. In einem sich ständig verschärfenden Wettbewerb ist es daher notwendig, Produkte und Leistungen in besserer Qualität, in kürzerer Zeit und zu geringeren Kosten als die Mitbewerber zu erstellen. Unternehmen sind gefordert, sich ständig zu verbessern.

1.1 Verbesserungsprojekte zur Prozessoptimierung

Im Fokus von Six Sigma stehen die Prozesse des Unternehmens

Allgemein formuliert ist ein Prozess eine Reihe von Tätigkeiten, die immer wieder durchlaufen werden und Einsatzfaktoren in Produkte oder Leistungen umwandeln. Einsatzfaktoren tragen zur Leistungserstellung bei und sind zum Beispiel Material, Maschinen und auch die menschliche Arbeit. Im Fokus der Optimierung kann ein Produktionsprozess stehen, wie zum Beispiel die Herstellung von Drehteilen. Es kann sich aber auch um einen Prozess im administrativen Bereich handeln, wie zum Beispiel die Erstellung von Angeboten.

... Optimierung von Produktionsprozessen

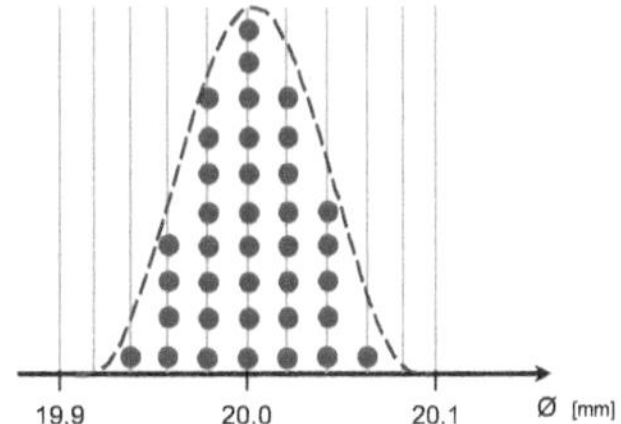

Beispiel:
Reduzierung der Streuung bei einer Drehoperation

... Optimierung von Geschäftsprozessen

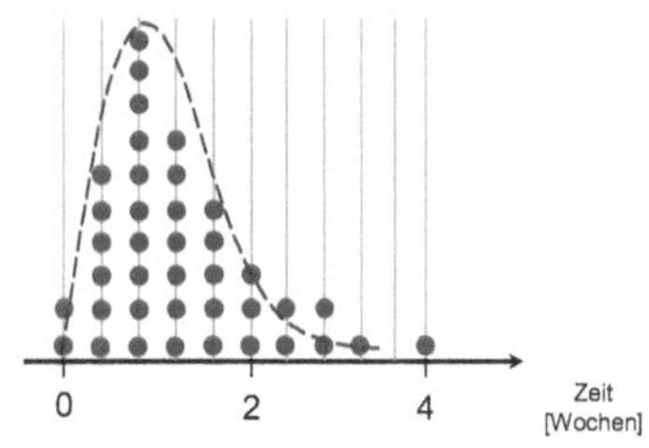

Beispiel:
Reduzierung der Durchlaufzeit bis zur Angebotslegung

Bild 1-1 Ansatzpunkte für Six Sigma-Projekte

Bild 1-1 zeigt in der linken Hälfte die gemessenen Durchmesser von Drehteilen. Reduziert man zum Beispiel die Streuung des Durchmessers, dann wird ein größerer Anteil der Produktionsmenge innerhalb der Spezifikationsgrenzen (Kundenforderungen) liegen. Weniger zu verschrottende Teile und weniger Kundenreklamationen bedeuten reduzierte Kosten. Beim Prozess der Angebotslegung beispielsweise kann durch eine geeignete Standardisierung und die Verwendung von Vorlagen die Durchlaufzeit und der Aufwand für ein einzelnes Angebot deutlich verringert werden. Auch dies führt zu reduzierten Kosten.

Ein Prozess betrifft selten isoliert einen Bereich des Unternehmens, sondern durchläuft meist mehrere Bereiche und ist gleichzeitig Teil eines Prozessnetzwerkes im Unternehmen. Es reicht daher nicht aus, einen Prozessschritt zu optimieren, sondern ein systematisches Management der Prozesse ist notwendig. Prozesse müssen identifiziert, gemessen und verbessert werden, um die Wettbewerbsfähigkeit und den Unternehmenserfolg zu gewährleisten.

Verbesserungsprojekte zur Optimierung von Prozessen

Six Sigma bietet einen strukturierten Ansatz zur Optimierung der Prozesse. Im Kern von Six Sigma steht eine Verbesserungssystematik, die aus den folgenden fünf Schritten besteht.

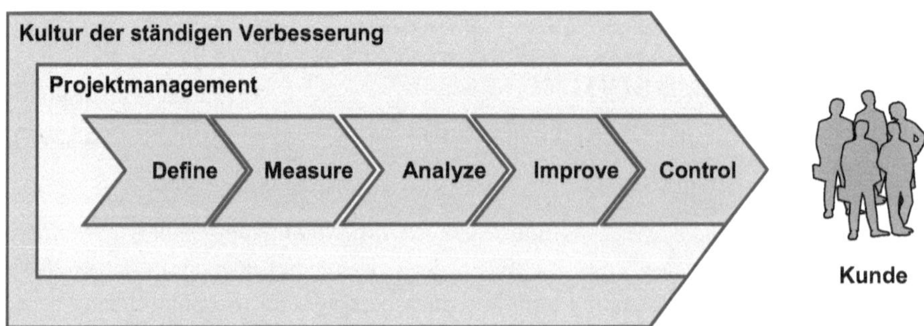

Bild 1-2 Der konzeptionelle Rahmen von Six Sigma

Define: Der zu verbessernde Umfang wird festgelegt. Zudem werden die notwendigen Rahmenbedingungen für das Verbesserungsprojekt geschaffen.

Measure: Die gegenwärtige Situation des zu optimierenden Prozesses wird ermittelt. Für die Zielgröße wird der Ausgangszustand auf Basis von konkreten Daten und Fakten erhoben.

Analyze: Der Zusammenhang zwischen der Zielgröße und den Einflussfaktoren wird erhoben.

Improve: Eine oder mehrere Lösungen werden entwickelt und erprobt. Nach einer Bewertung und Risikoanalyse wird die beste Lösung in die Praxis umgesetzt.

Control: Es wird sichergestellt, dass der verbesserte Zustand auch dauerhaft erhalten bleibt.

Die Six Sigma-Roadmap – Verbessern wird zur Routine

Bild 1-3 zeigt die Vorgehensweise zur Abwicklung von Verbesserungsprojekten in Form der Six Sigma-Roadmap. Jeder Balken beschreibt eine Six Sigma-Phase. Den Phasen zugeordnet sind die Ziele, die Hauptaufgaben, ausgewählte Werkzeuge und die Ergebnisse dargestellt.

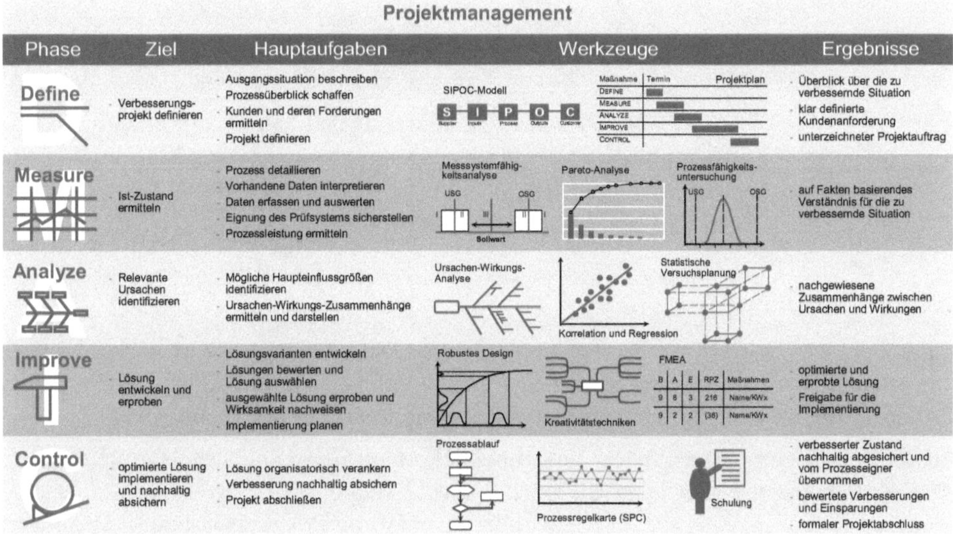

Bild 1-3 Die Six Sigma-Roadmap

Die Hauptaufgaben entsprechen den Arbeitspaketen im Projektstrukturplan. An ihnen orientiert sich die gesamte Abwicklung des Projektes. Während der Planung des Projektes unterstützen die Hauptaufgaben bei der Festlegung der notwendigen Aufgaben, bei der Planung der Termine sowie bei der Abschätzung der erforderlichen Ressourcen. Orientiert man die Projektpräsentationen und das Projektreporting an den Hauptaufgaben, so können sich Außenstehende rasch einen Überblick über das Projekt verschaffen. Nicht zuletzt hilft diese Struktur auch dem Projektteam, sich nicht im Detail zu verlieren. Ein regelmäßiger Blick auf die Gesamtstruktur des Projektes hilft zu überprüfen, ob man auch die richtigen Dinge tut.

Die Hauptaufgaben ermöglichen es dem Projektteam, die richtigen Schritte zu setzen und zum richtigen Zeitpunkt die geeigneten Werkzeuge anzuwenden. Beim ersten Projekt ist dies für das Projektteam meist noch sehr schwierig, beim zweiten Projekt läuft es schon etwas leichter. Beim dritten Projekt wird schon sehr geschickt ein Schritt nach dem anderen gesetzt. Darin liegt eines der Erfolgsgeheimnisse von Six Sigma: Verbessern wird zur Routine!

Six Sigma – ein geheimnisvoller Name für ein Verbesserungsprogramm

Bild 1-4 zeigt die Normalverteilung, häufig auch als Gauß`sche Glockenkurve bezeichnet. Wie wir später noch feststellen werden, ist σ ein Maß für die Streubreite der Normalverteilung, also für die Breite dieser Glocke.

Der Name Six Sigma ist aus dem Ziel der Prozessoptimierung abgeleitet. Er beschreibt die Güte des Prozesses, die man erreichen will. Die mittlere Kurve in Bild 1-4 zeigt einen

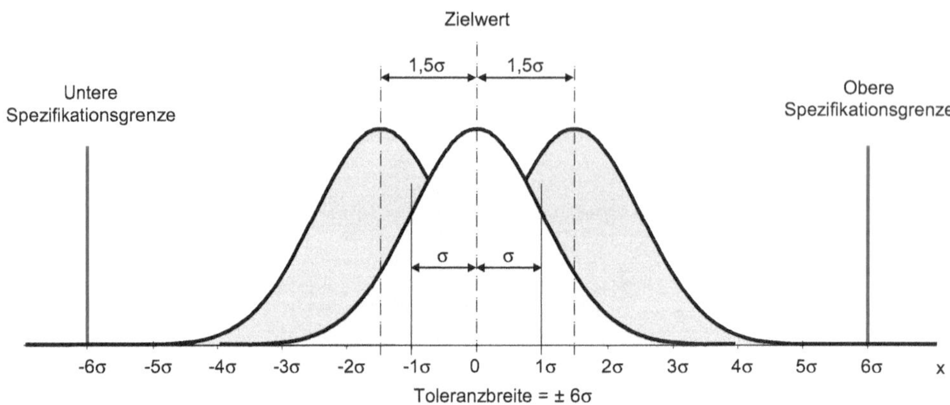

Bild 1-4 Der Six Sigma-Prozess (nach der Definition von Motorola)

innerhalb der Toleranzgrenzen zentrierten Prozess, dessen Streubreite so gering ist, dass die Standardabweichung σ insgesamt 12-mal innerhalb der Spezifikationsgrenzen untergebracht werden kann (sechsmal links und sechsmal rechts des Mittelwertes).

In der Praxis wird dieser Prozess im Laufe der Zeit etwas um die Mittellage schwanken. Für die Berechnung geht man von einer Verschiebung der Normalverteilung um 1,5 σ nach links oder nach rechts aus. Für diese verschobene Prozesslage (deren Mittelwert nun noch 4,5 σ von der Toleranzgrenze entfernt ist) wird der Fehleranteil berechnet. Das Bild erweckt den Eindruck, dass der Fehleranteil gleich null sein muss. Die Normalverteilung berührt jedoch nur scheinbar die x-Achse. Tatsächlich nähert sich die Kurve asymptotisch der x-Achse an und berührt sie erst im Unendlichen. Daher existiert auch eine Fläche unter der Kurve außerhalb der Spezifikationsgrenzen. Diese Fläche entspricht dem Fehleranteil und beträgt für den um 1,5 σ verschobenen Prozess etwa 3,4 Fehler pro Million Möglichkeiten.

Dieses Ziel wird für viele Merkmale und auch viele Branchen unerreichbar sein. Im Vordergrund steht auch weniger dieser Zielwert, sondern die Verbesserung der aktuellen Situation. Ein typisches Ziel wäre, dass man für die qualitätskritischen Merkmale eine Verbesserung von 50% pro Jahr anstrebt. Damit ist im Regelfall immer eine wirtschaftliche Verbesserung verbunden.

1.2 Erfolgsfaktoren für Six Sigma

Die Elemente von Six Sigma sind weder neu noch revolutionär. Die Besonderheit des Programms liegt in der Gesamtkomposition. Dies startet bei der Steuerung des Six Sigma-Programms durch die Führungskräfte und reicht über den Einsatz schlagkräftiger Werkzeuge und der damit verbundenen Mitarbeiterqualifikation bis hin zum zielgerichteten Ressourceneinsatz durch konsequentes Projektmanagement. Auf diese Aspekte soll im folgenden Abschnitt eingegangen werden.

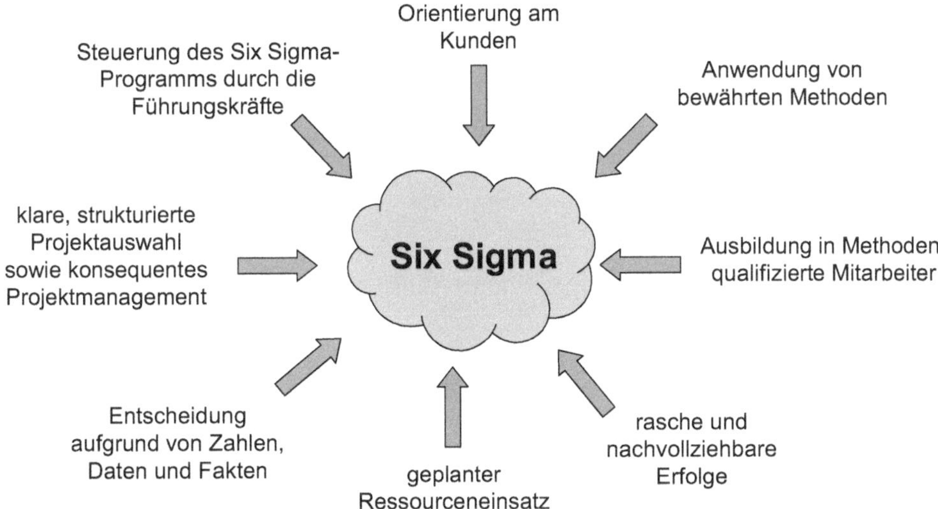

Bild 1-5 Die Erfolgsfaktoren für Six Sigma

Steuerung des Six Sigma-Programms durch die Führungskräfte

Wie bei allen vergleichbaren Programmen zählt die Unterstützung durch die Leitung zu den wichtigsten Erfolgsfaktoren. Der Anstoß für Six Sigma kommt häufig vom Eigentümer oder auch vom Kunden. Six Sigma einzuführen ist eine strategische Entscheidung, die durch die Unternehmensleitung getroffen werden muss.

Der langfristige Erfolg hängt in hohem Maße vom Commitment und Engagement der Geschäftsführung ab. Umgekehrt zeigt die Erfahrung, dass die Ursachen einer gescheiterten Einführung von Six Sigma meist darin liegen, dass die Unternehmensleitung Six Sigma nicht verstanden und auch die notwendigen Rahmenbedingungen nicht geschaffen hat.

Lippenbekenntnisse alleine reichen nicht aus. Die Unternehmensleitung muss von Six Sigma überzeugt sein und den Bedarf für Verbesserung im Unternehmen erkennen. Der Erfolg von Six Sigma muss von den Mitarbeitern als persönliches Anliegen des Geschäftsführers empfunden werden.

Six Sigma ist das Werkzeug, mit dem die Unternehmensleitung und die Führungskräfte aktiv die Verbesserungen im Unternehmen steuern. Die wesentlichen Aufgaben dabei sind:

- Einführen des Verbesserungsprogramms (z.B. Mitarbeiter auswählen und ausbilden)
- Schaffen und Aufrechterhalten der Erfolgsfaktoren (z.B. Ressourcen bereitstellen, Mitarbeiter motivieren)
- Auswählen von Projektthemen und Beauftragen der Projekte
- Verfolgen der Projektfortschritte und Unterstützen bei Schwierigkeiten
- Sicherstellen der nachhaltigen Umsetzung der Projektergebnisse

Orientierung am Kunden

Verbesserungsprojekte zielen darauf ab, die Kundenzufriedenheit zu erhöhen und die Kosten zu reduzieren. Um die Kundenzufriedenheit verbessern zu können, muss bekannt sein, was dem Kunden wichtig ist und was dem Kunden vielleicht weniger wichtig ist. Jedes Verbesserungsprojekt startet daher mit einer eingehenden Analyse der Kundenforderungen. Dies beschränkt sich nicht auf den externen Kunden, sondern gilt auch für gegebenenfalls vorhandene interne Kunden.

Die Einbindung des Kunden kann von einer Kundenbefragung zur Identifikation der für den Kunden wichtigen Merkmale bis hin zur gemeinsamen Abwicklung von Verbesserungsprojekten mit dem Kunden reichen.

Anwendung von bewährten Methoden

Gerade in den USA wurde Six Sigma häufig als neu und revolutionär dargestellt. Eine so radikale Reklame kommt in Europa nicht an, sondern führt eher zu einer Ablehnung.

Bei genauerer Betrachtung trifft man auf viel Bekanntes. Insbesondere die im Rahmen von Six Sigma-Projekten eingesetzten Werkzeuge und Methoden sind nicht neu. Das ist auch gut so, denn es handelt sich um bewährte und erprobte Werkzeuge. Beispiele dafür sind die Messsystemanalyse, die Fehler-Möglichkeits- und Einfluss-Analyse und natürlich die Statistische Versuchsmethodik. Die meisten dieser Werkzeuge sind in den Unternehmen bekannt bzw. werden erfolgreich eingesetzt. Six Sigma vernetzt diese Werkzeuge und fokussiert sie im Zuge eines Verbesserungsprojektes auf eine Aufgabenstellung.

Relativ neu ist der breite Einsatz von Softwarepaketen bei der Verwendung dieser Werkzeuge und Methoden. Dies zeigt sich am Beispiel der Statistischen Versuchsmethodik. Obwohl dieses Verfahren sehr schlagkräftig ist, wurde es in der Industrie bis vor wenigen Jahren kaum eingesetzt. Die Erstellung von Versuchsplänen und Auswertung von Versuchen ist bei händischer Rechnung viel zu aufwendig. Erst mit der Verfügbarkeit von Softwarepaketen, die dem Benutzer alle Rechenaufgaben abnehmen, hat die Methodik breiteren Einzug in die Unternehmen gefunden. Dies ist ein wichtiger Baustein für den Erfolg von Six Sigma.

Ausbildung in Methoden, qualifizierte Mitarbeiter

Um die angesprochenen Werkzeuge und Methoden einzusetzen, sind die Mitarbeiter auch entsprechend zu qualifizieren. Dabei wird vor allem zwischen folgenden Rollen unterschieden:

Champions – die Rolle der Champions wird von Führungskräften wahrgenommen. Sie leiten die praktische Umsetzung des Six Sigma-Programms. Als Auftraggeber der Verbesserungsprojekte beauftragen sie den Black Belt / Green Belt und sein Team mit der Optimierung eines Prozesses. Sie stellen die notwendigen Ressourcen bereit, unterstützen das Projekt und beseitigen Barrieren. Vor allem durch die Auswahl der Mitarbeiter und der Six Sigma-Projekte bestimmen die Champions wesentlich den Erfolg bzw. den Misserfolg des Six Sigma-Programms.

Master Black Belts unterstützen die Champions bei der Auswahl der Mitarbeiter für das Six Sigma-Programm. Ebenso unterstützen sie bei der Auswahl und Festlegung der Verbesserungsprojekte. Sie trainieren und coachen alle Mitarbeiter im Six Sigma-Programm, führen aber auch selbst besonders anspruchsvolle Projekte durch. Darüber hinaus nehmen sie die wichtige Rolle des Veränderungsmanagers wahr. Sie unterstützen die Leitung bei der Schaffung der organisatorischen Rahmenbedingungen zur nachhaltigen Absicherung von Six Sigma.

Black Belts kommt die tragende Rolle in der Umsetzung von Six Sigma zu. Sie unterstützen die Champions bei der Auswahl der Six Sigma-Projekte und setzen diese Verbesserungsprojekte mit Unterstützung ihres Teams um. Ihre Aufgaben im Projekt reichen von der Führung des Teams bis hin zur Unterstützung bei der Anwendung der Werkzeuge im Tagesgeschäft. Daher werden Black Belts zumindest in großen Unternehmen für Six Sigma Aktivitäten freigestellt.

Green Belts arbeiten in Six Sigma-Projekten mit oder übernehmen wie Black Belts die Leitung von Six Sigma-Projekten. Auch die Green Belts sind sehr wichtig für den Erfolg des Six Sigma-Programms, denn durch sie erreicht man eine große Breitenwirkung im Unternehmen. Green Belts sind üblicherweise nur zum Teil für die Arbeit in Six Sigma-Projekten freigestellt.

Yellow Belts / White Belts bringen ihr fachliches Wissen in die Six Sigma-Projekte ein. Eine weitere sehr wichtige Rolle kommt dieser Gruppe nach Abschluss des Projektes zu. Yellow Belts und White Belts sorgen dafür, dass die erarbeitete Verbesserung dauerhaft aufrecht erhalten bleibt.

Die Anzahl der für die jeweilige Rolle qualifizierten Mitarbeiter hängt von Art und Umfang der Six Sigma-Initiative ab. Eine allgemeine Richtlinie sieht den Einsatz eines Black Belts pro 100 Mitarbeiter und etwa 20 Green Belts für einen Black Belt vor [1]. Die Erfahrung zeigt, dass dieser Anteil zumindest im deutschsprachigen Raum selten erreicht wird. Andererseits lassen sich auch mit fünf Green Belts pro Black Belt bereits gute Ergebnisse erzielen. Die Anzahl der Yellow Belts / White Belts kann nie groß genug sein. Die gesteigerte Problemlösungskompetenz dieser Mitarbeiter wirkt sich nicht nur auf die Six Sigma-Projekte, sondern auch auf das Tagesgeschäft nutzbringend aus.

Die Ausbildungsprogramme sind weitgehend standardisiert und auf die Six Sigma-Rollen ausgerichtet. Die folgende Tabelle zeigt ein Beispiel für ein Qualifikationsprogramm.

Tabelle 1-1 Beispiel für Aufgaben und Qualifikation im Six Sigma-Programm

Rolle	Wesentliche Aufgaben	Form der Qualifikation / Abschluss
White Belt	▪ hält den optimierten Zustand im Tagesgeschäft aufrecht	Ausbildung im Umfang von 0,5 Trainingstagen
Yellow Belt	▪ wirkt als Prozessexperte aktiv in Six Sigma-Projekten mit ▪ hält den optimierten Zustand im Tagesgeschäft aufrecht	Ausbildung im Umfang von 2 Trainingstagen Abschlussprüfung
Green Belt	▪ leitet Six Sigma-Projekte ▪ wirkt als Prozessexperte aktiv in Six Sigma-Projekten mit ▪ hält den optimierten Zustand im Tagesgeschäft aufrecht	Ausbildung im Umfang von 10 Trainingstagen und begleitende Abwicklung eines Verbesserungsprojektes Abschlussprüfung und Abschluss eines Verbesserungsprojektes mit einer Einsparung von mindestens € 5.000.-
Black Belt	▪ leitet Six Sigma-Projekte ▪ unterstützt Green Belts beim Einsatz komplexer Werkzeuge und Methoden	Ausbildung im Umfang von 20 Trainingstagen und Abwicklung von zwei Verbesserungsprojekten Prüfung und Abschluss von zwei Verbesserungsprojekten (eines davon mit einer Einsparung von mindestens € 50.000.-)
Master Black Belt	▪ leitet Six Sigma-Projekte ▪ unterstützt Green Belts und Black Belts beim Einsatz komplexer Werkzeuge und Methoden ▪ trainiert Six Sigma im Unternehmen ▪ unterstützt die Leitung bei der organisatorischen Verankerung von Six Sigma	Ausbildung baut auf der Ausbildung des Black Belts auf und ist nicht standardisiert. Folgende Themen sind häufig Inhalt der Ausbildung: ▪ Organisatorische Verankerung von Six Sigma, Veränderungsmanagement ▪ Train the Trainer ▪ Vertiefung in den eingesetzten Werkzeugen
Champion	▪ legt Aufgabenstellung für Six Sigma-Projekte fest und beauftragt die Projekte ▪ stellt Ressourcen bereit ▪ verfolgt den Fortschritt der Six Sigma-Projekte ▪ beseitigt Barrieren ▪ stellt die nachhaltige Umsetzung der Projektergebnisse sicher	Ausbildung im Umfang von 1 bis 2 Trainingstagen

Die Ausbildung zum Green Belt und Black Belt ist meist als abgestimmte Kombination aus Training, Umsetzung in die betriebliche Praxis sowie Reflexion der individuell gemachten Erfahrungen aufgebaut. Bild 1-6 zeigt ein Beispiel für den Aufbau von Green Belt-Qualifikationsprogrammen.

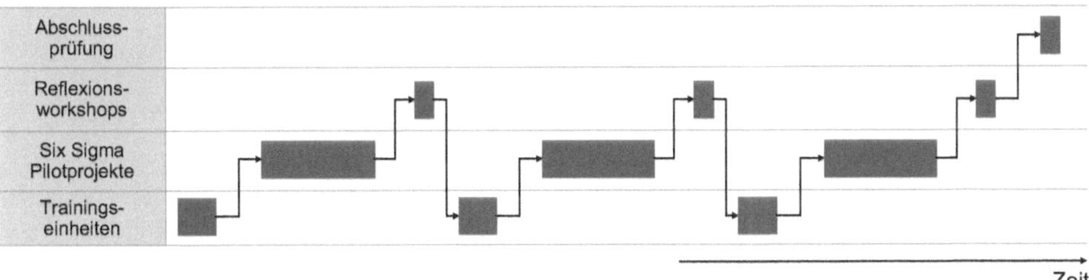

Bild 1-6 Beispiel für ein Qualifikationsprogramm zum Six Sigma-Green Belt

Die erste Trainingseinheit dauert zwei Tage und startet mit einem Überblick über Six Sigma. Anschließend werden die im Zuge von Six Sigma einzusetzenden Projektmanagement-Werkzeuge und Grundlagen der Statistik besprochen. Den Abschluss bildet die Erläuterung der Phase **Define**.

Nach den ersten Trainingseinheiten beginnen die Teilnehmer das Gelernte in ihrem Unternehmen an einem ausbildungsbegleitenden Six Sigma-Pilotprojekt anzuwenden. Durch die Projektdurchführung festigen die Mitarbeiter das erworbene Wissen und realisieren gleichzeitig Qualitätsverbesserungen und Einsparungen für ihr Unternehmen.

Den Abschluss des ersten Zyklus bildet der erste Reflexionsworkshop. Die Teilnehmer präsentieren ihren Kollegen die Ergebnisse ihrer Arbeit und haben so die Möglichkeit, viel an Erfahrung zu sammeln, da sie ja auch an den Erfahrungen der Projekte ihrer Kollegen partizipieren.

Im zweiten Zyklus werden die Phasen **Measure / Analyze** und im dritten Zyklus die Phasen **Improve / Control** behandelt. Nach dem zweiten und dritten Trainingsblock bearbeiten die Teilnehmer ihre Pilotprojekte weiter. Mit dem Abschluss dieser Ausbildung sind die Teilnehmer in der Lage, selbstständig Verbesserungsprojekte abzuwickeln.

Auch die Ausbildung zum Black Belt ist ähnlich aufgebaut. Der Unterschied zur Green Belt Ausbildung liegt vor allem darin, dass die eingesetzten Werkzeuge sehr viel detaillierter behandelt werden und zusätzliche Projekte umgesetzt werden müssen.

Rasche und nachvollziehbare Erfolge

Ein entscheidender Vorteil von Six Sigma ist, dass Erfolge rasch realisiert werden. Wie dargestellt, wickeln Green Belts und Black Belts während ihrer Ausbildung Verbesserungsprojekte ab und erzielen damit bereits während der Ausbildung Qualitätsverbesserungen und Einsparungen für ihr Unternehmen. Aus unserer Erfahrung liegt die durchschnittliche Netto-Einsparung pro Projekt bei Serienherstellern in der Größenordnung von etwa € 50.000.- und übersteigt damit bei weitem die Ausbildungskosten.

Der wirtschaftliche Nutzen des Projektes wird durch den „Net Benefit“ (Netto-Einsparung) belegt. Alle Berechnungen und Schätzungen zur Ermittlung dieser Größe müssen nachvollziehbar sein. Daher ist es notwenig, klare Festlegungen zur Berechnung des Net Benefits zu treffen.

- **Kosten:** Alle von Projektbeginn bis zu Projektabschluss durch das Projekt verursachten Kosten werden berücksichtigt. Vor allem betrifft dies Personalkosten, aber auch Materialkosten und beispielsweise Maschinenkosten für die Durchführung von Versuchen.
- **Nutzen:** Als Nutzen des Projektes werden üblicherweise die ausgabewirksamen Einsparungen während der 12 Monate ab Abschluss des Projektes gerechnet.
- **Net Benefit:** Der Net Benefit ergibt sich aus der Differenz zwischen dem Nutzen und den Kosten für das Verbesserungsprojekt.

Dabei ist allerdings zu berücksichtigen, dass eine auf den Cent genaue Berechnung des Projekterfolges in vielen Fällen nicht möglich ist, da ein Teil des vom Projekt erbrachten Nutzens nicht monetär zu fassen ist. Die Einsparungen durch reduzierten Ausschuss oder reduzierte Gewährleistungskosten wird man noch relativ leicht erfassen können. Schwieriger hingegen ist die monetäre Bewertung von erhöhter Kundenzufriedenheit.

Eine Berechnung der Kosten und Einsparungen auf zwei Nachkommastellen genau ist auch nicht notwendig. Hauptziel der Berechnung des Net Benefits ist es, als Entscheidungsgrundlage für den zielgerichteten Einsatz der begrenzten Ressourcen zu dienen. Auch wenn man im Einzelfall um 10% falsch liegt, wird man insgesamt die richtigen Dinge tun.

Auf der Kostenseite stellt sich häufig die Frage nach der Zuordnung der Ausbildungskosten. Diese werden üblicherweise nicht in die Kosten eines Six Sigma-Projektes eingerechnet, sondern bei der Betrachtung des gesamten Six Sigma-Programms berücksichtigt.

Geplanter Ressourceneinsatz

Gerade an ausreichenden Ressourcen mangelt es meist in den Unternehmen. Green Belts bzw. Black Belts werden für ihre Projektarbeit nicht freigestellt, sondern erhalten diese Aufgabe zusätzlich zu ihren bestehenden Aufgaben. Auch in den Fachbereichen kommt es zu Kapazitätsengpässen, die Ressourcen stehen nicht zur Verfügung.

Six Sigma wirkt dem häufig gemachten Fehler entgegen, dass Projekte zwar mit großem Aufwand gestartet werden, dann aber mangels Ressourcen im Sand verlaufen. Während der Umsetzung des Projektes wird plötzlich anderen Themen höhere Priorität eingeräumt. Die Ressourcen aus einzelnen Fachbereichen stehen dann dem Verbesserungsprojekt nicht mehr zur Verfügung. Anfällige Bereiche dafür sind beispielsweise Zentralbereiche wie Werkzeugbau und Instandhaltung. Sind diese Bereiche unterbesetzt, stehen sie möglicherweise mitten im Verbesserungsprojekt nicht mehr zur Verfügung. Die Projekte geraten ins Stocken und werden nie zu Ende gebracht. Der Nutzen für das Unternehmen ergibt sich meist erst ab der Verwertung der Projektergebnisse. Nicht abgeschlossene Projekte sind daher Verschwendung von Ressourcen! Man hat Ressourcen investiert, ohne jemals einen Nutzen zu erhalten. Eine nicht außer Acht zu lassende weitere Folge ist die Frustration des restlichen Projektteams.

Bei Six Sigma-Projekten wird dem entgegengewirkt, indem der Ablauf des Verbesserungsprojektes standardisiert ist. Die für die Abwicklung des Projektes notwendigen Ressourcen können durch die in der Grundstruktur standardisierte Projektdurchführung leichter abgeschätzt werden. Wenn von Anfang an erkennbar ist, dass die Ressourcen aus einem oder mehreren Bereichen nicht verfügbar sind, darf das Projekt nicht gestartet werden. Auch dies ist eine wichtige Information für das Management: Verbesserungspotenzial ist vorhanden, kann jedoch nicht gehoben werden, weil die Ressourcen nicht zur Verfügung stehen. Mit dieser Information kann man häufig vorhandene Sub-Optima (z.B. Reduktion der Instandhaltungskosten), die sich allerdings negativ auf das Gesamtoptimum (Ausbringung) auswirken, aufdecken.

Natürlich kann es trotzdem vorkommen, dass durch unvorhergesehene Ereignisse mitten im Projekt Ressourcen nicht mehr zur Verfügung stehen. Bei Six Sigma wird das Projekt nicht klammheimlich im Sand verlaufen, sondern spätestens beim nächsten Projektreporting wird der Ressourcenmangel evident. Ressourcenmangel ist ein typisches Problem, das nicht vom Projektteam gelöst werden kann. Es ist Aufgabe des Champions bzw. Projektauftraggebers, diese Barriere zu beseitigen oder den Projektauftrag zurückzuziehen.

Entscheidungen aufgrund von Zahlen, Daten und Fakten

Entscheidungen werden häufig auf Basis von Meinungen getroffen. Diese Meinungen unterscheiden sich oft von der Realität. Manchmal wurden zufällige Effekte beobachtet. Ebenso kann es sein, dass sich die Prozessleistung durch Umstellungen im Prozess verändert hat. Dies führt zur häufig praktizierten Probiermethode: Man dreht an der einen Schraube, dann an der anderen Schraube und hofft, dass das Ergebnis des Prozesses den Vorgaben entspricht. Man hat kein Wissen über den Prozess gesammelt, und nach einer Umstellung beginnt das Spiel von vorne.

In Six Sigma-Projekten werden Entscheidungen auf Basis von Zahlen, Daten und Fakten getroffen. „In God we trust, all others must bring data" soll der Leitspruch nach W. Edwards Deming[1] sein. Datenanalyse ist wie die Arbeit eines Detektivs. Man nutzt Daten, um Informationen über den Prozess zu erhalten. Schlagkräftige Werkzeuge werden zur Entscheidungsfindung eingesetzt. Die Zusammenhänge im Prozess werden auf fundierter Basis beschrieben.

Klare, strukturierte Projektauswahl sowie konsequentes Projektmanagement

Die klare und strukturierte Auswahl, verbunden mit einer konsequenten Abwicklung der Projekte, ist wohl einer der wichtigsten Erfolgsfaktoren für Six Sigma. Viele Ideen für Projekte werden gesammelt, und die besten davon werden ausgewählt. Die Anzahl der gestarteten Projekte richtet sich nach den verfügbaren Ressourcen im Unternehmen. Ein konsequentes Management der Projekte sorgt dafür, dass die Projekte nicht im Sand verlaufen, sondern in der vorgesehenen Zeit zu Ende gebracht werden und der geplante Nutzen auch erzielt wird.

[1] William Edwards Deming (1900-1993) war ein amerikanischer Qualitätspionier, der einen entscheidenden Beitrag zur weltweiten Entwicklung des Qualitätsmanagements geleistet hat. Zu seinen Ehren wurde 1951 in Japan der Deming-Prize als einer der ersten Qualitätspreise eingeführt.

Vertiefung zu diesem Abschnitt

Für die weitere Vertiefung zu diesem Abschnitt wird vor allem [1] und [2] empfohlen. [1] gehört zu den ersten Büchern über Six Sigma in deutscher Sprache und gibt einen sehr guten Überblick. [2] wird als Vertiefung empfohlen. Die darin enthaltenen Fallstudien und Erfahrungsberichte liefern eine Vielzahl von Tipps und Ideen für die Einführung von Six Sigma.

Daneben sei auch auf Artikel in Fachzeitschriften verwiesen. Besonders hilfreich ist die Möglichkeit, online in Archiv der Zeitschrift „Qualität und Zuverlässigkeit" zu recherchieren. Dieses enthält viele Erfahrungsberichte zum Themengebiet Six Sigma (www.qz-online.de).

Literatur

[1] *Magnusson K., Kroslid D., Bergman B.:* Six Sigma umsetzen, 2. Auflage, Carl Hanser Verlag, München, 2004

[2] *Töpfer A. (Hrsg.):* Six Sigma, Konzeption und Erfolgsbeispiele für praktizierte Null-Fehler-Qualität, 3. Auflage, Springer-Verlag, Berlin Heidelberg, 2004

[3] *Rath & Strong Management Consultants (Hrsg.):* Rath & Strongs Six Sigma Pocket Guide, 1. Auflage, TÜV-Verlag, Köln, 2002

[4] *Rehbehn R., Yurdakul Z. B.:* Mit Six Sigma zu Business Excellence, 1. Auflage, Publicis Corporate Publishing, Erlangen, 2003

[5] *Eckes G.:* The Six Sigma Revolution, John Wiley & Sons, New York, 2001

[6] *McElhiney G.:* Hüben wie drüben? Six Sigma sollte nicht blind aus Amerika übernommen werden, in: Qualität und Zuverlässigkeit, Jg. 47 (2002), S. 300-302

[7] *Bergbauer A. K.:* Six Sigma in der Praxis, 1. Auflage, Expert Verlag, Renningen, 2004

2 Management von Six Sigma-Projekten

Verbesserungen werden meist unter Zeitdruck und Ressourcenknappheit durchgeführt. Daher hat in vielen Fällen die sofortige Umsetzung von Verbesserungsmaßnahmen Priorität gegenüber der Projektplanung und Projektorganisation.

Bei kleinen, überschaubaren Problemstellungen, die ohne Durchführung eines Projektes technisch, terminlich und wirtschaftlich effizient gelöst werden können, ist dies der richtige Weg. Sobald man jedoch umfangreichere Verbesserungsvorhaben startet, in die mehrere Fachbereiche einzubinden sind, ist ein systematisches Vorgehen unumgänglich.

Umfangreichere Verbesserungsvorhaben müssen daher in Form von Projekten abgewickelt werden. Dazu wird man die bestehenden Projektmanagementwerkzeuge adaptieren. Der folgende Abschnitt widmet sich den Projektmanagementwerkzeugen, die zur Abwicklung von Six Sigma-Projekten Verwendung finden.

2.1 Auswahl der richtigen Projekte

Die im Unternehmen zur Verfügung stehenden Ressourcen sind begrenzt und müssen daher zielgerichtet eingesetzt werden. Das bedeutet, aus den vielen Ideen für Verbesserungsprojekte die besten Vorschläge auszuwählen. In der Praxis beschäftigt man sich leider häufig nicht mit den Themen, die dem Unternehmen den größten Nutzen bringen.

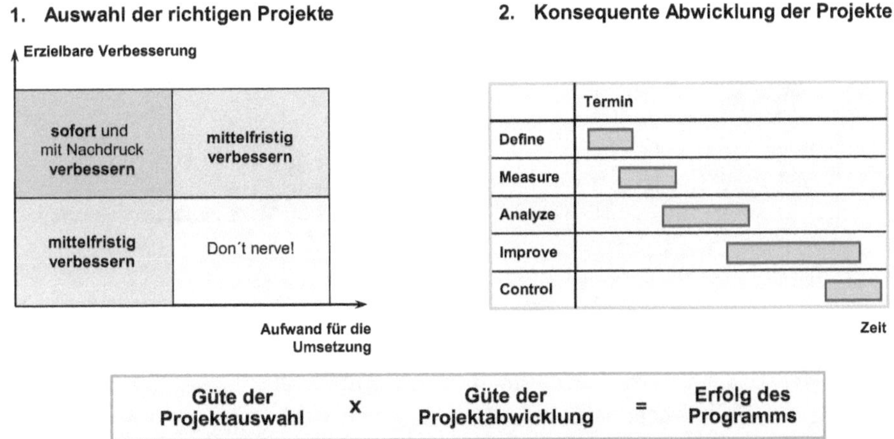

Bild 2-1 Kriterien für den Erfolg des Six Sigma-Programms

Der Erfolg des Six Sigma-Programms hängt von der Güte der Projektauswahl und der Güte der Projektabwicklung ab. Aufgabe des Managements ist es, die notwendigen Rahmenbedingungen dafür zu schaffen.

Projektauswahl:

Idealerweise verfügt das Unternehmen ständig über einen Pool an Ideen für Six Sigma-Projekte. Die Quellen dafür sind vielfältig:

- Unternehmenskennzahlen, Balanced Scorecard
- Gespräche mit Kunden, Reklamationen von Kunden
- Benchmarks
- Verbesserungsvorschläge von Mitarbeitern
- interne oder externe Audits
- usw.

Diese Ideen werden grob nach erforderlichem Aufwand und erwartetem Nutzen bewertet. Wenn es gelingt, jene Projekte herauszufiltern, die dem Unternehmen bei geringstem Aufwand den größten Nutzen bringen, wird man insgesamt den größten Erfolg erzielen. Je nach verfügbaren Ressourcen werden dann nach und nach die Projekte aus diesem Pool in der Organisation eingelastet.

An dieser Stelle kann bereits ein erster wichtiger Fehler gemacht werden. Das Unternehmen verfügt über keinen Pool an Ideen, welche zur Auswahl stehen. Projekte werden spontan, meist aus einem konkreten Anlass heraus, gestartet. Häufig werden diese Projekte dann auch nicht richtig gestartet. Insbesondere werden nicht die erforderlichen Rahmenbedingungen geschaffen. Zu viele Projekte werden gleichzeitig in die Organisation eingelastet. Es wird nicht berücksichtigt, dass die Ressourcen gar nicht zur Verfügung stehen.

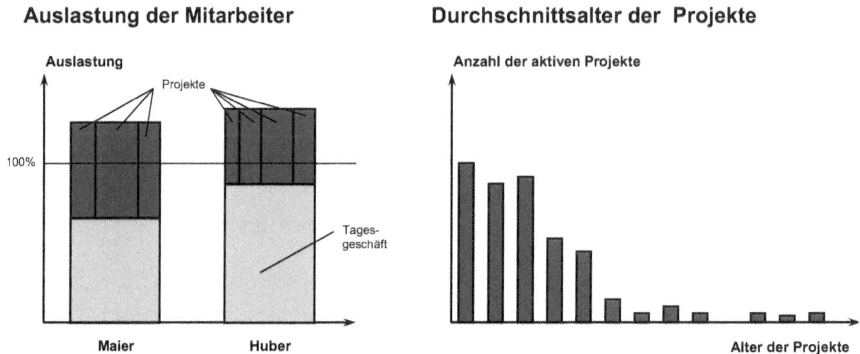

Bild 2-2 Zielgerichteter Ressourceneinsatz durch Management der Projekte

Bild 2-2 stellt diese Situation dar. Mitarbeiter werden neben ihrem Tagesgeschäft noch zusätzlich auch in Projekte eingebunden. Aufgrund mangelnder Planung und Steuerung der Ressourcen werden die Mitarbeiter mit zu vielen Aufgaben überladen. Arbeiten werden nicht rechtzeitig erledigt, Termine verschoben. Die Folge ist, dass Projekte im Sand verlaufen. Filtert man die Projekte nach dem Alter, so stellt man oft fest, dass bei den älteren Projekten keine Aktivitäten mehr stattfinden. Man hat in ein Projekt investiert, das nie abgeschlossen wird. Dies ist Verschwendung der begrenzten Ressourcen.

Genau an diesem Punkt setzt Six Sigma an. Nur wenige Projekte werden gestartet. Diese werden jedoch konsequent verfolgt und zum Abschluss gebracht. Die Kombination von gezielter Auswahl und Abwicklung der Projekte bestimmt den Erfolg.

2.2 Projektabwicklung

2.2.1 Projektstrukturplan für Verbesserungsprojekte

Im Zentrum von Six Sigma stehen die nach dem DMAIC-Zyklus abzuwickelnden Verbesserungsprojekte. Die Six Sigma-Roadmap detailliert diesen Zyklus, indem jedem Verbesserungsschritt auch Hauptaufgaben und Werkzeuge zugeordnet werden. Die Hauptaufgaben in dieser Roadmap können auch als Projektstrukturplan (PSP) für das Verbesserungsprojekt verstanden werden. Der Projektstrukturplan ist eine Gliederung der Gesamtaufgabe in plan- und überwachbare Teilaufgaben.

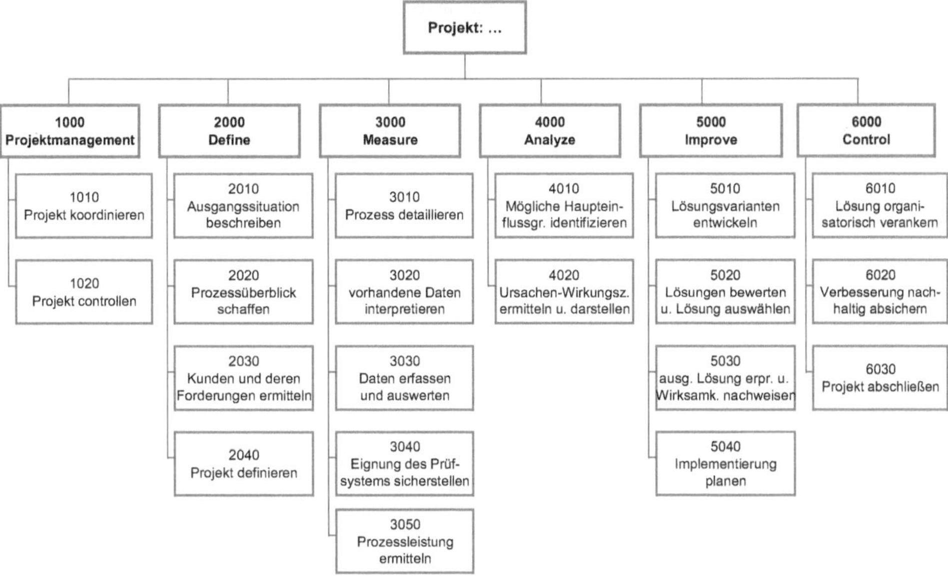

Bild 2-3 Projektstrukturplan für die Abwicklung von Six Sigma-Projekten

Diese Gliederung bildet zunächst die Struktur für die Planung des Verbesserungsprojektes. Anhand der Arbeitspakete werden die notwendigen Aufgaben und Ressourcen sowie die damit verbundenen Kosten abgeschätzt. Ebenso erfolgt die Terminplanung auf Basis dieser Struktur.

Vor allem die Abwicklung des Projektes orientiert sich an den Hauptaufgaben. Dies darf jedoch nicht als sequentielles Abarbeiten der Teilaufgaben verstanden werden. Häufig greifen die Hauptaufgaben ineinander.

Das regelmäßige Projektreporting, bei dem der Status der laufenden Projekte präsentiert wird, orientiert sich üblicherweise an den fünf Six Sigma-Phasen. Durch die einheitliche Struktur können sich die Führungskräfte rasch einen Überblick über den Status des Projektes verschaffen.

Der besondere Vorteil dieser Struktur liegt letztendlich in der Standardisierung. Nur wenn beim Verbessern immer gleich vorgegangen wird, bekommt die gesamte Organisation die notwendige Routine. Notwendige Schritte werden nicht vergessen.

2.2.2 Projektauftrag

Der Projektauftrag (Project Charter) ist eine Vereinbarung zwischen dem Auftraggeber und dem Projektleiter. Darin werden vor allem Ziele, Rahmenbedingungen und Ressourcen für das Verbesserungsprojekt definiert. Bild 2-4 zeigt ein Beispiel für einen Projektauftrag.

Beschreibung des Verbesserungspotenzials / Auslöser für das Projekt

Die Ausgangssituation bzw. das Problem wird wertneutral beschrieben. Dies bringt Aufklärung über die Vorgeschichte bis zur Entstehung des Projektes und ist wesentliche Grundlage für eine realistische Festlegung von Zielen.

Projektziele

Projektziele beschreiben den Zustand, der am Ende des Projektes vorliegen soll, in Form von überprüfbaren Resultaten. Die zur Erlangung dieses Zustandes notwendigen Maßnahmen sind nicht Teil der Zielformulierung.

Projektziele müssen *SMART* sein. Der Begriff *SMART* unterstützt als Denkhilfe bei der Erarbeitung von Zielsetzungen.

- spezifiziert (so konkret wie möglich definiert)
- messbar
- ambitioniert (sie sollen herausfordern)
- realistisch (sie sollen aber auch erreichbar sein)
- terminiert

Für die Akzeptanz der Ziele ist die Einbindung des Teams in die Festlegung der Ziele erforderlich.

Nicht jedes Ziel ist quantifizierbar. Die „Erhöhung eines Marken-Images“ ist objektiv nur sehr schwer nachprüfbar, kann aber trotzdem ein sinnvolles Ziel sein. Bei solchen Zielen handelt es sich um qualitative Ziele. Die verbal formulierte Zielsetzung dient als Ausgangspunkt für eine zielorientierte Diskussion über notwendige Initiativen und Ergebnisse. Als Basis für die Verbesserungsarbeit sind quantifizierte Ziele den qualitativen Zielen vorzuziehen.

Muster GmbH	Six Sigma - **Projektauftrag**	**Projektname:** Prozessoptimierung P500 **Projektnummer:** P 20xx-08 **Änderungsstand:** 20xx-03-18

Beschreibung des Projektes

Beschreibung des Verbesserungspotentials / Auslöser für das Projekt

Hohe Ausschuss-Kosten, Anlagenstillstände & Reparaturaufwand bei Presse P 500. Durch den Kapazitätsausfall entstehen laufend Lieferrückstände zum Kunden. Eine Verbesserung des Zustandes ist in der Vergangenheit nur teilweise gelungen, es erfolgte allerdings auch keine konzentrierte Bearbeitung dieses Problems.

Projektziele	**Kennzahl**	**Aktueller Stand**	**Zielwert**
Reduktion des Ausschusses	Stück / Jahr	23.500	2.500
Reduktion der Stillstandszeiten	Stunden / Jahr	ca. 320	50 (-84%)
Reduktion des Reparaturaufwandes	Stunden / Jahr	ca. 120	30 (-75%)

Rahmenvorgaben	**Risiken / Schwierigkeiten / Barrieren:**
Falls Anlagenumbau notwendig: nur im Betriebsurlaub möglich! Stückzahlsteigerung ab Oktober kann Kapazitätsengpass bringen!	Ressourcenengpass im Bereich Instandhaltung durch Aufbau Presse P503
Nichtziele	**Nachprojektphase:**
Eine Erhöhung der Hubzahl der Presse ist nicht Umfang des Projektes.	Transferieren der Erkenntnisse auf die Pressen P501 und P502
Zusammenhang zu anderen Projekten	**Zusammenhang zur Unternehmensstrategie**
Serienanlauf XG-700 ist zu beachten (Terminabstimmung, Ressourcen)	Projekt ist Bestandteil der Offensive "Produktivität +20%"

Projektorganisation

Funktion im Projekt	**Name / Funktion im Unternehmen**	**Telefon**	**e-mail**	**Vertreter**
Projektleiter	Hans Wulz / Prozesstechnik	200	hans.wulz@muster.com	Manfred Pichler
Produktion	Dietrich Maier / Einsteller	300	dietrich.maier@muster.com	Erwin Schuster
Produktionsplanung	Werner Mast / Anlagenbeschaffer	321	werner.mast@muster.com	Erwin Schuster
Instandhaltung	Erna Winkel / Instandhalterin	387	erna.winkel@muster.com	Fritz Stein
Qualitätsmanagement	Karin Dunst / Messtechnikerin	802	karin.dunst@muster.com	Karin Erhard
Logistik	Gerhard Müller / Logistikplaner	723	gerhard.mueller@muster.com	Jürgen Huber
Controlling	Herbert Baum / Produktionscontroller	182	herbert.baum@muster.com	Andreas Bauer

Projekt-Meilensteine

Projektstart:	23.02.20xx	Abschluss Measure:	20.04.20xx	Abschluss Improve:	21.07.20xx
Abschluss Define:	20.03.20xx	Abschluss Analyze:	20.06.20xx	Abschluss Control:	10.09.20xx

Einsparungen, Kosten, Nettoerfolg

A: geplante Einsparungen (erste zwölf Monate ab Implementierung):	€	138.420
B: geplante Projektkosten inkl. Investitionen:	€	48.340
C = A - B: geplanter Netto-Erfolg:	€	90.080

Anmerkungen: Einzelheiten siehe Blatt Finanzplanung & Verfolgung

Beauftragung zur Projektdurchführung

G. Huber	H. Wulz	H. Baum
19.3.20xx	18.3.20xx	18.3.20xx
Projektauftraggeber	Projektleiter	Controller

Bild 2-4 Beispiel für einen Projektauftrag

Rahmenvorgaben

Rahmenvorgaben legen Bedingungen fest, die vom Projektteam bei der Projektarbeit zu berücksichtigen sind. Häufig wird zum Beispiel bei Optimierungsprojekten in der Produktion der Wechsel eines Rohstofflieferanten von vornherein ausgeschlossen.

Nichtziele

Eine klare Abgrenzung des Projektumfanges erfolgt durch die Festlegung von Nichtzielen. Mit Hilfe von Nichtzielen definiert man Leistungen, die nicht Umfang des Projektes sind. Damit wird ein unbeabsichtigtes Ausufern des Projektumfanges vermieden. Ebenso ist es möglich, Graubereiche bewusst auszuschließen.

Risiken / Schwierigkeiten / Barrieren

Risiken, Schwierigkeiten und Barrieren können dazu führen, dass die gesteckten Projektziele nicht erreicht werden. Daher muss man sich mit ihnen befassen und planend und steuernd auf sie eingehen.

Zusammenhang mit anderen Projekten

Möglicherweise ist es notwendig, das Projekt im Kontext mit anderen Projekten zu betrachten. Zum einen kann es sein, dass andere Projekte die verfügbaren Ressourcen für das Projekt beschränken. Andererseits ist es in manchen Fällen notwendig, bei bestimmten Aktivitäten auf diese Projekte Rücksicht zu nehmen.

Nachprojektphase

In manchen Fällen werden bereits bei Projektstart Aktivitäten oder auch Projekte definiert, welche nach dem Abschluss des Projektes umgesetzt werden. Diese müssen beschrieben werden, damit das Projektteam darauf Rücksicht nehmen kann. Zum Beispiel könnte die Optimierung einer Produktionslinie Gegenstand des Six Sigma-Projektes sein und die Übertragung der Erfahrungen auf die anderen Linien in die Nachprojektphase fallen.

Zusammenhang mit der Unternehmensstrategie

Im Allgemeinen ist der Zusammenhang mit der Unternehmensstrategie und zu den Unternehmenszielen über die zu erzielenden Einsparungen gegeben. In besonderen Fällen kann es sein, dass das Six Sigma-Projekt Bestandteil eines Programms ist. Ebenso kommt es vor, dass ein Six Sigma-Projekt aus strategischen Überlegungen gestartet wird und der Nutzen für das Unternehmen nur schwer quantifizierbar ist (z. B. Umstellung eines Prozesses auf eine umweltfreundlichere Variante).

Projektorganisation

Die Benennung des Projektteams schafft Klarheit darüber, welche Mitarbeiter aus der Stammorganisation zumindest für einen Teil ihrer Zeit dem Verbesserungsprojekt zur Verfügung stehen und welche Rolle sie im Projektteam übernehmen.

Wichtige Funktionen im Six Sigma-Projektteam sind

- **Projektauftraggeber:** Im Idealfall ist der Projektauftraggeber auch gleichzeitig der Eigner des zu optimierenden Prozesses.
- **Projektleiter:** Dies ist ein zu Six Sigma qualifizierter Mitarbeiter, der auch einen Bezug zu dem zu optimierenden Prozess haben sollte.
- **Prozessexperten:** Dies sind Mitarbeiter mit Fachwissen über den zu verbessernden Prozess.
- **Fachexperten:** Mitarbeiter aus unterstützenden Bereichen, wie Werkzeugbau, Instandhaltung, Messtechnik, etc. sind entweder ständiges Projektteammitglied oder werden nach Bedarf hinzugezogen.
- **Controlling:** Ein Mitarbeiter des Controllings ist üblicherweise nicht ständiges Projektteammitglied. Er wird bei Projektstart und Projektabschluss zur Unterstützung bei der Berechnung und Verifizierung der Einsparungen eingebunden.

In der Literatur findet man manchmal auch die Trennung von Projektleiter und Six Sigma-Experte. Dies wird jedoch nicht empfohlen.

Die Auswahl der entsprechenden Teammitglieder ist ein wesentlicher Erfolgsfaktor für die Projekte. Dies betrifft die Anzahl wie auch die Qualifikation der Mitglieder. Bezüglich der Anzahl muss darauf geachtet werden, dass einerseits die notwendigen Funktionen im Team vertreten sind und andererseits die Teams nicht zu groß werden. Ein Projektteam wird daher aus etwa vier bis fünf ständigen Teammitgliedern bestehen.

Die Teammitglieder werden meist vom jeweiligen Fachvorgesetzten bzw. Abteilungsleiter der Stammorganisation nominiert. Insbesondere ist dabei festzulegen, in welchem Umfang und für welche Dauer der Mitarbeiter dem Projekt zur Verfügung steht. Damit soll vermieden werden, dass während der Projektlaufzeit Mitarbeiter nicht mehr zur Verfügung stehen.

Projekt-Ecktermine und Aufgaben

Die Projekt-Ecktermine und Aufgaben werden in einem separaten Formblatt im Detail geplant und in den Projektauftrag übertragen (siehe Abschnitt 2.2.3).

Einsparungen, Kosten, Netto-Einsparung

Ebenso werden auch die Einsparungen, Kosten und Netto-Einsparungen auf einem getrennten Formblatt ermittelt und in verdichteter Form in den Projektauftrag übertragen (siehe Abschnitt 2.2.4).

Beauftragung mit der Projektdurchführung

Im Projektauftrag sind damit Ziele, alle Rahmenbedingungen und auch die notwendigen Ressourcen für das Verbesserungsprojekt vereinbart. Im Team herrscht Klarheit über die Erwartungen des Projektauftraggebers. Mit der Unterzeichnung beauftragt der Auftraggeber das Team mit der Projektdurchführung und gibt damit auch die erforderlichen Ressourcen frei.

2.2.3 Planung der Projekt-Ecktermine und Aufgaben

Die Planung der Aufgaben stellt gerade beim ersten Verbesserungsprojekt eine große Herausforderung für die Teilnehmer dar. Eine sehr gute Hilfestellung dazu bietet wiederum die Six Sigma-Roadmap bzw. der Projektstrukturplan. Orientiert man sich an den Hauptaufgaben im Projekt, so lassen sich die erforderlichen Aufgaben leichter abschätzen.

Als Werkzeug dazu bietet sich Microsoft Project an. Oft wird auch Microsoft Excel zur Darstellung der Terminplanung verwendet, da die Mitarbeiter im Umgang mit Excel meist routinierter sind. Bild 2-5 zeigt ein Beispiel dafür.

Bei den Folgeprojekten gelingt es aufgrund der Erfahrung schon leichter, die notwendigen Aufgaben und die Projekt-Ecktermine zu planen.

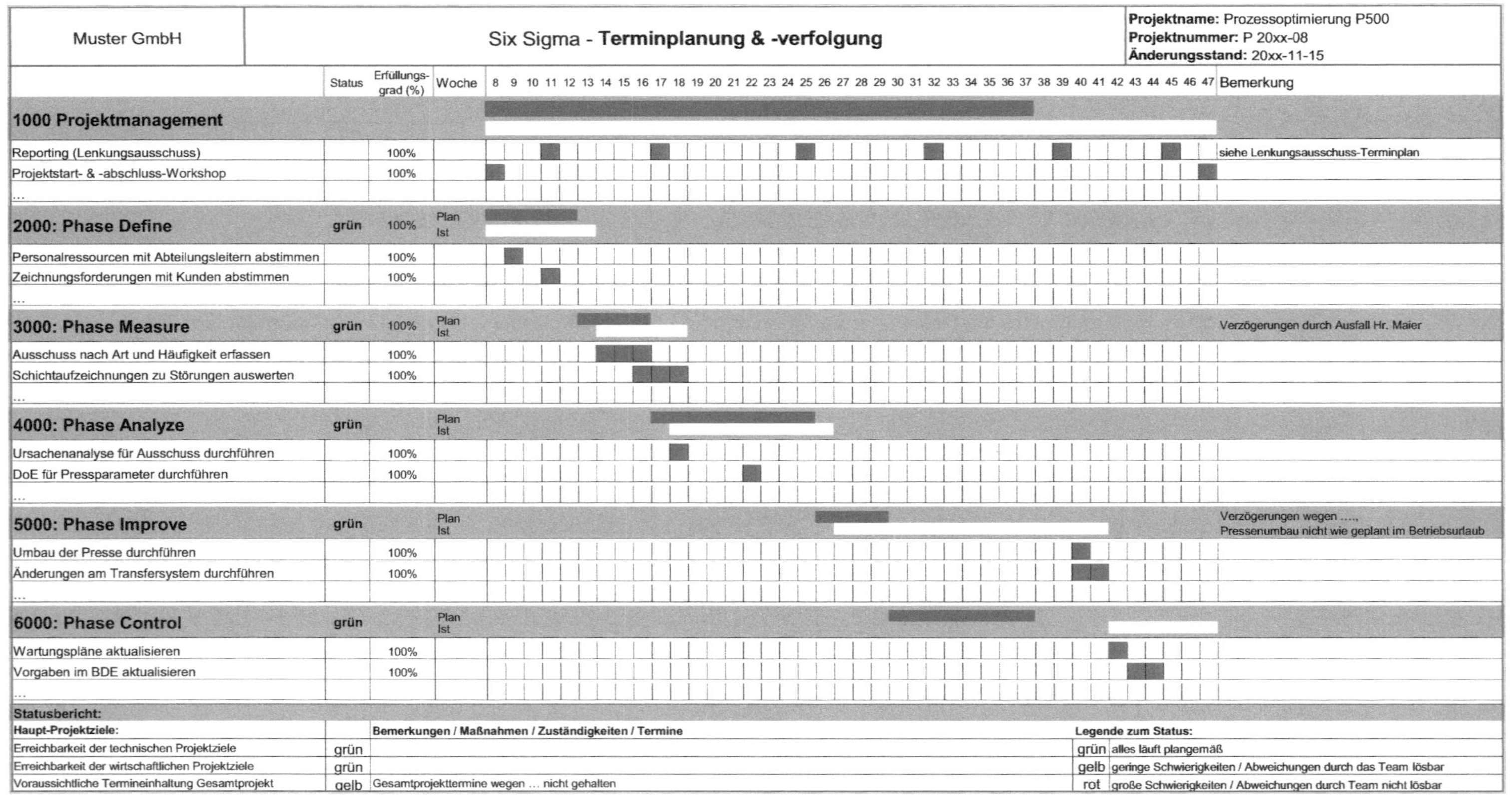

Bild 2-5 Beispiel für die Planung der Projekt-Ecktermine und Aufgaben

2.2.4 Kostenplanung und -verfolgung

Ausgehend von der Aufgabenplanung werden die bei der Abwicklung des Projektes anfallenden Kosten abgeschätzt. Dazu bietet sich eine Unterteilung in Personalkosten, Materialkosten, Anlagenkosten, externe Kosten, Investitionen und weitere Kosten an. Auf Grundlage der solchermaßen für das Projekt geplanten Ressourcen kann ihre Verfügbarkeit mit den Führungskräften abgestimmt werden.

Muster GmbH	Planung & Verfolgung von Einsparungen und Kosten	**Projektname:** Prozessoptimierung P500 **Projektnummer:** P 20xx-08 **Änderungsstand:** 20xx-11-15

Verbesserungen & Einsparungen									
Art der Verbesserungen	**Kennzahl**	**Ausgangs-zustand**	**Zielwert**	**erreichter Wert**	**Einsparung pro Einheit**	**Plan**	**Ist**	**Abweichung**	**Bemerkung**
Reduktion des Ausschusses Teil A	Stück / Jahr	12.000	1.200		3,7	39.960 €			
Reduktion des Ausschusses Teil B	Stück / Jahr	8.000	800		3,2	23.040 €			
Reduktion des Ausschusses Teil C	Stück / Jahr	3.500	500		4,8	14.400 €			
Reduktion der Stillstandszeiten	Std. / Jahr	320	50		210	56.700 €			
Reduktion des Reparaturaufwandes	Std. / Jahr	120	30		48	4.320 €			
Summe						**138.420 €**			

Kosten								
Personalkosten	**Einheit**	**Einheiten geplant**	**Einheiten Ist**	**Kosten pro Einheit**	**Plan**	**Ist**	**Abweichung**	**Bemerkung**
Projektleiter	Stunden	230		45	10.350 €			
Produktion	Stunden	130		45	5.850 €			
Produktionsplanung	Stunden	90		45	4.050 €			
Instandhaltung	Stunden	60		45	2.700 €			
Qualitätsmanagement	Stunden	50		45	2.250 €			
Logistik	Stunden	40		45	1.800 €			
Controlling	Stunden	10		45	450 €			
Summe					**27.450 €**			
Materialkosten	**Einheit**	**Einheiten geplant**	**Einheiten Ist**	**Kosten pro Einheit**	**Plan**	**Ist**	**Abweichung**	**Bemerkung**
Versuchsteile	Stück	100		5,2	520 €			
Spezialteile	Stück	100		1,3	130 €			
Summe					**650 €**			
Anlagenkosten	**Einheit**	**Einheiten geplant**	**Einheiten Ist**	**Kosten pro Einheit**	**Plan**	**Ist**	**Abweichung**	**Bemerkung**
Presse P500	Stunden	36		210	7.560 €			
Summe					**7.560 €**			
Investitionen	**Einheit**	**Einheiten geplant**	**Einheiten Ist**	**Kosten pro Einheit**	**Plan**	**Ist**	**Abweichung**	**Bemerkung**
Änderungen am Transportsystem					3.000 €			
Umbau an der Presse					5.800 €			
Summe					**8.800 €**			
Weitere Kosten	**Einheit**	**Einheiten geplant**	**Einheiten Ist**	**Kosten pro Einheit**	**Plan**	**Ist**	**Abweichung**	**Bemerkung**
Analysen externes Werkstoff-Labor	Stunden	5		116	580 €			
Reisekosten					500 €			
Ausbildung der Maschinen-Bediener	Stunden	80		35	2.800 €			
Summe					**3.880 €**			
Gesamtkosten					**48.340 €**			

Netto-Erfolg (Net-Benefit)				
Netto-Erfolg (12 Monate)	**90.080 €**			

Bild 2-6 Beispiel für die Kostenplanung und -verfolgung

2.2.5 Projektcontrolling

Während der Projektabwicklung können unvorhergesehene Ereignisse, wie Änderungen der Zielsetzung oder Störungen auftreten. Ebenso ist es möglich, dass der geplante Projektablauf durch Planungsfehler nicht eingehalten werden kann.

Unter Projektcontrolling versteht man nun die laufende Überwachung des Projektes hinsichtlich Ergebnissen, Terminen und Kosten, verbunden mit der Umsetzung von Korrekturmaßnahmen bei Abweichungen vom Plan.

Controlling des Einzelprojektes durch den Projektleiter

Die Hauptaufgabe hinsichtlich des Projektcontrollings fällt dem Projektleiter zu. Er wird laufend den aktuellen Projektstatus mit dem Planungsstand abgleichen und bei Abweichungen Korrekturen durchführen.

Controlling des Projektportfolios im Zuge der Projektreviews

Eine weitere wichtige Controlling-Funktion übernimmt das Projektportfolio-Controlling. Darunter versteht man die Überwachung von Ergebnissen, Terminen und Kosten für alle laufenden Projekte. Üblicherweise werden zu festgelegten Zeitpunkten alle laufenden Six Sigma-Projekte einem Projektsteuerkreis präsentiert. Dieser Projektsteuerkreis wird meist aus den Projektauftraggebern und dem Master Black Belt gebildet.

Es hat sich bewährt, dass der Terminplan zu einem Signalbericht erweitert wird (wie in Bild 2-5 dargestellt). Damit kann dem Projektsteuerkreis auf einer Seite ein Überblick über den Status des Projektes gegeben werden.

Dieses Projektportfolio-Controlling hat zwei wichtige Funktionen:

- Information an den Projektsteuerkreis über den Status der Projekte

  Der Projektsteuerkreis verschafft sich einen Überblick über den Stand der laufenden Six Sigma-Projekte. Probleme in einzelnen Projekten können erkannt werden. Die Zweckmäßigkeit des gesamten Projektportfolios kann bewertet werden. Mögliche neue Projekte und auch eventueller Handlungsbedarf für das gesamte Six Sigma-Programm können identifiziert werden.

- Einfordern von Unterstützung durch die Leitung

  Aufgabe des Projektsteuerkreises ist es, die notwendigen Rahmenbedingungen für eine erfolgreiche Projektarbeit zu schaffen. Daher muss der Projektleiter diese Reportings auch nützen, wenn Probleme auftreten, die durch das Projektteam selbst nicht mehr gelöst werden können. Er muss bei Bedarf die notwendige Unterstützung durch die Leitung einfordern. Häufig betrifft dies die Verfügbarkeit von Ressourcen aus den Fachbereichen.

Daneben finden meist häufigere und oft auch informelle Abstimmungen zwischen dem Projektleiter und dem Projektauftraggeber statt. Verändert sich der Projektinhalt in großem Umfang, dann wird man mit dem Auftraggeber eine Neubewertung des Projektes durchführen. Zum Beispiel könnte man im Zuge der Projektarbeit feststellen, dass zur Erreichung der Projektziele ein kostenintensiver Umbau einer Anlage notwendig ist.

Im Einzelfall können solche Änderungen bis zum Abbruch des Projektes reichen. Stehen zum Beispiel durch eine geänderte Prioritätenreihung die Personalressourcen aus einem Fachbereich nicht mehr zur Verfügung, wird man das Projekt stoppen und eventuell später wieder aufsetzen. Es wäre Verschwendung, wenn einzelne Bereiche an diesem Projekt weiterarbeiten würden.

2.2.6 Projektkommunikation

Die Projektkommunikation umfasst vor allem Projekt-Kick-off-/Projektabschluss-Meeting, Einzelgespräche, Projektbesprechungen und -workshops, sowie die Projektreportings.

Die Projektbesprechungen sind ein zentrales Führungsinstrument. Informationen werden ausgetauscht, Entscheidungen werden getroffen, Maßnahmen und Ziele werden vereinbart, das Ergebnis wird abgestimmt.

Bei den Projektbesprechungen werden auch Maßnahmen definiert, welche die Projektteammitglieder selbstständig abarbeiten. Zur Verfolgung dieser Maßnahmen bietet sich eine einfache Liste an, wie z. B. in Bild 2-7 dargestellt.

Muster GmbH		Six Sigma - **Maßnahmenverfolgung**				Projektname: Prozessoptimierung P500 Projektnummer: P 20xx-08 Änderungsstand: 20xx-04-21	
Nr.	**Phase**	**Maßnahme**	**zuständig**	**Ziel-termin**	**Erledigungs-grad**	**Erledigungs-termin**	**Ergebnis, Anmerkungen, Verweise**
1	M	Ausschuss nach Art und Häufigkeit erfassen	Wulz	02.04.20xx	100%	02.04.20xx	
2	M	Schichtaufzeichnungen zu Störungen auswerten	Schuster	03.04.20xx	50%		
3							
4							
5							

Bild 2-7 Maßnahmenverfolgungsliste zur Unterstützung der Projektkommunikation

2.2.7 Projektdokumentation

Bild 2-8 zeigt eine Laufwerksstruktur, die sich an den Six Sigma-Phasen orientiert. Mit dem Projektstart sollte für jedes Projekt eine solche Laufwerksstruktur angelegt werden. Dies erleichtert die Arbeit im Projektteam und ermöglicht es, auch nach Projektabschluss rasch auf die Erfahrungen und Daten aus diesem Projekt zuzugreifen.

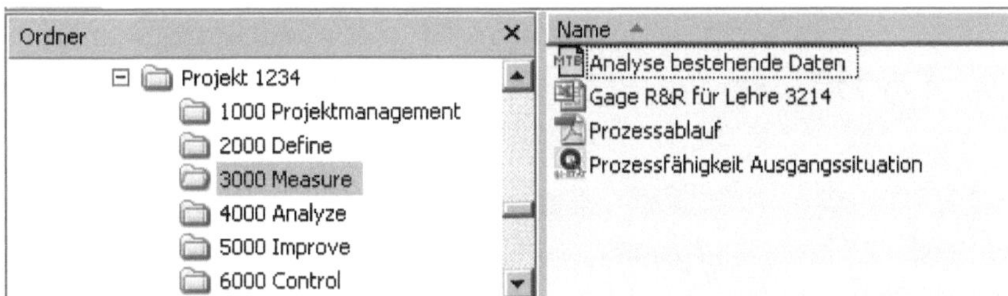

Bild 2-8 Beispiel für eine projektbezogene Laufwerksstruktur

2.2.8 Projektabschluss

So wie jedes Projekt formell gestartet werden sollte, sollte es auch formell wieder abgeschlossen werden. Damit wird sichergestellt, dass alle Arbeiten im Verbesserungsprojekt fertig gestellt werden und die Projektergebnisse nach Projektabschluss aufrecht bleiben. Es darf nicht vorkommen, dass das Projekt gegen Ende im Sand verläuft. Manche Mitarbeiter sehen das Projekt als beendet an und nehmen auch nicht mehr an den Besprechungen teil. Andere Mitarbeiter versuchen noch, die aus ihrer Sicht offenen Aufgaben abzuarbeiten.

Manchmal wird die Abschlusspräsentation zu einem Kurzbericht zusammengefasst. Dadurch wird es möglich, bei neuen Six Sigma-Projekten rasch festzustellen, ob bereits Erfahrungen in vergleichbaren Problemstellungen vorliegen.

Projektabschlussbericht / Projektübergabe

Muster GmbH	Six Sigma - **Projektabschlussbericht**	**Projektname:** Prozessoptimierung P500 **Projektnummer:** P 20xx-08 **Änderungsstand:** 20xx-11-15

Zusammenfassung

Erfüllung der Projektziele:	technische Ziele: grün	wirtschaftliche Ziele: grün	Terminziele: gelb

Zur Verbesserung trugen hauptsächlich eine Hilfe bei der Blecheinführung, ein verbessertes Transfersystem sowie eine geänderte Abstimmung des Presswerkzeuges bei.

Technische Zielerreichung

Projektziele	**Kennzahl**	**Ausgangs-Zustand**	**Zielwert**	**Erreichter Wert**	**Verbesserung**	
Reduktion des Ausschusses	Stück / Jahr	23.500	2.500	1.800	21.700	92%
Reduktion der Stillstandszeiten	Std. / Jahr	ca. 320	50 (-84%)	60	260	81%
Reduktion des Reparaturaufwandes	Std / Jahr	ca. 120	30 (-75%)	40	80	67%

Anmerkungen zur Zielerreichung: Die Ausschuss-Reduktion kann über die bisher laufenden Produktionen nachgewiesen werden, die tatsächlichen Verbesserungen betreffend Reparaturaufwand und Stillstandszeiten werden laufend verfolgt.

Termine

	Abschluss Measure	Abschluss Analyze	Abschluss Improve	Abschluss Control
geplant:	20.04.20xx	20.06.20xx	21.07.20xx	10.09.20xx
realisiert:	02.05.20xx	30.06.20xx	15.10.20xx	15.11.20xx
Anmerkungen:	leichte Terminschwierigkeiten wegen Ausfall von Herrn Maier		Umbau konnte nicht im geplanten Betriebsurlaub erfolgen, Ersatztermin in Abstimmung mit den Kunden durch Vorlauffertigung ermöglicht	

Finanzziele

	Kosten	davon Investitionen	Einsparungen	Netto-Einsparungen
geplant:	48.340 €	7.000 €	138.420 €	90.080 €
realisiert:	55.720 €	10.000 €	138.550 €	82.830 €
Anmerkungen:	Hauptursachen: Vorlauffertigung, Ersatz für Herrn Maier		siehe technische Zielwerte	

Zusammengefasste Erfahrungen (Teamarbeit, Projektmanagement, Methodeneinsatz)

Sehr gute Zusammenarbeit im Team, bereichsübergreifende Kooperation hervorragend, Unterstützung durch die Führungskräfte war gegeben. Konsequente Projektplanung und -verfolgung war die Basis, um trotz laufender Schwierigkeiten den Projekterfolg sicherzustellen.

Weiterführende Maßnahmen (nach Projektabschluss)

	zuständig	Termin
Erkenntnisse auf andere Produkte und Pressen übertragen, vorrangig P501 und P502	G. Huber	15.02.20xx
Reparaturaufwand und Stillstandszeiten verfolgen	U. Bauer	monatlich

Unterschriften

G. Huber	H. Wulz	H. Baum
15.11.20xx	15.11.20xx	15.11.20xx
Projektauftraggeber	Projektleiter	Controller

Bild 2-9 Beispiel für den Projektabschlussbericht

In der Abschlusssitzung wird der Projektabschlussbericht gemeinsam mit dem Auftraggeber abgestimmt und unterzeichnet. Ein Beispiel dafür ist in Bild 2-9 dargestellt.

Die erreichten Ergebnisse und die dafür aufgewendeten Ressourcen werden analysiert und bewertet. Die Absicherung der Verbesserung in dem Prozess wird dargelegt. Sollten noch einzelne Restaufgaben offen bleiben, wird eine Liste mit diesen offenen Punkten an den Auftraggeber übergeben.

Nutzung von Lernchancen / Lessons Learned

Mit dem Abschluss des Projektes sollte sichergestellt werden, dass die gemachten Erfahrungen auch für andere Bereiche nutzbar sind. Dies muss systematisch und organisiert erfolgen, indem man zum Beispiel Richtlinien, Checklisten oder Lastenhefte ergänzt. Wenn dies in den Six Sigma-Projekten laufend erfolgt, hat man einen wichtigen Schritt zur lernenden Organisation geschafft.

Auf dieses Thema wird in der Phase Control noch im Detail eingegangen. Im Projektabschlussbericht findet sich eine Zusammenfassung der gemachten Erfahrungen.

Literatur

[1] *Patzak G., Rattay G.:* Projektmanagement, 4. Auflage, Linde Verlag, Wien, 2004

[2] *Magnusson K., Kroslid D., Bergman B.:* Six Sigma umsetzen, 2. Auflage, Carl Hanser Verlag, München, 2004

[3] *Rath & Strong Management Consultants (Hrsg.):* Rath & Strongs Six Sigma Pocket Guide, 1. Auflage, TÜV-Verlag GmbH, Köln, 2002

[4] *Rehbehn R., Yurdakul Z. B.:* Mit Six Sigma zu Business Excellence, 1. Auflage, Publicis Corporate Publishing, Erlangen, 2003

[5] *Bergbauer A. K.:* Six Sigma in der Praxis, 1. Auflage, Expert Verlag, Renningen, 2004

[6] *Sterrer C., Winkler G.:* Let your projects fly, 1. Auflage, Goldegg Verlag, Wien, 2006

3 Grundlagen der Statistik

3.1 Allgemeine Grundlagen

Jeder Mitarbeiter hat täglich eine Vielzahl von Entscheidungen zu treffen. Vielfach werden Entscheidungen „aus dem Bauch heraus" getroffen, oft basieren Entscheidungen auf „langjähriger Erfahrung". Mit Six Sigma haben statistische Verfahren wieder verstärkt Einzug in die Unternehmen gefunden. Entscheidungen werden auf Basis von Zahlen, Daten und Fakten getroffen!

Mit Hilfe von Kennwerten und Grafiken lassen sich Zusammenhänge sehr viel leichter erkennen. Bei einem Blick auf die Rohdaten dauert dies wesentlich länger, obwohl dort die gleichen Informationen enthalten sind (in Wirklichkeit natürlich mehr). Statistische Werkzeuge helfen so, Entscheidungen auf objektiver Basis treffen zu können.

Beispiel 3-1 Durchschnittliches Gehalt im Unternehmen

Daten:

1.500	1.700	1.500	1.800	1.800
1.800	1.800	2.000	1.900	2.100
2.100	2.000	1.900	2.100	2.000
1.800	1.600	2.000	5.800	7.300

Kennwerte:

arithmetischer Mittelwert	2.325
Zentralwert / Median	1.900
Häufigster Wert / Modalwert	1.800

Grafiken:

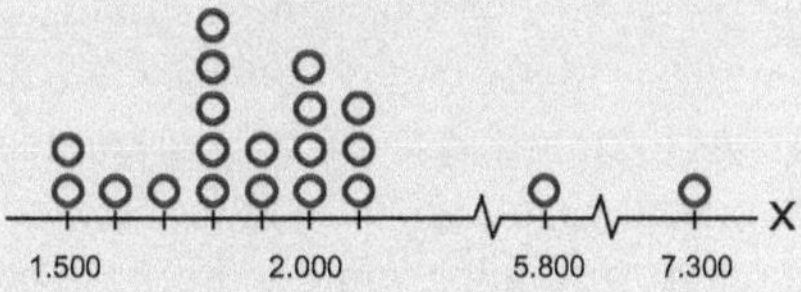

Bild 3-1 Kennwerte und Grafiken als Entscheidungshilfe

In Bild 3-1 sind die Gehälter von Mitarbeitern in einem Unternehmen dargestellt. Wenn man nun die Frage nach dem Durchschnittsverdienst stellt, so könnte die Antwort 1.800 lauten, denn genau diesen Betrag verdienen die meisten Mitarbeiter. Dieses Ergebnis entspricht dem Modalwert. Ebenso könnte die Antwort für den Durchschnitt 1.900 lauten, da ebenso viele Mitarbeiter mehr als 1.900 wie weniger als 1.900 verdienen. Dieses Ergebnis entspricht dem Median. Eine dritte Möglichkeit wäre, das gesamte Gehaltsvolumen gleichmäßig auf alle Mitarbeiter zu verteilen. Damit würde man 2.325 als Durchschnitt erhalten, was dem arithmetischen Mittelwert entspricht.

Welche ist nun die richtige Lösung? „Traue keiner Statistik, die Du nicht selbst gefälscht hast", wird Ihnen dazu vielleicht einfallen. Selbstverständlich sind alle drei Lösungen mathematisch korrekt. Immer wenn man statistische Verfahren zur Entscheidungsfindung heranzieht, ist es daher erforderlich, Verfahren auszuwählen, welche den Sachverhalt bestmöglich beschreiben.

Wollen wir die durchschnittlichen Gehälter in verschiedenen Unternehmen vergleichen, dann stellt der Median den Durchschnittsverdienst am besten dar. Wie wir später noch erfahren werden, ist ein besonderer Vorteil des Medians, dass er unempfindlich gegen Ausreißer ist. Daher wird unter Personalmanagern häufig der Median verwendet, um Gehaltsvergleiche anzustellen.

■

Im Zuge von Six Sigma-Projekten kommt es laufend zu Situationen, in denen statistische Verfahren zur Entscheidungsfindung herangezogen werden müssen.

Typische Fragestellungen sind zum Beispiel:

- Mit wie vielen fehlerhaften Teilen muss gerechnet werden?
- Besteht ein signifikanter Unterschied zwischen unterschiedlichen Lieferanten, unterschiedlichen Maschinen oder unterschiedlichen Prozesseinstellungen?
- Welche Einstellungen an der Maschine sind zu ändern, damit die Vorgaben erfüllt werden?
- Ab welcher Abweichung muss in den Prozess eingegriffen werden?
- Wie viele der Produkte erreichen die geforderte Lebensdauer?
- Welche Reklamationskosten sind zu erwarten?

Six Sigma-Anwender benötigen daher ausreichend Kenntnisse in statistischen Verfahren, um geeignete Entscheidungsgrundlagen aufbereiten zu können. Wir werden uns dabei nur soweit wie unbedingt erforderlich mit den statistischen Grundlagen beschäftigen und rasch zur Anwendung der Verfahren kommen. Ein entscheidender Vorteil ist, dass man heute über schlagkräftige Softwarepakete zur Durchführung der statistischen Analysen verfügt, die den Anwender von der Rechenarbeit entlasten. Der Anwender konzentriert sich auf die Auswahl der richtigen Verfahren und die korrekte Interpretation der Ergebnisse. Die Rechenarbeit wird durch die Software übernommen. Die einfache Handhabbarkeit und die vielen Funktionalitäten der Statistik-Softwarepakete sind ein Hauptgrund, dass statistische Verfahren Einzug in die Unternehmen gefunden haben.

3.1.1 Häufigkeiten und Wahrscheinlichkeiten

Zur Untersuchung der Häufigkeiten und Wahrscheinlichkeiten stellen wir uns einen einfachen Versuch vor. In einem Sack befinden sind 1000 Kugeln, wovon 70 rot sind, d. h. die Wahrscheinlichkeit eine rote Kugel zu ziehen ist 7% (p=7%).

In Form einer Stichprobe werden n = 50 Kugeln entnommen. Die Anzahl der roten Kugeln wird gezählt. Theoretisch könnte es vorkommen, dass gar keine rote Kugel in der Stichprobe ist, ebenso wäre es möglich, dass alle 50 Kugeln rot sind.

Legt man nun die Kugeln wieder zurück und wiederholt den Versuch mehrmals, so lässt sich das Punktdiagramm der absoluten Häufigkeiten erstellen (siehe Bild 3-2). Ebenso kann man die absoluten Häufigkeiten auch als Balkendiagramm darstellen.

Dividiert man die absoluten Häufigkeiten durch die Anzahl der durchgeführten Versuche, so lässt sich die relative Häufigkeit darstellen. Diese Darstellung ist besonders vorteilhaft, wenn man mehrere Stichproben unterschiedlichen Umfangs miteinander vergleichen möchte.

Würde man nun aus diesem Sack sehr viele (mathematisch gesehen unendlich viele) Stichproben entnehmen, so wird der Einfluss des Zufalls immer geringer. Die relativen Häufigkeiten gehen dann in die Wahrscheinlichkeiten über. In diesem Fall entspricht die Verteilung der Binomialverteilung.

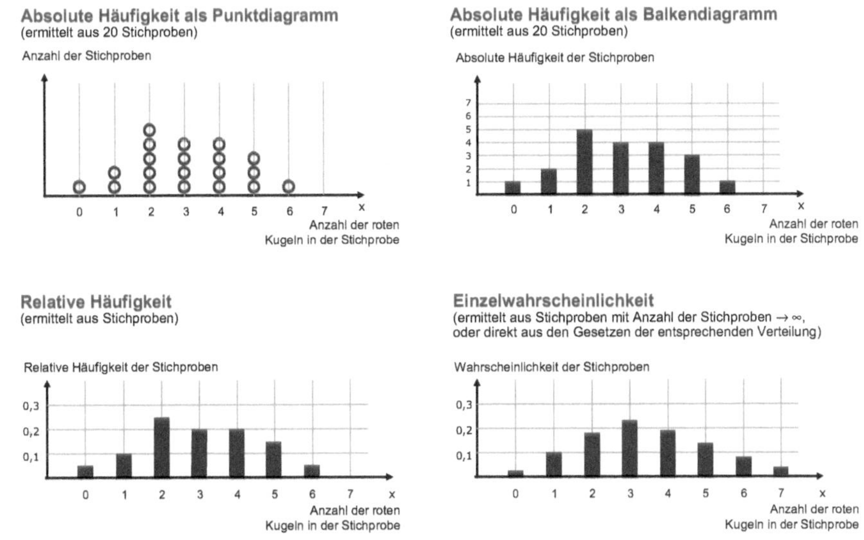

Bild 3-2 Häufigkeiten und Wahrscheinlichkeiten

3.1.2 Merkmalsarten

Merkmale stehen im Fokus der Optimierung von Prozessen. Zum einen sind dies Produktmerkmale, wie ein Durchmesser einer Bohrung oder die Kratzer pro Blechteil. Andererseits sind es Prozessmerkmale wie eine Schnittgeschwindigkeit oder die Art des verwendeten Schutzgases.

Diese Merkmale lassen sich in folgende Gruppen teilen:

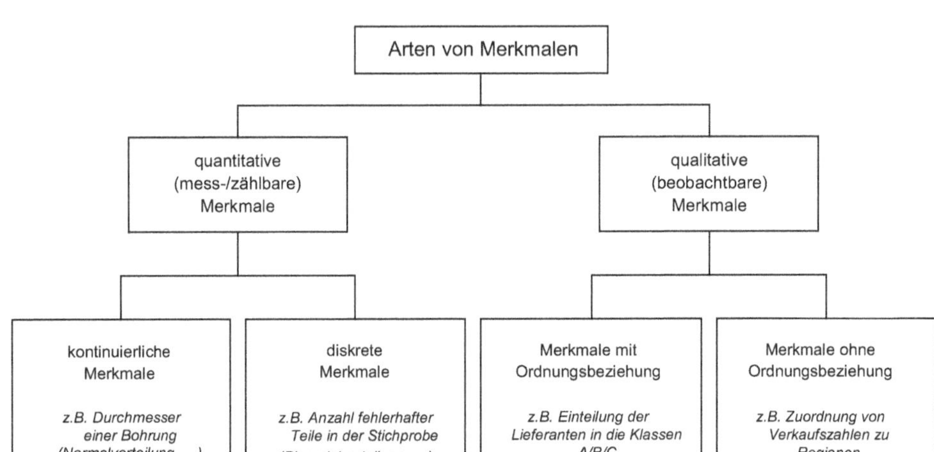

Bild 3-3 Arten von Merkmalen (nach [2])

Kontinuierliche Merkmale werden auch als stetige oder messbare Merkmale bezeichnet. Diese Merkmale können theoretisch jeden beliebigen Wert annehmen. Beispiele dafür sind die Längen von Bauteilen, das Abfüllgewicht bei Zementsäcken, die Dauer von Rüstvorgängen oder auch die Ausschusskosten in einer Produktion.

Diskret veränderliche Merkmale werden auch als zählbare Merkmale bezeichnet. Die Untersuchung liefert Beobachtungswerte, die nur ganzzahlig sein können. Dabei ist zwischen der *Anzahl fehlerhafter Einheiten* (z. B. fehlerhafte Teile in einem Prüflos) und der *Anzahl der Fehler* (z. B. Kratzer pro Blechteil) in einer Stichprobe zu unterscheiden.

Merkmale mit Ordnungsbeziehungen liegen dann vor, wenn die Merkmalsträger nach der Bewertung geordnet werden können. Ein Beispiel dafür ist die Einteilung der Lieferanten in die Klassen A, B und C oder auch die Dienstgrade beim Militär.

Merkmale ohne Ordnungsbeziehung erlauben eine Zuordnung der Merkmals-träger zu Klassen, wobei zwischen den Klassen keine Ordnungsbeziehung besteht. Dies ist beispielsweise der Fall, wenn man Ausfallszeiten nach Ursachen aufteilt (materialbedingt, maschinenbedingt, usw.).

3.1.3 Aufgaben der analytischen Statistik

Bei der analytischen Statistik werden Untersuchungen an Stichproben durchgeführt, um eine Aussage über die zugehörige Grundgesamtheit machen zu können, sei es zum Nachweis der Prozessfähigkeit oder beispielsweise, um optimale Prozesseinstellungen zu finden.

Die **Grundgesamtheit** ist die gesamte Menge an Teilen, Personen, usw., an der man interessiert ist. Um zu Informationen über diese Grundgesamtheit zu gelangen, kann man eine

Vollerhebung durchführen, wie dies zum Beispiel bei Wahlen erfolgt. Die zweite Möglichkeit ist, eine Stichprobe zu nehmen und daraus Informationen über die Grundgesamtheit zu ziehen.

Eine **Stichprobe** ist eine Teilmenge der Grundgesamtheit, welche repräsentativ für die Grundgesamtheit sein muss. Anhand der Kennwerte der Stichprobe wird auf die Grundgesamtheit geschlossen. Die Parameter der Grundgesamtheit werden aus den Stichprobenkennwerten geschätzt.

Direkter und indirekter Schluss

Nach der Betrachtungsrichtung wird zwischen dem direkten und dem indirekten Schluss unterschieden:

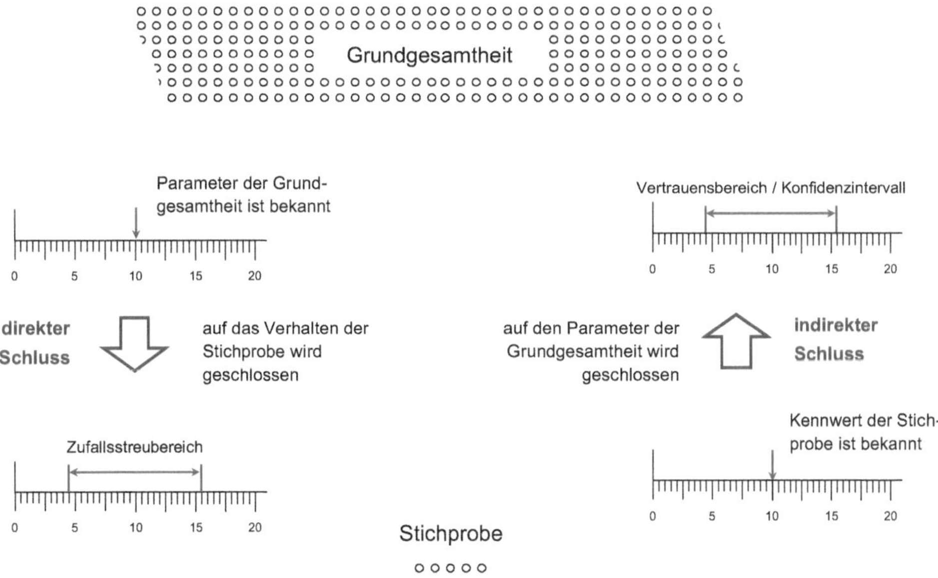

Bild 3-4 Vergleich direkter und indirekter Schluss

Beim **direkten Schluss** wird von einer bekannten oder als bekannt angenommenen Grundgesamtheit auf das Verhalten von Stichproben geschlossen. Ein Anwendungsbeispiel dafür ist die statistische Prozessregelung: Für eine als bekannt angenommene Grundgesamtheit wird ermittelt, in welchem Bereich eine Stichprobe zu erwarten ist (Zufallsstreubereich). Im Zuge der periodischen Entnahme von Stichproben wird überprüft, ob diese auch in dem erwarteten Intervall liegen. Damit wird überprüft, ob sich der Prozess noch wie vorgesehen verhält oder in der Zwischenzeit verändert hat.

Beim **indirekten Schluss** hingegen wird von einer Stichprobe auf die Grundgesamtheit geschlossen. Ein Beispiel dafür ist die Angabe von Prozessfähigkeiten. Nachdem jede Stichprobe auch dem Zufall unterliegt, würde man aus jeder Stichprobe einen anderen Schätzwert für die Grundgesamtheit erhalten. Daher wird zusätzlich zum Schätzwert auch ein Intervall (Vertrauensbereich bzw. Konfidenzintervall) angegeben, in dem der geschätzte Parameter mit einer bestimmten Wahrscheinlichkeit zu erwarten ist.

3.2 Verteilungsformen

Hinsichtlich der Verteilungsform wird zwischen diskreten und kontinuierlichen Verteilungsformen unterschieden. Diskrete Verteilungsformen kommen bei zählbaren Merkmalen zur Anwendung, kontinuierliche Verteilungsformen werden für messbare Merkmale verwendet.

Diskrete Verteilung

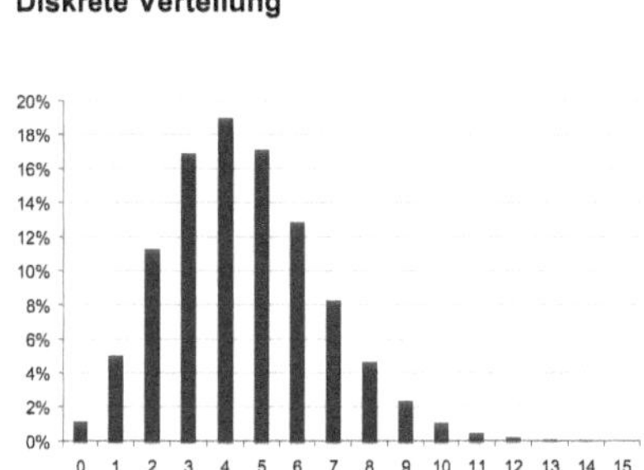

Die Merkmale können nur vordefinierte Werte annehmen.
Beispiel: Fehler pro Blechteil

Kontinuierliche Verteilung

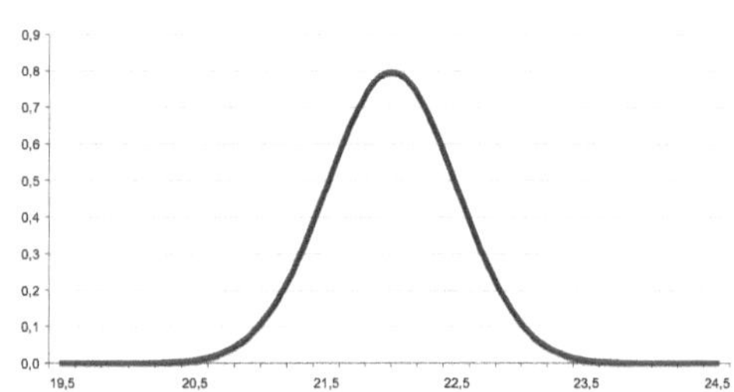

Die Merkmale können beliebige Werte annehmen.
Beispiel: Durchmesser einer Welle

Bild 3-5 Arten von Verteilungen

In den Six Sigma-Programmen kommen vor allem folgende Verteilungen zur Anwendung:

Wahrscheinlichkeitsverteilungen dienen zur Beschreibung der Grundgesamtheit, aus der die Stichproben stammen. Beispiele dafür sind:

- Wahrscheinlichkeitsverteilungen für diskrete Merkmale
  - Hypergeometrische Verteilung
  - Binomialverteilung
  - Poisson-Verteilung
- Wahrscheinlichkeitsverteilungen für kontinuierliche Merkmale
  - Normalverteilung
  - logarithmische Normalverteilung
  - Exponentialverteilung
  - Weibull-Verteilung

Parametrische Verteilungen dienen zur Beschreibung der Verteilung von Parametern (z. B. Mittelwerte). Diese werden unter anderem bei der Durchführung statistischer Testverfahren eingesetzt. Beispiele dafür sind:

- Normalverteilung
- t-Verteilung
- χ^2-Verteilung
- F-Verteilung

3.2.1 Hypergeometrische Verteilungen

Die Hypergeometrische Verteilung gibt den Zusammenhang zwischen der Anzahl fehlerhafter Einheiten in einer Stichprobe und der zugehörigen Wahrscheinlichkeit an. Dabei ist zu beachten, dass ein entnommenes Teil nach der Beurteilung nicht wieder zurückgelegt wird (*Ziehen ohne Zurücklegen*). Die Veränderung der Grundgesamtheit durch die Entnahme der Stichprobe wird durch die Hypergeometrische Verteilung berücksichtigt.

Die Parameter der Hypergeometrischen Verteilung sind der Umfang der Grundgesamtheit (N), die Anzahl fehlerhafter Einheiten in der Grundgesamtheit (d) und die Größe der Stichprobe (n).

Beispiel 3-2 Ziehen ohne Zurücklegen

In einem Behälter sind N = 20 Einheiten, wovon drei fehlerhaft sind. Aus dem Behälter wird eine Stichprobe vom Umfang n = 4 gezogen. In der Stichprobe können nun 0, 1, 2, oder 3 fehlerhafte Einheiten vorgefunden werden. Die Wahrscheinlichkeiten dazu werden mit Hilfe der Hypergeometrischen Verteilung ermittelt.

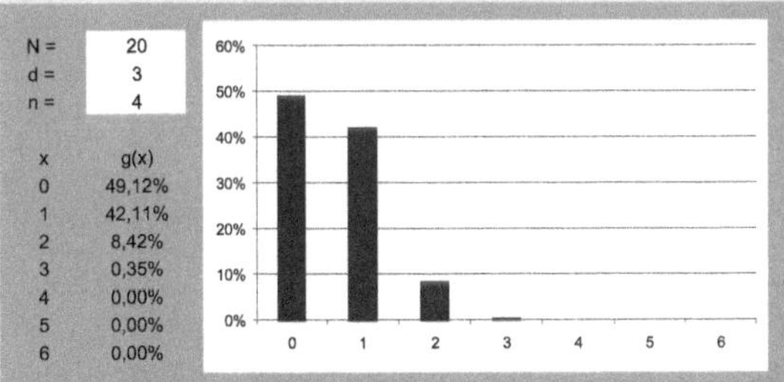

N =	20
d =	3
n =	4

x	g(x)
0	49,12%
1	42,11%
2	8,42%
3	0,35%
4	0,00%
5	0,00%
6	0,00%

N ... Umfang der Grundgesamtheit
d ... Anzahl der fehlerhaften Einheiten in der Grundgesamtheit
n ... Größe der Stichprobe
x ... Anzahl der fehlerhaften Einheiten in der Stichprobe

Bild 3-6 Einzelwahrscheinlichkeiten am Beispiel der Hypergeometrischen Verteilung

Man bezeichnet g(x) als die Wahrscheinlichkeit, genau x fehlerhafte Einheiten zu ziehen. In diesem Beispiel beträgt die Wahrscheinlichkeit, keine fehlerhafte Einheit zu finden, fast 50%, d. h. wenn man den gesamten Versuch öfter wiederholt, wird etwa bei jedem zweiten Versuch keine fehlerhafte Einheit enthalten sein. Die Wahrscheinlichkeit, dass die Stichprobe eine fehlerhafte Einheit enthält, beträgt ca. 42%. In gleicher Art ermittelt man auch die Wahrscheinlichkeiten, zwei oder drei fehlerhafte Einheiten zu finden. ■

In der Praxis ist der Einfluss der Stichprobenentnahme auf die Grundgesamtheit meist vernachlässigbar gering, und die Hypergeometrische Verteilung wird zur leichteren Berechnung durch die Binomialverteilung angenähert.

3.2.2 Binomialverteilung

Die Binomialverteilung dient wie die Hypergeometrische Verteilung zur Beschreibung des Zusammenhangs zwischen der Anzahl fehlerhafter Einheiten und der zugehörigen

Wahrscheinlichkeit. Korrekterweise müsste ein entnommenes Teil nach der Beurteilung wieder zurückgelegt werden, um die Grundgesamtheit nicht zu verändern (*Ziehen mit Zurücklegen*).

In der Praxis ist jedoch häufig die Regel $n < \frac{N}{10}$

erfüllt, und die Hypergeometrische Verteilung kann auch ohne Zurücklegen durch die einfacher berechenbare Binomialverteilung angenähert werden.

Die Binomialverteilung ist durch zwei Parameter definiert, nämlich die Wahrscheinlichkeit, dass ein Teil fehlerhaft ist (*p*) und den Umfang der Stichprobe (*n*).

Beispiel 3-3 Produktion von Gussteilen

Die Produktion von Gussteilen läuft gleich bleibend mit einem Ausschussanteil von 4%. Stichprobenweise entnimmt man n = 50 Teile. Wie groß ist nun die Wahrscheinlichkeit, genau x = 1 Ausschussteil vorzufinden. Diese Wahrscheinlichkeit wird mit g(1) bezeichnet.

Die Wahrscheinlichkeit, x fehlerhafte Einheiten in einer Stichprobe des Umfanges n vorzufinden, errechnet sich mit Hilfe der folgenden Wahrscheinlichkeitsfunktion g(x):

$$g(x;n,p) = \binom{n}{x} \cdot p^x \cdot (1-p)^{n-x}$$

Einfacher erfolgt die Berechnung mit Hilfe von Excel, diese ergibt g(1) = 27,1%. Das heißt, dass in etwa jeder vierten Stichprobe genau ein fehlerhaftes Teil zu erwarten ist.

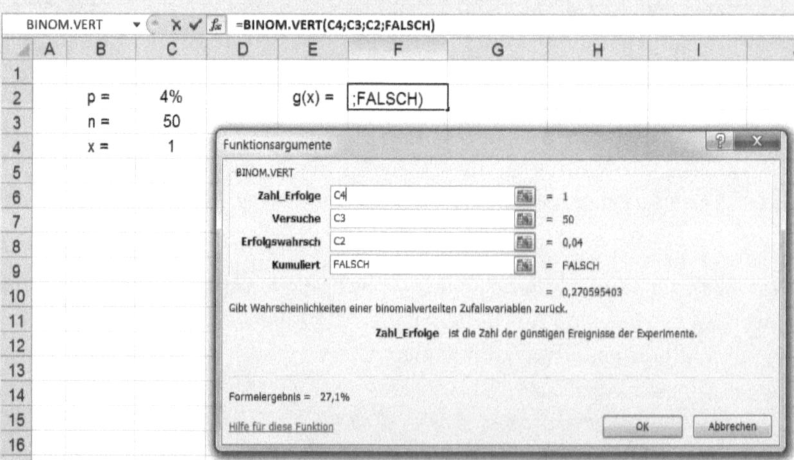

Excel > Formeln > Funktion einfügen > Statistik > BINOM.VERT

Bild 3-7 Berechnung der Binomialverteilung mit Excel

Die Einzelwahrscheinlichkeit g(x) gibt die Wahrscheinlichkeit an, genau x fehlerhafte Einheiten vorzufinden. Oft ist man daran interessiert, wie groß die Wahrscheinlichkeit ist, bis zu x fehlerhafte Einheiten vorzufinden. Dazu findet die Verteilungsfunktion G(x) Verwendung, welche folgendermaßen errechnet wird:

$$G(x;n,p) = \sum_{i=0}^{x} g(i;n,p)$$

In Bild 3-8 sind die Ergebnisse für die Einzelwahrscheinlichkeit g(x) und Summenwahrscheinlichkeit G(x) in übersichtlicher Form dargestellt. Dies ist vor allem dann hilfreich, wenn man weiterführende Überlegungen anstellen will.

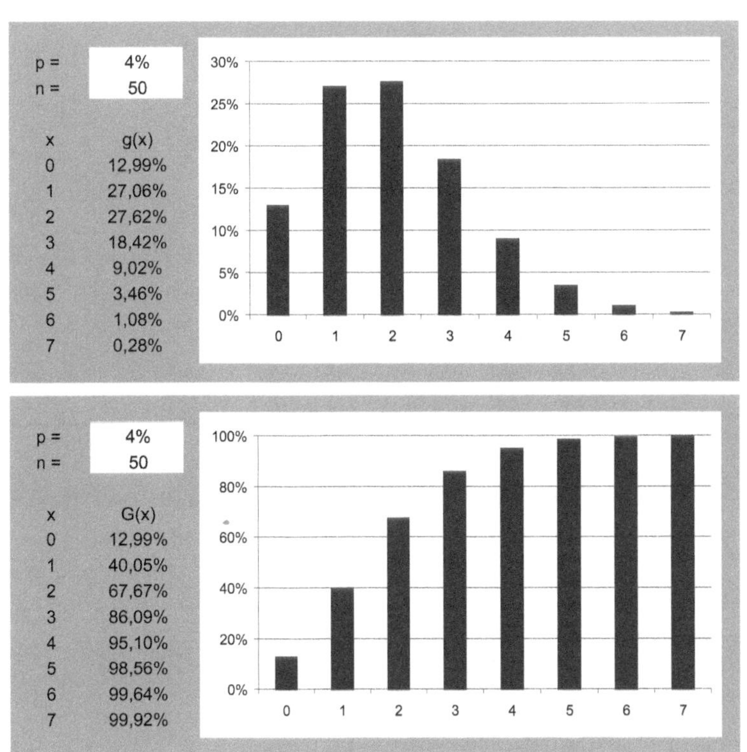

p = 4%
n = 50

x	g(x)
0	12,99%
1	27,06%
2	27,62%
3	18,42%
4	9,02%
5	3,46%
6	1,08%
7	0,28%

p = 4%
n = 50

x	G(x)
0	12,99%
1	40,05%
2	67,67%
3	86,09%
4	95,10%
5	98,56%
6	99,64%
7	99,92%

Datei: Statistik.xls / Binomialverteilung

Bild 3-8 Einzelwahrscheinlichkeit und Summenwahrscheinlichkeit der Binomialverteilung

Bei x = 7 erreicht die Summenwahrscheinlichkeit scheinbar 100%. Tatsächlich erreicht G(x) bei diesem Beispiel erst bei x = 50 die vollen 100%.

Beispiel 3-4 Einfluss der Parameter auf die Form der Binomialverteilung

Überlegen Sie sich, wie sich die Wahrscheinlichkeitsfunktion und die Verteilungsfunktion in Bild 3-8 ändern, wenn die Stichprobengröße auf n = 25 reduziert wird oder der Fehleranteil auf p = 8% ansteigt. Versuchen Sie, zuerst abzuschätzen, was passieren wird. Wie viele fehlerhafte Einheiten sind dann in der Stichprobe zu erwarten? Ermitteln Sie anschließend die Lösung mit Hilfe der Excel-Datei. Sie können Stichprobengrößen und Fehleranteile variieren und erhalten dargestellt, wie viele fehlerhafte Einheiten in der Stichprobe plausibel sind. ■

Falls $n \cdot p \cdot (1-p) \geq 9$ erfüllt ist, kann die Binomialverteilung durch die Normalverteilung angenähert werden. Die Parameter sind:

Mittelwert $\mu = p \cdot n$

Standardabweichung $\sigma = \sqrt{n \cdot p \cdot (1-p)}$

Diese Anpassung wird zum Beispiel zur vereinfachten Berechnung der Regelgrenzen von Regelkarten für diskrete Merkmale verwendet.

Der Zusammenhang zwischen der Verteilungsfunktion G(x), der Anzahl fehlerhafter Einheiten x und der Parameter p und n lässt sich auch grafisch mit Hilfe des Larson-Nomogramms darstellen. Informationen und Beispiele dazu finden Sie unter anderem in [1] und [3].

3.2.3 Poisson-Verteilung

Die Poisson-Verteilung wird zur Beschreibung des Zusammenhangs zwischen der Anzahl von Beobachtungen pro Einheiten und der zugehörigen Wahrscheinlichkeit verwendet. Beispiele dafür sind die Anzahl der Schweißspritzer pro Blechteil oder auch die Anzahl der Anrufe pro Stunde in einem Call-Center. Die mittlere Anzahl von Beobachtungen ist der einzige Parameter der Poisson-Verteilung und wird mit μ bezeichnet.

Beispiel 3-5 Schweißperlen pro Blechteil

Eine Untersuchung hat ergeben, dass durchschnittlich μ = 2,3 Schweißperlen pro Blechteil auftreten. Die Anzahl der Fehler pro Einheit kann theoretisch zwischen 0 und ∞ liegen. Es stellt sich nun die Frage, wie groß die Wahrscheinlichkeit ist, ein Blechteil mit genau x = 1 Schweißperlen herauszugreifen.

Die Einzelwahrscheinlichkeit errechnet sich folgendermaßen:

$$g(x;\mu) = \frac{\mu^x}{x!} \cdot e^{-\mu}$$

Auch hier ist die Berechnung mit Excel einfacher. Diese ergibt g(1) = 23,1%. An jedem vierten bis fünften Blechteil ist genau eine Schweißperle zu erwarten.

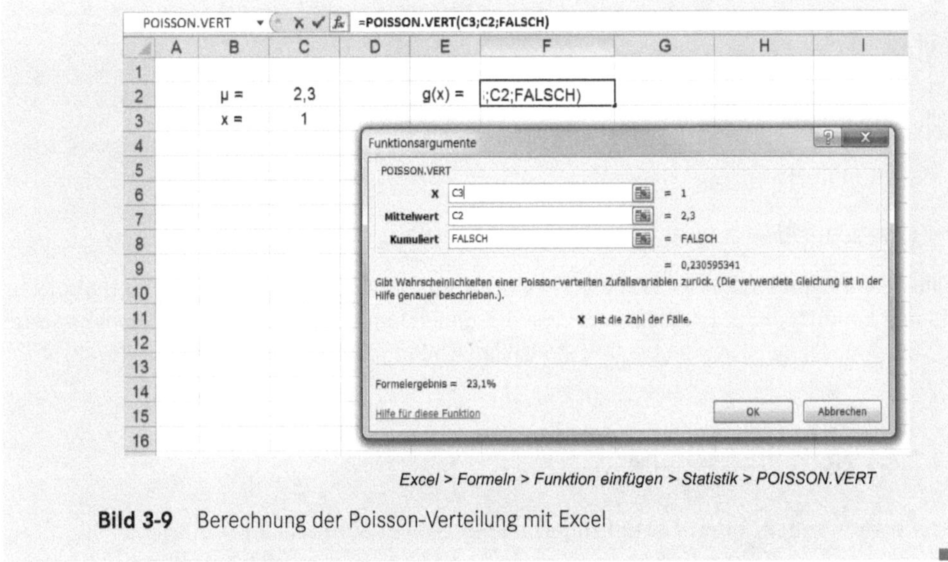

Excel > Formeln > Funktion einfügen > Statistik > POISSON.VERT

Bild 3-9 Berechnung der Poisson-Verteilung mit Excel

Die Verteilungsfunktion errechnet sich aus:

$$G(x;\mu) = \sum_{i=0}^{x} g(i;\mu)$$

Auch für die Poisson-Verteilung lassen sich die Ergebnisse für g(x) und G(x) in übersichtlicher Form darstellen:

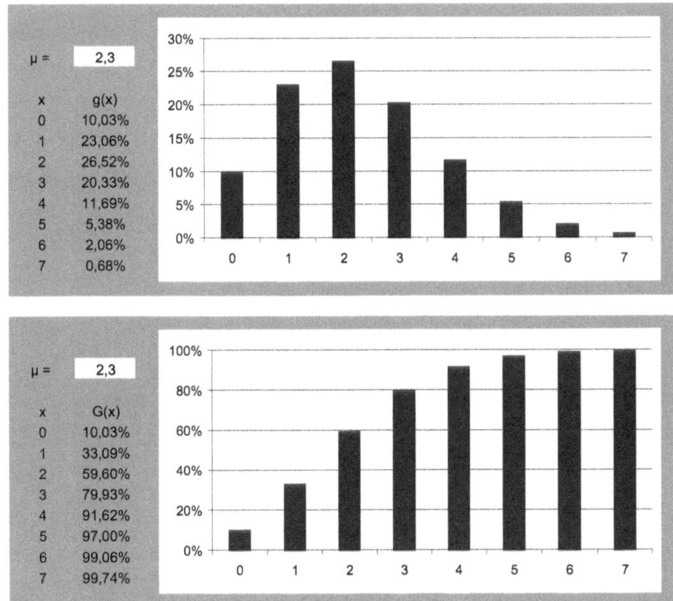

Datei: Statistik.xls / Poissonverteilung

Bild 3-10 Einzelwahrscheinlichkeit und Summenwahrscheinlichkeit der Poissonverteilung

Nachdem die Fehlerzahl theoretisch auch ∞ betragen könnte, erreicht G(x) erst bei ∞ die vollen 100%.

Für $\mu \geq 9$ kann die Poisson-Verteilung durch die Normalverteilung angenähert werden. Die Parameter sind

Mittelwert	μ
Standardabweichung	$\sigma = \sqrt{\mu}$

Die Zusammenhänge zwischen der Verteilungsfunktion G(x), der Anzahl fehlerhafter Einheiten x und dem Parameter μ lassen sich grafisch mit Hilfe des Thorndike-Nomogramms darstellen. Informationen und Beispiele dazu finden Sie unter anderem in [1] und [3].

3.2.4 Normalverteilung

Die bisher behandelten Verteilungen haben gemeinsam, dass danach verteilte Merkmalswerte nur ganzzahlig sein können. Daneben gibt es viele Merkmale, wie zum Beispiel den Durchmesser einer Welle, die jeden beliebigen Wert annehmen können. Mehrere Verteilungsformen dienen zur Beschreibung der Verteilung solcher kontinuierlicher Merkmale.

Besondere Bedeutung kommt jedoch der Normalverteilung zu. Sie wird häufig nach dem deutschen Mathematiker Gauß als Gauß´sche Glockenkurve bezeichnet. Die Gründe für ihre häufige Verwendung sind:

- Messgrößen, die sich aus sehr vielen, unabhängigen Zufallsvariablen ergeben, von denen keine dominierend ist, sind zumindest näherungsweise normalverteilt (Zentraler Grenzwertsatz). Daher sind viele Merkmalswerte von der Theorie her normalverteilt.
- Auch wenn Merkmalswerte nicht normalverteilt sind, führt eine Annäherung in der Praxis häufig zu brauchbaren Lösungen.
- Bestimmte nicht normalverteilte Merkmalswerte lassen sich in eine normalverteilte Variable transformieren. Auf diese können wiederum die Gesetze der Normalverteilung angewendet werden.

Die Normalverteilung ist durch zwei Parameter bestimmt:

Der **arithmetische Mittelwert μ** legt die Lage der Glockenkurve fest. Dieser Wert gibt die größte Dichte der Messwerte an und wird daher auch als Erwartungswert bezeichnet. Im Produktionsprozess entspricht μ der Prozess- bzw. Fertigungslage.

Die **Standardabweichung σ** ist ein Maß für die Streubreite der Glockenkurve. Sie lässt sich an der Glockenkurve als Abstand vom Mittelwert μ zum Wendepunkt ablesen.

Beide Parameter sind in der Regel unbekannt und werden aus der Stichprobe geschätzt.

Die Dichtefunktion ist eine symmetrische Funktion. Die Kurve fällt nach beiden Seiten glockenförmig ab und nähert sich asymptotisch der Abszissenachse. Das heißt, die Kurve berührt die x-Achse tatsächlich erst im Unendlichen.

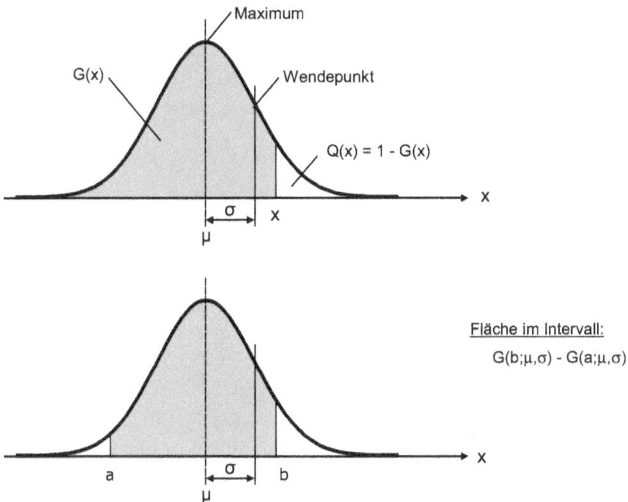

Bild 3-11 Wahrscheinlichkeitsdichtefunktion der Normalverteilung

Die Fläche unter der Kurve kann als Wahrscheinlichkeit abgelesen werden. G(x) ist die Wahrscheinlichkeit, dass ein Messwert höchstens x ist. Dies entspricht der Fläche unter der Glockenkurve von $-\infty$ bis x. Die restliche Fläche bis $+\infty$ wird mit Q(x) bezeichnet. Die Summe aus G(x) und Q(x) ergibt daher 100%, d. h.

$$G(x) + Q(x) = 1$$

Die Wahrscheinlichkeit, dass ein normalverteiltes Merkmal genau einen bestimmten Wert x annimmt, ist gleich 0. Praktisch sinnvoll sind daher nur Fragestellungen, die Intervalle betreffen. Die Wahrscheinlichkeit, dass ein Messwert zwischen a und b liegt, ist G(b) - G(a) und entspricht der Fläche unter der Glockenkurve zwischen a und b. Die Fläche von $-\infty$ bis ∞ ist 1.

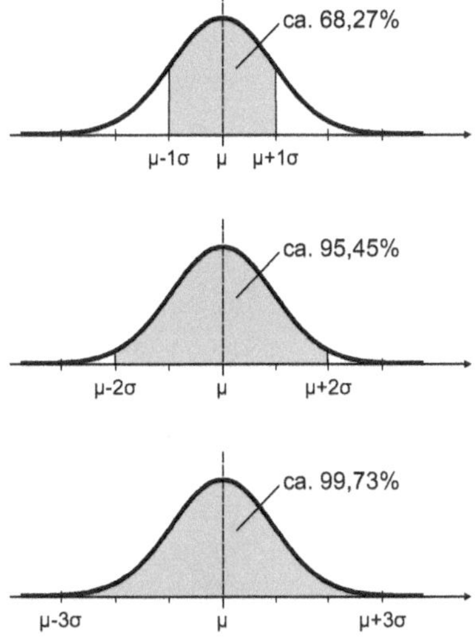

	Anteil (ca.)	
	innerhalb	außerhalb
± 1 σ	68,27%	31,73%
± 2 σ	95,45%	4,55%
± 3 σ	99,73%	0,27%
± 4 σ	999.937 ppm	63 ppm
± 5 σ	999.999,43 ppm	0,57 ppm
± 6 σ	999.999,998 ppm	0,002 ppm

Bild 3-12 Flächen unter der Normalverteilung

Bild 3-12 zeigt die Flächeninhalte unter der Normalverteilung für verschiedene σ-Bereiche. Mit Kenntnis dieser Flächen lassen sich rasch Überschreitungsanteile abschätzen.

3.2.4.1 Standardisierte Normalverteilung

Für Berechnungen zur Normalverteilung spielt die standardisierte Normalverteilung eine besondere Rolle. Nachdem mit unterschiedlichen Mittelwerten und unterschiedlichen Streuungen unendlich viele Normalverteilungen vorkommen können, wird für praktische Berechnungen die standardisierte Normalverteilung mit dem Mittelwert $\mu = 0$ und der Standardabweichung $\sigma = 1$ verwendet. Dazu müssen die realen Werte (x-Werte) in die standardisierte Variable u transformiert werden. Diese besondere Normalverteilung wird häufig auch als u-Verteilung bezeichnet. Für die u-Verteilung liegen die Flächen in Tabellen (sogenannten u-Tabellen, siehe dazu auch Anhang) vor. Die standardisierte Variable u wird im angloamerikanischen Raum vielfach mit z bezeichnet. Auch in Minitab wird z verwendet.

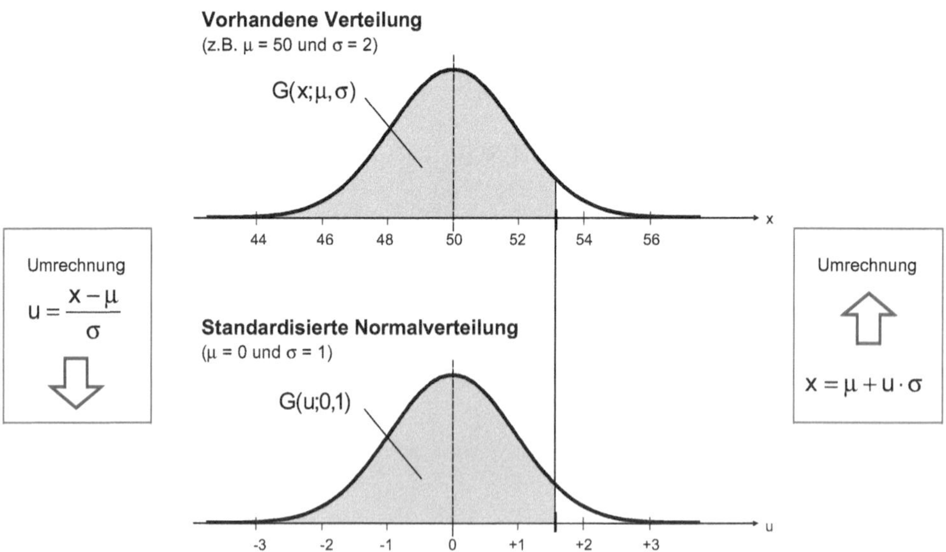

Bild 3-13 Standardisierte Normalverteilung

Auch wenn durch den Einsatz leistungsfähiger Softwarepakete die Rechnung mit Hilfe der standardisierten Normalverteilung nicht mehr erforderlich ist, soll doch anhand von zwei Beispielen das Prinzip erläutert werden.

Beispiel 3-6 Ermittlung von G(x)

Messwerte sind normalverteilt mit einem Erwartungswert von μ = 25 und der Standardabweichung σ = 2. Wie groß ist die Wahrscheinlichkeit, dass ein Messwert höchstens 26 ist?

Für das bessere Verständnis ist jedenfalls zu empfehlen, mit einer grafischen Lösung zu starten. Zunächst wird man die Normalverteilung skizzieren. Nachdem sich die Normalverteilung bei -3σ und $+3\sigma$ scheinbar der x-Achse annähert, wird sie in der Handskizze auch in diesem Intervall eingezeichnet. Die Fläche von $-\infty$ bis zum Wert 25 beträgt 50%. Nun muss man noch die Fläche des Streifens zwischen x = 25 und x = 26 schätzen. Nachdem man aber weiß, dass zwischen -1σ und $+1\sigma$ ca. 68% der Fläche liegen, kann dieser Streifen grob mit 68/4 = 17% geschätzt werden. Die Wahrscheinlichkeit, dass ein Messwert höchstens 26 ist, wird daher ca. 67% betragen.

Bild 3-15 zeigt auch die rechnerische Lösung mit Hilfe der standardisierten Normalverteilung. Nachdem man die standardisierte Zufallsvariable u errechnet hat, kann man aus der u-Tabelle die Wahrscheinlichkeit G(u) = G(x) ablesen.

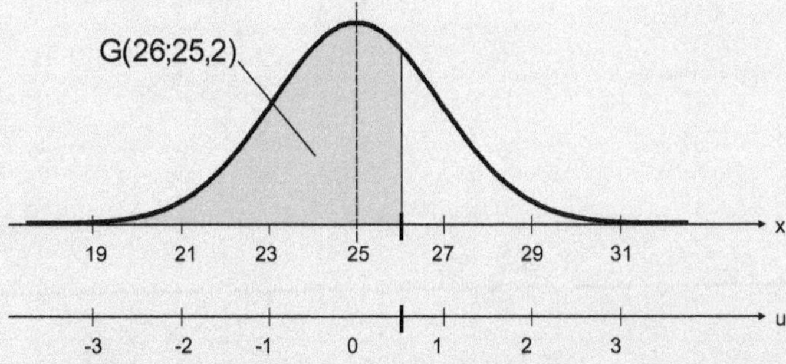

$$u = \frac{x-\mu}{\sigma} = \frac{26-25}{2} = 0{,}5$$

für u=0,5 folgt aus der u-Tabelle: G(u=0,5) = 69,15%
bzw.: G(x=26) = 69,15%

Bild 3-14 Berechnung zur Ermittlung von G(x)

D.h. mit einer Wahrscheinlichkeit von ca. 69% wird ein Messwert höchstens 26 sein. Ein typisches Anwendungsbeispiel dieser Berechnung wäre die Ermittlung von Überschreitungsanteilen. Bei vorgegebenen Spezifikationsgrenzen ist man daran interessiert, welcher Anteil der Produktion außerhalb dieser Grenzen liegen wird.

Berechnungen zur Normalverteilung: G(x) gesucht

Parameter der Verteilung		x	G(x)	Q(x)
Mittelwert μ	25	26	69,15%	30,85%
Standardabweichung σ	2	25	50,00%	50,00%
		24	30,85%	69,15%
		23	15,87%	84,13%
		22	6,68%	93,32%

Datei: Statistik.xls / Normalverteilung

Bild 3-15 Excel-Formular zur Ermittlung von G(x)

Komfortabler lässt sich dieses Beispiel mit Excel lösen. Bild 3-15 zeigt ein Formular, das mit Excel sehr schnell aufgebaut und zum Beispiel zur groben Abschätzung von Fehleranteilen verwendet werden kann.

Bild 3-16 zeigt die Berechnung von u mit Hilfe von Minitab. Selbstverständlich kann hier der Umweg über die standardisierte Normalverteilung auch entfallen, indem man x, Mittelwert und Standardabweichung direkt angibt.

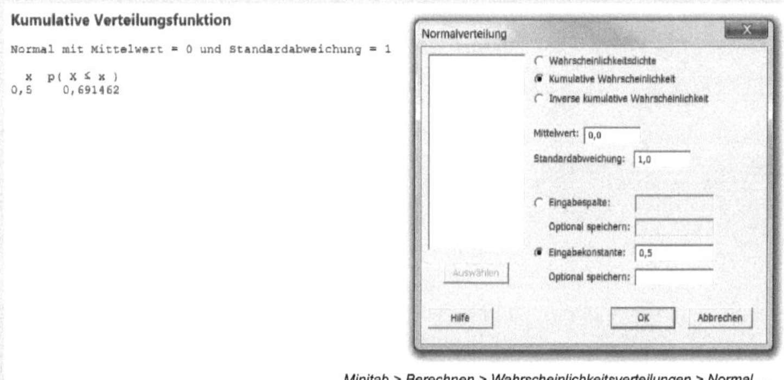

Bild 3-16 Berechnung von G(x) mit Hilfe von Minitab

Beispiel 3-7 Ermittlung von x

Im umgekehrten Fall ist eine Wahrscheinlichkeit G(x) vorgegeben, und es wird der zugehörige x-Wert gesucht. Die Länge von Wellen ist normalverteilt mit einem Mittelwert von $\mu = 45$ mm und einer Standardabweichung von $\sigma = 0{,}5$ mm. Gesucht ist jene obere Grenze, über der 2,5% liegen. Bild 3-17 stellt die Situation grafisch dar.

In diesem Fall ist Q(x) = 2,5%. G(x) = 100% − Q(x) = 97,5%. Mit G(u) = G(x) kann man aus der u-Tabelle u = 1,96 herauslesen. Zurücktransformiert in die realen Werte ergibt sich x = 45,98. D.h. mit einer Wahrscheinlichkeit von 2,5% wird ein Messwert höher als 45,98 sein.

Meist ist in den u-Tabellen auch das Q(u) abgedruckt, und der Umweg über G(u) ist nicht erforderlich.

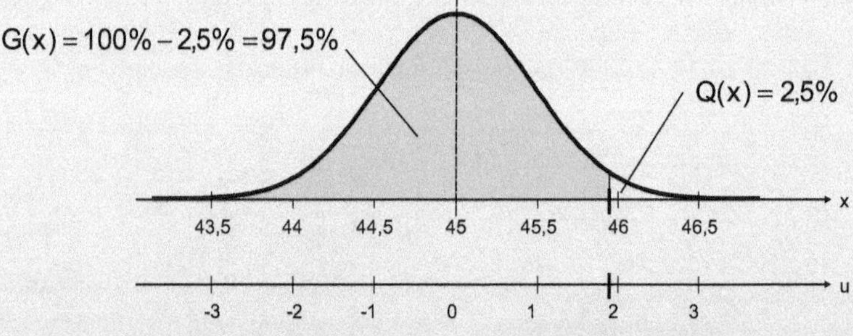

Bild 3-17 Berechnung von x aus G(x)

Ebenso könnte man auch nach einer unteren Grenze fragen, unter der exakt 2,5% liegen. Nachdem die Normalverteilung symmetrisch um den Mittelwert μ ist, spiegelt man den vorhin erhaltenen Wert x_{oben} = 45,98 um die Mittellinie und erhält sofort die untere Grenze x_{unten} = 44,02. Zwischen diesen beiden Grenzen liegen 95% der Fläche, d.h. ein Merkmal aus dieser Grundgesamtheit wird mit einer Wahrscheinlichkeit von 95% zwischen diesen beiden Grenzen liegen. Damit hat man den 95%-Zufallsstreubereich ermittelt. Die Wahrscheinlichkeit, dass ein Merkmalswert außerhalb dieser Grenzen liegt, ist 5%. Diese Wahrscheinlichkeit wird als Irrtumswahrscheinlichkeit α bezeichnet.

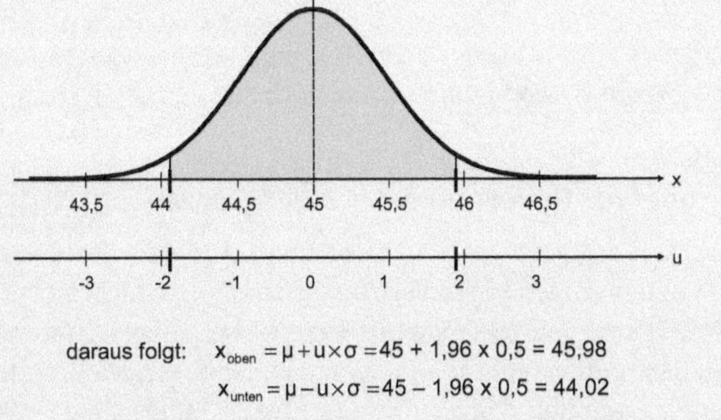

bzw. der 95%-Zufallsstreubereich: $45 - 1{,}96 \times 0{,}5 \leq x \leq 45 + 1{,}96 \times 0{,}5 \Rightarrow 44{,}02 \leq x \leq 45{,}98$

Bild 3-18 Ermittlung des 95%-Zufallsstreubereiches

Eine typische Anwendung des Zufallsstreubereiches ist die Berechnung der Regelgrenzen bei der Statistischen Prozessregelung. Darauf wird in der Phase **Control** eingegangen.

Auch diese Rechnung lässt sich mit Excel oder Minitab komfortabel durchführen. Bild 3-19 zeigt die Berechnung mit Hilfe von Excel, Bild 3-20 zeigt die Rechnung mit Hilfe von Minitab, wobei hier der direkte Weg über die Eingabe der realen Werte gewählt wurde.

Berechnungen zur Normalverteilung: x gesucht

Parameter der Verteilung		Q(x)	G(x)	x
Mittelwert μ	45	0,5%	99,5%	46,288
Standardabweichung σ	0,5	1,0%	99,0%	46,163
		2,5%	97,5%	45,980
		5,0%	95,0%	45,822
			0,5%	43,712
			1,0%	43,837
			2,5%	44,020
			5,0%	44,178

Datei: Statistik.xls / Normalverteilung

Bild 3-19 Excel-Formular zum Beispiel „x gesucht“

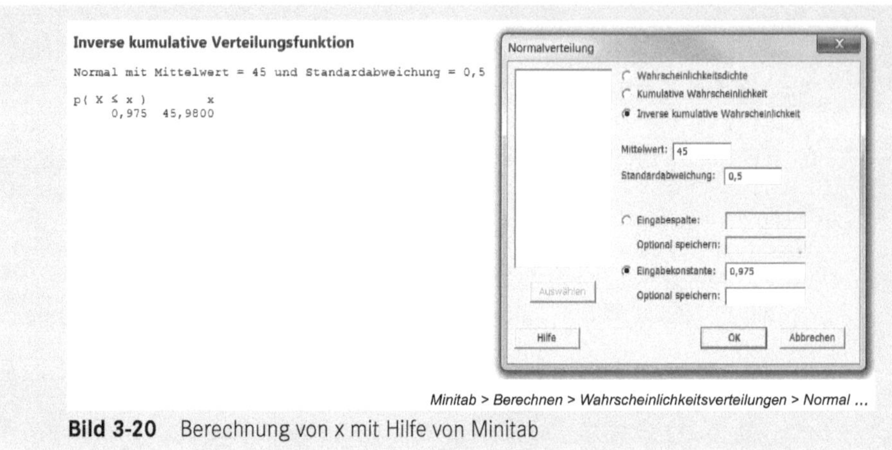

Bild 3-20 Berechnung von x mit Hilfe von Minitab

Allgemeine Formeln zur Berechnung der Regelgrenzen

Üblicherweise werden die Regelgrenzen ausgehend von einer festgelegten Irrtumswahrscheinlichkeit α bzw. dem zugehörigen Vertrauensniveau 1-α (nicht zu verwechseln mit dem Vertrauensbereich) berechnet. Will man nun für eine beliebige Irrtumswahrscheinlichkeit die Regelgrenzen bestimmen, geht man folgendermaßen vor. Die Irrtumswahrscheinlichkeit α entspricht der gesamten Fläche unter der Kurve außerhalb der gesuchten Grenzen. Der Anteil, welcher beim zweiseitigen Zufallsstreubereich außerhalb der oberen Grenze liegt, entspricht Q(u) = α/2. G(u) ist demnach 1-α/2. Damit kann nun der u-Wert aus der u-Tabelle abgelesen werden.

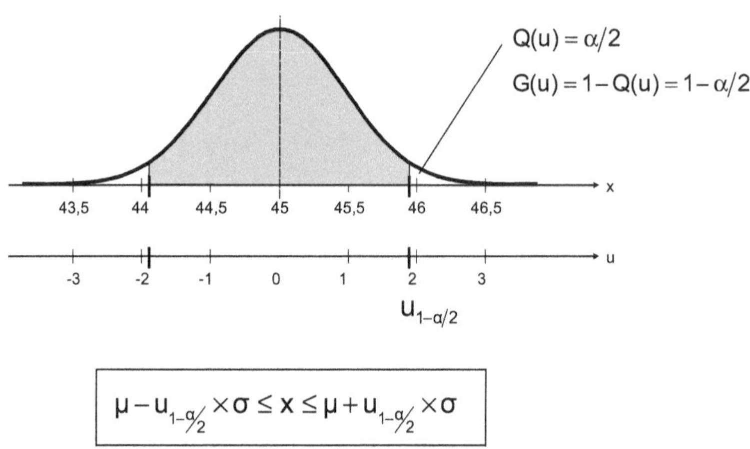

$$\mu - u_{1-\alpha/2} \times \sigma \leq x \leq \mu + u_{1-\alpha/2} \times \sigma$$

Bild 3-21 Allgemeine Formel zur Ermittlung des zweiseitigen Zufallsstreubereiches

Gebräuchliche u-Werte sind:

- 95% - Zufallsstreubereich α = 5% u = 1,96
- 99% - Zufallsstreubereich α = 1% u = 2,576
- 99,73% - Zufallsstreubereich α = 0,27% u = 3

In ähnlicher Art lassen sich auch die Regelgrenzen für einseitig begrenzte Merkmale bestimmen.

3.2.4.2 Wahrscheinlichkeitsnetz (Probability Plot)

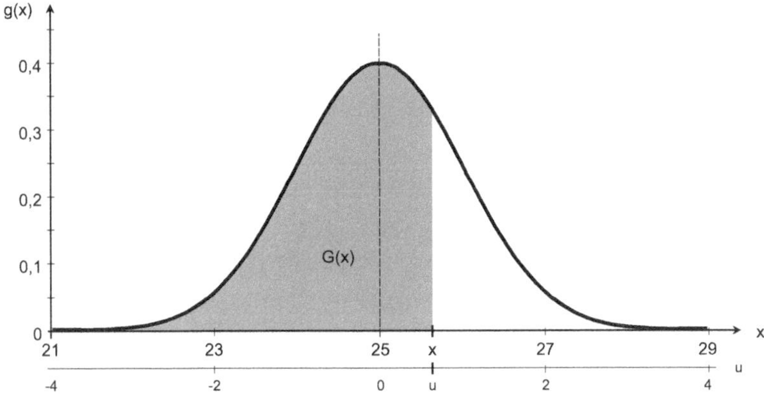

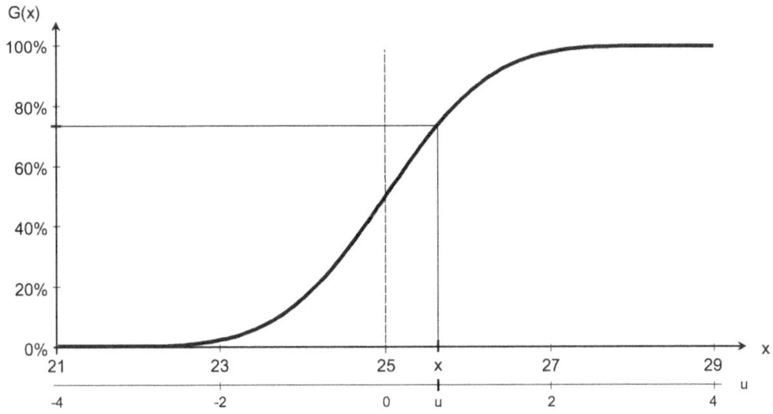

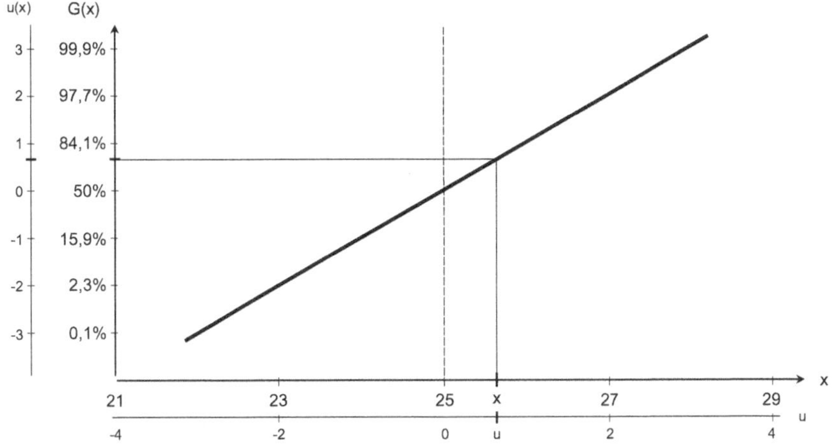

Bild 3-22 Entstehung des Wahrscheinlichkeitsnetzes

Zur Abschätzung von Überschreitungsanteilen oder auch zur Beurteilung der Güte der Anpassung des gewählten Verteilungsmodells an die Messwertreihe wird häufig das Wahrscheinlichkeitsnetz verwendet. Es hat grundsätzlich den gleichen Aufbau wie die Verteilungsfunktion. Durch eine entsprechende Transformation der Ordinaten entsteht aus der s-förmigen Summenlinie die Wahrscheinlichkeitsgerade. Um dies zu erreichen, werden die Abstände auf der Ordinate vom 50%-Punkt ausgehend nach oben bzw. nach unten immer stärker gedehnt. Dadurch wird die Summenfunktion leichter handhabbar und die Genauigkeit der Abschätzung in den Randbereichen wird erhöht.

Beurteilung der Verteilungsform mit Hilfe des Wahrscheinlichkeitsnetzes

Zur Beurteilung der Güte der Anpassung der Normalverteilung an die Messwertreihe werden die Werte der Stichprobe in das Wahrscheinlichkeitsnetz eingetragen. Können diese Werte näherungsweise durch eine Gerade angepasst werden, dann kann die Normalverteilung der Grundgesamtheit angenommen werden. An der Geraden können auch die geschätzten Parameter der Grundgesamtheit abgelesen werden. Die 50%-Linie gibt den Mittelwert an; der Abstand zwischen 16% und 84% entspricht der doppelten Standardabweichung. Sind darüber hinaus noch die Spezifikationsgrenzen angegeben, so kann auch der zu erwartende Überschreitungsanteil herausgelesen werden.

In der Praxis werden nie alle Punkte auf der Geraden liegen. Geringe Abweichungen von der Geraden treten alleine durch den Zufall auf. Größere Abweichungen und insbesondere gekrümmte Graphen weisen auf eine Abweichung von der Normalverteilung hin. Zudem spielt der Umfang der Stichprobe eine Rolle. Bei kleinen Stichprobenumfängen kann es durchaus vorkommen, dass auch gekrümmte Graphen noch auf Normalverteilung schließen lassen. Bei großen Stichprobenumfängen weisen schon leichte Krümmungen auf eine Abweichung der Grundgesamtheit von der Normalverteilung hin.

Daher kann das Wahrscheinlichkeitsnetz nur für eine erste Beurteilung herangezogen werden. Im Anschluss an die grafische Beurteilung im Wahrscheinlichkeitsnetz muss immer ein Test auf Normalverteilung folgen.

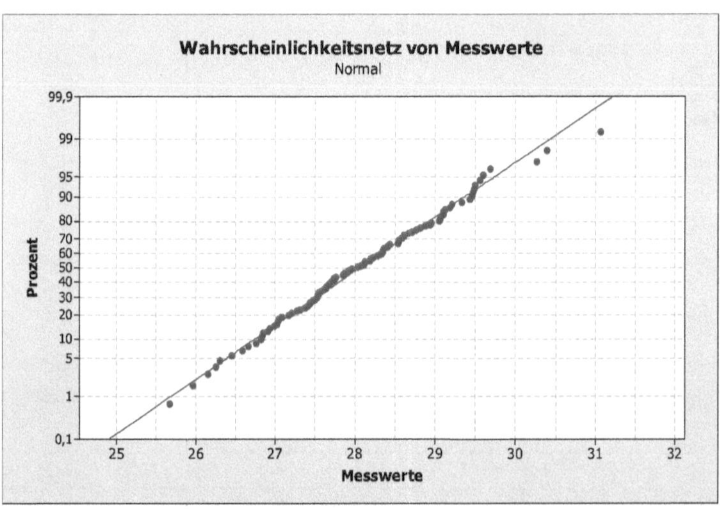

Bild 3-23 Beispiel eines Wahrscheinlichkeitsnetzes

3.2.5 Logarithmische Normalverteilung

Die logarithmische Normalverteilung ist aus der Normalverteilung abgeleitet. Sie wird häufig als näherungsweise Beschreibung von einseitig begrenzten Merkmalen (z. B. Form- und Lagemaße, gegebenenfalls Rauheit von Oberflächen) eingesetzt. Wenn die logarithmierten Merkmalswerte normalverteilt sind, dann sind die Merkmalswerte selbst logarithmisch normalverteilt.

3.2.6 Weibull-Verteilung

Die nach dem schwedischen Professor und Ingenieur Waloddi Weibull benannte Verteilung lässt sich vielen Formen von Häufigkeitsverteilungen anpassen.

Die Weibull-Verteilung ist durch drei Parameter bestimmt:

- charakteristische Lebensdauer
- Ausfallssteilheit
- ausfallsfreie Zeit

Die Weibull-Verteilung gehört zu den wichtigsten Verteilungen zur Untersuchung der Lebensdauer von Produkten, da sie in der Lage ist, das gesamte Lebensdauerverhalten abzubilden (Badewannenkurve).

3.2.7 Exponentialverteilung

Die Exponentialverteilung stammt ebenso aus der Lebensdaueruntersuchung. Sie beschreibt das Ausfallsverhalten von Bauteilen, die eine konstante Ausfallsrate besitzen. Die Exponentialverteilung ist durch die charakteristische Lebensdauer vollständig beschrieben.

3.2.8 Weitere Verteilungen

In [2] finden Sie die Beschreibung weiterer Verteilungen. Unter anderem ist auch die Mischverteilung dargestellt. Diese entsteht zum Beispiel durch die Überlagerung mehrerer gewichteter Normalverteilungen, welche in Summe die Form des vorhandenen Datensatzes gut beschreibt.

3.3 Kennwerte von Stichproben

Untersuchungen an Stichproben werden durchgeführt, um eine Aussage über die zugehörige Grundgesamtheit machen zu können. Sei es zum Nachweis der Prozessfähigkeit oder auch, um anhand von Versuchen optimale Prozesseinstellungen zu finden. Anhand der gemessenen Werte wird auf die Grundgesamtheit geschlossen, indem aus den Stichprobenkennwerten die Parameter der Grundgesamtheit geschätzt werden.

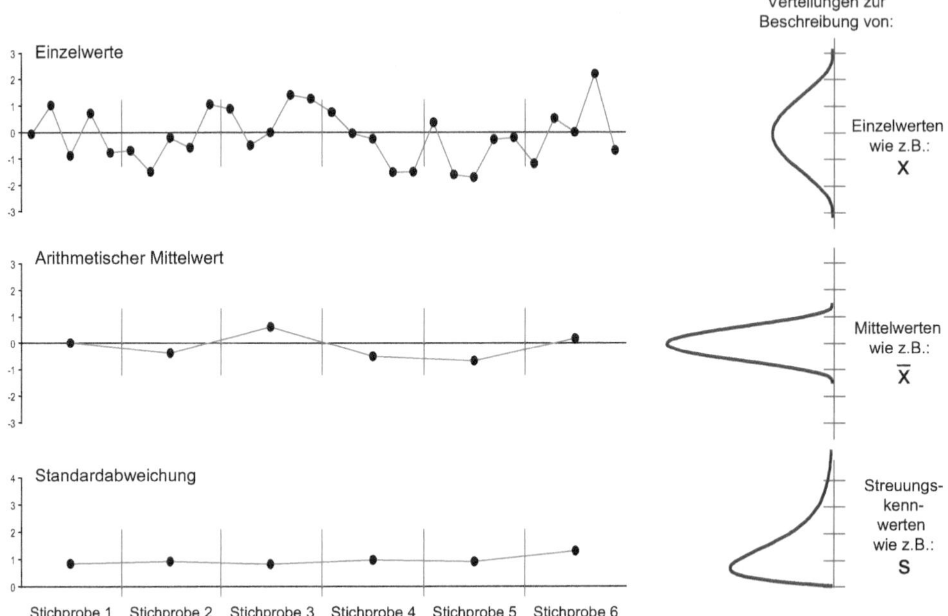

Bild 3-24 Urwerte, Mittelwert und Standardabweichung von Stichproben

3.3.1 Kennwerte der Lage

Arithmetischer Mittelwert

$$\bar{x} = \frac{1}{n}\sum_{i=1}^{n} x_i$$

Excel > Formeln > Funktion einfügen > Statistik > MITTELWERT

Zentralwert / Median

21,15 – 21,24	I
21,25 – 21,34	II
21,35 – 21,44	IIII
21,45 – 21,54	IIIIII $\tilde{x}$
21,55 – 21,64	III
21,65 – 21,74	I

Excel > Formeln > Funktion einfügen > Statistik > MEDIAN

Häufigster Wert / Modalwert

11, 12, 13, 13, 14, 14, 14, 15, 15, 16, 17

Excel > Formeln > Funktion einfügen > Statistik > MODUS.EINF

Geometrisches Mittel

$$\bar{x}_G = \sqrt[n]{\prod_{i=1}^{n} x_i}$$

Excel > Formeln > Funktion einfügen > Statistik > GEOMITTEL

Bild 3-25 Kennwerte der Lage

3.3.1.1 Arithmetischer Mittelwert (x-quer, x-bar)

Der arithmetische Mittelwert ist das am häufigsten verwendete Maß für die Lage. Er ergibt sich aus:

$$\bar{x} = \frac{x_1 + x_2 + x_3 + \ldots + x_n}{n}$$

bzw. $$\bar{x} = \frac{1}{n}\sum_{i=1}^{n} x_i$$

mit:

n ... Umfang der Stichprobe

i ... 1, 2, ..., n

x_i ... Merkmalswerte

Der arithmetische Mittelwert entspricht dem Schwerpunkt nach dem Hebelgesetz.

3.3.1.2 Zentralwert / Median (x-Schlange)

Zur Bestimmung des Medians muss eine Reihung der Daten (auf- oder absteigend) durchgeführt werden. Der Median ist dann der mittlere Wert in der Reihe. Zur leichten Ermittlung wird daher meist ein ungerader Stichprobenumfang n gewählt. Bei gerader Stichprobengröße (z. B.: n = 4) ist der Median das arithmetische Mittel der beiden mittleren Werte in der Reihe (in diesem Fall zwischen der 2. und 3. Zahl).

Auch wenn der Median auf den ersten Blick „ungenauer" erscheinen mag, gibt es doch einige Einsatzgebiete. Im Vergleich zum arithmetischen Mittelwert ist er unempfindlicher gegen Ausreißer und kann daher in manchen Fällen der bessere Schätzwert für die Mitte sein. Zudem kann er ohne Rechenaufwand ermittelt werden. Daher wird er häufig bei der händischen Führung von Regelkarten zur Bestimmung der Lage eingesetzt.

3.3.1.3 Häufigster Wert / Modalwert

Der Modalwert ist der am häufigsten auftretende Wert. Der Modalwert findet (oft unbewusst) bei der schnellen Durchsicht von Messwerten zur Abschätzung der Lage Anwendung.

3.3.1.4 Geometrisches Mittel

Das geometrische Mittel wird bei Wachstumsprozessen zur Berechnung des durchschnittlichen Wachstums verwendet (z. B. Zinseszinsrechnung).

3.3.2 Kennwerte der Streuung

Streuungskennwerte sind ein Maß dafür, wie stark die einzelnen Stichprobenwerte um ihren Mittelwert streuen. Die folgenden drei Werte sind gebräuchlich (siehe Bild 3-26):

3.3.2.1 Varianz

Nahe liegend wäre es, als Streuungsmaß einfach die Summe der Abstände aller Einzelwerte zum Mittelwert hin zu bilden. Dabei würden sich jedoch die negativen Abstände mit den positiven Abständen gerade so aufheben, dass das Ergebnis bei symmetrischen Verteilungen immer null wäre. Dies umgeht man, indem man die Abstände quadriert. Somit bildet man die Summe der quadratischen Abweichungen (*Sums of Squares*).

Um auch auf die Stichprobengröße Rücksicht zu nehmen, muss nun durch den Freiheitsgrad f = (n − 1) dividiert werden. Der Grund dafür liegt darin, dass im Hinblick auf die Varianz bei einer Stichprobengröße von n nur noch n − 1 Stichprobenwerte frei wählbar sind. Der letzte Wert ist durch den in der Formel enthaltenen Mittelwert bereits bestimmt. Damit hat man die Varianz (*Mean Sums of Squares*) errechnet.

3.3.2.2 Standardabweichung

Die Standardabweichung ist die positive Quadratwurzel der Varianz. Der Vorteil der Standardabweichung ist, dass sie in der Einheit der Messwerte vorliegt und somit im Gegensatz zur Varianz leicht interpretierbar ist.

3.3.2.3 Spannweite (Range)

Die Spannweite errechnet sich aus der Differenz zwischen dem größten und dem kleinsten Stichprobenwert. Im Gegensatz zur Standardabweichung lässt sie sich sehr einfach ermitteln und wird daher als Streuungsmaß bei der händischen Führung von Regelkarten eingesetzt.

Da nur der größte und kleinste Wert Berücksichtigung findet, reagiert dieses Maß stärker auf extreme Messwerte (z. B. Ausreißer). Dies ist vielfach unerwünscht. Andererseits wird der Range manchmal auch gerade wegen dieser Eigenschaft verwendet, um Ausreißer zu identifizieren.

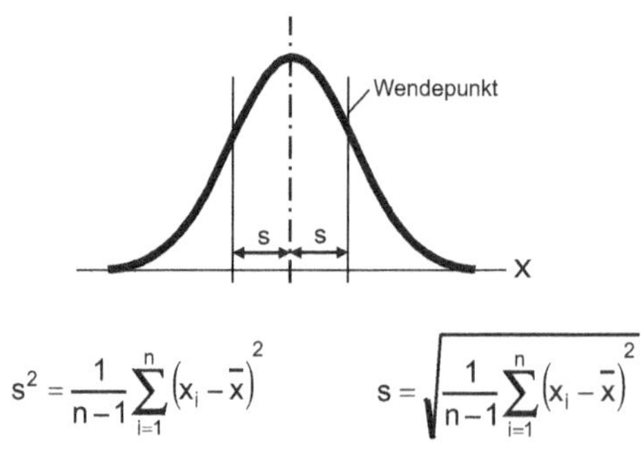

Excel > Formeln > Funktion einfügen > Statistik > STABW.S

Spannweite (Range)

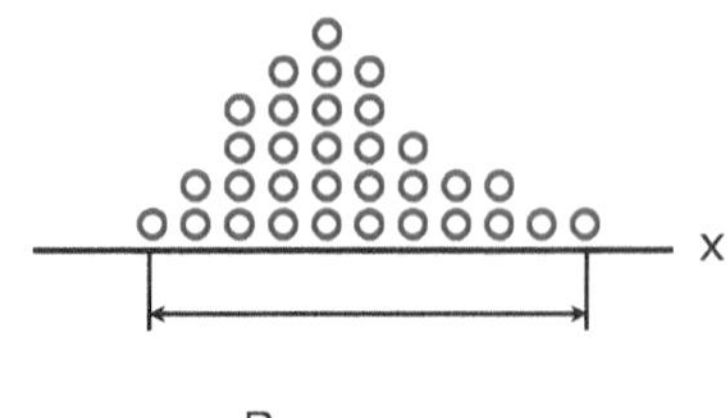

Excel > Formeln > Funktion einfügen > Statistik > MAX

Excel > Formeln > Funktion einfügen > Statistik > MIN

R = MAX - MIN

Bild 3-26 Kennwerte der Streuung

3.3.3 Kennwerte der Verteilungsform

3.3.3.1 Schiefe, Asymmetrie

Die Schiefe g_1 gibt die Größe und Richtung der Abweichung einer Verteilung von der Symmetrie an.

$$g_1 = m_3/m_2^{3/2} \quad \text{mit} \quad m_2 = \frac{1}{n}\sum_{i=1}^{n}\left(x_i - \bar{x}\right)^2 \qquad m_3 = \frac{1}{n}\sum_{i=1}^{n}\left(x_i - \bar{x}\right)^3$$

linksschief / rechtssteil $g_1 < 0$

Histogramm von Temperatur

g_1 = - 0,69

Häufigkeit

Temperatur

rechtsschief / linkssteil $g_1 > 0$

Histogramm von Bearbeitungsdauer

g_1 = 1,03

Häufigkeit

Bearbeitungsdauer

Excel > Formeln > Funktion einfügen > Statistik > SCHIEFE

Bild 3-27 Schiefe von Verteilungen

Für $g_1 = 0$ ist die Verteilung symmetrisch. Beispiele für rechtsschiefe Verteilungen sind durch null begrenzte Merkmale (z. B. Rauheit von Oberflächen).

3.3.3.2 Excess / Wölbung (Kurtosis)

Die Kurtosis gibt an, ob bei gleicher Varianz das absolute Maximum der Häufigkeitsverteilung größer oder kleiner als bei der Normalverteilung ist. Die Kurtosis einer flachgipfeligen Verteilung ist klein, die Kurtosis einer steilgipfeligen Verteilung ist groß.

Wölbung: $b_2 = m_4/m_2^2$

Excess: $g_2 = m_4/m_2^2 - 3$

mit

$$m_2 = \frac{1}{n}\sum_{i=1}^{n}\left(x_i - \bar{x}\right)^2 \qquad m_4 = \frac{1}{n}\sum_{i=1}^{n}\left(x_i - \bar{x}\right)^4$$

flachgipfelig $g_2 < 0$

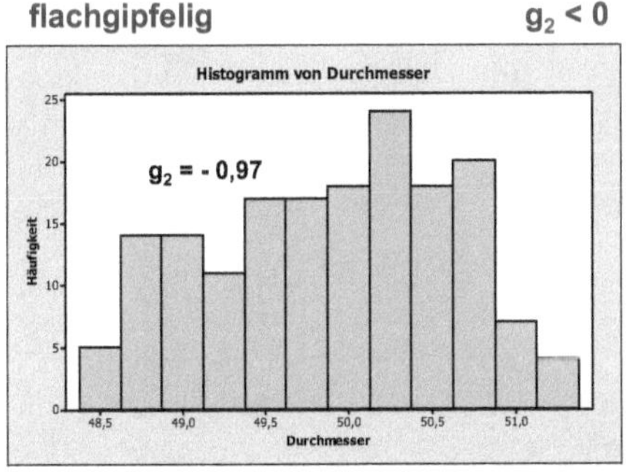

steilgipfelig $g_2 > 0$

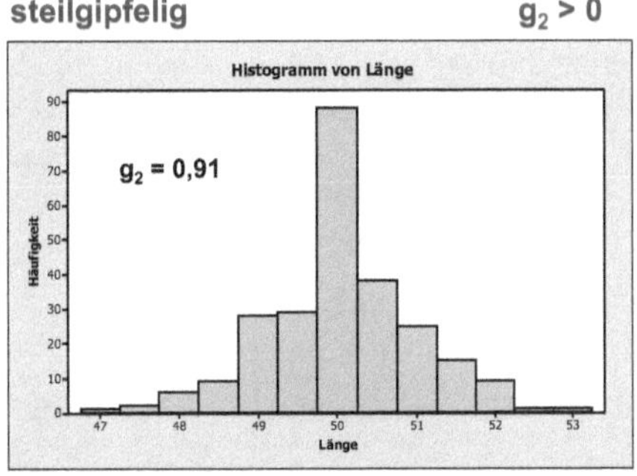

Excel > Formeln > Funktion einfügen > Statistik > KURT

Bild 3-28 Kurtosis von Verteilungen

Bei der Berechnung muss überprüft werden, ob die verwendete Statistik-Software Excess oder Wölbung ausgibt. Bei der Normalverteilung ist die Wölbung $b_2 = 3$ und der Excess $g_2 = 0$.

3.4 Parametrische Verteilungen

In Abschnitt 3.2 wurden bereits Wahrscheinlichkeitsverteilungen besprochen. Diese dienen zur Beschreibung von diskret bzw. kontinuierlich veränderlichen Merkmalswerten. Im Gegensatz dazu werden in diesem Abschnitt die Verteilungen von Parametern (z. B. Mittelwert und Streuung) behandelt.

Verteilung von Mittelwerten

Man stelle sich eine normalverteilte Grundgesamtheit vor und entnehme daraus 100 Stichproben zu je 5 Teilen. Für jede Gruppe wird der Mittelwert berechnet. Diese Mittelwerte sind wiederum normalverteilt. Allerdings ist die Streuung der Mittelwerte um $\sqrt{n}$ geringer.

Einzelwerte					Mittelwerte
x_1	x_2	x_3	x_4	x_5	$\bar{x}$
53	46	48	53	48	49,6
50	58	49	48	66	54,2
57	60	51	44	43	51

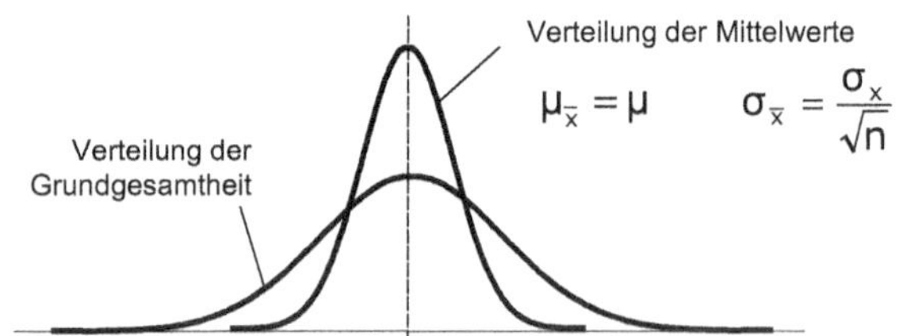

Bild 3-29 Verteilung von Mittelwerten

Die Eigenschaft, dass Mittelwerte weniger stark streuen als die Urwerte, macht man sich bei vielen statistischen Verfahren zu Nutze. In der statistischen Prozessregelung nutzt man Mittelwertkarten, um Veränderungen in der Lage schneller zu erkennen. In der statistischen Versuchsmethodik berechnet man Mittelwerte, um Effekte besser zu erkennen.

Verteilung von Streuungen

Ebenso kann für jede Stichprobe die Standardabweichung berechnet werden.

Einzelwerte					Standardabweichung
x_1	x_2	x_3	x_4	x_5	s
53	46	48	53	48	3,21
50	58	49	48	66	7,69
57	60	51	44	43	7,58

Bild 3-30 Verteilung von Streuungen

Die Standardabweichungen sind nicht mehr normalverteilt, sondern als nullbegrenztes Merkmal linkssteil verteilt.

3.4.1 t-Verteilung

Bei den vorangegangenen Überlegungen wurde die Standardabweichung der Grundgesamtheit σ als bekannt angenommen. Häufig ist diese unbekannt, und es wird ein Schätzwert s aus der Stichprobe gerechnet.

Um dies zu berücksichtigen, wird für Berechnungen bei unbekanntem σ anstatt der standardisierten Normalverteilung die t-Verteilung bzw. Student-Verteilung herangezogen. Mit großem Stichprobenumfang n nähert sich die t-Verteilung der standardisierten Normalverteilung an und geht im Grenzfall in diese über.

Standardabweichung σ **bekannt**	Standardabweichung σ **nicht bekannt**
➢ Berechnung mit Hilfe der Standardisierten Normalverteilung	➢ Berechnung mit Hilfe der t-Verteilung bzw. Student-Verteilung
$u = \frac{\bar{x} - \mu}{\sigma / \sqrt{n}}$	$t = \frac{\bar{x} - \mu}{s / \sqrt{n}}$
für u folgt aus der u-Tabelle: G(u)	für t folgt aus der t-Tabelle: G(t)

Bild 3-31 Analogie zwischen Standardisierter Normalverteilung und t-Verteilung

Die t-Verteilung ist ebenfalls eine symmetrische Verteilung und entspricht von der Denkweise her der Normalverteilung. Angewendet wird sie vor allem bei der Berechnung des Vertrauensbereiches sowie bei Testverfahren, wenn die Standardabweichung der Grundgesamtheit unbekannt ist.

3.4.2 χ^2-Verteilung

Während die Mittelwerte von Stichproben aus einer normalverteilten Grundgesamtheit wiederum normalverteilt sind, sind die Standardabweichungen und die Varianzen dieser Stichproben asymmetrisch verteilt.

Die Stichprobenvarianzen einer normalverteilten Grundgesamtheit sind χ^2-verteilt (als „chi-quadrat“ ausgesprochen). Die Entstehung dieser χ^2-Verteilung kann man sich folgendermaßen veranschaulichen: Einer Grundgesamtheit, deren Varianz σ^2 bekannt ist, werden Stichproben vom Umfang n entnommen. Für jede Stichprobe wird die Standardabweichung s berechnet.

Dann bildet das Verhältnis

$$\chi^2 = f \times \frac{s^2}{\sigma^2} \quad \text{mit} \quad f = n - 1$$

eine Verteilung, welche als χ^2-Verteilung bezeichnet wird. Sie hat als Parameter den Freiheitsgrad f = n − 1.

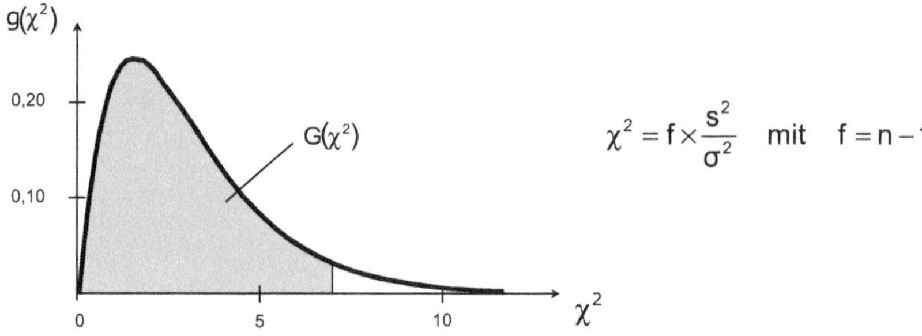

Bild 3-32 Die χ^2-Verteilung

Die χ^2-Verteilung wird zum Beispiel für die Berechnung des Zufallsstreubereiches von Standardabweichungen verwendet. Dabei ist zu beachten, dass die Grenzen des Zufallsstreubereiches nicht symmetrisch liegen. Manchmal werden die Standardabweichungen für eine einfachere Rechnung als normalverteilt angenommen.

3.4.3 F-Verteilung

Ähnlich kann man sich auch die Entstehung der F-Verteilung vorstellen. Einer normalverteilten Grundgesamtheit werden Stichproben des Umfanges n_1 und n_2 entnommen. Daraus werden die Varianzen für Stichprobe 1 und Stichprobe 2 berechnet.

Das Verhältnis zwischen den Varianzen bildet eine Verteilung, die als F-Verteilung bezeichnet wird. Mit Hilfe der F-Verteilung kann nun ermittelt werden, ob das Auftreten eines bestimmten Quotienten F wahrscheinlich ist oder nicht.

Die F-Verteilung hat zwei Parameter, die Freiheitsgrade der Stichprobe 1 und der Stichprobe 2.

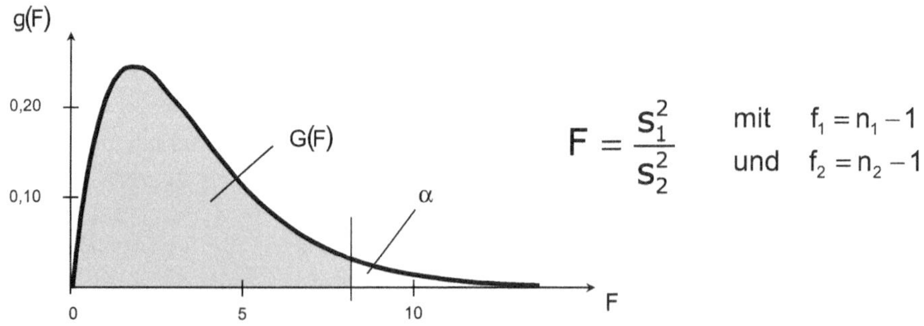

Bild 3-33 Die F-Verteilung

Die F-Verteilung findet vor allem beim Vergleich von Varianzen und in weiterer Folge bei der Varianzanalyse (ANOVA) Anwendung.

3.5 Spezielle Grundlagen der Statistik

3.5.1 Zentraler Grenzwertsatz

Durch Würfeln mit mehreren Würfeln lässt sich der Zentrale Grenzwertsatz sehr leicht nachvollziehen.

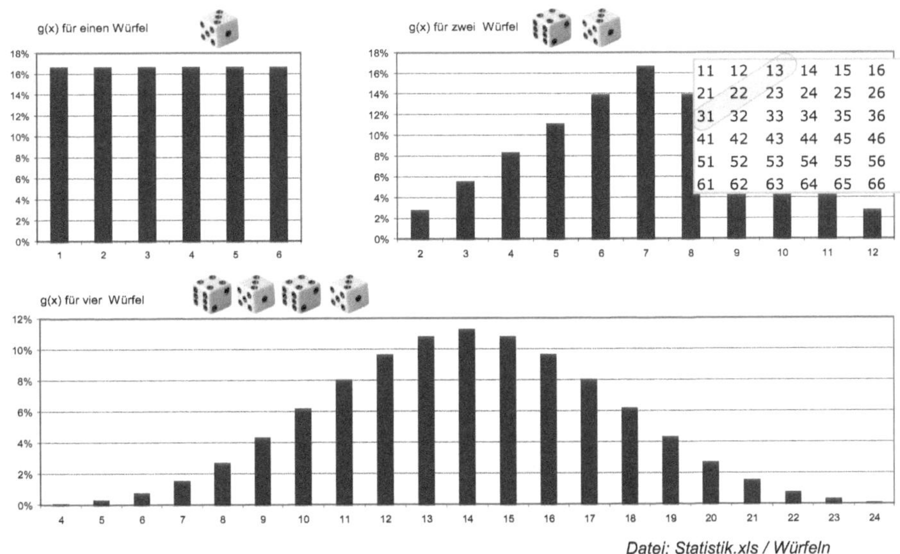

Bild 3-34 Anwendung des Zentralen Grenzwertsatzes am Beispiel Würfeln

Würfelt man mit einem Würfel, so ist die Wahrscheinlichkeit für jede Zahl gleich groß. Anders ist die Situation, wenn man mit zwei Würfeln würfelt und die Augensumme bildet. Es zeigt sich, dass bestimmte Beobachtungswerte wahrscheinlicher sind als andere. Die Wahrscheinlichkeiten dazu lassen sich leicht ermitteln. Insgesamt gibt es, wie auch aus der Matrix in Bild 3-34 erkennbar, 36 Kombinationsmöglichkeiten. Die Augensumme Zwei resultiert nur aus einer einzigen Möglichkeit davon. Das heißt, die Wahrscheinlichkeit, mit zwei Würfeln die Augensumme Zwei zu würfeln ist 1/36. Betrachtet man zum Beispiel die Augensumme Vier, so ergeben sich von den 36 Möglichkeiten insgesamt drei günstige Fälle. Die Wahrscheinlichkeit, mit zwei Würfeln die Augensumme Vier zu würfeln ist 3/36. Spielt man dies für alle Möglichkeiten durch, so erhält man eine dreiecksförmige Verteilung der Wahrscheinlichkeiten. Bei vier Würfeln erkennt man das glockenförmige Aussehen der Einhüllenden der Einzelwahrscheinlichkeiten bereits relativ gut.

Der Zentrale Grenzwertsatz kann nun vereinfacht folgendermaßen formuliert werden:

> *Eine Messgröße, die sich aus der Summe vieler unabhängiger Einflussgrößen ergibt, von denen keine dominierend ist, ist zumindest näherungsweise normalverteilt.*

Dies ist der Grund, warum von der Theorie her viele Merkmale normalverteilt sind. Zum Beispiel Produktmerkmale werden häufig durch sehr viele, schwache, zufällige Einflüsse beeinflusst. Auch wenn eine Grundgesamtheit nicht normalverteilt ist, so sind die Mittelwerte von Stichproben aus dieser Grundgesamtheit mit zunehmender Stichprobengröße immer besser durch die Normalverteilung anpassbar.

3.5.2 Addition von Verteilungsfunktionen

Mit Hilfe der mathematischen Operation der Faltung ist es möglich, zwei oder mehrere Verteilungsfunktionen zu addieren. Damit wird die Verteilungskurve von mehreren miteinander verknüpften, jedoch voneinander unabhängigen Verteilungen ermittelt.

Die hier beschriebenen Gesetzmäßigkeiten kommen häufig zur Anwendung. Die tatsächliche Streuung der Teile und die Messsystemstreuung addieren sich in dieser Art zur beobachteten Streuung. Bei der Montage von Bauteilen resultiert die Gesamtstreuung aus der Summe der Streuungen der einzelnen Bauteile.

Der Mittelwert μ des Faltproduktes setzt sich aus den Mittelwerten der Verteilungen zusammen:

$$\mu_{ges} = \sum_{i=1}^{n} \mu_i$$

Die Standardabweichung der überlagerten Verteilung lässt sich als Sonderfall des Gauß`schen Abweichungsfortpflanzungsgesetzes herleiten. Diese wichtige Erkenntnis von Gauß besagt, dass sich bei statistisch unabhängigen Größen nicht die Abweichungen, sondern die Varianzen addieren. Daher ist die Varianz der überlagerten Verteilung gleich der Summe der Einzelvarianzen

$$\sigma_{ges}^2 = \sum_{i=1}^{n} \sigma_i^2$$

Beispiel: Faltung von zwei Normalverteilungen

Die Länge von zwei Bauteilen sei normalverteilt. Aus vorangegangenen Untersuchungen ist für beide Bauteile Mittelwert und Streuung bekannt. Es stellt sich die Frage, welcher Verteilung nun die Stapelhöhe der Bauteile unterliegt.

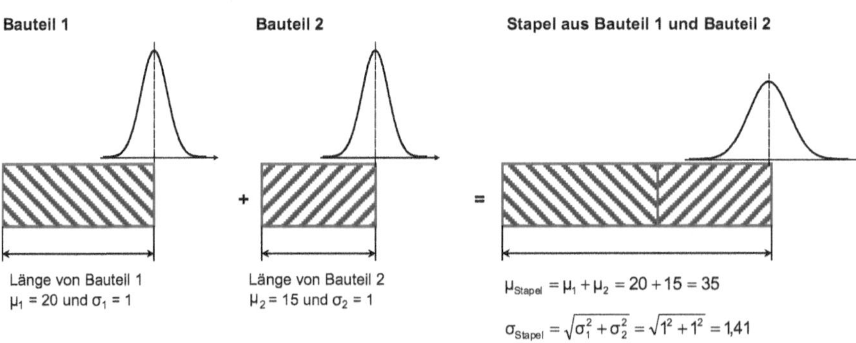

Bild 3-35 Faltung von Verteilungen

Die Summe der Verteilungen unterliegt wiederum einer Normalverteilung. Der Mittelwert der Stapelhöhe ist die Summe der Mittelwerte. Die Standardabweichungen addieren sich allerdings nicht, da sich beliebige Bauteile 1 mit beliebigen Bauteilen 2 kombinieren. Die neue Glockenkurve ist nicht so breit wie die Summe der beiden Glockenkurven. Die resultierende Streuung kann durch Addition der Varianzen ermittelt werden.

Ähnlich kann man auch die Differenz von zwei Verteilungen berechnen. Die Mittelwerte werden subtrahiert, die Varianzen werden jedoch immer addiert. Diese Erkenntnis kommt zum Beispiel bei der Schließmaßberechnung im Rahmen der Statistischen Toleranzrechnung zur Anwendung.

Unabhängigkeit der Verteilungen: Diese einfache Addition der Varianzen ist nur möglich, wenn die Verteilungen unabhängig sind. Dies wäre zum Beispiel nicht der Fall, wenn Bauteil 1 und Bauteil 2 immer hintereinander gefertigt werden. Ein größeres Bauteil 1 würde tendenziell auch immer mit einem größeren Bauteil 2 und umgekehrt kombiniert werden. In diesem Fall müsste die Gesamtstreuung unter Berücksichtigung der Kovarianz berechnet werden.

3.5.3 Prüfung auf Verteilungsform

In der Praxis werden Messwertreihen häufig mit Hilfe der Normalverteilung beschrieben. Es kann jedoch auch vorkommen, dass die Normalverteilung für die Beschreibung der Daten nicht geeignet ist.

Die Gründe dafür können z. B. folgende sein:

- Art des Merkmales
  - Merkmale mit einer natürlichen Grenze bei null (z. B. Rauheit von Oberflächen, Form- und Lagetoleranzen) lassen eine eingipfelige linkssteile Verteilungsform erwarten.
  - Merkmale mit nur einer Grenze (z. B. Mindesteinfüllmenge, Mindesthärte) können ebenso asymmetrisch verteilt sein. Das Bestreben, den Prozess an der Grenze zu führen, kann sich auf die Form der Verteilung auswirken.
- Art des Herstellungsverfahrens
  - Prozesse mit einem Trendverhalten (z. B. Werkzeugverschleiß).
  - Schwankungen durch Mischungen (z. B. unterschiedliche Materialien, Werkzeugnester)

Stimmen angenommene und tatsächliche Verteilungsform nicht überein, dann werden die errechneten Kennwerte und die daraus abgeleiteten Entscheidungen falsch sein. Zum Beispiel werden Prozessfähigkeitsindizes und Fehleranteile nicht der Realität entsprechen. Daher steht die Prüfung auf Verteilungsform am Beginn jeder Auswertung.

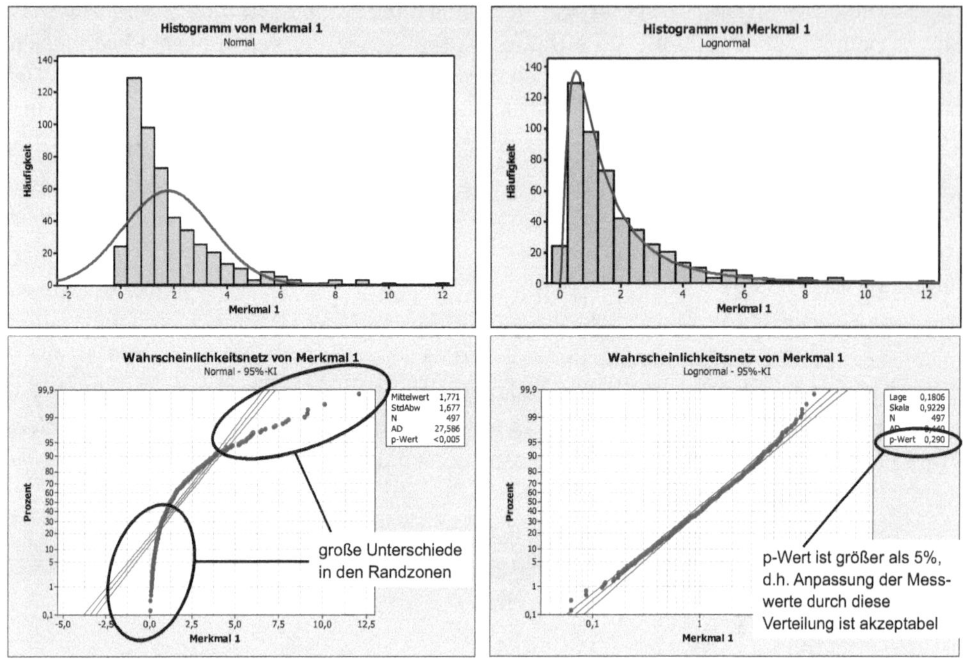

Bild 3-36 Prüfung auf Verteilungsform

Bild 3-36 zeigt Histogramm und Wahrscheinlichkeitsnetz für die Stichprobe eines nullbegrenzten Merkmals.

Im linken Teil wurde die Normalverteilung als Verteilung der Grundgesamtheit angenommen. Man erkennt, dass die Verteilung und das überlagerte Balkendiagramm nicht übereinstimmen. Auch im Wahrscheinlichkeitsnetz stimmen Verlauf der Punkte und die Wahrscheinlichkeitsgerade nicht überein. Die Abweichung ist besonders in den Randzonen groß. Auf Basis der Wahrscheinlichkeitsgerade würde man den Anteil der Werte unter null auf etwa 15% schätzen. Dies könnte auch als Fläche unter der Glockenkurve im Bereich von $-\infty$ bis 0 abgelesen werden. Der Verlauf der Punkte zeigt jedoch, dass kein einziger Wert unter null liegt. Eine Verwendung der Normalverteilung zur Beschreibung dieses Merkmals würde daher zu Fehlentscheidungen führen.

Das rechte Bild zeigt die Anpassung der Werte durch die Logarithmische Normalverteilung. Verteilung und Balkendiagramm stimmen gut überein. Die Wahrscheinlichkeitsgerade passt sich dem Punkteverlauf im Wahrscheinlichkeitsnetz sehr gut an. Die gute Übereinstimmung wird auch durch den hohen p-Wert bestätigt. Schätzungen auf Basis dieser Wahrscheinlichkeitsgeraden werden relativ gut mit der Wirklichkeit übereinstimmen.

Liegt nur ein Wert weit von der Geraden durch die restlichen Werte entfernt, dann handelt es sich bei diesem Wert vermutlich um einen Ausreißer. Ausreißer sind Werte, die nicht zu den anderen Ergebnissen passen. Häufig liegt die Ursache in einem Ablesefehler, Übertragungsfehler oder in einer falschen Prozesseinstellung. Es wäre aber auch möglich, dass der Ausreißer durch einen noch nicht erkannten besonderen Einfluss auf den Prozess verursacht wurde.

Test auf Verteilungsform mit Hilfe von Minitab

Die Darstellung des Wahrscheinlichkeitsnetzes in Minitab enthält auch einen Hypothesentest auf Verteilungsform.

Die Hypothese lautet:

Nullhypothese H_0: Die Werte stammen aus der angenommenen Verteilung.

Alternativhypothese H_1: Die Werte stammen nicht aus der angenommenen Verteilung.

Der p-Wert gibt als Ergebnis dieses Tests an, wie groß die Irrtumswahrscheinlichkeit ist, falls die Nullhypothese H_0 verworfen wird. Üblicherweise wird die Grenze für die Irrtumswahrscheinlichkeit mit 5% gewählt, sodass folgendermaßen entschieden wird:

p-Wert < 5%: Die Nullhypothese H_0 muss verworfen werden, denn die Wahrscheinlichkeit, sich dabei zu irren, ist weniger als 5%. Man nimmt an, dass ein Unterschied zwischen der angenommenen Verteilung und der Verteilung der Messwerte besteht. Für die weiteren Analysen wird man daher nach einer besseren Anpassung der Messwertreihe suchen.

p-Wert > 5%: Die Nullhypothese H_0 darf nicht verworfen werden, denn die Wahrscheinlichkeit, sich dabei zu irren, ist höher als 5%. Ein Unterschied zwischen der angenommenen Verteilung und der Verteilung der Messwerte konnte nicht nachgewiesen werden. Man wird daher die weiteren Analysen mit der angenommenen Verteilung durchführen.

Sind die Daten nicht normalverteilt, so gibt es folgende Möglichkeiten:

- Suche nach einer Verteilungsform, welche die Daten besser anpasst (siehe Abschnitt 3.5.4)
- Transformation von Messwerten (siehe Abschnitt 3.5.5)

Test auf Verteilungsform mit Hilfe von JMP

Die Beurteilung der Güte der Anpassung der angenommenen Verteilungsform an die tatsächliche Verteilungsform mit Hilfe des Wahrscheinlichkeitsnetzes und des Tests auf Verteilungsform ist auch mit andern Softwarepaketen komfortabel möglich.

Bild 3-37 zeigt ein durch null begrenztes, schief verteiltes Merkmal, welches einmal durch die Normalverteilung und einmal durch die Exponentialverteilung angepasst wird. Der niedrige p-Wert im oberen Bild gibt an, dass sich die Verteilung, aus der die Stichprobe stammt, und die angepasste Normalverteilung signifikant unterscheiden. Die weiteren Berechnungen dürfen daher nicht mit der Normalverteilung durchgeführt werden.

Das untere Bild zeigt die Anpassung durch die Exponentialverteilung. Der hohe p-Wert des Anpassungstests von 83 % gibt an, dass die Verteilung gut durch die Exponentialverteilung angepasst wird. Mit Hilfe dieser Verteilung kann z. B. der in der Grundgesamtheit zu erwartende Fehleranteil gut abgeschätzt werden.

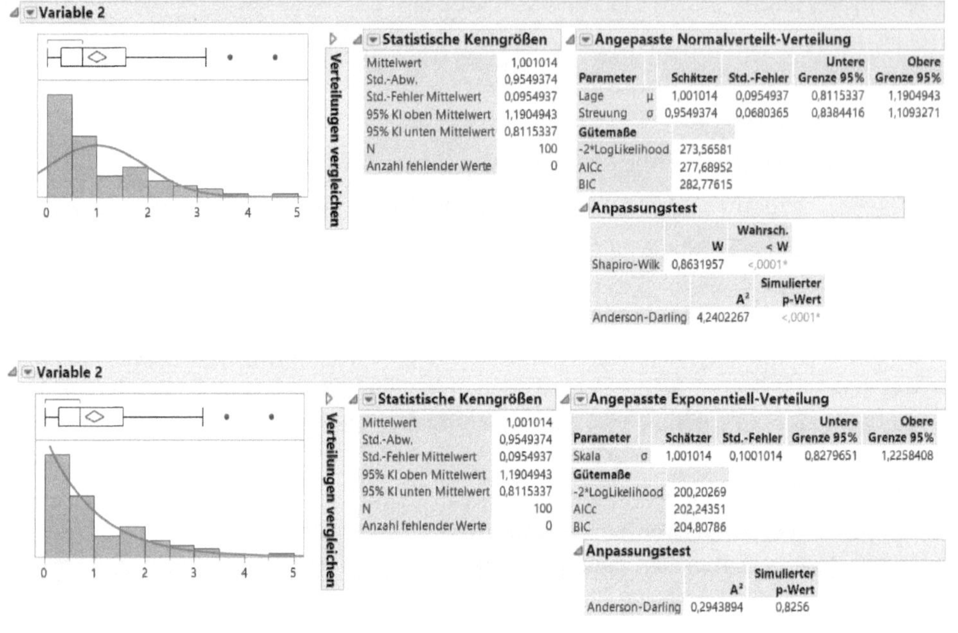

JMP > Analysieren > Verteilung

Bild 3-37 Anpassung von Verteilungsformen mit JMP

3.5.4 Anpassung der Verteilungsform

Mit Hilfe von Minitab besteht die Möglichkeit, die Messwerte mit 14 verschiedenen Verteilungsformen zu vergleichen. Für jede dieser Verteilungsformen wird der Hypothesentest durchgeführt und die Irrtumswahrscheinlichkeit berechnet. Üblicherweise führt man den Test für alle Verteilungsformen durch und wählt jene mit dem größten p-Wert aus.

```
Deskriptive Statistik
  N  N*  Mittelwert   StdAbw    Median    Minimum  Maximum  Schiefe  Kurtosis
497   0     1,77093  1,67678  1,23377  0,0630028  12,0590  2,21555   6,63974
Test auf Güte der Anpassung
Verteilung                            AD       p  LVT p
Normal                            27,586  <0,005            größter p-Wert
Lognormal                          0,440   0,290
Lognormal mit 3 Parametern         0,268       *  0,117
Exponential                        6,872  <0,003
Exponential mit 2 Parametern       3,627  <0,010  0,000
Weibull                            2,950  <0,010
Weibull mit 3 Parametern           1,734  <0,005  0,000
Kleinster Extremwert              58,110  <0,010
Größter Extremwert                 9,289  <0,010
Gamma                              2,200  <0,005
Gamma mit 3 Parametern             1,282       *  0,000
Logistisch                        16,839  <0,005
Loglogistisch                      0,806   0,021
Loglogistisch mit 3 Parametern     0,828       *  0,510
```

Bild 3-38 Identifikation der Verteilungsform mit Hilfe von Minitab

Die weiteren Berechnungen (z. B. Ermittlung der Fähigkeitsindizes) erfolgen mit dieser Verteilung. Ist keiner der p-Werte größer als 5%, so ist keine der Verteilungen zur Anpassung geeignet.[1]

Dies wäre zum Beispiel bei der Mischung von zwei Chargen mit unterschiedlichen Mittelwerten möglich. In diesem Fall empfiehlt es sich, die beiden Chargen getrennt zu betrachten.

3.5.5 Transformation von Messwerten

3.5.5.1 Lineare Transformation

Die lineare Transformation hat die Form: $y_{Transformiert} = a \cdot x + b$

Ein Beispiel dafür ist die Umrechnung von Euro in Dollar. Die Transformation ändert die Verteilungsform der Daten nicht, nur der Maßstab wird geändert.

3.5.5.2 Nichtlineare Transformation

Jede nichtlineare Transformation verändert auch die Form der Verteilung. Daher nützt man solche Transformationen, um die Daten so zu verändern, dass sie bestehenden Verteilungsmodellen (in der Regel der Normalverteilung) entsprechen. Man kann die geeignete Transformation ermitteln, indem man verschiedene Transformationsmöglichkeiten untersucht und jene auswählt, bei der die transformierten Daten am besten dem gesuchten Verteilungsmodell entsprechen. Neben den Werten müssen auch die Spezifikationsgrenzen transformiert werden. Die Analysen erfolgen dann mit den transformierten Werten.

Logarithmische Transformation

Eine logarithmische Transformation verändert die Form der Verteilung nur dann wesentlich, wenn die Verteilungsform der Urwerte linkssteil ist und die Werte nahe bei null liegen. Sie kann als Sonderfall der Box-Cox-Transformation gesehen werden.

Johnson Transformation

Diese Möglichkeit, Daten zu transformieren, wurde durch den amerikanischen Mathematiker Johnson entwickelt. Je nach Schiefe und Wölbung werden unterschiedliche Vorschriften zur Transformation angegeben. Weitere Informationen dazu finden Sie unter anderem in [2].

Box-Cox-Transformation

Die Box-Cox-Methode nutzt die Transformationsfunktion

$$y_{Transformiert} = y^{\lambda}$$

und optimiert den Parameter λ. Dazu haben Box und Cox einen Algorithmus zur Bestimmung von λ vorgeschlagen. Für λ = ½ erhält man die Wurzeltransformation, für

[1] Minitab gibt einen weiteren p-Wert an. Ist der LVT-p-Wert (LVT = Likelihood Verhältnis Test) kleiner als 5 %, dann werden die Daten durch die 3-parametrige Verteilung signifikant besser beschrieben als durch die entsprechende 2-parametrige Verteilung.

λ = 0 erhält man als Sonderfall die logarithmische Transformation. λ kann auch negative Werte annehmen.

Damit muss sich der Anwender jedoch nicht belasten, denn die Box-Cox-Transformation ist in vielen Statistik-Programmen enthalten. Häufig ist die Box-Cox-Transformation direkt in die Module zur Prozessfähigkeitsanalyse oder Regelkartenerstellung integriert. Dann werden auch die Spezifikationsgrenzen automatisch transformiert. Bild 3-39 zeigt die Anwendung mit Minitab.

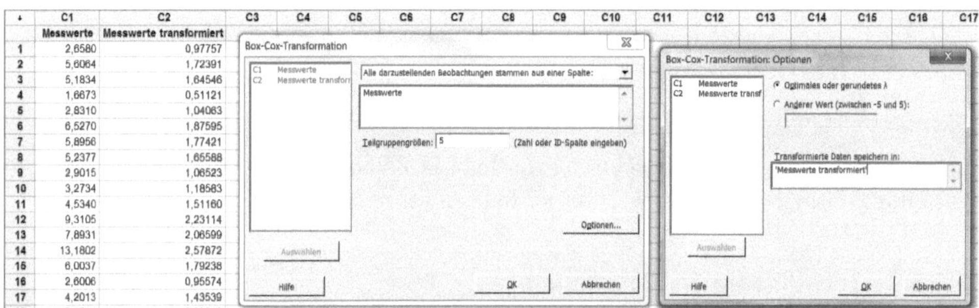

Minitab > Statistik > Regelkarten > Box-Cox-Transformation...

Bild 3-39 Durchführung der Box-Cox-Transformation mit Minitab

Minitab gibt neben dem Parameter λ auch den zugehörigen Vertrauensbereich an. Das gefundene λ kann entweder direkt verwendet oder auf einen gebräuchlichen Wert aus dem Vertrauensbereich gerundet werden.

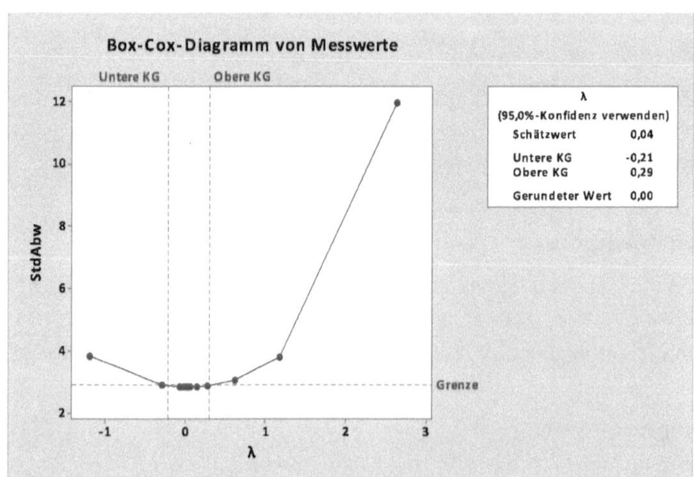

Bild 3-40 Ergebnis der Box-Cox-Transformation mit Minitab

Bild 3-41 zeigt in der linken Hälfte Histogramm und Wahrscheinlichkeitsnetz der erhobenen Messwerte. Wie man an den Graphen und am p-Wert erkennen kann, stimmen die Messwerte nicht mit der Normalverteilung überein. In der rechten Hälfte sind die transformierten Daten eingetragen. Sowohl das Wahrscheinlichkeitsnetz, als auch der p-Wert zeigen eine große Übereinstimmung zwischen den Messwerten und der angenommenen Verteilungsform.

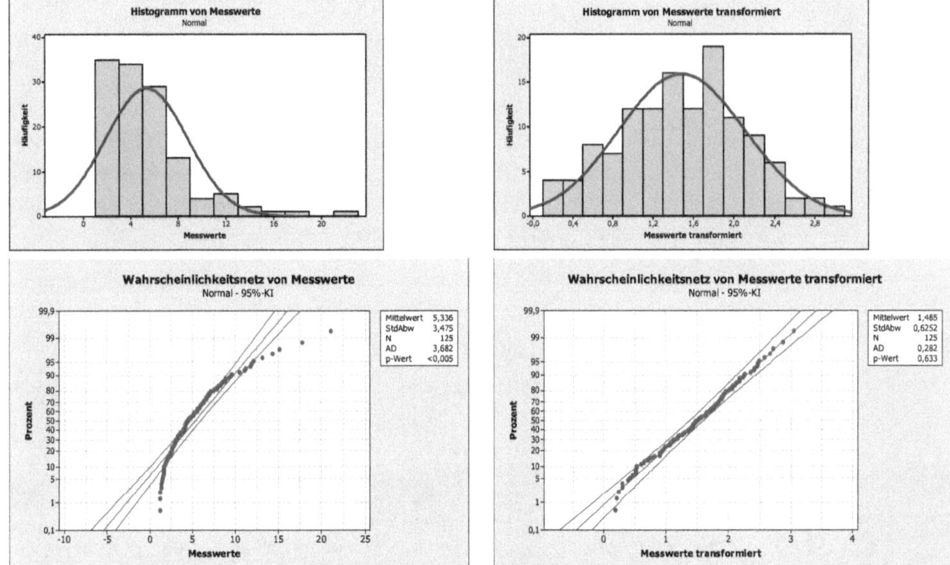

Bild 3-41 Urwerte und transformierte Werte im Wahrscheinlichkeitsnetz

Bild 3-42 zeigt die verwendete Transformationsfunktion, in diesem Fall die logarithmische Transformation.

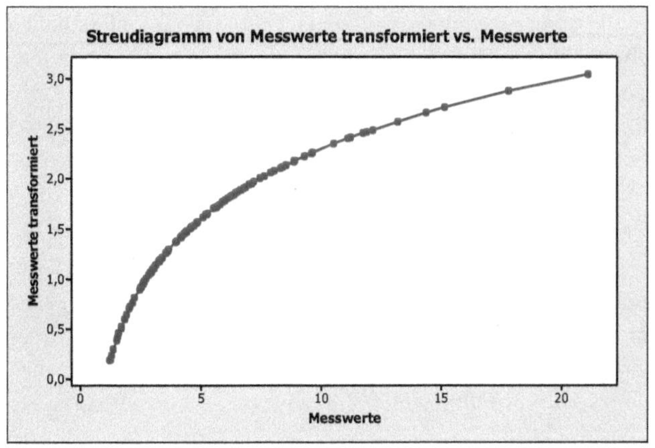

Minitab > Grafik > Streudiagramm... > Mit Verbindungslinie

Bild 3-42 Darstellung der nichtlinearen Transformationsfunktion

3.6 Zufallsstreubereich (ZB)

Beim direkten Schluss wird von einer bekannten oder als bekannt angenommenen Grundgesamtheit auf das Verhalten von Stichproben geschlossen. Man stellt sich die Frage, in welchem Intervall eine Stichprobe (mit einer bestimmten Wahrscheinlichkeit) zu erwarten ist. Dieses Intervall wird als Zufallsstreubereich für die Stichprobe bezeichnet.

Die Prozessregelung basiert auf dieser Berechnung von Zufallsstreubereichen. Aus den als bekannt angenommenen Prozesskennwerten errechnet man die Regelgrenzen – also die Grenzen, in denen eine Stichprobe zu erwarten ist. Im Anschluss daran entnimmt man aus dem laufenden Prozess in regelmäßigen Abständen Stichproben. Liegen die Fehlerzahlen bzw. die gemessenen Werte innerhalb der Regelgrenzen (im Zufallsstreubereich), so nimmt man an, dass der Prozess sich nicht geändert hat. Liegen die Merkmale außerhalb der Regelgrenzen, so lässt dies auf eine Veränderung des Prozesses schließen. Das genaue Vorgehen dazu wird in der Phase **Control** besprochen.

3.6.1 Zufallsstreubereich für diskrete Merkmale

Beispiel 3-8 Produktion von Holzleisten

Eine Produktion von Holzleisten läuft mit einem erwarteten Fehleranteil von 4%. Zur Überwachung der Produktion werden in regelmäßigen Zeitabständen Stichproben vom Umfang n = 120 entnommen. Theoretisch könnte die Stichprobe fehlerfrei sein. Ebenso wäre es möglich, dass alle 120 Holzleisten fehlerbehaftet sind. Mit Hilfe der Binomialverteilung soll nun bestimmt werden, in welchem Intervall die Anzahl der fehlerhaften Teile in der Stichprobe wahrscheinlich zu erwarten ist.

Wir bestimmen dieses Intervall vorerst mit einem Vertrauensniveau von 95%. D. h. wir suchen ein Intervall, in dem die Stichprobe mit einer Wahrscheinlichkeit von (mindestens) 95% liegen wird. Im ersten Augenblick erscheint es nahe liegend, nach dem Intervall zu suchen, in dem die Stichprobe mit einer Wahrscheinlichkeit von 100% liegen wird. Dieses kann sofort angegeben werden, es reicht von null bis 120. Für eine 100%-ige Sicherheit kann das Intervall nicht weiter eingegrenzt werden.

Der 95%-Zufallsstreubereich wird ermittelt, indem die untere Grenze von x = 0 beginnend immer weiter nach oben verschoben wird, bis der Anteil unter der unteren Grenze höchstens 2,5% erreicht hat (siehe Bild 3-43). Ebenso wird die obere Grenze von 120 beginnend immer weiter nach unten verschoben, bis höchstens 2,5% außerhalb der oberen Grenze liegen. Eine Stichprobe wird nun mit einer Wahrscheinlichkeit von mindestens 95% zwischen diesen beiden Grenzen liegen. ■

In gleicher Art kann man auch die 99%-Grenzen bzw. jede beliebige andere Grenze bestimmen. Ist man an einem einseitigen Intervall interessiert, dann rechnet man in gleicher Art den einseitigen, nach oben oder nach unten abgegrenzten Zufallsstreubereich.

Ähnlich geht man vor, wenn man am Zufallsstreubereich für die Anzahl von Fehlern pro Einheit interessiert ist. Hier wird man jedoch die Poisson-Verteilung zur Berechnung der Grenzen heranziehen. Detaillierte Informationen und ergänzende Beispiele finden Sie unter anderem in [1] oder [2].

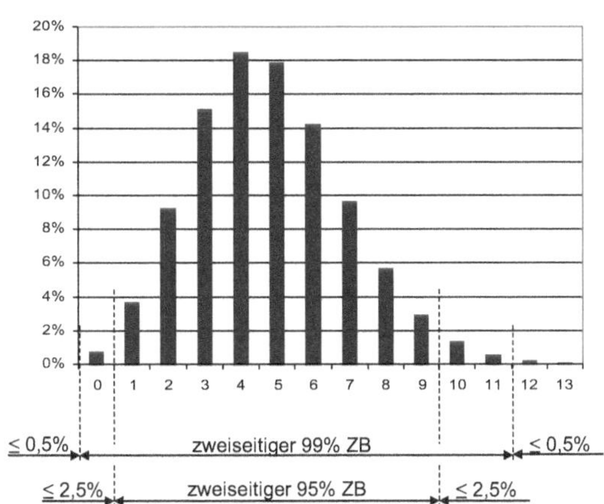

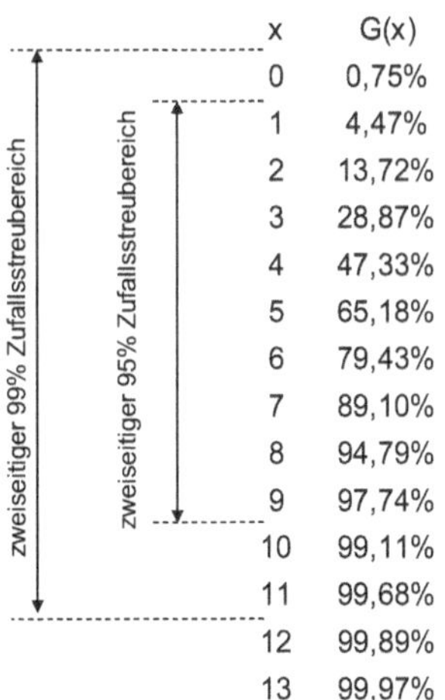

x	G(x)
0	0,75%
1	4,47%
2	13,72%
3	28,87%
4	47,33%
5	65,18%
6	79,43%
7	89,10%
8	94,79%
9	97,74%
10	99,11%
11	99,68%
12	99,89%
13	99,97%

Datei: Statistik.xls / Zufallsstreubereich BV

Bild 3-43 Zufallsstreubereich für die Binomialverteilung

3.6.2 Zufallsstreubereich für kontinuierliche Merkmale

3.6.2.1 Zufallsstreubereich für den arithmetischen Mittelwert

Die Berechnung des Zufallsstreubereiches für kontinuierliche Merkmalswerte wurde bereits in Abschnitt 3.2.4.1 hergeleitet. Um den Zufallsstreubereich für den arithmetischen Mittelwert zu berechnen, muss weiters berücksichtigt werden, dass der arithmetische Mittelwert um $\sqrt{n}$ weniger stark streut als die Messwerte selbst. Damit ergibt sich ein entsprechend schmälerer Zufallsstreubereich.

Verteilung der **Merkmalswerte**

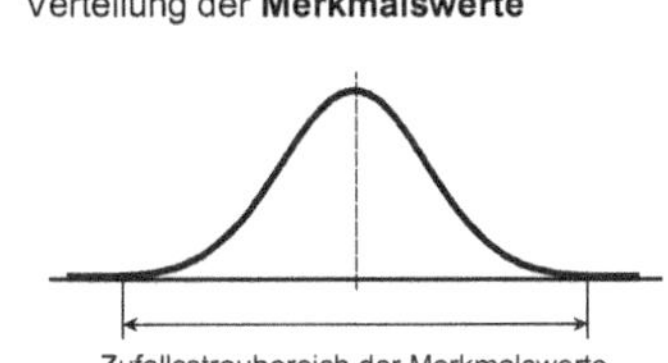

Zufallsstreubereich der Merkmalswerte

$$\mu - u_{1-\alpha/2} \times \sigma \leq x \leq \mu + u_{1-\alpha/2} \times \sigma$$

Verteilung der **Mittelwerte**

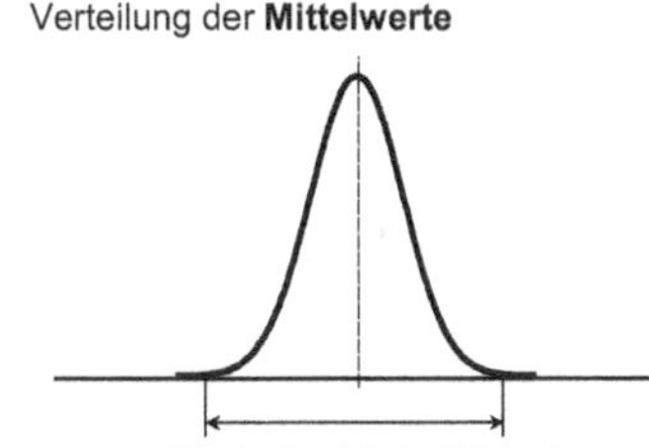

Verteilung der Mittelwerte

$$\mu_{\bar{x}} = \mu \qquad \sigma_{\bar{x}}^2 = \frac{\sigma^2}{n} \qquad \sigma_{\bar{x}} = \frac{\sigma}{\sqrt{n}}$$

Zufallsstreubereich der Mittelwerte

$$\mu - u_{1-\alpha/2} \times \frac{\sigma}{\sqrt{n}} \leq \bar{x} \leq \mu + u_{1-\alpha/2} \times \frac{\sigma}{\sqrt{n}}$$

Bild 3-44 Berechnung des Zufallsstreubereiches für Merkmalswerte und Mittelwerte

In Bild 3-45 sind die Formeln zur Berechnung des Zufallsstreubereiches für arithmetische Mittelwerte zusammengefasst. Setzt man in diesen Formeln die Stichprobengröße auf n = 1, so erhält man wieder den Zufallsstreubereich für die Merkmalswerte.

Zweiseitiger Zufallsstreubereich für arithmetische Mittelwerte	$\mu - 3 \times \frac{\sigma}{\sqrt{n}} \leq \bar{x} \leq \mu + 3 \times \frac{\sigma}{\sqrt{n}}$	für $1-\alpha = 99{,}73\%$
	$\mu - 2{,}576 \times \frac{\sigma}{\sqrt{n}} \leq \bar{x} \leq \mu + 2{,}576 \times \frac{\sigma}{\sqrt{n}}$	für $1-\alpha = 99\%$
	$\mu - u_{1-\alpha/2} \times \frac{\sigma}{\sqrt{n}} \leq \bar{x} \leq \mu + u_{1-\alpha/2} \times \frac{\sigma}{\sqrt{n}}$	allgemein
Einseitiger, nach oben abgegrenzter Zufallsstreubereich für arithmetische Mittelwerte	$\bar{x} \leq \mu + u_{1-\alpha} \times \frac{\sigma}{\sqrt{n}}$	allgemein
Einseitiger, nach unten abgegrenzter Zufallsstreubereich für arithmetische Mittelwerte	$\mu - u_{1-\alpha} \times \frac{\sigma}{\sqrt{n}} \leq \bar{x}$	allgemein

Bild 3-45 Übersicht Zufallsstreubereiche für den arithmetischen Mittelwert

Beispiel 3-9 Herstellung von Flanschen

Der Durchmesser von Flanschen kann als normalverteilt angenommen werden. Aus der Vorlaufproduktion ist der Mittelwert mit μ = 22 mm und die Standardabweichung mit σ = 0,1 mm bekannt. Die Standardabweichung σ wird als konstant angenommen, mit einer Änderung des Mittelwertes μ muss jedoch gerechnet werden. Daher wird der Mittelwert mit Hilfe einer regelmäßig entnommenen Zufallsstichprobe des Umfanges n = 5 überwacht.

In welchem Bereich wird der arithmetische Mittelwert (mit einem Vertrauensniveau von 99%) erwartet?

Wir bestimmen dazu den zweiseitigen 99%-Zufallsstreubereich für den arithmetischen Mittelwert:

$$\mu - 2{,}576 \times \frac{\sigma}{\sqrt{n}} \leq \bar{x} \leq \mu + 2{,}576 \times \frac{\sigma}{\sqrt{n}} \Rightarrow 22 - 2{,}576 \times \frac{0{,}1}{\sqrt{5}} \leq \bar{x} \leq 22 + 2{,}576 \times \frac{0{,}1}{\sqrt{5}}$$

$$\Rightarrow 21{,}885 \leq \bar{x} \leq 22{,}115$$

■

Wie in der Phase **Control** noch ausführlich behandelt wird, haben wir damit die Grenzen einer Regelkarte für den arithmetischen Mittelwert bestimmt.

3.6.2.2 Zufallsstreubereich für den Median

In gleicher Art lässt sich auch der Zufallsstreubereich für den Median ermitteln. Dabei ist zu berücksichtigen, dass der Median im Vergleich zum arithmetischen Mittelwert etwas stärker streut. Daher ist in den Formeln zusätzlich der Korrekturfaktor c_n enthalten. Die Werte für c_n können dem Anhang entnommen werden.

Zweiseitiger Zufallsstreubereich für Mediane	$\mu - 3 \times c_n \times \frac{\sigma}{\sqrt{n}} \le \tilde{x} \le \mu + 3 \times c_n \times \frac{\sigma}{\sqrt{n}}$	für $1-\alpha = 99{,}73\%$
	$\mu - 2{,}576 \times c_n \times \frac{\sigma}{\sqrt{n}} \le \tilde{x} \le \mu + 2{,}576 \times c_n \times \frac{\sigma}{\sqrt{n}}$	für $1-\alpha = 99\%$
	$\mu - u_{1-\alpha/2} \times c_n \times \frac{\sigma}{\sqrt{n}} \le \tilde{x} \le \mu + u_{1-\alpha/2} \times c_n \times \frac{\sigma}{\sqrt{n}}$	allgemein
Einseitiger, nach oben abgegrenzter Zufallsstreubereich für Mediane	$\tilde{x} \le \mu + u_{1-\alpha} \times c_n \times \frac{\sigma}{\sqrt{n}}$	allgemein
Einseitiger, nach unten abgegrenzter Zufallsstreubereich für Mediane	$\mu - u_{1-\alpha} \times c_n \times \frac{\sigma}{\sqrt{n}} \le \tilde{x}$	allgemein

Bild 3-46 Übersicht Zufallsstreubereiche für den Median

Beispiel 3-10 Herstellung von Flanschen (Fortsetzung von Beispiel 3-9)

Wir wollen nun die zweiseitigen Regelgrenzen für den Median bestimmen:

$$\mu - 2{,}576 \times c_n \times \frac{\sigma}{\sqrt{n}} \le \tilde{x} \le \mu + 2{,}576 \times c_n \times \frac{\sigma}{\sqrt{n}} \Rightarrow$$

$$22 - 2{,}576 \times 1{,}197 \times \frac{0{,}1}{\sqrt{5}} \le \tilde{x} \le 22 + 2{,}576 \times 1{,}197 \times \frac{0{,}1}{\sqrt{5}} \Rightarrow 21{,}862 \le \tilde{x} \le 22{,}138$$

Wie dargestellt, ist der Zufallsstreubereich für den Median etwas breiter als der Zufallsstreubereich für den arithmetischen Mittelwert.

3.6.2.3 Zufallsstreubereich für die Standardabweichung

Die Stichprobenstandardabweichungen sind asymmetrisch verteilt. Demnach ist auch der Zufallsstreubereich asymmetrisch. Die Grenzen für den Zufallsstreubereich lassen sich mit Hilfe der χ^2-Verteilung ermitteln.

$$\chi^2 = f \times \frac{s^2}{\sigma^2} \quad \text{mit} \quad f = n - 1$$

$$\Rightarrow \quad s = \sigma \times \sqrt{\frac{\chi^2_{f;G}}{f}}$$

g(χ²), G(χ²), χ²

Zweiseitiger Zufallsstreubereich

$$\sigma \times \sqrt{\frac{\chi^2_{f;\alpha/2}}{f}} \le s \le \sigma \times \sqrt{\frac{\chi^2_{f;1-\alpha/2}}{f}}$$

Einseitiger, nach oben abgegrenzter Zufallsstreubereich

$$s \le \sigma \times \sqrt{\frac{\chi^2_{f;1-\alpha}}{f}}$$

Einseitiger, nach unten abgegrenzter Zufallsstreubereich

$$\sigma \times \sqrt{\frac{\chi^2_{f;\alpha}}{f}} \le s$$

Bild 3-47 Berechnung der Zufallsstreubereiche für Standardabweichungen

Beispiel 3-11 Zufallsstreubereich für die Standardabweichung (aus [1])

Messwerte unterliegen einer Normalverteilung mit $\sigma = 2$. Gesucht sind der zweiseitige Zufallsstreubereich für die Stichprobenstandardabweichung s und die Stichprobenvarianz s^2, bei einem Vertrauensniveau von $1 - \alpha = 99\%$, wenn der Stichprobenumfang $n = 20$ ist.

Freiheitsgrad: $f = n - 1 = 19$

für $\alpha/2 = 0{,}5\%$ folgt: $\chi^2_{19;0,5\%} = 6{,}84$

für $1-\alpha/2 = 99{,}5\%$ folgt: $\chi^2_{19;99,5\%} = 38{,}6$

$$\sigma \times \sqrt{\frac{\chi^2_{f;\alpha/2}}{f}} \leq s \leq \sigma \times \sqrt{\frac{\chi^2_{f;1-\alpha/2}}{f}} \quad \Rightarrow \quad 2{,}0 \times \sqrt{\frac{6{,}84}{19}} \leq s \leq 2{,}0 \times \sqrt{\frac{38{,}6}{19}}$$

$$1{,}2 \leq s \leq 2{,}85 \quad \text{bzw.} \quad 1{,}44 \leq s^2 \leq 8{,}12$$

Bild 3-48 Berechnung der Zufallsstreubereiche für Standardabweichungen

Die Ergebnisse 1,2 und 2,85 sind die Grenzen einer Regelkarte für die Streuung s. Der Wert für χ^2 kann aus dem Anhang entnommen oder direkt mit Hilfe einer Software berechnet werden.

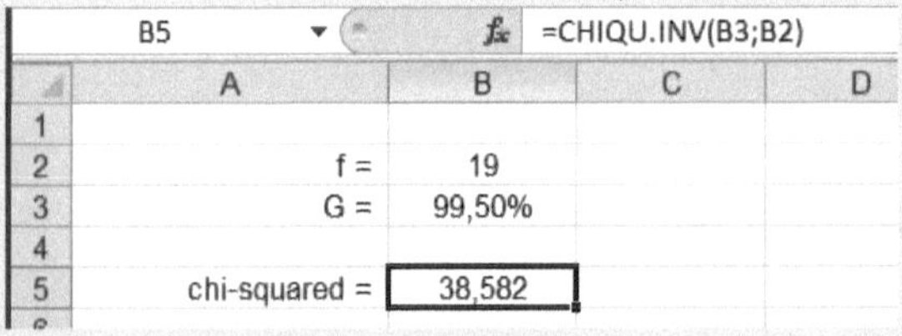

B5 | f_x =CHIQU.INV(B3;B2)

	A	B	C	D
1				
2	f =	19		
3	G =	99,50%		
4				
5	chi-squared =	38,582		

Excel > Formeln > Funktion einfügen > Statistik > CHIQU.INV

Bild 3-49 Ermittlung von χ^2 mit Hilfe von Excel

3.7 Vertrauensbereich (VB)

Umgekehrt ist die Situation, wenn die Grundgesamtheit nicht bekannt ist. Dies ist z. B. dann der Fall, wenn die Grundgesamtheit für eine vollständige Vermessung zu groß ist. Ebenso kann es sein, dass die Grundgesamtheit zu einem Zeitpunkt gar nicht vorliegt, wie beispielsweise bei der Produktion über mehrere Jahre.

Um die Grundgesamtheit trotzdem beurteilen zu können, wird von einer Stichprobe auf die Grundgesamtheit geschlossen. Es handelt es sich um einen so genannten „indirekten Schluss“.

Man ermittelt aus der Stichprobe einen Schätzwert für den Parameter der Grundgesamtheit. Zum Beispiel wird mit Hilfe des Mittelwertes der Stichprobe der Mittelwert der Grundgesamtheit geschätzt. Durch die zufällige Streuung der Stichprobenwerte wird der Mittelwert der Stichprobe jedoch nicht exakt mit dem Mittelwert der Grundgesamtheit übereinstimmen. Daher ist es notwendig, für jeden geschätzten Kennwert ein Intervall anzugeben, in dem der Parameter der Grundgesamtheit mit einer bestimmten Wahrscheinlichkeit liegt. Dies ist der *Vertrauensbereich*.

Die Angabe von Vertrauensbereichen wird in der Praxis häufig vernachlässigt. Vertrauensbereiche sollten immer angegeben werden, wenn Parameter aus Stichproben geschätzt werden (z. B. Prozessfähigkeitsindizes).

3.7.1 Vertrauensbereich für den Mittelwert, falls σ bekannt ist

Bild 3-50 zeigt für 10 Stichproben den Mittelwert der Stichprobe und den zugehörigen Vertrauensbereich. Betrachten wir nun einen dieser Mittelwerte, so kann dieser als Schätzwert für den Mittelwert der Grundgesamtheit herangezogen werden. Man spricht von einer Punktschätzung. Diese Punktschätzung ist jedoch unbefriedigend, da man nicht weiß, wie weit der wahre Mittelwert vom Mittelwert der Stichprobe entfernt sein kann.

Besser ist daher die zusätzliche Angabe des Vertrauensbereiches. Dies ist ein Intervall, in dem der wahre Wert mit einer bestimmten Wahrscheinlichkeit von $1\text{-}\alpha$ erwartet werden kann. Die gewählte Wahrscheinlichkeit $1\text{-}\alpha$ heißt Vertrauensniveau. α wird wie auch beim Zufallsstreubereich als Irrtumswahrscheinlichkeit bezeichnet.

Ein üblicher Wert für die Irrtumswahrscheinlichkeit ist $\alpha = 5\%$. Das Vertrauensniveau beträgt in diesem Fall $1 - \alpha = 95\%$. Das heißt, wenn man auf Basis von 100 Stichprobenmittelwerten 100 Vertrauensbereiche bestimmt, werden durchschnittlich 95 davon den wahren Mittelwert auch enthalten. In fünf Fällen wird der wahre Mittelwert außerhalb des Vertrauensbereiches liegen.

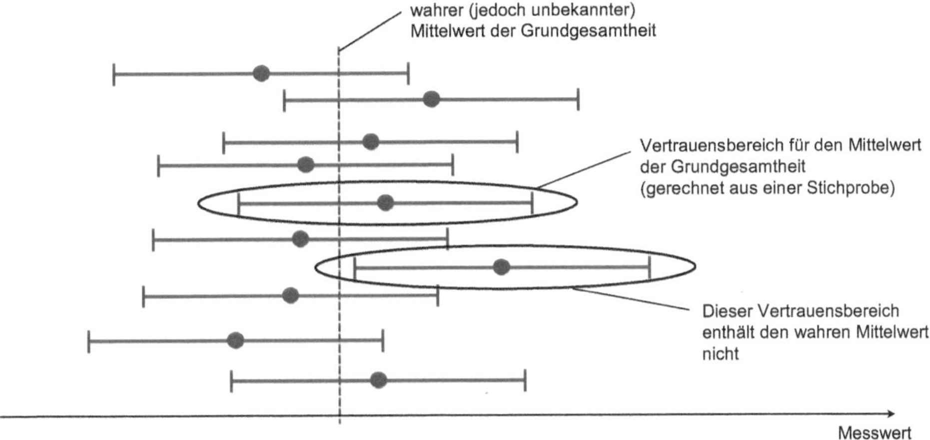

Bild 3-50 Vertrauensbereich für den Mittelwert

Zur Ermittlung des Vertrauensbereiches machen wir uns die für den Zufallsstreubereich bereits erarbeiteten Kenntnisse zu Nutze. Bild 3-51 zeigt als Beispiel den 95%-Zufallsstreubereich. Der Zufallsstreubereich gibt in diesem Fall ein Intervall an, in dem der Mittelwert einer Stichprobe $\bar{x}$ mit einer Wahrscheinlichkeit von 95% liegt. Das heißt aber auch, dass $\bar{x}$ mit einer Wahrscheinlichkeit von 95% höchstens $1{,}96 \cdot \sigma/\sqrt{n}$ vom wahren Mittelwert μ entfernt ist.

Umgekehrt lässt sich dies nun folgendermaßen interpretieren: Wenn der Stichprobenmittelwert $\bar{x}$ bekannt ist, dann ist der wahre Mittelwert μ mit einer Wahrscheinlichkeit von 95% höchstens $1{,}96 \cdot \sigma/\sqrt{n}$ vom Stichprobenmittelwert $\bar{x}$ entfernt. Damit ist der Vertrauensbereich bestimmt. Die Formeln für den Vertrauensbereich lassen sich daher einfach aus den Formeln für den Zufallsstreubereich durch Austausch von $\bar{x}$ und μ herleiten.

95%-Zufallsstreubereich für $\bar{x}$

$$\mu - 1{,}96 \times \frac{\sigma}{\sqrt{n}} \le \bar{x} \le \mu + 1{,}96 \times \frac{\sigma}{\sqrt{n}}$$

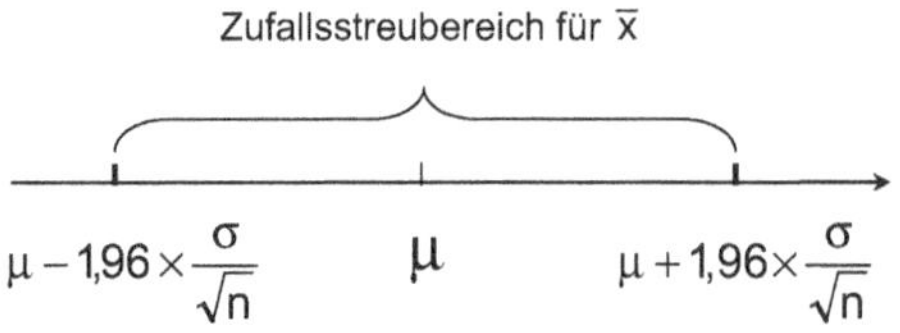

95%-Vertrauensbereich für μ

$$\bar{x} - 1{,}96 \times \frac{\sigma}{\sqrt{n}} \le \mu \le \bar{x} + 1{,}96 \times \frac{\sigma}{\sqrt{n}}$$

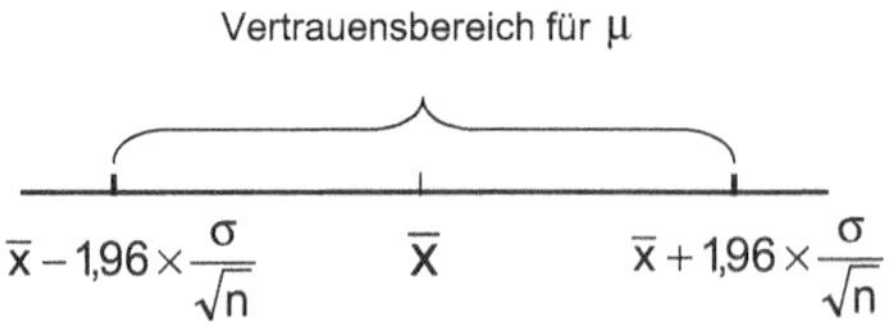

Bild 3-51 Berechnung des Vertrauensbereiches für den Mittelwert

Damit können die Vertrauensbereiche für den Mittelwert bestimmt werden. Bild 3-52 gibt eine Übersicht der Formeln, falls σ bekannt ist.

Zweiseitiger Vertrauensbereich für den arithmetischen Mittelwert	$\bar{x} - 1{,}96 \times \frac{\sigma}{\sqrt{n}} \le \mu \le \bar{x} + 1{,}96 \times \frac{\sigma}{\sqrt{n}}$	für $1-\alpha = 95\%$
	$\bar{x} - 2{,}576 \times \frac{\sigma}{\sqrt{n}} \le \mu \le \bar{x} + 2{,}576 \times \frac{\sigma}{\sqrt{n}}$	für $1-\alpha = 99\%$
	$\bar{x} - u_{1-\alpha/2} \times \frac{\sigma}{\sqrt{n}} \le \mu \le \bar{x} + u_{1-\alpha/2} \times \frac{\sigma}{\sqrt{n}}$	allgemein
Einseitiger, nach oben abgegrenzter Vertrauensbereich für den arithmetischen Mittelwert	$\mu \le \bar{x} + u_{1-\alpha} \times \frac{\sigma}{\sqrt{n}}$	allgemein
Einseitiger, nach unten abgegrenzter Vertrauensbereich für den arithmetischen Mittelwert	$\bar{x} - u_{1-\alpha} \times \frac{\sigma}{\sqrt{n}} \le \mu$	allgemein

Bild 3-52 Vertrauensbereich für den Mittelwert, falls σ bekannt ist

Beispiel 3-12 Vertrauensbereich für den Mittelwert, falls σ bekannt ist

Auf einem Bearbeitungszentrum wird der Innendurchmesser eines Gehäuses gedreht. Der Durchmesser soll 30 mm betragen. Wie man aus einer vorangegangenen Untersuchung weiß, beträgt die Standardabweichung σ = 1 mm.

Nach dem neuen Einstellen der Maschine kann man eine Änderung der Lage nicht ausschließen, daher wird zur Überprüfung eine Stichprobe entnommen.

31,7 32,1 29,0 31,4 30,0 30,3 29,6 30,6 30,8 31,0

Es soll auf Basis eines Vertrauensniveaus von $1 - \alpha = 95\%$ ermittelt werden, ob auf eine Änderung des Prozesses geschlossen werden kann.

für die Werte errechnet sich: $n = 10 \quad \bar{x} = 30{,}65$

$$\bar{x} - 1{,}96 \times \frac{\sigma}{\sqrt{n}} \le \mu \le \bar{x} + 1{,}96 \times \frac{\sigma}{\sqrt{n}} \quad \Rightarrow$$

$$30{,}65 - 1{,}96 \times \frac{1}{\sqrt{10}} \le \mu \le 30{,}65 + 1{,}96 \times \frac{1}{\sqrt{10}} \quad \Rightarrow \quad 30{,}03 \le \mu \le 31{,}27$$

Bild 3-53 Beispiel: Vertrauensbereich für den Mittelwert, falls σ bekannt ist

Der Vertrauensbereich zum Vertrauensniveau von 95% schließt den Wert 30 nicht ein. Ausgehend von den Stichprobendaten erscheint es sehr unwahrscheinlich, dass der wahre Mittelwert 30 beträgt. Man schließt daher auf eine Änderung der Lage.

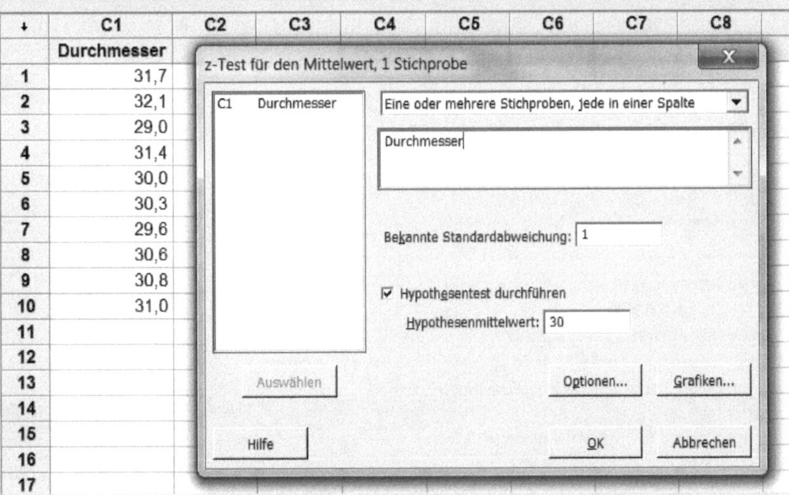

Minitab > Statistik > Statistische Standardverfahren > z-Test, 1 Stichprobe ...

Bild 3-54 Berechnung mit Minitab

```
z-Test bei einer Stichprobe: Durchmesser
Test auf Mü = 30 vs. nicht = 30
Angenommene Standardabweichung = 1
                                          SE des
Variable      N  Mittelwert  StdAbw  Mittelwerts        95%-KI              z      p
Durchmesser  10      30,650   0,959        0,316  (30,030; 31,270)  2,06  0,040
```

Bild 3-55 Berechnungsergebnisse aus Minitab

Minitab berechnet aus den Daten Mittelwert, Streuung und Vertrauensbereich (KI = Konfidenzintervall, Confidence Interval). Auf die weiteren Berechnungsergebnisse wird später eingegangen (siehe Abschnitt 6.2.1).

Üblicherweise wird mit einer Irrtumswahrscheinlichkeit von $\alpha = 5\%$ gerechnet. Wenn die Folgen der Entscheidung weit reichend sind, wird man diese Irrtumswahrscheinlichkeit reduzieren und dadurch das Vertrauensniveau vergrößern. Nimmt man beispielsweise ein Vertrauensniveau von 99% an, dann wird der Vertrauensbereich breiter und enthält auch den Wert 30. Da auf Basis dieses Stichprobenmittelwertes und des Vertrauensniveaus auch 30 ein plausibler Wert für den Mittelwert der Grundgesamtheit ist, kann nicht auf eine Änderung der Lage geschlossen werden. D. h. bei größerem Vertrauensniveau ist der beobachtete Unterschied nicht mehr signifikant.

3.7.2 Vertrauensbereich für den Mittelwert, falls σ nicht bekannt ist

Ist die Standardabweichung der Grundgesamtheit σ nicht bekannt, dann muss die Standardabweichung der Stichprobe s zur Schätzung der Streuung herangezogen werden. Um dies zu berücksichtigen, wird nicht mit der standardisierten Normalverteilung, sondern mit der t-Verteilung gerechnet. In den Formeln muss daher der u-Wert durch den t-Wert ersetzt werden. Je nach Stichprobenumfang muss der t-Wert entsprechend dem jeweiligen Freiheitsgrad $f = n - 1$ aus der t-Tabelle (siehe Anhang) entnommen werden.

Zweiseitiger Vertrauensbereich für den arithmetischen Mittelwert	$\bar{x} - t_{f,1-\alpha/2} \times \frac{s}{\sqrt{n}} \leq \mu \leq \bar{x} + t_{f,1-\alpha/2} \times \frac{s}{\sqrt{n}}$
Einseitiger, nach oben abgegrenzter Vertrauensbereich für den arithmetischen Mittelwert	$\mu \leq \bar{x} + t_{f,1-\alpha} \times \frac{s}{\sqrt{n}}$
Einseitiger, nach unten abgegrenzter Vertrauensbereich für den arithmetischen Mittelwert	$\bar{x} - t_{f,1-\alpha} \times \frac{s}{\sqrt{n}} \leq \mu$

Bild 3-56 Vertrauensbereich für den Mittelwert, falls σ unbekannt ist

Geht man in Beispiel 3-12 davon aus, dass die Standardabweichung der Grundgesamtheit nicht bekannt ist, dann errechnet sich der Vertrauensbereich wie folgt:

Beispiel 3-13 Vertrauensbereich für den Mittelwert, falls σ unbekannt ist

für die Werte errechnet sich: $n = 10 \quad \bar{x} = 30{,}65 \quad s = 0{,}959$

$$\bar{x} - t_{f,1-\alpha/2} \times \frac{s}{\sqrt{n}} \leq \mu \leq \bar{x} + t_{f,1-\alpha/2} \times \frac{s}{\sqrt{n}} \quad \text{mit } f = 9 \text{ und } t_{f,1-\alpha/2} = 2{,}262 \Rightarrow$$

$$30{,}65 - 2{,}262 \times \frac{0{,}959}{\sqrt{10}} \leq \mu \leq 30{,}65 + 2{,}262 \times \frac{0{,}959}{\sqrt{10}} \Rightarrow 29{,}96 \leq \mu \leq 31{,}34$$

Bild 3-57 Beispiel: Vertrauensbereich für den Mittelwert, falls σ unbekannt ist

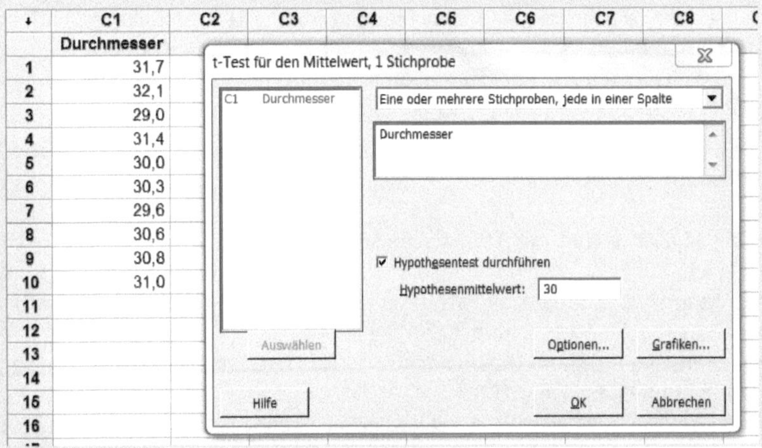

Minitab > Statistik > Statistische Standardverfahren > t-Test, 1 Stichprobe …

Bild 3-58 Berechnung mit Minitab

t-Test bei einer Stichprobe: Durchmesser

```
Test auf Mü = 30 vs. nicht = 30
                                          SE des
Variable       N  Mittelwert  StdAbw  Mittelwerts          95%-KI            t      P
Durchmesser   10      30,650   0,959        0,303  (29,964; 31,336)  2,14  0,061
```

Bild 3-59 Berechnungsergebnisse aus Minitab

Der Vertrauensbereich zum Vertrauensniveau von 95% schließt den Wert 30 ein. Man kann daher nicht auf eine Änderung der Lage schließen.

3.7.3 Vertrauensbereich für Streuungen

Auf Basis ähnlicher Überlegungen können auch die Vertrauensbereiche für die Standardabweichung berechnet werden. Auch hier ist wieder zu beachten, dass die Streuungen nicht symmetrisch verteilt sind. Weitere Erläuterungen und Beispiele dazu finden Sie unter anderem in [1].

Vertiefung zu diesem Abschnitt

Für die weitere Vertiefung zu diesem Abschnitt wird vor allem [1] und [2] empfohlen. Beide Bücher geben einen sehr guten Überblick über die Anwendung der statistischen Verfahren in der industriellen Praxis. [1] geht eher auf die Grundlagen der statistischen Verfahren im Qualitätsmanagement ein. Zahlreiche Aufgabenstellungen und Musterbeispiele erleichtern zusätzlich das Verständnis. Auch in [2] sind die Grundlagen zu den statistischen Verfahren sehr gut dargelegt, wobei dies im Hinblick auf die Anwendung in der industriellen Praxis erfolgt. Die weitere angeführte Literatur wird zur Vertiefung empfohlen. ■

Literatur

[1] *Timischl W.:* Qualitätssicherung, Statistische Methoden, 3. Auflage, Carl Hanser Verlag, München Wien, 2002

[2] *Dietrich E., Schulze A.:* Statistische Verfahren zur Maschinen- und Prozessqualifikation, 5. Auflage, Carl Hanser Verlag, München Wien, 2005

[3] *Linß G.:* Qualitätsmanagement für Ingenieure, 2. Auflage, Fachbuchverlag Leipzig im Carl Hanser Verlag, München Wien, 2005

[4] *Box G. E. P., Hunter J. S., Hunter W. G.:* Statistics for Experimenters, 2. Auflage, John Wiley & Sons, New Jersey, 2005

[5] *Kiemele M., Schmidt S., Berdine R.:* Basic Statistics, Air Academy Press, Colorado Springs, 2000

[6] *Brunner F.J., Wagner K.W.:* Taschenbuch Qualitätsmanagement, 3. Auflage, Carl Hanser Verlag, München, 2004

[7] *Klein B., Mannewitz F.:* Statistische Tolerierung, 1. Auflage, Vieweg Verlag, Braunschweig/Wiesbaden, 1993

[8] *Klein B.:* Statistische Tolerierung, Prozessorientierte Bauteil- und Montageoptimierung, 1. Auflage, Carl Hanser Verlag, München, 2002

4 Phase Define

In der Phase **Define** werden die Voraussetzungen für die Umsetzung des Verbesserungsprojektes geschaffen. Dazu zählen folgende Hauptaufgaben:

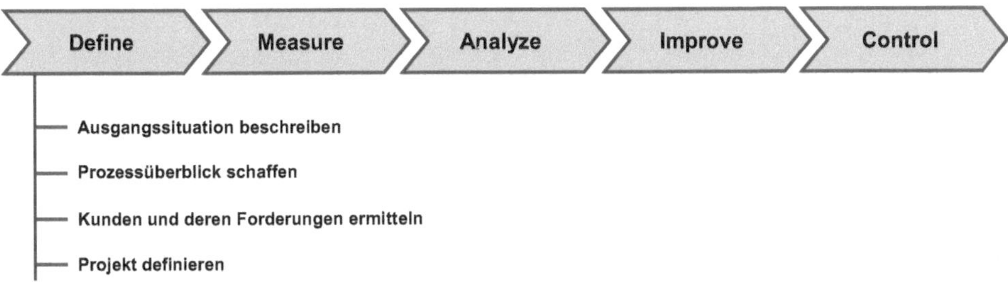

Bild 4-1 Hauptaufgaben der Phase **Define**

Am Ende der Phase **Define** soll das Team einen Überblick über die zu verbessernde Situation haben. Die Kundenforderungen sollen klar definiert sein. Ein unterzeichneter Projektauftrag muss vorliegen.

4.1 Ausgangssituation beschreiben

Das Projektteam startet mit einer Beschreibung der Ausgangssituation und der beabsichtigten Verbesserung. Typische Fragestellungen sind

- Was soll sein? Was ist tatsächlich? Was ist der Unterschied zwischen dem, was sein soll und dem, was tatsächlich ist?
- Wann wurde das Problem erstmals festgestellt? Wo tritt es auf? Wie oft tritt es auf? Wann tritt es auf? Seit wann tritt es auf? Wann tritt es nicht auf?
- Wie ist der externe Kunde durch das Problem betroffen? Wie sind die internen Auswirkungen des Problems?
- Welche Ziele sollen erreicht werden? Woran wird die Verbesserung gemessen?

Die Ausgangssituation wird klar, verständlich und vollständig beschrieben. Der Wissensstand aller Beteiligten wird strukturiert dargestellt.

In der Phase **Define** wird noch nicht auf vermutete Ursachen und Lösungsvorschläge eingegangen! Ideen werden notiert und zum entsprechenden Zeitpunkt in den späteren Phasen behandelt.

4.2 Prozessüberblick schaffen

SIPOC Prozessdarstellung

Im ersten Schritt muss man sich einen Überblick über den zu verbessernden Prozess schaffen. Mit Hilfe des SIPOC-Modells wird der Prozess vorerst auf seiner höchsten Ebene dargestellt (Macro Process Mapping). Man betrachtet den zu verbessernden Prozess aus der „Adlerperspektive".

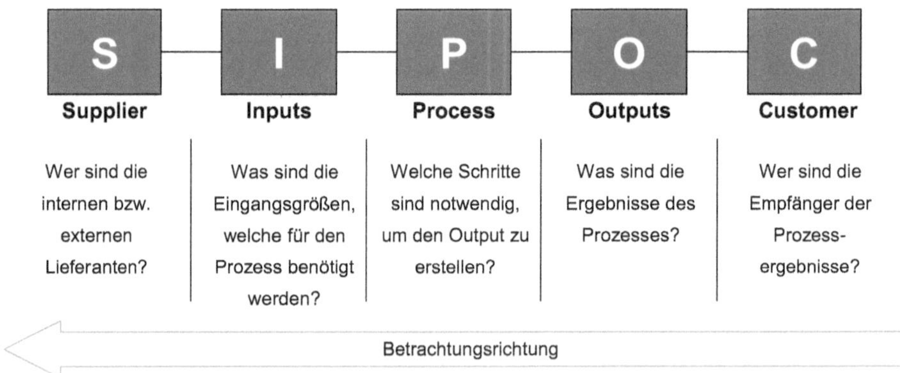

Bild 4-2 SIPOC-Modell

Mit Hilfe der SIPOC-Analyse schafft man unter den Team-Mitgliedern ein einheitliches Verständnis für die zu verbessernde Situation.

- Wo beginnt und wo endet der Prozess? Die Prozessgrenzen dürfen nicht zu knapp gewählt werden. Wenn vorgelagerte Prozessschritte Einfluss haben, müssen sie auch in die Untersuchung miteinbezogen werden. Andererseits dürfen die Prozessgrenzen aber auch nicht zu weit gewählt werden.
- Welche Prozessschritte sind erforderlich?
- Was sind die Ergebnisse des Prozesses? Wer sind die Kunden des Prozesses? Anhand welcher Kennzahlen wird das Ergebnis des Prozesses gemessen?
- Was sind die notwendigen Inputs? Wer sind die Lieferanten für die Inputs?

Die Betrachtung im SIPOC-Modell erfolgt von rechts beginnend. Ausgehend von den Kunden und deren Forderungen gelangt man über den zu untersuchenden Prozess zu den Lieferungen und Leistungen und den entsprechenden Lieferanten.

Kunde: Der Kunde ist der Abnehmer der Leistung (der Produkte bzw. der Dienstleistungen). Dabei werden sowohl interne als auch externe Kunden betrachtet.

Outputs: Outputs sind die Leistungen, die für den Kunden erbracht werden. Es müssen auch jene Outputs aufgenommen werden, die nicht im Fokus der Optimierung stehen. Diese werden während des Verbesserungsprojektes beobachtet, damit sie sich nicht unentdeckt verschlechtern.

Prozess: Der Prozess beschreibt die Folge von Aktivitäten, die erforderlich sind, um die Leistungen zu erstellen. Dabei ist der Prozess so darzustellen, wie er in Wirklichkeit abläuft. Möglicherweise liegen die Ursachen eines Problems in Prozessschritten, welche im ideal dargestellten Prozess (z. B. in den QM-Unterlagen) nicht vorkommen (z. B. ungeplante Zwischenlagerung von Material in einer ungeeigneten Umgebung).

Inputs: Dies sind Materialien oder andere Ressourcen, welche für den Prozess erforderlich sind.

Lieferant: Der Lieferant kann ein interner oder externer Lieferant sein. Er bringt die Inputs in den Prozess ein.

Beispiel 4-1 SIPOC für das Kochen von Kaffee

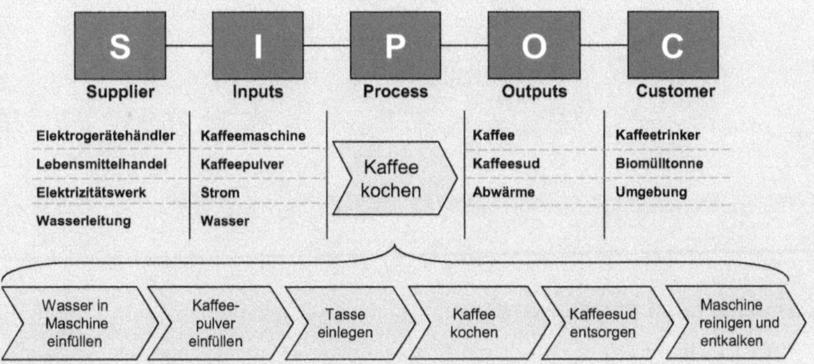

Bild 4-3 Beispiel für ein ausgefülltes SIPOC-Modell

Betrachtet man diesen Prozess aus der Adlerperspektive, so stellen sich bereits einige Fragen.

Output: Was sind für den Kunden wichtige Ergebnisse und wie werden sie durch ihn bewertet (z. B. Geschmack und Temperatur)? Weiters sieht man am Beispiel Kaffeesud, dass auch unerwünschter Output entsteht, der nur Kosten verursacht. Gleiches gilt für die Abwärme, für die auch Energie eingebracht werden muss.

Abgrenzung des Prozesses: Wo werden die Grenzen des Prozesses gesetzt? Soll die Entsorgung des Kaffeesuds und die Reinigung und Entkalkung der Maschine miteinbezogen werden? Was ist mit Milch und Zucker? Dies sind wichtige Prozessparameter, um die Zielgröße zu regeln.

Nimmt man den Kaffee in einem Kaffeehaus ein, dann gehen die Kundenerwartungen häufig weit über die ausgesprochenen Wünsche hinaus. Die Zufriedenheit des Kunden hängt nicht nur vom Geschmack und der Temperatur des Kaffees ab, sondern wird durch viele weitere Faktoren beeinflusst. Dies reicht vom Umfeld über die Freundlichkeit der Bedienung bis hin zu den aufgelegten Zeitschriften. Zudem gewichtet jeder Kunde seine Erwartungen anders. ■

Bei der SIPOC-Analyse unterscheidet man zwischen der Prozesssicht (welche Schritte, welche Nahtstellen) und der Datensicht (welche Ergebnisse, welche Abhängigkeiten).

Für den zu untersuchenden Prozess werden in dieser Phase die wesentlichen (vier bis sieben) Prozessschritte dargestellt.

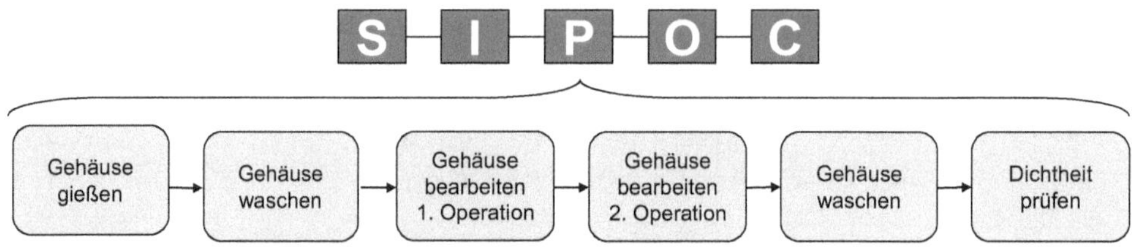

Bild 4-4 Beispiel: Grobdarstellung eines technischen Prozesses

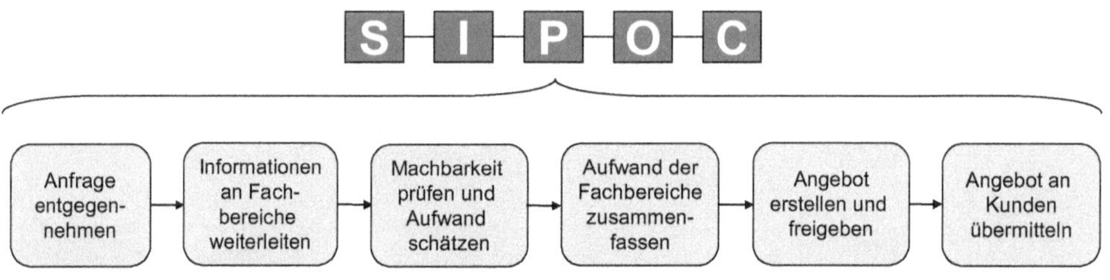

Bild 4-5 Beispiel: Grobdarstellung eines administrativen Prozesses

Umfeldanalyse (Stakeholder-Analyse)

Ebenso wird in dieser Phase das Umfeld des Verbesserungsprojektes beleuchtet. Jedes Verbesserungsprojekt bringt Änderungen mit sich. Um nun möglichen Widerständen von Beginn an wirksam zu begegnen, muss man sich Klarheit darüber verschaffen, wer Interesse am Projekt hat bzw. wer durch das Projekt betroffen ist. Stakeholder sind beispielsweise Kunden und Lieferanten, Mitarbeiter im Prozess aber auch in den vor- und nachgelagerten Prozessen und natürlich auch die Eigentümer.

Zielsetzung ist es, die wesentlichen Promotoren und die heiklen Opponenten frühzeitig zu erkennen. Stellt man bei einzubindenden Bereichen eine eher ablehnende Haltung fest, so muss vor dem Start des Projektes die Bereitschaft zur Mitarbeit geschaffen werden. Für die ablehnende Haltung gibt es unterschiedlichste Beweggründe. Diese reichen von der Angst, dass abteilungsinterne Strukturen offen gelegt werden, bis hin zu negativen Erfahrungen, die man in der Anwendung statistischer Verfahren gemacht hat. Häufig reicht dazu ein klärendes Gespräch. Manchmal ist es notwendig, zuerst in anderen Bereichen Erfolgsbeispiele zu erarbeiten. Angespornt durch das Ergebnis der anderen Bereiche sind dann auch Skeptiker bereit, in den Verbesserungsprojekten aktiv mitzuarbeiten.

Beispiel zur Umfeldanalyse: Prozessumstellung von Schleifen auf Hartdrehen

Personen, Interessens-Gruppen	Einstellung					Einfluss					+ ... Erwartungen - ... Befürchtungen	Maßnahmen, Strategien
	begeistert	kooperierend	gleichgültig	ablehnend	aggressiv	sehr hoch	relevant	vorhanden	gering	nicht vorhanden		
Vertrieb		◆				◆					+ Spielraum für Preisgestaltung bei der jährlichen Preisverhandlung	
Entwicklung				◆		◆					- Bedenken bezüglich Oberflächengüte der Teile	anhand von Versuchsteilen überzeugen
Produktion	◆						◆				+ Reduktion der Fertigungskosten	
Logistik				◆					◆		- Umstellung in den Stammdaten notwendig - erhöhter Dispositions- und Steuerungsaufwand in der Umstellungsphase	anhand der Kosten-Nutzenrechnung überzeugen
Qualitäts-management		◆					◆				+ gutes Beispiel für innovative Maßnahme verfügbar - Befürchtungen bezüglich Prozessfähigkeit	
Einkauf				◆				◆			+ Einkaufsvolumen bei Schleifscheiben sinkt - Aufwand für Suche und Aufbau eines Lieferanten für Wendeschneidplatte notwendig	Umstellung für den Einkauf kostenneutral gestalten

Bild 4-6 Beispiel zur Umfeldanalyse

Bild 4-6 zeigt die Struktur des Vorgehens bei der Umfeldanalyse. Das Bild ist als Denkmodell zu verstehen und soll dem Projektleiter zur Ermittlung der Maßnahmen dienen, um den notwendigen Grad an Unterstützung zu erzeugen. Eine nach dieser Vorlage erstellte Analyse in den falschen Händen kann aufgrund der dokumentierten Einschätzung der einzelnen Fachbereiche die Projektarbeit nachhaltig verschlechtern!

4.3 Kunden und deren Forderungen ermitteln

Bevor wir mit der Analyse starten, gilt es, sich ein klares Bild von den Bedürfnissen und Anforderungen des Kunden zu machen. Eine Optimierung von Prozessen ist nur möglich, wenn eindeutig ist, wer die Kunden des Prozesses sind und was sie brauchen.

Der Kunde formuliert seine Wünsche und Erwartungen häufig in einer Form, die für die Umsetzung im Unternehmen noch nicht geeignet ist. Der Ski-Käufer möchte, dass der Ski drehfreudig ist, der Autokäufer wünscht sich, dass die Türe satt ins Schloss fällt. Unter Voice of the Customer (VOC) wird nun einerseits die Stimme des Kunden und darüber hinaus auch ein Werkzeug verstanden, das dazu dient, aus den in der Kundensprache formulierten Bedürfnissen konkrete Spezifikationen für das Produkt oder die Leistungen abzuleiten.

Eine wichtige Spezifikation wird als Critical to Quality (CTQ) bezeichnet. CTQs sind damit Merkmale, die für die Erfüllung der Kundenzufriedenheit von besonderer Bedeutung sind. Wiederum geht es um den zielgerichteten Einsatz der begrenzten Ressourcen! Man konzentriert sich auf die wesentlichen Treiber der Kundenzufriedenheit.

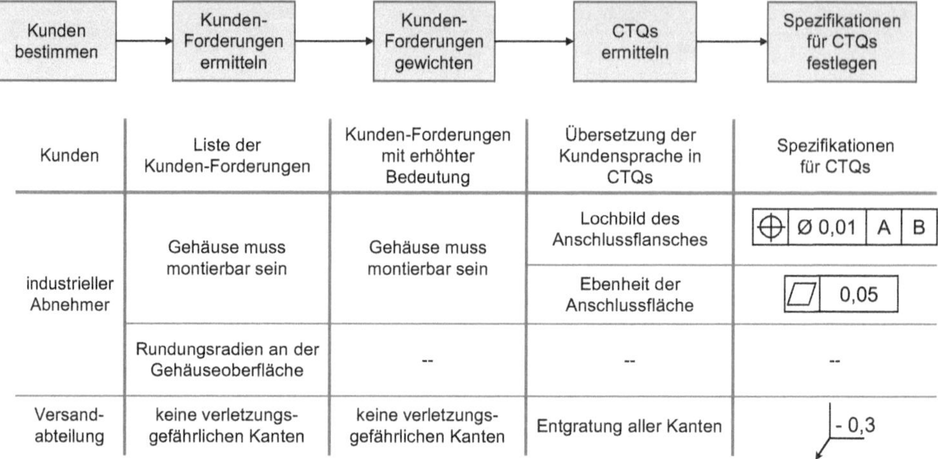

Kunden	Liste der Kunden-Forderungen	Kunden-Forderungen mit erhöhter Bedeutung	Übersetzung der Kundensprache in CTQs	Spezifikationen für CTQs
industrieller Abnehmer	Gehäuse muss montierbar sein	Gehäuse muss montierbar sein	Lochbild des Anschlussflansches	⌖ Ø 0,01 | A | B
			Ebenheit der Anschlussfläche	⏥ 0,05
	Rundungsradien an der Gehäuseoberfläche	--	--	--
Versand-abteilung	keine verletzungs-gefährlichen Kanten	keine verletzungs-gefährlichen Kanten	Entgratung aller Kanten	- 0,3

Bild 4-7 Vorgehen zur Ermittlung der CTQs

Vorgehensweise zur Ermittlung der CTQs

Kunden bestimmen: Auch interne Kunden sollen hier in Betracht gezogen werden.

Kundenforderungen ermitteln: Aus den vielen Kundenforderungen (z.B. Lastenheft, Zeichnungen, Verträge, Kundenrichtlinien) werden die für den betrachteten Prozess relevanten Forderungen abgeleitet.

Folgende Informationsquellen dienen zur Ermittlung der Kundenforderungen:

reaktive Quellen: Die Informationen werden auf Initiative des Kunden bereitgestellt (Reklamationen, Anfragen an den Technischen Dienst, Vertriebsberichte, Gutschriften, Garantiefälle, ...).

proaktive Quellen: Die Informationen werden durch eigene Initiative erzeugt und gesammelt (Umfragen, Marktforschung, Benchmarking, ...).

Kundenforderungen gewichten: Aus der Vielzahl der Kundenforderungen werden die für das Verbesserungsprojekt wesentlichen Kundenforderungen herausgefiltert (hohe Bedeutung für den Kunden und Optimierungsbedarf vorhanden).

CTQs ermitteln: Die noch in der Kundensprache formulierten Forderungen werden in klare, messbare Größen übersetzt.

Spezifikationsgrenzen für CTQs festlegen

Die CTQs sind die Zielgrößen in der Optimierung. Alle weiteren Projektphasen sind auf sie ausgerichtet. Am Ende des Verbesserungsprojektes werden die CTQs zur Bewertung des Projekterfolges herangezogen.

Auch jene CTQs, welche nicht im Fokus der Optimierung stehen, werden während der Umsetzung des Verbesserungsprojektes beobachtet. Damit soll verhindert werden, dass es durch die Prozessänderung zu einer Verschlechterung dieser Merkmale kommt.

Identifikation von Merkmalen mit erhöhter Bedeutung (MmeB)

In der Automobilindustrie werden häufig Merkmale mit erhöhter Bedeutung definiert, welche der Auffassung nach den CTQs entsprechen. Jedes Produkt wird durch eine Vielzahl von Merkmalen beschrieben. Fasst man alle Merkmale (Längen, Durchmesser, Oberflächenangaben, ...) zusammen, so findet man zum Beispiel an einem Getriebegehäuse bereits mehrere hundert Merkmale. Nicht bei jedem Merkmal hat eine Toleranzüberschreitung die gleichen Folgen. Merkmale mit erhöhter Bedeutung haben besonderen Einfluss auf

- Sicherheit
- Erfüllung der gesetzlichen Anforderungen
- Funktion
- Montierbarkeit beim Kunden
- usw.

Merkmalen mit erhöhter Bedeutung wird man im Sinne des zielgerichteten Einsatzes der begrenzten Ressourcen in der Produktentwicklung, in der Prozessplanung sowie in der Produktion höhere Aufmerksamkeit schenken als den anderen Merkmalen. Daher werden sie auf der Zeichnung, im Arbeitsplan, im Control Plan, usw. auch besonders gekennzeichnet.

Beispiel Anzugsmoment einer Schraube: Bei der Befestigungsschraube eines Verkleidungsteiles im Kofferraum wird man nicht die gleichen Maßstäbe ansetzen wie bei einer Schraube im Bereich des Fahrwerkes. Die Verschraubung im Fahrwerk wird als Merkmal mit erhöhter Bedeutung definiert.

Beispiel Herstellung von Dekorplatten: Fehler im Sichtbereich werden kritischer betrachtet als Fehler an Stellen, welche am fertigen Produkt nicht mehr sichtbar sind.

4.4 Projekt definieren

Den Abschluss der Phase Define bildet schließlich die Abstimmung und Unterzeichnung des Projektauftrages (siehe Bild 2-4). Dieser enthält zum einen die Ausgangssituation und Zielsetzungen des Projektes in Form von klaren, messbaren Größen. Zum anderen legt er auch den Rahmen für die Umsetzung des Projektes fest. Dies betrifft vor allem Projektteam, Leistungs- und Terminplanung und Kostenplanung.

Mit der Unterzeichnung des Projektauftrages wird das Team formell beauftragt, das Projekt umzusetzen. Damit stehen dem Team auch die festgelegten Ressourcen zur Verfügung.

Literatur

[1] *Magnusson K., Kroslid D., Bergman B.:* Six Sigma umsetzen, 2. Auflage, Carl Hanser Verlag, München, 2004

[2] *Rath & Strong Management Consultants (Hrsg.):* Rath & Strongs Six Sigma Pocket Guide, 1. Auflage, TÜV-Verlag, Köln, 2002

[3] *Rehbehn R., Yurdakul Z. B.:* Mit Six Sigma zu Business Excellence, 1. Auflage, Publicis Corporate Publishing, Erlangen, 2003

5 Phase Measure

Hauptaufgabe der Phase **Measure** ist es, die Ausgangssituation bezüglich der zu optimierenden Ziele im Detail zu erheben. War es beispielsweise in der Phase **Define** noch ausreichend, die anfallenden Nacharbeitskosten zur Quantifizierung des Ist-Zustandes anzugeben, so wird man dies in der Phase **Measure** insofern detaillieren, dass Art der Fehler, Häufigkeit der Fehler, etc. erhoben werden. Bevor man die aufwendigen Analysen startet, muss der Ist-Zustand nachvollziehbar bekannt sein.

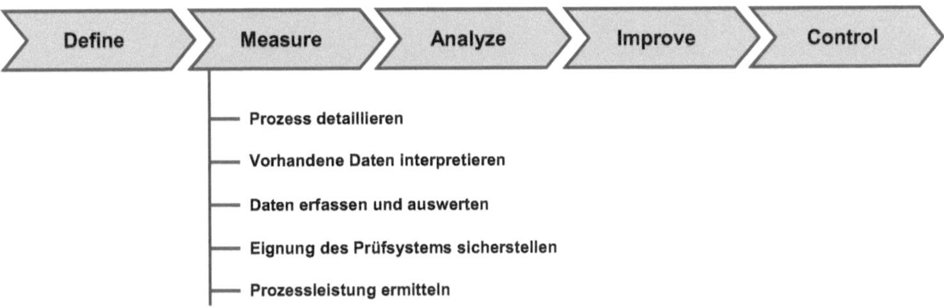

Bild 5-1 Hauptaufgaben der Phase **Measure**

Die Hauptschritte in dieser Phase sind:

5.1 Prozess detaillieren

Der in der Phase **Define** bereits definierte Prozess wird nun in detaillierterer Form dargestellt. Inputs und Outputs werden ergänzt. Mögliche Einflussfaktoren auf den Prozess werden bereits identifiziert.

5.2 Vorhandene Daten interpretieren

Bei der Analyse von Prozessen kann man in der Regel auf eine Menge bestehender Daten zurückgreifen. Man versucht nun, aus diesen Daten soviel wie möglich an Informationen für die spätere Optimierung herauszuholen.

Ist die Ausgangssituation tatsächlich so, wie im Projektauftrag beschrieben? War die Situation immer schon so, gibt es Schwankungen?

5.3 Daten erfassen und auswerten

Nicht immer liegen Aufzeichnungen in der erforderlichen Art und im vollen Umfang vor. Oft ist es daher notwendig, im laufenden Prozess vorübergehend zusätzliche Messungen bzw. Aufzeichnungen vorzusehen, um ein besseres Bild der tatsächlichen Situation zu erhalten.

5.4 Eignung des Prüfsystems sicherstellen

Entscheidungen werden auf Basis der erhobenen Daten getroffen. Die Güte der Daten hängt von der Fähigkeit des Prüfsystems ab. Ist die Güte des Prüfsystems nicht bekannt, so muss diese ermittelt werden. Bei Bedarf muss das Prüfsystem optimiert werden.

5.5 Prozessleistung ermitteln

Die Ausgangssituation wird nun durch Zahlen, Daten und Fakten belegt dargestellt. Typische Ergebnisse sind zum Beispiel Fehleranteile oder Prozessfähigkeiten, aber auch Durchlaufzeiten bzw. Bearbeitungsdauer.

Am Ende der Phase **Measure** liegt eine auf Basis von nachvollziehbaren Daten beschriebene Ausgangssituation vor. Damit ist die Basis für ein zielgerichtetes Vorgehen in der Phase **Analyze** geschaffen.

5.1 Prozess detaillieren

5.1.1 Detaillierte Darstellung des Prozesses

Bereits in der Phase **Define** wird der Prozess in Form eines Flussdiagramms dargestellt. Dies erfolgt in Form der SIPOC-Darstellung, um den zu untersuchenden Prozess abzugrenzen.

In der Phase **Measure** wird der Prozess nun mit Hilfe von Flussdiagrammen etwas detaillierter dargestellt (Micro Process Mapping). Dies dient folgendem Zweck:

- klare Darstellung der Struktur des Prozesses
- Schaffung eines einheitlichen Verständnisses für den Prozess im Team
- Schnittstellen (bzw. Nahtstellen) zu anderen Prozessen sind leichter identifizierbar
- Einflussgrößen (Steuer-/Störgrößen) können leichter erkannt und zugeordnet werden
- die Zusammenhänge im Prozess können identifiziert werden, Ansätze zur Optimierung lassen sich bestimmen

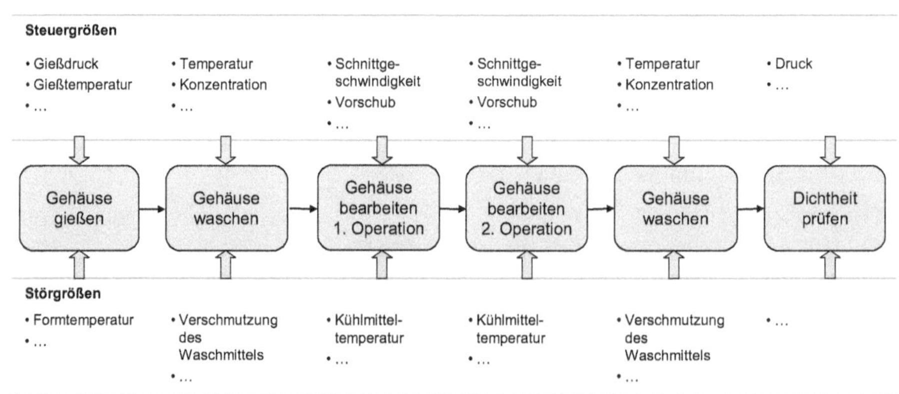

Bild 5-2 Beispiel für das Prozessflussdiagramm einer Teileherstellung

Bild 5-2 zeigt das um Steuer- und Störgrößen ergänzte Macro-Process-Mapping aus Bild 4-4.

Je nach Problemstellung wird man aus unterschiedlichen Arten der Prozessdarstellung auswählen. Bild 5-3 zeigt Möglichkeiten zur Darstellung des Prozesses.

a) **Fokus auf Inputs / Outputs / Einflussgrößen**

Input	Prozess	Output	Steuer-größen	Stör-größen

b) **Fokus auf den Beitrag zur Wertschöpfung**

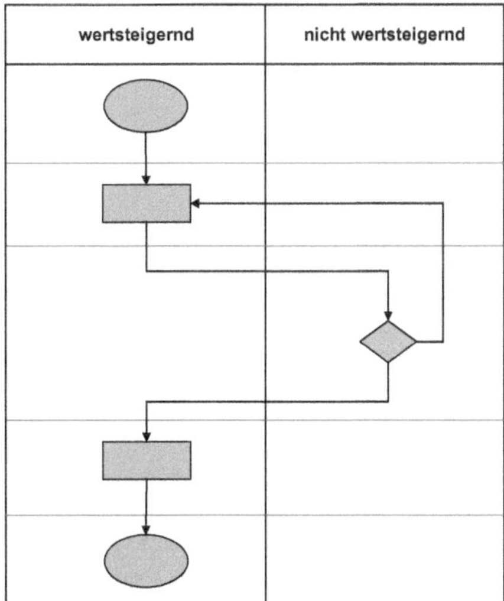

c) **Fokus auf die Zuständigkeiten**

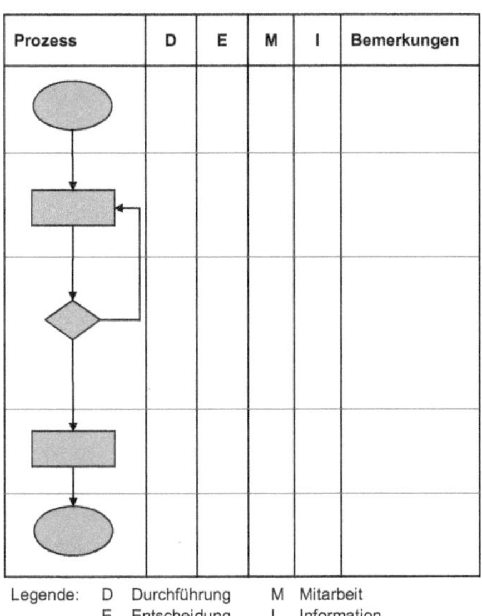

d) **Fokus auf den ausführender Fachbereich**

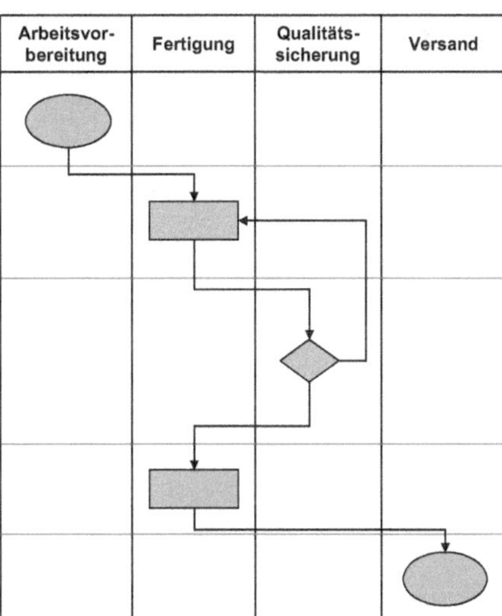

Bild 5-3 Arten der Prozessdarstellung

Fokus auf Inputs / Outputs / Einflussgrößen

Diese Art der Prozessdarstellung ist aus der SIPOC-Darstellung abgeleitet. Inputs sind zum Beispiel Materialien, Informationen und Leistungen, die in den Prozessschritt einfließen. Outputs sind natürlich die Produkte oder Leistungen aus dem Prozess. Ebenso können auch Informationen, die wiederum an anderer Stelle benötigt werden, Output von Prozessschritten sein. Weiters werden auch Steuer- und Störgrößen eingetragen.

Steuergrößen sind Einflussgrößen auf den Prozess, die auf einen bestimmten Wert eingestellt und dort gehalten werden können (z. B. Temperatur in einem Härteofen).

Störgrößen sind Einflussgrößen auf den Prozess, deren Wert üblicherweise nicht vorgegeben werden kann (z. B. Umgebungstemperatur in einer Produktionshalle). Störgrößen können, teilweise mit großem Aufwand, in Steuergrößen umgewandelt werden.

Fokus auf den Beitrag zur Wertschöpfung

Diese Art der Prozessdarstellung hilft, nicht wertsteigernde Prozessschritte zu identifizieren. Häufig wird zwischen vier Prozessleistungsarten unterschieden.

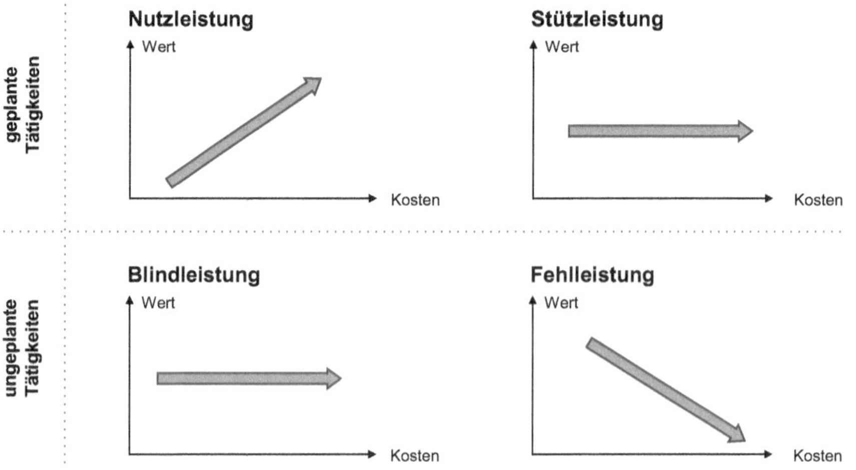

Bild 5-4 Vier Arten der Prozessleistung

Nutzleistung: Dies sind alle geplanten wertschöpfenden Tätigkeiten. Sie tragen zur Wertsteigerung für den Kunden bei. Beispiele: Kundenwünsche aufnehmen, Produktkonzept erstellen, Produktionskonzept erstellen, Fertigung, Montage.

Stützleistung: Dies sind alle geplanten, jedoch wertneutralen Tätigkeiten, die die Nutzleistung in der Wertschöpfungskette unterstützen. Sie werden vom Kunden nicht wahrgenommen, verursachen jedoch Kosten. Beispiele: Anlagen/Maschinen rüsten, Anlagen/Maschinen warten, Kostensätze aktualisieren.

Blindleistung: Dies sind ungeplante und wertneutrale Tätigkeiten. Beispiele: Teile/Werkzeuge suchen, Teile mehrfach ein-, um- und auslagern.

Fehlleistung: Dies sind ungeplante und wertvermindernde Tätigkeiten. Beispiele: Tätigkeiten, die dazu führen, dass ein Produkt „Ausschuss“ wird.

Die Zuordnung zu diesen Arten der Prozessleistung hilft, Optimierungspotenziale sichtbar zu machen. Nutz- und Stützleistungen sind möglichst wirtschaftlich zu gestalten und auf Effizienzsteigerungspotenziale zu untersuchen. Blind- und Fehlleistungen sind auf technische, organisatorische, logistische, etc. Mängel zurückzuführen und zu vermeiden.

Fokus auf die Zuständigkeiten

Diese Art der Prozessdarstellung wird häufig zur Beschreibung von administrativen Prozessen verwendet. Existieren zu viele Übergabestellen zwischen verschiedenen Zuständigkeitsbereichen, besteht großes Verbesserungspotenzial sowohl hinsichtlich Kosten als auch hinsichtlich Durchlaufzeiten.

Fokus auf den ausführenden Fachbereich

Die Unterscheidung zwischen ausführenden Fachbereichen liefert ebenso Ansatzpunkte für Verbesserungen. Sind zu viele Fachstellen eingebunden, besteht wiederum Potenzial zur Verbesserung.

Prozessdarstellung – zentrales Werkzeug im Verbesserungsprojekt

Der Prozess ist das zentrale Bild im Verbesserungsprojekt. Alles dreht sich um den Prozess. Auch wenn jedes Teammitglied der Meinung ist, den Prozess zu kennen, sollte man ein gemeinsames Verständnis für den Prozess schaffen. Dieser Prozess wird sich im Fortschritt des Verbesserungsprojektes auch weiterentwickeln. In der Phase **Measure** wird man Klarheit über den Prozess gewinnen, in **Analyze** wird man Ursachen für Abweichungen im Prozess identifizieren, in **Improve** werden Verbesserungen am Prozess entwickelt und erprobt. In der Phase **Control** geht es um die langfristige Absicherung des verbesserten Prozesses.

Der gleiche Prozess wird in der Praxis doch aus unterschiedlichen Blickwinkeln betrachtet:

- wie man glaubt, dass der Prozess im Augenblick ist
- wie der Prozess sein sollte
- wie der Prozess in Wirklichkeit ist
- wie der Prozess (in der QM-Dokumentation) dargelegt ist

5.1.2 Mögliche Ursachen darstellen

Sobald man im Team über mögliche Einflussgrößen nachdenkt, kommt man sehr schnell in eine Größenordnung von 20 bis 50 möglichen Einflussfaktoren. Um eine Struktur in die Diskussion zu bringen, ist es notwendig, die Diskussionsbeiträge systematisiert und für alle sichtbar festzuhalten. Eine sehr übersichtliche Möglichkeit zur Darstellung der Ursache-Wirkungs-Beziehungen bietet das Ursachen-Wirkungs-Diagramm oder auch Ishikawa-Diagramm. Wegen seines Aussehens wird es auch häufig als Fischgräten-Diagramm (fishbone-diagram) bezeichnet.

Das Ishikawa-Diagramm ist ein Bild der möglichen Ursachen für Abweichungen im Prozess. Es stellt immer den aktuellen Wissensstand des Teams dar. Zu Beginn des Projektes ist man sich noch nicht sicher, ob die enthaltenen Einflussfaktoren auch tatsächlich einen Einfluss haben (und wie groß er ist, wenn vorhanden). Vor allem in der Phase **Analyze** wird man z. B. mit Hilfe von Versuchen sukzessive Ursachen ausschließen bzw. bestätigen. Die auf Basis von Erfahrungen und Meinungen erstellten Inhalte werden nach und nach durch Inhalte auf Basis von nachgewiesenen Zusammenhängen ersetzt. Dokumentiertes Wissen über den Prozess entsteht.

Bild 5-5 zeigt ein Beispiel für das Ishikawa-Diagramm. Das Problem bzw. die Wirkung bildet den Kopf des Fisches. An diesen werden Gruppen von Ursachen angebunden. Die Kategorien gehen häufig aus der Struktur des zu untersuchenden Problems hervor. Wenn dies nicht so ist, dann ist auch eine Kategorisierung nach den 5 Ms (Mensch, Maschine, Material, Methode, Mitwelt) möglich. Zu den Hauptursachen werden Unterursachen ergänzt und durch immer kleinere „Gräten" verbunden.

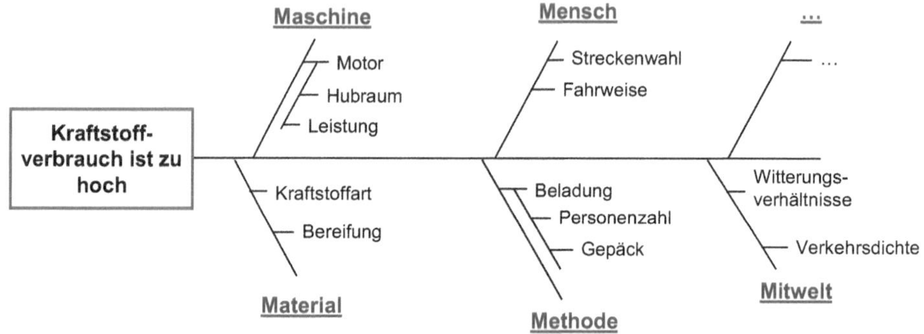

Bild 5-5 Beispiel: Ishikawa-Diagramm für Kraftstoffverbrauch

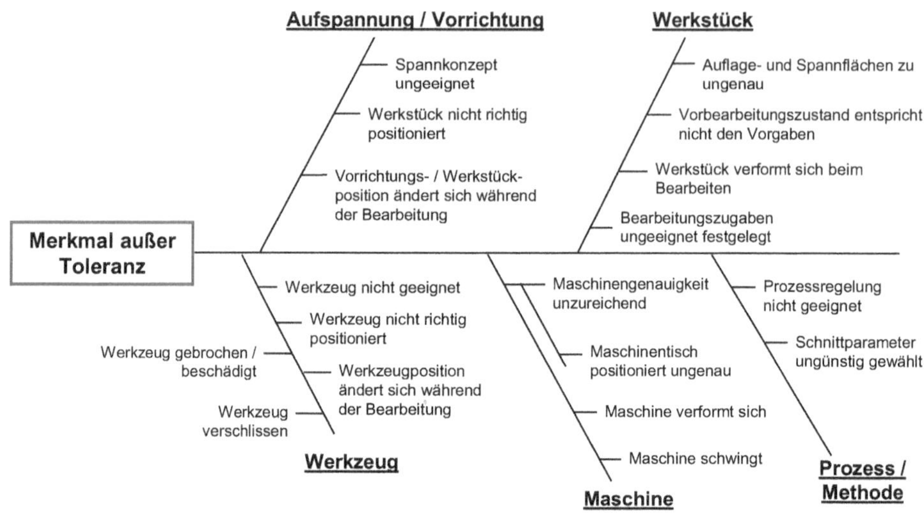

Bild 5-6 Beispiel: Ishikawa-Diagramm für mechanische Bearbeitung

Bild 5-6 zeigt als Beispiel ein Ishikawa-Diagramm für die mechanische Fertigung. Bild 5-7 zeigt ein Mind-Map für die Montage eines Dichtringes (erstellt mit der Software MindManager). An beiden Bildern erkennt man sehr gut, dass man sich zuerst ein Gesamtbild über das Problem verschafft und dann erst über mögliche Maßnahmen nachdenkt.

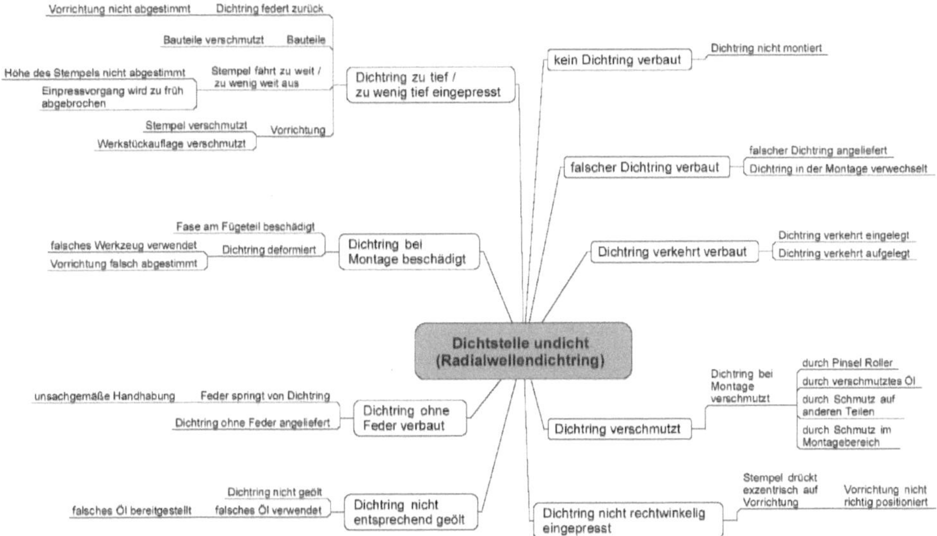

Bild 5-7 Beispiel: Mind-Map für einen Montageprozess

Bei der Ideensammlung im Team zeigt sich immer wieder der Brainstorming-Effekt. Die Diskussion und die Visualisierung fördert die Kreativität. Die Teilnehmer inspirieren einander. Sie greifen Ideen anderer Teilnehmer auf und entwickeln diese zu neuen Ideen weiter. So kommt aus der Gruppe ein besseres Ergebnis als aus Einzelbefragungen der Teammitglieder.

Der Moderator hat darauf zu achten, dass die Ursachen möglichst klar und unmissverständlich beschrieben werden. Schließlich soll das Team auch in der nächsten Besprechung noch wissen, was mit den Stichworten gemeint war.

Die Ursachenanalyse ist eigentlich Aufgabe der Phase **Analyze**. Man wird aber bereits in der Phase **Measure** damit starten. Der Grund dafür liegt darin, dass in der Phase **Measure** Daten erfasst und ausgewertet werden (siehe Abschnitt 5.3). Hat man nun mögliche Ursachen identifiziert, so macht es Sinn, diese mitzubeobachten.

5.2 Vorhandene Daten interpretieren

Nachdem man nun ein etwas klareres Bild von dem zu optimierenden Prozess hat, wird man versuchen, aus den bestehenden Daten so viel wie möglich an Informationen herauszuholen. Der Vorteil ist, dass diese Daten rasch und ohne Aufwand zur Verfügung stehen. Der Nachteil liegt darin, dass oft nicht bekannt ist, unter welchen Bedingungen sie erhoben wurden und dass vielfach auch ergänzende Informationen fehlen. Daher müssen die Daten immer kritisch auf Plausibilität geprüft werden. Trotzdem haben diese Aufzeichnungen meist einen hohen Wert für das Verbesserungsprojekt. Man kann die Ist-Situation besser beurteilen und vielfach kann man auch schon auf mögliche Ursachen schließen.

Alle nun folgenden Verfahren haben gemeinsam, dass noch keine Optimierungsaktivitäten unternommen werden, um an die Ergebnisse zu gelangen. Es wird lediglich der laufende Prozess interpretiert.

5.2.1 Grafische Darstellung von Daten

5.2.1.1 Verlauf der Einzelwerte (Time Series Plot)

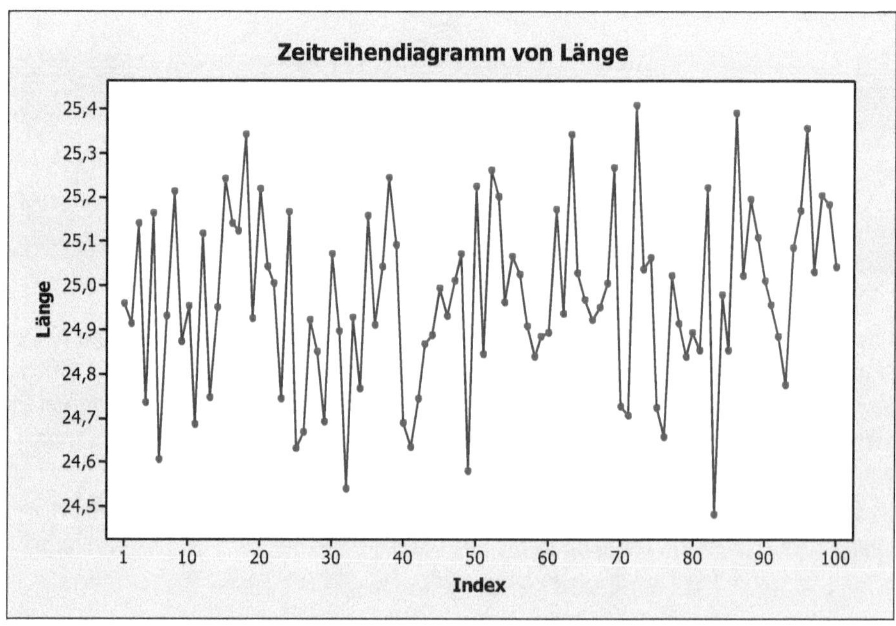

Minitab > Grafik > Zeitreihendiagramm...

Bild 5-8 Verlauf der Einzelwerte

Das Verlaufsdiagramm ist ein vielfach unterschätztes Werkzeug zur Prozessanalyse. Die x-Achse ist entweder mit Datum und Uhrzeit oder der fortlaufenden Nummerierung der Messwerte beschriftet. Darüber hinaus können Ereignisse wie Chargenwechsel oder Schichtwechsel vermerkt sein. Auf der y-Achse werden die gemessenen Werte aufgetragen. Für eine leichtere grafische Interpretation sind die Punkte durch eine Linie verbunden.

Es muss darauf geachtet werden, dass die Werte tatsächlich in der Reihenfolge ihres Auftretens (in Produktionsreihenfolge) aufgetragen werden. Werden zum Beispiel Produktionsteile in einem Messraum in durchmischter Reihenfolge vermessen und dokumentiert, dann ist diese Darstellung wertlos.

Sehr wirkungsvoll ist diese Analyseform, wenn im zu untersuchenden Prozess eine Inline-Messung vorhanden ist. Aus der Gegenüberstellung von Fertigungsbedingungen und den Ergebnissen dieser Inline-Messung kann der Einfluss von möglichen Ursachen abgeschätzt werden.

In der Praxis stellt man häufig bereits bei der Beurteilung der zeitlichen Verläufe Unregelmäßigkeiten fest. Bild 5-9 zeigt Beispiele solcher Verläufe.

a) **Merkmal 1:** Der zyklische Verlauf kann beispielsweise von einem Werkzeugverschleiß herrühren, der beim Erreichen einer Grenze korrigiert wird. Ebenso könnte es sein, dass ein Werkzeug in regelmäßigen Abständen aufgeheizt wird.

b) **Merkmal 2:** Es erweckt den Anschein, dass sich zwischen Teil 25 und 30 etwas am Prozess geändert hat (z. B. Chargenwechsel, Wechsel von Hilfsstoffen, Werkzeugwechsel). Die Frage, was es gewesen ist, bleibt in der Praxis leider oft unbeantwortet, wenn keine Aufzeichnungen geführt werden. Um Klarheit zu erlangen, empfiehlt es sich, zumindest für die Zeit der Prozessanalyse detaillierte Schichtaufzeichnungen zu führen.

c) **Merkmal 3:** Hier zeigt sich ein Trendprozess.

d) **Merkmal 4:** Dies zeigt keine besonderen Auffälligkeiten. Man darf sich durch die großen Sprünge nicht täuschen lassen, es gibt keine Hinweise auf besondere Streuungsursachen.

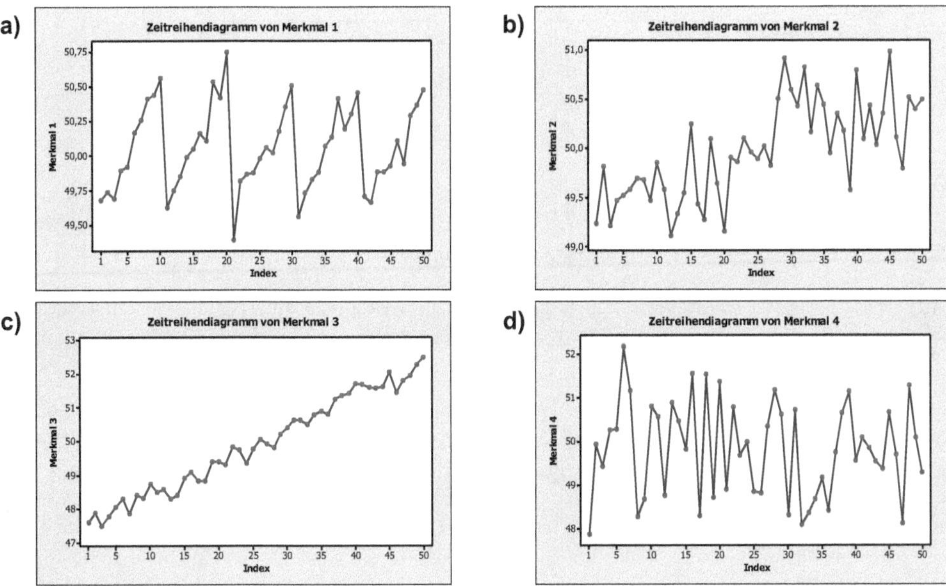

Bild 5-9 Beispiele für zeitliche Verläufe

5.2.1.2 Einzelwertkarte (Individual Chart)

Die Einzelwertkarte ist eine erweiterte Form der Darstellung des zeitlichen Verlaufes. Zusätzlich sind der arithmetische Mittelwert und die aus den Messwerten gerechneten Regelgrenzen eingetragen. Dazu werden üblicherweise die ±3σ-Grenzen gewählt, sodass die Wahrscheinlichkeit nur 0,27% beträgt, dass ein Wert zufällig außerhalb dieser Grenzen liegt. Damit kann beurteilt werden, ob der Werteverlauf in sich konsistent ist. Liegen ein oder mehrere Punkte außerhalb der Regelgrenzen, würde das darauf hinweisen, dass besondere Ursachen wirken.

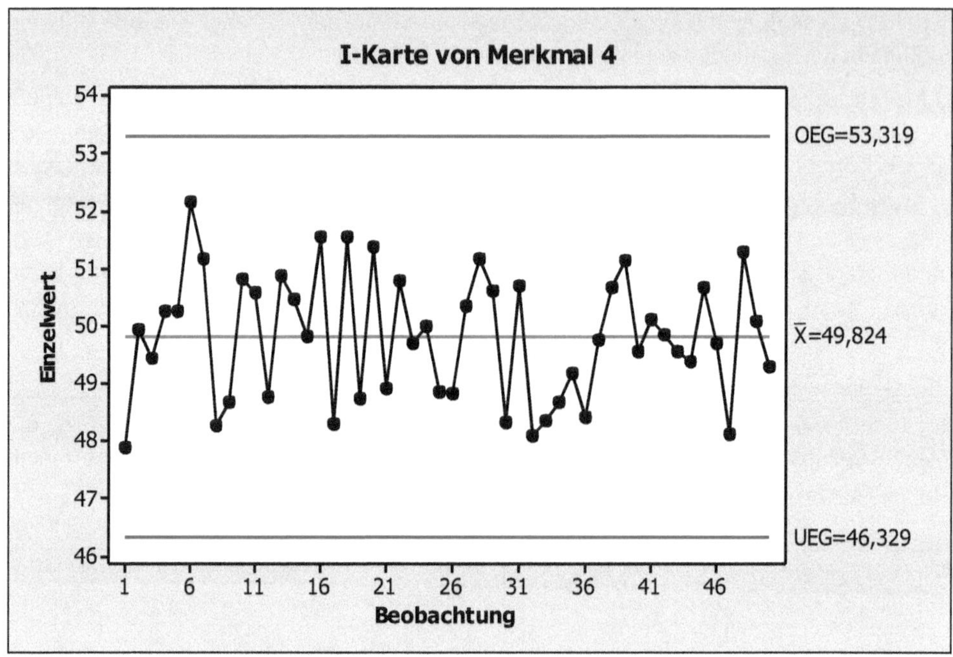

Minitab > Statistik > Regelkarten > Regelkarten für Variablen (Einzelwerte) > Einzelwerte …

Bild 5-10 Einzelwertkarte

5.2.1.3 Medianzyklen-Diagramm (Run Chart)

Auch dies ist eine erweiterte Form der Darstellung des zeitlichen Verlaufes. Zusätzlich ist die Anzahl der Runs eingetragen. Ein Run ist eine Reihe von Punkten auf derselben Seite des Medians. Zu viele Runs deuten darauf hin, dass zwei Grundgesamtheiten vermischt sind (z. B. Teile stammen aus zwei unterschiedlichen Formnestern). Zu wenige Runs könnten zum Beispiel durch einen Trend verursacht sein. Minitab führt vier Tests durch und gibt vier p-Werte aus. Sollte einer davon unter 5% liegen, ist das wieder ein Hinweis auf besondere Einflüsse.

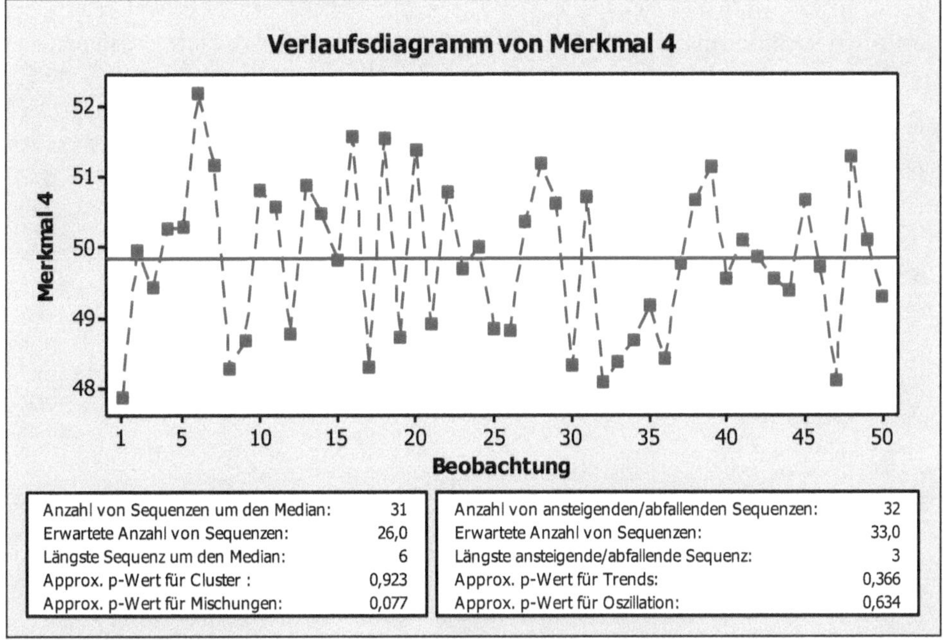

Minitab > Statistik > Qualitätswerkzeuge > Verlaufsdiagramm …

Bild 5-11 Medianzyklen-Diagramm

5.2.1.4 Häufigkeitsdiagramme

Häufigkeitsdiagramme zeigen die Verteilungsform der Daten. In **Punktdiagrammen** (Dotplot) wird der Messwert direkt als Punkt oder als x aufgetragen. Üblicherweise wird keine Klassenbildung vorgenommen, sodass sich Punktdiagramme vor allem für kleine Datenmengen ($n \leq 50$) eignen.

Bei der Erstellung von **Histogrammen** werden die gesammelten Daten zu Klassen zusammengefasst und in einem Balkendiagramm aufgetragen. Die Höhe der Balken entspricht (bei gleicher Klassenbreite) der Anzahl der Messwerte in einer Klasse. Damit lassen sich Lage, Streuung und Verteilungsform von Messwerten grob abschätzen.

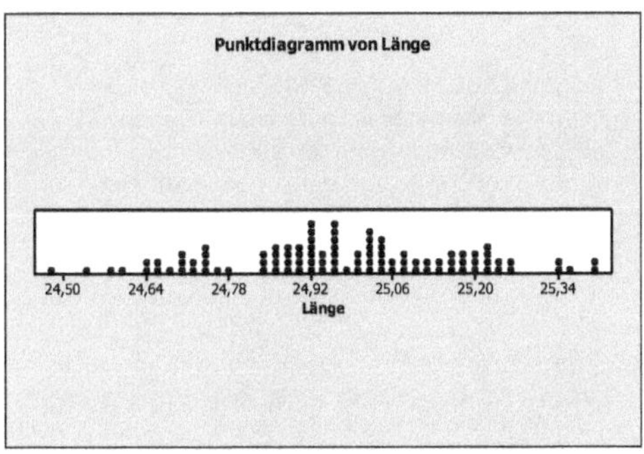

Minitab > Grafik > Punktdiagramm…

Histogramm von Länge
Normal
Mittelwert 24,97
StdAbw 0,2016
N 100
Häufigkeit
Länge

Minitab > Grafik > Histogramm…

Bild 5-12 Häufigkeitsdiagramme

Ab etwa 50 Messwerten ist diese Darstellungsform übersichtlicher als das Punktdiagramm. Bei kleinen Stichprobengrößen darf dem Histogramm nicht zu viel Bedeutung beigemessen werden. Ändert man die Anzahl der Klassen oder die Klassengrenzen, so werden die Einzelwerte teilweise anderen Klassen zugeordnet und das Bild des Histogramms ändert sich.

Bild 5-13 Beispiele für Häufigkeitsdiagramme (nach [13])

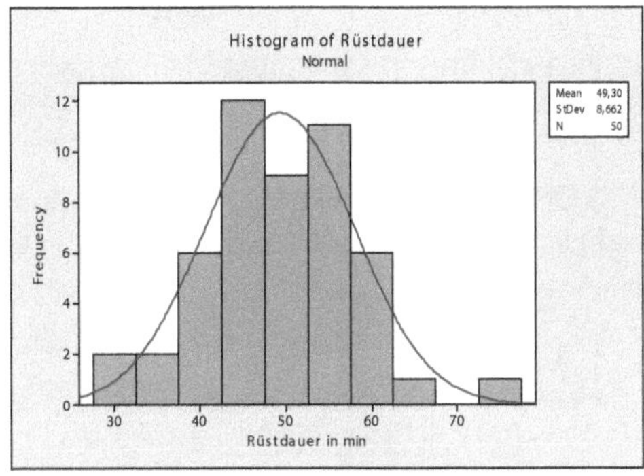

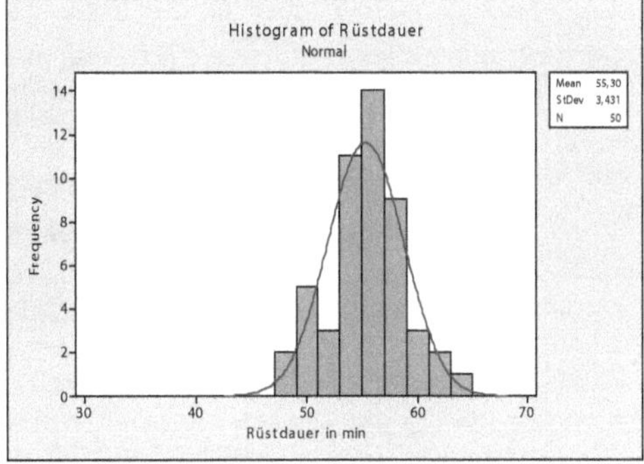

Bild 5-14 Beispiel: Histogramme für die Rüstdauer

In Bild 5-14 sind beispielhaft zwei Verteilungen von Rüstzeiten dargestellt. In erster Linie soll in der Phase **Measure** der Ausgangszustand erfasst werden, in diesem Fall durch Angabe von Mittelwert und Streuung. Um in der Phase **Analyze** auf aussagekräftiges Datenmaterial zurückgreifen zu können, wird man mit der Rüstdauer auch weitere Merkmale wie Maschine, Werkzeug oder Mitarbeiter erfassen.

5.2.1.5 Streudiagramme / Korrelationsdiagramme

Streudiagramme stellen den Zusammenhang zwischen zwei Merkmalen, die paarweise aufgenommen wurden, grafisch dar. In der Phase **Measure** ist es oft von Interesse, ob ein Zusammenhang zwischen Produktmerkmalen existiert. Bild 5-15 zeigt beispielsweise den Zusammenhang von zwei Merkmalen an einem Blechteil.

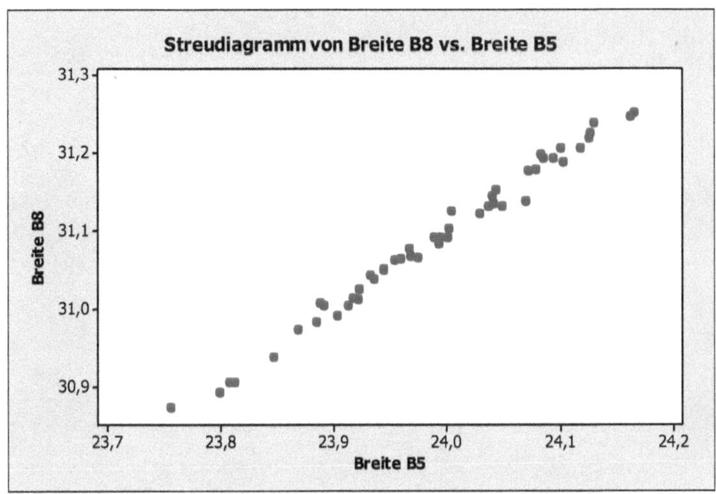

Minitab > Grafik > Streudiagramm...

Bild 5-15 Beispiel: Streudiagramm für zwei Variablen

Solche Zusammenhänge sind wichtige Hinweise für die Phase **Analyze**. Darüber hinaus kann man auch den weiteren Aufwand reduzieren, da für die folgenden Untersuchungen meist die Messung eines dieser Merkmale ausreicht.

Bild 5-16 zeigt die Ergebnisse der Beobachtung eines Produktmerkmals (Rauigkeit) und mehrerer möglicher Einflussgrößen. Wie ersichtlich ist, kann ein Zusammenhang zwischen der Vorschubgeschwindigkeit und der Rauigkeit vermutet werden.

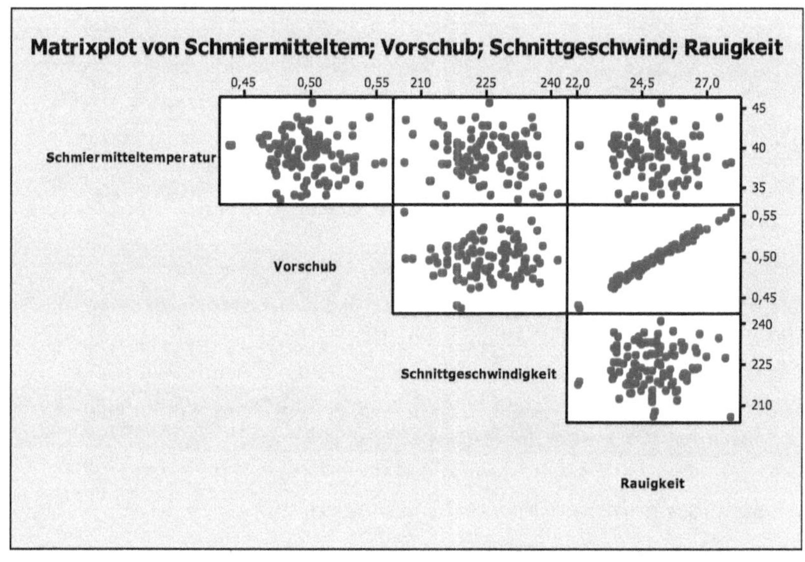

Minitab > Grafik > Matrixplot...

Bild 5-16 Beispiel: Streudiagramm für mehrere Variablen

Eine detailliertere Analyse der Zusammenhänge folgt in der Phase **Analyze**.

5.2.1.6 Box Plots

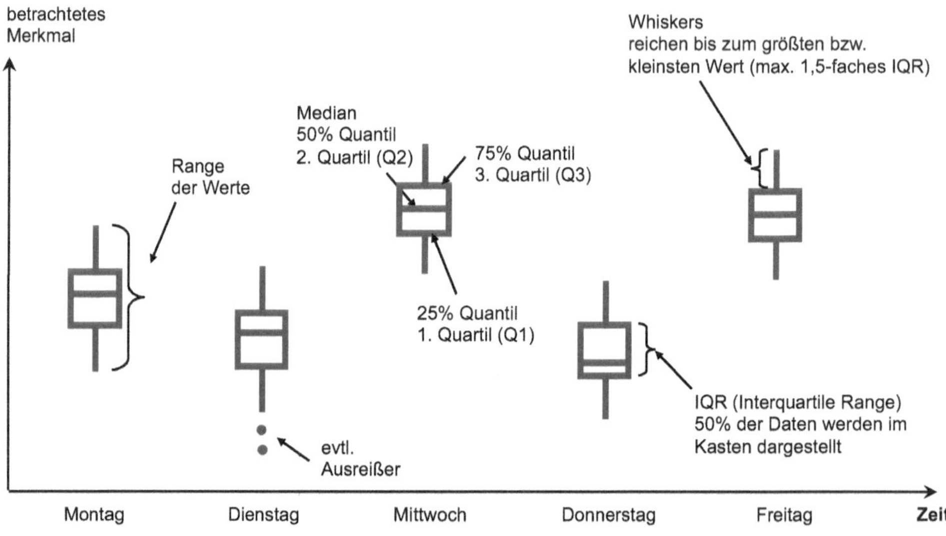

Minitab > Grafik > Boxplot...

Bild 5-17 Box Plot

Ein Box Plot ist eine vereinfachte grafische Darstellung der Häufigkeitsverteilung einer Variablen. Zentrum, Streuung, Schiefe und Spannweite der Verteilung (einschließlich möglicher Ausreißer) sind in einer grafischen Darstellung zusammengefasst.

Die Box umfasst die mittleren 50% der Verteilung und reicht daher vom unteren bis zum oberen Quartil. Der Median wird durch einen waagrechten Strich in der Box dargestellt. Durch die zwei Linien ober- und unterhalb der Box wird die Spannweite der Verteilung dargestellt, wobei ihre Länge mit der 1,5-fachen Höhe der Box begrenzt ist. Liegen Werte außerhalb, werden sie als Punkt bzw. als Stern dargestellt. Die Breite der Box kann eventuell zur Veranschaulichung des Umfanges der Stichprobe genutzt werden. Die Darstellung des Box Plots variiert mit der benutzten Software.

Wie in Bild 5-17 gezeigt, werden Box Plots zum Beispiel zur Darstellung von unterschiedlichen Stichproben genutzt. Mit Hilfe von Box Plots kann man sich rasch einen Überblick über die betrachtete Situation verschaffen.

Bei wenigen Beobachtungen sind Box Plots ungeeignet, da dann Quartile und Median durch Interpolation ermittelt werden müssen.

5.2.1.7 Pareto-Analyse

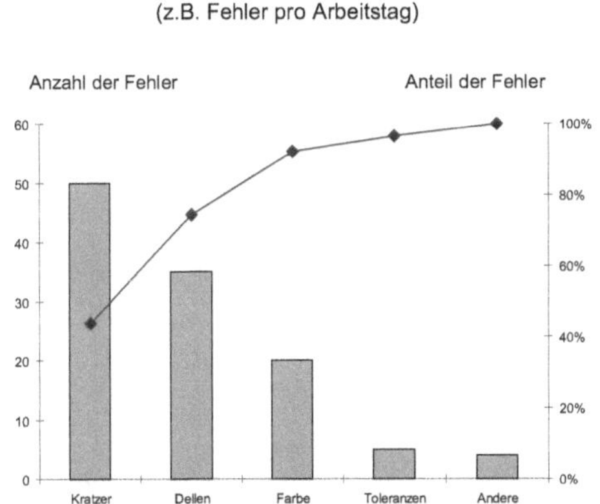

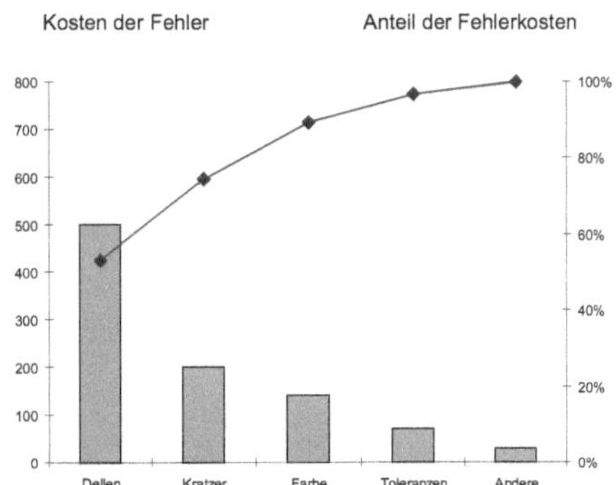

Bild 5-18 Beispiele für Pareto-Diagramme

Das nach dem italienischen Nationalökonom Vilfredo Pareto benannte Pareto-Prinzip besagt, dass sich der Hauptteil der Auswirkungen aus wenigen Ursachen ergibt. Häufig spricht man auch von der 80/20-Regel, nach der etwa 80% der Wirkung durch 20% der Ursachen bestimmt wird.

Die Pareto-Analyse ermöglicht es uns, die begrenzten Ressourcen zielgerichtet einzusetzen, indem wir uns auf die wichtigen Ursachen konzentrieren. Im linken Teil von Bild 5-18 sind die Anzahlen verschiedener Fehlerarten nach der Häufigkeit ihres Auftretens fallend in einem Balkendiagramm dargestellt. Es ist von der Form her einem Histogramm sehr ähnlich, wobei auf der x-Achse Kategorien aufgetragen sind.

Meist wird zusätzlich die Summenkurve der relativen Häufigkeit aufgetragen. Könnte man Kratzer und Dellen vollständig beseitigen, so hätte man beinahe 80% der Fehler beseitigt.

Six Sigma-Projekte sind letztendlich immer auf die Reduktion von Kosten ausgerichtet. Daher wird man auch die Auswertung nach den Kosten, wie im rechten Teil des Bildes dargestellt, durchführen. Aus Sicht der Kosten muss mit der Reduktion des Fehlerbildes „Dellen" gestartet werden. Würde man den Meister aus der Produktion befragen, so würde dieser vermutlich die Kratzer als größtes Problem nennen. Auch an diesem Beispiel zeigt sich wieder, wie die Orientierung an Zahlen und Fakten hilft, die begrenzten Ressourcen zielgerichtet einzusetzen.

Manchmal zeigt die Pareto-Analyse ein flaches Bild. Keiner der Balken ragt signifikant über die anderen Balken heraus. In diesem Fall hat man nach einer anderen Möglichkeit zu suchen, um die Daten zu kategorisieren.

Beispiel: In einem Unternehmen will man gezielte Maßnahmen zur Reduktion der Unfälle durchführen und erstellt dazu ein Pareto-Diagramm, welches die Anzahl der Unfälle, zugeordnet zu Abteilungen, darstellt. Nachdem alle Balken etwa gleich hoch sind, lassen sich daraus keine Maßnahmen ableiten. Würde man jedoch die Art der verletzten Körperteile als Kategorie wählen, so könnte man rasch erkennen, dass bestimmte Verletzungen häufiger auftreten, und gezielte Maßnahmen einleiten.

Typische Anwendungsbeispiele für die Pareto-Analyse sind:

- Identifikation von Bauteilen
  - welche Zulieferteile sind am häufigsten fehlerhaft
  - welche Teile fehlen auf einer Baustelle am häufigsten
- Identifikation von Fehlern
  - welche Fehlerarten treten am häufigsten auf
  - an welchen Stellen am Teil treten Fehler am häufigsten auf
- Identifikation von Problempunkten an Prozessen
  - welche Störungsarten treten am häufigsten auf
- Identifikation von Einflüssen auf den Prozess
  - welche Faktoren haben den größten Einfluss auf den Prozess

Daher werden Pareto-Analysen häufig in der Phase **Measure** zur Ermittlung von Ansatzpunkten zur Optimierung verwendet. In der Phase **Analyze** dienen sie zur Identifikation der wichtigsten Einflussfaktoren auf den Prozess.

Die Erstellung des Pareto-Diagramms ist mit Statistik-Software sehr einfach. In Excel erstellt man ein Häufigkeitsdiagramm und wählt dabei die Ausgabe als Pareto-Diagramm aus *(Excel > Daten > Analyse > Datenanalyse > Histogramm).*

5.2.1.8 Multi-Vari-Charts

Das Multi-Vari-Chart entstammt der Methodensammlung von Dorian Shainin [8]. Ausgangspunkt der Analyse sind die Messergebnisse aus einem laufenden Prozess. Mit Hilfe des Multi-Vari-Charts werden die Streuungen zugeordnet zu:

- Streuungen am Teil
- Streuungen von Teil zu Teil (innerhalb einer Stichprobe)
- Streuungen von Stichprobe zu Stichprobe

Das Multi-Vari-Chart ermöglicht einen ersten Schluss auf die Ursachen der Streuung. Aufgrund des Musters wird man bestimmte Streuungsursachen ausschließen können. Andere Streuungsursachen wiederum werden durch das Muster als mögliche Ursachen bestätigt werden. Dadurch kann man die möglichen Ursachen eingrenzen und unter den verbliebenen Ursachen gezielter suchen.

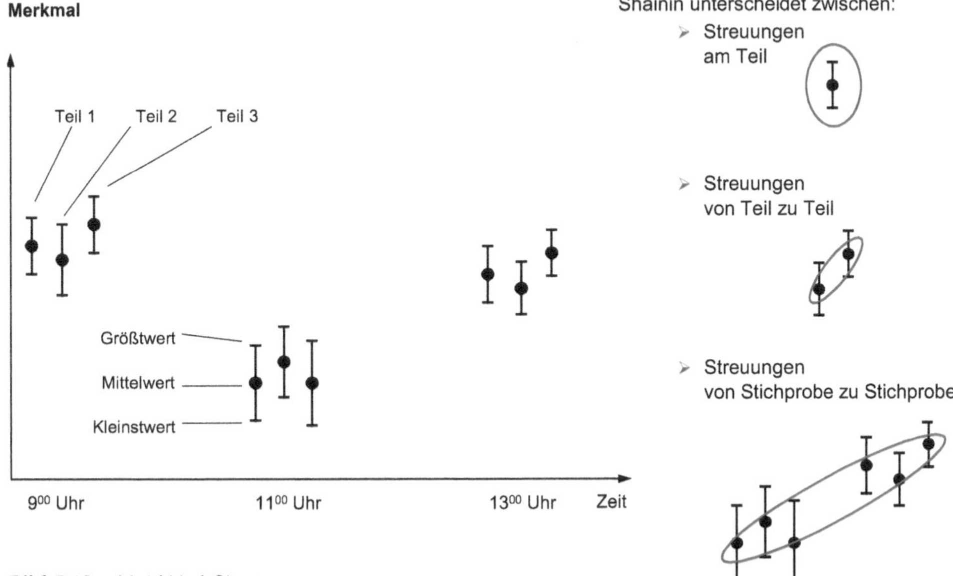

Bild 5-19 Multi-Vari-Chart

Beispiel 5-1 Produktion von Drehteilen

Bei dem zu optimierenden Merkmal handelt es sich um den Durchmesser von Drehteilen. Um ein Multi-Vari-Chart zu erstellen, entnimmt man zu drei Zeitpunkten jeweils drei Teile. Der Durchmesser wird an unterschiedlichen Stellen am Teil gemessen (an beiden Enden, in der Mitte und auch in unterschiedlichen Richtungen). In Bild 5-20 sind mögliche Ergebnisse grafisch dargestellt. Je nach Streuungsmuster würde man folgende Streuungsursachen in Erwägung ziehen:

- **Streuung am Teil überwiegt:** Ist der Durchmesser zum Beispiel am einen Ende immer kleiner als am anderen Ende, so deutet das darauf hin, dass Werkstückachse und Werkzeugachse nicht parallel sind. Die Ursache liegt bei der Drehmaschine darin, dass der Reitstock versetzt ist. Ebenso könnte es sein, dass der Durchmesser in der Mitte immer größer ist als an den Enden. In diesem Fall sind die Bearbeitungskräfte zu hoch. Das Teil wird in der Mitte stärker vom Werkzeug weggedrückt als an den eingespannten Enden.
- **Streuung von Teil zu Teil überwiegt:** Die Ursache ist in zufällig auftretenden Einflüssen zu suchen. Zum Beispiel könnte es sein, dass die Teile unterschiedlich gespannt werden.
- **Streuung von Stichprobe zu Stichprobe überwiegt:** Dieses Streuungsbild zeigt sich typischerweise bei Werkzeugverschleiß. Ebenso wäre es möglich, dass sich dieses Bild durch eine Erwärmung / Abkühlung der Anlage ergibt.

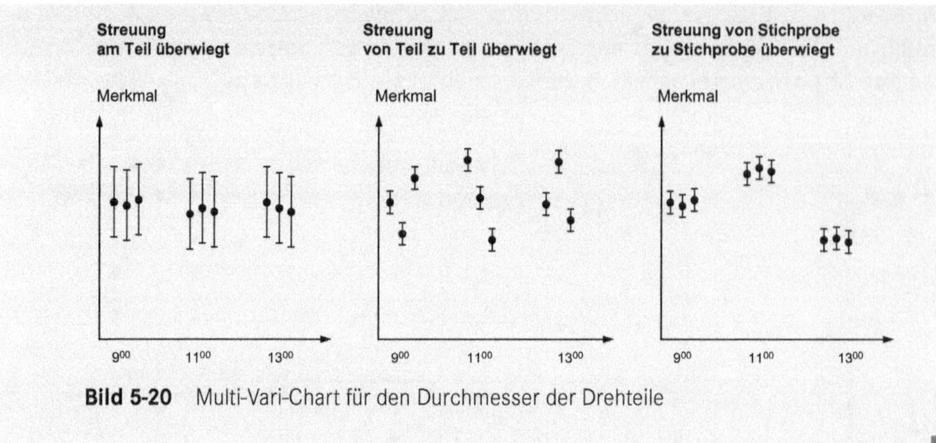

Bild 5-20 Multi-Vari-Chart für den Durchmesser der Drehteile

Das Beispiel zeigt sehr gut die Philosophie von Dorian Shainin: „Lasst nicht die Ingenieure raten; lasst die Teile sprechen!“ Das Vorgehen zur Erstellung der Multi-Vari-Charts ist in [8] beschrieben. Bhote schlägt vor, zur Auswertung die Spannweiten für die drei Streuungskomponenten zu berechnen.

In der Praxis wird man zuerst die grafische Darstellung bewerten. Lassen sich daraus Effekte vermuten, wird man mit Hilfe der Varianzanalyse prüfen, ob diese beobachteten Effekte auch tatsächlich signifikant sind.

Je nach Problemstellung kann es sinnvoll sein, das Multi-Vari-Chart noch zu detaillieren bzw. anzupassen. Beispiele dafür sind:

- Stellt man, wie in den vorangegangenen Beispielen dargestellt, an Drehteilen fest, dass der Durchmesser auf einer Seite immer größer ist als auf der anderen Seite, dann ist eine getrennte Betrachtung der linken und rechten Seite sinnvoll.
- Liegt die Anzahl der Fehler pro Teil im Blickpunkt der Optimierung, so ist es häufig sinnvoll, eine Unterscheidung nach dem Ort des Auftretens vorzunehmen (z. B. Poren in einem Druckgussteil, matte Stellen auf einem Spritzgussteil, Ausbrüche an Faserplatten).
- Ebenso ist es sinnvoll, bei Vielfachnutzen (z. B. Herstellung von Leiterplatten) unterschiedliche Stellen am Gesamtnutzen getrennt zu betrachten. Daraus lässt sich eine örtliche Verteilung der Merkmale bzw. der Fehler ableiten.
- Stammen die Teile aus unterschiedlichen Formnestern, so sollen auch diese getrennt dargestellt werden.

Beispiel 5-2 Drehen von Anschlussflanschen

Bei der Herstellung von Anschlussflanschen ist ein Außendurchmesser des Flansches als Merkmal mit erhöhter Bedeutung definiert. Im Zuge der Optimierung dieses Merkmals werden in regelmäßigen Zeitabständen Teile aus der Produktion entnommen und gemessen. Bild 5-21 zeigt das mit Hilfe von Minitab erstellte Multi-Vari-Chart. Dargestellt sind für jedes Teil die einzelnen Messwerte und der Mittelwert, sowie die Mittelwerte der Stichproben.

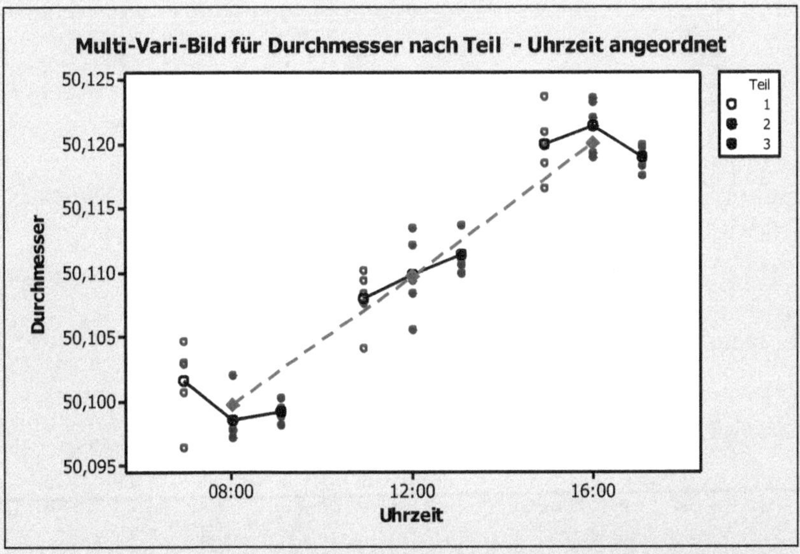

Minitab > Statistik > Qualitätswerkzeuge > Multi-Vari-Bild...

Bild 5-21 Darstellung im Multi-Vari-Chart mit Minitab

Man erkennt, dass die Streuung von Stichprobe zu Stichprobe den größten Anteil ausmacht. Das Bild deutet auf einen Trend hin, der zum Beispiel aus der Abnützung des Werkzeuges herrühren könnte.

Mit Hilfe der Varianzanalyse (ANOVA) würde man einen signifikanten Unterschied zwischen den verschiedenen Stichproben feststellen. Das Vorgehen dazu ist in Abschnitt 6.2.1.4 dargestellt. ■

Beispiel 5-3 Profiltiefe von Reifen

Das Multi-Vari-Chart ist sehr flexibel einsetzbar. Bild 5-22 zeigt die Ergebnisse einer Untersuchung der Profiltiefe von Reifen. Man erkennt, dass die Profiltiefe der vorderen Reifen niedriger ist als die der hinteren Reifen. Die niedrigere Profiltiefe an der Außenseite der Reifen deutet auf rasante Kurvenfahrten hin.

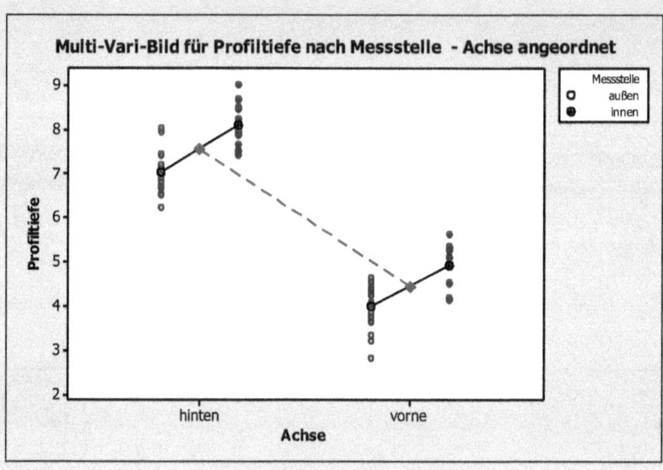

Minitab > Statistik > Qualitätswerkzeuge > Multi-Vari-Bild...

Bild 5-22 Darstellung im Multi-Vari-Chart mit Minitab

5.2.1.9 Paarweiser Vergleich

Auch der Paarweise Vergleich stammt aus der Methodensammlung von Dorian Shainin [8]. Es handelt sich um ein systematisches Vergleichen von guten und schlechten Einheiten.

Beispiel 5-4 Paarweiser Vergleich elektronischer Komponenten (nach [8])

Eine Diode, die für ein Elektronikmodul im Motorraum eines Fahrzeuges verwendet wurde, wies eine unannehmbare Ausfallrate auf. Mehrere ausgefallene Dioden wurden mit guten, fehlerfreien Dioden verglichen. Nach einer Untersuchung mit Hilfe des Raster-Elektronen-Mikroskops wurden durch Paarweisen Vergleich folgende Unterschiede festgestellt:

Paar-Nr.	Zustand	Unterschiede
1	gut	fehlerfrei
	schlecht	beschädigtes Plättchen, Oxidationsschäden, Kupferwanderung
2	gut	fehlerfrei
	schlecht	Oxidationsschäden
3	gut	fehlerfrei
	schlecht	Oxidationsschäden, Verunreinigung
4	gut	fehlerfrei
	schlecht	beschädigtes Plättchen, Oxidationsschäden

Bild 5-23 Ergebnisse des Paarweisen Vergleiches

Als wahrscheinlichste Hauptursache wurden die Oxidationsschäden festgestellt. Diese wird von Shainin als Red X bzw. Rotes X bezeichnet. Die zwei Wiederholungen des beschädigten Plättchens deuten ebenfalls auf eine mögliche Ursache hin. Sie wird als Pink X bzw. Rosa X bezeichnet.

Das Vorgehen beim Paarweisen Vergleich ist folgendermaßen:

a) Mehrere Paare von guten und schlechten Einheiten werden gesammelt.
b) Es wird eine gute mit einer schlechten Einheit verglichen. Die Unterschiede zwischen den beiden Einheiten werden dokumentiert.
c) Dieser Vorgang wird für weitere Paare wiederholt.
d) Wiederholungsmuster in den Unterschieden werden herausgefiltert.

Im Idealfall führt der Paarweise Vergleich direkt zur Ursache des Problems. Ist dies nicht der Fall, so ist doch häufig eine Eingrenzung der Ursachen möglich.

5.2.1.10 Gemeinsame Interpretation mehrerer Grafiken

In der Praxis nutzt man zur Beurteilung von Daten immer mehrere Sichten/mehrere Darstellungsformen. Bild 5-24 zeigt beispielsweise das Wahrscheinlichkeitsnetz (bezogen auf die Normalverteilung), den zeitlichen Verlauf und das Histogramm für Messwertreihen mit verschiedenen Verteilungsformen.

Normalverteilung
Berechnungen, welche die Normalverteilung voraussetzen (z. B. Prozessfähigkeit für normalverteilte Merkmale), sind möglich.

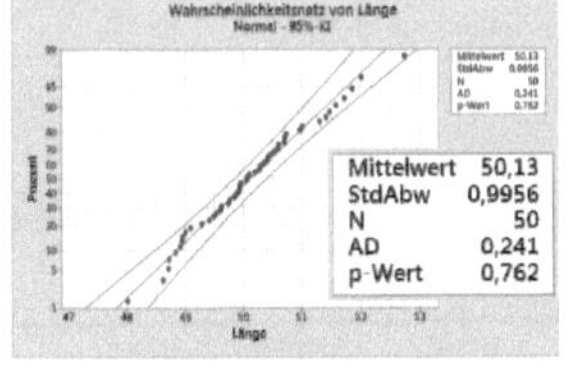

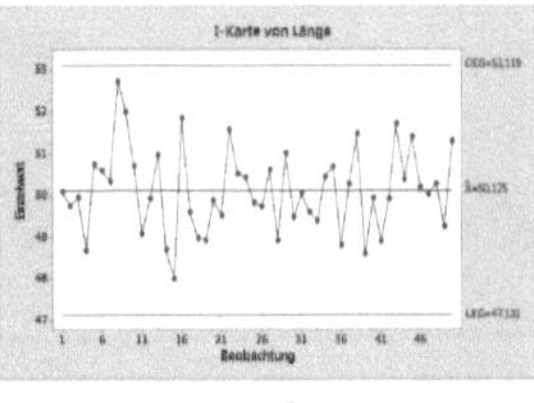
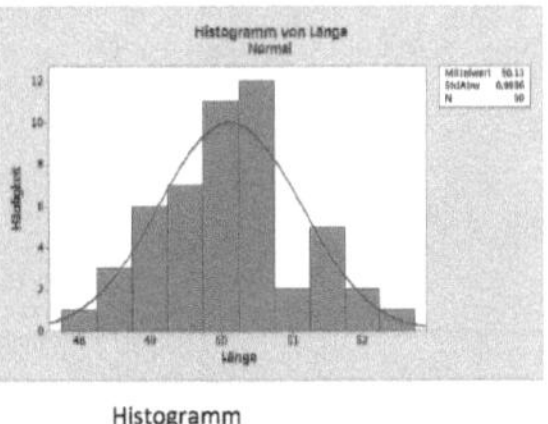

Wahrscheinlichkeitsnetz | zeitlicher Verlauf | Histogramm

Schiefe Verteilung
Tipp: Identifikation einer besser passenden Verteilung (z. B. Weibull-Verteilung) ist für den weiteren Rechengang notwendig.

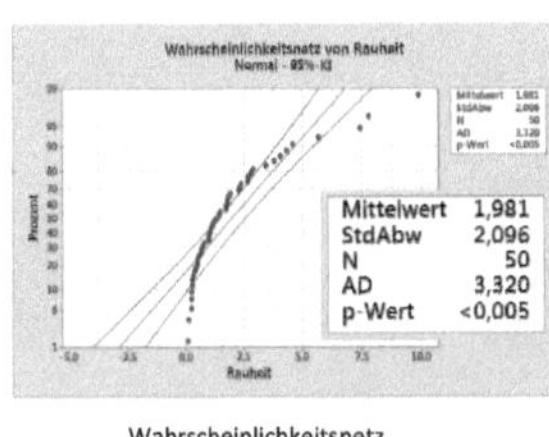

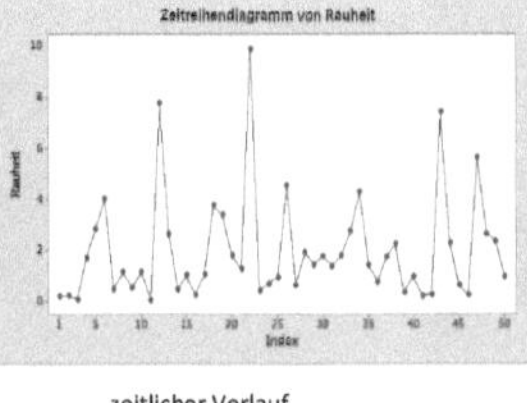
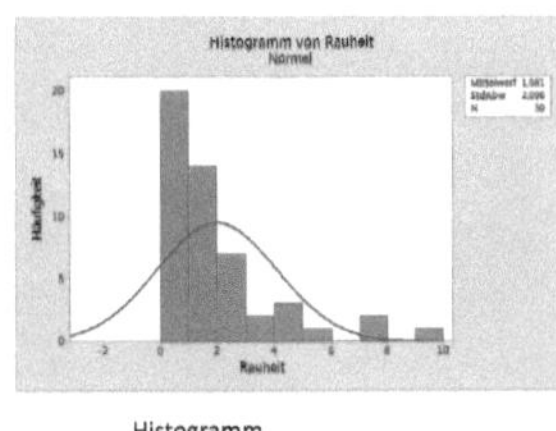

Wahrscheinlichkeitsnetz | zeitlicher Verlauf | Histogramm

Ausreißer
Tipp: Ursache für Ausreißer identifizieren und beseitigen, Ausreißer anschließend aus der Auswertung entfernen.

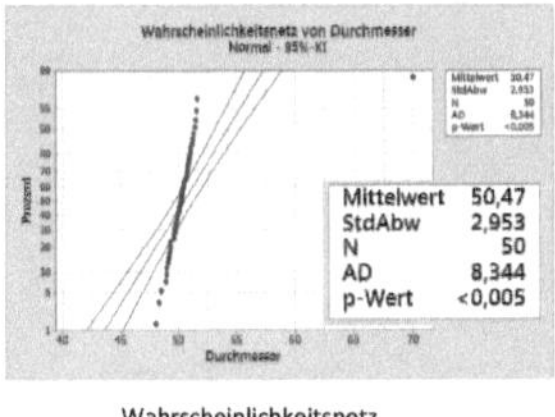

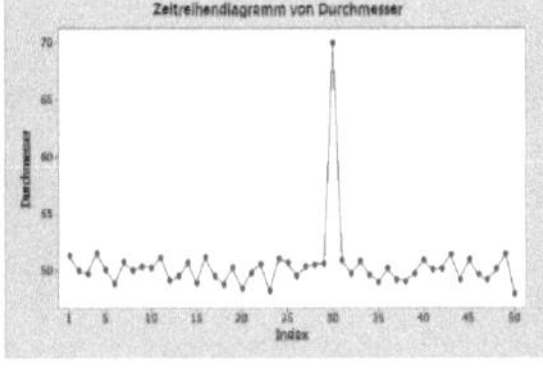
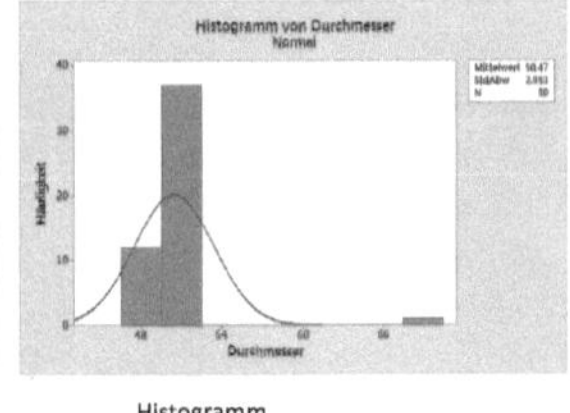

Wahrscheinlichkeitsnetz | zeitlicher Verlauf | Histogramm

Bild 5-24 Beispiele für Messwertreihen mit verschiedenen Verteilungsformen

Überlagerung von zwei oder mehreren Verteilungen (zwei Schichten, mehrere Materialsorten, etc.)
Tipp: Datenschichtung durchführen und beide Verteilungen getrennt auswerten.

Trendprozess
Tipp: Trendprozesse sind vielfach technologiebedingt, entsprechende Berücksichtigung z. B. bei der Ermittlung der Regelgrenzen.

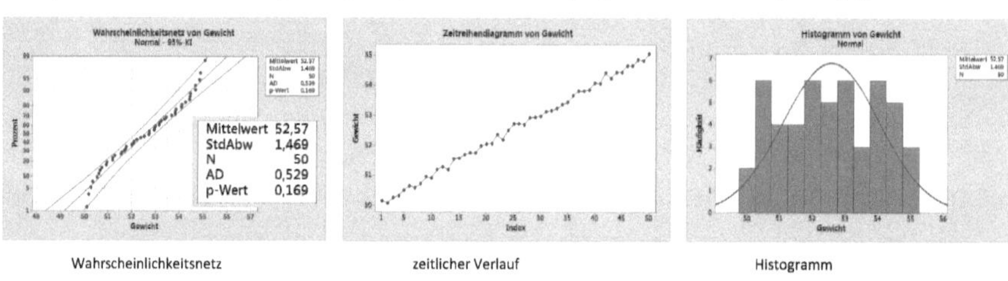

Histogramm zeigt zu wenig Klassen
Tipp: Die Ursache liegt möglicherweise im Prüfprozess. Die Auflösung des Messsystems könnte zu grob sein.

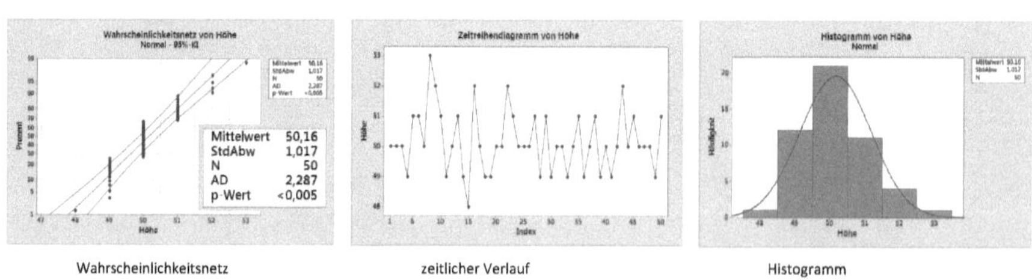

Mittelwertschwankung
Tipp: Ursache für Mittelwertschwankung, z. B. durch Analyse des zeitlichen Verlaufes/Zeitpunkte des Sprungs, identifizieren.

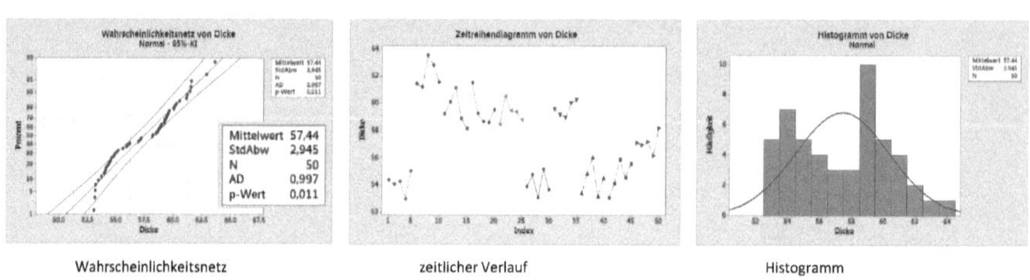

Mittelwertschwankung mit sinusförmigem Verlauf
Tipp: Die Ursache kann z. B. in einer Regelung der Ofentemperatur mit sinusförmigem Verlauf liegen.

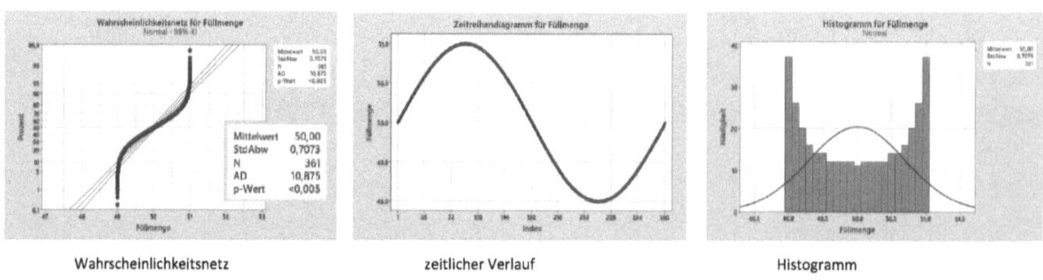

Bild 5-24 Beispiele für Messwertreihen mit verschiedenen Verteilungsformen *(Fortsetzung)*

5.2.1.11 Erstellung von grafischen Darstellungen mit JMP und Minitab

JMP und Minitab verfügen über komfortable Möglichkeiten, Grafiken intuitiv zu erstellen. Bild 5-25 zeigt das entsprechende Dialogfeld in JMP. Zieht man beispielweise eine Variable mit der Maus über angebotene Felder, zeigt sich sofort die resultierende Grafik.

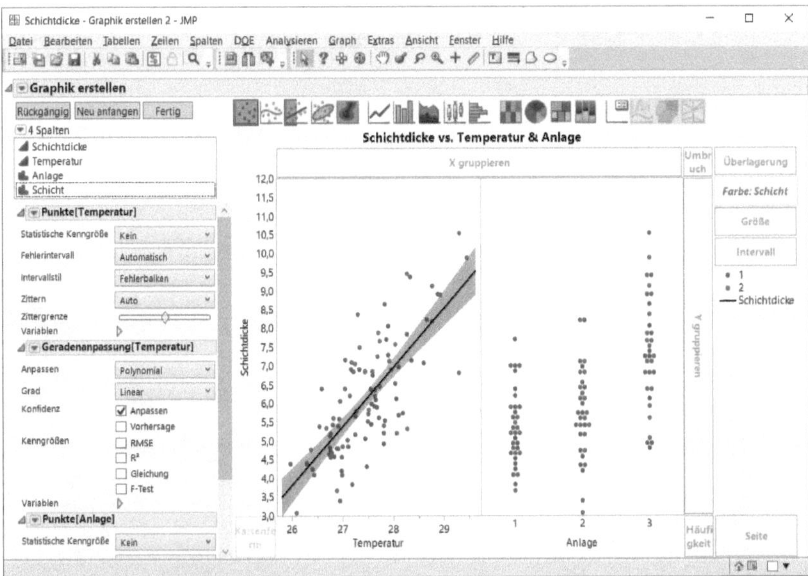

JMP > Graph > Graphik erstellen

Bild 5-25 Grafik erstellen mit JMP

Sowohl in JMP als auch in Minitab wird eine Vielzahl von Grafiken und Optionen angeboten. Dies erleichtert es, rasch eine geeignete Form der grafischen Darstellung der Daten zu finden, um Zusammenhänge leichter zu erkennen und zu interpretieren.

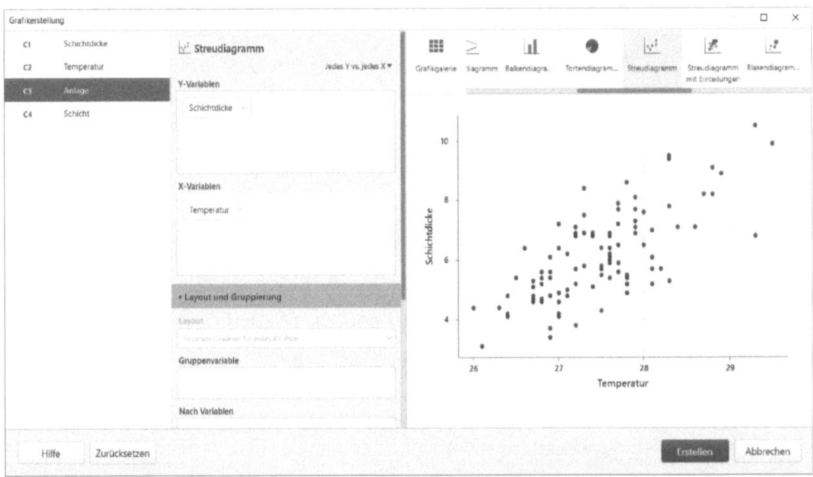

Minitab > Grafik > Grafikerstellung ...

Bild 5-26 Grafik erstellen mit Minitab

5.2.2 Zufällige oder signifikante Unterschiede

Bei jeder Beobachtung und bei jedem Versuch spielt der Zufall eine Rolle. Bevor man Entscheidungen aus dem Versuch ableitet, muss herausgefunden werden, ob die Beobachtung zufällig oder signifikant ist.

Beispiel 5-5 Häufigkeit von roten Smarties pro Packung

Der Unterschied soll anhand einer Übung aus unseren Trainings erläutert werden. Jeder Teilnehmer erhält eine Minipackung mit Smarties. Darin sind etwa 40 Smarties. Wir gehen davon aus, dass die acht Farben in der Grundgesamtheit gleich verteilt sind, daher würden wir 5 rote Smarties in der Stichprobe erwarten.

Bild 5-27 zeigt die Anzahl von roten Smarties in den Packungen von 14 Teilnehmern. Die Spannweite reicht von zwei bis zu neun roten Smarties. Wenn Sie den Zufallsstreubereich für n = 40 und p = 12,5% betrachten, werden Sie feststellen, dass diese angetroffene Streuung durchaus dem Zufall entspricht. Nutzen Sie dazu die Datei statistik.xls/binomialverteilung.

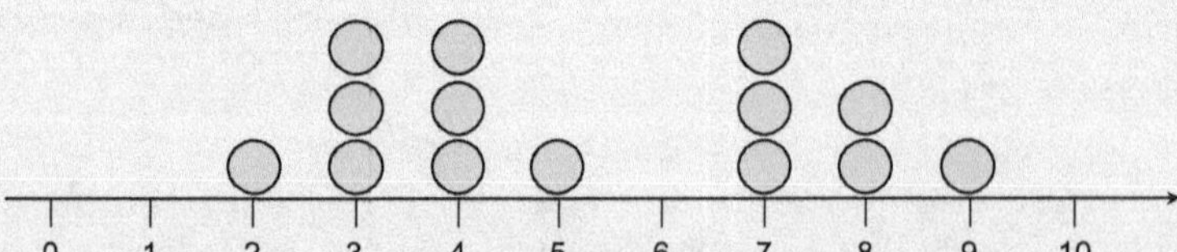

Bild 5-27 Anzahl der roten Smarties in 14 Stichproben

Nehmen wir nun an, wir müssten den Anteil an roten Smarties reduzieren. Der Anlass wäre die Reklamation eines Kunden, der zu viele rote Smarties erhalten hat. Wir gehen dem nach und entnehmen eine Stichprobe. Zufällig greifen wir gerade eine Packung mit acht roten Smarties heraus. Nachdem dies um drei mehr als die fünf erwarteten Smarties sind, berufen wir ein Expertenteam ein, welches als Hauptursache die falsche Drehrichtung des Rührwerks in der Mischanlage vermutet. Auch wenn dies für uns nicht nachvollziehbar ist, machen wir doch einen Versuch. Nach dem Ändern der Drehrichtung entnehmen wir wieder eine Stichprobe. Da die Drehrichtung tatsächlich keinen Einfluss hat, stammt diese Stichprobe aus derselben Grundgesamtheit. Dabei greifen wir zufällig eine Packung mit vier roten Smarties heraus. Was würde die Erkenntnis des Teams sein? Das Team würde davon ausgehen, dass die Änderung der Drehrichtung die entscheidende Verbesserung gebracht hat. Bei jeder künftigen Besprechung würde man auf diesen Versuch verweisen, „wo ja klar festgestellt wurde, dass die Drehrichtung die Hauptursache ist". ■

Gerade wenn durch die Änderung eines Parameters eine Verbesserung erzielt wurde (auch wenn sie noch so gering ist), lässt man sich leicht dazu verleiten, diesen Parameter als Hauptursache anzuerkennen. Dies ist auch der Grund, warum uns unsere Erfahrung leider oft in die Irre führt.

Eine sehr wichtige Regel lautet daher: Beobachtete Unterschiede müssen immer auf Signifikanz überprüft werden. Nur wenn die Unterschiede signifikant sind, dürfen Entscheidungen daraus abgeleitet werden! Sind die Unterschiede nicht signifikant, so kann man daraus vielleicht Hinweise ableiten. Für Entscheidungen sind allerdings noch weitere Untersuchungen notwendig.

Wenn man dies konsequent betreibt, verbessert sich auch die Effizienz bei Problemlösungsgesprächen. Treffen unterschiedliche Meinungen aufeinander, ist es oft schwierig, Entscheidungen zu treffen. Entscheidungen dürfen daher nicht auf Basis von Meinungen, sondern müssen auf Basis von Zahlen, Daten und Fakten getroffen werden.

Ähnlich ist die Situation bei kontinuierlichen Merkmalen. Wenn Sie nur genau genug messen, werden Sie beim Vergleich von zwei Stichproben immer einen Unterschied feststellen. Wiederum muss hinterfragt werden, ob der beobachtete Unterschied signifikant ist oder auch zufällig auftreten kann.

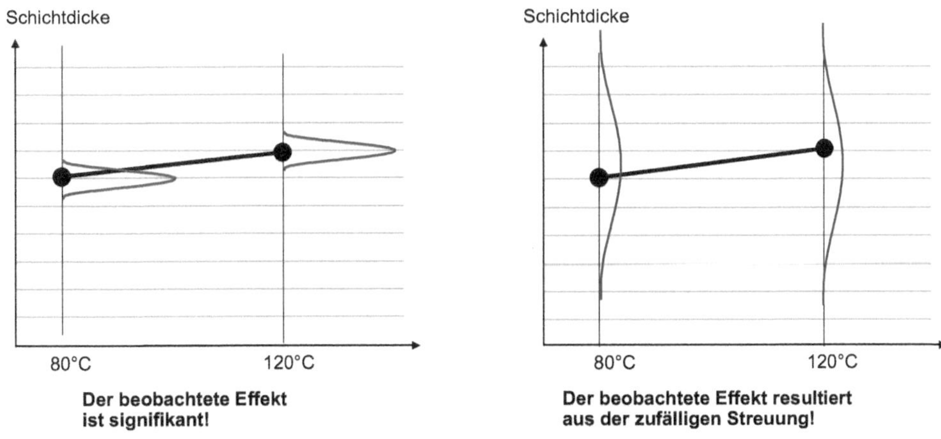

Bild 5-28 Beispiel für einen signifikanten und einen zufälligen Unterschied

Bild 5-28 zeigt die Abhängigkeit einer Schichtdicke von der Temperatur. Der beobachtete Effekt ist in beiden Darstellungen gleich groß. Auch hier reicht es nicht aus, den Unterschied zwischen den beiden Einstellungen zu betrachten. Ist die Reststreuung sehr klein, wie im linken Teil des Bildes dargestellt, dann wird der beobachtete Effekt nur sehr unwahrscheinlich zufällig auftreten. Die Temperatur hat einen signifikanten Einfluss auf die Schichtdicke und kann daher als Parameter zur Steuerung des Prozesses herangezogen werden. Im rechten Teil des Bildes ist die Reststreuung sehr groß. Der beobachtete Effekt könnte auch das Ergebnis der zufälligen Streuung sein. Um die Signifikanz dieses Effektes nachzuweisen, wären weitere Untersuchungen notwendig.

Ob ein Effekt signifikant ist, kann daher erst nach Kenntnis der Reststreuung angegeben werden.

5.3 Daten erfassen und auswerten

In Abschnitt 5.1 wurde bereits beschrieben, in welcher Form mögliche Ursachen dargestellt werden können. Abschnitt 5.2 behandelt die Werkzeuge, um aus bestehenden Daten Informationen abzuleiten. Um nun ein klareres Bild von dem zu optimierenden Prozess zu erhalten, ist es vielfach erforderlich, aus der laufenden Produktion zusätzliche Daten zu erfassen. Im Zuge des Verbesserungsprojektes werden vorübergehend über den üblichen Umfang hinausgehende Messungen und Prüfungen durchgeführt.

Daten		Anweisungen zur Datenerfassung			
Merkmal	**Messtyp / Datentyp**	**Durchführung der Messung**	**zu erfassende verbundene Bedingungen**	**Anmerkungen zur Stichproben-entnahme**	**Art der Daten-dokumentation**
Außen-Durchmesser Ø 32 ± 0,4	variabel	Messung mittels Bügelmess-Schraube	Werkzeug-Nummer	halbstündlich werden 5 Teile geprüft	Eintrag in Regelkarte

Bild 5-29 Beispiel für einen Datenerfassungsplan (nach [13])

Bild 5-29 zeigt ein Beispiel für einen Datenerfassungsplan. Die Erfassung und Analyse von Daten ist meist zeitaufwendig und kostenintensiv. Daher muss sich das Team auf die wesentlichen Merkmale beschränken. In der Regel werden die zu erfassenden Merkmale aus den CTQs abgeleitet. Die Erfassung selbst soll so einfach wie möglich gestaltet werden.

Fehlersammelkarte

Produktnummer: *SM - 32a* Prüfart: *Sichtprüfung* Ort: *Halle 5*
Produktbezeichnung: *Stabmixer* *3.200 Stück je Schicht* Prozess: *Endmontage*

Nr.	Fehlerart	Datum: *1.2.20xx*	Datum: *2.2.20xx*	Datum: *3.2.20xx*	Datum: *4.2.20xx*	Datum: *5.2.20xx*	Summe
1	Kratzer	𝍸 𝍸 I	𝍸 𝍸 𝍸 III	𝍸 𝍸 III	𝍸 𝍸 𝍸 III	𝍸 𝍸 IIII	74
2	Beule	II	III	I	II	III	11
3	Korrosion	𝍸	III	𝍸 𝍸 𝍸	IIII	𝍸 𝍸 𝍸 III	45
4	Verschmutzung	𝍸 𝍸 IIII	𝍸 𝍸 𝍸 I	𝍸 𝍸 IIII	𝍸 𝍸 𝍸 I	𝍸 𝍸 IIII	74
5	Teil fehlt	𝍸 III	I	𝍸 III	I	𝍸 III	26
6	Montagefehler	𝍸 I	III	𝍸 I	III	𝍸 I	24
7	Lackfehler	II	I	II	𝍸 𝍸 𝍸 I	𝍸 𝍸 𝍸 III	39
8	sonstiges	II	I	II	I	II	8
		Prüfer: *C. Egger*	Prüfer: *C. Egger*	Prüfer: *H. Haupt*	Prüfer: *C. Egger*	Prüfer: *H. Haupt*	

Bild 5-30 Beispiel für eine Fehlersammelkarte (Strichliste zur Datenerfassung)

Ein Beispiel für eine einfache Strichliste zur Erfassung unterschiedlicher Fehlerarten ist in Bild 5-30 dargestellt. Vielfach lassen sich darin Häufungen und Muster erkennen. Diese Informationen ermöglichen ein zielgerichtetes Vorgehen bei den weiteren Untersuchungen.

Die Erfassung dieser Daten gibt ein Bild über den tatsächlichen Ausgangszustand. Darüber hinaus werden bereits einige Ansatzpunkte für die Phase **Analyze** geliefert, wie zum Beispiel:

- Welche Fehler treten am häufigsten auf?
- In welcher Regelmäßigkeit treten die Fehler auf?

Fehlerart	laufende Nummer der Stichprobe										Summe	Anteil
	1	2	3	4	5	6	7	8	9	10		
Fehler 1	0	2	0	0	0	2					4	12,5%
Fehler 2	1	3	2	3	2	1					12	37,5%
Fehler 3	0	0	0	0	1	0					1	3,1%
Fehler 4	1	2	0	2	2	1					8	25,0%
Fehler 5	0	1	0	1	3	2					7	21,9%
										Fehler gesamt	32	100%

Bild 5-31 Beispiel für eine Fehlersammelkarte

Bild 5-31 zeigt ebenso eine einfache Fehlersammelkarte. Aus den erfassten Daten werden mit Hilfe der Pareto-Analyse die häufigsten Fehlerarten deutlich. Mit diesen wird man sich in der Phase **Analyze** im Detail befassen.

Eine hilfreiche Ausgangsbasis für die weitere Analyse erhält man, wenn nicht nur die Häufigkeit des Auftretens von Fehlern, sondern auch die Stelle am Bauteil, an der der Fehler aufgetreten ist, dokumentiert wird. Dazu werden in ein Bild des Produktes über einen festzulegenden Zeitraum alle beobachteten Fehler eingetragen. Bild 5-32 zeigt zwei Beispiele dafür.

Fehlerhafte Durchkontaktierungen auf Platinen

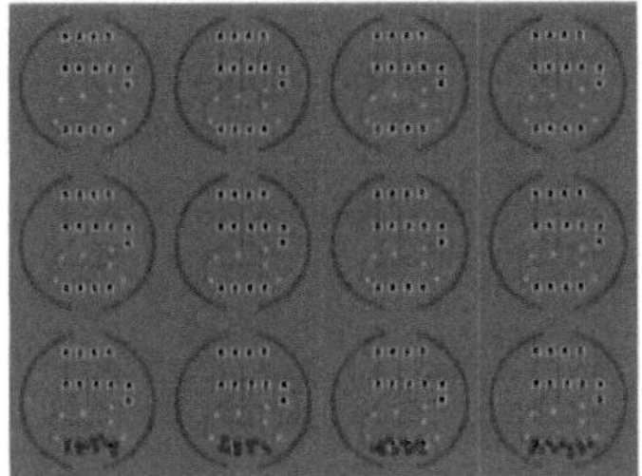

Oberflächenfehler auf Dekorplatten

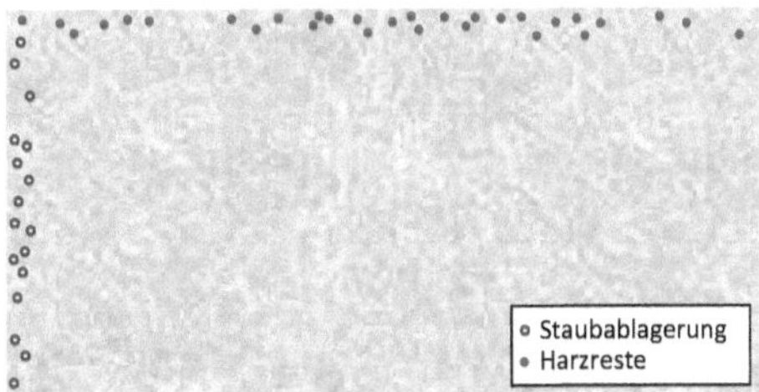

Bild 5-32 Beispiele für Fehlersammelkarten

Fehlerhafte Durchkontaktierungen auf Platinen

Auf Leiterplatten sind immer wieder fehlerhafte Durchkontaktierungen festgestellt worden. Ursprünglich wurden die Fehler erst nach der Vereinzelung beobachtet und daher war kein Muster zu erkennen. Erst als der Ort der fehlerhaften Durchkontaktierung am Gesamtnutzen eingetragen wurde, konnte eine Häufung der Fehler am unteren Rand des Gesamtnutzens erkannt werden. Die Ursache dafür war ein falsch ausgelegtes Fördersystem, welches die galvanische Durchkontaktierung beeinträchtigt hat.

Oberflächenfehler auf Dekorplatten

Auf Dekorplatten sind immer wieder Staubablagerungen und Harzreste festgestellt worden. Die Platten wurden von den Mitarbeiterinnen und Mitarbeitern immer sofort gereinigt. Durch die Reinigung wurde aber auch die Dokumentation des Fehlerbildes vernichtet. Erst als in der Phase **Measure** die Oberflächenfehler über einen längeren Zeitraum mitdokumentiert wurden, konnte eine Häufung festgestellt werden. Dieses Bild hat in weiterer Folge zu den Ursachen der beiden Fehler geführt.

5.3.1 Datenschichtung

Bei der Erfassung von Merkmalen ist es häufig notwendig, bestimmte Einflussfaktoren mitzudokumentieren. Diese entsprechen den vermuteten Problemursachen, die man mit Hilfe der erfassten Daten verifizieren möchte. Solche Einflussfaktoren werden auch als Schichtungskriterien oder verbundene Bedingungen bezeichnet. Mit ihrer Hilfe wird die Datenschichtung durchgeführt.

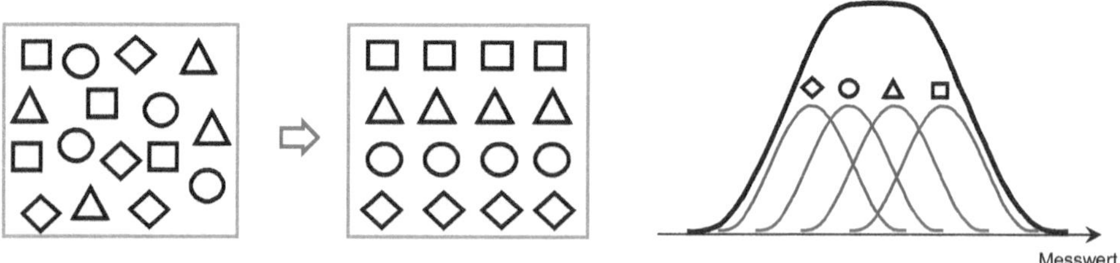

Bild 5-33 Prinzip der Datenschichtung

Unter Datenschichtung versteht man das Zuordnen der Messwerte zu Kategorien, um eine nach diesen Kriterien getrennte Auswertung durchführen zu können. Beispiele für solche Kategorien sind:

- Lieferant des Rohmaterials
- Position des Teiles im Mehrfachwerkzeug
- Position des Einzelteiles am Mehrfachnutzen
- Position des Teiles im Ofen
- Schichten (Frühschicht, Spätschicht, Nachtschicht)

Bei der Erfassung der Messwerte müssen Informationen zu diesen Kategorien aufgezeichnet werden, damit sie in der Phase **Analyze** auch verfügbar sind.

Beispiel 5-6 Identifikation von verbundenen Bedingungen

Bild 5-34 zeigt ein Beispiel für ein Ishikawa-Diagramm aus einer Leiterplatten-Produktion. Durch das Team wurde eine Reihe von möglichen Ursachen genannt. Auch wenn die Ursachenanalyse erst Inhalt der nächsten Phase ist, wird man prüfen, welche Daten aus dem Prozess mit den Zielgrößen aufgezeichnet werden müssen.

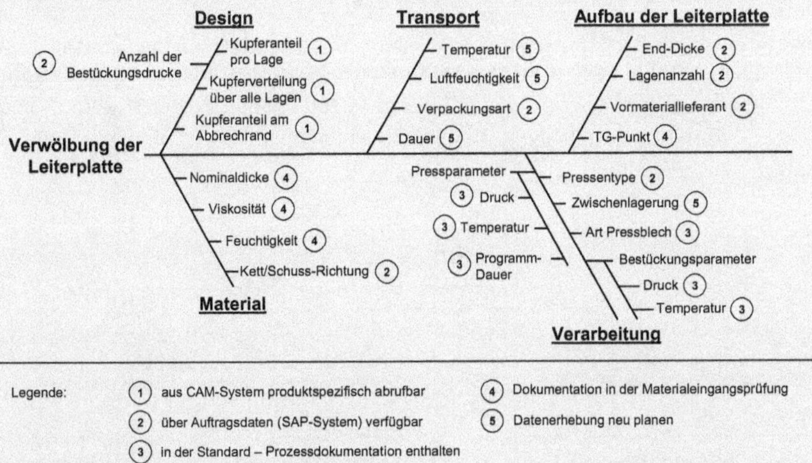

Bild 5-34 Beispiel für die Ursachenanalyse zu einer Leiterplattenfertigung

Alle mit ⑤ gekennzeichneten Ursachen sind aus den üblichen Aufzeichnungen nicht verfügbar. Falls ihre Kenntnis erforderlich ist, müssen sie mit den Merkmalen dokumentiert werden.

5.3.2 Datenzerlegung

Bild 5-35 zeigt das Prinzip der Datenzerlegung. Die Gesamtdurchlaufzeit ist das für den Kunden kritische Merkmal. Um aus der Messung auch Ansatzpunkte für die Optimierung ableiten zu können, wird man in der Phase **Measure** auch die Durchlaufzeit durch die einzelnen Arbeitsschritte erfassen.

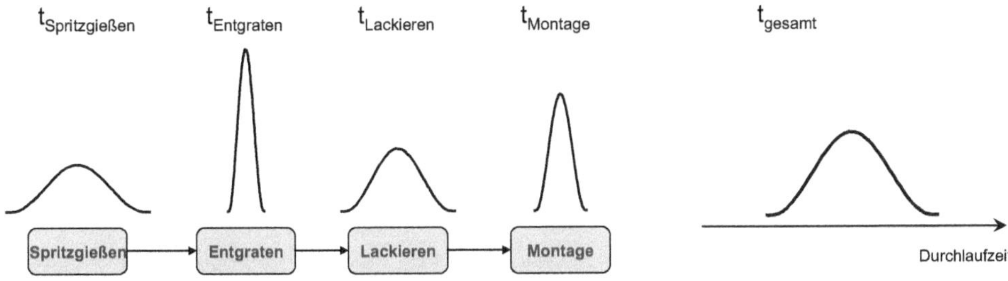

Bild 5-35 Beispiel für die Zerlegung der Durchlaufzeit in ihre Anteile

Typische Beispiele für die Datenzerlegung sind:

- Durchlaufzeiten je Prozessschritt
- Fehleranteile je Arbeitsgang

5.4 Eignung des Prüfsystems sicherstellen

Im Zuge von Six Sigma-Projekten werden Entscheidungen auf Basis von Zahlen, Daten und Fakten getroffen. Diese werden mit Hilfe von Prüfsystemen erhoben. Bild 5-36 zeigt die Arten der Prüfungen. Prüfen ist dabei als Oberbegriff für eine subjektive bzw. objektive Beurteilung zu verstehen.

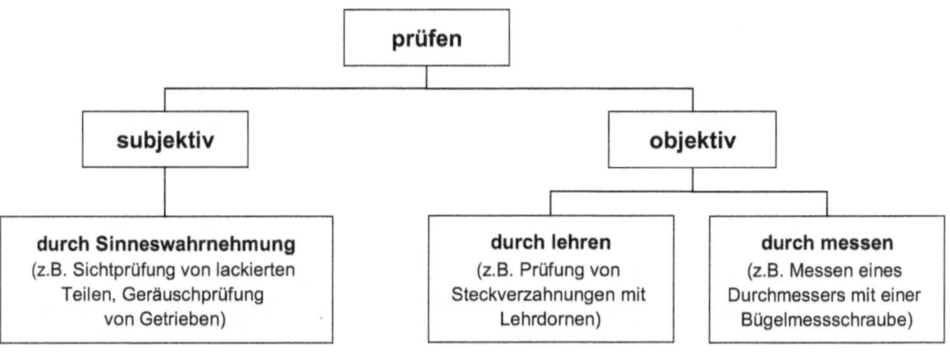

Bild 5-36 Arten von Prüfungen

Die beste Beurteilungsmöglichkeit ist die **messende Prüfung**. Die Messergebnisse bilden eine sehr gute Basis für den Nachweis der Fähigkeit, für die Optimierung der Prozesse und für die Prozessregelung.

Bei der **lehrenden Prüfung** kann im Allgemeinen nur festgestellt werden, ob die Merkmalsausprägungen innerhalb oder außerhalb der Toleranzgrenze liegen. Eine Veränderung des Prozesses wird erst erkannt, wenn die Toleranzgrenzen erreicht sind. Die Optimierung der Prozesse ist auf Basis der lehrenden Prüfungen oft sehr schwierig bzw. gar nicht möglich.

Die **subjektive Prüfung** ist wegen der häufig unterschiedlichen Bewertung äußerst kritisch zu betrachten. Oft wird es als unveränderbare Gegebenheit angesehen, dass verschiedene Mitarbeiter unterschiedlich kritisch prüfen. Ebenso hängt das Ergebnis stark von der subjektiven Wahrnehmung der Person ab (z. B. bei Geräuschprüfungen). Schließlich ist noch zu berücksichtigen, dass die Mitarbeiter auch maßgeblicher Teil des Prüfprozesses sind (z. B. regelmäßige Durchführung eines Hörtests).

Messende Prüfung: Auswirkungen von ungeeigneten Messsystemen

Die Auswirkungen des ungeeigneten Prüfsystems werden nun am Beispiel der messenden Prüfung erörtert. Die Erkenntnisse lassen sich auch auf die weiteren Arten von Prüfprozessen übertragen.

Da bei der Erfassung der Messwerte immer mehr oder weniger große Streuungen und systematische Abweichungen auftreten, wird der erfasste Wert nie exakt der Wirklichkeit entsprechen. Bild 5-37 stellt die Auswirkungen dieser Streuungen auf die beobachtete Prozessstreuung dar. Wenn die Streuung des Messsystems ausreichend gering ist, wird die beobachtete Prozessstreuung sehr gut mit der tatsächlichen Prozessstreuung übereinstimmen. Anders ist die Situation, wenn die Messsystemsstreuung ähnlich groß wird wie die tatsächliche Prozessstreuung. Dann wird die beobachtete Prozessstreuung größer sein als die tatsächliche Prozessstreuung. Treten maßgebliche systematische Abweichungen auf, so werden die Messergebnisse im Mittel zu groß oder zu klein sein. Beide Fälle führen zu falschen Kennwerten und in weiterer Folge zu einer falschen Interpretation des Sachverhaltes. Das Messsystem ist nicht geeignet, den Prozess zu bewerten oder zu regeln.

Geringer Einfluss des Messsystems

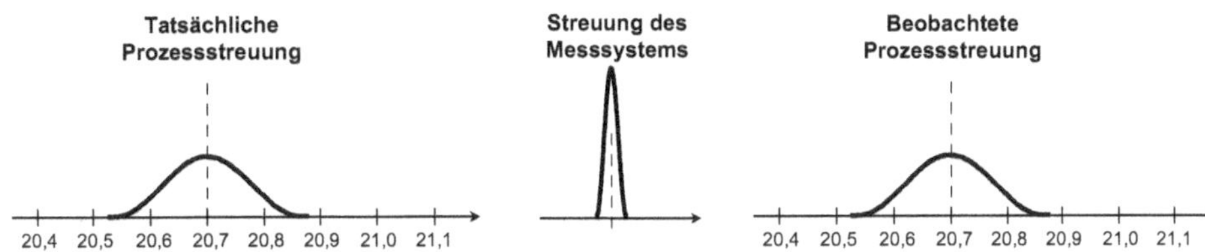

Großer Einfluss des Messsystems

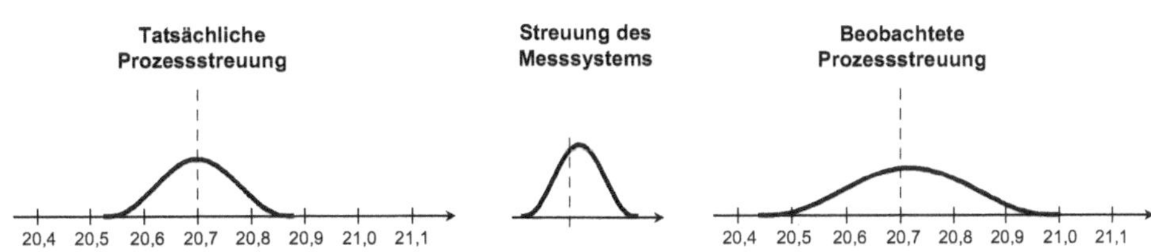

Bild 5-37 Tatsächliche und beobachtete Prozessstreuung

Umgekehrt betrachtet kann die Optimierung der beobachteten Prozessstreuung auch durch die Verbesserung des Messsystems erfolgen. Ein verbessertes Messsystem ergibt dann höhere Prozessfähigkeitskennwerte. Immer wieder stellt man in Six Sigma-Projekten fest, dass die Maschinen an sich fähig wären, aber das Messsystem und damit die Prozessregelung ungeeignet ist. Der Hauptansatz der Verbesserung liegt dann in der Optimierung des Messsystems.

Auch beim Sortieren von Teilen kann das Messsystem das Ergebnis beeinflussen. Bild 5-38 zeigt links das perfekte Messsystem mit einer idealen Trennschärfe. Teile innerhalb der Spezifikationsgrenzen werden immer als gut ausgewiesen. Teile außerhalb der Spezifikationsgrenzen werden immer als schlecht zurückgewiesen. Das reale Messsystem zeigt einen gleitenden Übergang, der möglicherweise gar nicht symmetrisch zu den Spezifikationsgrenzen liegt. Die Annahmewahrscheinlichkeit beginnt bereits außerhalb der Spezifikationsgrenzen anzusteigen und nähert sich erst deutlich innerhalb der Spezifikationsgrenzen dem Wert 100% an. Das bedeutet, dass auch schlechte Teile mit einer bestimmten Wahrscheinlichkeit als gut ausgewiesen werden. Ebenso ist es möglich, dass gute Teile als schlecht abgewiesen werden.

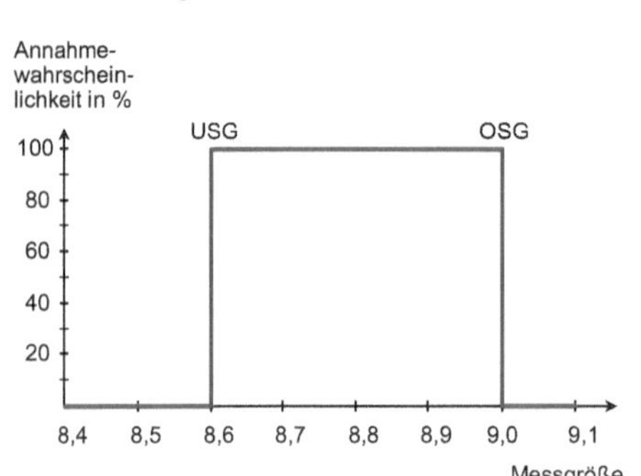

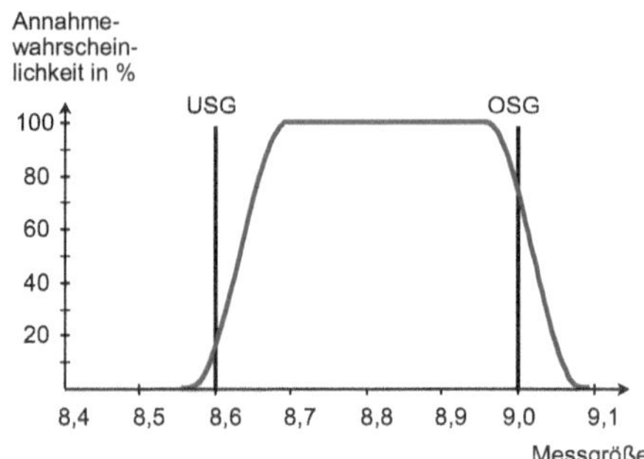

Bild 5-38 Operationscharakteristik von Messsystemen

Verfahren für den Eignungsnachweis von Prüfprozessen

Um das Ausmaß der Abweichungen bewerten zu können, stehen unterschiedliche Verfahren zur Analyse der Prüfprozesse bereit. Zuerst liefert diese Analyse immer Ansatzpunkte zur Verbesserung des Prüfsystems. Häufig zeigt sich zum Beispiel ein Unterschied zwischen den Bedienern, welcher durch eine einfache Schulung, verbunden mit der Bereitstellung einer Arbeitsanweisung, vermieden werden kann. In weiterer Folge wird mit Hilfe der Analyse der Nachweis erbracht, dass der Prüfprozess für die geforderte Prüfaufgabe geeignet ist.

Eignungsnachweise von Prüfprozessen kommen in folgenden Fällen zur Anwendung:

- Abnahme neuer Prüfsysteme
- Regelmäßige Überwachung der Prüfsysteme
- Vergleich von verschiedenen Prüfsystemen
- Beurteilung von als defekt verdächtigen Prüfsystemen
- Ermittlung von Operationscharakteristiken

Die dargestellte Vorgehensweise für den Nachweis der Eignung von Prüfsystemen wurde vorwiegend von der Automobilindustrie entwickelt. Die beiden maßgeblichen Regelwerke zu diesem Themengebiet sind

[2] Measurement System Analysis (MSA): Dies ist ein Referenzhandbuch der amerikanischen Automobilhersteller zur Beurteilung von Messsystemen.

[3] Prüfprozesseignung (VDA 5): Dieser Band stellt die Empfehlungen des Verbandes der Automobilindustrie (VDA) für den Eignungsnachweis von Prüfprozessen dar.

Übersicht Abschnitt 5.4: Eignung des Prüfsystems sicherstellen

Der Abschnitt Eignungsnachweis von Prüfprozessen teilt sich in die folgenden vier Kapitel:

- Grundlagen und Begriffe (s. 5.4.1)

  In diesem Abschnitt werden die zur Beurteilung von Prüfprozessen verwendeten Kriterien dargelegt. Dies beginnt bei der Auflösung und reicht bis zur Stabilität des Messsystems über einen längeren Zeitraum.

- Eignungsnachweis von Messprozessen (s. 5.4.2)

  Dieser Abschnitt behandelt anzeigende Messprozesse. An einem Ablauf orientiert werden die Verfahren zur Beurteilung des Messsystems unter idealen und realen Bedingungen dargestellt.

- Prüfprozesse nach VDA 5 (s. 5.4.3)

  VDA 5 beschreibt, wie für die verschiedenen Einflussfaktoren die Standardunsicherheitskomponente ermittelt und daraus die so genannte Messunsicherheit berechnet wird. Darauf kann nur kurz eingegangen werden.

- Eignungsnachweis von attributiven Prüfprozessen (s. 5.4.4)

  Attributive Prüfprozesse (z.B. Lehrenprüfung oder Sichtprüfung) können dem Prüfergebnis nur wenige Klassen zuordnen, häufig nur gut oder schlecht. Dieser Abschnitt beschreibt Verfahren zur Beurteilung solcher Prüfprozesse.

Eine sehr verständliche und umfassende Darstellung dieses Themengebietes finden Sie im Buch *Eignungsnachweis von Prüfprozessen* von E. Dietrich und A. Schulze [6]. Für eine weitere Vertiefung wird dieses Buch neben den beiden angeführten Regelwerken besonders empfohlen. Um dem Leser eine nahtlose Vertiefung zu erleichtern, orientiert sich das folgende Kapitel an [6].

5.4.1 Grundlagen und Begriffe

5.4.1.1 Einflüsse auf Prüfprozesse

Bei der Beurteilung von Prüfprozessen muss die Gesamtheit aller Einflussfaktoren auf den Prüfprozess Berücksichtigung finden. In der Vergangenheit wurde häufig nur das Prüfgerät betrachtet. Weitere Einflussfaktoren sind zum Beispiel der Bediener, die Umwelt, der Prüfling, das verwendete Normal und das Messverfahren. Nur unter Berücksichtigung aller Einflussfaktoren kann beurteilt werden, ob ein Prüfsystem für die jeweilige Aufgabe einzusetzen ist. Daher ist die Eignung des Prüfsystems unter realen Einsatzbedingungen zu bewerten.

5.4.1.2 Auflösung

Die Auflösung gibt den kleinsten Wert der Änderung des zu messenden Merkmals an, den das Messgerät noch eindeutig unterscheiden kann. Sie ist am Messgerät ablesbar im Ziffernschritt bei digitaler Anzeige bzw. an der Skalenteilung bei analoger Anzeige.

Forderungen an die Auflösung

- Traditionelle Regel: Auflösung < 10% der Merkmalstoleranz
- Empfehlung in MSA: Auflösung < 10% der Prozessstreubreite
- Forderung in VDA 5: Auflösung < 5% der Merkmalstoleranz

Häufig wird auch heute noch die traditionelle Regel verwendet. [6] empfiehlt die Orientierung an VDA 5, was bedeutet, als Grenzwert für die Auflösung höchstens 5% der Merkmalstoleranz festzulegen. Demgemäß benötigt man bei einer Merkmalstoleranz von 1,0 mm ein Messmittel mit einer Auflösung von 0,05 mm oder feiner.

Wenn die Auflösung schlechter ist, dann ist das Messsystem nicht mehr in der Lage, die Toleranz bzw. die Prozessstreubreite in ausreichend viele Klassen zu teilen. Lage und Streuung der Prozesse werden falsch geschätzt. Dies führt zu Fehlentscheidungen bei der Prozessregelung und zu falschen Fähigkeitsindizes.

5.4.1.3 Systematische Messabweichung (Bias)

Die systematische Messabweichung ist die systembedingte Abweichung zwischen dem Mittelwert der Wiederholmessungen und dem wahren Wert des Merkmals. Dazu wird ein Merkmal in kurzen Zeitabständen mehrmals unter den selben Bedingungen (selbes Teil, selber Prüfer, selbes Prüfmittel, selber Ort) gemessen. Die systematische Messabweichung errechnet sich aus der Differenz zwischen dem Mittelwert der gemessenen Werte und dem Referenzwert aus dem Kalibrierschein des Referenzteiles.

Die systematische Messabweichung kann durch Kalibrierung und Justierung des Prüfmittels verringert werden.

Beispiel: Kalibrierung bzw. Justierung einer Messvorrichtung mit Feintaster

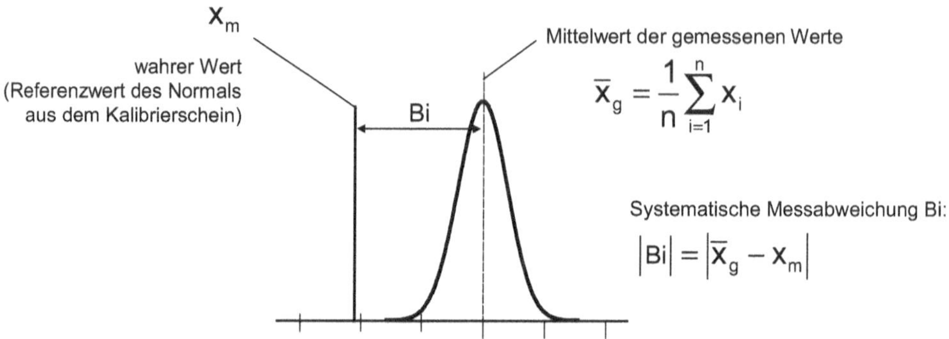

Bild 5-39 Systematische Messabweichung

5.4.1.4 Wiederholpräzision (Repeatability)

Wie bei der Ermittlung der systematischen Messabweichung wird in kurzen Zeitabständen ein Merkmal mehrmals unter denselben Bedingungen (selbes Teil, selber Prüfer, selbes Prüfmittel, selber Ort) gemessen. Die Wiederholpräzision ergibt sich aus den zufälligen

Messabweichungen und ist ein Maß für die vom Messmittel verursachte Streuung. Sie ist wesentlich durch die Konstruktion des Prüfmittels bestimmt.

Beispiel: Vorabnahme einer Messvorrichtung mit Feintaster beim Hersteller

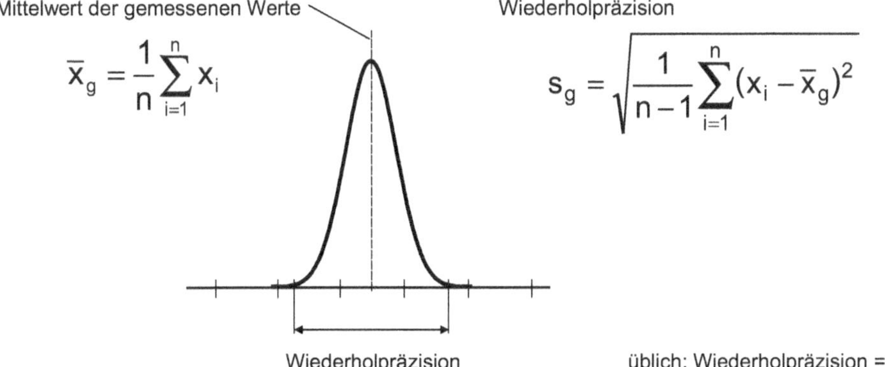

Bild 5-40 Wiederholpräzision

5.4.1.5 Vergleichspräzision (Reproducibility)

Die Vergleichspräzision ist ein Maß für die Differenz zwischen den Mittelwerten der Messreihen eines identischen Merkmals, die mit dem gleichen Messmittel, jedoch von unterschiedlichen Prüfern ermittelt wurden. Statt dem Prüfer ist es auch möglich, einen anderen Faktor zu variieren und so zum Beispiel verschiedene Messgeräte, verschiedene Messverfahren oder auch unterschiedliche Messorte (z. B. vor und nach einer Verlagerung) zu vergleichen.

Beispiel: Abnahme einer Messvorrichtung mit Feintaster mit mehreren Prüfern

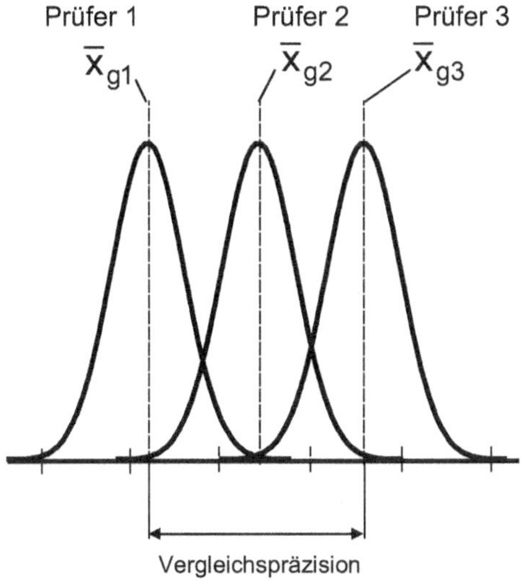

Bild 5-41 Vergleichspräzision

5.4.1.6 Linearität (Linearity)

Die Linearität ist ein Maß für die Konstanz der systematischen Messabweichung über den gesamten Messbereich. Dazu wird an Normalen bzw. kalibrierten Referenzteilen, welche den gesamten Messbereich des Gerätes abdecken, die systematische Messabweichung bestimmt.

Im Idealfall stimmen die Mittelwerte mit den Referenzwerten überein, und die systematische Messabweichung ist bei jedem Referenzwert vernachlässigbar gering.

Beispiel: Abnahme einer 3D-Koordinatenmessmaschine mit Hilfe eines Stufenendmaßsatzes

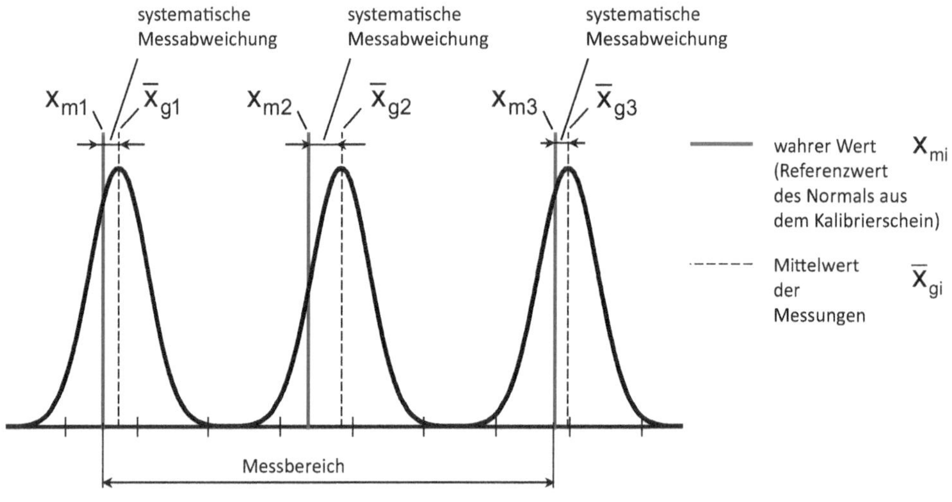

Bild 5-42 Linearität

5.4.1.7 Stabilität (Stability)

Die Stabilität gibt das Verhalten des Messsystems über die Zeit an. Sie ist bestimmt durch die Abweichung zwischen den Mittelwerten von mindestens zwei Messwertreihen, die bei Messung unter denselben Bedingungen, jedoch zu unterschiedlichen Zeitpunkten auftreten. Die Stabilität wird vor allem vom Verschleiß des Prüfmittels und den Umweltbedingungen bestimmt. Die Bewertung erfolgt in Anlehnung an die Prinzipien der Regelkartentechnik.

Beispiel: Prüfung einer integrierten Messstation in regelmäßigen Abständen mit Hilfe eines Referenzteiles.

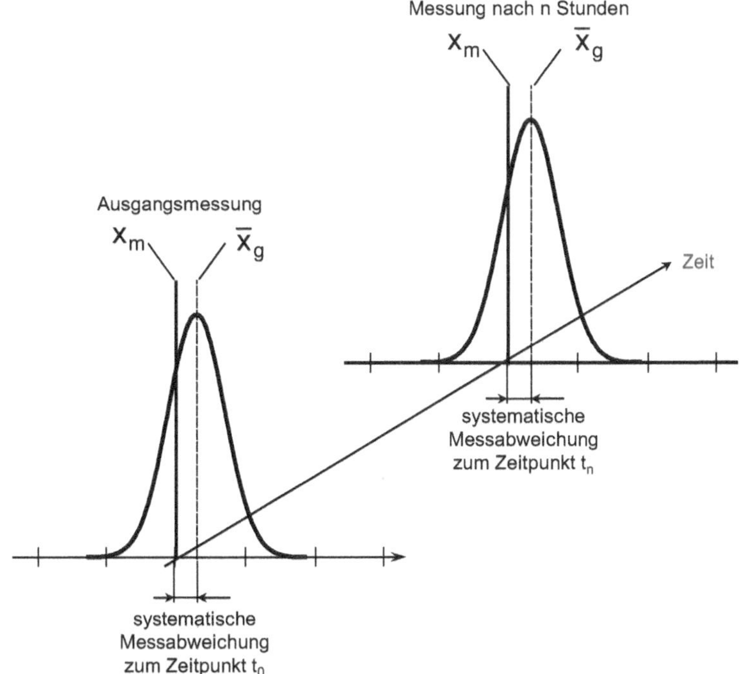

Bild 5-43 Stabilität

5.4.2 Eignungsnachweis von Messprozessen

Bild 5-44 gibt einen Überblick über die Einflussgrößen auf das Messergebnis. Es zeigt, dass nur ein Teil der Abweichung des Messergebnisses durch das Messgerät selbst verursacht wird. Die Verfahren müssen daher so ausgerichtet sein, dass alle Einflussfaktoren Berücksichtigung finden.

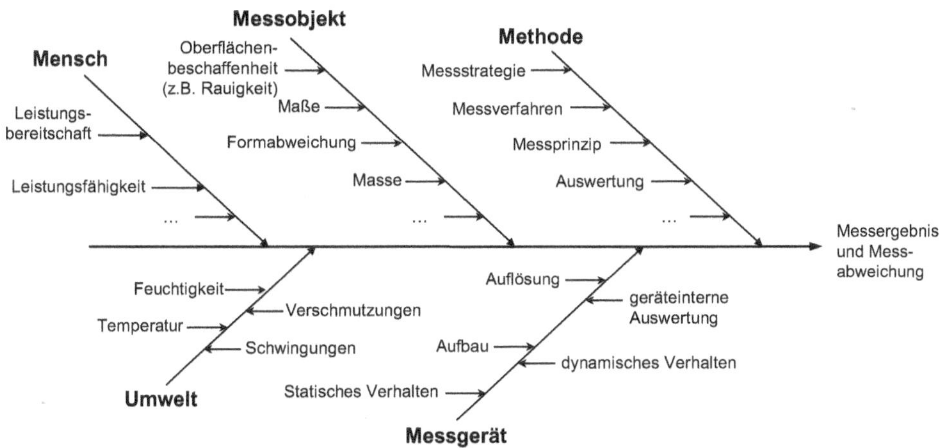

Bild 5-44 Einflüsse auf das Messergebnis [18]

Ein einheitliches Vorgehen für den Nachweis der Eignung von Prüfprozessen gibt es bisher nicht. Bild 5-45 zeigt einen Ablauf, der unterschiedliche Verfahren zweckmäßig verknüpft und in dieser Form auch in der Industrie Anwendung findet. Die eingesetzten Verfahren werden im Folgenden beschrieben.

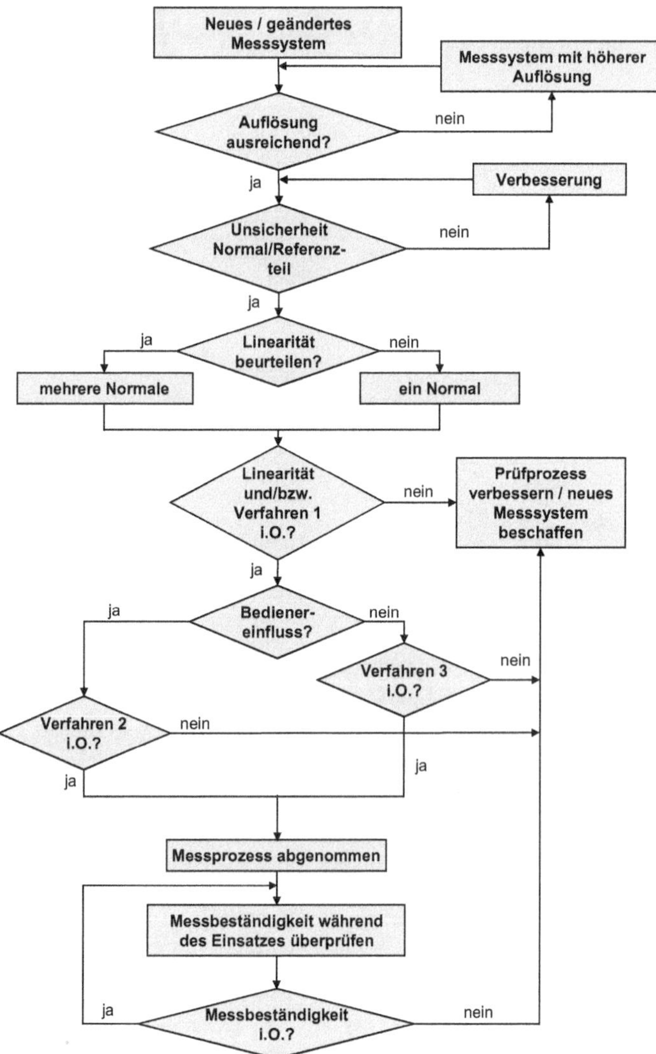

Bild 5-45 Übersicht Eignungsnachweis von Messprozessen [6]

5.4.2.1 Unsicherheit des Normals

Um die systematische Messabweichung ermitteln zu können, müsste eigentlich der wahre Wert des Merkmals bekannt sein. Dieser wäre das Ergebnis einer exakt richtigen, idealen Messung. Nachdem der wahre Wert nicht bestimmt werden kann, verwendet man als Näherung den Referenzwert. Dieser muss auf nationale oder internationale Normale rückführbar sein.

Als Referenzteile werden handelsübliche Normale wie beispielsweise Endmaßsätze verwendet. Sind solche nicht verfügbar, können so genannte Einstellmeister oder Meisterteile herangezogen werden. Dies sind entweder normale, der Produktion entnommene Werkstücke oder speziell für den Messprozess angefertigte Teile. In Montageanlagen werden zum Beispiel häufig kalibrierte Gehäuseteile zur Messsystemanalyse und zur Überwachung der Stabilität herangezogen.

5.4.2.2 Einfluss der Auflösung

Die Auflösung wird zur Vorauswahl des Messgerätes verwendet. Wie in Abschnitt 5.4.1.2 erläutert, wird die erforderliche Auflösung entweder aus der zu messenden Merkmalstoleranz oder aus der zu beurteilenden Prozessstreubreite ermittelt. Sollte die Auflösung nicht ausreichend klein sein, muss ein Messsystem mit höherer Auflösung herangezogen werden, bevor mit Verfahren 1 gestartet wird.

5.4.2.3 Systematische Messabweichung

Zur Ermittlung der systematischen Messabweichung wird ein Normal bzw. ein Referenzteil wiederholt gemessen (mindestens 25-mal). Die systematische Messabweichung errechnet sich aus der Differenz zwischen dem Mittelwert der gemessenen Werte und dem Referenzwert aus dem Kalibrierschein des Referenzteiles. In der Regel wird der gemessene Mittelwert vom Referenzwert abweichen.

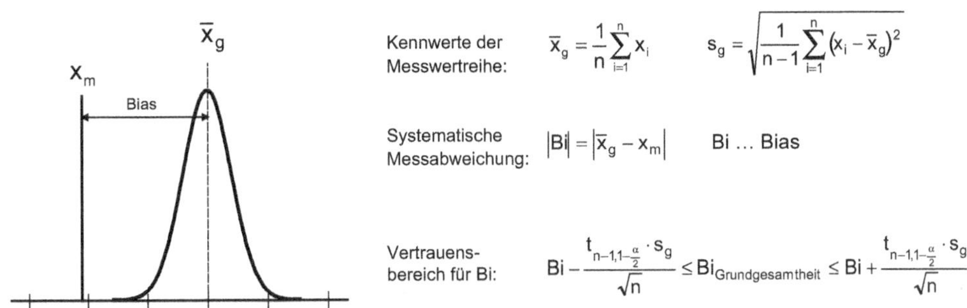

Bild 5-46 Berechnung der systematischen Messabweichung

Genau genommen ist diese errechnete systematische Messabweichung nur ein Schätzwert für die wahre systematische Messabweichung. Es stellt sich die Frage, bis zu welcher Größe solche Abweichungen zulässig sind. Zur Beantwortung dieser Frage berechnet man den Vertrauensbereich für die wahre systematische Abweichung, basierend auf einem Vertrauensniveau von 95% (entspricht der Irrtumswahrscheinlichkeit von $\alpha = 5\%$). In diesem Bereich wird der wahre Wert der systematischen Messabweichung mit einer Wahrscheinlichkeit von 95% liegen. Wenn nun dieser Vertrauensbereich auch den Wert 0 enthält, dann ist (auf Basis dieser Messreihe) eine Übereinstimmung des wahren Mittelwertes mit dem Referenzwert plausibel. Die systematische Messabweichung ist akzeptabel. Ist der Wert 0 nicht enthalten, dann ist diese Übereinstimmung nicht plausibel, die systematische Messabweichung ist nicht akzeptabel. Die hier durchgeführte Rechnung entspricht einem t-Test (siehe Abschnitt 6.2.1.3) mit der Hypothese H_0: Bi = 0.

Beispiel 5-7 Berechnung der Systematischen Messabweichung

Am folgenden Beispiel (aus [2]) kann die Berechnung mit Hilfe von Excel nachvollzogen werden.

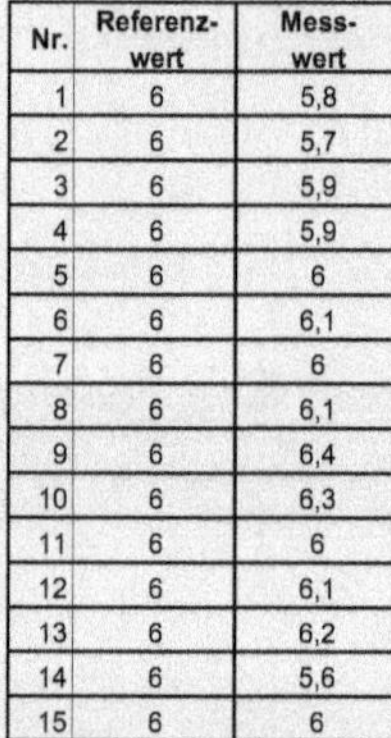

Nr.	Referenz-wert	Mess-wert
1	6	5,8
2	6	5,7
3	6	5,9
4	6	5,9
5	6	6
6	6	6,1
7	6	6
8	6	6,1
9	6	6,4
10	6	6,3
11	6	6
12	6	6,1
13	6	6,2
14	6	5,6
15	6	6

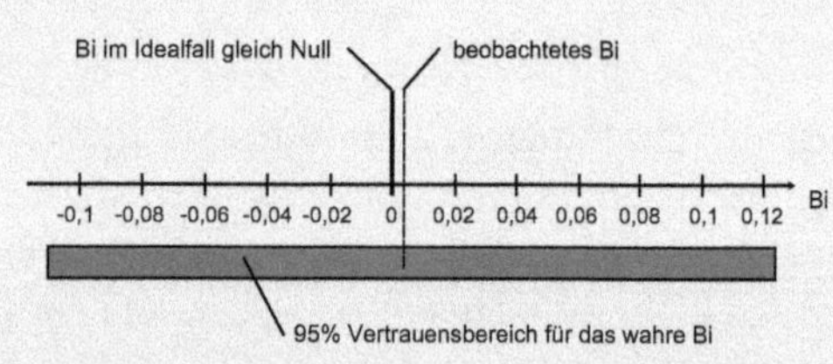

Referenzwert	6
Vertrauensniveau	95%

n	15
x-quer$_g$	6,006667
s_g	0,212020
|Bi|	0,006667

f = n - 1	14
α	5%
$t_{n-1,1-\alpha/2}$	2,1448

untere Grenze des VB	-0,1107
obere Grenze des VB	0,1241

Datei: Bias.xls

Bild 5-47 Berechnung der systematischen Messabweichung mit Excel

In diesem Fall erhält man ein Vertrauensintervall, welches den Wert 0 einschließt. Das festgestellte Bias von Bi = 0,0067 ist klein im Vergleich zur zufälligen Streuung des Mittelwertes (= Standardabweichung des Bias):

$$s_g/\sqrt{n} = 0{,}21/\sqrt{15} = 0{,}054$$

Das festgestellte Bias ist nicht signifikant und darf nicht korrigiert werden.

+	C1	C2	C3
	Teil Nr.	Referenzwert	Messwerte
1	1	6	5,8
2	1	6	5,7
3	1	6	5,9
4	1	6	5,9
5	1	6	6,0
6	1	6	6,1
7	1	6	6,0
8	1	6	6,1
9	1	6	6,4
10	1	6	6,3
11	1	6	6,0
12	1	6	6,1
13	1	6	6,2
14	1	6	5,6
15	1	6	6,0
16			

C4 C5 C6 C7 C8 C9 C10 C11

Untersuchung von Linearität und systematischer Messabweichung

Teilenummern: 'Teil Nr.'
Referenzwerte: Referenzwert
Messdaten: Messwerte
Prozessstreuung: (optional)
(Streuung in Untersuchung aus Messsystemanalyse)
oder
(6 × historische Standardabweichung)

Messsysteminfo... | Optionen... | Auswählen | Hilfe | OK | Abbrechen

Minitab > Statistik > Qualitätswerkzeuge > Messsystemanalyse (MSA) > Untersuchung von Linearität und systematischer Messabweichung ...

Bild 5-48 Berechnung der systematischen Messabweichung mit Minitab

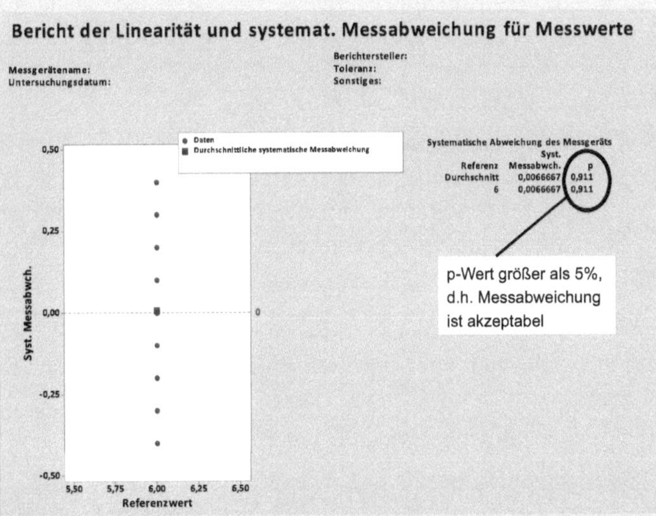

Bild 5-49 Ergebnis der Auswertung mit Minitab

Bild 5-48 und Bild 5-49 zeigen die Berechnung mit Minitab. Minitab gibt zusätzlich auch einen p-Wert an, der folgendermaßen ermittelt und interpretiert wird: Die Irrtumswahrscheinlichkeit wurde, wie üblich, mit $\alpha = 5\%$ angenommen. Das heißt, in 5 von 100 Fällen wird der Vertrauensbereich den Wert null nicht einschließen, obwohl sich der wahre Mittelwert und der Referenzwert in Wirklichkeit nicht signifikant unterscheiden. Wenn man die Irrtumswahrscheinlichkeit weiter reduziert, dann wird der Vertrauensbereich breiter, und man wird möglicherweise vorhandene Unterschiede nicht mehr als signifikant beurteilen. Andererseits wird der Vertrauensbereich schmäler, wenn man die Irrtumswahrscheinlichkeit erhöht. Nun kann man sich fragen, wie weit denn diese Irrtumswahrscheinlichkeit erhöht werden müsste, damit der Vertrauensbereich gerade den Wert null berührt. Wie aus der Formel für den Vertrauensbereich von Bi abgleitet werden kann, ist dies genau der Fall, wenn gilt:

$$Bi = \frac{t_{n-1,1-\alpha/2} \cdot s_g}{\sqrt{n}}$$

Daraus lässt sich α berechnen. In unserem Beispiel müssten wir α bis auf 91,1% vergrößern, damit die Grenzen des Vertrauensbereiches den Wert 0 berühren. Diese 91,1% werden von Minitab als p-Wert angegeben. Mit Hilfe des p-Werts lassen sich die Ergebnisse rasch interpretieren. Ist der p-Wert größer als 5%, so ist die Messabweichung akzeptabel, ist er kleiner als 5%, so ist die Messabweichung nicht akzeptabel. ■

5.4.2.4 Verfahren 1

Mit Hilfe eines Prüfnormals und ohne Bedienereinfluss wird beurteilt, ob ein Messmittel prinzipiell für eine Messaufgabe geeignet ist. Es wird vor allem zur Überprüfung der Herstellerangaben bei neuen oder modifizierten Messmitteln eingesetzt. Die systematische Messabweichung und die Streuung des Messmittels fließen in die Auswertung ein. Damit auch die normalen Fertigungsbedingungen einfließen, soll die Untersuchung in einer entsprechenden Umgebung durchgeführt werden. Weiters kann durch die Anwendung von Verfahren 1 die Rückführbarkeit auf internationale Normale sichergestellt werden. Zusätzliche Einflüsse, wie der des Bedieners oder des Prüfteiles, werden nicht berücksichtigt. Sollten solche Einflüsse dennoch auftreten, wird die dadurch verursachte Streuung bzw. systematische Abweichung dem Messmittel zugeschrieben.

Das Verfahren 1 ist aus der Berechnung der Prozessfähigkeitsindizes c_p und c_{pk} abgeleitet (siehe Abschnitt 5.5.1). Ähnlich wie bei diesen ist der Index c_g ein Maß für das Verhältnis der tatsächlichen Streuung des Messgerätes zur zulässigen Streuung. Darüber hinaus berücksichtigt der c_{gk}-Wert auch systematische Abweichungen.

Durchführung von Verfahren 1:

a) Messeinrichtung entsprechend den Vorgaben des Herstellers reinigen, einrichten und gebrauchsfertig machen.

b) Normal bereitstellen (auf Rückführbarkeit achten)

c) 50 Wiederholmessungen durchführen

- wenn 50 Messungen nicht möglich sind, dann sollte zumindest 25-mal gemessen werden
- das Normal muss nach jeder Messung entnommen werden
- das Maß sollte immer an der gleichen Stelle des Normals abgetastet werden

d) Berechnung von Mittelwert und Standardabweichung der Messwertreihe

e) Berechnung der Fähigkeitsindizes und Entscheidung bezüglich Fähigkeit

Zur Berechnung von c_g und c_{gk} gibt es keine einheitlichen Vorgehensweisen und auch keine einheitlichen Freigabekriterien. Als Bezug werden 15% oder 20% der Toleranz gewählt. Ebenso werden unterschiedliche Mindestwerte für die Fähigkeitsindizes gefordert (z. B. 1,0 oder 1,33). Bild 5-50 zeigt die Formeln zur Berechnung der Fähigkeitsindizes nach Bosch Heft 10, die auch beispielhaft hier zur Anwendung kommen. Für andere Verfahren sei auf [6] verwiesen.

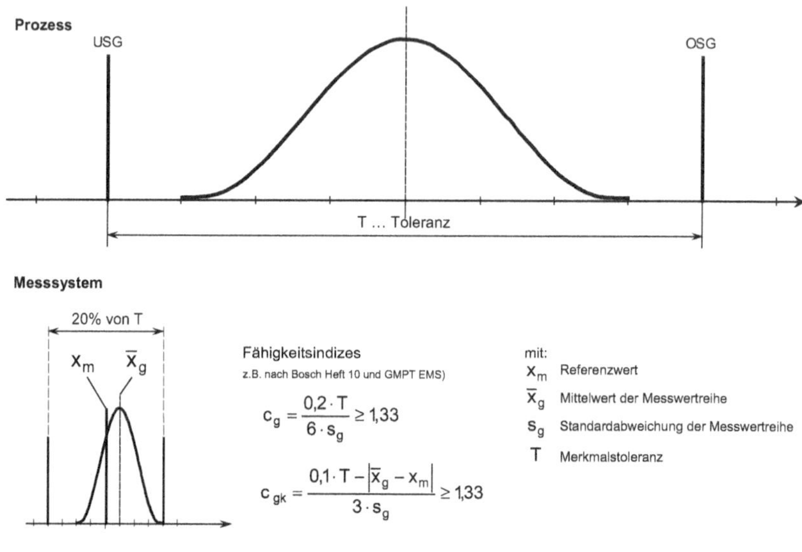

Bild 5-50 Berechnung von c_g und c_{gk}

Die Bilder 5-51 und 5-52 zeigen die Berechnung des c_g- und des c_{gk}-Wertes mit Minitab.

↓	C1	C2	C3	C4	C5	C6	C7	C8	C9	C10	C11
	Nr.	Messwert									
1	1	20,303									
2	2	20,301									
3	3	20,304									
4	4	20,303									
5	5	20,306									
6	6	20,296									
7	7	20,301									
8	8	20,300									
9	9	20,307									
10	10	20,305									
11	11	20,311									
12	12	20,297									
13	13	20,295									
14	14	20,302									
15	15	20,304									

Messsystemanalyse, Typ 1

Messdaten: Messwert

Referenz: 20,302

Toleranz

(•) Differenz OSG - USG: 0,24

( ) Nur untere Spezifikationsgrenze:

( ) Nur obere Spezifikationsgrenze:

Messsysteminfo... Optionen... Auswählen Hilfe OK Abbrechen

Minitab > Statistik > Qualitätswerkzeuge > Messsystemanalyse (MSA) > Messsystemanalyse, Typ 1...

Bild 5-51 Berechnung von Verfahren 1 mit Minitab

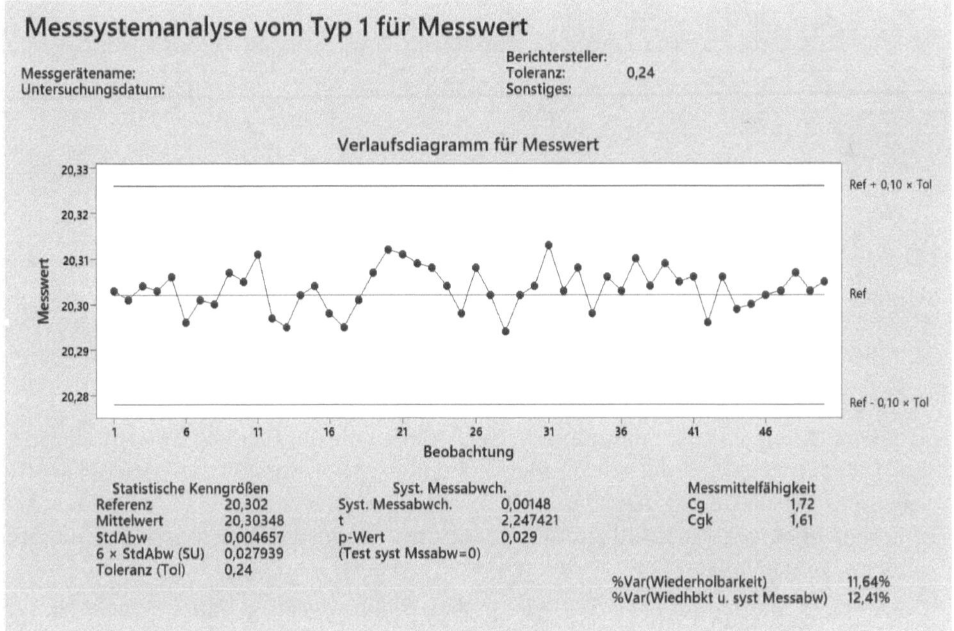

Bild 5-52 Berechnungsergebnisse zu Verfahren 1 aus Minitab

Sowohl der c_g-Wert als auch der c_{gk}-Wert ist über 1,33. Daher wird das Messmittel bezüglich dieser Kennzahlen als fähig ausgewiesen. Bild 5-53 zeigt dieses Beispiel gerechnet mit Excel. Mit Hilfe dieses Beispiels lässt sich der Rechengang leicht nachvollziehen.

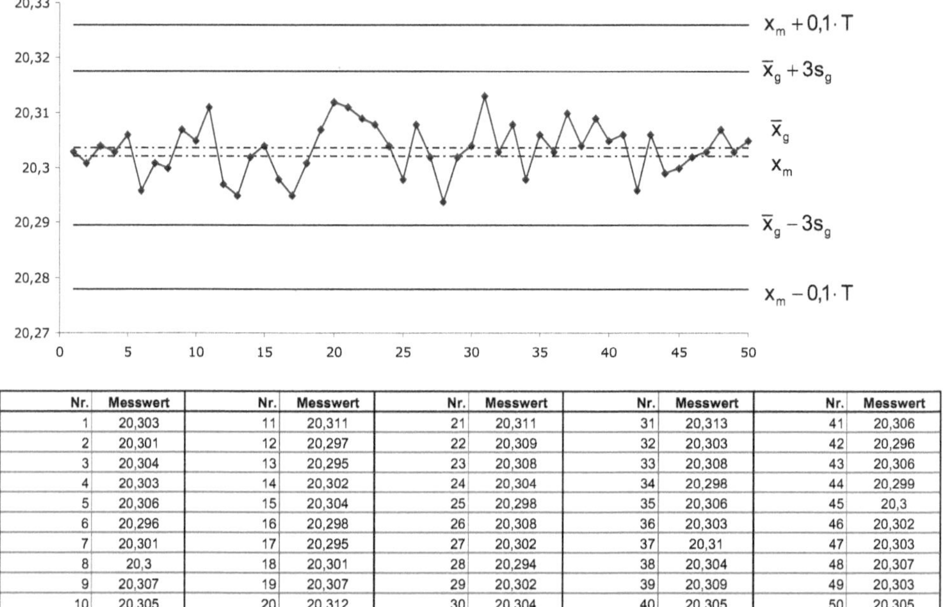

Nr.	Messwert	Nr.	Messwert	Nr.	Messwert	Nr.	Messwert	Nr.	Messwert
1	20,303	11	20,311	21	20,311	31	20,313	41	20,306
2	20,301	12	20,297	22	20,309	32	20,303	42	20,296
3	20,304	13	20,295	23	20,308	33	20,308	43	20,306
4	20,303	14	20,302	24	20,304	34	20,298	44	20,299
5	20,306	15	20,304	25	20,298	35	20,306	45	20,3
6	20,296	16	20,298	26	20,308	36	20,303	46	20,302
7	20,301	17	20,295	27	20,302	37	20,31	47	20,303
8	20,3	18	20,301	28	20,294	38	20,304	48	20,307
9	20,307	19	20,307	29	20,302	39	20,309	49	20,303
10	20,305	20	20,312	30	20,304	40	20,305	50	20,305

OSG	20,42
USG	20,18
Referenzwert x_m	20,302

x-quer$_g$	20,303480
s_g	0,004657
|Bi|	0,001480

c_g	1,72
c_{gk}	1,61

Datei: Verfahren_1.xls

Bild 5-53 Anwendung von Verfahren 1 mit Excel

Sehr komfortabel und rasch erfolgt die Auswertung mit qs-STAT (siehe Bild 5-54), da sowohl Auswertestrategie als auch Berichtslayout bereits vordefiniert sind.

Ergänzende Überlegungen zu Verfahren 1:

- Ist die kurzzeitige Prozessstreuung sehr viel kleiner als die Toleranz, wie zum Beispiel bei Trendprozessen, dann würde die toleranzbezogene Auswertung ein Messmittel zulassen, welches die Prozessstreubreite nicht ausreichend auflösen kann. In manchen unternehmensspezifischen Richtlinien wird in diesem Fall die prozessbezogene Auswertung empfohlen (siehe [6]).
- Nachdem c_g und c_{gk} auf Basis von Stichproben erhoben wurden, müsste auch der Vertrauensbereich angegeben werden. Insbesondere wenn die errechneten Fähigkeitsindizes in der Nähe der Grenzwerte liegen, sollte der Vertrauensbereich bei der Entscheidung berücksichtigt werden [6].

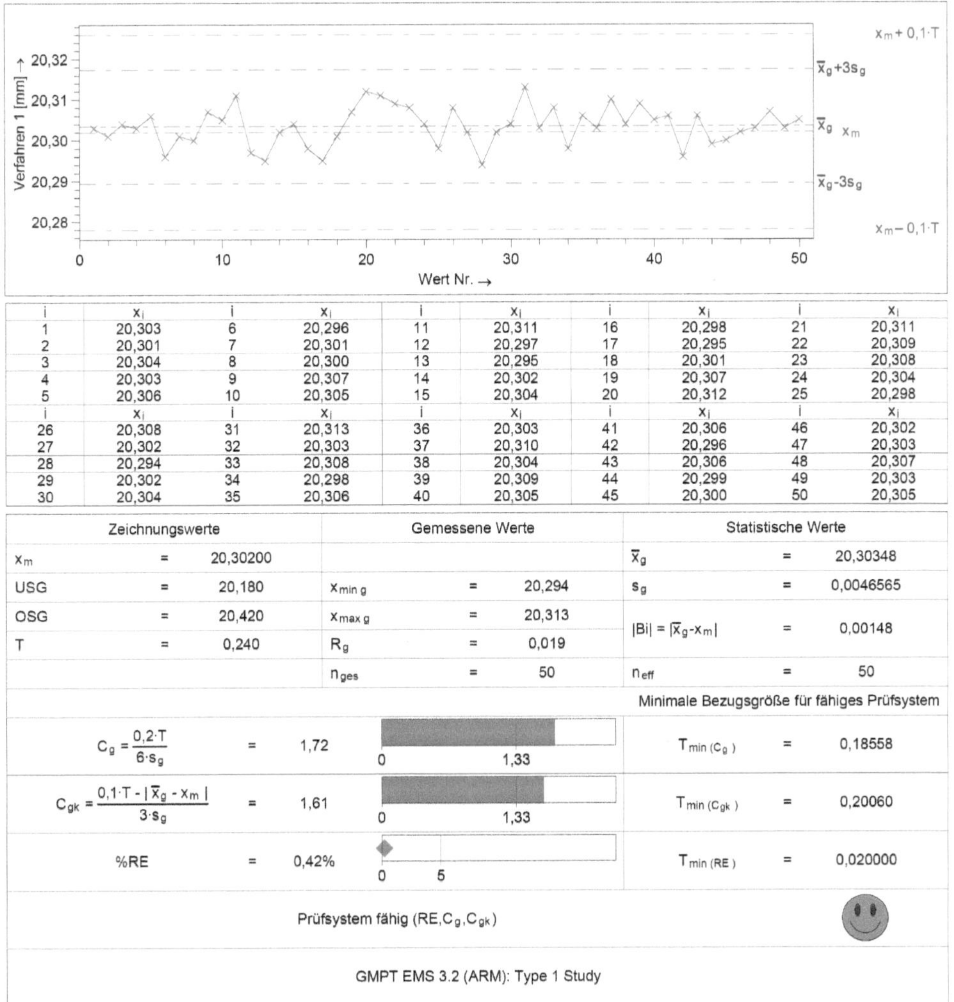

i	x_i	i	x_i	i	x_i	i	x_i	i	x_i
1	20,303	6	20,296	11	20,311	16	20,298	21	20,311
2	20,301	7	20,301	12	20,297	17	20,295	22	20,309
3	20,304	8	20,300	13	20,295	18	20,301	23	20,308
4	20,303	9	20,307	14	20,302	19	20,307	24	20,304
5	20,306	10	20,305	15	20,304	20	20,312	25	20,298
i	x_i	i	x_i	i	x_i	i	x_i	i	x_i
26	20,308	31	20,313	36	20,303	41	20,306	46	20,302
27	20,302	32	20,303	37	20,310	42	20,296	47	20,303
28	20,294	33	20,308	38	20,304	43	20,306	48	20,307
29	20,302	34	20,298	39	20,309	44	20,299	49	20,303
30	20,304	35	20,306	40	20,305	45	20,300	50	20,305

Zeichnungswerte			Gemessene Werte			Statistische Werte		
x_m	=	20,30200				$\bar{x}_g$	=	20,30348
USG	=	20,180	$x_{min\,g}$	=	20,294	s_g	=	0,0046565
OSG	=	20,420	$x_{max\,g}$	=	20,313	$\lvert Bi \rvert = \lvert \bar{x}_g - x_m \rvert$	=	0,00148
T	=	0,240	R_g	=	0,019			
			n_{ges}	=	50	n_{eff}	=	50

				Minimale Bezugsgröße für fähiges Prüfsystem		
$C_g = \dfrac{0{,}2 \cdot T}{6 \cdot s_g}$	=	1,72	0 1,33	$T_{min\,(C_g)}$	=	0,18558
$C_{gk} = \dfrac{0{,}1 \cdot T - \lvert \bar{x}_g - x_m \rvert}{3 \cdot s_g}$	=	1,61	0 1,33	$T_{min\,(C_{gk})}$	=	0,20060
%RE	=	0,42%	0 5	$T_{min\,(RE)}$	=	0,020000

Prüfsystem fähig (RE, C_g, C_{gk})

GMPT EMS 3.2 (ARM): Type 1 Study

Bild 5-54 Anwendung von Verfahren 1 mit qs-STAT

5.4.2.5 Linearität

Bei der Analyse von Messsystemen ist auch die Linearität (systematische Messabweichung über einen spezifizierten Messbereich) zu untersuchen. Dabei werden zwei Fälle unterschieden:

Fall 1: Das Messsystem enthält eine lineare Maßverkörperung. Wenn dies in Form einer Überprüfung bzw. eines Zertifikates nachgewiesen werden kann, ist Verfahren 1 ausreichend, und es sind keine weiteren Untersuchungen zur Linearität notwendig.

Fall 2: Wenn das Messsystem keine lineare Maßverkörperung enthält (z. B. pneumatische Messgeräte), sollten Untersuchungen zur Linearität durchgeführt werden.

Durchführung der Linearitätsuntersuchung:

a) Normale bzw. Referenzteile bereitstellen (nach Möglichkeit 5 Normale, welche den spezifizierten Anwendungsbereich, z. B. Toleranz oder Messbereich möglichst gleichmäßig abdecken)

b) mindestens 10 Wiederholmessungen an jedem Normal durchführen

c) systematische Messabweichung für jedes Normal berechnen

d) Regressionsgerade bestimmen und t-Tests durchführen, Entscheidung bezüglich Eignung

Die Bilder 5-55 und 5-56 zeigen die Berechnung mit Minitab, die sich an MSA [2] orientiert. Minitab errechnet an jedem Referenzwert die systematische Messabweichung (Bias) und prüft mit Hilfe des t-Tests, ob sich diese signifikant vom Wert 0 unterscheidet. Weiters wird eine Regressionsgerade durch die an den Referenzpunkten aufgetragene systematische Messabweichung erstellt. Im Idealfall liegt diese Regressionsgerade genau auf der strichlierten Linie bei Bias = 0.

MSA [2] schlägt eine grafische und eine numerische Analyse vor. Für eine akzeptable Linearität muss die „Bias = 0"-Linie vollständig innerhalb des Vertrauensbereiches (KI = Konfidenzintervall = Confidence Interval) der Regressionsgerade sein. Wie man in Bild 5-56 ablesen kann, ist diese Forderung im Beispiel nicht erfüllt. Darüber hinaus erkennt man beim Referenzwert von 4, dass die Streuung sehr groß ist. Dies lässt auf einen besonderen Einfluss schließen. Bei der numerischen Analyse wird mit Hilfe eines t-Tests geprüft, ob sich Steigung und Achsabschnitt der Regressionsgeraden signifikant von 0 unterscheiden. Im Beispiel erkennt man bereits an der Steigung, dass sich diese signifikant vom Wert 0 unterscheidet. Das gleiche Ergebnis zeigt der niedrige p-Wert. Das Messsystem müsste optimiert werden.

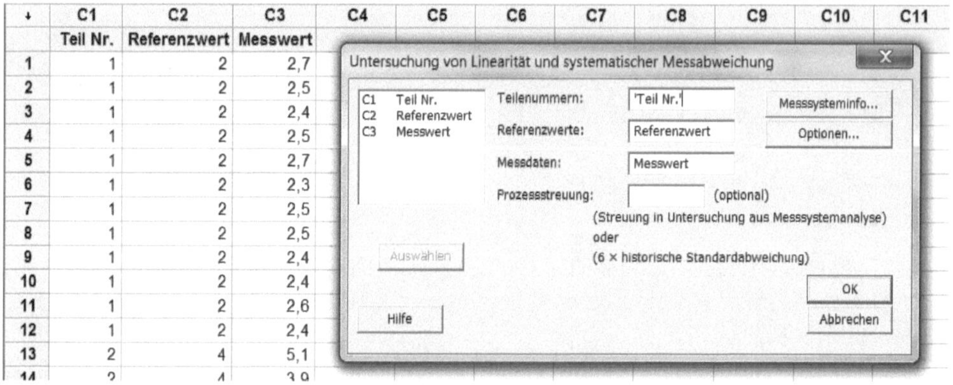

↓	C1 Teil Nr.	C2 Referenzwert	C3 Messwert
1	1	2	2,7
2	1	2	2,5
3	1	2	2,4
4	1	2	2,5
5	1	2	2,7
6	1	2	2,3
7	1	2	2,5
8	1	2	2,5
9	1	2	2,4
10	1	2	2,4
11	1	2	2,6
12	1	2	2,4
13	2	4	5,1

Untersuchung von Linearität und systematischer Messabweichung
C1 Teil Nr.
C2 Referenzwert
C3 Messwert
Teilenummern: 'Teil Nr.'
Referenzwerte: Referenzwert
Messdaten: Messwert
Prozessstreuung: (optional)
(Streuung in Untersuchung aus Messsystemanalyse)
oder
(6 × historische Standardabweichung)
Auswählen
Hilfe
Messsysteminfo...
Optionen...
OK
Abbrechen

Minitab > Statistik > Qualitätswerkzeuge > Messsystemanalyse (MSA) > Untersuchung von Linearität und systematischer Messabweichung ...

Bild 5-55 Berechnung der Linearität mit Minitab

Nachdem das Messsystem signifikant von der Linearität abweicht, muss es mechanisch verbessert oder der Messwert durch Algorithmen in der Software korrigiert werden.

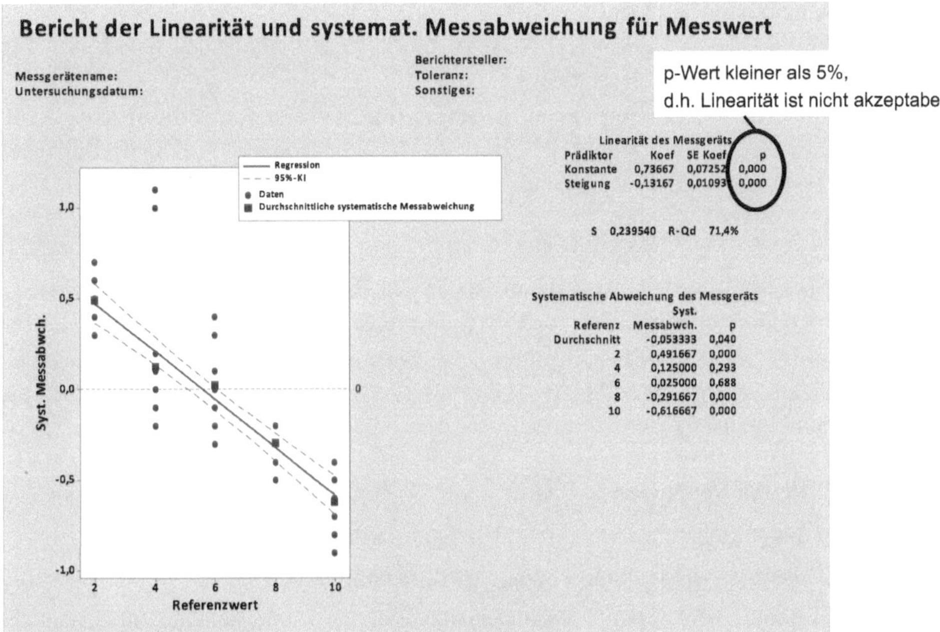

Bild 5-56 Berechnungsergebnisse zur Linearität aus Minitab

Linearitätsuntersuchung nach dem Leitfaden der Automobilindustrie:

Eine andere Vorgehensweise zur Beurteilung der Linearität ist im Leitfaden der Automobilindustrie [15] enthalten. Im Gegensatz zur Vorgehensweise nach MSA [2] wird auch die Toleranz mit einbezogen. Es wird gefordert, dass die systematische Messabweichung an jedem Referenzpunkt höchstens 10% der Toleranz (bzw. einer anderen Referenzgröße) beträgt.

Damit lautet die allgemeine Forderung für Bi:

$-5\% \cdot T \leq Bi \leq 5\% \cdot T$

5.4.2.6 Verfahren 2: GR&R-Study

Das Verfahren 2 wird auch als %R&R-Methode oder als GR&R-Study (Gage Repeatability & Reproducibility) bezeichnet. Es wird zur Beurteilung von Messprozessen im Einsatz unter Serienbedingungen verwendet. Damit werden im Vergleich zu den bisher betrachteten Verfahren beim Verfahren 2 die meisten Einflussfaktoren berücksichtigt.

Folgende Kennwerte werden beim Verfahren 2 bestimmt:

- **Wiederholpräzision (Repeatability, Equipment Variation, EV):** Dies ist die resultierende Streuung, wenn ein Prüfer dasselbe Merkmal mit demselben Messmittel mehrmals misst.

- **Vergleichspräzision (Reproducibility, Appraiser Variation, AV):** Dies ist ein Maß für den Einfluss des Prüfers, wenn dasselbe Merkmal mit demselben Messmittel von verschiedenen Prüfern gemessen wird.
- **Wiederhol- und Vergleichspräzision (Repeatability and Reproducibility, R&R, %R&R):** Dies ist die aus EV und AV ermittelte Gesamtstreuung. Zur Beurteilung des Messprozesses wird die Gesamtstreuung in der Regel auf die Prozessstreubreite oder die Toleranz bezogen.

Die Kennwerte können mit dem **Mittelwert- und Spannweiten-Verfahren (ARM, Average and Range Method)** oder mit Hilfe der **Varianzanalyse (ANOVA, Analysis of Variance)** bestimmt werden. Da sich die Berechnungsverfahren voneinander unterscheiden, werden sie unterschiedliche Ergebnisse liefern. Daher muss mit den Ergebnissen immer auch die Berechnungsmethode angegeben werden.

Durchführung von Verfahren 2

a) Anzahl der Prüfobjekte festlegen und Teile auswählen
   - Typischerweise werden dem Prozess 10 Teile entnommen.
   - Die Teile sollten die gesamte Streubreite des Prozesses abdecken. Stehen diese nicht zur Verfügung oder ist die Prozessstreubreite nicht bekannt, soll zur Auswertung die Merkmalstoleranz herangezogen werden.

b) Anzahl der Prüfer und Wiederholmessungen festlegen
   - Je Prüfer müssen mindestens zwei Messungen durchgeführt werden.
   - Das Produkt aus Anzahl der Prüfobjekte (n), Anzahl der Prüfer (k) und Anzahl der Wiederholungen (r) muss größer als 30 sein ($n \cdot k \cdot r > 30$).

c) Alle Teile durch alle Prüfer einmal in zufälliger Reihenfolge gemäß Messvorschrift messen (Wenn die Kalibrierung Bestandteil der Messung ist, muss auch diese durchgeführt werden). Messung für die geplante Anzahl von Durchgängen wiederholen

d) Messergebnisse auswerten (Berechnung der Wiederholpräzision und der Vergleichspräzision)

e) %R&R (und eventuell weitere Kennzahlen) berechnen und mit Vorgabe vergleichen

f) Ergebnisse beurteilen und gegebenenfalls Korrekturmaßnahmen festlegen

Mittelwert- und Spannweiten-Verfahren

Die Berechnung nach dem Mittelwert- und Spannweiten-Verfahren (ARM) erfolgt anhand eines Beispieles aus MSA [2]. Wie Bild 5-57 zeigt, wurden bei diesem Beispiel zehn Teile von drei Prüfern je dreimal gemessen.

Wiederholpräzision EV: Vorerst wird für jedes Teil und jeden Prüfer die Spannweite R ermittelt. Anschließend berechnet man für jeden Prüfer die mittlere Spannweite $\overline{R}$ und das arithmetische Mittel aller Spannweiten $\overline{\overline{R}}$. Dieses $\overline{\overline{R}}$ ist ein Maß für die Spannweite der Wiederholpräzision. Da EV die Standardabweichung der Wiederholpräzision angibt, muss $\overline{\overline{R}}$ mit dem Korrekturfaktor K_1 multipliziert werden.

Vergleichspräzision AV: Ebenso kann für jeden Prüfer der arithmetische Mittelwert der Messwerte gebildet werden. Die größte Differenz zwischen den Mittelwerten wird als $\overline{x}_{Diff}$

bezeichnet. Auch dieser Wert muss wiederum mit Hilfe des Korrekturfaktors K_2 in die Größenordnung einer Standardabweichung umgerechnet werden. Ist der Ausdruck unter der Wurzel negativ, dann ist die Vergleichspräzision vernachlässigbar und wird mit null angenommen.

Teil	Prüfer A			Prüfer B			Prüfer C		
	1. Messung	2. Messung	3. Messung	1. Messung	2. Messung	3. Messung	1. Messung	2. Messung	3. Messung
1	0,29	0,41	0,64	0,08	0,25	0,07	0,04	-0,11	-0,15
2	-0,56	[illegible]	-0,58	-0,47	[illegible]	-0,68	-1,38	[illegible]	-0,96
3	1,34	$\bar{R}_A$	1,27	1,19	$\bar{R}_B$	1,34	0,88	$\bar{R}_C$	0,67
4	0,47	[illegible]	0,64	0,01	[illegible]	0,2	0,14	[illegible]	0,11
5	-0,8	-0,92	-0,84	-0,56	-1,2	-1,28	-1,46	-1,07	-1,45
6	0,02	-0,11	-0,21	-0,2	0,22	0,06	-0,29	-0,67	-0,49
7	0,59	[illegible]	0,66	0,47	[illegible]	0,83	0,02	[illegible]	0,21
8	-0,31	$\bar{x}_A$	-0,17	-0,63	$\bar{x}_B$	-0,34	-0,46	$\bar{x}_C$	-0,49
9	2,26	[illegible]	2,01	1,8	[illegible]	2,19	1,77	[illegible]	1,87
10	-1,36	-1,25	-1,31	-1,68	-1,62	-1,5	-1,49	-1,77	-2,16

Bild 5-57 Das Prinzip zur Bestimmung von Wiederhol- und Vergleichspräzision (nach [6])

Wiederhol- und Vergleichspräzision R&R: Diese kann nun über die Addition der Varianzen ermittelt werden.

Teilestreuung PV: Um die Größenordnung von R&R im Vergleich zur Gesamtstreuung abschätzen zu können, muss die Teilestreuung ermittelt werden. Dazu bildet man zuerst den Mittelwert jedes Teiles. Daraus lässt sich als Maß für die Streuung der Teile die Spannweite dieser Mittelwerte R_p berechnen. Auch diese Größe muss mit Hilfe des Korrekturfaktors K_3 in die Größenordnung einer Standardabweichung umgerechnet werden. Bild 5-58 zeigt die Berechnungsformeln und die zugehörigen K-Faktoren.

Zur **Beurteilung des Messprozesses** wird die Gesamtstreuung auf eine Referenzgröße bezogen. Dazu gibt es vier Möglichkeiten:

- Bezug auf die **Gesamtstreuung:** Bei unbekannter Prozessstreuung wird die Gesamtstreuung direkt aus der Teilestreuung und der Messsystemstreuung ermittelt. Die Schwierigkeit dabei ist, dass die für die Untersuchung verwendeten Teile die gesamte Spannweite der möglichen Produktstreuung abdecken sollen.
- Bezug auf die **Prozessstreuung:** Ist die Prozessstreuung bekannt, dann kann sie anstelle der Gesamtstreuung eingesetzt werden.
- Bezug auf die **Toleranz:** Will man die Messsystemstreuung auf die Toleranz beziehen, so wird nach MSA [2] ein Sechstel der Toleranz ($^T/_6$) als Bezugsgröße eingesetzt. [6] empfiehlt diese Referenzgröße zu verwenden. Die Vergleichbarkeit von Fähigkeitsstudien über einen längeren Zeitraum ist damit am besten gegeben.

- Bezug auf die **Toleranz** und die **Mindestprozessfähigkeit**: MSA [20] gibt als Referenzgröße die höchstzulässige Prozessstreuung an. Diese wird ermittelt, indem die Toleranz durch die geforderte Mindestprozessfähigkeit und ebenso wieder durch sechs dividiert wird.

Wiederholpräzision $EV = K_1 \cdot \bar{\bar{R}}$

Vergleichspräzision $AV = \sqrt{(\bar{x}_{Diff} \cdot K_2)^2 - \left[\frac{EV^2}{n \cdot r}\right]}$ mit $\bar{x}_{Diff} = \bar{x}_{max} - \bar{x}_{min}$

Teilestreuung $PV = K_3 \cdot R_p$

Wiederhol- und Vergleichspräzision $R\&R = \sqrt{EV^2 + AV^2}$

mit den K-Faktoren (nach [2])

Messungen	K_1
2	0,8862
3	0,5908

Prüfer	K_2
2	0,7071
3	0,5231

Teile	K_3	Teile	K_3
2	0,7071	7	0,3534
3	0,5231	8	0,3375
4	0,4467	9	0,3249
5	0,4030	10	0,3146
6	0,3742		

Hinweis: Die Werte für K_1 hängen auch von der Anzahl der Prüfer und der Teile ab. Die angeführten Werte für K_1 sind gültig für 10 Teile und 3 Prüfer.

Messsystemstreuung

$$\%R\&R = \frac{R\&R}{RF} \times 100$$

mit RF ... Reference Figure / Bezugsgröße

Bezug auf die Gesamtstreuung

$$\%R\&R = \frac{R\&R}{\sqrt{R\&R^2 + PV^2}} \times 100$$

mit der Bezugsgröße: $RF = \sqrt{R\&R^2 + PV^2}$

Bezug auf die Prozessstreuung

$$\%R\&R = \frac{R\&R}{\sigma_P} \times 100$$

mit der Bezugsgröße: $RF = \sigma_P$

Bezug auf die Toleranz

$$\%R\&R = \frac{R\&R}{T/6} \times 100$$

mit der Bezugsgröße: $RF = \frac{T}{6}$

Bezug auf die Toleranz und die Mindestprozessfähigkeit

$$\%R\&R = \frac{R\&R}{T/6 \times c_P} \times 100$$

mit der Bezugsgröße: $RF = \frac{T}{6 \times c_P}$

Bild 5-58 Berechnung von Wiederhol- und Vergleichspräzision

Grenzwerte für die Freigabe:

MSA [2] gibt folgende Grenzen vor:

%R&R < 10%	Messsystem geeignet
10% ≤ %R&R ≤ 30%	Messsystem bedingt geeignet (abhängig von der Art der Messaufgabe, etc.)
30% < %R&R	Messsystem nicht geeignet

Die Praxis zeigt, dass die Forderung nach %R&R < 10% vielfach nicht erfüllt wird. Daher schlägt [15] vor, die Grenze bei neuen Messsystemen bei 20% und bei vorhandenen Messsystemen auf 30% festzulegen. Diese bzw. daraus abgeleitete Vorgaben wurden von einigen Automobilherstellern übernommen.

Berechnung von %GR&R mit Minitab

Im Normalfall wird die Messsystemstreuung bei der Auswertung mit Minitab auf die Gesamtstreuung bezogen. Zusätzlich besteht die Möglichkeit, im Dialogfeld *Optionen* eine Standardabweichung als Maß für die bekannte Prozessstreuung (Historische Standardabweichung) und eine Toleranz (Prozesstoleranz) anzugeben, sodass die Messsystemstreuung auch auf die beiden weiteren Referenzgrößen bezogen wird (siehe Bild 5-59).

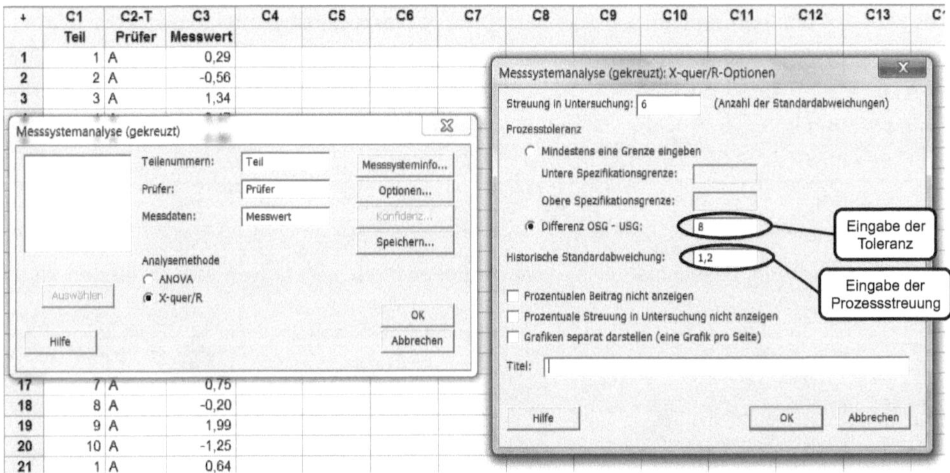

Minitab > Statistik > Qualitätswerkzeuge > Messsystemanalyse (MSA) > Messsystemanalyse (gekreuzt)...

Bild 5-59 Berechnung von GR&R mit Minitab

Die Ergebnisse der numerischen Analyse im Session Fenster von Minitab (siehe Bild 5-60) sind in zwei Blöcke geteilt. Block 1 behandelt die Analyse der Varianzen. Mit Hilfe der in Bild 5-58 dargestellten Formeln werden die Varianzen von Wiederholbarkeit und Reproduzierbarkeit ermittelt. Durch Addition erhält man die Varianz des Messsystems (R&R (gesamt)). Addiert man dazu noch die Varianz der Teile (Zwischen den Teilen), so erhält man die Gesamtvarianz (Gesamtstreuung).

Block 2 behandelt die Analyse der Standardabweichungen. Der wesentliche Unterschied zu Block 1 ist, dass Standardabweichungen nicht addiert werden dürfen. Sie müssen durch Addition der Varianzen ermittelt werden. Dies ist auch der Grund, warum die Summe der Anteile nicht 100% ergibt. In Spalte *StdAbw* sind die Standardabweichungen der einzelnen Streuungskomponenten eingetragen.

Die Spalte *Streuung in Untersuchung* erhält man, indem man die einzelnen Standardabweichungen mit 6 multipliziert. Damit wird aus der Standardabweichung die Streubreite der einzelnen Komponenten ermittelt. In diesem Beispiel wurde im Eingabefeld (Bild 5-59) die Streubreite als das sechsfache der Standardabweichung definiert. Dies wird auch von MSA [2] so vorgeschlagen. Vielfach findet man auch noch die Empfehlung aus früheren Auflagen der MSA mit 5,15 (entspricht einer Überdeckungswahrscheinlichkeit von 99%).

In Spalte *%Streuung in Untersuchung* sind die Anteile der einzelnen Streuungskomponenten bezogen auf die Gesamtstreuung dargestellt. Der erste Wert gibt das %R&R für die Bezugsgröße Gesamtstreuung an.

Nachdem in diesem Beispiel auch eine Prozesstoleranz mit dem Wert 8 angegeben wurde, wird auch die Spalte *%Toleranz* ausgegeben. Hier sind die Anteile der einzelnen Streuungskomponenten auf die Toleranz bezogen. Der erste Wert gibt das %R&R für die Bezugsgröße Toleranz an.

Ebenso wurde die Standardabweichung des Prozesses mit $\sigma_p = 1{,}2$ angenommen. Daher werden die Streuungskomponenten auch auf diese Prozessstreuung bezogen. Die letzte Spalte zeigt die Ergebnisse.

Zuletzt wird noch die Anzahl der Kategorien (ndc = number of distinct categories), die das Messsystem unterscheiden kann, ermittelt. Diese Kennzahl ist als die Anzahl der nicht überlappenden 97%-Konfidenzintervalle definiert, welche der Streuung der vorliegenden Teile entsprechen. Die Anzahl der Kategorien berechnet sich aus:

$$\text{ndc} = 1{,}41 \cdot \frac{\text{PV}}{\text{R\&R}}$$

Es wird empfohlen, dass das Messsystem fünf oder mehr Kategorien unterscheiden kann.

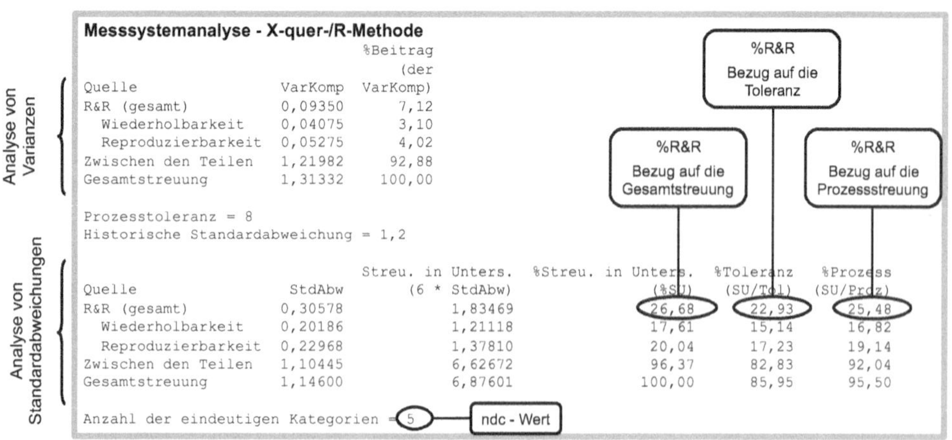

Messsystemanalyse - X-quer-/R-Methode

Quelle	VarKomp	%Beitrag (der VarKomp)
R&R (gesamt)	0,09350	7,12
Wiederholbarkeit	0,04075	3,10
Reproduzierbarkeit	0,05275	4,02
Zwischen den Teilen	1,21982	92,88
Gesamtstreuung	1,31332	100,00

Prozesstoleranz = 8
Historische Standardabweichung = 1,2

Quelle	StdAbw	Streu. in Unters. (6 * StdAbw)	%Streu. in Unters. (%SU)	%Toleranz (SU/Tol)	%Prozess (SU/Proz)
R&R (gesamt)	0,30578	1,83469	26,68	22,93	25,48
Wiederholbarkeit	0,20186	1,21118	17,61	15,14	16,82
Reproduzierbarkeit	0,22968	1,37810	20,04	17,23	19,14
Zwischen den Teilen	1,10445	6,62672	96,37	82,83	92,04
Gesamtstreuung	1,14600	6,87601	100,00	85,95	95,50

Anzahl der eindeutigen Kategorien = 5

Bild 5-60 Ergebnisse der numerischen GR&R-Analyse aus Minitab

Neben den numerischen Ergebnissen sollte man in jedem Fall auch grafische Analysen einbeziehen. Minitab erstellt dazu standardmäßig die in Bild 5-61 dargestellte Grafik.

Streuungskomponenten: Die bereits aus dem Session Fenster bekannten Anteile der einzelnen Streuungskomponenten (Prozentsätze berechnet auf Basis der Varianzen und der Standardabweichungen) sind grafisch dargestellt.

R-Karte nach Prüfer angeordnet: Die Spannweiten R für jeden Prüfer und jedes Teil sind aufgetragen. Das Bild zeigt in diesem Fall, dass die Spannweiten bei Prüfer B größer sind als bei Prüfer A und auch C. Damit hat man bereits ein Optimierungspotenzial für den Messprozess erkannt. Die Ursachen müssen gefunden und beseitigt werden. In diesem Fall wird vermutlich eine Schulung ausreichend sein.

X-quer-Karte nach Prüfer angeordnet: Die Mittelwerte $\overline{x}$ für jeden Prüfer und jedes Teil sind aufgetragen. Weiters sind die Regelgrenzen für das Messsystem dargestellt. Diese werden von der Streuung des Messsystems ausgehend gerechnet. Nachdem die tatsächliche Streuung der Mittelwerte zum größten Teil aus der Teilestreuung resultiert, ist es hier nicht nur zulässig, sondern sogar notwendig, dass die Regelgrenzen überschritten werden.

Messwert nach Teil angeordnet: Für jedes Teil sind alle Messwerte aufgetragen. Es zeigt sich sehr anschaulich, dass die Streuung zwischen den Teilen den größten Anteil der Streuung ausmacht.

Messwert nach Prüfer angeordnet: Zugeordnet zu jedem Prüfer sind die Messwerte in Form von Box Plots dargestellt und die Mittelwerte durch Linien verbunden. In dieser Darstellung zeigt sich die Tendenz eines Prüfers, zu groß oder zu klein zu messen.

Wechselwirkung Teil * Prüfer: Zugeordnet zu jedem Prüfer und jedem Teil sind die Mittelwerte der Messwerte dargestellt. Auch hier zeigt sich, dass der größte Anteil der Streuung aus der Streuung der Teile resultiert. Darüber hinaus lässt die Darstellung vermuten, dass die Messergebnisse von Prüfer C tendenziell etwas niedriger liegen. Auch dem müsste nachgegangen werden. Weiters könnte aus dieser Darstellung möglicherweise geschlossen werden, dass die Unterschiede zwischen den Prüfern bei kleinen Messwerten anders sind als bei großen. Dies wird als Wechselwirkung zwischen Teil und Prüfer bezeichnet.

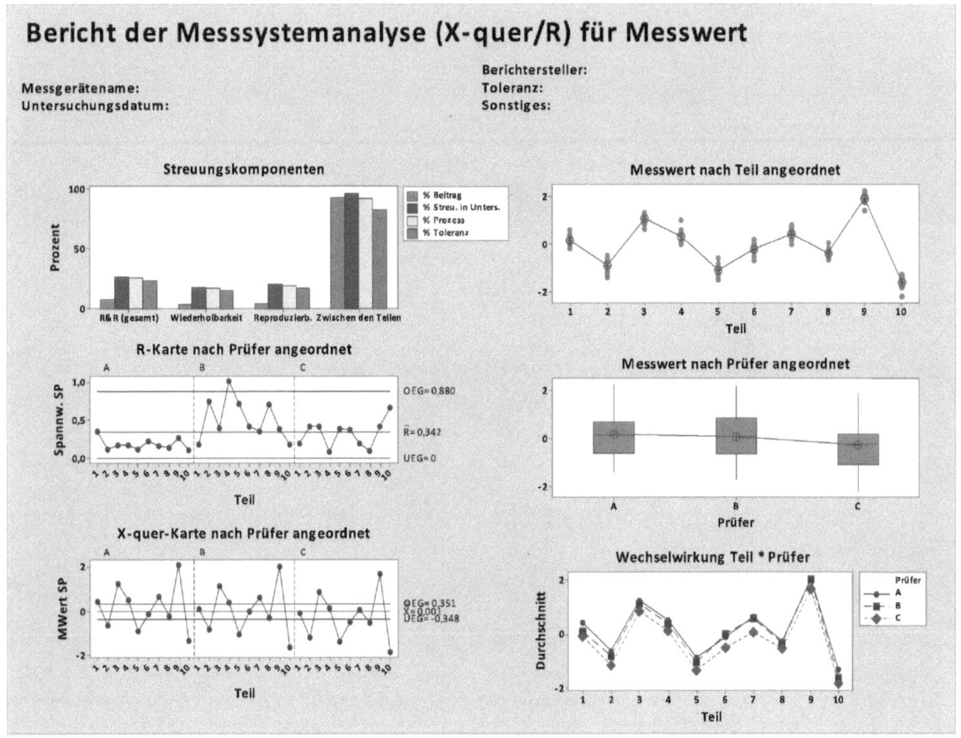

Bild 5-61 Ergebnisse der grafischen GR&R-Analyse aus Minitab

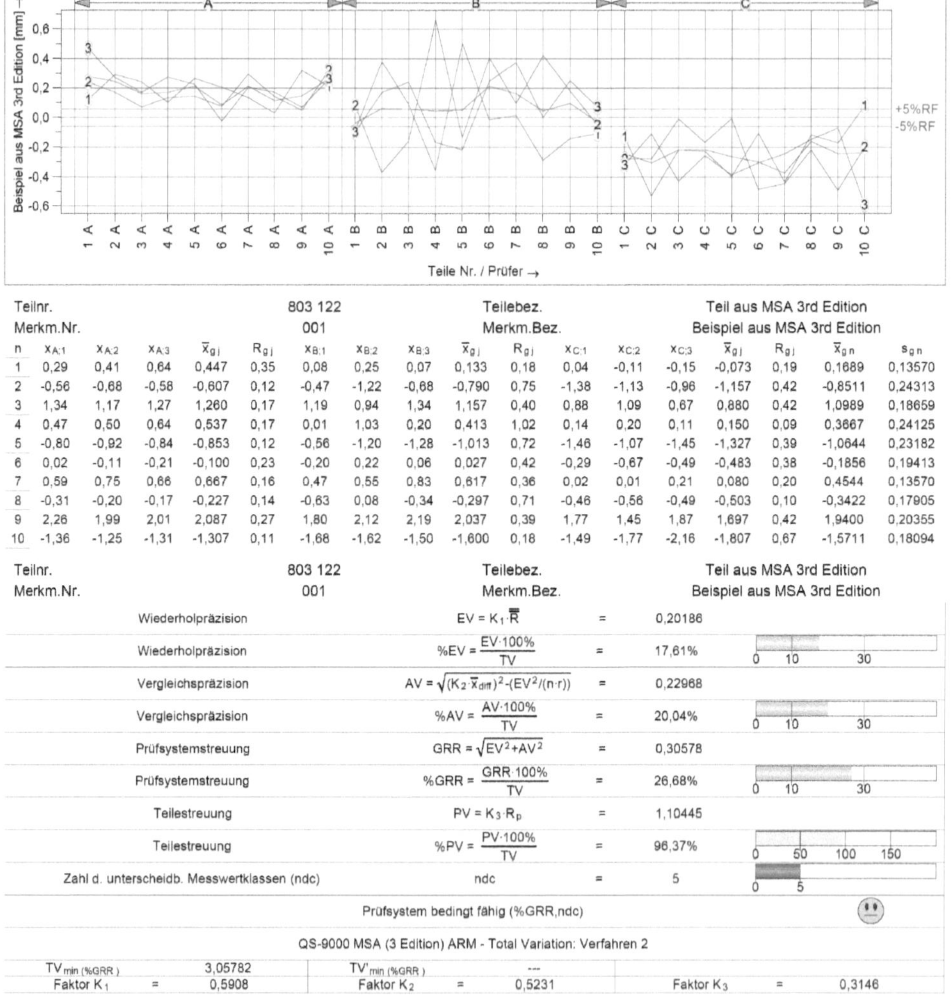

Teilnr. 803 122 Teilebez. Teil aus MSA 3rd Edition
Merkm.Nr. 001 Merkm.Bez. Beispiel aus MSA 3rd Edition

n	$x_{A;1}$	$x_{A;2}$	$x_{A;3}$	$\bar{x}_{gj}$	R_{gj}	$x_{B;1}$	$x_{B;2}$	$x_{B;3}$	$\bar{x}_{gj}$	R_{gj}	$x_{C;1}$	$x_{C;2}$	$x_{C;3}$	$\bar{x}_{gj}$	R_{gj}	$\bar{x}_{gn}$	s_{gn}
1	0,29	0,41	0,64	0,447	0,35	0,08	0,25	0,07	0,133	0,18	0,04	-0,11	-0,15	-0,073	0,19	0,1689	0,13570
2	-0,56	-0,68	-0,58	-0,607	0,12	-0,47	-1,22	-0,68	-0,790	0,75	-1,38	-1,13	-0,96	-1,157	0,42	-0,8511	0,24313
3	1,34	1,17	1,27	1,260	0,17	1,19	0,94	1,34	1,157	0,40	0,88	1,09	0,67	0,880	0,42	1,0989	0,18659
4	0,47	0,50	0,64	0,537	0,17	0,01	1,03	0,20	0,413	1,02	0,14	0,20	0,11	0,150	0,09	0,3667	0,24125
5	-0,80	-0,92	-0,84	-0,853	0,12	-0,56	-1,20	-1,28	-1,013	0,72	-1,46	-1,07	-1,45	-1,327	0,39	-1,0644	0,23182
6	0,02	-0,11	-0,21	-0,100	0,23	-0,20	0,22	0,06	0,027	0,42	-0,29	-0,67	-0,49	-0,483	0,38	-0,1856	0,19413
7	0,59	0,75	0,66	0,667	0,16	0,47	0,55	0,83	0,617	0,36	0,02	0,01	0,21	0,080	0,20	0,4544	0,13570
8	-0,31	-0,20	-0,17	-0,227	0,14	-0,63	0,08	-0,34	-0,297	0,71	-0,46	-0,56	-0,49	-0,503	0,10	-0,3422	0,17905
9	2,26	1,99	2,01	2,087	0,27	1,80	2,12	2,19	2,037	0,39	1,77	1,45	1,87	1,697	0,42	1,9400	0,20355
10	-1,36	-1,25	-1,31	-1,307	0,11	-1,68	-1,62	-1,50	-1,600	0,18	-1,49	-1,77	-2,16	-1,807	0,67	-1,5711	0,18094

Teilnr. 803 122 Teilebez. Teil aus MSA 3rd Edition
Merkm.Nr. 001 Merkm.Bez. Beispiel aus MSA 3rd Edition

Wiederholpräzision	$EV = K_1 \cdot \bar{\bar{R}}$	=	0,20186	
Wiederholpräzision	$\%EV = \frac{EV \cdot 100\%}{TV}$	=	17,61%	0 10 30
Vergleichspräzision	$AV = \sqrt{(K_2 \cdot \bar{x}_{diff})^2 - (EV^2/(n \cdot r))}$	=	0,22968	
Vergleichspräzision	$\%AV = \frac{AV \cdot 100\%}{TV}$	=	20,04%	0 10 30
Prüfsystemstreuung	$GRR = \sqrt{EV^2 + AV^2}$	=	0,30578	
Prüfsystemstreuung	$\%GRR = \frac{GRR \cdot 100\%}{TV}$	=	26,68%	0 10 30
Teilestreuung	$PV = K_3 \cdot R_p$	=	1,10445	
Teilestreuung	$\%PV = \frac{PV \cdot 100\%}{TV}$	=	96,37%	0 50 100 150
Zahl d. unterscheidb. Messwertklassen (ndc)	ndc	=	5	0 5

Prüfsystem bedingt fähig (%GRR,ndc)

QS-9000 MSA (3 Edition) ARM - Total Variation: Verfahren 2

$TV_{min\ (\%GRR)}$		3,05782	$TV'_{min\ (\%GRR)}$		---			
Faktor K_1	=	0,5908	Faktor K_2	=	0,5231	Faktor K_3	=	0,3146

Bild 5-62 Durchführung der GR&R-Analyse mit qs-STAT

K-Faktoren:

Für etwas Verwirrung hat die Umstellung der K-Faktoren von der zweiten zur dritten Auflage der MSA [2] geführt:

K-Faktoren nach MSA, 2. Auflage

Bis zur zweiten Auflage war es üblich, als Bezugsgröße für die Messsystemanalyse 99% der Messsystemstreuung zu verwenden. Daher wurden die K-Faktoren mit $5{,}15/d_2^*$ gerechnet. Der Wert 5,15 resultiert aus dem überdeckten Bereich von 99% (u reicht von −2,576 bis +2,576).

Rechnet man mit diesen Formeln Wiederholpräzision, Vergleichspräzision, usw., dann erhält man für jede Messsystem-Streuungskomponente ein Intervall, das 99% der Streuung beinhaltet.

K-Faktoren nach MSA, 3. Auflage

Ab der dritten Auflage wird mit den Standardabweichungen der Streuungskomponenten gerechnet. Die K-Faktoren errechnen sich aus $1/d_2^*$ und sind daher im Vergleich zur 2. Auflage um den Faktor 5,15 kleiner. Ebenso sind auch die Ergebnisse für Wiederholpräzision, Vergleichspräzision, Wiederhol- und Vergleichspräzision sowie Prozessstreuung und Gesamtstreuung um diesen Faktor kleiner.

Verwendet man für die Berechnung von %GR&R die Gesamtstreuung als Referenzwert, dann erhält man in beiden Auflagen die gleichen Ergebnisse, da sich der Faktor 5,15 herauskürzt.

Verwendet man die Toleranz als Referenzgröße für %GR&R, so sind die Ergebnisse um $^6/_{5,15}$ größer. Der Grund liegt darin, dass ab der dritten Ausgabe nicht mehr die 5,15-fache, sondern die 6-fache Streuung von GR&R in Bezug zur Toleranz gesetzt wird.

Die Auswertung in Minitab erfolgt standardmäßig nach MSA 3. Auflage und kann auf MSA 2. Auflage geändert werden.

Das ANOVA Verfahren

Die Vorgangsweise und Datenerhebung ist gleich wie beim Mittelwert- und Spannweitenverfahren. Der Unterschied liegt lediglich in der Art der Datenauswertung, wobei im Falle des ANOVA-Verfahrens die Aufteilung und Zuordnung der Gesamtstreuung mit Hilfe der Varianzanalyse erfolgt. Da diese Auswertung komplexer ist, kann sie praktisch nur mit Hilfe einer Statistiksoftware durchgeführt werden.

Im Vergleich zum Mittelwert- und Spannweitenverfahren ist es das genauere Verfahren, da nicht mit den Spannweiten, sondern mit Hilfe der Varianzen gerechnet wird. Darüber hinaus gewinnt man mehr Informationen, da auch die Wechselwirkungen zwischen Teilen und Prüfern ausgegeben werden. Wenn eine geeignete Software zur Verfügung steht, wird die Verwendung der ANOVA-Methode empfohlen.

Messsystemanalyse – ANOVA-Methode

Quelle	VarKomp	%Beitrag (der VarKomp)
R&R (gesamt)	0,09143	7,76
Wiederholbarkeit	0,03997	3,39
Reproduzierbarkeit	0,05146	4,37
Prüfer	0,05146	4,37
Zwischen den Teilen	1,08645	92,24
Gesamtstreuung	1,17788	100,00

Prozesstoleranz = 8

Quelle	StdAbw	Streu. in Unters. (6 * StdAbw)	%Streu. in Unters. (%SU)	%Toleranz (SU/Tol)
R&R (gesamt)	0,30237	1,81423	27,86	22,68
Wiederholbarkeit	0,19993	1,19960	18,42	14,99
Reproduzierbarkeit	0,22684	1,36103	20,90	17,01
Prüfer	0,22684	1,36103	20,90	17,01
Zwischen den Teilen	1,04233	6,25396	96,04	78,17
Gesamtstreuung	1,08530	6,51180	100,00	81,40

Anzahl der eindeutigen Kategorien = 4

Bild 5-63 Ergebnisse der numerischen GR&R-Analyse aus Minitab (ANOVA-Methode)

Umgang mit Streuungen am Teil

Die GR&R-Studie wird mit Teilen durchgeführt, welche unter Serienbedingungen hergestellt wurden. Treten große Streuungen am Teil selbst auf, dann ergibt sich eine zusätzliche Streuungskomponente, wenn das Teil bei der wiederholten Messung im Zuge der GR&R-Studie an unterschiedlichen Stellen gemessen wird. Will man diesen Einfluss vermeiden, kann die Messstelle am Werkstück gekennzeichnet werden, sodass immer an derselben Stelle gemessen wird. Im Rahmen der Optimierung des Messsystems wird man dies etwa tun, um die tatsächliche Messsystemstreuung nicht durch die Streuung am Teil künstlich zu erhöhen.

Vorgehensweise bei der zerstörenden Prüfung

In manchen Fällen ist die bei der GR&R-Untersuchung geforderte Wiederholung der Messung nicht möglich, da die Teile bei der Prüfung zerstört oder verändert werden. In diesem Fall wird man versuchen, Gruppen von möglichst gleichartigen Teilen zu bilden.

Gleichartige Teile können zum Beispiel Teile aus einer Fertigungscharge oder Proben aus der gleichen Position im Ofen sein. Die Güte der Ergebnisse hängt wesentlich davon ab, inwiefern die Teile tatsächlich gleich sind.

Die Durchführung dieser Untersuchung erfolgt in Analogie zur bisher beschriebenen Vorgangsweise. Das Menü in Minitab dazu lautet:

Minitab > Statistik > Qualitätswerkzeuge > Messsystemanalyse (MSA) > Messsystemanalyse (geschachtelt) ...

5.4.2.7 Verfahren 3: GR&R-Study ohne Bedienereinfluss

Verfahren 3 ist ein Sonderfall von Verfahren 2, bei dem der Bedienereinfluss vernachlässigbar ist (z. B. automatische Messstation). Die Beurteilung durch einen Bediener ist ausreichend, dadurch verringert sich der Prüfaufwand. Das Produkt aus Anzahl der Prüfobjekte (n) und Anzahl der Wiederholungen (r) sollte größer als 20 sein. Der Rechengang erfolgt nach den gleichen Regeln wie bei Verfahren 2, wobei die Vergleichspräzision AV immer gleich null ist. Nähere Erläuterungen dazu finden Sie in [6].

5.4.2.8 Messbeständigkeit, Stabilität

Da sich ein Messprozess im Lauf der Zeit verändern kann, muss eine regelmäßige Überwachung vorgesehen werden.

Dazu wird zuerst das Überwachungsintervall ermittelt, indem über einen Zeitraum von mindestens einem Tag in regelmäßigen Zeitabständen ein Normal oder Referenzteil gemessen wird. Je nach Ergebnis der Untersuchung kann der Überwachungsumfang von einer Überwachungsmessung zu Schichtbeginn bis hin zu einer Kalibrierung vor jeder einzelnen Messung reichen. Nähere Erläuterungen dazu finden Sie in [6].

5.4.2.9 Ergänzungen zum Eignungsnachweis von Messprozessen

Anwendung der Messsystemanalyse für Universalprüfmittel

Die angeführten Verfahren zur Messsystemanalyse kommen auch bei Universalprüfmitteln zur Anwendung. Messschieber, Bügelmessschrauben, Messuhren und dergleichen werden nicht für einen speziellen Prüfgegenstand hergestellt, sondern sind universell für verschiedenste Messaufgaben einsetzbar. Solche Messgeräte werden üblicherweise nach standardisierten Vorschriften kalibriert, wobei die Kalibrierung jedoch unter speziellen Bedingungen (z. B. ausgebildetes Prüfpersonal, enger Temperaturbereich um 20 °C) erfolgt.

Da im betrieblichen Einsatz die Einflüsse vielfältiger und in größerem Umfang wirken, muss auch der Nachweis der Eignung unter diesen Bedingungen erbracht werden. Dazu werden ebenso die in diesem Abschnitt beschriebenen Verfahren angewendet. Nachdem bei der Vielzahl der Prüfmittel dieser Nachweis in der Praxis für jedes einzelne Prüfmittel kaum durchführbar ist, werden Referenzuntersuchungen durchgeführt. Der Nachweis wird für Gruppen identischer Messmittel erbracht.

Notwendigkeit der laufenden Verbesserung der Prüfprozesse

Durch die steigenden Anforderungen an die Bauteile werden auch die Spezifikationsgrenzen immer enger gesetzt. Dies hat zur Folge, dass auch die Anforderungen an die Messsysteme weiter steigen. Im Zuge von Six Sigma-Projekten kann es daher durchaus vorkommen, dass nach einer Prozessoptimierung das vorhandene Messsystem nicht mehr geeignet ist.

5.4.3 Eignungsnachweis für Messprozesse nach VDA 5

Der VDA Band 5, Ausgabe 2021 [24], stellt umfassende Anforderungen an die Planung, den Nachweis der Eignung und die Beurteilung der fortlaufenden Eignung von Prüfprozessen. Der für den Eignungsnachweis und die Beurteilung der fortlaufenden Eignung zu betreibende Aufwand ist in Abhängigkeit vom Risiko, das durch einen fehlerhaften Prüfentscheid entsteht, zu definieren („risikogerechte Absicherung“).

Bezüglich der Eignungsnachweise von Prüfprozessen wird beschrieben, wie ausgehend von den identifizierten Unsicherheitskomponenten (Einflussgrößen auf das Messergebnis) deren Beiträge zur Messunsicherheit ermittelt werden. Diese Unsicherheitsbeiträge werden dann zusammengefasst und als die sogenannte erweiterte Messunsicherheit (U) des Messprozesses ausgegeben.

Mit der Kenntnis der erweiterten Messunsicherheit lässt sich ein Bereich in der Nähe der unteren und oberen Spezifikationsgrenze bestimmen, in dem Fehlentscheidungen möglich sind. Bild 5-64 zeigt dies am Beispiel des zweiseitig begrenzten Merkmals.

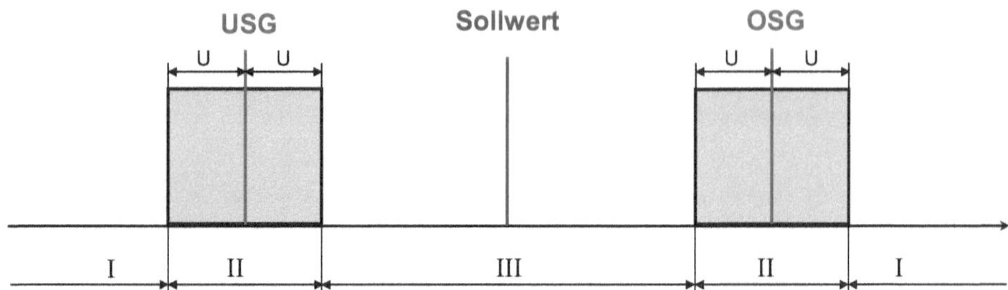

Bereich I: **schlechte** Teile werden immer als **schlecht** erkannt

Bereich II: **gute** Teile können als **schlecht** bewertet und **schlechte** Teile können als **gut** bewertet werden

Bereich III: **gute** Teile werden immer als **gut** erkannt

Bild 5-64 Fehlentscheidungen zufolge eines unzureichenden Messprozesses

Bereich I: Dies ist der Bereich außerhalb der Spezifikationsgrenzen, verringert um die erweiterte Messunsicherheit U, in dem schlechte Teile als schlecht beurteilt werden.

Bereich II: Dies ist der Unsicherheitsbereich um die Spezifikationsgrenzen, in dem unter Berücksichtigung der Messunsicherheit weder gut noch schlecht nachgewiesen werden kann.

Bereich III: Dies ist der Bereich innerhalb der Spezifikationsgrenzen, verringert um die erweiterte Messunsicherheit U, in dem gute Teile als gut beurteilt werden.

Die Konsequenz daraus ist, dass der Lieferant so produzieren muss, dass die Messwerte nur im Bereich III liegen und dass der Abnehmer Teile akzeptieren muss, welche in Bereich II und Bereich III liegen.

Die aus der zweiten Auflage des VDA Band 5 bekannten Verfahren 1 bzw. Verfahren 2 und 3 werden nicht mehr in der dort geschilderten Weise zur Freigabe von Messprozessen eingesetzt. Sie dienen nunmehr ausschließlich der Quantifizierung der jeweiligen Unsicherheitsbeiträge und werden als „Versuch Messsystem“ bzw. „Versuch Messprozess“ bezeichnet.

5.4.4 Eignungsnachweis von attributiven Prüfprozessen

Beispiel: Lehrenprüfung

Der Vergleich mit einem Messwert ist möglich, eine objektive Referenz ist vorhanden.

Beispiel: Sichtprüfung

Der Vergleich mit einem Messwert ist nicht möglich, Musterteile dienen als Referenz.

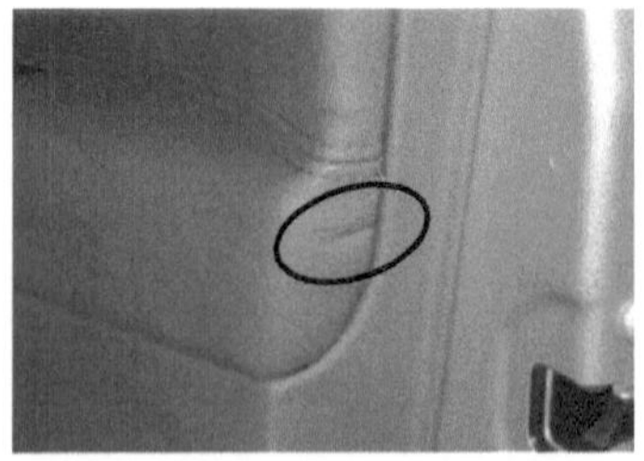

Bild 5-65 Beispiele für attributive Prüfprozesse

Attributive Prüfsysteme liefern als Prüfergebnis nur eine Zuordnung zu Klassen. Vielfach liegt als Ergebnis der Prüfung nur die Aussage gut / schlecht bzw. Nacharbeit / gut / schlecht vor. Bei Sichtprüfungen ist gegebenenfalls eine Zuordnung zu mehreren Klassen möglich.

Grundsatzfrage: attributive oder messende Prüfung

Attributive Prüfsysteme haben den Nachteil, dass Veränderungen eines Prozesses erst erkannt werden, wenn Spezifikationsgrenzen überschritten werden, also bereits fehlerhafte Teile aufgetreten sind. Solche Prüfsysteme sind weder geeignet, um einen Prozess am Zielwert zu führen, noch um weitergehende Prozessanalysen durchzuführen. Generell sollte daher versucht werden, attributive Prüfsysteme durch messende Prüfsysteme zu ersetzen.

Attributive Prüfprozesse für messbare Merkmale (z. B. Lehren)

Bild 5-66 zeigt das Beispiel eines nicht fähigen Prozesses, bei dem die Teile mit Hilfe einer Lehre sortiert werden. Auch hier kommen drei Arten von Entscheidungen in Frage:

Bereich I: schlechte Teile werden immer als schlecht erkannt

Bereich II: gute Teile können als schlecht bewertet und schlechte Teile können als gut bewertet werden (Unsicherheitsbereich)

Bereich III: gute Teile werden immer als gut erkannt

Der Nachweis der Fähigkeit solcher Prüfsysteme zielt darauf ab, die Größe des Unsicherheitsbereiches zu ermitteln, in dem Fehlentscheidungen getroffen werden können.

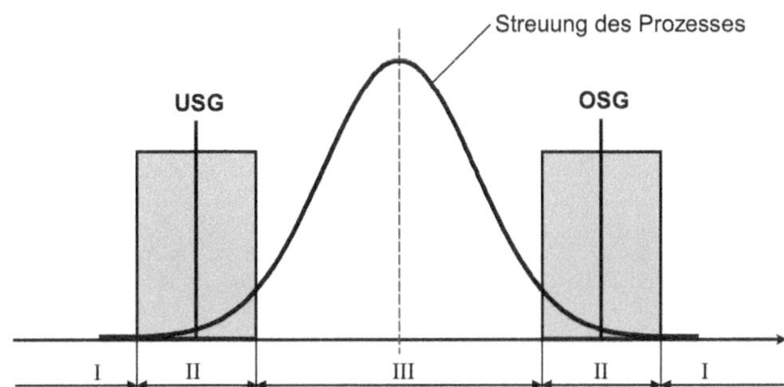

Bild 5-66 Unsicherheitsbereich bei attributiven Prüfprozessen

Attributive Prüfsysteme für beobachtbare Merkmale (z. B. Erscheinungsbild)

Beobachtbare Merkmale sind zum Beispiel Oberflächenfehler an Teilen der Fahrzeug-Innenausstattung. Wie groß darf eine Falte im Leder sein? Ist die Grenze überall gleich oder gibt es kritischere und weniger kritische Bereiche am Teil?

Bei solchen Prüfungen ist der Nachweis der Fähigkeit des Prüfsystems schwieriger, da vielfach kein objektiver Referenzwert verfügbar ist. Das Ergebnis der Prüfung ist in hohem Maße vom Prüfer abhängig. Gerade darin liegt das größte Optimierungspotenzial. Zum Beispiel wird bei der Durchführung von Sichtprüfungen häufig bewusst hingenommen, dass bestimmte Mitarbeiter kritischer und andere Mitarbeiter weniger kritisch prüfen. Meist kann diese ungleiche Beurteilung (mit der Folge der Verschwendung oder Unzufriedenheit des Kunden) durch einfache Maßnahmen wie Bereitstellen von Referenzteilen, Erstellen von Arbeitsbehelfen und Unterweisung der Mitarbeiter sowie bessere Gestaltung des Arbeitsplatzes (z.B. Beleuchtung) minimiert werden.

5.4.4.1 Verfahren nach VDA 5

Im Anhang des VDA 5, Auflage 2003 [3], wird ein Verfahren für den Eignungsnachweis von Lehren vorgestellt. Dieses ist vergleichbar mit der „Short Method", welche in der zweiten Auflage von MSA noch enthalten war und in der dritten Auflage von MSA [2] entfallen ist.

Dem Prozess werden 20 Teile entnommen. Die Teile werden mit einem geeigneten Messgerät mit bekannter Messunsicherheit gemessen, um einen Referenzwert zu erhalten. Anschließend prüfen zwei Prüfer alle Teile in zwei Durchgängen und halten das Prüfergebnis fest.

Prüf-objekt Nr.	Prüfentscheid aus der Messung		Prüfentscheid aus der Lehrenprüfung				Bewertung: Übereinst. = 0 Nichtübereinst. = 1
	Gemessener Merkmalswert (in mm) [U = 0,008]	Bewertung i.O : + n.i.O: -	Prüfer 1		Prüfer 2		
			Durchlauf 1	Durchlauf 2	Durchlauf 1	Durchlauf 2	
1	3,555	-	-	-	-	-	0
2	3,633	+	+	+	+	+	0
3	3,610	+	-	+	+	+	1
4	3,634	+	+	+	+	+	0
5	3,638	+	+	+	+	+	0
6	3,635	+	+	+	+	+	0
7	3,690	-	-	-	-	-	0
8	3,639	+	+	+	+	+	0
9	3,636	+	+	+	+	+	0
10	3,633	+	+	+	+	+	0
11	3,634	+	+	+	+	+	0
12	3,638	+	+	+	+	+	0
13	3,639	+	+	+	+	+	0
14	3,642	+	+	+	+	+	0
15	3,621	+	+	+	+	+	0
16	3,686	-	-	-	+	-	1
17	3,639	+	+	+	+	+	0
18	3,651	+	+	+	+	+	0
19	3,625	+	+	+	+	+	0
20	3,637	+	+	+	+	+	0
			Summe der Nichtübereinstimmungen =				2

Bild 5-67 Verfahren nach VDA 5

Der Prüfprozess ist geeignet, wenn jedes Prüfobjekt durch beide Prüfer in allen Durchgängen richtig bewertet wurde. D.h. die Summe der Nichtübereinstimmungen muss gleich null sein.

Da in diesem Fall die Eignung des Prüfsystems zur Sortierung an den Toleranzgrenzen ermittelt wird, hängt das Ergebnis wesentlich von den verwendeten Teilen ab. Liegen alle Teile in der Toleranzmitte, dann wird man auch mit einer schlechten Lehre übereinstimmende Beurteilungen erhalten.

Für eine bessere Aussage empfiehlt [6] daher die gezielte Auswahl von Teilen knapp um die Spezifikationsgrenze herum. Liegen eine obere und eine untere Spezifikationsgrenze vor, dann könnte man die Teile folgendermaßen auswählen: fünf Teile knapp unter und fünf Teile knapp über der unteren Grenze und ebenso fünf Teile knapp unter und fünf Teile knapp über der oberen Grenze.

5.4.4.2 Methode der Signalerkennung

Die Methode der Signalerkennung stammt aus MSA [2], wurde auch in die zweite Auflage von VDA 5 [19] aufgenommen und ist in [6] in detaillierter Form beschrieben. Zielsetzung des Verfahrens ist es, den Graubereich II (siehe Bild 5-68) und seinen Anteil an der gesamten Toleranz zu bestimmen.

Wie bei dem in Abschnitt 5.4.4.1 beschriebenen Verfahren müssen die Prüfobjekte durch mehrere Prüfer geprüft werden. In der Tabelle in Bild 5-68 sind die Ergebnisse dieser Prüfungen kodiert eingetragen.

Minus-Zeichen: Ergebnis aller Prüfer und auch Referenz-Einstufung ist auf „Ablehnung“

Plus-Zeichen: Ergebnis aller Prüfer und auch Referenz-Einstufung ist auf „Annahme“

Zeichen X: mindestens einer der Prüfer ist zu einem Ergebnis gekommen, das nicht der Referenz-Einstufung entspricht

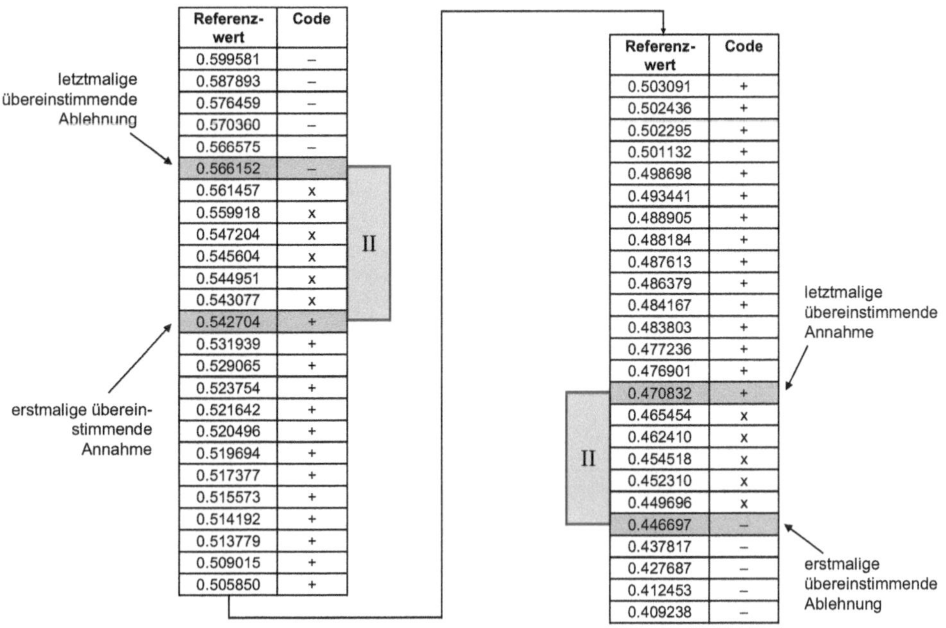

Referenzwert	Code
0.599581	–
0.587893	–
0.576459	–
0.570360	–
0.566575	–
0.566152	–
0.561457	x
0.559918	x
0.547204	x
0.545604	x
0.544951	x
0.543077	x
0.542704	+
0.531939	+
0.529065	+
0.523754	+
0.521642	+
0.520496	+
0.519694	+
0.517377	+
0.515573	+
0.514192	+
0.513779	+
0.509015	+
0.505850	+

Referenzwert	Code
0.503091	+
0.502436	+
0.502295	+
0.501132	+
0.498698	+
0.493441	+
0.488905	+
0.488184	+
0.487613	+
0.486379	+
0.484167	+
0.483803	+
0.477236	+
0.476901	+
0.470832	+
0.465454	x
0.462410	x
0.454518	x
0.452310	x
0.449696	x
0.446697	–
0.437817	–
0.427687	–
0.412453	–
0.409238	–

Bild 5-68 Prinzip der Methode der Signalerkennung

Bereich II an der
oberen Spezifikationsgrenze:

$$d_{OSG} = 0{,}566152 - 0{,}542704$$

$$d_{OSG} = 0{,}023448$$

Bereich II an der
unteren Spezifikationsgrenze:

$$d_{USG} = 0{,}470832 - 0{,}446697$$

$$d_{USG} = 0{,}024135$$

Mittlere Breite von Bereich II

$$d = \frac{d_{OSG} + d_{USG}}{2} = \frac{0{,}023448 + 0{,}024135}{2} \Rightarrow d = 0{,}0237915$$

Anteil der Grauzone an der Toleranz

$$\%R\&R = \frac{d}{T} = \frac{0{,}0237915}{0{,}1} \approx 24\%$$

Bild 5-69 Berechnungsformeln

Der erhaltene %GR&R-Wert wird der gleichen Beurteilung unterzogen wie beim Verfahren 2. Nicht unbeträchtlich ist der Aufwand zur Durchführung dieser Prüfsystemanalyse. In diesem, in der MSA vorgestellten Beispiel wurden die 50 Teile von den drei Prüfern jeweils dreimal geprüft, was insgesamt 450 Prüfungen ergibt.

5.4.4.3 Testen von Hypothesen mit Kreuztabellen

Dieses Verfahren des Testens von Hypothesen mit Kreuztabellen stammt aus MSA [2]. Es ist auch dann anwendbar, wenn keine Messwerte zur Verfügung stehen. Dieselben Teile werden von mehreren Prüfern wiederholt geprüft. Die Güte des Messsystems zeigt sich darin, wie häufig die Prüfer zum selben Ergebnis kommen. Als Hilfsmittel zur Berechnung einer solchen Kennzahl werden Kreuztabellen verwendet.

beobachtete Häufigkeiten:

		Prüfer A		Gesamt
		schlecht	gut	
Prüfer B	schlecht	44	6	50
	gut	3	97	100
Gesamt Spalte		47	103	150

Bild 5-70 Prinzip des Testens von Hypothesen mit Kreuztabellen

Das Prinzip soll anhand des Vergleiches von zwei Prüfern erläutert werden. 50 Teile wurden von zwei Prüfern jeweils dreimal geprüft. Bei den jeweils 150 Prüfungen wurden durch Prüfer A 47 Teile als schlecht und 103 als gut bewertet. Prüfer B hat 50 Teile als gut und 100 als schlecht bewertet. In der Mitte der Kreuztabelle erfolgt eine weitere Unterteilung der Prüfentscheidungen. Von den 47 von Prüfer A als schlecht eingestuften Teilen hat Prüfer B 44 ebenso als schlecht und 3 als gut bewertet.

Bei voller Übereinstimmung würden schlechte Teile von beiden Prüfern als schlecht und gute Teile von beiden Prüfern als gut bewertet werden. Im linken unteren und rechten oberen Feld des Kerns der Matrix würde dann eine null stehen. In diesem Beispiel sind drei bzw. sechs Prüfungen unterschiedlich bewertet worden. Die Frage ist nun, welche Abweichungen noch zulässig sind und ab wann die Übereinstimmung der Prüfentscheidungen als zu gering bewertet wird. Untersuchungen dazu sind Gegenstand des Testens von Hypothesen mit Kreuztabellen. Eine detaillierte Beschreibung der Vorgangsweise ist zum Beispiel in [6] zu finden.

Genau genommen kann man aus der hier angeführten Vorgangsweise nicht herauslesen, wie gut das Prüfsystem tatsächlich zwischen guten und schlechten Teilen unterscheiden kann. Diese Methode beleuchtet nicht die Richtigkeit der Prüfentscheidungen, sondern das Ausmaß der Übereinstimmung der Entscheidung durch die Prüfer.

Ersetzt man die Ergebnisse von Prüfer B durch die Referenzentscheidung, dann lässt sich die Effektivität als Anteil der korrekten Entscheidungen an der Anzahl der gesamten Entscheidungen angeben.

5.4.4.4 Bestimmung der fälschlichen Annahme / Rückweisung

Ein weiteres gut geeignetes Verfahren zur Beurteilung von attributiven Prüfprozessen ist in der vierten Auflage von MSA [20] beschrieben. Ein Anwendungsbeispiel dafür wäre die Sichtprüfung von lackierten Blechteilen. Durch die Bildung von Kennzahlen lassen sich die Effektivität von Prüfern und ihre Tendenz zur fälschlichen Annahme oder fälschlichen Rückweisung quantifizieren.

50 Prüfteile werden von mehreren Prüfern jeweils mehrfach geprüft. Darüber hinaus wird für jedes Prüfteil eine Referenzentscheidung ermittelt. Aus den Prüfergebnissen können verschiedene Kennzahlen berechnet werden.

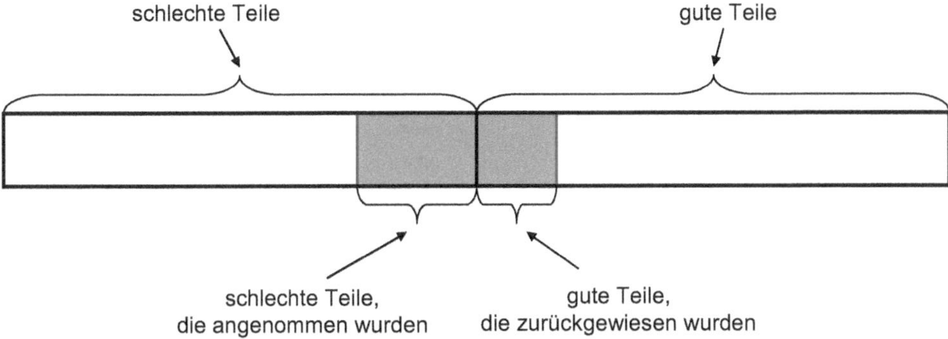

Bild 5-71 Prinzip: Bestimmung der fälschlichen Annahme / Rückweisung

Der Vorteil dieses Verfahrens besteht darin, dass durch die Kennzahlen die in Bild 5-71 symbolisch dargestellte Grauzone, in der gute Teile verworfen und schlechte Teile angenommen werden, transparent wird. Damit lassen sich gute Ansatzpunkte für Verbesserungen ableiten. Bild 5-72 zeigt mögliche Kennzahlen und das Vorgehen zur Berechnung.

◆ **Effektivität E**

$$E = \frac{\text{Anzahl der versuchsübergreifend korrekt beurteilten Teile}}{\text{Anzahl der zu prüfenden Teile}}$$

◆ **Wahrscheinlichkeit der fälschlichen Rückweisung P(FR)**

$$P(FR) = \frac{\text{Häufigkeit, mit der gute Teile abgelehnt wurden}}{\text{Anzahl der Möglichkeiten, gute Teile zu prüfen}}$$

◆ **Wahrscheinlichkeit der fälschlichen Annahme P(FA)**

$$P(FA) = \frac{\text{Häufigkeit, mit der schlechte Teile angenommen wurden}}{\text{Anzahl der Möglichkeiten, schlechte Teile zu prüfen}}$$

Bild 5-72 Formeln zur Berechnung der Kennzahlen

Die Effektivität E gibt die Fähigkeit des Prüfers an, zwischen fehlerfreien und defekten Produkten zu unterscheiden.

Die Wahrscheinlichkeit der fälschlichen Rückweisung P(FR) gibt an, wie wahrscheinlich der Prüfer ein gutes Teil zurückweist. Er sorgt für unberechtigten Ausschuss bzw. nicht notwendige Nacharbeit und damit für Verschwendung.

Die Wahrscheinlichkeit der fälschlichen Annahme P(FA) ist ein sehr wichtiger Kennwert. Er gibt die Wahrscheinlichkeit an, mit welcher der Prüfer ein schlechtes Teil an den Kunden weitergibt. Unzufriedenheit des Kunden ist die Folge.

Bild 5-73 zeigt in [20] genannte Grenzwerte für die Kennzahlen. Bei einer Effektivität unter 90% sollten Verbesserungsmaßnahmen eingeleitet werden. Liegt die Effektivität unter 80%, sind Verbesserungsmaßnahmen verpflichtend. Ebenso werden in [20] auch entsprechende Grenzwerte für die fälschliche Annahme und die fälschliche Rückweisung angegeben.

Parameter	geeignet	Grauzone	ungeeignet
E	≥ 0,90	0,80 – 0,90	< 0,80
P(FR)	≤ 0,05	0,05 – 0,10	> 0,10
P(FA)	≤ 0,02	0,02 – 0,05	> 0,05

Bild 5-73 Beispiele für Grenzwerte zur Beurteilung des Prüfsystems

Die in der Tabelle dargestellten Grenzwerte sind laut MSA 4. Auflage [20] eine Diskussionsgrundlage für die Vereinbarung zwischen Kunden und Lieferanten. Die Grenzwerte sind abhängig von der Kritikalität und dem mit einer falschen Beurteilung zusammenhängenden Risiko.

5.5 Prozessleistung ermitteln

Nachdem der Prozess in detaillierter Form dargestellt ist und dazu auch Daten erhoben wurden, muss nun die Güte dieses Prozesses anhand von aussagefähigen und vergleichbaren Kennzahlen bewertet werden.

Um eine Aussage über den Prozess treffen zu können, beurteilt man

- das Ergebnis des Prozesses (Aussage über die Effektivität)
- die eingesetzten Mittel (Aussage über die Effizienz)

Zur Bewertung der Ausgangssituation des Prozesses kommen in Six Sigma-Projekten insbesondere folgende Verfahren zur Anwendung:

- Bewertung von kontinuierlichen Merkmalen (siehe Abschnitt 5.5.1)

  Zielsetzung des Projektes ist die Optimierung von messbaren Merkmalen an Produkten (z. B. Länge, Durchmesser, Rauigkeit). Zur Beurteilung dieser Merkmale werden üblicherweise Prozessfähigkeitsindizes wie c_p und c_{pk} verwendet.
- Bewertung von diskreten Merkmalen (siehe Abschnitt 5.5.2)

  Diskrete Merkmale sind zum Beispiel die Anzahl von Fehlern pro Teil oder die Anzahl von fehlerhaften Teilen pro Fertigungslos. Diese Merkmale werden mit Hilfe von Kennzahlen wie DPMO (defects per million opportunities), PPM (parts per million) oder RTY (rolled throughput yield) bewertet.
- Bewertung von Prozessparametern wie Durchlaufzeiten, Wartezeiten, Rüstdauer, Personal- und Materialeinsatz

  Hier werden häufig Mittelwerte und Streuungen verwendet, um die Prozessparameter zu vergleichen (z. B. Durchlaufzeit zur Erstellung eines Angebotes).
- Bewertung der Gesamtanlageneffizienz (siehe Abschnitt 5.5.3)

  Die Gesamtanlageneffizienz strebt eine Maximierung des Outputs (spezifikationskonforme Leistungen) bei minimalem Input (Personal-, Maschinen- und Materialeinsatz) an. Damit steht eine Kennzahl zur Verfügung, die ein gesamthaftes Bild des Prozesses gibt.

In den folgenden Abschnitten werden diese Verfahren in detaillierter Form dargestellt.

5.5.1 Bewertung von kontinuierlichen Merkmalen

Die Ausprägung eines Merkmals ist an zwei Teilen niemals exakt gleich. Die Ursache dafür liegt darin, dass auf jeden Prozess viele Streuungsursachen einwirken. Bild 5-74 zeigt mögliche Streuungsursachen, welche bei der mechanischen Bearbeitung von Bauteilen auftreten können.

Zunächst muss zwischen gewöhnlichen und besonderen Ursachen der Streuung unterschieden werden.

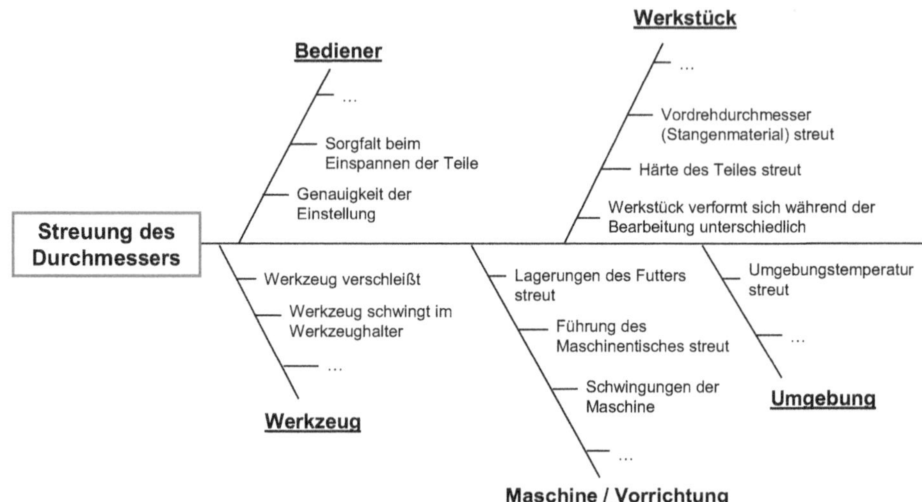

Bild 5-74 Mögliche Ursachen für Streuungen bei der mechanischen Bearbeitung

Unter **gewöhnlichen Ursachen** versteht man die vielen Ursachen, die ständig auf einen Prozess einwirken, von denen aber keine dominant ist. Wenn nur gewöhnliche Ursachen auftreten, dann ergibt sich als Output des Prozesses eine Verteilung, die stabil und voraussagbar ist.

Unter **besonderen Ursachen** versteht man Ursachen, die besondere Auswirkung auf die Verteilung des Prozesses haben. Dies kann zum Beispiel die Änderung in der Zusammensetzung des Rohmaterials oder eine Störung an der Maschine sein. Wenn besondere Streuungsursachen auftreten, dann ist der Prozess nicht stabil.

Der Zeitpunkt des Auftretens von besonderen Ursachen kann voraussagbar (z. B. Wechsel des Werkzeuges oder Wechsel der Materialcharge) oder nicht voraussagbar (z. B. Verrutschen des Werkzeuges in der Aufspannung) sein. Besondere Ursachen können den Prozess verschlechtern, aber auch verbessern. Auch wenn sie den Prozess verbessern, müssen sie identifiziert werden, um diese Verbesserung nachhaltig abzusichern.

Die Ursachen und die Größe ihres Einflusses zeigen sich schließlich in der Verteilung des Outputs. Dabei wird grundsätzlich zwischen Stabilität, Fähigkeit und Leistung von Prozessen unterschieden (siehe Bild 5-75).

Stabilität von Prozessen: Im SPC-Referenzhandbuch [1] wird zwischen *in control* und *out of control* unterschieden. Ein Prozess wird als *in control* bezeichnet, wenn nur gewöhnliche Streuungsursachen wirken.

DIN ISO 3534-2:2013 [22] spricht in der englischsprachigen Version von *stable process*. Dieser verhält sich so, als wenn die aus dem Prozess gezogenen Stichproben zu jeder Zeit einfache Zufallsstichproben aus derselben Grundgesamtheit wären. Dies liegt nur dann vor, wenn der Lage- und der Streuungsparameter zeitlich unverändert geblieben sind. In der deutschen Fassung der Norm wird *stable process* mit *beherrschter Prozess* übersetzt. [23] spricht in diesem Fall von einem *statistisch beherrschten Prozess*.

Fähigkeit von Prozessen: Fähigkeitsindizes geben darüber Auskunft, wie gut der Prozess die Vorgabe erfüllt. Voraussetzung für die Beurteilung der Fähigkeit ist, dass der Prozess stabil ist.

Leistung von Prozessen: Auch Prozessverteilungen, die im Sinne von DIN ISO 3534-2:2013 als *nicht beherrscht* eingestuft wurden, können die Vorgaben erfüllen. Verändert sich beispielsweise der Lageparameter eines Schneidprozesses aufgrund von Werkzeugverschleiß kontinuierlich, dann kann die Prozesslage durch Nachstellen zeitgerecht korrigiert werden, sodass das Ergebnis den Vorgaben entspricht. [23] spricht in diesem Fall von einem *technologisch* bzw. *organisatorisch beherrschten Prozess.*

Bei solchen Prozessen wird der zeitliche Verlauf von Lage, Streuung und Verteilungsform abgeschätzt und die zu erwartende resultierende Verteilung wird vorausgesagt. Um zu verdeutlichen, dass der beurteilte Prozess nicht stabil ist, werden die berechneten Indizes nicht als *Prozessfähigkeitsindizes* sondern als *Prozessleistungsindizes* bezeichnet.

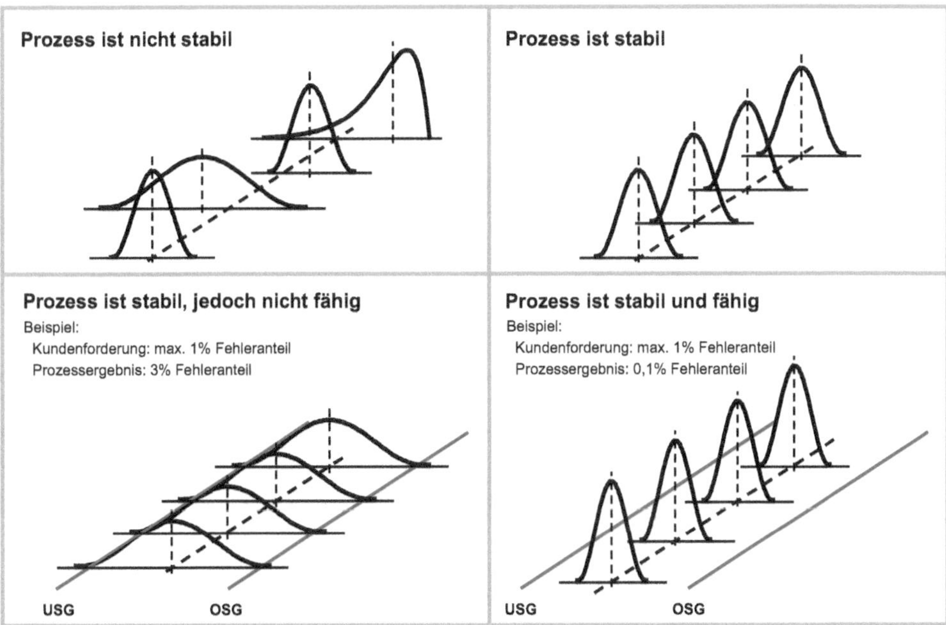

Bild 5-75 Stabilität und Fähigkeit von Prozessen

5.5.1.1 Fähigkeitsindizes für normalverteilte Messwertreihen

Im nun folgenden Abschnitt wird die grundsätzliche Vorgangsweise zur Ermittlung von Fähigkeitsindizes anhand der Normalverteilung dargestellt.

Potenzielle Prozessfähigkeit

Mit dem Übergang von der Sortierprüfung zur Prozessanalyse mit statistischen Verfahren hat man Kennzahlen eingeführt, um die Güte des Prozesses zu bewerten. Die einfachste Kennzahl ist die potenzielle Prozessfähigkeit. Diese gibt an, „wie oft die Prozessstreubreite in die Toleranz hineinpasst". Nachdem die Normalverteilung scheinbar bei $\pm 3\sigma$ die x-Achse berührt, hat man 6σ (entspricht $\pm 3\sigma$) als Prozessstreubreite angenommen.

Die potenzielle Prozessfähigkeit ist definiert als das Verhältnis zwischen der Toleranz und der Prozessstreubreite 6σ.

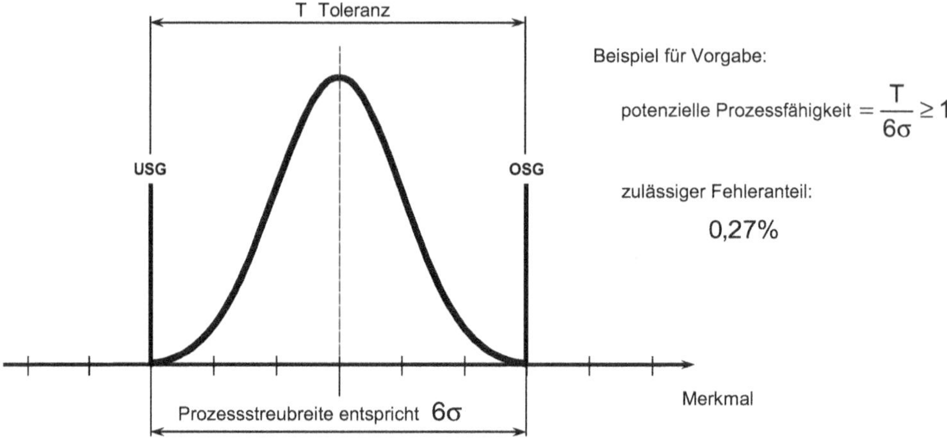

Bild 5-76 Beispiel: potenzielle Prozessfähigkeit = 1,0

Wenn die Prozessstreubreite von 6σ gerade die Breite der Toleranz besitzt, ist die potenzielle Prozessfähigkeit gleich eins. Ist der Prozess besser, d.h. die Streuung des Prozesses geringer, dann ist die potenzielle Prozessfähigkeit größer als eins. In beiden Fällen wäre die in Bild 5-76 angenommene Forderung, dass die potenzielle Prozessfähigkeit ≥ 1,0 ist, erfüllt.

Der zulässige Fehleranteil entspricht der Fläche unter der Glockenkurve außerhalb der ±3σ-Grenzen. Er beträgt 0,27% bzw. 2.700 ppm. Nachdem dieser Fehleranteil heute nicht mehr tragbar ist, hat man die Forderung verschärft. Nicht mehr die sechsfache, sondern die achtfache Standardabweichung des Prozesses muss in der Toleranz untergebracht werden. Bild 5-77 zeigt diesen Fall. Bei gleich bleibender Toleranz muss die Streubreite des Prozesses entsprechend reduziert werden. Die Forderung für die potenzielle Prozessfähigkeit steigt auf ≥ 1,33 an. Der Fehleranteil beträgt in diesem Fall ca. 63 ppm. Weitere gebräuchliche Vorgabewerte für die potenzielle Prozessfähigkeit sind 1,67 und 2,0.

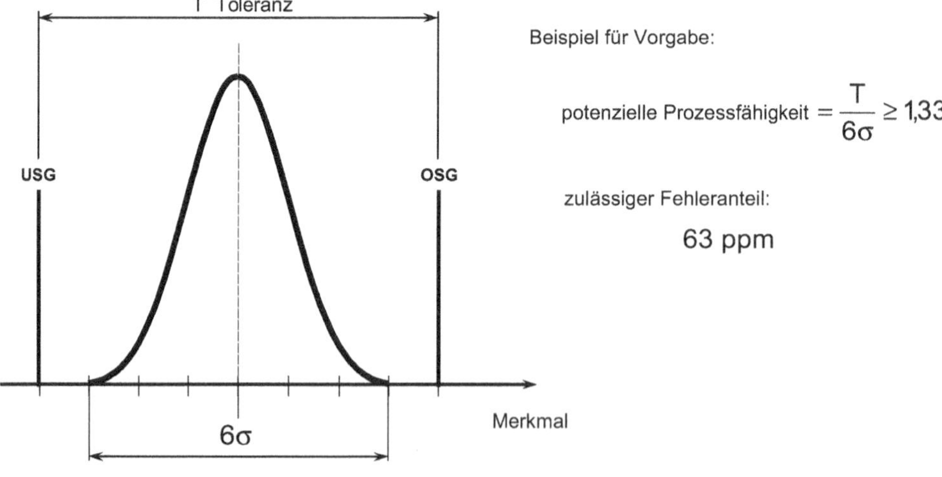

Bild 5-77 Beispiel: potenzielle Prozessfähigkeit = 1,33

Die übliche Bezeichnung für die potenzielle Prozessfähigkeit ist c_p bzw. C_p.

Der Nachteil der potenziellen Prozessfähigkeit ist, dass keine Rücksicht auf die Lage des Prozesses genommen wird. Verschiebt man beispielsweise die Glockenkurve so weit, dass der Prozessmittelwert genau auf einer der Spezifikationsgrenzen zu liegen kommt, dann beträgt der Überschreitungsanteil 50%. Die potenzielle Prozessfähigkeit bleibt trotz dieser Verschlechterung des Prozesses gleich groß. Daher wurde die kritische Prozessfähigkeit als weitere Kennzahl eingeführt.

Kritische Prozessfähigkeit

Die kritische Prozessfähigkeit gibt das Verhältnis zwischen Toleranz und Prozessstreubreite unter Berücksichtigung der Prozesslage an. Sie wird häufig auch als kleinste bzw. minimale Prozessfähigkeit bezeichnet.

Zur Berechnung der kritischen Prozessfähigkeit wird die Toleranz in zwei Teile geteilt, in einen Bereich von der oberen Spezifikationsgrenze bis zum Prozessmittelwert und einen zweiten Bereich vom Prozessmittelwert bis zur unteren Spezifikationsgrenze. Die kleinere dieser beiden Strecken wird als Δ_{krit} bezeichnet. Setzt man nun diesen Abstand Δ_{krit} ins Verhältnis zur halben Prozessstreubreite 3σ, so erhält man die kritische Prozessfähigkeit. Das gleiche Ergebnis erhält man, wenn man eine obere Prozessfähigkeit zur oberen Grenze hin und eine untere Prozessfähigkeit zur unteren Grenze hin getrennt berechnet und den kleineren Wert auswählt. Daher werden in Statistikprogrammen häufig die obere, die untere und die kritische Prozessfähigkeit angegeben.

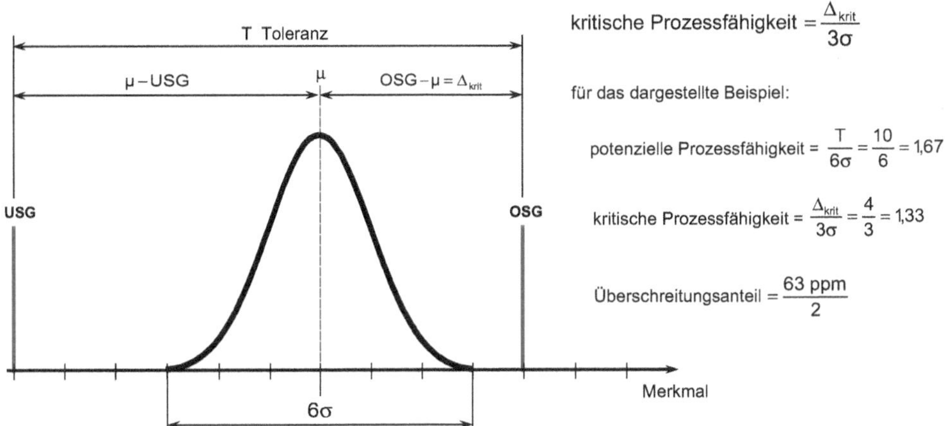

Bild 5-78 Beispiel zur Berechnung der Prozessfähigkeit

Nachdem die kritische Prozessfähigkeit auch die Lage des Prozesses berücksichtigt, kann mit ihrer Kenntnis der aus dem Prozess zu erwartende Fehleranteil abgeschätzt werden.

Die übliche Bezeichnung für die kritische Prozessfähigkeit ist c_{pk} bzw. C_{pk}.

Bei zentrierten Prozessen sind die potenzielle und die kritische Prozessfähigkeit gleich groß. In der Regel ist die potenzielle Prozessfähigkeit größer als die kritische Prozessfähigkeit. Existiert ein Unterschied zwischen den beiden Prozessfähigkeitsindizes, dann liegt der Prozess nicht in der Toleranzmitte. Gelingt es, den Prozess zu zentrieren, dann wird die kritische Prozessfähigkeit bis auf den Wert der potenziellen Prozessfähigkeit ansteigen.

Bild 5-79 zeigt den Zusammenhang zwischen der potenziellen und kritischen Prozessfähigkeit und dem zu erwartenden Überschreitungsanteil für zentrierte Prozesse. Beträgt die potenzielle Prozessfähigkeit zum Beispiel 1,0, so entspricht die Toleranz der Prozessstreubreite von ±3σ, und der zu erwartende Überschreitungsanteil beträgt 0,27%.

Ist der Prozess nicht zentriert, so gilt die Tabelle unverändert für die potenzielle Prozessfähigkeit. Aus der Tabelle kann dann herausgelesen werden, wie groß der Fehleranteil wäre, wenn es gelänge, den Prozess zu zentrieren. Für die kritische Prozessfähigkeit gilt die Tabelle nicht mehr. Ausgehend von der bekannten kritischen Prozessfähigkeit kann der eingetragene Überschreitungsanteil gegebenenfalls halbiert werden. Bild 5-78 zeigt einen solchen nicht zentrierten Prozess. Nachdem die kritische Prozessfähigkeit 1,33 beträgt, würde man vorerst einen Fehleranteil von 63 ppm aus der Tabelle herauslesen. Da der Prozess nicht zentriert ist, liegt nur eine Toleranzgrenze bei 4σ. Der Überschreitungsanteil an dieser Toleranzgrenze beträgt 63/2 ppm. An der unteren Toleranzgrenze ist der Überschreitungsanteil mit 0,002/2 ppm vernachlässigbar gering. D.h. bei nicht zentrierten Prozessen muss meist nur der Überschreitungsanteil zur näheren Toleranzgrenze berücksichtigt werden.

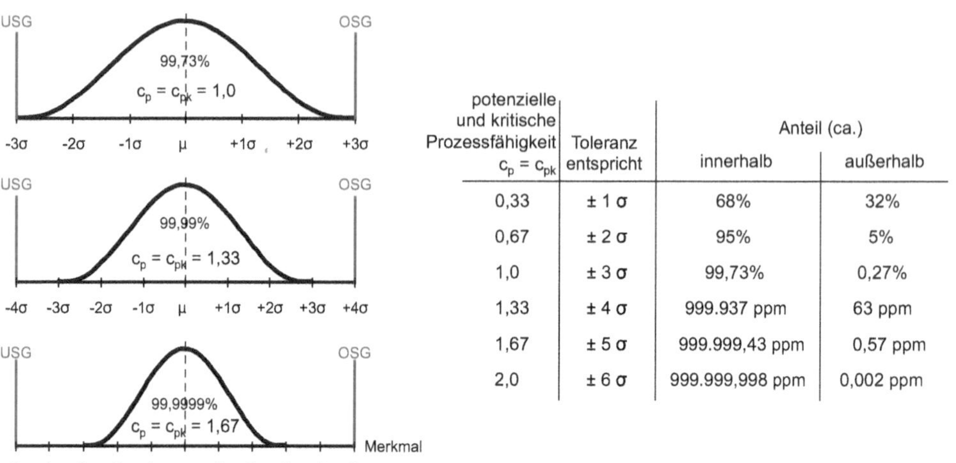

potenzielle und kritische Prozessfähigkeit $c_p = c_{pk}$	Toleranz entspricht	Anteil (ca.) innerhalb	Anteil (ca.) außerhalb
0,33	± 1 σ	68%	32%
0,67	± 2 σ	95%	5%
1,0	± 3 σ	99,73%	0,27%
1,33	± 4 σ	999.937 ppm	63 ppm
1,67	± 5 σ	999.999,43 ppm	0,57 ppm
2,0	± 6 σ	999.999,998 ppm	0,002 ppm

Bild 5-79 Prozessfähigkeit und Überschreitungsanteil bei zentrierten Prozessen

5.5.1.2 Vorgehen zur Ermittlung der Prozessfähigkeit

Bild 5-80 zeigt das Vorgehen zur Ermittlung der Prozessfähigkeit (für stabile Prozesse).

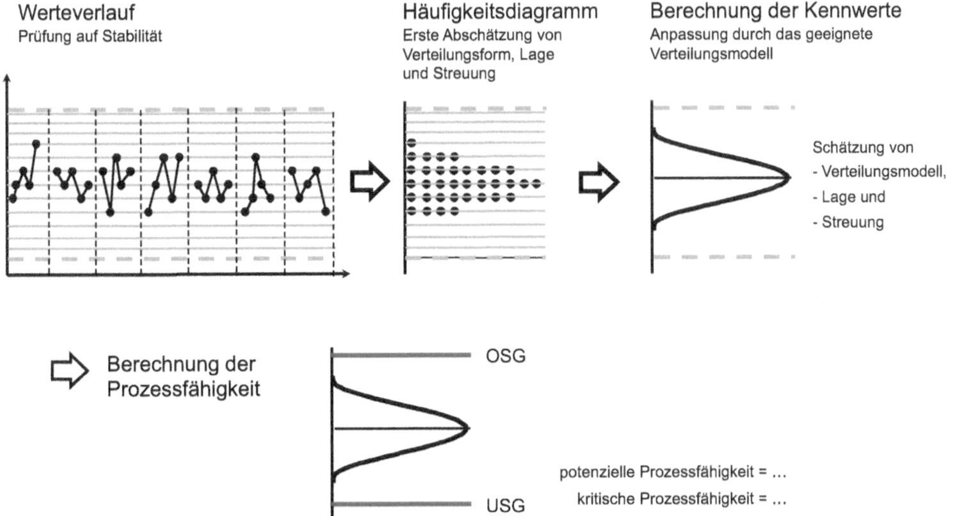

Bild 5-80 Vorgehen zur Ermittlung der Prozessfähigkeit

Werteverlauf: Der Prozess muss stabil sein. Die Bewertung des zeitlichen Verhaltens des Prozesses ist von hoher Bedeutung, denn ohne den Nachweis der Stabilität ist die Berechnung von Fähigkeitskennzahlen nicht zulässig. Die Beurteilung der Stabilität erfolgt zum Beispiel anhand des Eintrages der Werte in eine Regelkarte.

Häufigkeitsdiagramm: Eine erste Abschätzung von Verteilungsform, Lage und Streuung wird vorgenommen.

Berechnung der Kennwerte: Es erfolgt die Anpassung durch das geeignete Verteilungsmodell. Aus der Stichprobe werden Schätzwerte für Lage und Streuung der Grundgesamtheit ermittelt.

Berechnung von potenzieller und kritischer Prozessfähigkeit: Diese Kennwerte geben Auskunft darüber, ob die Forderungen an den Prozess erfüllt sind.

5.5.1.3 Vertrauensbereich für die Fähigkeitskenngrößen

Für die Berechnung der Fähigkeitskenngrößen werden die Parameter der Grundgesamtheit μ und σ benötigt. Nachdem diese nicht bekannt sind, müssen sie aus der Stichprobe geschätzt werden. $\hat{\mu}$ und $\hat{\sigma}$ werden als Schätzwerte für μ und σ bezeichnet.

Aus jeder Stichprobe erhält man andere Schätzwerte für diese Parameter. Konsequenterweise muss daher mit den Parametern auch der Vertrauensbereich angegeben werden. Die Größe dieses Intervalls hängt ab vom Prozessmodell, von der Verteilungsform, von der Anzahl der Stichprobenwerte und vom Vertrauensniveau (üblicherweise 95%).

Selbstverständlich wird der Vertrauensbereich in der Praxis nicht händisch berechnet. Programme wie Minitab oder qs-STAT geben zu den Prozessfähigkeitskenngrößen auch die Vertrauensbereiche an. Damit kann der Benutzer abschätzen, in welchem Bereich die wahre Prozessfähigkeitskenngröße mit einer bestimmten Wahrscheinlichkeit liegt.

5.5.1.4 Phasen der Prozessqualifikation

Die beschriebenen Prozessfähigkeitsindizes kommen zu unterschiedlichen Zeitpunkten im Entwicklungsprojekt bzw. während der Serienherstellung zur Anwendung. Bild 5-81 gibt einen Überblick dazu. Grundsätzlich wird zwischen folgenden Phasen unterschieden:

- Abnahme der Maschine beim Hersteller bzw. bei Inbetriebnahme – Maschinenfähigkeit

  Die Maschinenfähigkeitsuntersuchung dient zur Beurteilung von Maschinen und wird vor allem im Zuge der Abnahme von Maschinen ermittelt. Um eine Maschine beurteilen zu können, sind die nicht maschinenbedingten Einflüsse (Material, Mensch, ...) auszuschließen.

  Als Indizes für die Maschinenfähigkeit werden häufig c_m und c_{mk} bzw. C_m und C_{mk} verwendet.

- Prozessfreigabe vor Serienstart – vorläufige Prozessfähigkeit

  Kurz vor Serienstart muss die geforderte Fähigkeit des Prozesses nachgewiesen werden. Die Prozessfähigkeit wird zu diesem Zeitpunkt häufig auch als *vorläufige Prozessfähigkeit* bezeichnet. Das entsprechende Ursache-Wirkungs-Diagramm in Bild 5-81 zeigt, dass im Zuge einer Vorserienproduktion nicht alle Einflüsse auftreten, die in der Serienproduktion vorkommen können. Daher wird die vorläufige Prozessfähigkeit möglicherweise besser sein als die in der Serienproduktion zu erwartende Prozessfähigkeit. Aus diesem Grund ist die Vorgabe für die vorläufige Prozessfähigkeit häufig höher als die Vorgabe für die Langzeitprozessfähigkeit (z.B. vorläufige Prozessfähigkeit ≥ 1,67; Langzeitprozessfähigkeit ≥ 1,33).

  Mit dem Erreichen der vorgegebenen vorläufigen Prozessfähigkeit wird nachgewiesen, dass der Prozess weniger als die vom Kunden zugelassenen Fehler produziert und daher für die Serienproduktion freigegeben werden kann. Wird die geforderte vorläufige Prozessfähigkeit nicht erreicht, dann muss der Prozess weiter verbessert werden. In der Zwischenzeit muss über andere Wege (in der Regel 100%-Prüfung) abgesichert werden, dass der zulässige Fehleranteil nicht überschritten wird.

  Als Indizes für die vorläufige Prozessfähigkeit wurden in der Vergangenheit häufig p_p und p_{pk} verwendet (p steht für preliminary / vorläufig). In den aktuellen einschlägigen Regelwerken wird nur noch zwischen Prozessfähigkeitsindizes (c_p bzw. c_{pk}: wenn die Prozessstabilität nachgewiesen wurde) und Prozessleistungsindizes (p_p bzw. p_{pk}: wenn die Prozessstabilität nicht nachgewiesen wurde) unterschieden. Ob es sich bei der jeweiligen Untersuchung um eine vorläufige oder um eine Langzeitprozessfähigkeitsuntersuchung gehandelt hat, wird in den Berichten gesondert angegeben und nicht mittels des ersten Buchstaben des Index codiert.

- Prozessbewertung während der Serienproduktion – Langzeitprozessfähigkeit

  Während der Serienproduktion werden dem Prozess laufend Stichproben entnommen und diese werden untersucht. Auf Basis der Ergebnisse wird beurteilt, ob der Prozess noch dem freigegebenen Zustand entspricht oder ob er sich seit der letzten Stichprobenentnahme signifikant verschlechtert hat. Anhand der erfassten Werte kann die Langzeitprozessfähigkeit ermittelt werden.

Auf das Vorgehen zur Ermittlung der Maschinenfähigkeit kann hier nicht eingegangen werden. Einen praktischen Leitfaden finden Sie in [5].

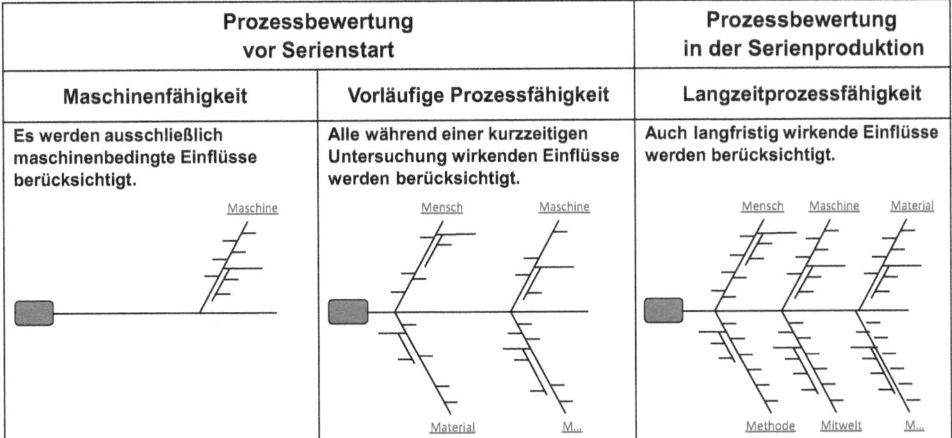

Bild 5-81 Phasen der Prozessbewertung

5.5.1.5 Prozessfähigkeitskennwerte nach SPC-Referenzhandbuch

Das Referenzhandbuch SPC [1] unterscheidet zwischen Capability und Performance, wobei der Unterschied zwischen den beiden Kennwerten in der Art der Schätzung der Streuung liegt.

Capability-Indices (nur Streuung innerhalb der Stichproben wird berücksichtigt)	**Performance-Indices** (Streuung innerhalb und zwischen den Stichproben wird berücksichtigt)
Within-Subgroup Variation σ_c: Die Streuung wird ausgehend von der Streuung innerhalb der Stichprobe gerechnet. Ist es zwischen den Stichproben zu Verschiebungen durch besondere Ursachen gekommen, dann fließen diese zusätzlichen Streuungen in die Berechnung nicht ein. Die Gesamtstreuung wird geschätzt mit $\sigma_C = \frac{\overline{R}}{d_2}$ bzw. $\frac{\overline{s}}{c_4}$ Anmerkung: d_2 entspricht d_n und c_4 entspricht a_n (siehe Abschnitt 11.2)	Total Process Variation σ_P: Die Streuung wird aus dem Abstand aller Messwerte zum Gesamtmittelwert gerechnet. Daher fließt auch eine möglicherweise zwischen den Stichproben aufgetretene Prozessverschiebung (Between-Subgroup-Variation) in die Streuung ein. Die Gesamtstreuung wird geschätzt mit $\sigma_P = s = \sqrt{\frac{1}{n-1}\sum_{i=1}^{n}(x_i - \overline{x})^2}$
Capability-Index c_p und c_{pk}: $C_p = \frac{USL - LSL}{6 \times \sigma_C}$ mit USL ... Upper Specification Limit LSL ... Lower Specification Limit $C_{pk} = \min\{CPU; CPL\}$ $CPL = \frac{\overline{\overline{x}} - LSL}{3 \times \sigma_C}$ $CPU = \frac{USL - \overline{\overline{x}}}{3 \times \sigma_C}$ Anmerkung: Diese Kennwerte geben die potenzielle bzw. die kritische Prozessfähigkeit an, wobei σ_c als Maß für die Streuung herangezogen wird.	Performance-Index p_p und p_{pk}: $P_p = \frac{USL - LSL}{6 \times \sigma_P}$ mit USL ... Upper Specification Limit LSL ... Lower Specification Limit $P_{pk} = \min\{PPU; PPL\}$ $PPL = \frac{\overline{\overline{x}} - LSL}{3 \times \sigma_P}$ $PPU = \frac{USL - \overline{\overline{x}}}{3 \times \sigma_P}$ Anmerkung: Diese Kennwerte geben die potenzielle bzw. die kritische Prozessfähigkeit an, wobei σ_P als Maß für die Streuung herangezogen wird.

Bild 5-82 Berechnung der Fähigkeitsindizes nach SPC [1]

Wenn auf den Prozess keine besonderen Streuungsursachen einwirken, dann werden die Capability-Indices und Performance-Indices annähernd gleich groß sein. Treten allerdings besondere Ursachen auf, dann wird die Streuung zwischen den Stichproben über die zufällige Streuung hinausgehen. σ_P wird gegenüber σ_C ansteigen. Wenn der Performance-Index signifikant kleiner als der Capability-Index ist, kann daher auf eine außergewöhnlich große Streuung zwischen den Stichproben und damit auf besondere Einflüsse geschlossen werden.

Diese Art der Berechnung wird häufig in der Six Sigma-Literatur vorgefunden. Auch Minitab, JMP und SigmaXL berechnen die Fähigkeitsindizes nach diesem Verfahren.

5.5.1.6 Prozessleistungs- und Prozessfähigkeitsindizes nach DIN ISO 22514-2

Prozessleistung / process performance (P_p und P_{pk})

Die Berechnung der Prozessleistung kommt bei der Beurteilung eines Prozesses dann zur Anwendung, wenn nicht nachgewiesen ist, dass der Prozess stabil ist.

Der Prozessleistungsindex errechnet sich als Quotient aus der festgelegten Toleranz und der Prozessstreubreite. Als Prozessstreubreite ist unabhängig von der Form der Verteilung jener Bereich definiert, der 99,73% einschließt. Dieses Intervall wird auch als Bezugsbereich bezeichnet. Außerhalb des Bezugsbereiches liegen dann auf beiden Seiten die jeweils verbleibenden 0,135%. Bei einer Normalverteilung entspricht der Bezugsbereich dem sechsfachen Wert der Standardabweichung.

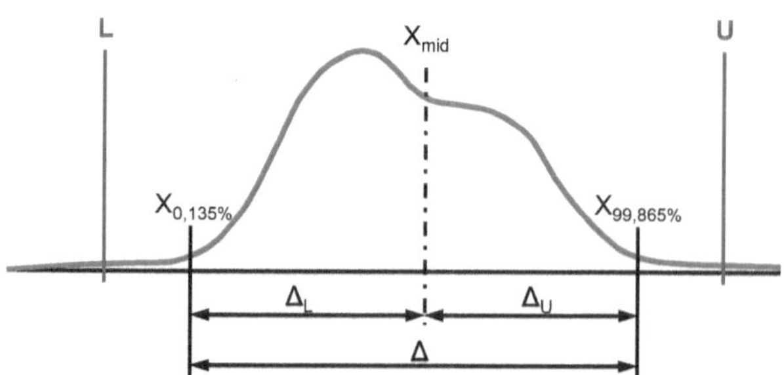

Prozessleistungsindex / process performance index

$$P_p = \frac{U - L}{\Delta}$$

mit: U ... obere Spezifikationsgrenze / upper specification limit
L ... untere Spezifikationsgrenze / lower specification limit
Δ ... Prozessstreubreite / dispersion of the process

kleinster Prozessleistungsindex / minimum process performance index

$$P_{pkL} = \frac{X_{mid} - L}{\Delta_L} \qquad P_{pkU} = \frac{U - X_{mid}}{\Delta_U} \qquad \Rightarrow \qquad P_{pk} = \min\{P_{pkU}; P_{pkL}\}$$

mit: X_{mid} ... Prozesslage
Δ_L ... Differenz zwischen X_{mid} und $X_{0,135\%}$
Δ_U ... Differenz zwischen $X_{99,865\%}$ und X_{mid}
$X_{0,135\%}$ ... 0,135%-Quantil des an die Merkmalswerte angepassten Verteilungsmodells
$X_{99,865\%}$ ... 99,865%-Quantil des an die Merkmalswerte angepassten Verteilungsmodells

Bild 5-83 Berechnung der Prozessleistung nach DIN ISO 22514-2 [21]

Zur Ermittlung des kleinsten Prozessleistungsindex werden zunächst der obere und der untere Prozessleistungsindex berechnet. Der kleinere der beiden Werte entspricht dem kleinsten Prozessleistungsindex. Dieser Index berücksichtigt wie der in Abschnitt 5.5.1.1 vorgestellte kritische Prozessfähigkeitsindex auch die Lage des Prozesses.

Prozessfähigkeit / process capability (C_p und C_{pk})

Die Prozessfähigkeit wird zur Beurteilung eines Prozesses verwendet, von dem nachgewiesen ist, dass er stabil ist. Der Prozessfähigkeitsindex gibt die Fähigkeit des Prozesses an, die gestellten Anforderungen zu erfüllen.

Prozessfähigkeitsindex / capability index

$$C_p = \frac{U - L}{\Delta}$$

kleinster Prozessfähigkeitsindex / minimum capability index

$$C_{pkL} = \frac{X_{mid} - L}{\Delta_L} \qquad C_{pkU} = \frac{U - X_{mid}}{\Delta_U} \qquad \Rightarrow \qquad C_{pk} = \min\{C_{pkU}; C_{pkL}\}$$

Bild 5-84 Berechnung der Prozessfähigkeit nach DIN ISO 22514-2 [21]

In den in Bild 5-83 und Bild 5-84 angeführten Formeln wird X_{mid} als Platzhalter für den Lageschätzer und Δ, Δ_U und Δ_L werden als Platzhalter für die Streuungsschätzer verwendet. DIN ISO 22514-2 gibt vier verschiedene Berechnungsmethoden zur Schätzung der Prozesslage und fünf verschiedene Methoden zur Schätzung der Prozessstreuung an. Die Auswahl des geeigneten Schätzers für Lage und Streuung erfolgt in Abhängigkeit vom vorhandenen zeitabhängigen Verteilungsmodell. Darauf wird in Abschnitt 5.5.1.7 eingegangen.

5.5.1.7 Zeitabhängige Verteilungsmodelle nach DIN ISO 22514-2

Zur Erläuterung der Prozessfähigkeit wurde in Abschnitt 5.5.1.1 vom normalverteilten Prozess ausgegangen. In der Praxis kommt es vielfach vor, dass diese Annahme nicht zulässig ist. Prozesse können von der Normalverteilung abweichen, wie es zum Beispiel bei nullbegrenzten Merkmalen (z. B. Rautiefe oder Durchlaufzeit) der Fall ist. Häufig kommt es auch vor, dass Prozesse zwar kurzzeitig betrachtet normalverteilt sind, durch Lageverschiebungen aber über einen längeren Zeitraum betrachtet nicht mehr durch die Normalverteilung beschrieben werden können.

Um auch für solche Prozesse deren Leistung beurteilen zu können, muss zuerst das passende Prozessmodell identifiziert werden, um die tatsächliche Situation ausreichend genau zu beschreiben. In DIN ISO 22514-2 [21] werden dazu zeitabhängige Verteilungsmodelle gezeigt. In weiterer Folge wird für diese auch die Berechnung der Prozessleistung beschrieben.

Weitere Erläuterungen und eine Anleitung zur Auswahl des zeitabhängigen Verteilungsmodells finden sich in [23].

Zeitabhängiges Verteilungsmodell A1

Das zeitabhängige Verteilungsmodell A1 repräsentiert einen Prozess, dessen Lage, Streuung, Schiefe und Kurtosis konstant ist. Darüber hinaus sind alle Momentanverteilungen normalverteilt. In DIN ISO 22514-2 wird dieser Prozess als stabil bezeichnet.

Dieses zeitabhängige Verteilungsmodell entspricht dem Prozess, anhand dessen in Abschnitt 5.5.1.1 die Berechnung der Prozessfähigkeitskennzahlen besprochen wurde. Auch wenn die Momentanverteilung normalverteilt ist, wird die Prozesslage selten konstant sein. Daher kommt dieser Prozess in der Praxis nicht sehr häufig vor.

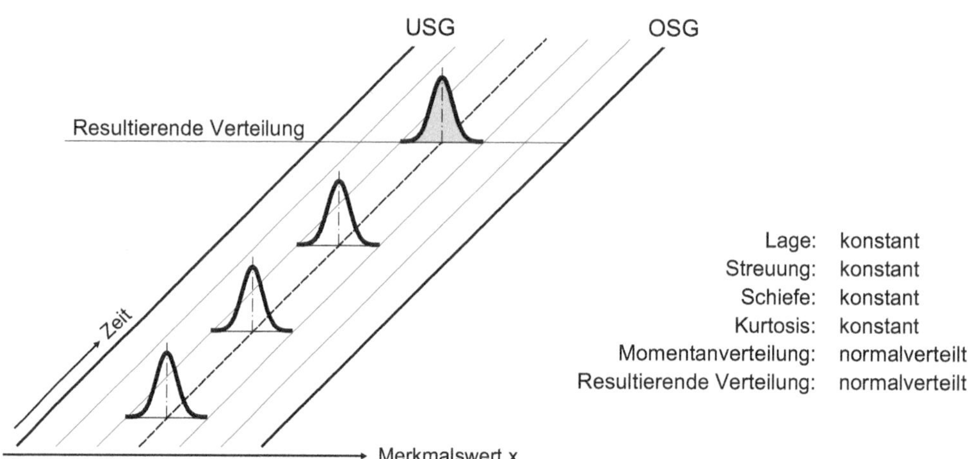

Bild 5-85 Zeitabhängiges Verteilungsmodell A1

Zeitabhängiges Verteilungsmodell A2

Wie beim zeitabhängigen Verteilungsmodell A1 sind Lage, Streuung, Schiefe und Kurtosis konstant. Die Momentanverteilung ist jedoch eine schiefe Verteilung. In DIN ISO 22514-2 wird dieser Prozess als stabil bezeichnet.

Diese Verteilungsform tritt auf, wenn die Verteilung zu einer Seite hin begrenzt ist. Dies ist bei nullbegrenzten Merkmalen der Fall (z. B. Form und Lagetoleranzen, Oberflächenrauheiten), wenn der Prozess gezielt gegen null gesteuert wird. Ähnlich ist die Situation, wenn man versucht, den Prozess so nahe wie möglich an eine Grenze zu steuern (z. B. Mindestanzugsmoment, Mindesthärte).

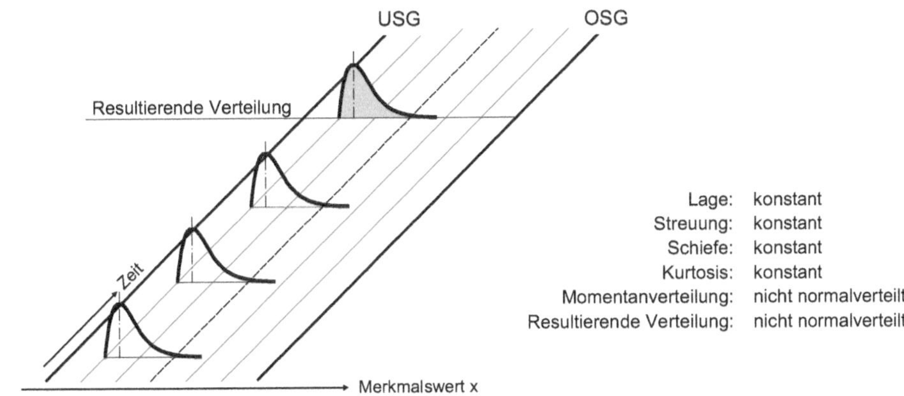

Bild 5-86 Zeitabhängiges Verteilungsmodell A2

Zeitabhängiges Verteilungsmodell B

Das zeitabhängige Verteilungsmodell B stellt einen Prozess dar, dessen Lage, Schiefe und Kurtosis konstant ist. Alle Momentanverteilungen sind normalverteilt, allerdings ändert sich die Streuung mit der Zeit. Die resultierende Verteilung ist eingipfelig, jedoch nicht normalverteilt. In DIN ISO 22514-2 wird dieser Prozess als nicht stabil bezeichnet.

Solche Prozesse könnten auftreten, wenn Naturstoffe verwendet werden und die Streuungen sich von Charge zu Charge ändern.

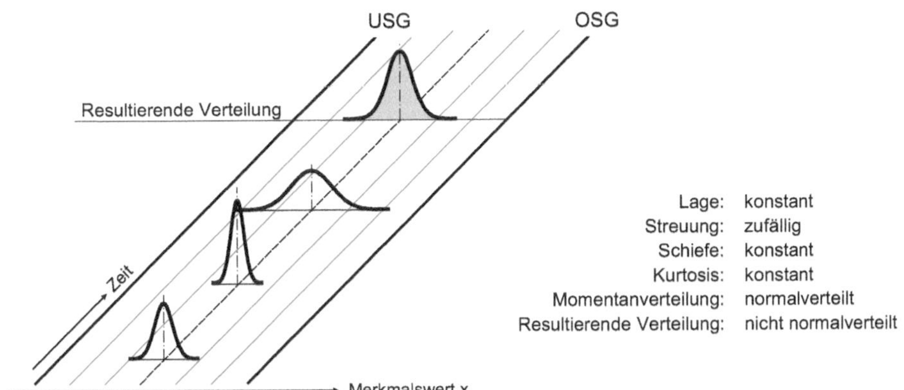

Bild 5-87 Zeitabhängiges Verteilungsmodell B

Zeitabhängiges Verteilungsmodell C1

Beim zeitabhängigen Verteilungsmodell C1 sind Streuung, Schiefe und Kurtosis konstant. Darüber hinaus sind alle Momentanverteilungen normalverteilt. Die Lage des Prozesses ändert sich zufällig, allerdings normalverteilt. Daher ist auch die resultierende Verteilung normalverteilt. In DIN ISO 22514-2 wird dieser Prozess als nicht stabil bezeichnet.

Da die Veränderung der Lage in der Praxis selten normalverteilt ist, kommt auch dieser Prozesstyp selten vor.

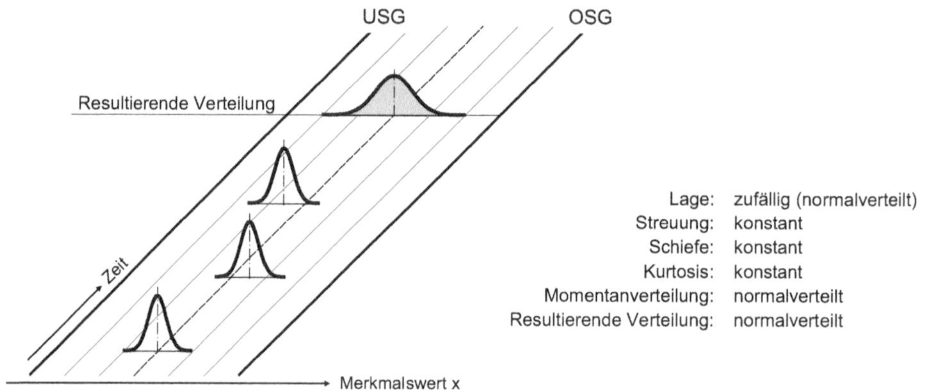

Bild 5-88 Zeitabhängiges Verteilungsmodell C1

Zeitabhängiges Verteilungsmodell C2

Wie beim zeitabhängigen Verteilungsmodell C1 sind Streuung, Schiefe und Kurtosis konstant. Die Momentanverteilung ist eine Normalverteilung. Die Lage ändert sich zufällig (nicht normalverteilt), daher ist die resultierende Verteilung nicht mehr normalverteilt. In DIN ISO 22514-2 wird dieser Prozess als nicht stabil bezeichnet.

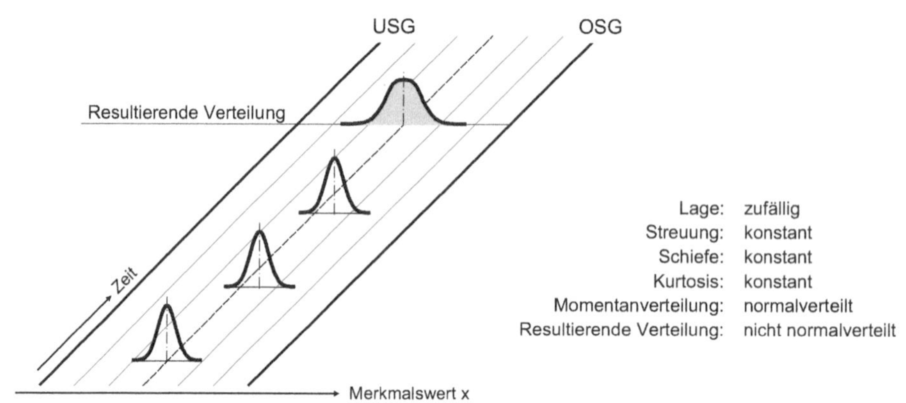

Bild 5-89 Zeitabhängiges Verteilungsmodell C2

Zeitabhängiges Verteilungsmodell C3

Das zeitabhängige Verteilungsmodell C3 repräsentiert einen Prozess, dessen Streuung, Schiefe und Kurtosis konstant ist. Darüber hinaus kann die Momentanverteilung beliebig verteilt sein. Die Lage des Prozesses ändert sich systematisch. In DIN ISO 22514-2 wird dieser Prozess als nicht stabil bezeichnet.

Typisch für dieses zeitabhängige Verteilungsmodell sind Trendprozesse. Reibahlen zum Beispiel werden so ausgelegt, dass der Prozess an einer Spezifikationsgrenze startet. Mit zunehmendem Verschleiß wandert die Verteilung hin zur anderen Spezifikationsgrenze.

Die systematische Veränderung kann auch zyklisch erfolgen, wenn ein Prozess aufgrund von Verschleiß in regelmäßigen Abständen nachgestellt wird.

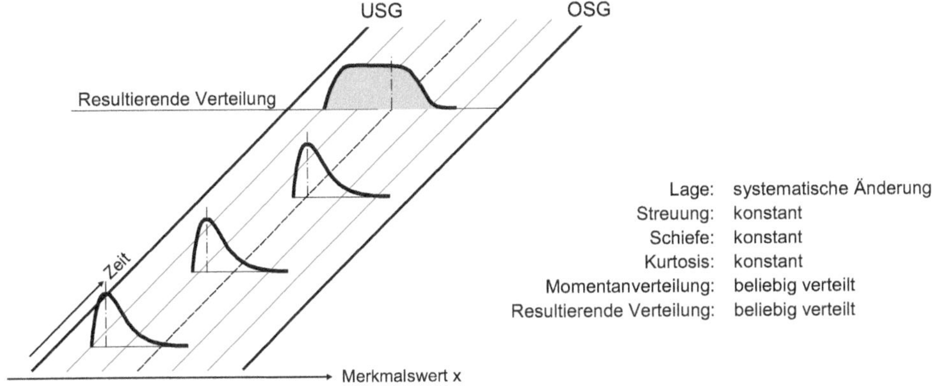

Bild 5-90 Zeitabhängiges Verteilungsmodell C3

Zeitabhängiges Verteilungsmodell C4

Beim zeitabhängigen Verteilungsmodell C4 sind Streuung, Schiefe und Kurtosis konstant. Die Momentanverteilung kann beliebig verteilt sein. Bezüglich der Veränderung der Lage treten zufällige und systematische Schwankungen auf, daher ist die resultierende Verteilung nicht mehr normalverteilt. In DIN ISO 22514-2 wird dieser Prozess als nicht stabil bezeichnet.

Diese Verteilungsform tritt zum Beispiel auf, wenn es bei einem Prozess mit konstanter Streuung immer wieder zu Verschiebungen der Lage kommt. Die Ursachen dafür können zum Beispiel Werkzeugwechsel oder Materialwechsel sein.

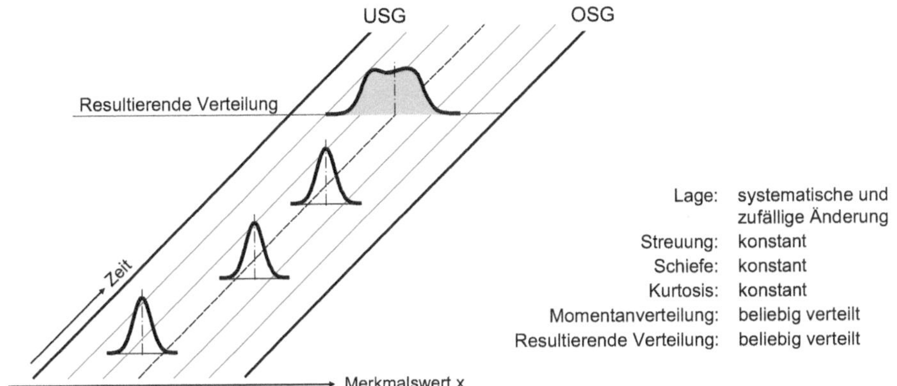

Bild 5-91 Zeitabhängiges Verteilungsmodell C4

Zeitabhängiges Verteilungsmodell D

Das zeitabhängige Verteilungsmodell D repräsentiert einen Prozess, bei dem sich alle Parameter sowohl zufällig als auch systematisch ändern können. Darüber hinaus kann die Momentanverteilung beliebige Verteilungsformen annehmen. In DIN ISO 22514-2 wird dieser Prozess als nicht stabil bezeichnet.

Auch diese Verteilungsform ist in der Praxis häufig anzutreffen.

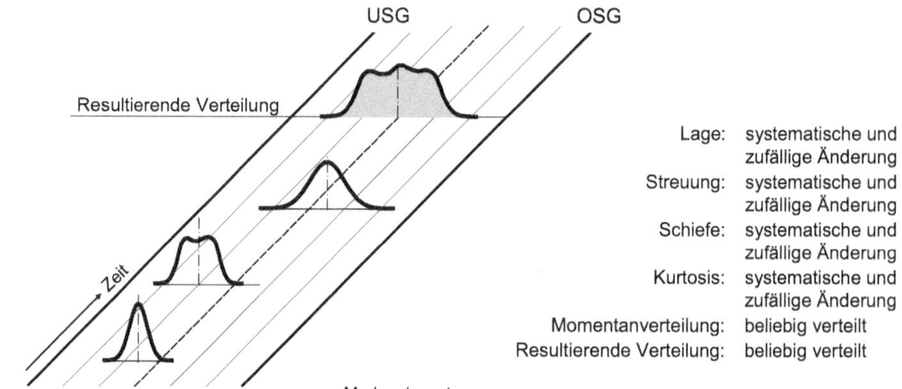

Bild 5-92 Zeitabhängiges Verteilungsmodell D

In Bild 5-93 sind die zeitabhängigen Verteilungsmodelle zusammengefasst.

			Lage des Prozesses					
			konstant		**nicht konstant**			
			A		**C**			
			A1	**A2**	**C1**	**C2**	**C3**	**C4**
Streuung des Prozesses	**konstant**	Lage-änderung:	keine	keine	zufällig (normalverteilt)	zufällig (nicht normalverteilt)	systematisch	zufällig und systematisch
		Streuungs-änderung:	keine	keine	keine	keine	keine	keine
		Kurzzeit-verteilung:	normalverteilt	nicht normalverteilt	normalverteilt	normalverteilt	beliebig verteilt	beliebig verteilt
		resultierende Verteilung:	normalverteilt	nicht normalverteilt	normalverteilt	nicht normalverteilt	beliebig verteilt	beliebig verteilt
			B		**D**			
	nicht konstant	Lage-änderung:	keine		zufällig und systematisch			
		Streuungs-änderung:	zufällig		zufällig und systematisch			
		Kurzzeit-verteilung:	normalverteilt		beliebig verteilt			
		resultierende Verteilung:	nicht normalverteilt		beliebig verteilt			

Bild 5-93 Übersicht über die zeitabhängigen Verteilungsmodelle (nach [21])

5.5.1.8 Methoden zur Schätzung von Lage und Streuung nach DIN ISO 22514-2

In Abschnitt 5.5.1.6 sind die Formeln zur Berechnung von Prozessleistung und Prozessfähigkeit dargestellt. Dabei wird X_{mid} als Platzhalter für den Lageschätzer und Δ, Δ_U und Δ_L werden als Platzhalter für die Streuungsschätzer verwendet.

Bild 5-94 zeigt die vier möglichen Methoden zur Schätzung der Prozesslage X_{mid}. Der Index l (l ... location) bezieht sich dabei auf die Gleichung zur Bestimmung des Schätzers.

Die Lage des Prozesses (X_{mid}) kann mit Hilfe eines der folgenden Schätzer ($\hat{X}_{mid}$) geschätzt werden:

	Gleichung	Beschreibung
l=1:	$\hat{X}_{mid} = \bar{x} = \frac{1}{k \cdot n}\sum x_i$	Die Schätzung erfolgt über den arithmetischen Mittelwert des gesamten Datensatzes.
l=2:	$\hat{X}_{mid} = \tilde{x}$	Die Schätzung erfolgt über den Median des gesamten Datensatzes.
l=3:	$\hat{X}_{mid} = \bar{\bar{x}} = \frac{1}{k}\sum \bar{x}_i$	Die Schätzung erfolgt über den arithmetischen Mittelwert der arithmetischen Stichprobenmittelwerte.
l=4:	$\hat{X}_{mid} = \bar{\tilde{x}} = \frac{1}{k}\sum \tilde{x}_i$	Die Schätzung erfolgt über den arithmetischen Mittelwert der Stichprobenmediane.

x_i ... einzelne Werte | k ... Anzahl der Untergruppen des Umfangs n | $\bar{x}_i$ ... Mittelwert der i-ten Untergruppe
n ... Anzahl der Werte | | $\tilde{x}_i$ ... Median der i-ten Untergruppe

Bild 5-94 Gleichungen zur Schätzung der Lage (nach [21])

Bild 5-95 zeigt die fünf möglichen Methoden zur Schätzung der Prozessstreuung Δ. Der Index d (d ... dispersion) bezieht sich dabei auf die Gleichung zur Bestimmung des Schätzers.

Die Streuung des Prozesses (Δ) kann mit Hilfe eines der folgenden Schätzer ($\hat{\Delta}$) geschätzt werden:

	Gleichung	Beschreibung
d=1:	$\hat{\Delta} = X_{99{,}865\%} - X_{0{,}135\%}$ $\hat{\Delta}_U = X_{99{,}865\%} - X_{mid}$ $\hat{\Delta}_L = X_{mid} - X_{0{,}135\%}$	Die Schätzung erfolgt über die aus dem 99,73%-Zufallsstreubereich der angepassten Verteilung ermittelte „Prozessstreubreite" (entspricht dem ±3s-Bereich der Normalverteilung).
d=2:	$\hat{\Delta} = 6 \times \hat{\sigma}$ $\hat{\Delta}_L = \hat{\Delta}_U = 3 \times \hat{\sigma}$ mit $\hat{\sigma} = \sqrt[2]{\frac{\sum s_i^2}{k}}$	Die Schätzung erfolgt über den arithmetischen Mittelwert der Stichprobenvarianzen.
d=3:	$\hat{\Delta} = 6 \times \hat{\sigma}$ $\hat{\Delta}_L = \hat{\Delta}_U = 3 \times \hat{\sigma}$ mit $\hat{\sigma} = \frac{\sum s_i}{k \times c_4}$	Die Schätzung erfolgt über den arithmetischen Mittelwert der Stichprobenstandardabweichungen.
d=4:	$\hat{\Delta} = 6 \times \hat{\sigma}$ $\hat{\Delta}_L = \hat{\Delta}_U = 3 \times \hat{\sigma}$ mit $\hat{\sigma} = \frac{\sum R_i}{k \times d_2}$	Die Schätzung erfolgt über den arithmetischen Mittelwert der Stichprobenspannweiten.
d=5:	$\hat{\Delta} = 6 \times \hat{\sigma}$ $\hat{\Delta}_L = \hat{\Delta}_U = 3 \times \hat{\sigma}$ mit $\hat{\sigma} = s_t = \sqrt[2]{\frac{1}{n-1}\sum (x_i - \bar{x})^2}$	Die Schätzung erfolgt über die Standardabweichung des gesamten Datensatzes.

s_i ... Standardabweichung der i-ten Untergruppe | s_t ... Standardabweichung des gesamten Datensatzes | c_4 ... Faktor a_n
R_i ... Spannweite der i-ten Untergruppe | k ... Anzahl der Untergruppen des Umfangs n | d_2 ... Faktor d_n

Bild 5-95 Gleichungen zur Schätzung der Streuung (nach [21])

Die Auswahl des geeigneten Schätzers erfolgt in Abhängigkeit vom vorhandenen zeitabhängigen Verteilungsmodell. Bild 5-96 zeigt zugeordnet zu den zeitabhängigen Verteilungsmodellen die geeigneten Berechnungsverfahren.

Geeignete Verfahren zur Schätzung von		Zeitabhängiges Verteilungsmodell							
		A1	A2	B	C1	C2	C3	C4	D
Lage	1	✓		✓					
	2	✓	✓	✓	✓	✓	✓	✓	✓
	3	✓							
	4	✓	✓	✓					
Streuung	1	✓	✓	✓	✓	✓	✓	✓	✓
	2	✓							
	3	✓							
	4	✓							
	5	✓	✓	✓	✓				✓

Bild 5-96 Zuordnung der Schätzmethoden zu den zeitabhängigen Verteilungsmodellen (nach [21])

Das verwendete Berechnungsverfahren wird mit $M_{l,d}$ bezeichnet, wobei der Index l das gewählte Verfahren zur Schätzung der Lage und der Index d das gewählte Verfahren zur Schätzung der Streuung angibt. Aus der Tabelle ist ersichtlich, dass die Methode $M_{2,1}$ universell für alle zeitabhängigen Verteilungsmodelle anwendbar ist.

DIN ISO 22514-2 fordert, dass bei der Angabe von Leistungs- und Fähigkeitskenngrößen das Verfahren für die Berechnung von Lage und Streuung angegeben wird. Darüber hinaus sind die Anzahl der als Grundlage für die Berechnung verwendeten Werte und die Messunsicherheit anzugeben.

5.5.1.9 Weitere Verfahren

Weitere Verfahren zur Bestimmung von Fähigkeitskenngrößen finden Sie unter anderem in [4]. Darin angeführt sind insbesondere:

- Fähigkeitsermittlung bei nicht definierten Verteilungsmodellen
- Kennzahlen aus der zweidimensionalen Normalverteilung (z. B. relevant für die Bewertung von Positionstoleranzen)
- Kompensation der zusätzlichen $\overline{x}$-Streuung (Kompensation eines möglichen Trends zur Beurteilung der Fertigungseinrichtungen)

5.5.1.10 Beispiele zur Berechnung der Prozessfähigkeit

Beispiel 5-8 Fähigkeitsindex für normalverteilte Merkmale

Im Rahmen eines Verbesserungsprojektes soll die Prozessfähigkeit ermittelt werden. Die Spezifikationsgrenzen für den Prozess sind USG = 34 und OSG = 36. Der Prozess sei stabil und normalverteilt mit $\mu = 35{,}1$ und $\sigma = 0{,}2$.

Bild 5-97 zeigt die Verteilung und die Spezifikationsgrenzen. Nachdem Stabilität und Normalverteilung vorausgesetzt werden kann, darf Methode $M_{1,5}$ zur Berechnung herangezogen werden.

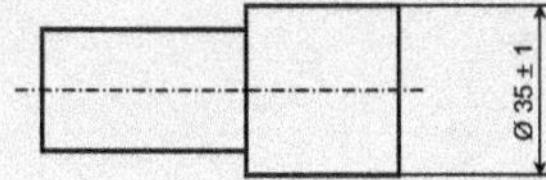

Grundgesamtheit

$\mu = 35{,}1 \qquad \sigma = 0{,}2$

Fähigkeitsindizes

$$c_p = \frac{T}{6 \times \sigma} = \frac{2}{6 \times 0{,}2} = 1{,}67$$

$$c_{pk} = \frac{\Delta_{krit}}{3 \times \sigma} = \frac{36 - 35{,}1}{3 \times 0{,}2} = 1{,}5$$

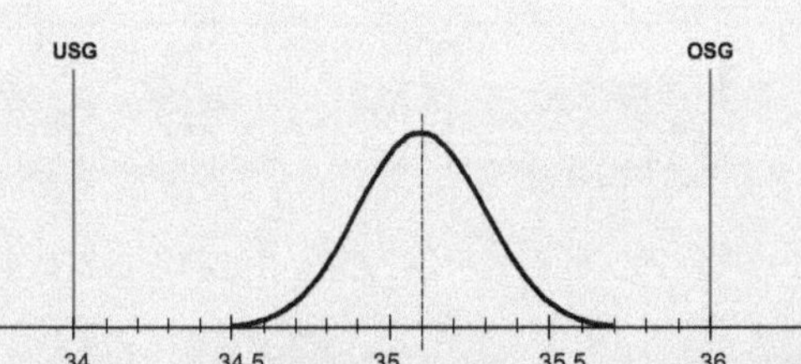

Bild 5-97 Beispiel zur Berechnung der Prozessfähigkeit

Die potenzielle Prozessfähigkeit ist $c_p = 1{,}67$ und die kritische Prozessfähigkeit beträgt $c_{pk} = 1{,}5$. Aus dem Unterschied zwischen dem c_p-Wert und dem c_{pk}-Wert können wir bereits Optimierungspotenzial ablesen. Wenn es möglich ist, den Prozess zu zentrieren, dann steigt die kritische Prozessfähigkeit auf $c_{pk} = 1{,}67$ an, der Fehleranteil beträgt dann etwa 0,57 ppm.

In der Praxis sind die Parameter der Grundgesamtheit in der Regel nicht bekannt. Daher ist es notwendig, die Fähigkeitsindizes aus Stichprobenwerten zu schätzen. Dazu wurden der Grundgesamtheit zehn Stichproben zu je n = 5 Teilen entnommen. Bild 5-98 zeigt den Verlauf von Mittelwert und Streuung dieser Stichproben.

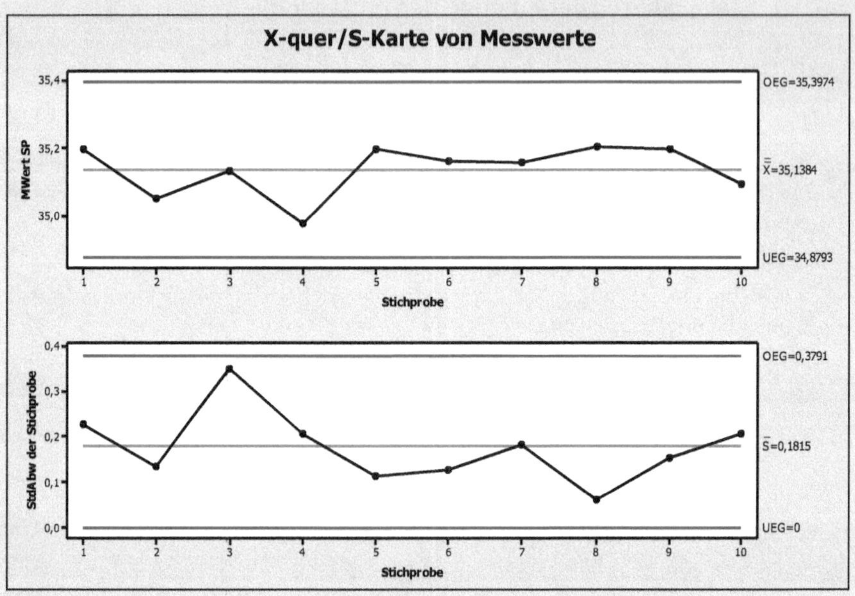

Minitab > Statistik > Regelkarten > Regelkarten für Variablen (Teilgruppen) > X-quer/S…

Bild 5-98 Verlauf von Mittelwert und Streuung der Stichproben

Aus dem zeitlichen Verhalten lassen sich keine Hinweise auf besondere Einflüsse ableiten. Wir gehen daher davon aus, dass der Prozess stabil ist (wir werden später noch weitere Kriterien zur Beurteilung der Stabilität kennenlernen). Die Prüfung auf Normalverteilung zeigt, dass die Messwerte sehr gut durch die Normalverteilung beschreibbar sind.

Damit kann die Prozessfähigkeit nach Methode $M_{1,5}$ berechnet werden. Die Vorgehensweise ist gleich wie in Bild 5-97 dargestellt, wobei Mittelwert und Streuung aus der Stichprobe geschätzt werden müssen. Die folgenden Bilder zeigen die Berechnung mit Minitab. ■

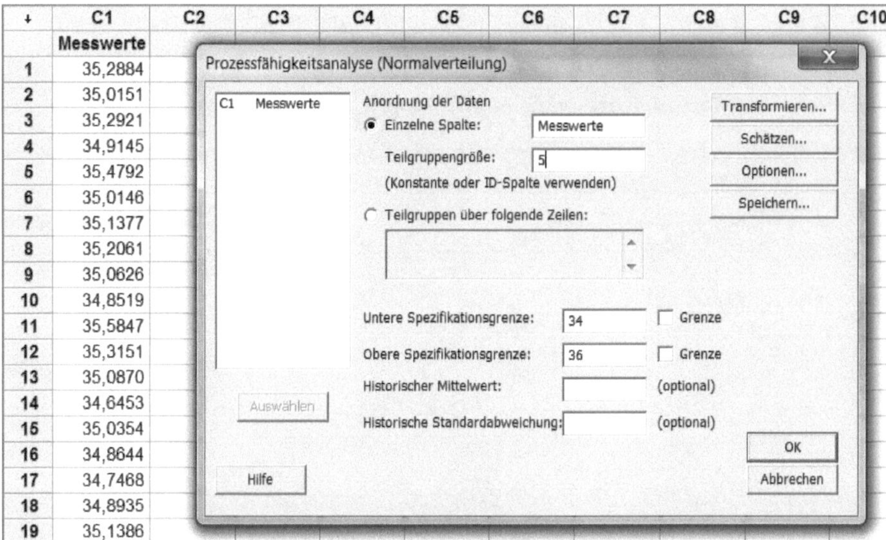

Minitab > Statistik > Qualitätswerkzeuge > Prozessfähigkeitsanalyse > Normal ...

Bild 5-99 Berechnung der Prozessfähigkeit mit Minitab

Die Berechnung in Minitab (siehe Bild 5-100) erfolgt in Anlehnung an [1] (siehe dazu auch Abschnitt 5.5.1.5). Minitab gibt zwei unterschiedliche Standardabweichungen an:

- **StdAbw (innerhalb):** Die Standardabweichung wird auf Basis der Standardabweichungen innerhalb der einzelnen Stichproben geschätzt. Schwankungen der Prozesslage von Stichprobe zu Stichprobe gehen in diese Berechnung nicht ein.
- **StdAbw (gesamt):** Die Standardabweichung wird ausgehend von allen Einzelmesswerten errechnet. Schwankungen der Prozesslage gehen in diese Rechnung in vollem Umfang ein.

Ausgehend von diesen beiden Standardabweichungen werden auch zwei Gruppen von Fähigkeitsindizes angegeben (siehe Bild 5-100):

- **Potenzielle Prozessfähigkeit (innerhalb):** c_p und c_{pk} werden auf Basis der StdAbw (innerhalb) ermittelt. Daher fließen in diese Kennzahl nur jene Streuungsursachen ein, die auch innerhalb der Stichproben auftreten (gewöhnliche Streuung).
- **Gesamtprozessfähigkeit:** p_p und p_{pk} werden auf Basis der StdAbw (gesamt) ermittelt. Daher fließen in diese Kennzahl alle auftretenden Streuungsursachen ein (z. B. ein langsamer Werkzeugverschleiß, Unterschiede zwischen den Materialchargen). Ist die Gesamtprozessfähigkeit signifikant kleiner als die Potenzielle Prozessfähigkeit, dann deutet dies auf eine außergewöhnliche Streuung des Mittelwertes hin. Kann diese beseitigt werden, dann steigt die Gesamtprozessfähigkeit bis auf die Potenzielle Prozessfähigkeit an.
- **Hinweis:** Das in Minitab verwendete Vorgehen zur Berechnung der Prozessfähigkeit und die dabei verwendeten Bezeichnungen für die Prozessfähigkeitsindizes wurden bereits in Abschnitt 5.5.1.5 erläutert. Leider werden in der Ergebnisausgabe von Minitab die Prozessfähigkeit (Capability c_p und c_{pk}) und die Prozessleistung (Performance p_p und p_{pk}) nicht unterschiedlich bezeichnet. Es werden beide Indexgruppen als Prozessfähigkeit ausgegeben. Ebenso ist es in JMP und SigmaXL.

Fortsetzung von Beispiel 5-8: Fähigkeitsindex für normalverteilte Merkmale

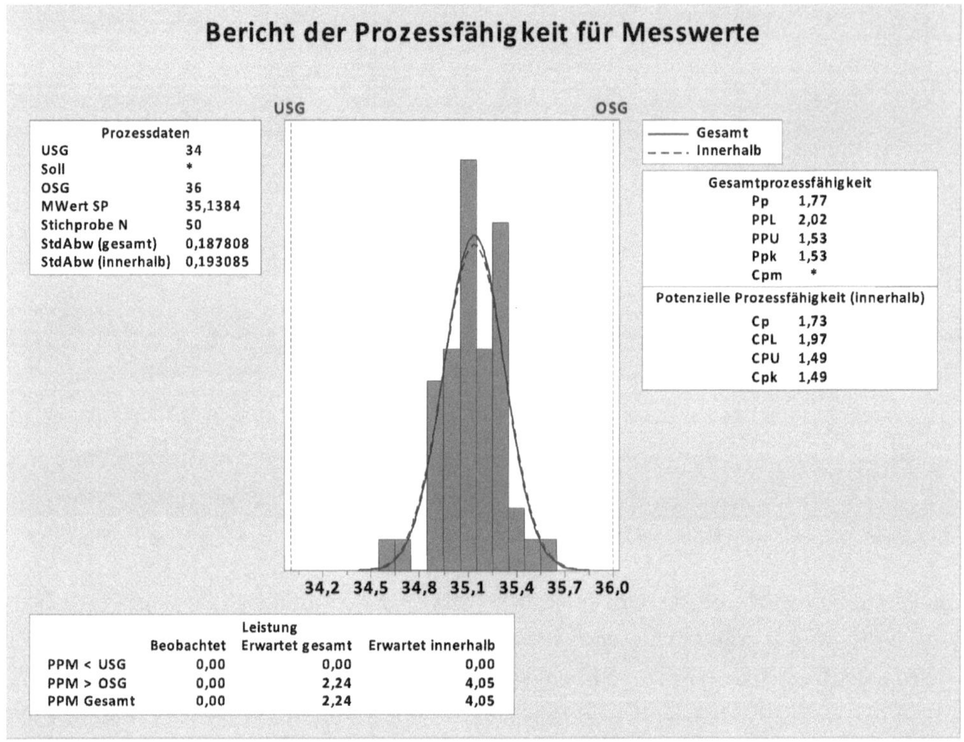

Bild 5-100 Ergebnisse der Prozessfähigkeitsuntersuchung mit Minitab

Jetzt stellt sich die Frage, wie es möglich ist, dass in der Auswertung in Bild 5-100 die Potenzielle Prozessfähigkeit kleiner ist als die Gesamtprozessfähigkeit. Dies erklärt sich folgendermaßen: Die Daten enthalten keine besondere Streuung zwischen den Stichproben. Daher sollten die beiden Fähigkeitsindizes Potenzielle Prozessfähigkeit und Gesamtprozessfähigkeit gleich groß sein. Die trotzdem vorhandenen geringen Unterschiede resultieren aus der unterschiedlichen Art der Berechnung der StdAbw (innerhalb) und StdAbw (gesamt).

Da die Standardabweichungen annähernd gleich groß sind, sind auch die Verteilungen annähernd überlagert.

Leistung: Darüber hinaus sind in Bild 5-100 auch die Überschreitungsanteile angegeben. *Beobachtet* gibt den außerhalb der Toleranz beobachteten Anteil an. Die beiden Tabellen daneben geben den, ausgehend von den beiden Standardabweichungen, zu erwartenden Überschreitungsanteil an.

In ähnlicher Form wird die Prozessfähigkeitsauswertung in JMP dargestellt.

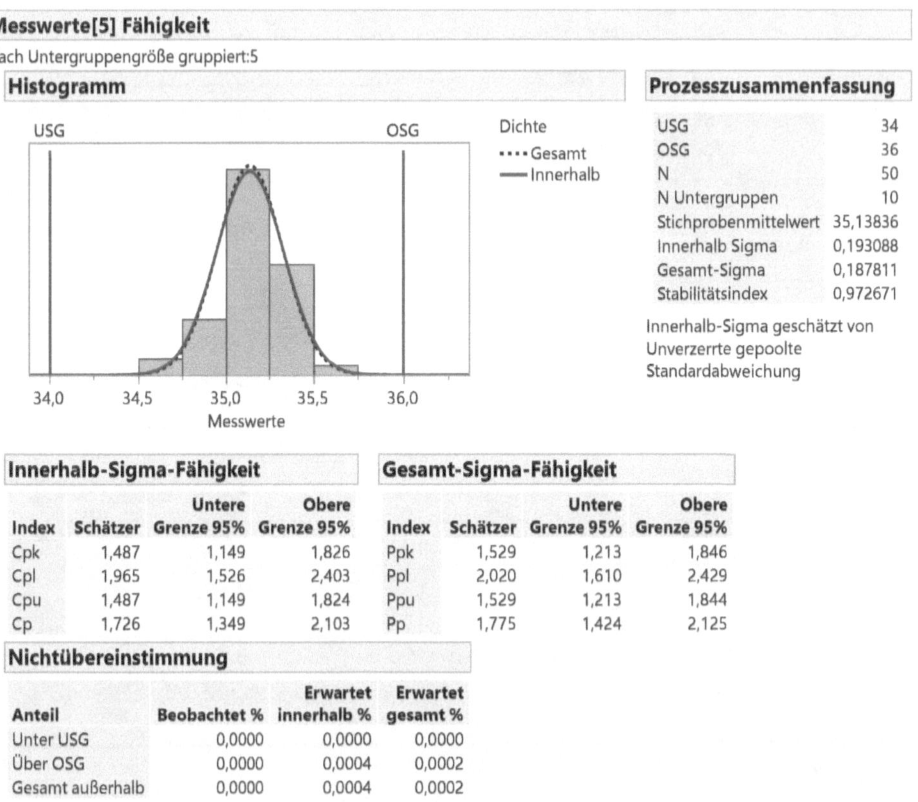

Prozesszusammenfassung

USG	34
OSG	36
N	50
N Untergruppen	10
Stichprobenmittelwert	35,13836
Innerhalb Sigma	0,193088
Gesamt-Sigma	0,187811
Stabilitätsindex	0,972671

Innerhalb-Sigma geschätzt von Unverzerrte gepoolte Standardabweichung

Innerhalb-Sigma-Fähigkeit

Index	Schätzer	Untere Grenze 95%	Obere Grenze 95%
Cpk	1,487	1,149	1,826
Cpl	1,965	1,526	2,403
Cpu	1,487	1,149	1,824
Cp	1,726	1,349	2,103

Gesamt-Sigma-Fähigkeit

Index	Schätzer	Untere Grenze 95%	Obere Grenze 95%
Ppk	1,529	1,213	1,846
Ppl	2,020	1,610	2,429
Ppu	1,529	1,213	1,844
Pp	1,775	1,424	2,125

Nichtübereinstimmung

Anteil	Beobachtet %	Erwartet innerhalb %	Erwartet gesamt %
Unter USG	0,0000	0,0000	0,0000
Über OSG	0,0000	0,0004	0,0002
Gesamt außerhalb	0,0000	0,0004	0,0002

JMP > Analysieren > Verteilung > Prozessfähigkeitsanalyse

Bild 5-101 Ergebnisse der Prozessfähigkeitsuntersuchung mit JMP

Wie aus Bild 5-102 ersichtlich, erfolgt auch in SigmaXL die Ermittlung der Prozessfähigkeits- und Prozessleistungsindizes in Anlehnung an [1]. Die Abweichung bei dem Ergebnis der StdAbw (innerhalb) – und damit auch bei c_p und c_{pk} – zwischen Minitab und SigmaXL ist in der unterschiedlichen Berechnung der durchschnittlichen Standardabweichung innerhalb der Stichproben begründet.

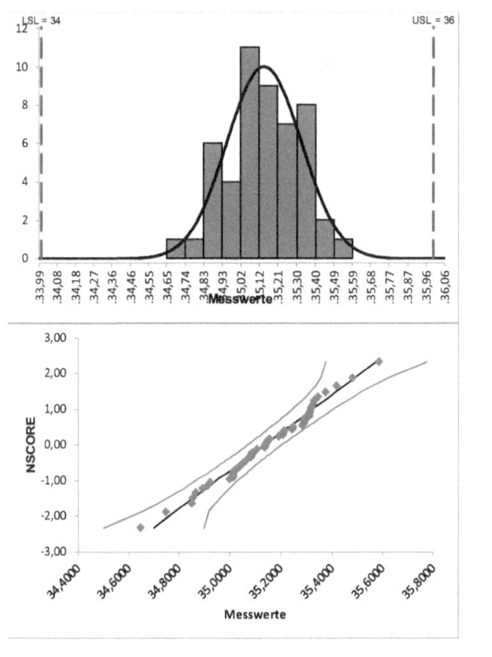

Process Capability Report: Messwerte	
Count	50
Mean	35,138
StDev (Overall, Long Term)	0,187808
StDev (Within, Short Term)	0,188957
USL	36
Target	
LSL	34

Capability Indices using Overall StDev	
Pp	1,77
Ppu	1,53
Ppl	2,02
Ppk	1,53
Cpm	

Potential Capability Indices using Within StDev	
Cp	1,76
Cpu	1,52
Cpl	2,01
Cpk	1,52

Expected Overall Performance	
ppm > USL	2,2
ppm < LSL	0,0
ppm Total	2,240
% > USL	0,00%
% < LSL	0,00%
% Total	0,00%

Actual (Empirical) Performance	
% > USL	
% < LSL	
% Total	0,00%

Anderson-Darling Normality Test	
A-Squared	0,287320
P-Value	0,6066

SigmaXL > Process Capability > Capability Combination Report (Subgroups)

Bild 5-102 Ergebnisse der Prozessfähigkeitsuntersuchung mit SigmaXL

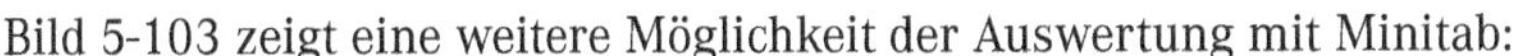

Bild 5-103 zeigt eine weitere Möglichkeit der Auswertung mit Minitab:

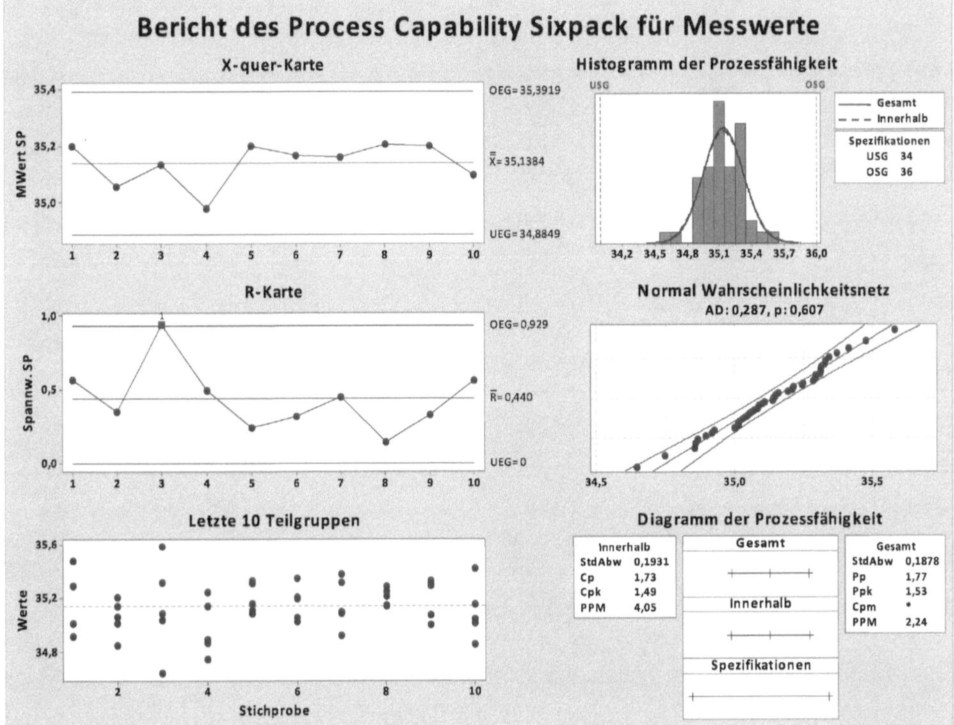

Bild 5-103 Capability Sixpack in Minitab

Der zeitliche Verlauf von Mittelwert und Streuung ermöglicht eine rasche Prüfung auf Stabilität. Das Histogramm dient zur Beurteilung von Lage, Streubreite und Verteilungsform der Messwerte. Das Wahrscheinlichkeitsnetz enthält die Prüfung auf Normalverteilung. Das Diagramm der Prozessfähigkeit gibt die Fähigkeitsindizes an und stellt die Prozessstreubreite im Vergleich zu den Spezifikationsgrenzen grafisch dar.

Bild 5-104 zeigt eine Auswertung erstellt mit der Software qs-STAT. In qs-STAT ist die Auswahl der Prozessmodelle automatisiert möglich. Ausgehend von den Messwerten wird das zeitabhängige Verteilungsmodell bestimmt und anschließend die Methode zur Ermittlung der Prozessfähigkeitsindizes ausgewählt. Dies ist besonders dann vorteilhaft, wenn es darum geht, sehr viele unterschiedliche Merkmale auszuwerten. Darüber hinaus ist eine Vielzahl kundenspezifischer Auswertestrategien, insbesondere der Automobilhersteller, integriert. Weitere Informationen zu qs-STAT finden Sie in [4].

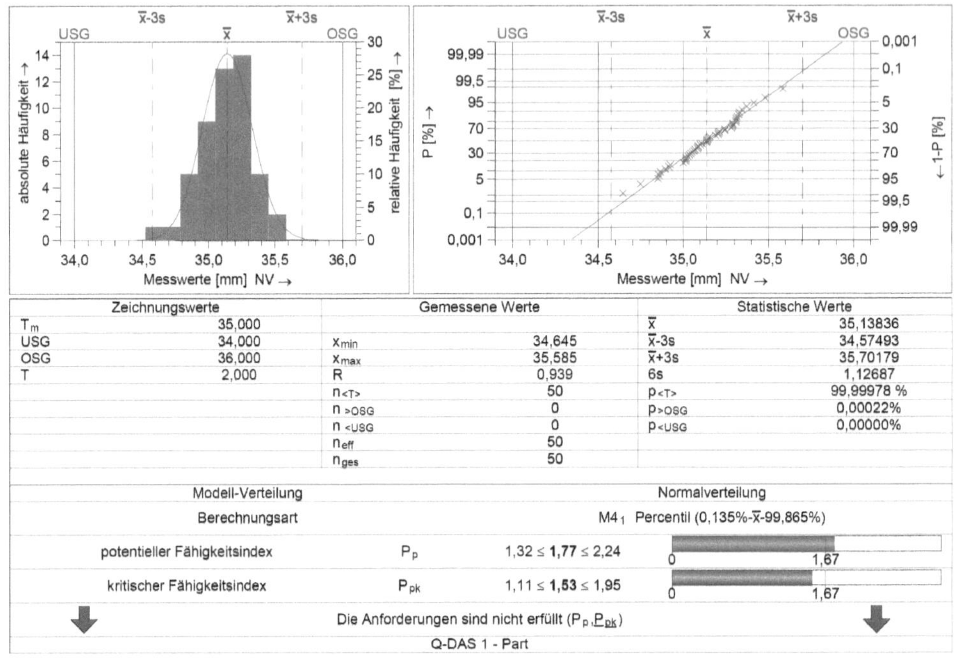

Zeichnungswerte		Gemessene Werte		Statistische Werte	
T_m	35,000			$\bar{x}$	35,13836
USG	34,000	x_{min}	34,645	$\bar{x}$-3s	34,57493
OSG	36,000	x_{max}	35,585	$\bar{x}$+3s	35,70179
T	2,000	R	0,939	6s	1,12687
		$n_{<T>}$	50	$p_{<T>}$	99,99978 %
		$n_{>OSG}$	0	$p_{>OSG}$	0,00022%
		$n_{<USG}$	0	$p_{<USG}$	0,00000%
		n_{eff}	50		
		n_{ges}	50		

Modell-Verteilung		Normalverteilung
Berechnungsart		$M4_1$ Percentil (0,135%-$\bar{x}$-99,865%)
potentieller Fähigkeitsindex	P_p	1,32 ≤ **1,77** ≤ 2,24
kritischer Fähigkeitsindex	P_{pk}	1,11 ≤ **1,53** ≤ 1,95

Bild 5-104 Ergebnisse der Prozessfähigkeitsuntersuchung mit qs-STAT

Die Fähigkeit wird in diesem Beispiel als nicht erfüllt ausgewiesen, da das Merkmal als wichtiges Merkmal definiert ist und der Grenzwert dafür auf $p_{pk} \geq 1{,}67$ festgelegt ist. Für die Fähigkeitsindizes wird, wie hier dargestellt, in der Regel auch der Vertrauensbereich angegeben.

Beispiel 5-9 Fähigkeitsindizes für nicht normalverteilte Merkmale

Im nun folgenden Beispiel sind Lage, Streuung, Schiefe und Kurtosis konstant. Die Verteilungsform weicht jedoch signifikant von der Normalverteilung ab. Daher muss die Berechnungsmethode $M_{2,1}$ herangezogen werden.

Am Anfang der Untersuchung steht die Prüfung auf Stabilität und Verteilungsform. Bei der Prüfung auf Normalverteilung stellt man fest, dass die Daten durch die Normalverteilung nicht beschrieben werden können. Nun ermittelt man, welche der in Minitab vorhandenen 14 Verteilungen diese Daten am besten anpassen. Im vorliegenden Fall ist es die Lognormal-Verteilung. Die Fähigkeitsindizes werden nun auf Basis dieser Verteilung berechnet.

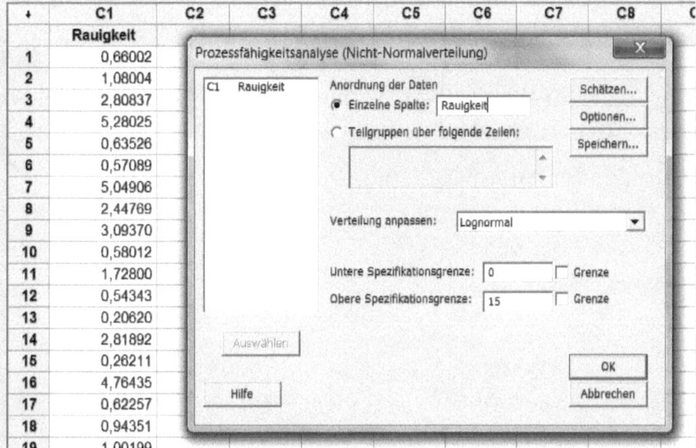

Minitab > Statistik > Qualitätswerkzeuge > Prozessfähigkeitsanalyse > Nicht normal…

Bild 5-105 Berechnung der Prozessfähigkeitsindizes für nicht normalverteilte Merkmale

Können Spezifikationsgrenzen nicht überschritten werden, dann werden diese im Eingabefeld als Grenze gekennzeichnet. Im vorliegenden Fall liegt die untere Grenze bei 0, daher gibt es auch keinen Anteil unter 0.

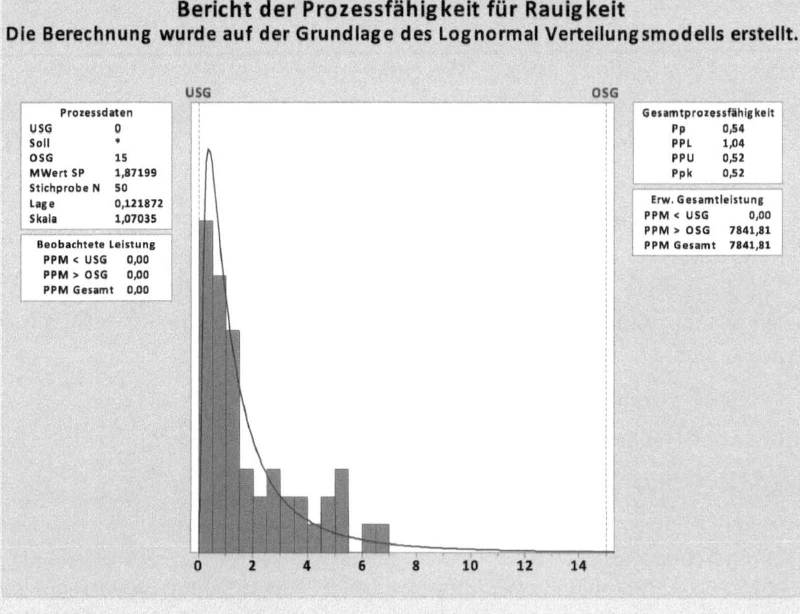

Bild 5-106 Berechnungsergebnisse aus Minitab

Die Berechnung der Fähigkeitsindizes erfolgt mit Minitab nach der Methode $M_{2,1}$, die Überschreitungsanteile werden direkt aus dem Anteil der Fläche außerhalb der Toleranzgrenzen berechnet.

5.5.2 Bewertung von diskreten Merkmalen – Process Sigma

Häufig kommt es vor, dass als Zielgröße des Prozesses diskrete Merkmale, wie fehlerhafte Teile pro Stichprobe oder Fehler pro Teil, vorliegen. Der folgende Abschnitt zeigt, wie solche Prozesse bewertet werden können.

Folgende Kennzahlen finden Anwendung:

DPMO
(Defects Per Million Opportunities)

$$DPMO = \frac{\text{Anzahl der Fehler}}{\text{Anzahl der Fehlermöglichkeiten}} \times 10^6$$

DPMU
(Defects Per Million Units)

$$DPMU = \frac{\text{Anzahl der Fehler}}{\text{Anzahl der Einheiten}} \times 10^6$$

PPM
(Parts per Million)

$$PPM = \frac{\text{Anzahl der defekten Einheiten}}{\text{Anzahl der Einheiten}} \times 10^6$$

FPY
(First Pass Yield)

$$FPY = \left(1 - \frac{\text{Anzahl der defekten Einheiten}}{\text{Anzahl der Einheiten}}\right) \times 100\%$$

RTY
(Rolled Throughput Yield)

$$RTY = FPY_1 \times FPY_2 \times \ldots \times FPY_n$$

Bild 5-107 Kennzahlen zur Berechnung der Fehlerrate / Ausbeute

DPMO (Defects Per Million Opportunities, Fehler pro Million Möglichkeiten):

Zur Bildung dieser Kennzahl wird die Anzahl der Fehler auf die Anzahl der Fehlermöglichkeiten bezogen. Die Fehlermöglichkeiten errechnen sich aus der Anzahl der Einheiten multipliziert mit der Anzahl der Fehlermöglichkeiten pro Einheit. Die Fehlermöglichkeiten selbst werden aus den CTQs abgeleitet.

Diese Kennzahl eignet sich sehr gut, um unterschiedlich komplexe Systeme zu vergleichen. Daher wird sie auch als generelle Größe verwendet, um die Prozessleistung im Unternehmen zu bewerten. Mit Hilfe dieser Kennzahl wird aus einer Umrechnungstabelle das Process Sigma ermittelt.

DPMU (Defects Per Million Units, Fehler pro Million Einheiten):

Die Anzahl der Fehler wird auf die Anzahl der Einheiten bezogen.

PPM (Parts Per Million, Fehlerhafte Teile pro Million Teilen):

Die Anzahl der fehlerhaften Teile wird auf die Anzahl aller Teile bezogen. Diese Kennzahl steht für die Betrachtung aus Kundensicht. Ein Bauteil ist für den Kunden gleichermaßen unbrauchbar, unabhängig davon, ob ein oder mehrere Fehler aufgetreten sind. Der ppm-Wert wird zum Beispiel in der Automobilindustrie als Vorgabe an die Lieferanten weitergegeben.

Ist bei einer Einheit nur ein Fehler möglich, dann entspricht der ppm-Wert dem DPMO-Wert.

FPY (First Pass Yield, Ausbeute):

Diese Kennzahl gibt den Anteil der fehlerfreien Einheiten an. Bei chemischen Prozessen wird die Ausbeute auch auf die Menge bezogen. Sie gibt dann das Verhältnis der fehlerfreien Menge zur gesamten erzeugten Menge an.

RTY (Rolled Throughput Yield, Gesamtausbeute):

Diese Kennzahl gibt den Anteil der Einheiten an, welche die gesamte Prozesskette beim ersten Durchlauf passieren. Die Gesamtausbeute wird aus dem Produkt der einzelnen Ausbeuten der Prozessschritte berechnet.

Das folgende Beispiel zeigt für einen Prozess mit drei Arbeitsgängen die Berechnung einiger dieser Kennzahlen.

	Arbeitsgang 1 Seitenflächen planfräsen	Arbeitsgang 2 Hebel komplett bearbeiten	Arbeitsgang 3 Hebel entgraten	
	1 Fehlermöglichkeit - Rattermarken	4 Fehlermöglichkeiten - Kratzer - Dellen - Eindrücke - Rattermarken	2 Fehlermöglichkeiten - Kratzer - Dellen	
	3 Fehler 3 defekte Teile	7 Fehler 5 defekte Teile	4 Fehler 4 defekte Teile	
weitergegebene fehlerfreie Teile	N = 1000	N = 997	N = 992	N = 988
ppm	= (3/1000) x 10^6 = 3000	= (5/997) x 10^6 = 5015	= (4/992) x 10^6 = 4032	
FPY	=(1-(3/1000)) x 100% = 99,7%	= (1-(5/997)) x 100% = 99,5%	= (1-(4/992)) x 100% = 99,6%	
RTY	= FPY_1 x FPY_2 x FPY_3 = 0,997 x 0,995 x 0,996 = 98,8%			
DPMU	= (3/1000) x 10^6 = 3000	= (7/997) x 10^6 = 7021,1	= (4/992) x 10^6 = 4032,3	
DPMO	= (3/1000) x 10^6 = 3000	= (7/(4*997)) x 10^6 = 1755,3	= (4/(2*992)) x 10^6 = 2016,1	

Bild 5-108 Beispiel zur Berechnung von Kennzahlen zur Prozessbewertung für diskrete Merkmale

In Six Sigma-Programmen wird häufig aus dem Fehleranteil auf einen Sigma-Level geschlossen und umgekehrt. Das Prinzip der Umrechung zwischen den beiden Größen wird anhand von Bild 5-109 erläutert. Dazu ist zu beachten, dass im angloamerikanischen Raum die standardisierte Variable u mit z bezeichnet wird. Dies wird auch für die folgenden Erläuterungen übernommen.

Man stelle sich einen normalverteilten Prozess vor, dessen Streuung so gering ist, dass der Mittelwert 6σ von beiden Spezifikationsgrenzen entfernt ist. Die mittlere der drei Verteilungen stellt genau diese Situation dar. Diese Verteilung berücksichtigt keine Verschiebung des Mittelwertes, sondern enthält nur die zufällige Streuung. Für die Kurzzeitfähigkeit beträgt der Sigma-Level $z_{st} = 6$ (der Index st steht für short term). Der Überschreitungsanteil beträgt in diesem Fall 0,002 DPMO.

Über einen längeren Betrachtungszeitraum werden aber auch noch zusätzliche Effekte auftreten. Der Einfachheit halber rechnet man häufig mit einer zusätzlichen Verschiebung des Prozesses um 1,5 σ. Wenn wir die betrachtete Verteilung um 1,5 σ zur linken oder rechten Toleranzgrenze verschieben, dann verringert sich unser Sigma-Level auf $z_{lt} = 4,5$

(der Index lt steht für long term). Zur Berechnung des Fehleranteiles muss nur noch der Überschreitungsanteil an einer Toleranzgrenze herangezogen werden, da der gegenüberliegende Anteil vernachlässigbar gering wird. Der Fehleranteil beträgt nun 3,4 DPMO.

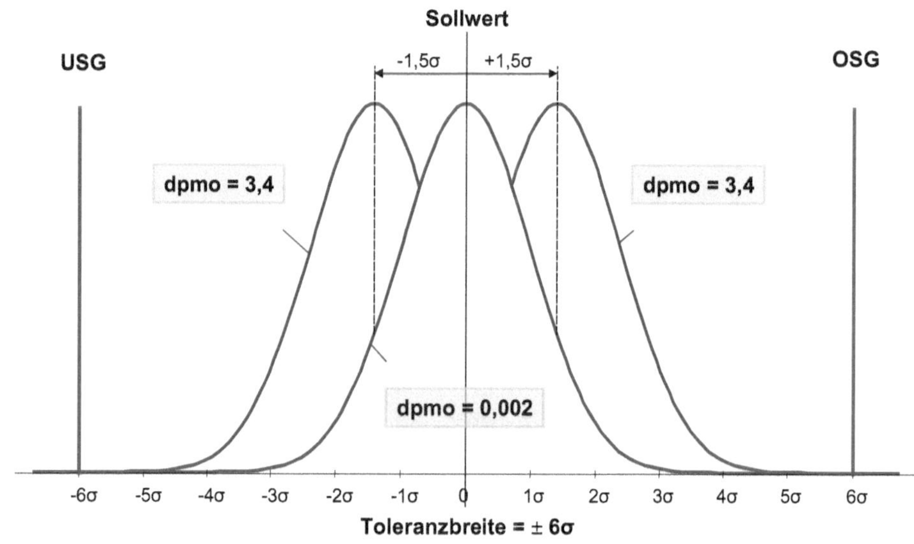

Bild 5-109 Beispiel zur Berechnung des Sigma-Levels

Für diese Umrechnung liegen Tabellen vor. Bild 5-110 zeigt ein Beispiel dafür. Je nachdem, ob man über die Ergebnisse einer Kurzzeituntersuchung oder einer Langzeituntersuchung verfügt, kann eine Umrechung in die eine oder andere Richtung erfolgen.

Ein Six Sigma-Prozess ist nach dieser Definition ein Prozess mit Fehleranteil von 3,4 DPMO. Die Definition wurde in den 1980er Jahren aus der Erfahrung bei Motorola entwickelt.

Kurzzeitbetrachtung			Langzeitbetrachtung		
	Anteile ohne Mittelwertverschiebung (Überschreitungsanteil auf beiden Seiten berücksichtigt)			Anteile mit Mittelwertverschiebung um 1,5 σ (Überschreitungsanteil nur auf einer Seite berücksichtigt)	
Sigma-Level	innerhalb	außerhalb	Sigma-Level	innerhalb	außerhalb
3	99,73%	2.700 DPMO	1,5	93,31%	66.807 DPMO
3,5	99,953%	465,3 DPMO	2	97,725%	22.750 DPMO
4	99,9937%	63,37 DPMO	2,5	99,3790%	6.210 DPMO
4,5	99,99932%	6,802 DPMO	3	99,86500%	1.350 DPMO
5	99,999971%	0,5742 DPMO	3,5	99,976733%	233 DPMO
6	99,9999999%	0,00198 DPMO	4,5	99,9996599%	3,4 DPMO

Bild 5-110 Sigma-Level für Kurzzeitbetrachtung und Langzeitbetrachtung

Am Beginn von Six Sigma-Projekten stehen zur Beschreibung des Prozesses häufig nur diskrete Merkmale (z. B. Anzahl der Nacharbeiten pro Schicht) zur Verfügung. Für eine erste Festlegung von Prioritäten sind diese Informationen durchaus wichtig und zielführend. Allerdings sollte man noch vor dem Einstieg in die Phase **Analyze** versuchen, diese diskreten Merkmale wo immer möglich durch kontinuierliche Merkmale zu ersetzen.

5.5.3 Ermittlung der Gesamtanlageneffizienz

Auch wenn bei den bisher beschriebenen Bewertungsverfahren immer ein Prozess im Fokus stand, erfolgt die Messung der Verbesserung am Output des Prozesses. Häufig liegt das Ziel eines Six Sigma-Projektes nicht in der Optimierung des Outputs, sondern in einer Verbesserung der Prozesskennwerte oder in einer gleichzeitigen Verbesserung des Outputs und der Prozesskennwerte. Beispiele dafür sind:

- Reduktion der Durchlaufzeiten
- Reduktion der Bestände
- Reduktion der Stillstandszeiten

In diesem Fall ist es ebenso erforderlich, klare Kennzahlen zur Bewertung der Verbesserung zu definieren. Eine Möglichkeit zur Bewertung eines Prozesses bietet die Gesamtanlageneffizienz [9]. Sie setzt sich aus einer Verfügbarkeits-, einer Leistungs- und einer Qualitätskennzahl zusammen und ermöglicht damit eine gesamthafte Bewertung des Prozesses.

Bild 5-111 zeigt die Vorgehensweise zur Berechnung der Gesamtanlageneffizienz. Idealerweise wäre die Verfügbarkeitsrate über 90%, der Leistungsindex über 95% und die Qualitätsrate über 99%. Dies würde eine Gesamtanlageneffizienz von über 85% ergeben. Dieser Wert hängt natürlich sehr stark von Branche, Technologien und Losgrößen ab. Viele Unternehmen erreichen diesen Wert, viele liegen aber auch unter 60% [9].

Mit der Kenntnis der Gesamtanlageneffizienz ist die Ausgangssituation nachvollziehbar beschrieben. Weiters lassen sich daraus in der Phase **Analyze** bereits Optimierungsansätze ableiten.

Prozess-zeiten	Verlustbringer	Berechnung
Anlagen-hauptzeit		Schichtzeit: 480 min Geplanter Stillstand: 20 min Anlagenhauptzeit = Schichtzeit – geplanter Stillstand = 480 – 20 = 460 min
Betriebszeit	Verlustzeiten: • Anlagen-/Maschinenausfall • Rüsten und Einstellen	ungeplante Stillstände: 30 min **Verfügbarkeitsrate** $= \frac{\text{Anlagenhauptzeit} - \text{ungeplante Stillstände}}{\text{Anlagenhauptzeit}} \text{ x} 100$ $= \frac{460-30}{460} \times 100 = 93{,}5\%$
Netto-Betriebszeit	Geschwindigkeitsverluste: • Leerlauf und geringfügige Unterbrechungen • verringerte Bearbeitungs-geschwindigkeit	**Leistungsindex** $= \frac{\text{ideale Bearbeitungszeit x erstellte Anzahl}}{\text{Betriebszeit}} \text{ x} 100$ $= \frac{6\,\text{min} \times 62\,\text{Teile}}{430} \times 100 = 86{,}5\%$
Wert-schöpfende Betriebszeit	Fehler: • Prozessfehler verursachen Ausschuss, Nacharbeit und Qualitätsminderung • Anlaufverluste	**Qualitätsrate** $= \frac{\text{erstellte Anzahl} - \text{defekte Anzahl}}{\text{erstellte Anzahl}} \text{ x} 100$ $= \frac{62-3}{62} \times 100 = 95{,}2\%$

Gesamtanlageneffizienz	= *Verfügbarkeitsrate x Leistungsindex x Qualitätsrate* = 0,935 x 0,865 x 0,952 x 100 = 77,0 %

Bild 5-111 Ermittlung der Gesamtanlageneffizienz [9]

Literatur

[1] *DaimlerChrysler Corporation, Ford Motor Company, General Motors Corporation:* Statistical Process Control (SPC), Reference Manual, 2. Auflage, Michigan, USA, 2005

[2] *DaimlerChrysler Corporation, Ford Motor Company, General Motors Corporation:* Measurement System Analysis, Reference Manual, 3. Auflage, Michigan, USA, 2002

[3] *VDA - Verband der Automobilindustrie e.V.:* VDA Band 5, Prüfprozesseignung, VDA, Frankfurt, 2003

[4] *Dietrich E., Schulze A.:* Statistische Verfahren zur Maschinen- und Prozessqualifikation, 6. Auflage, Carl Hanser Verlag, München, 2009

[5] *Dietrich E., Schulze A., Conrad S.:* Abnahme von Fertigungseinrichtungen, 2. Auflage, Carl Hanser Verlag, München, 2005

[6] *Dietrich E., Schulze A.:* Eignungsnachweis von Prüfprozessen, 2. Auflage, Carl Hanser Verlag, München, 2004

[7] *Dietrich E., Schulze A., Conrad S.:* Eignungsnachweis von Messsystemen, 2. Auflage, Carl Hanser Verlag, München, 2005

[8] *Bhote K. R.:* Qualität - der Weg zur Weltspitze, 1. Auflage, IQM - Institut für Qualitätsmanagement, Großbottwar, 1990

[9] *Matyas K.:* Taschenbuch Instandhaltungslogistik, Qualität und Produktivität steigern, 2. Auflage, Carl Hanser Verlag, München, 2005

[10] *Linß G.:* Qualitätsmanagement für Ingenieure, 2. Auflage, Carl Hanser Verlag, München, 2005

[11] *Magnusson K., Kroslid D., Bergman B.:* Six Sigma umsetzen, 2. Auflage, Carl Hanser Verlag, München, 2004

[12] *Rehbehn R., Yurdakul Z. B.:* Mit Six Sigma zu Business Excellence, 1. Auflage, Publicis Corporate Publishing, Erlangen, 2003

[13] *Rath & Strong Management Consultants (Hrsg.):* Rath & Strongs Six Sigma Pocket Guide, 1. Auflage, TÜV-Verlag, Köln, 2002

[14] *Brunner F., Wagner K.:* Taschenbuch Qualitätsmanagement, Leitfaden für Ingenieure und Techniker, 3. Auflage, Carl Hanser Verlag, München, 2004

[15] *Q-DAS GmbH (Hrsg.):* Leitfaden der Automobilindustrie zum „Fähigkeitsnachweis von Messsystemen“, in [6]

[16] *DIN Deutsches Institut für Normung e.V. (Hrsg.):* DIN ISO 21747:2006, Statistische Verfahren, Prozessleistungs- und Prozessfähigkeitskenngrößen für kontinuierliche Qualitätsmerkmale, Beuth Verlag, Berlin, 2007

[17] *Timischl W.:* Qualitätssicherung, Statistische Methoden, 3. Auflage, Carl Hanser Verlag, München, 2002

[18] *Pfeifer T.:* Fertigungsmesstechnik, 2. Auflage, Oldenbourg Verlag, München 2001

[19] *VDA - Verband der Automobilindustrie e.V.:* VDA Band 5, Prüfprozesseignung, 2. Auflage, VDA, Frankfurt, 2010

[20] *Chrysler Group LLC, Ford Motor Company, General Motors Corporation:* Measurement System Analysis, Reference Manual, 4. Auflage, Michigan, USA, 2010

[21] *DIN Deutsches Institut für Normung e. V. (Hrsg.):* DIN ISO 22514-2:2019-07, Statistische Verfahren im Prozessmanagement - Fähigkeit und Leistung - Teil 2: Prozessleistungs- und Prozessfähigkeitskenngrößen von zeitabhängigen Prozessmodellen (ISO 22514-2:2017), Beuth Verlag, Berlin, 2019

[22] *DIN Deutsches Institut für Normung e. V. (Hrsg.):* DIN ISO 3534-2:2013, Statistik - Begriffe und Formelzeichen - Teil 2: Angewandte Statistik (ISO 3534-2:2006), Beuth Verlag, Berlin, 2013

[23] *Dietrich E., Schulze A.:* Statistische Verfahren zur Maschinen- und Prozessqualifikation, 7. Auflage, Carl Hanser Verlag, München, 2014

[24] *VDA - Verband der Automobilindustrie e. V.:* VDA Band 5, Mess- und Prüfprozesse, VDA, Frankfurt, 2021

6 Phase Analyze

Mit dem Abschluss der Phase Measure ist die aktuelle Situation des zu verbessernden Prozesses auf Basis von Fakten beschrieben.

Hauptaufgabe der Phase **Analyze** ist es, die wesentlichen Einflussfaktoren auf die Zielgrößen des Prozesses zu identifizieren und den Ursachen-Wirkungs-Zusammenhang darzustellen.

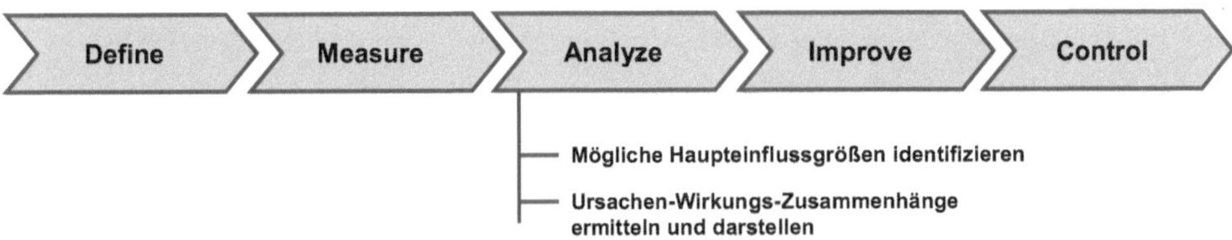

Bild 6-1 Hauptaufgaben der Phase **Analyze**

Die Hauptschritte in dieser Phase sind:

6.1 Mögliche Haupteinflussgrößen identifizieren

Mit den Experten werden mögliche Ursachen identifiziert. Aus den bisherigen Erfahrungen und den Ergebnissen der Phase **Measure** wird ein möglicher Zusammenhang zwischen Ursachen und Wirkung abgeschätzt.

6.2 Ursachen-Wirkungs-Zusammenhänge ermitteln und darstellen

Versuche und Beobachtungen werden durchgeführt, um die vermuteten Zusammenhänge zu bestätigen bzw. nachzuweisen, dass kein Zusammenhang besteht. Für die identifizierten Ursachen wird der Zusammenhang zwischen Ursache und Wirkung quantifiziert.

Am Ende der Phase **Analyze** müssen die entscheidenden Ursachen identifiziert und ihre Auswirkungen auf die Zielgrößen bekannt sein. Auf dieser Basis können in der darauf folgenden Phase **Improve** Lösungen entwickelt werden.

6.1 Mögliche Haupteinflussgrößen identifizieren

6.1.1 Ausgangsbasis Kundenforderungen

Ausgangspunkt für die Ursachenanalyse sind wiederum die Kundenforderungen. In der Phase **Define** wurden aus den allgemein formulierten Kundenforderungen messbare Spezifikationen (CTQs) abgeleitet. In der Phase **Measure** wurde der gegenwärtige Zustand dieser Spezifikationen gemessen. Damit ist die Ausgangssituation beschrieben. Nun sollen die Ursachen für die Abweichungen im Prozess ermittelt werden.

Kontinuierliche versus diskrete Merkmale als Zielgrößen

Die im Zuge des Projektes zu optimierende Größe wird häufig auch als Zielgröße bezeichnet. Manchmal ist die Zielgröße eine attributive Größe (z. B. gebrochener oder nicht gebrochener Kondensator). Ebenso ist es möglich, dass die Zielgröße ein kontinuierliches Merkmal ist, das durch die Art der Erfassung jedoch wie ein diskretes Merkmal behandelt wird.

Bild 6-2 zeigt den großen Nachteil solcher diskreter Prüfergebnisse. Es kann nur zwischen gut und schlecht unterschieden werden. Änderungen des Prozesses innerhalb der Toleranz können nicht erkannt werden. Um Veränderungen überhaupt erkennen zu können, sind fehlerhafte Teile notwendig. Dies widerspricht dem Null-Fehler-Ziel.

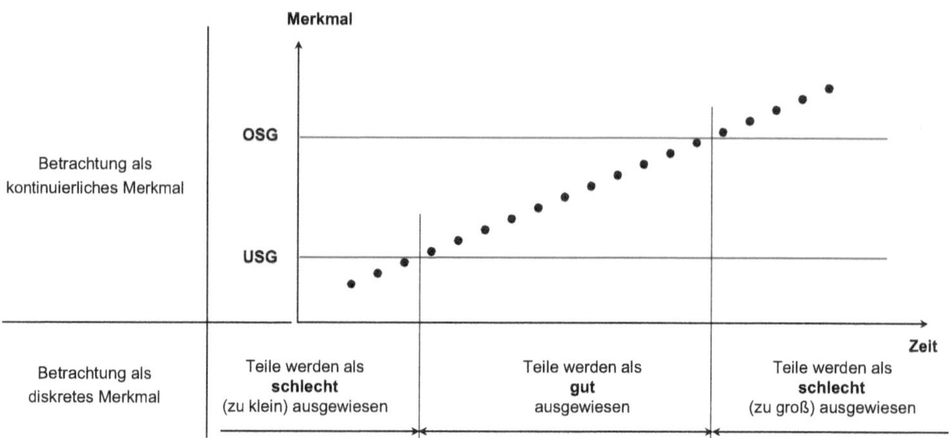

Bild 6-2 Mäßiger Erkenntnisgrad bei der Behandlung als diskretes Merkmal

Um aus wenigen Versuchen aussagekräftige Erkenntnisse zu erhalten, sollen diskrete Zielgrößen soweit wie möglich durch kontinuierliche Zielgrößen ersetzt werden. Folgende Ansätze dienen dazu:

- Verwendung des entsprechenden Messwertes

  Beispiel: Zur Prüfung von Blechteilen werden häufig Lehren verwendet, welche nur Gut/Schlecht-Aussagen zulassen. Bringt man an diesen Lehren Messwertaufnehmer an, so erhält man kontinuierliche Merkmale.

- Bei qualitativen (beobachtbaren) Merkmalen hilft man sich häufig durch die Vergabe von Punkten. Zur Bewertung von Lackfehlern kann dies beispielsweise folgendermaßen erfolgen:

Punkte	Bewertung	Maßstab für die Bewertung
10	sehr gut	keine Lackfehler erkennbar
8-9	gut	unter spezieller Beleuchtung 1 bis 2 Lackfehler erkennbar
5-7	akzeptabel	unter spezieller Beleuchtung mehr als 2 Lackfehler erkennbar
3-4	schlecht	Lackfehler unter normaler Beleuchtung erkennbar
1-2	sehr schlecht	Lackfehler von ungeübten Personen erkennbar

Bild 6-3 Beispiel: Punktesystem zur Bewertung von Lackfehlern

- Ist auch dies nicht möglich, kann die Anzahl der Fehler als Bewertungskriterium verwendet werden. Eine Zusammenfassung von verschiedenen Fehlerarten sollte jedoch vermieden werden, da diese durch unterschiedliche Faktoren beeinflusst werden können. Bei einer Zusammenfassung würde diese Information verloren gehen.

6.1.2 Prozesse analysieren

Je nach Problemstellung wird man in der Phase **Analyze** unterschiedliche Vorgehensweisen wählen. In diesem Abschnitt werden Vorgehensmodelle für die Verbesserung von Prozessen im administrativen Bereich beschrieben. Weitere Informationen dazu finden Sie in [9]. Danach wird auf die Verbesserung von Prozessen im Produktionsbereich eingegangen.

Verbesserungen im administrativen Bereich betreffen beispielsweise:

- Erstellung von Angeboten: Trotz knapper verfügbarer Zeit und begrenzter Ressourcen muss das Angebot auf fundierter Basis erstellt sein.
- Abwicklung von Reklamationen: Beim Auftreten von Problemen erwartet der Kunde, dass rasch und kompetent reagiert wird.
- Durchlaufzeiten von Zeichnungsänderungen: Die Dauer des Durchlaufes von Zeichnungsänderungen soll trotz Einbindung aller betroffenen Bereiche so kurz wie möglich sein.
- Auslastung eines Operationssaals: Bei höchster Auslastung und ungeplanter Aufnahme von Notfallpatienten soll es keine Terminverschiebungen für reguläre Patienten geben.
- Zahlung von Rechnungen: Die Einzahlung soll so spät wie möglich erfolgen, wobei trotzdem alle Zahlungstermine eingehalten werden sollen.

6.1.2.1 Analyse der Prozessdaten

Prozessdatenanalysen orientieren sich an den Parametern Zeit, Kosten und Qualität. Mit Hilfe dieser Parameter lassen sich Aussagen über die Leistungsfähigkeit von Prozessen machen.

Durchlaufzeitanalyse

Um Durchlaufzeiten gezielt analysieren zu können, ist es notwendig, diese zu erfassen. Daraus lassen sich Bearbeitungs-, Transfer- und Liegezeiten sowie daraus abgeleitete Kennzahlen ermitteln. Der Anteil der Bearbeitungszeit an der gesamten Durchlaufzeit ist das Maß für die Güte des Prozesses. Primäre Zielsetzung der Optimierung ist das Auffinden und Beseitigen unproduktiver Zeiten.

Kostenanalyse

Im Fokus dieses Optimierungsansatzes stehen die Entstehungskosten für Produkte und Dienstleistungen. Vorrangig werden sie für die Preiskalkulation benötigt. In Optimierungsprojekten stehen das Auffinden und die anschließende Optimierung von kostenintensiven und gegebenenfalls unwirtschaftlichen Prozessabläufen im Vordergrund. „Non-Added-Value“-Tätigkeiten sollen eliminiert werden.

Qualitätsanalyse

Qualität wird an der Übereinstimmung der Qualitätsleistung mit den Vorgaben gemessen. Die Messung der Qualität erfolgt zum Beispiel in Form von ppm-Raten an den Übergabestellen.

6.1.2.2 Wertschöpfungsanalyse

Die Wertschöpfungsanalyse setzt bei jeder einzelnen Tätigkeit im Prozess an und überprüft ihren Beitrag zur Wertschöpfung. Es gilt, die Tätigkeiten im Prozess zu identifizieren, die keinerlei Wertschöpfung aus Sicht des Kunden beisteuern, jedoch Kosten verursachen und Zeit verbrauchen.

Auf der Basis einer detaillierten Prozessdarstellung werden sämtliche mit dem Prozess in Zusammenhang stehende Tätigkeiten analysiert und so genannten Leistungskategorien zugeordnet (siehe dazu auch Abschnitt 5.1.1).

Unter **Nutzleistung** werden Tätigkeiten verstanden, die aus der Sicht des Kunden zu einer Wertsteigerung führen. **Stützleistungen** tragen nur indirekt zur Wertsteigerung eines Produktes bei, indem sie die Nutzleistung unterstützen. Sie sind daher möglichst wirtschaftlich zu gestalten und auf ein möglichst geringes Maß zu reduzieren. Als **Blindleistung** bezeichnet man ungeplante Tätigkeiten, die weder direkt noch indirekt zur Wertsteigerung des Produktes beitragen. Sie sind zu eliminieren. **Fehlleistungen** sind Leistungen, die als Nutz- oder Stützleistung geplant wurden, wo jedoch Fehler bei der Leistungserbringung aufgetreten sind (z. B. Produktion von Ausschuss). Sie sind durch bessere Planung, Organisation und Schulung zu vermeiden.

Diese systematische Zuordnung ermöglicht die Konzentration auf Tätigkeiten, die den Kundennutzen erhöhen, und erleichtert die Identifikation und Beseitigung von Blind- und Fehlleistungen.

6.1.2.3 Informationsflussanalyse

Kein Prozess führt zu einem befriedigenden Ergebnis, wenn nicht die richtigen Informationen zum richtigen Zeitpunkt zur Verfügung stehen. Die Informationsflussanalyse dient damit der Verbesserung des betrachteten Prozesses.

Die zwischen den Tätigkeiten und den benötigten bzw. generierten Informationen stehenden Beziehungen werden zweckmäßig visualisiert. Auf dieser Basis kann das Zusammenspiel zwischen den Tätigkeiten und den Informationen untersucht werden.

Verbesserungen werden beispielsweise erzielt durch

- Entfall von Prüfschritten oder Einbindung der Prüfung in Tätigkeiten
- Vermeidung von Mehrfachgenerierung von Informationen
- Vereinfachung der Bereitstellung von Informationen

6.1.2.4 Leistungsanalyse

Die Leistungsanalyse soll eine realistische Einschätzung der Prozessleistung in Bezug auf die Bedürfnisse der Prozesskunden und in Relation zur Konkurrenz erbringen. Dabei wird unter Prozessleistung das Ergebnis des Prozesses verstanden, das an interne oder externe Kunden geht und materieller oder immaterieller Art sein kann.

Vorgehensweise:

- Leistungsbestandteile und -merkmale erfassen
- Leistung erheben
- Bewertungsergebnisse interpretieren

Stellt man fest, dass Kunden mit den Leistungen unzufrieden sind oder dass Mitbewerber bei für die Kunden wichtigen Leistungen besser eingestuft werden, dann sind die Ursachen dafür zu ermitteln und die identifizierten Verbesserungspotenziale umzusetzen.

6.1.3 Mögliche Einflussgrößen in Prozessschritten identifizieren

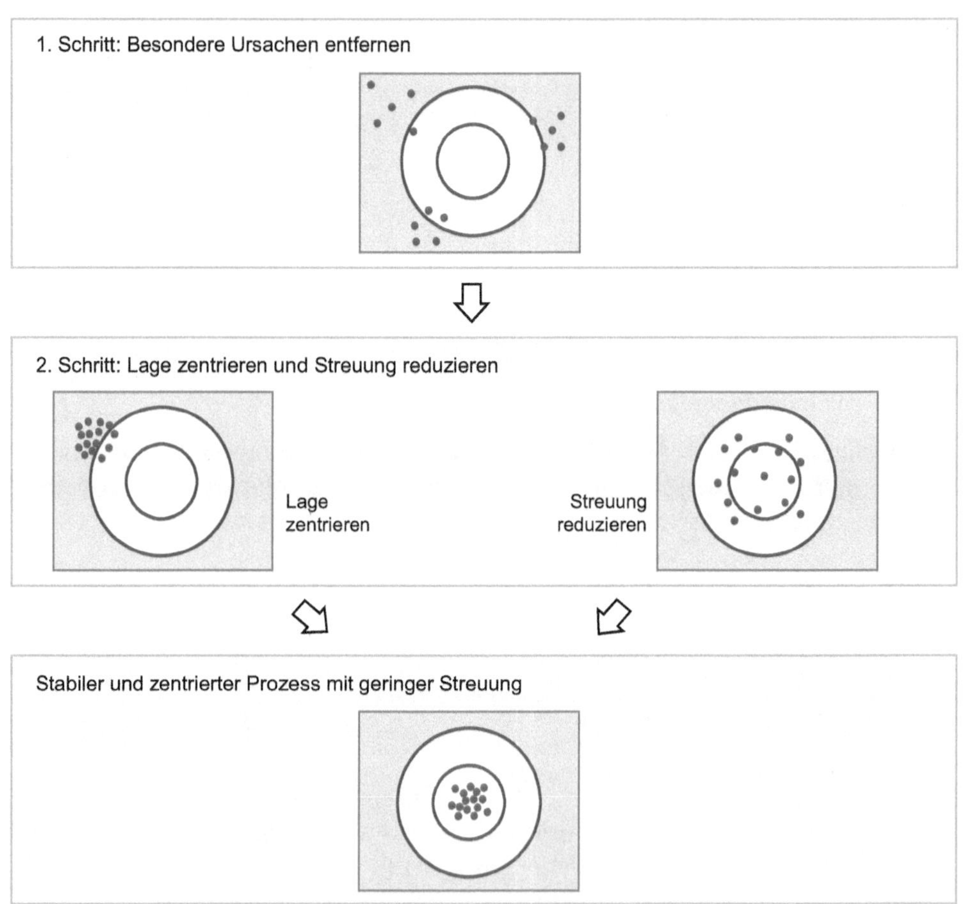

Bild 6-4 Prinzipielles Vorgehen zur Optimierung von Prozessen

Das grundsätzliche Vorgehen zur Optimierung von Prozessen ist immer gleich. Zunächst werden die besonderen Streuungsursachen entfernt – der Prozess ist dann stabil. Im Anschluss daran wird der Prozess zentriert und die Streuung wird weiter reduziert. Dies alles passiert, indem man auf die Streuungsursachen Einfluss nimmt. Dazu ist auf Fakten basierendes Wissen über die Zusammenhänge im Prozess notwendig.

Um zu diesem Wissen zu gelangen, müssen vorerst die möglichen Ursachen identifiziert werden. Einflussgrößen werden unter Einbindung der Experten im Rahmen eines Brainstormings gesammelt und strukturiert. Das Ishikawa-Diagramm eignet sich hervorragend dazu, einen möglichen Zusammenhang zwischen Einflussgrößen und Zielgrößen übersichtlich darzustellen.

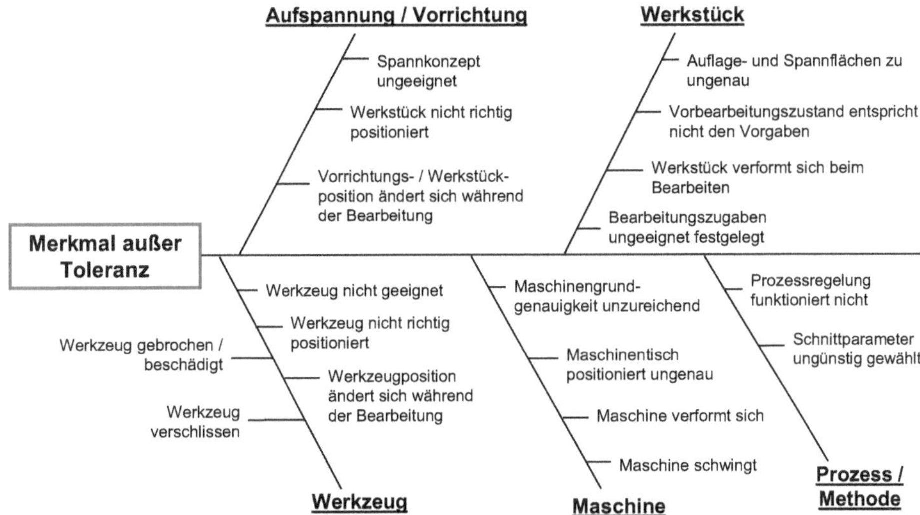

Bild 6-5 Beispiel: Ursache-Wirkungs-Diagramm für einen Bearbeitungsschritt

Im Zuge dieser Ideenfindung wird man eine Vielzahl von möglichen Einflussfaktoren identifizieren. Diese lassen sich folgendermaßen einteilen:

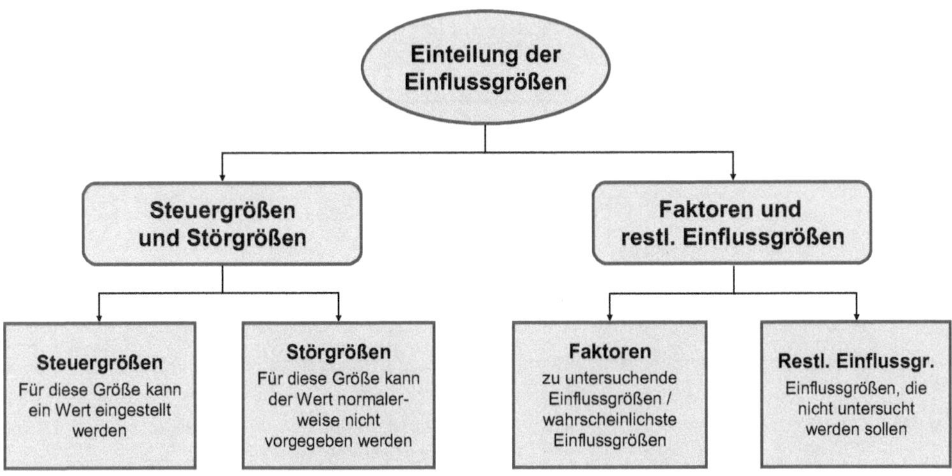

Bild 6-6 Einteilung der Einflussgrößen [1]

Einteilung der Einflussgrößen in Steuergrößen und Störgrößen

Steuergrößen sind Einflussgrößen, die auf einen bestimmten Wert eingestellt und dort gehalten werden können. Beispiele für Steuergrößen sind die Temperatur in einem Härteofen oder die Vorschubgeschwindigkeit einer Drehmaschine. Die Steuergrößen werden auch als Prozessparameter bezeichnet.

Störgrößen sind Einflussgrößen, die üblicherweise nicht auf einen bestimmten Wert eingestellt und dort gehalten werden können. Meist verhindern die technische Machbarkeit und die damit verbundenen Kosten eine Beeinflussung dieser Ursachen. Beispiele dafür sind die Umgebungstemperatur oder Schwankungen im Rohmaterial von Charge zu Charge. Auch die zufällige Abweichung eines Prozessparameters von seinem Vorgabewert wirkt wie eine Störgröße (z. B. unterschiedliche Temperaturen an verschiedenen Stellen im Ofen).

Einteilung der Einflussgrößen in Faktoren und restliche Einflussgrößen

Weiters können die Einflussgrößen in Faktoren und Einflussgrößen, die nicht untersucht werden, eingeteilt werden. Darauf wird noch in Abschnitt 6.2.3.1 eingegangen.

Auswahl der wahrscheinlichsten Ursachen

Da die Ressourcen für Versuche begrenzt sind, ist es notwendig, aus den vielen möglichen Einflussgrößen jene auszuwählen, die näher untersucht werden sollen. Die in der Phase **Measure** erfassten Daten (Zielgrößen und gegebenenfalls dazu dokumentierte Einflüsse) sind wichtige Informationsquellen dafür.

Insbesondere wenn man eine gesamte Prozesskette betrachtet, kommt es vor, dass das Team mehr als 100 mögliche Ursachen identifiziert. Eine Auswahl der näher zu untersuchenden Ursachen kann dann zum Beispiel durch „Punkte Kleben" erfolgen. Jedes Teammitglied erhält die gleiche Anzahl von Punkten und klebt diese zu den seiner Erfahrung nach wahrscheinlichsten Ursachen. Reiht man die Ursachen nach der Anzahl der Punkte, lassen sich so relativ rasch die aus der Sicht des Teams wahrscheinlichsten Ursachen auswählen (Pareto Analyse). Meist gelingt es, sich auf eine überschaubare Anzahl zu untersuchender Faktoren festzulegen.

6.2 Ursachen-Wirkungs-Zusammenhänge ermitteln und darstellen

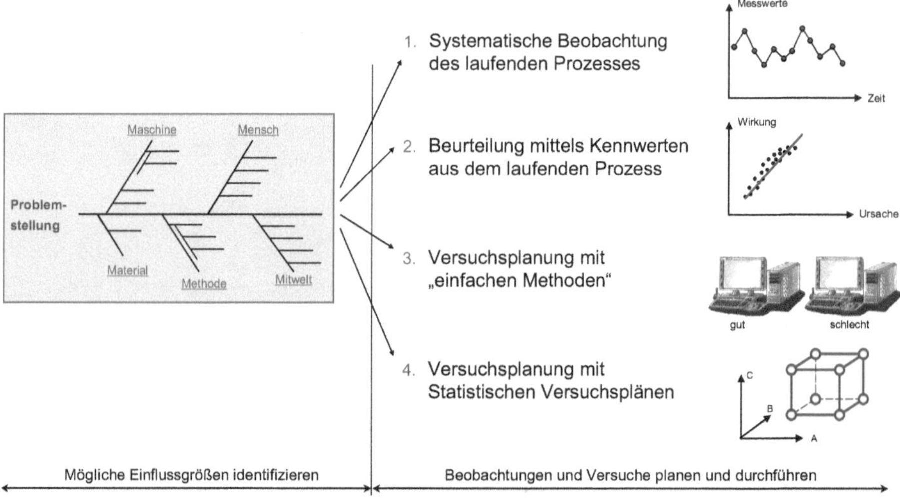

Bild 6-7 Möglichkeiten zur Ursachenfindung

Zu Beginn der Phase **Analyze** spiegelt das Ishikawa-Diagramm die Erfahrung des Teams wider. Die Inhalte sind bisher nicht durch Fakten belegt. Nun gilt es herauszufinden, ob diese Ursachen tatsächlich Einfluss auf die zu optimierenden Merkmale haben und wenn, wie der Zusammenhang ist. Bild 6-5 zeigt die Gruppen von Werkzeugen, die dazu dienen, mehr Klarheit zu schaffen.

- Systematische Beobachtung des laufenden Prozesses (s. 5.2)

  Das Vorgehen zur systematischen Beobachtung und auch die Werkzeuge wurden bereits in der Phase Measure eingesetzt. Insbesondere der zeitliche Verlauf ist für ein Eingrenzen bzw. Ausschließen von Ursachen sehr hilfreich.

- Beurteilung mittels Kennwerten aus dem laufenden Prozess (s. 6.2.1)

  Dieser Abschnitt stellt dar, wie man aus bestehenden Daten aussagekräftige Kennzahlen bilden kann. Mit Hilfe von Testverfahren prüft man, ob beobachtete Effekte auch tatsächlich signifikant sind. Die Regressionsanalyse dient zur Beschreibung von Ursache-Wirkungs-Zusammenhängen.

- Versuchsplanung mit „einfachen Methoden" (s. 6.2.2)

  Dieser Abschnitt behandelt Versuchsmethodik, die von Dorian Shainin zusammengestellt wurde. Es handelt sich dabei um relativ einfach anwendbare Werkzeuge, „wie es jemand mit Hausverstand sowieso machen würde".

- Versuchsplanung mit Statistischen Versuchsplänen (s. 6.2.3)

  Dieser Abschnitt beschreibt die Zugpferde unter den Analysewerkzeugen. Mit Hilfe von Statistischer Versuchsmethodik lassen sich komplexe Ursachen-Wirkungs-Zusammenhänge erfassen und beschreiben.

Für eine Vertiefung zu diesem Themengebiet wird [1] empfohlen. An diesem Buch orientieren sich auch die nachfolgenden Erläuterungen.

Bei der Betrachtung der statistischen Grundlagen in Abschnitt 3 wurde die untersuchte Größe allgemein mit x bezeichnet. Bei den nun folgenden Erläuterungen wird die zu optimierende Zielgröße mit y bezeichnet. Einflüsse werden entweder mit x oder mit A, B, C, etc. bezeichnet.

6.2.1 Beurteilung mittels Kennwerten aus dem laufenden Prozess

6.2.1.1 Vergleich eines Mittelwertes mit einem Vorgabewert (u-Test)

In Abschnitt 3.7.1 haben wir uns bereits mit der Berechnung des Vertrauensbereiches beschäftigt. Das Beispiel 3-12 zeigt, wie man aus Stichprobenwerten einen Schätzwert für den Mittelwert und in weiterer Folge den Vertrauensbereich für den Mittelwert bestimmt. Der Vertrauensbereich ($30{,}03 \leq \mu \leq 31{,}27$) gibt an, in welchem Intervall ein der Stichprobe zugehöriger wahrer Mittelwert mit einer bestimmten Wahrscheinlichkeit erwartet werden kann. Üblicherweise liegt das Vertrauensniveau bei 95 % bzw. die Irrtumswahrscheinlichkeit bei $\alpha = 5\,\%$.

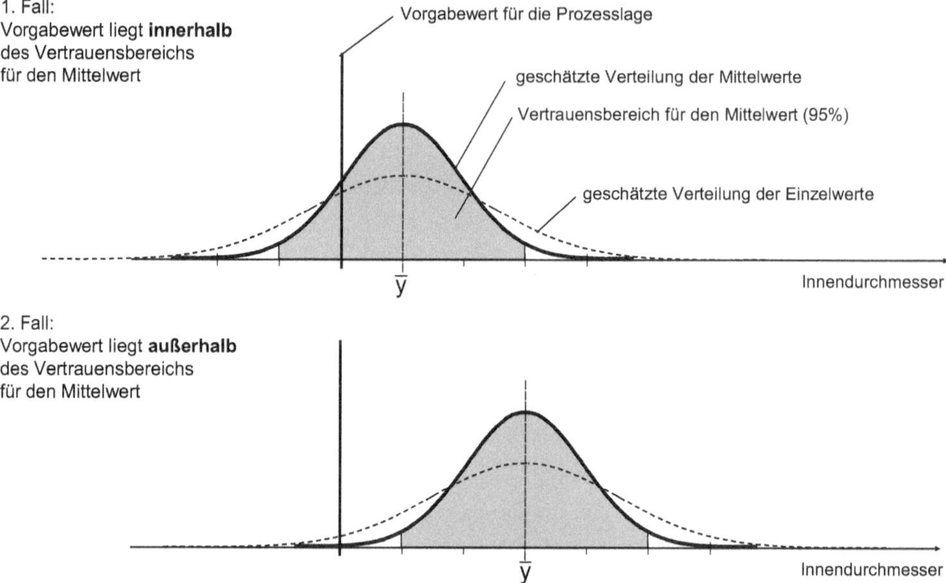

Bild 6-8 Vergleich von Vorgabewert und Vertrauensbereich für den Mittelwert

Die Rechnung wurde verwendet, um zu überprüfen, ob die Lage eines Fertigungsprozesses noch der Vorgabe entspricht oder sich in der Zwischenzeit verändert hat. Bild 6-8 zeigt die möglichen Situationen. Liegt der vorgegebene Mittelwert im Vertrauensbereich (Fall 1), dann nimmt man an, dass der beobachtete Unterschied zwischen dem Vorgabewert und dem Stichprobenmittelwert nur zufällig ist. Wenn der Vorgabewert allerdings außerhalb des Vertrauensbereiches liegt (Fall 2), geht man davon aus, dass sich der Prozess geändert hat.

Darstellung dieses Vergleiches als u-Test

Auf dasselbe Ergebnis kommt man, wenn man diese Rechnung als Hypothesentest formuliert. Hypothesentests sind statistische Verfahren, mit deren Hilfe überprüft wird, ob bestimmte Annahmen zutreffen.

Die Hypothesen stammen aus:

- Forderungen, die erfüllt werden müssen (z. B. Kundenforderungen)
- der Erfahrung des Teams
- theoretischen Überlegungen
- Vermutungen, die man überprüfen möchte

Untersuchungen an Stichproben sollen mehr Klarheit über die Hypothesen schaffen. Bild 6-9 zeigt das Vorgehen dazu:

1. Aufstellen der Hypothese
   - H_0: Nullhypothese, „Vor-Urteil", die zu überprüfende Annahme
   - H_1 bzw. H_A : Alternativhypothese; entgegenstehende Vermutung; Alternative
2. Kritischen Wert ermitteln
   - Prüfgröße festlegen
   - Signifikanzniveau (Irrtumswahrscheinlichkeit α) festlegen
   - Kritischen Wert berechnen
3. Prüfwert errechnen
   - Stichprobe entnehmen
   - Prüfwert aus der Stichprobe errechnen
4. Entscheidung
   - Prüfwert mit kritischem Wert vergleichen
   - Hypothese annehmen oder verwerfen

Bild 6-9 Vorgehen bei Hypothesentests

Das folgende Bild zeigt die Regeln zur Entscheidung (für den zweiseitigen Test). Liegt der Prüfwert außerhalb des durch die kritischen Werte eingegrenzten Bereiches, dann wird die Nullhypothese verworfen.

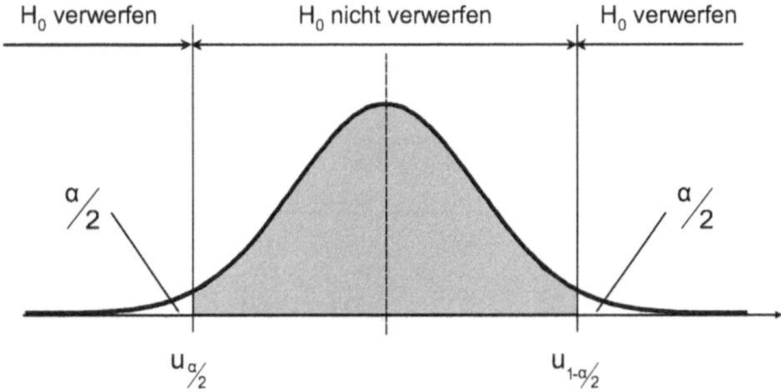

Bild 6-10 Mögliche Entscheidungen beim Hypothesentest

Beispiel 6-1 u-Test zum Nachweis von Prozessänderungen

Das Beispiel 3-12 wird als Hypothesentest folgendermaßen gerechnet:

Aufstellen der Hypothese

$H_0: \mu = \mu_0 \qquad H_A: \mu \neq \mu_0$

Kritischen Wert ermitteln

$$u_{krit} = u_{1-\alpha/2} = u_{97,5\%} = 1{,}96$$

Prüfwert errechnen

$$u_{pr} = \frac{\bar{y} - \mu_0}{\sigma_{\bar{y}}} \Rightarrow u_{pr} = \frac{30{,}65 - 30}{1/\sqrt{10}} \Rightarrow u_{pr} = 2{,}055$$

Entscheidung

$|u_{pr}| \geq u_{1-\alpha/2}$ H_0 wird zugunsten von H_A verworfen

Bild 6-11 Beispiel 3-12 als Hypothesentest gerechnet

Der Vertrauensbereich ($30{,}03 \leq \mu \leq 31{,}27$) überdeckt den Wert 30 nicht. Wenn man das Vertrauensniveau erhöht bzw. die Irrtumswahrscheinlichkeit α reduziert, wird der Vertrauensbereich breiter. Es stellt sich nun die Frage, wie weit man die Irrtumswahrscheinlichkeit reduzieren müsste, damit der Vertrauensbereich gerade den Wert 30 berührt.

Fortsetzung des Beispiels aus Bild 6-11:

$$30{,}65 - 1{,}96 \cdot \frac{1}{\sqrt{10}} \leq \mu \leq 30{,}65 + 1{,}96 \cdot \frac{1}{\sqrt{10}}$$

Damit der Vertrauensbereich gerade den Wert 30 berührt, muss u vergrößert werden:

$$30{,}65 - u \cdot \frac{1}{\sqrt{10}} = 30$$

$$u = \frac{30{,}65 - 30}{1/\sqrt{10}} = 2{,}055$$

aus u-Verteilung: $\alpha/2 = 2\%$ bzw. $\alpha = 4\%$

p-Wert aus Minitab

allgemein:

$$\bar{y} - u_{1-\alpha/2} \cdot \sigma_{\bar{y}} \leq \mu \leq \bar{y} + u_{1-\alpha/2} \cdot \sigma_{\bar{y}}$$

$$\bar{y} - u_{1-\alpha/2} \cdot \sigma_{\bar{y}} = \mu_0$$

$$u_{1-\alpha/2} = \frac{\bar{y} - \mu_0}{\sigma_{\bar{y}}}$$

aus u-Verteilung: α = ...

Bild 6-12 Berechnung des p-Werts

Als Ergebnis erhält man eine Irrtumswahrscheinlichkeit von $\alpha = 4\%$. Würde man in diesem Beispiel von vornherein mit einer Irrtumswahrscheinlichkeit von $\alpha = 4\%$ rechnen, dann würde der Vertrauensbereich den Wert 30 gerade berühren. ■

Die Irrtumswahrscheinlichkeit von $\alpha = 4\%$ wird von Minitab (wie auch von vielen anderen Statistik-Paketen) als **p-Wert** ausgegeben und stellt eine sehr wichtige Orientierungshilfe für den Anwender dar. Der p-Wert gibt die Wahrscheinlichkeit an, dass der beobachtete oder ein noch größerer Unterschied zufällig auftreten kann, wenn tatsächlich kein Unterschied besteht.

Für das Beispiel heißt das konkret, dass der beobachtete Unterschied (30,65 − 30 = 0,65) mit nur 4%-iger Wahrscheinlichkeit zufällig auftritt, wenn der Mittelwert des Prozesses auf 30 liegt (also kein Unterschied besteht).

In der Praxis wird man sich weniger mit dem Rechengang beschäftigen, sondern auf die grafische Analyse und Interpretation der Ergebnisse konzentrieren. Üblicherweise wird die Grenze bei einer Irrtumswahrscheinlichkeit von $\alpha = 5\%$ angesetzt. Liegt der p-Wert unter 5 %, so bezeichnet man den beobachteten Unterschied als signifikant. Ist der p-Wert größer als 5 %, dann nimmt man an, dass beobachtete Unterschiede zufällig aufgetreten sind.

Die Angabe der Signifikanz erfolgt manchmal auch in der folgenden Form:

p über 5%	–	(nicht signifikant)
p = 1 bis 5%	*	(ein Stern signifikant)
p = 0,1 bis 1%	**	(zwei Stern signifikant)
p unter 0,1%	***	(drei Stern signifikant)

Minitab stellt die Ergebnisse dieses Tests im Session-Fenster zusammenfassend dar. Die Nullhypothese wird mit μ = 30 angegeben, d.h. die zu überprüfende Annahme lautet μ = 30. Beachten Sie, dass die standardisierte Variable u im angloamerikanischen Raum mit z bezeichnet wird. Von daher stammen auch die Angabe von z und die Bezeichnung z-Test in Minitab.

z-Test bei einer Stichprobe: Durchmesser

```
Test auf Mü = 30 vs. nicht = 30
Angenommene Standardabweichung = 1

                                          SE des
Variable     N  Mittelwert  StdAbw  Mittelwerts          95%-KI            z      p
Durchmesser  10     30,650   0,959        0,316  (30,030; 31,270)  2,06  0,040
```

Bild 6-13 Berechnungsergebnisse aus Minitab

Hinweis: Auch wenn der Unterschied nicht signifikant ist, bedeutet dies nicht, dass es in Wirklichkeit keinen Unterschied gibt. Wiederholt man die Untersuchung an einer größeren Stichprobe, so zeigt sich vielleicht ein signifikanter Unterschied. Mit zunehmendem Stichprobenumfang wird der Vertrauensbereich schmäler, sodass auch kleinere Unterschiede als signifikant ausgewiesen werden. Liegt der p-Wert im Bereich von 5%, wird man daher eventuell weitere Untersuchungen anstellen, um sich Klarheit zu verschaffen.

Entscheidungsfehler bei Testverfahren

Bei Hypothesentests werden die Entscheidungen auf Basis von Untersuchungen an Stichproben getroffen. Durch die Zufälligkeit in der Stichprobe kann es zu folgenden Entscheidungsfehlern kommen.

		Wirklichkeit	
		H_0 trifft zu	H_A trifft zu
Testergebnis	H_0 trifft zu	richtige Entscheidung	falsche Entscheidung (Wahrscheinlichkeit für diesen Fehler 2. Art ist β)
	H_A trifft zu	falsche Entscheidung (Wahrscheinlichkeit für diesen Fehler 1. Art ist α)	richtige Entscheidung

Bild 6-14 Entscheidungsfehler bei Testverfahren [3]

Fehler 1. Art: Obwohl in Wirklichkeit kein Unterschied zwischen dem Vorgabewert und dem Prozessmittelwert besteht, liegen die Stichprobenergebnisse zufällig soweit im Randbereich, dass ein Unterschied angenommen wird. Die Wahrscheinlichkeit, einen Fehler 1. Art zu begehen, wird durch das Signifikanzniveau α angegeben. Dies heißt aber auch, dass man bei einem angenommenen Signifikanzniveau von α = 5 % in 100 Fällen 5-mal die Nullhypothese zu Unrecht verwirft.

Fehler 2. Art: Obwohl in Wirklichkeit ein Unterschied zwischen dem Vorgabewert und dem Prozessmittelwert besteht, wird dieser an den Stichprobenergebnissen nicht erkannt. Die Wahrscheinlichkeit, einen Fehler 2. Art zu begehen, wird durch die Wahrscheinlichkeit β angegeben. Softwarepakete geben häufig auch die *Trennschärfe* (engl. *Power*) mit 1 – β an.

Die *Trennschärfe* gibt damit die Fähigkeit eines Tests an, Unterschiede zu erkennen, wenn sie in Wirklichkeit vorhanden sind.

Vielfach wird bei Testverfahren nur das Signifikanzniveau α vorgegeben. Wenn die Wahrscheinlichkeit, einen Fehler 2. Art zu machen, nicht bekannt ist, sollte man nicht davon sprechen, dass die Nullhypothese angenommen wird, sondern nur davon, dass die Nullhypothese nicht verworfen werden kann [3].

Ermittlung der Stichprobengröße

Wählt man das Signifikanzniveau α niedrig, so verringert sich das Risiko, einen Fehler 1. Art zu begehen. Bleiben die Bedingungen für den Test gleich, dann erhöht sich dadurch jedoch das Risiko, einen Fehler 2. Art zu begehen. Erst wenn man den Test mit einer größeren Stichprobe durchführt, kann man beide Irrtumswahrscheinlichkeiten verringern.

Der notwendige Stichprobenumfang ist von folgenden Größen abhängig:

- Irrtumswahrscheinlichkeit α
- Wahrscheinlichkeit β (häufig verwendet man β = 10 % bzw. Trennschärfe = 90 %)
- Streuung der Grundgesamtheit
- Unterschied zwischen dem Vorgabewert und dem Prozessmittelwert, der erkannt werden soll

Das folgende Bild zeigt ein Beispiel für die Berechnung der erforderlichen Stichprobengröße mit Minitab. Die Standardabweichung sei mit σ = 0,1 aus früheren Untersuchungen bekannt. Die Irrtumswahrscheinlichkeit wird mit α = 5 % und die Trennschärfe mit 90 % festgelegt. Eine Abweichung des Mittelwertes von 0,2 soll erkannt werden. Gesucht ist die notwendige Größe der Stichprobe.

Trennschärfe und Stichprobenumfang

```
z-Test bei einer Stichprobe

Test auf Mittelwert = null (vs. nicht = null)
Berechnen der Trennschärfe für Mittelwert = null + Differenz
Alpha = 0,05  Angenommene Standardabweichung = 0,1


Differenz  Stichprobenumfang  Soll-Trennschärfe  Ist-Trennschärfe
      0,2                  3                0,9          0,933727
```

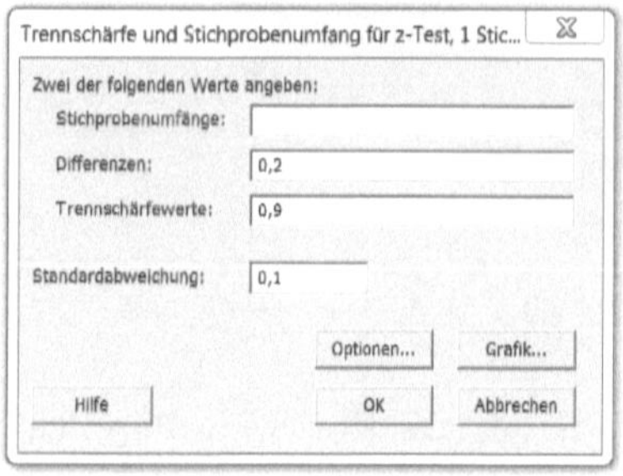

Trennschärfe und Stichprobenumfang für z-Test, 1 Stic...
Zwei der folgenden Werte angeben:
Stichprobenumfänge:
Differenzen: 0,2
Trennschärfewerte: 0,9
Standardabweichung: 0,1
Optionen... Grafik...
Hilfe OK Abbrechen

Minitab > Statistik > Trennschärfe und Stichprobenumfang > z-Test, 1 Stichprobe …

Bild 6-15 Beispiel: Ermittlung der Stichprobengröße mit Minitab

Die der Trennschärfe von 90 % entsprechende Stichprobengröße wird für die praktische Umsetzung auf die nächste ganze Zahl aufgerundet (in diesem Fall auf 3). Daher erhöht sich auch die Trennschärfe auf 93 %. Umgekehrt kann natürlich auch mit einem gegebenen Stichprobenumfang die erzielbare Trennschärfe berechnet werden.

6.2.1.2 Vergleich eines Mittelwertes mit einem Vorgabewert (t-Test)

Dieser Test entspricht hinsichtlich Überlegungen und Rechengang weitestgehend dem u-Test. Wiederum wird die Lage eines Prozesses mit einem Vorgabewert verglichen. Dieser Test wird angewendet, wenn die Streuung des untersuchten Prozesses nicht bekannt ist. Daher muss sie aus den Stichprobenwerten geschätzt werden. Die Rechnung erfolgt dann mit der t-Verteilung. Die Unsicherheit bei der Schätzung von σ führt zu einem breiteren Vertrauensbereich.

Beispiel 6-2 t-Test zum Nachweis von Prozessänderungen

Für Beispiel 6-1 wird angenommen, dass die Standardabweichung der Grundgesamtheit nicht bekannt ist. Nach Schätzung der Standardabweichung aus der Stichprobe ergibt sich folgende Rechnung:

t-Test bei einer Stichprobe: Durchmesser

```
Test auf Mü = 30 vs. nicht = 30

                                            SE des
Variable       N  Mittelwert  StdAbw  Mittelwerts        95%-KI            t      p
Durchmesser  10      30,650   0,959        0,303  (29,964; 31,336)  2,14  0,061
```

Bild 6-16 Vergleich von Mittelwert mit Vorgabewert bei unbekannter Streuung mit Minitab

Der p-Wert ist über 5 %, womit ein signifikanter Unterschied zwischen dem Vorgabewert und dem Stichprobenmittelwert nicht nachgewiesen ist. Nachdem der p-Wert doch relativ klein ist, wird man in der Praxis versuchen, durch weitere Stichproben mehr Klarheit zu schaffen. ■

6.2.1.3 Vergleich von zwei Mittelwerten (t-Test)

Vorgehen zum Vergleich von zwei Mittelwerten

In Abschnitt 5.5.2 haben wir uns bereits mit der Bewertung von Unterschieden beschäftigt. In der Praxis kommt dies zum Beispiel in folgenden Fällen vor:

- Vergleich der Produkte auf zwei Maschinen: Gibt es einen Unterschied im Durchmesser zwischen den auf den beiden Maschinen gefertigten Produkten?
- Vergleich von unterschiedlichen Einstellungen: Hat die Temperatur einen Einfluss auf die Schichtdicke?
- Vergleich von zwei Lieferanten: Besteht ein Unterschied im Gewicht der Lieferungen der beiden Lieferanten?

Immer wenn wir zwei Stichprobenwerte oder auch zwei Mittelwerte vergleichen, werden wir einen Unterschied (Effekt) feststellen. Aufgabe der Testverfahren ist es anzugeben, ob der beobachtete Unterschied zufällig oder signifikant ist.

Ein **zufälliger Effekt** resultiert aus den zufälligen Streuungen der Einflussfaktoren. Daher kann dieser beobachtete Effekt beim nächsten Versuch genau umgekehrt sein. Zufällige Effekte dürfen nicht interpretiert werden. Ebenso ist es nicht zulässig, Entscheidungen daraus abzuleiten!

Ein **signifikanter Effekt** ist so groß, dass er nur sehr unwahrscheinlich aus der zufälligen Streuung resultiert.

In Abschnitt 3.7 wurden bereits die Formeln zur Berechnung des Vertrauensbereiches angegeben. Ausgehend von diesen Formeln wird nun das Vorgehen zum Vergleich von zwei Mittelwerten abgeleitet:

1. Berechnung der Differenz der beiden Stichprobenmittelwerte (Effekt)

$\bar{d} = \bar{y}_2 - \bar{y}_1$ $\bar{d}$ ... Schätzwert für die wahre Differenz δ der beiden Grundgesamtheiten

2. Berechnung des Vertrauensbereiches für die Differenz (für gleichen Stichprobenumfang)

$$\bar{d} - t \cdot s_{\bar{d}} \leq \delta \leq \bar{d} + t \cdot s_{\bar{d}}$$

mit $s_{\bar{d}}^2 = \frac{2 \cdot s^2}{n}$ ⇨ $s_{\bar{d}} = \sqrt{\frac{2}{n} \cdot s^2} = \sqrt{\frac{4}{N} \cdot s^2}$ ... Standardabweichung des Effekts (standard error)

$N = 2 \times n$ ... Gesamtzahl der Versuchsergebnisse

$s^2 = \frac{s_1^2 + s_2^2}{2}$ ... mittlere Varianz der Einzelwerte

$f = 2 \times (n-1) = N - 2$ ... Freiheitsgrad

3. Interpretation des Ergebnisses

Bild 6-17 Formeln zum Vergleich von Mittelwerten (für gleichen Stichprobenumfang[1])

Vorerst berechnet man die Differenz der beiden Stichprobenmittelwerte. Dies ist ein Schätzwert für die wahre Differenz δ der beiden Grundgesamtheiten. Weiters berechnet man den Vertrauensbereich für die wahre Differenz δ.

Das Ergebnis wird nun folgendermaßen interpretiert:

Vertrauensbereich schließt den Wert 0 ein: Der wahre Unterschied könnte auch gleich 0 sein. Ausgehend von den Daten ist es plausibel, dass kein Unterschied zwischen den Gruppen besteht. Der Effekt ist nicht signifikant.

Vertrauensbereich enthält den Wert 0 nicht: Ausgehend von den Daten ist es unwahrscheinlich, dass der wahre Unterschied gleich 0 ist. Man geht davon aus, dass ein Unterschied besteht. Der Effekt ist signifikant

[1] Das Vorgehen lässt sich auch auf ungleiche Stichprobengrößen erweitern. Der t-Test ist jedoch am effizientesten, wenn beide Stichprobenumfänge gleich groß sind.

Beispiel 6-3 Vergleich von zwei Stichproben (nach [1])

Ein Unternehmen bezieht Stahlsorten von zwei verschiedenen Herstellern. Man möchte nun wissen, ob sich die beiden Stahlsorten bezüglich der Streckgrenze unterscheiden. Dazu entnimmt man je 11 Stichproben und bestimmt deren Streckgrenze. Im ersten Schritt erfolgt der Vergleich der Stichprobenmittelwerte durch die Beurteilung des Vertrauensbereiches für die Differenz. Als Vertrauensniveau wird 95 % angenommen.

Aus den Einzelwerten wurde berechnet:

Hersteller 1: $\overline{y}_1 = 312\ \text{N/mm}^2$ $\quad s_1 = 21\ \text{N/mm}^2$

Hersteller 2: $\overline{y}_2 = 345\ \text{N/mm}^2$ $\quad s_2 = 25\ \text{N/mm}^2$

Der Vertrauensbereich für die Differenz zwischen den beiden Mittelwerten berechnet sich folgendermaßen:

$$\overline{d} = \overline{y}_2 - \overline{y}_1 = 345 - 312 = 33\,\text{N/mm}^2$$ ... Differenz der beiden Stichprobenmittelwerte

$$s^2 = \frac{s_1^2 + s_2^2}{2} = \frac{21^2 + 25^2}{2} = 533 \qquad s = 23{,}1$$ ... mittlere Varianz / Standardabweichung der Einzelwerte

$$f = 2 \times (n-1) = N - 2 = 22 - 2 = 20$$ ... Freiheitsgrad

$$s_{\overline{d}} = \sqrt{\frac{4}{N} \times s^2} = \sqrt{\frac{4}{22}} \times 23{,}1 = 9{,}84\,\text{N/mm}^2$$ ... Standardabweichung des Effekts (standard error)

$$t_{f=20;1-\alpha/2=97{,}5\%} = 2{,}086$$ ... t-Wert

$$33 - 2{,}086 \times 9{,}84 \le \delta \le 33 + 2{,}086 \times 9{,}84$$ ... Vertrauensbereich für die Differenz δ

$$12{,}5\,\text{N/mm}^2 \le \delta \le 53{,}5\,\text{N/mm}^2$$

Bild 6-18 Ermittlung des Vertrauensbereiches für die Differenz δ

Der Vertrauensbereich enthält den Wert 0 nicht, d.h. es besteht ein signifikanter Unterschied zwischen den Herstellern.

Bild 6-19 zeigt die Berechnung dieses Beispiels mit Minitab. Der angegebene Vertrauensbereich (Konfidenzintervall, KI; Confidence Interval, CI) zeigt das gleiche Resultat. Auf die weiteren Berechnungsergebnisse wird später eingegangen.

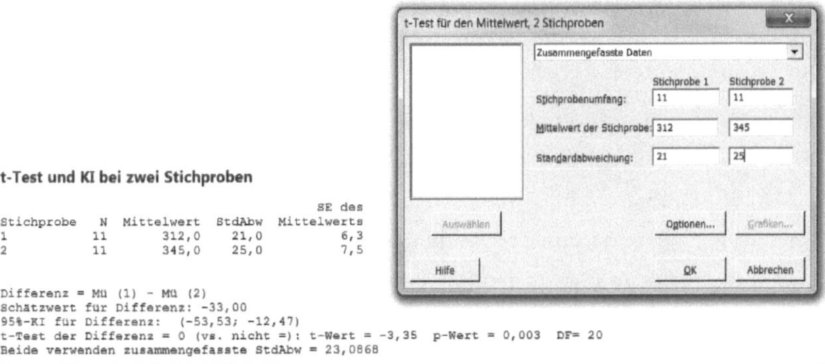

t-Test und KI bei zwei Stichproben

```
                                           SE des
Stichprobe   N  Mittelwert  StdAbw  Mittelwerts
1           11       312,0    21,0          6,3
2           11       345,0    25,0          7,5


Differenz = Mü (1) - Mü (2)
Schätzwert für Differenz: -33,00
95%-KI für Differenz:  (-53,53; -12,47)
t-Test der Differenz = 0 (vs. nicht =): t-Wert = -3,35  p-Wert = 0,003  DF= 20
Beide verwenden zusammengefasste StdAbw = 23,0868
```

Minitab > Statistik > Statistische Standardverfahren > t-Test, 2 Stichproben ...

Bild 6-19 Berechnung mit Minitab

Der Vertrauensbereich ($12{,}5 \le \delta \le 53{,}5$) überdeckt den Wert 0 nicht. Wenn man das Vertrauensniveau erhöht bzw. die Irrtumswahrscheinlichkeit α reduziert, dann wird der Vertrauensbereich breiter. Wiederum stellt sich die Frage, wie weit man die Irrtumswahrscheinlichkeit weiter reduzieren müsste, damit der Vertrauensbereich gerade 0 berührt.

Fortsetzung des Beispiels:

$$33 - 2{,}086 \times 9{,}84 \le \delta \le 33 + 2{,}086 \times 9{,}84$$

Für eine Berührung von 0 muss t vergrößert werden

$$33 - t \times 9{,}84 = 0$$

$$t = -33/9{,}84 = -3{,}35$$

aus t-Verteilung: $\alpha/2 = 0{,}0015941$ bzw. $\alpha = 0{,}0032$

p-Wert aus Minitab

Allgemein:

$$\bar{d} - t \times s_{\bar{d}} \le \delta \le \bar{d} + t \times s_{\bar{d}}$$

$$\bar{d} - t \times s_{\bar{d}} = 0$$

$$t = \bar{d}/s_{\bar{d}}$$

aus t-Verteilung: $\alpha = \ldots$

Bild 6-20 Berechnung des p-Werts

Als Ergebnis erhält man eine Irrtumswahrscheinlichkeit von $\alpha = 0{,}32\,\%$, d. h. der Unterschied ist hoch signifikant. In Minitab wird diese Irrtumswahrscheinlichkeit wiederum als p-Wert ausgegeben. ■

Darstellung des Mittelwertvergleichs als Hypothesentest / t-Test

Auf dasselbe Ergebnis kommt man, wenn man den Mittelwertvergleich als Hypothesentest formuliert. Typische Fragestellungen für diesen Hypothesentest sind:

- Besteht ein Unterschied zwischen den Fertigungsprozessen (Lage bzw. Streuung) von zwei oder mehreren Lieferanten?
- Besteht ein Unterschied zwischen zwei möglichen Verfahren zur Herstellung desselben Produktes?
- Hat sich ein Fertigungsprozess geändert? Kann angenommen werden, dass μ noch den Sollwerten entspricht?

Auch in Minitab wird der Mittelwertvergleich als Hypothesentest dargestellt. Wie in Bild 6-19 ersichtlich, wird die Nullhypothese mit Differenz = Mü (1) - Mü (2) angegeben, d. h. die zu überprüfende Annahme lautet $\mu_1 - \mu_2 = 0$.

Das wichtigste Ergebnis ist wiederum der p-Wert. Darüber hinaus gibt Minitab auch den Prüfwert (t-Wert) und den Freiheitsgrad (DF = degree of freedom) an.

Bei der Durchführung des t-Tests werden folgende Voraussetzungen angenommen:

- die Einzelwerte jeder Gruppe sind normalverteilt
- die Standardabweichung ist für jede Gruppe gleich groß
- die Einzelwerte sind repräsentativ für die beiden Gruppen

Der Vergleich von zwei Mittelwerten ist jedoch relativ unempfindlich gegenüber moderaten Abweichungen von der Normalverteilung und ungleichmäßigen Standardabweichungen [1].

Beispiel 6-4 Vergleich von zwei Stichproben mittels Hypothesentest (nach [1])

Das Beispiel 6-3 wird als Hypothesentest folgendermaßen gerechnet:

Aufstellen der Hypothese

$H_0: \mu_1 = \mu_2 \qquad H_A: \mu_1 \neq \mu_2$

Kritischen Wert ermitteln

$$t_{krit} = t_{f;1-\alpha/2} = t_{20;97,5\%} = 2{,}086$$

Prüfwert errechnen

$$t_{pr} = \frac{\bar{y}_2 - \bar{y}_1}{s_{\bar{d}}} \qquad t_{pr} = \frac{345-312}{9{,}84} \quad \Rightarrow \quad t_{pr} = 3{,}354$$

Entscheidung

$$|t_{pr}| \geq t_{1-\alpha/2}$$

H_0 wird zugunsten von H_A verworfen

Bild 6-21 Beispiel 6-3 als Hypothesentest gerechnet

Der Hypothesentest ergibt dasselbe Ergebnis. Die Annahme, dass die Mittelwerte beider Grundgesamtheiten gleich sind, muss verworfen werden. ■

Beispiel 6-5 Vergleich der Lieferungen von zwei Lieferanten

In einem Unternehmen ist beabsichtigt, eine größere Menge Fliesenkleber zu kaufen. Es liegen Angebote von zwei Lieferanten vor, wobei die Kosten identisch sind. Um herauszufinden, ob möglicherweise ein Unterschied in der Füllmenge besteht, beschafft man von beiden Lieferanten jeweils zehn Säcke Fliesenkleber. Nachstehende Tabelle zeigt die gemessenen Werte in kg.

Lieferant 1		Lieferant 2	
19,3	22,4	18,2	20,3
19,9	20,3	20,6	20,7
21,9	20,2	18,7	19,8
21,5	19,8	19,6	22,1
21,7	20,8	19,4	20,0

Auf den ersten Blick sieht es so aus, als ob Lieferant 1 eine höhere Menge einfüllt als Lieferant 2. Um dies besser beurteilen zu können, bedienen wir uns einer Grafik (Einzelwertdiagramm) und einer geeigneten Kennzahl (arithmetischer Mittelwert).

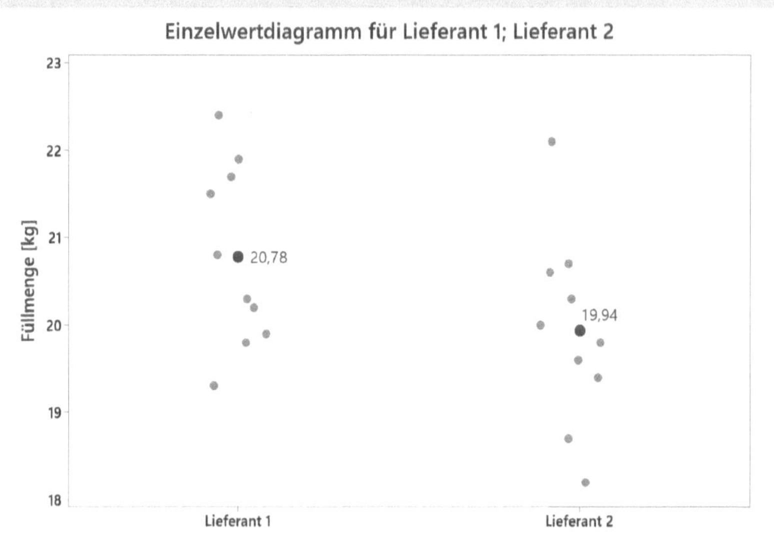

Minitab > Grafik > Einzelwertdiagramm ...

Bild 6-22 Vergleich der Füllmengen von Lieferant 1 und Lieferant 2

Sowohl die Grafik als auch die Kennzahl bestätigen unsere Vermutung und man ist rasch dazu verleitet, sich für Lieferant 1 zu entscheiden. Bevor wir dies tun, müssen wir prüfen, ob dieser Unterschied nicht durch Zufall entstanden sein könnte. Diese Prüfung erfolgt mit Hilfe des 2-Stichproben-t-Tests.

Stichprobe	N	Mittelwert	StdAbw	SE des Mittelwerts
Lieferant 1	10	20,78	1,04	0,33
Lieferant 2	10	19,94	1,10	0,35

Schätzwert für Differenz

Differenz	Zusammengefasste StdAbw	95%-KI für Differenz
0,840	1,068	(-0,164; 1,844)

Test

Nullhypothese H_0: $\mu_1 - \mu_2 = 0$
Alternativhypothese H_1: $\mu_1 - \mu_2 \neq 0$

t-Wert	DF	p-Wert
1,76	18	0,096

Minitab > Statistik > t-Test für den Mittelwert, 2 Stichproben ...

Bild 6-23 Ergebnis des 2-Stichproben-t-Tests aus Minitab

Die Auswertung mit Hilfe von Minitab zeigt, dass die Differenz zwischen den beiden Mittelwerten 0,84 kg beträgt und der Vertrauensbereich für die Differenz von -0,168 kg bis 1,848 kg reicht. Nachdem auch null im Vertrauensbereich liegt, könnte ausgehend von den beiden Stichproben die wahre Differenz auch null betragen, d. h. in Wirklichkeit kein Unterschied zwischen der Füllmenge der beiden Lieferanten bestehen.

Auch der t-Test bestätigt dies. Nachdem der p-Wert mit 9,6 % über der Signifikanzgrenze von 5 % liegt, konnte nicht nachgewiesen werden, dass der Unterschied signifikant ist. Es darf daher nicht angenommen werden, dass der Lieferant 1 signifikant mehr einfüllt als der Lieferant 2. Behauptet man nämlich, dass die Füllmenge bei Lieferant 1 höher ist als bei Lieferant 2, dann irrt man sich mit einer Wahrscheinlichkeit von 9,6 %. Da der p-Wert nahe an der Signifikanzgrenze liegt, würde man in der Praxis zusätzliche Stichproben zur weiteren Analyse beschaffen.

Bild 6-24 zeigt die Analyseergebnisse aus JMP.

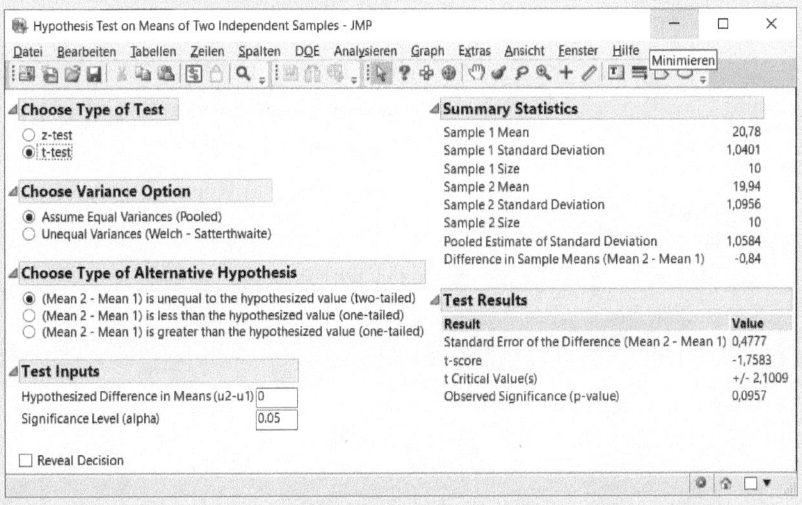

JMP > Hilfe > Index der Beispiele > Rechner > Hypothesis Test for Two Means ...

Bild 6-24 2-Stichproben-t-Test durchgeführt mit JMP

In SigmaXL gibt es die Möglichkeit, zwei Stichproben umfassend miteinander zu vergleichen. Es werden dabei die Testverfahren für den Vergleich von Lage und Streuung sowohl für normalverteilte Messwerte als auch für nicht normalverteilte Messwerte durchgeführt, und das Ergebnis des anzuwendenden Tests gelb hinterlegt. Dies vereinfacht die Anwendung, da nicht auf die Einhaltung möglicher Voraussetzungen für die Testverfahren geachtet werden muss. Bild 6-25 zeigt das Ergebnis von Beispiel 6-5 in SigmaXL.

Results:	Lieferant 1	Lieferant 2
Count	10	10
Mean	20,780	19,940
Median	20,550	19,900
Standard Deviation	1,040085467	1,095647956
AD Normality Test P-Value	**0,5490**	**0,8771**

Test for Equal Variances:		
F-test (use with normal data):		
	F (test statistic)	1,109695974
	P-Value (2-sided)	**0,8793**
Levene's test (use with non-normal data):		
	P-Value (2-sided)	0,7766

2 Sample t-Test for means:		
Assume Equal Variance:		
	t (test statistic)	1,758
	P-Value (2-sided)	**0,0957**
	P-Value (1-sided)	0,0478
Assume Unequal Variance:		
	t (test statistic)	1,758
	P-Value (2-sided)	0,0957
	P-Value (1-sided)	0,0479

2 Sample Mann-Whitney test for medians:	
P-Value (2-sided)	0,1402
P-Value (1-sided)	0,0701

SigmaXL > Statistical Tools > 2 Sample Comparison Test

Bild 6-25 Vergleich von zwei Stichproben mit SigmaXL

Beispiel 6-6 Ermittlung des notwendigen Stichprobenumfangs für den t-Test

Das folgende Bild zeigt die Berechnung der erforderlichen Stichprobengröße für den t-Test mit Minitab. Gesucht sei die erforderliche Stichprobengröße, um mit Hilfe eines t-Tests einen Unterschied von 0,2 Einheiten mit einer Wahrscheinlichkeit von zumindest 90 % festzustellen (wenn es diesen Unterschied tatsächlich gibt). Zur Ermittlung der Stichprobengröße wird die Standardabweichung mit $\sigma = 0{,}1$ Einheiten angenommen. Die Irrtumswahrscheinlichkeit wird mit $\alpha = 5\,\%$ festgelegt.

Trennschärfe und Stichprobenumfang

```
t-Test bei zwei Stichproben

Test auf Mittelwert 1 = Mittelwert 2 (vs. nicht =)
Berechnen der Trennschärfe für Mittelwert 1 = Mittelwert 2 + Differenz
Alpha = 0,05  Angenommene Standardabweichung = 0,1


Differenz  Stichprobenumfang  Soll-Trennschärfe  Ist-Trennschärfe
     0,2                  7                0,9          0,929070

Der Stichprobenumfang gilt für jede Gruppe.
```

Trennschärfe und Stichprobenumfang für t-Test, 2 Sti...

Zwei der folgenden Werte angeben:
Stichprobenumfänge:
Differenzen: 0,2
Trennschärfewerte: 0,9
Standardabweichung: 0,1
Optionen... Grafik...
Hilfe OK Abbrechen

Minitab > Statistik > Trennschärfe und Stichprobenumfang > t-Test, 2 Stichproben ...

Bild 6-26 Beispiel: Ermittlung der Stichprobengröße

Nachdem die Stichprobengröße auf 7 aufgerundet wurde, beträgt die tatsächliche Trennschärfe 93 %. Umgekehrt kann natürlich auch mit einem gegebenen Stichprobenumfang die erzielbare Trennschärfe berechnet werden. ■

Paarweiser t-Test

Ein Sonderfall des t-Tests ist der Paarweise t-Test. Manchmal ist es möglich, die Aussagefähigkeit des t-Tests durch einen Paarweisen Vergleich deutlich zu erhöhen.

[2] stellt das Vorgehen sehr anschaulich am Vergleich von zwei unterschiedlichen Materialsorten für Schuhsohlen vor. Der Test wurde als Paarweiser t-Test mit Hilfe von Schülern durchgeführt. Jeder Schüler erhielt eine Sohle aus Material A und eine Sohle aus Material B. Die Zuordnung des Materialtyps zum linken bzw. rechten Schuh erfolgte zufällig (per Münzwurf). Nach einiger Zeit wurde die Abnützung der Schuhe beurteilt. Bild 6-27 zeigt die Ergebnisse. Man erkennt, dass die Streuung insgesamt sehr groß ist. Manche Schüler beanspruchen ihre Schuhe kaum, bei anderen wieder ist der Verschleiß sehr groß. Würde man wie beim klassischen t-Test den Mittelwert von Material A mit dem Mittelwert von Material B vergleichen, dann könnten durch die große Reststreuung keine Effekte erkannt werden.

Beim Paarweisen t-Test macht man sich die Tatsache zu Nutze, dass immer paarweise zwei Schuhe gleichen Bedingungen ausgesetzt sind. Man betrachtet an den Paaren die Differenz der Abnützung. Es wird geprüft, ob diese Differenz signifikant von null abweicht. Man kann häufig Einflüsse nicht verhindern, aber dafür sorgen, dass ein Paar immer genau den gleichen Einflüssen ausgesetzt ist. Wenn dies der Fall ist, können Unterschiede wieder erkannt werden.

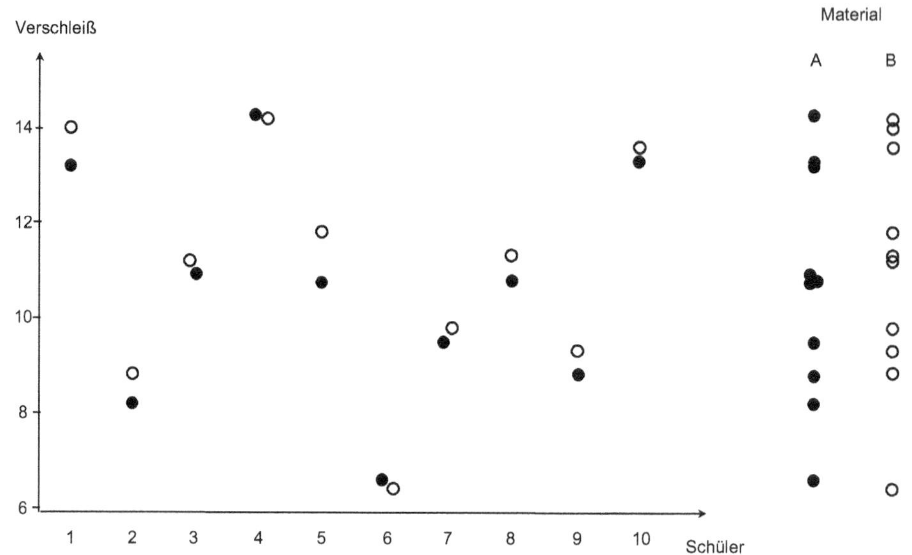

Bild 6-27 Verschleiß von zwei unterschiedlichen Materialsorten

Die Berechnung mit Minitab zeigt, dass die mittlere Differenz $\bar{d} = -0{,}41$ beträgt. Da der Vertrauensbereich den Wert 0 nicht enthält, ist der Unterschied signifikant. Dies zeigt auch der p-Wert von unter 1 %.

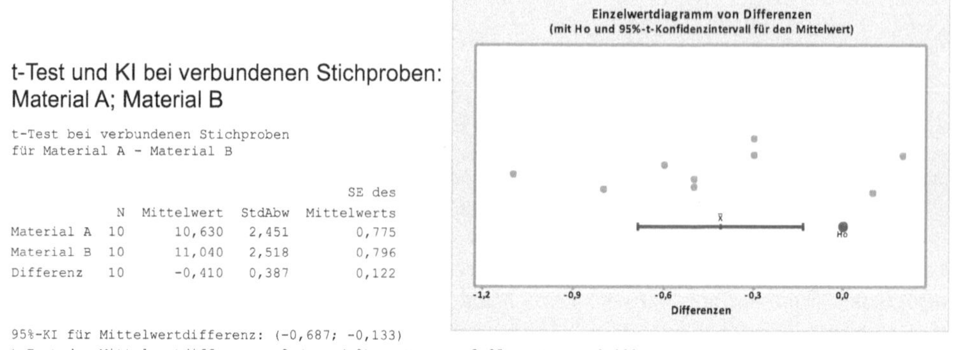

t-Test und KI bei verbundenen Stichproben: Material A; Material B

t-Test bei verbundenen Stichproben für Material A - Material B

	N	Mittelwert	StdAbw	SE des Mittelwerts
Material A	10	10,630	2,451	0,775
Material B	10	11,040	2,518	0,796
Differenz	10	-0,410	0,387	0,122

95%-KI für Mittelwertdifferenz: (-0,687; -0,133)
t-Test der Mittelwertdifferenz = 0 (vs. ≠ 0): t-Wert = -3,35 p-Wert = 0,009

Minitab > Statistik > Statistische Standardverfahren > t-Test, verbundene Stichproben …

Bild 6-28 Berechnung des Paarweisen t-Tests mit Minitab

6.2.1.4 Varianzanalyse (ANOVA, Analysis of Variance)

In Beispiel 6-3 wurde beispielhaft gezeigt, wie mit Hilfe des t-Tests zwei Stahlsorten miteinander verglichen werden. Will man mehr als zwei Stufen miteinander vergleichen (z. B. drei Stahlsorten oder vier Prozesseinstellungen), dann kann man ebenso immer zwei Stufen paarweise miteinander vergleichen. Der Aufwand zur Ermittlung der Ergebnisse steigt dabei jedoch rasch an.

Eine andere Möglichkeit ist die Durchführung einer Varianzanalyse, bei der beliebig viele Stufen miteinander verglichen werden können. Das Grundprinzip soll anhand von Bild 6-29 erläutert werden.

Bei einem chemischen Prozess wird eine Schicht aufgetragen. Es soll nun festgestellt werden, ob die Badtemperatur einen Einfluss auf die Schichtdicke hat. Dazu werden bei drei Temperaturen Versuche durchgeführt und die Schichtdicken gemessen.

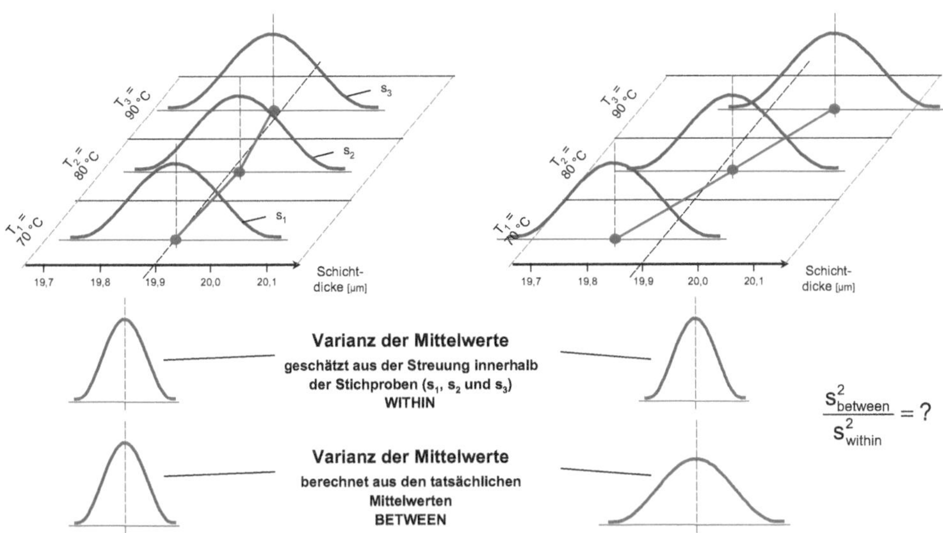

Bild 6-29 Grundprinzip der Varianzanalyse

Das linke Bild zeigt den Fall, dass die Temperatur keinen Einfluss auf die Schichtdicke hat. Die Mittelwerte der einzelnen Temperaturen unterscheiden sich nur zufällig. Im rechten Bild ist ein signifikanter Einfluss der Temperatur auf die Schichtdicke dargestellt.

Um nun festzustellen, ob ein Einfluss signifikant ist, werden die Varianzen analysiert. Die Varianz der Mittelwerte wird auf zwei verschiedene Arten berechnet:

s^2_{within}: Die Streuung innerhalb jeder Stufe wird berechnet. Anschließend wird die mittlere Varianz als Schätzwert für die Varianz der Einzelwerte berechnet. Dividiert man diese Varianz durch n, so erhält man die zu erwartende Varianz der Mittelwerte für den Fall, dass es in Wirklichkeit keinen Unterschied zwischen den Stufen gibt.

$s^2_{between}$: Die Varianz der Mittelwerte kann auch direkt aus den Mittelwerten gerechnet werden.

Wenn es in Wirklichkeit keinen Unterschied zwischen den Temperaturen gibt, dann wird der Quotient der beiden Varianzen nur zufällig von 1 abweichen. Wie im linken Teil des Bildes dargestellt, werden die Varianzen der Mittelwerte (s^2_{within} und $s^2_{between}$) etwa gleich groß sein, obwohl sie auf unterschiedlichen Wegen ermittelt wurden. Wenn die Temperatur einen signifikanten Einfluss hat, dann wird die direkt aus den Mittelwerten gerechnete Varianz größer sein als die aus dem Zufall erwartete Varianz der Mittelwerte. Der rechte Teil des Bildes zeigt diese Situation.

Beispiel 6-7 Vergleich von vier Anlagen (nach [1])

Das folgende Beispiel stellt den Rechengang bei der Varianzanalyse dar. Für die Abscheidung einer SiO_2-Schicht werden vier Anlagen parallel eingesetzt. Es soll untersucht werden, ob sich die Dicke von unter nominell gleichen Bedingungen abgeschiedenen Schichten unterscheidet. Dazu werden aus jeder Anlage zufällig drei Scheiben entnommen und die Schichtdicken gemessen:

	Anlage 1	Anlage 2	Anlage 3	Anlage 4
	520	590	510	550
	560	570	540	500
	510	598	525	495
Mittelwert	530	586	525	515
Streuung	26,458	14,422	15,000	30,414
Varianz	700	208	225	925

a ... Anzahl der Stufen
n ... Wiederholungen innerhalb der Stufe
y ... Schichtdicke

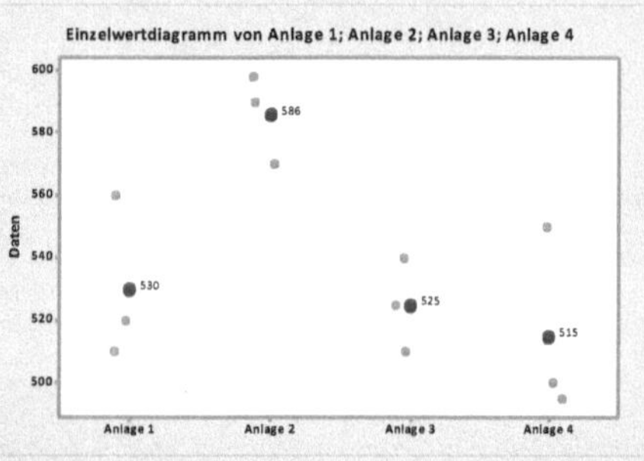

Minitab > Grafik > Einzelwertdiagramm ...

Bild 6-30 Tabellarische und grafische Darstellung der Untersuchungsergebnisse

Am Beginn der Untersuchung steht wie immer die grafische Analyse. Diese erweckt den Eindruck, dass die Schichtdicke bei Anlage 2 größer ist als bei den anderen drei Anlagen. Mit Hilfe der Varianzanalyse soll nun ermittelt werden, ob dieser beobachtete Unterschied signifikant ist oder auch zufällig auftreten kann. ■

Die Varianzanalyse ist wiederum ein Hypothesentest. Prüfgröße und Kritischer Wert werden folgendermaßen ermittelt:

$$s^2 = \frac{1}{a}\sum_{i=1}^{a} s_i^2$$

... mittlere Varianz der Einzelwerte

mit $f_2 = a \times (n-1) = N - a$

Freiheitsgrad zur Berechnung der Varianz der Einzelwerte

$$s_{within}^2 = \frac{s^2}{n}$$

... erwartete Varianz der Stufenmittelwerte (falls kein Unterschied zwischen den Stufen besteht)

$$s_{between}^2 = s_{\bar{y}}^2 = \frac{1}{a-1}\sum_{i=1}^{a}(\bar{\bar{y}} - \bar{y}_i)^2$$

... Varianz, gerechnet aus den Mittelwerten

mit $f_1 = a - 1$

Freiheitsgrad zur Berechnung der Varianz der Mittelwerte

Prüfgröße

$$F_{prüf} = \frac{s_{between}^2}{s_{within}^2} = \frac{s_{\bar{y}}^2}{s^2/n}$$

Bild 6-31 Berechnung der Prüfgröße

Wenn kein Unterschied zwischen den Stufen existiert, wird die Prüfgröße nahe bei 1 liegen. Je größer die Prüfgröße ist, desto wahrscheinlicher ist ein Unterschied zwischen den Stufen. Die Verteilung der Prüfgröße wird durch die F-Verteilung beschrieben. Damit kann ermittelt werden, welche Werte für die Prüfgröße wahrscheinlich sind und welche Werte nur mit einer Wahrscheinlichkeit von α auftreten werden.

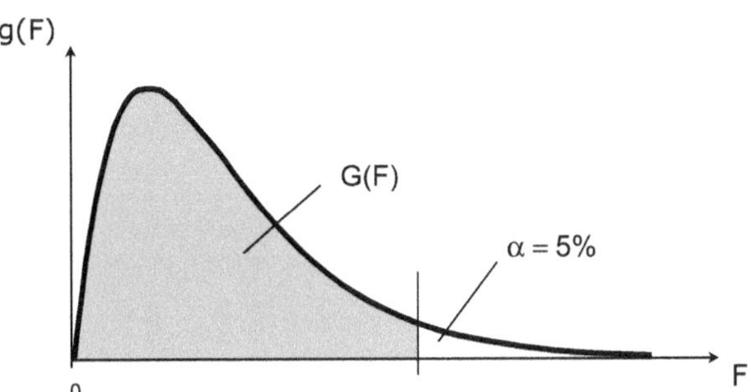

Bild 6-32 Ermittlung des Kritischen Wertes

Auch bei der Varianzanalyse können wiederum verschiedene Signifikanzniveaus (5 %, 1 %, 0,1 %) angenommen werden. Liegt die Prüfgröße in diesem unwahrscheinlichen Bereich, dann wird ein Unterschied zwischen den Stufen angenommen.

Beispiel 6-8 Fortsetzung von Beispiel 6-7

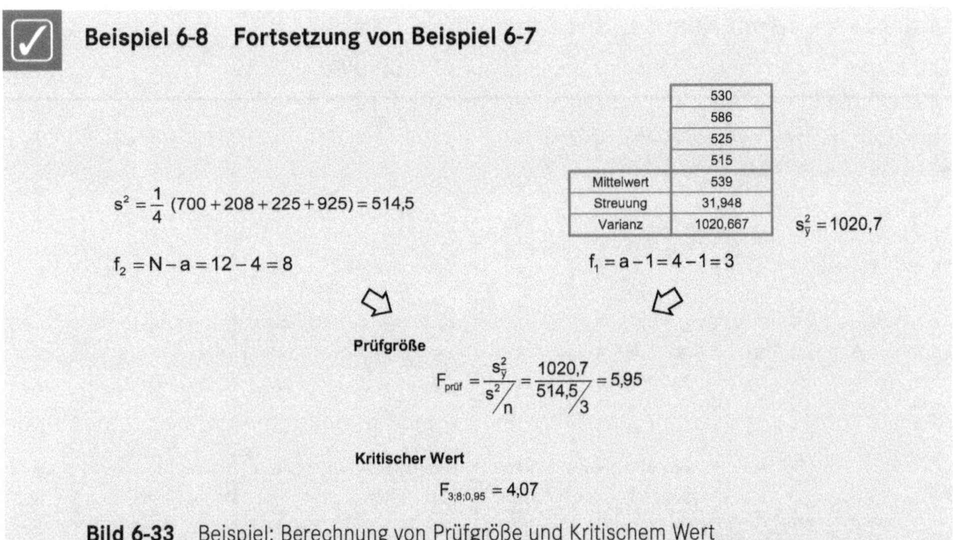

Bild 6-33 Beispiel: Berechnung von Prüfgröße und Kritischem Wert

Der Kritische Wert kann in Abhängigkeit von den beiden Freiheitsgraden f_1 und f_2 aus Tabellen entnommen oder einfacher mit Minitab berechnet werden:

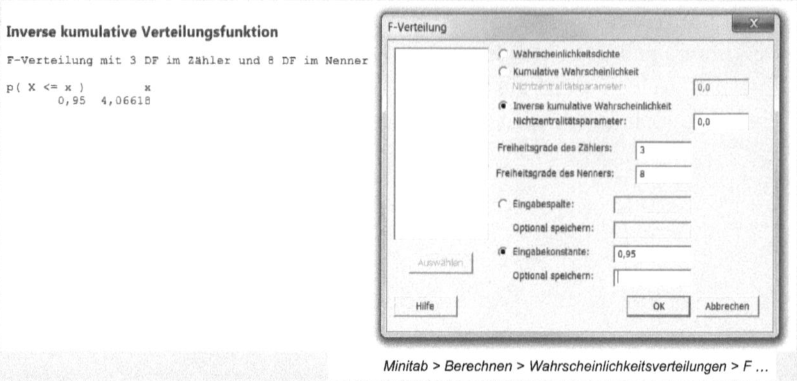

Inverse kumulative Verteilungsfunktion

```
F-Verteilung mit 3 DF im Zähler und 8 DF im Nenner

p( X <= x )        x
       0,95  4,06618
```

F-Verteilung

Wahrscheinlichkeitsdichte
Kumulative Wahrscheinlichkeit
Nichtzentralitätsparameter: 0,0
Inverse kumulative Wahrscheinlichkeit
Nichtzentralitätsparameter: 0,0
Freiheitsgrade des Zählers: 3
Freiheitsgrade des Nenners: 8
Eingabespalte:
Optional speichern:
Eingabekonstante: 0,95
Optional speichern:
Auswählen
Hilfe OK Abbrechen

Minitab > Berechnen > Wahrscheinlichkeitsverteilungen > F ...

Bild 6-34 Ermittlung des Kritischen Werts mit Minitab

Die Prüfgröße liegt im kritischen Bereich, d. h. der Unterschied ist signifikant. Für α = 1 % erhält man einen Kritischen Wert von $F_{3;8;0,99}$ = 7,59, d. h. bei einem Signifikanzniveau von α = 1 % ist der beobachtete Unterschied nicht signifikant. Gegebenenfalls könnte man weitere Untersuchungen anstellen, um zu mehr Klarheit zu gelangen. ■

Varianzanalyse mit Hilfe der Streuungszerlegungstafel

Die bisherige Darstellung der Varianzanalyse soll vor allem dem Verständnis dienen. Die Darstellung in den Softwarepaketen erfolgt meist mit Hilfe der Streuungszerlegungstafel. Die Summe der quadratischen Abweichungen vom Gesamtmittelwert (Sums of Squares) wird in Bestandteile zerlegt.

Einzelwerte				Abweichungen der Einzelwerte vom Gesamtmittelwert (539)				Abweichungen der Anlagenmittelwerte vom Gesamtmittelwert				Abweichungen der Einzelwerte vom Anlagenmittelwert (Residuen)			
Anl. 1	Anl. 2	Anl. 3	Anl. 4	Anl. 1	Anl. 2	Anl. 3	Anl. 4	Anl. 1	Anl. 2	Anl. 3	Anl. 4	Anl. 1	Anl. 2	Anl. 3	Anl. 4
520	590	510	550	-19	51	-29	11	-9	47	-14	-24	-10	4	-15	35
560	570	540	500	21	31	1	-39	-9	47	-14	-24	30	-16	15	-15
510	598	525	495	-29	59	-14	-44	-9	47	-14	-24	-20	12	0	-20
				Anl. 1	Anl. 2	Anl. 3	Anl. 4	Anl. 1	Anl. 2	Anl. 3	Anl. 4	Anl. 1	Anl. 2	Anl. 3	Anl. 4
quadratische Abweichungen				361	2601	841	121	81	2209	196	576	100	16	225	1225
				441	961	1	1521	81	2209	196	576	900	256	225	225
				841	3481	196	1936	81	2209	196	576	400	144	0	400

	Q	=	Q_A	+	Q_R
Summe der quadr. Abw.	13302	=	9186	+	4116
Freiheitsgrad	11	=	3	+	8
mittlere Abweichungsquadrate, Varianz			3062		514,5

Bild 6-35 Zerlegung der Abweichungen vom Gesamtmittelwert (nach [3])

In der Streuungszerlegungstafel stellt sich dies folgendermaßen dar:

Streuungs-ursache	Summe der quadratischen Abweichungen	Freiheits-grad	Varianz	Prüfgröße $F_{prüf}$
Faktor A	Q_A	$f_A = f_1$	$s_A^2 = Q_A / f_A$	$F_{prüf} = s_A^2 / s_R^2$
Rest	Q_R	$f_R = f_2$	$s_R^2 = Q_R / f_R$	
Gesamt	$Q = Q_A + Q_R$	$f = f_A + f_R$		

Q … Summe der quadratischen Abweichungen der Einzelwerte vom Gesamtmittelwert

Q_A … kann durch die Stufen des Faktors A erklärt werden

Q_R … wird zur Schätzung der Zufallsstreuung verwendet

Streuungs-ursache	Summe der quadratischen Abweichungen	Freiheits-grad	Varianz	Prüfgröße $F_{prüf}$
Faktor A	9.186	3	3.062	5,95
Rest	4.116	8	514,5	
Gesamt	13.302	11		

Bild 6-36 Zusammenfassung in der Streuungszerlegungstafel (nach [1])

Die Abweichungen jedes Messwertes vom Gesamtmittelwert werden aufgeteilt in einen Anteil Q_A, der durch die unterschiedlichen Anlagen verursacht wird, und in den Rest Q_R. Q_R wird zur Schätzung der Zufallsstreuung verwendet.

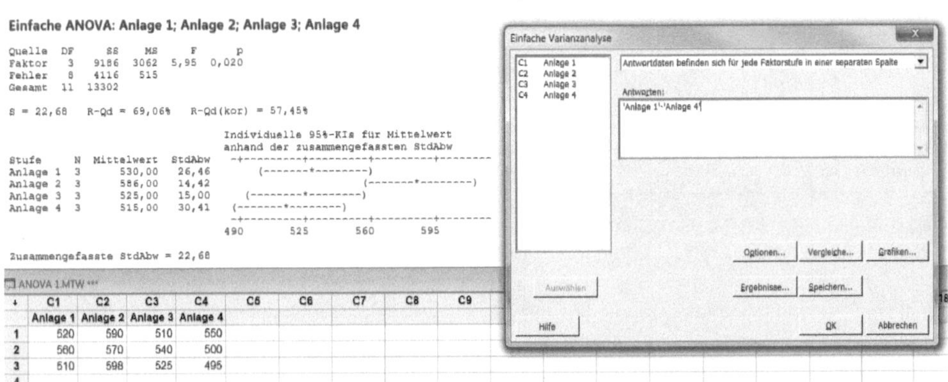

Minitab > Statistik > Varianzanalyse (ANOVA) > Einfache ANOVA (mehrere Spalten) …

Bild 6-37 Berechnung des Beispieles mit Minitab

Minitab gibt wieder den p-Wert an. Dies ist die Wahrscheinlichkeit dafür, dass der beobachtete oder ein noch größerer F-Wert zufällig auftritt, obwohl die Anlagen das Ergebnis nicht beeinflussen. In diesem Beispiel liegt der p-Wert bei 2 %. Man wird von einem Unterschied ausgehen. Erst aus der grafischen Analyse bzw. aus weiteren Untersuchungen kann die Art des Unterschiedes herausgelesen werden.

Weitere Ergebnisse aus Minitab sind:

$s = \sqrt{514{,}5} = 22{,}68$ Standardabweichung der Reststreuung

$R^2 = {}^{9186}\!/_{13302} = 69{,}06\%$ Bestimmtheitsmaß (s. Abschnitt 6.2.1.6)

6.2.1.5 Häufig verwendete Testverfahren

In der Praxis werden auch weitere Testverfahren verwendet. Bild 6-38 gibt einen Überblick. Oft werden im Hintergrund Tests ausgeführt. Minitab führt zum Beispiel bei der Analyse von Versuchen im Zuge der Statistischen Versuchsplanung in der Regel t-Tests und eine Varianzanalyse durch. Ebenso werden beispielsweise bei der Ermittlung von Prozessfähigkeiten mit Hilfe von qs-STAT einige Tests durchgeführt.

Für einige dieser Testverfahren lässt sich, wie beim t-Test dargestellt, mit Hilfe von Minitab die notwendige Stichprobengröße berechnen. Damit kann der notwendige Aufwand für Versuche besser abgeschätzt werden.

betrachtete Größe	Berechnung des Vertrauens-bereiches	Vergleich gegen einen Zielwert	Vergleich von zwei Stichproben	Vergleich von mehr als zwei Stichproben
x-quer	u-Verteilung falls σ bekannt ist	u-Test falls σ bekannt ist	t-Test σ nicht bekannt	ANOVA
	t-Verteilung falls σ nicht bekannt ist	t-Test falls σ nicht bekannt ist		
s	χ^2 - Verteilung	χ^2 - Test	F-Test falls Daten normalverteilt sind	Barlett-Test falls Daten normalverteilt sind
			Levene-Test falls Daten nicht normalverteilt sind	Levene-Test falls Daten nicht normalverteilt sind
Attributiver Anteilswert	p_{unten} und p_{oben} für den Fehleranteil	χ^2 - Test	χ^2 - Test	χ^2 - Test

Bild 6-38 Übersicht der Testverfahren

6.2.1.6 Regressionsanalyse

Korrelation

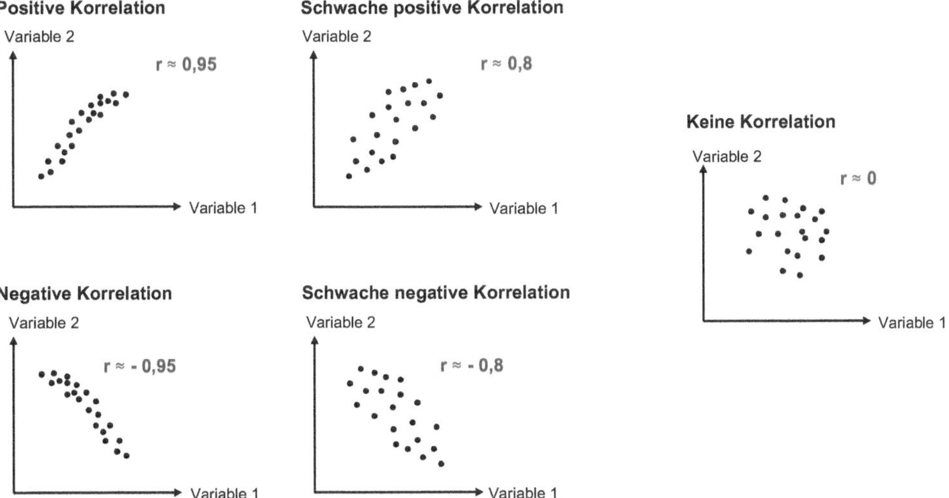

Bild 6-39 Beispiele für eine Korrelation

In Abschnitt 5.2.1.5 haben wir uns bereits mit Streudiagrammen beschäftigt. Diese stellen den Zusammenhang zwischen zwei Variablen grafisch dar. Jeder Datenpunkt ergibt sich aus zwei zusammengehörigen Kenngrößen. Gegenstand der Untersuchung kann der Zusammenhang zwischen mehreren Produktmerkmalen oder auch zwischen Produktmerkmalen und vermuteten Einflussgrößen sein. Die Korrelationsanalyse kann meist anhand von vorhandenen Daten durchgeführt werden. Beispielsweise untersuchen Versicherungen, wie die Schadenssummen mit dem Alter des Fahrers / des Fahrzeughalters zusammenhängen.

Eine positive Korrelation zwischen zwei Variablen x und y bedeutet, dass große Werte von x tendenziell häufiger mit großen Werten von y und kleine Werte von x gerne mit kleinen Werten von y auftreten. Das heißt, bei größeren x-Werten darf man auch größere y-Werte erwarten. Ob tatsächlich ein Ursachen-Wirkungs-Zusammenhang zwischen den beiden Variablen besteht, kann daraus noch nicht abgeleitet werden.

Eine Korrelation zwischen zwei Variablen kann mehrere Ursachen haben:

- Häufig liegt eine Ursachen-Wirkungs-Beziehung vor, die erklärt werden kann. Untersucht man die Korrelation zwischen Körpergröße von Vater und Sohn, wird man einen Gleichklang feststellen. Ein größerer Konsum von Eis bei höherer Außentemperatur ist ebenso plausibel.
- Es ist aber auch möglich, dass keine direkte Kausalbeziehung vorliegt, sondern beide Variablen von einer dritten gemeinsamen Ursache beeinflusst werden. Bei Männern besteht eine negative Korrelation zwischen der Anzahl der Kopfhaare und dem Einkommen. Eine dahinter liegende Ursache, die beide Variablen beeinflusst, ist das Alter der Männer.

- Die Korrelation könnte sich auch aus dem Zufall ergeben. Wenn man die Korrelation von genügend vielen Variablen untersucht, wird man auch zufällige Korrelationen feststellen.

Die Kennzahl zur Bewertung des Zusammenhangs zwischen den beiden Variablen ist der Korrelationskoeffizient r. Er ist ein Maß für den Gleichklang der Daten. Der Wertebereich für r reicht von −1 bis 1.

Als Faustregel gilt:

$\|r\| = 0{,}5$ bis 0,8	Korrelation ist vorhanden
$\|r\| = 0{,}8$ bis 1	starke Korrelation

Das Vorzeichen des Korrelationskoeffizienten gibt die Richtung der Korrelation an. Ist r positiv, so steigt Variable 2 mit Variable 1 an. Wenn Variable 2 mit zunehmender Variable 1 kleiner wird, dann ist der Korrelationskoeffizient negativ.

Der Korrelationskoeffizient alleine reicht noch nicht aus, um das Ausmaß der Korrelation beurteilen zu können. Der Zusammenhang sollte immer auch grafisch dargestellt werden. Ein kleiner Korrelationskoeffizient könnte auch daher rühren, dass die Abhängigkeit stark nichtlinear ist.

Beispiel 6-9 Interpretation von Streudiagrammen

In einer Fahrzeugmontage wird untersucht, ob der Spalt zwischen einem Scheinwerfer und den umliegenden Bauteilen den Vorgaben entspricht. Dazu wird an einigen Fahrzeugen paarweise der Spalt an der Stelle A und an der Stelle B gemessen. Die Wertepaare werden in einem Korrelationsdiagramm dargestellt.

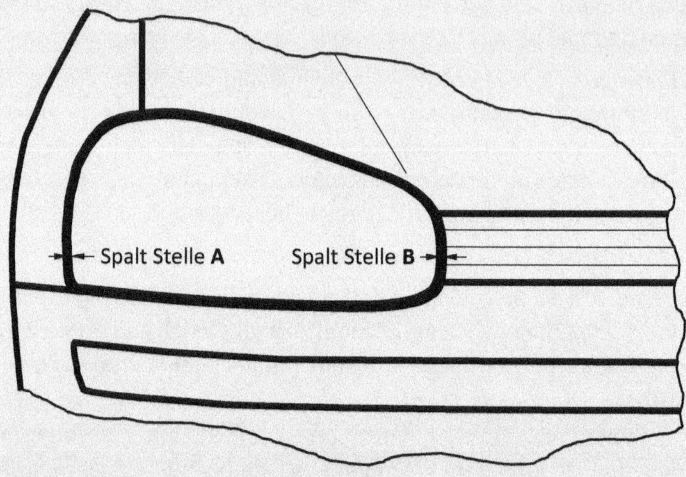

Bild 6-40 Scheinwerfer im eingebauten Zustand

Zeigt sich eine Korrelation der beiden Merkmale, dann ist die Situation unterschiedlich zu bewerten, je nachdem, ob die Korrelation positiv oder negativ ist.

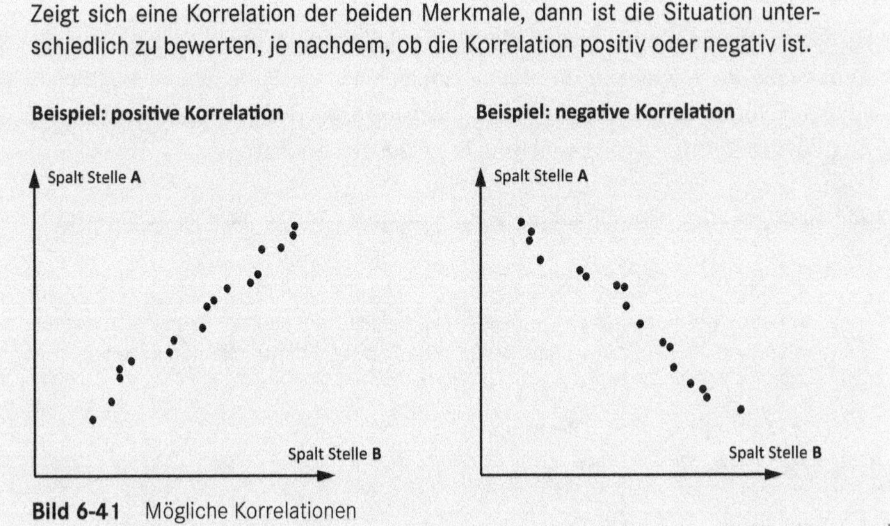

Bild 6-41 Mögliche Korrelationen

Positive Korrelation: Wenn der Spalt an der Stelle B klein ist, dann ist der Spalt an der Stelle A auch klein. Wenn der Spalt an der Stelle B groß ist, dann ist der Spalt an der Stelle A auch groß. Die Ursache liegt vermutlich an der Karosserie. Die Aussparung für den Scheinwerfer ist an manchen Fahrzeugen größer und an manchen Fahrzeugen kleiner.

Negative Korrelation: Wenn der Spalt an der Stelle B klein ist, dann ist der Spalt an der Stelle A groß. Wenn der Spalt an der Stelle B groß ist, dann ist der Spalt an der Stelle A klein. Die Ursache ist vermutlich in der Montage zu suchen. Die Scheinwerfer werden nicht mittig in der Aussparung montiert.

Regressionsanalyse

Aufgabe der Regressionsanalyse ist es, den Zusammenhang zwischen Einflussgrößen und Zielgrößen zu beschreiben. Ein mathematisches Modell wird so eingepasst, dass es die Beziehung zwischen den Daten bestmöglich wiedergibt.

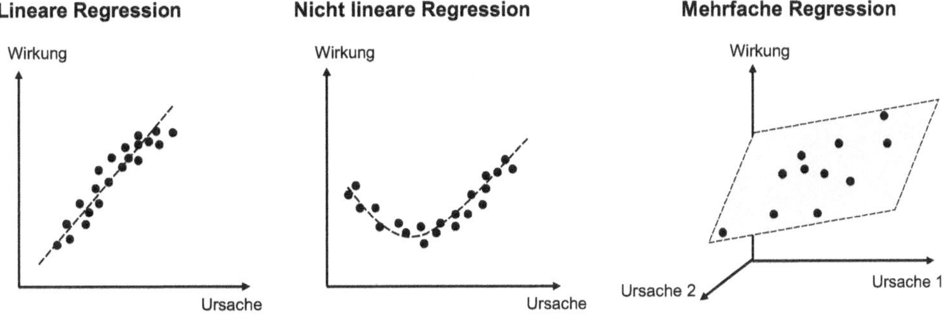

Bild 6-42 Beispiele für die Regression

Die Vorgehensweise bei der Regressionsanalyse ist folgendermaßen:

- Festlegung des mathematischen Modells (z. B. lineares Modell)
- Anpassung des Modells an die Daten erfolgt über die Parameter des Modells. Anpassungsverfahren: z. B. die Methode der kleinsten Quadrate
- Analyse der Residuen zur Bewertung der Güte der Anpassung

Beispiel 6-10 Abhängigkeit einer Schichtdicke von der Zeit (nach [1])

Bei einer galvanischen Abscheidung erwartet man näherungsweise eine lineare Zunahme der Schichtdicke mit der Abscheidezeit. An sechs Teilen, welche unterschiedlich lange in der Anlage waren, wurde die Schichtdicke gemessen.

Zeit x_i [min]	Dicke y_i [µm]
6	2
10	5
10	7
18	11
20	17
20	12

Bild 6-43 Gemessene Schichtdicken in Abhängigkeit von der Abscheidezeit

Im Falle der linearen Regression werden diese Wertepaare durch eine Gerade angepasst. Dazu werden die wahren Parameter β_0 und β_1 durch b_0 und b_1 geschätzt. Dabei ist b_0 der Achsenabschnitt (y-Wert für x = 0) und b_1 die Steigung der Regressionsgeraden.

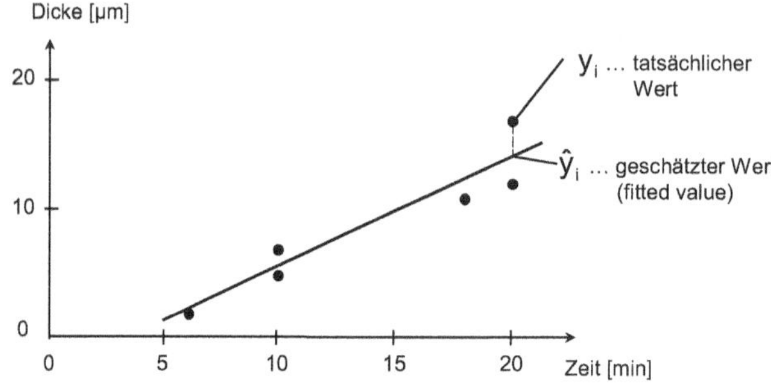

Tatsächlicher Zusammenhang zwischen x und y

$$y_i = \beta_0 + \beta_1 \times x_i + \varepsilon_i$$

Geschätzter Zusammenhang zwischen x und y

$$\hat{y}_i = b_0 + b_1 \times x_i$$

b_0 und b_1 schätzen β_0 und β_1

Optimierungsansatz bei der Methode der kleinsten Quadrate

$$\sum_{i=1}^{n}(y_i - \hat{y}_i)^2 \rightarrow \text{Minimum}$$

Bild 6-44 Geschätzter und tatsächlicher Zusammenhang zwischen x und y

Zur Auswahl der „besten Geraden“ stehen mehrere Verfahren zur Verfügung. Wendet man die Methode der kleinsten Quadrate an, dann wird die Gerade so durch die Punkte gelegt, dass die Summe der quadratischen Abstände zwischen den geschätzten Werten und den tatsächlichen Werten so klein wie möglich ist. Aus dieser Minimum-Bedingung folgen die Formeln zur Bestimmung der Regressionsgeraden.

$$\hat{y}_i = b_0 + b_1 \times x_i \quad \text{... Geradengleichung der Regressionsgeraden}$$

$$b_1 = \frac{Q_{xy}}{Q_{xx}} \quad \text{... Steigung}$$

$$b_0 = \bar{y} - b_1 \cdot \bar{x} \quad \text{... Achsenabschnitt}$$

mit

$$\bar{x} = \frac{1}{n} \cdot \sum_{i=1}^{n} x_i \quad \text{... Mittelwert der x-Werte}$$

$$\bar{y} = \frac{1}{n} \cdot \sum_{i=1}^{n} y_i \quad \text{... Mittelwert der y-Werte}$$

$$Q_{xy} = \sum_{i=1}^{n} (x_i - \bar{x}) \cdot (y_i - \bar{y}) \quad \text{... gibt an wie stark sich x-Werte und y-Werte gemeinsam verändern}$$

$$Q_{xx} = \sum_{i=1}^{n} (x_i - \bar{x})^2 \quad \text{... Summe der quadratischen Abweichungen der x-Werte}$$

$$Q_{yy} = \sum_{i=1}^{n} (y_i - \bar{y})^2 \quad \text{... Summe der quadratischen Abweichungen der y-Werte}$$

Bild 6-45 Formeln zur Ermittlung der Koeffizienten b_0 und b_1

Nachdem die quadratischen Abstände in y-Richtung betrachtet werden, würde sich bei Vertauschen von x und y eine andere Regressionsgerade ergeben. Daher müssen auf der y-Achse jene Merkmale aufgetragen werden, die man prognostizieren will.

Beispiel 6-11 Bestimmung der Regressionsgeraden (Fortsetzung von Beispiel 6-10)

Bild 6-46 zeigt die Berechnung der Regressionsgeraden. Durch die Einführung einer Hilfstabelle kann der Rechengang relativ anschaulich dargestellt werden.

Zeit x_i [min]	Dicke y_i [µm]	$(x_i - \bar{x})$	$(y_i - \bar{y})$	$(x_i - \bar{x})^2$	$(x_i - \bar{x}) \cdot (y_i - \bar{y})$	$(y_i - \bar{y})^2$
6	2	-8	-7	64	56	49
10	5	-4	-4	16	16	16
10	7	-4	-2	16	8	4
18	11	4	2	16	8	4
20	17	6	8	36	48	64
20	12	6	3	36	18	9
x-quer	y-quer	Summe	Summe	Summe = Q_{xx}	Summe = Q_{xy}	Summe = Q_{yy}
14	9	0	0	184	154	146

$$b_1 = \frac{Q_{xy}}{Q_{xx}} = \frac{154}{184} = 0{,}837$$

$$b_0 = \bar{y} - b_1 \cdot \bar{x} = 9 - 0{,}837 \cdot 14 = -2{,}72 \quad \Rightarrow \quad \hat{y} = -2{,}72 + 0{,}837 \cdot x$$

Bild 6-46 Berechnung der Regressionsgeraden

Ermittlung von Bestimmtheitsmaß und Korrelationskoeffizient

Um die Güte der Anpassung der Messwerte durch die Regressionsgerade zu beurteilen, wird das Bestimmtheitsmaß ermittelt. Das Prinzip beruht darauf, dass man die Summe der quadratischen Abweichungen vom Mittelwert Q_{Gesamt} aufteilt in einen Anteil $Q_{Regression}$, der durch die Regressionsgerade beschrieben ist, und in einen weiteren, zufälligen Anteil Q_{Rest}. Daraus errechnet sich das Bestimmtheitsmaß als Verhältnis von $Q_{Regression}$ zu Q_{Gesamt}. Es gibt damit den Anteil der quadratischen Abweichungen an, der durch das Modell beschrieben wird.

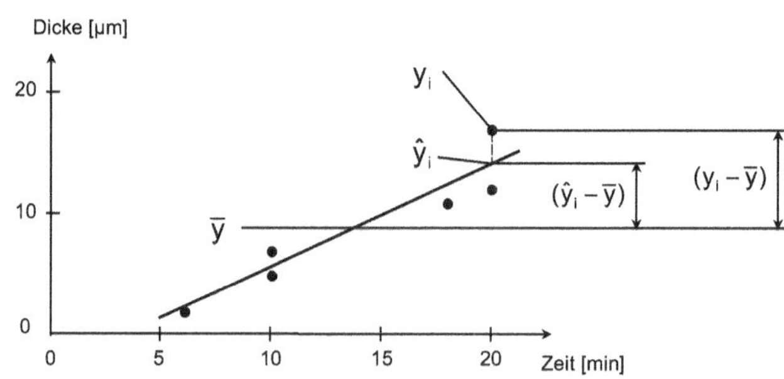

Bestimmtheitsmaß (R^2 bzw. r-squared)

$$R^2 = \frac{Q_{Regression}}{Q_{Gesamt}} = \frac{\sum_{i=1}^{n}(\hat{y}_i - \bar{y})^2}{\sum_{i=1}^{n}(y_i - \bar{y})^2} \qquad 0 \le R^2 \le 1$$

$$\text{bzw.} \quad R^2 = \frac{Q_{Regression}}{Q_{Gesamt}} = \frac{Q_{xy}^2}{Q_{xx} \cdot Q_{yy}}$$

Korrelationskoeffizient

$$r = (\text{Vorzeichen von } b_1) \times \sqrt{R^2} \qquad -1 \le r \le 1$$

Bild 6-47 Berechnung von Bestimmtheitsmaß und Korrelationskoeffizient

Beispiel 6-12 Bestimmung des Korrelationskoeffizienten (Fortsetzung von Beispiel 6-11)

Für das besprochene Beispiel errechnen sich Bestimmtheitsmaß und Korrelationskoeffizient folgendermaßen:

Bestimmtheitsmaß (R^2 bzw. r-squared)

$$R^2 = \frac{Q_{Regression}}{Q_{Gesamt}} = \frac{154^2}{184 \cdot 146} = 0{,}883$$

Korrelationskoeffizient

$$r = (\text{Vorzeichen von } b_1) \times \sqrt{R^2} = +\sqrt{0{,}883} = 0{,}94$$

Bild 6-48 Beispiel zur Berechnung von Bestimmtheitsmaß und Korrelationskoeffizient

Die Geradengleichung gilt für den untersuchten Bereich von x. Die Extrapolation über den untersuchten Bereich hinaus ist nicht zulässig. ■

Berechnung der Regressionsanalyse mit Minitab

Etwas komfortabler kommt man mit Hilfe von Minitab zu diesen Ergebnissen:

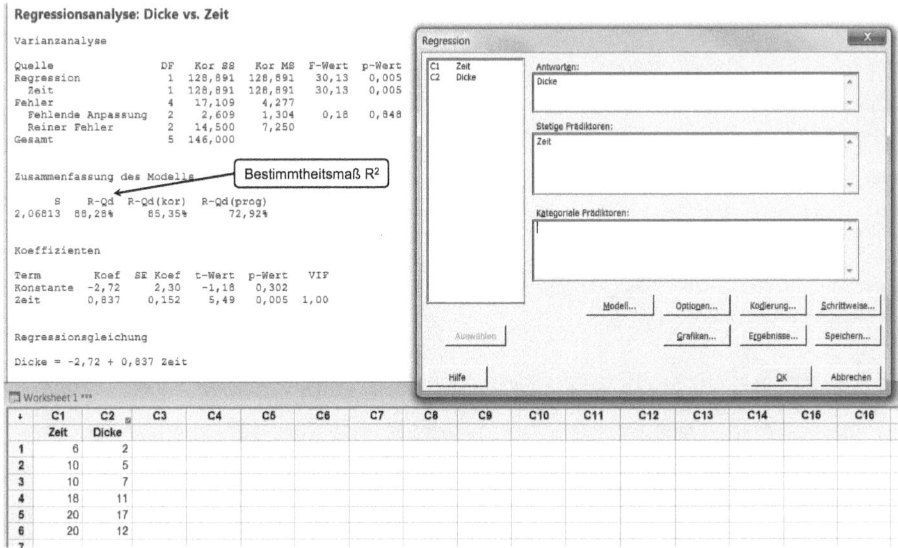

Minitab > Statistik > Regression > Regression > Regressionsmodell anpassen ...

Bild 6-49 Berechnung mit Minitab

Im Session-Fenster werden die Regressionsgleichung, zwei t-Tests und eine Varianzanalyse angegeben.

t-Test 1 (Konstante): H_0: $b_0 = 0$

Der p-Wert (0,302) zeigt an, dass sich der Achsenabstand nicht signifikant von 0 unterscheidet. Häufiger trifft man an dieser Stelle auf signifikante Abweichungen. Für dieses Beispiel ist das Ergebnis plausibel, da man zum Zeitpunkt 0 mit der Schichtdicke 0 startet.

t-Test 2 (Zeit): H_0: $b_1 = 0$

Dies ist der wichtigere Test. Der p-Wert (0,005) zeigt an, dass sich die Steigung signifikant von 0 unterscheidet.

Varianzanalyse

Die Interpretation ist wie im Abschnitt 6.2.1.4 dargelegt.

Darüber hinaus gibt Minitab das Bestimmtheitsmaß R^2 und die Standardabweichung s an. Das Bestimmtheitsmaß R^2 gibt an, welcher Anteil der Varianz durch das eingepasste Regressionsmodell (hier: Gerade) beschrieben wird. Die Standardabweichung s ist ein Maß für die verbleibende, nicht erklärte Streuung um das Regressionsmodell.

Die folgende Abbildung zeigt die Darstellung der Regressionsgeraden und auch die Residuenanalyse mit Minitab.

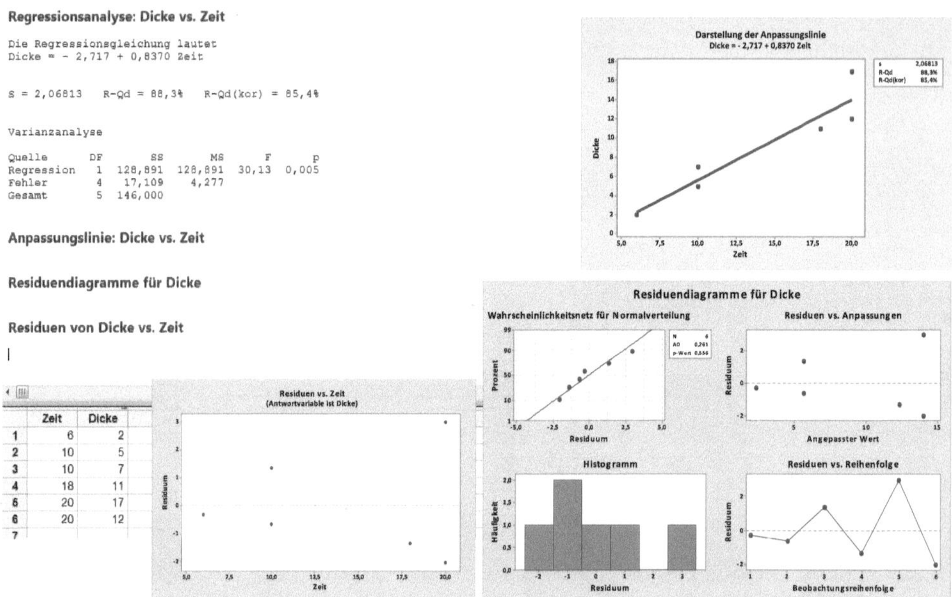

Minitab > Statistik > Regression > Darstellung der Anpassungslinie ...

Bild 6-50 Berechnung mit Minitab

Analyse der Residuen

Als Residuum bezeichnet man die Abweichung der beobachteten Werte vom angepassten Modell. Die Residuen sollten nur noch zufällig streuen. Erkennt man an den Residuen besondere Muster, dann beschreibt das Modell den Zusammenhang nicht bestmöglich.

Residuen versus Einflussgröße x

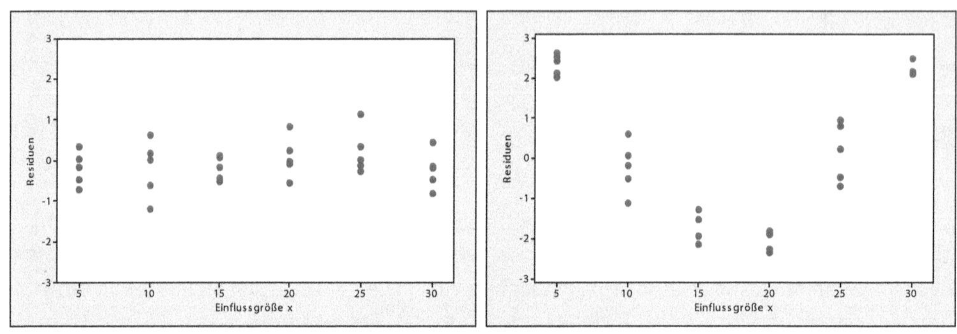

Bild 6-51 Residuen versus Einflussgröße x

Im linken Bild ist keine Abhängigkeit der Residuen von der Einflussgröße x zu erkennen. Das rechte Bild zeigt, wie das Ergebnis nicht aussehen sollte. In diesem Fall würde man durch die Anpassung mit einem quadratischen Modell eine Verbesserung erzielen.

Residuen versus Reihenfolge der Beobachtung

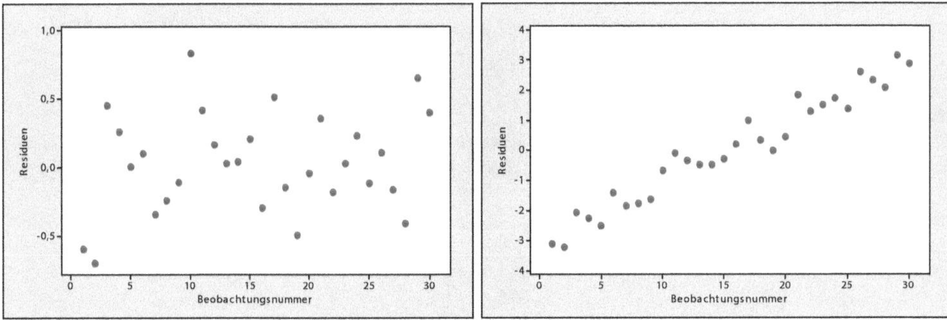

Bild 6-52 Residuen versus Reihenfolge der Beobachtung

Das rechte Bild stellt Residuen dar, die mit der Reihenfolge der Beobachtung zunehmen. Das ist das typische Ergebnis eines Trends. Ein zeitbezogener Faktor wirkt sich auf die y-Werte aus, sodass die Zielgröße bei frühen Beobachtungen tendenziell kleiner und bei späten Beobachtungen tendenziell größer ist. Die Ursache dafür muss herausgefunden werden. Das linke Bild zeigt wiederum, wie das Bild aussehen sollte. Lassen Sie sich nicht durch die geänderte Skalierung täuschen.

Residuen versus Zielgröße y

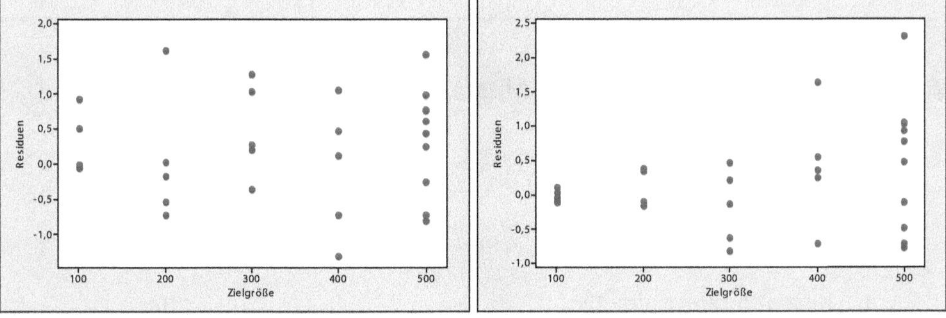

Bild 6-53 Residuen versus Zielgröße

Im rechten Bild ist eine Abhängigkeit der Residuen von der Zielgröße zu erkennen. Die Fächerform bedeutet, dass die Standardabweichung mit zunehmendem y-Wert größer wird.

Normalverteilung der Residuen

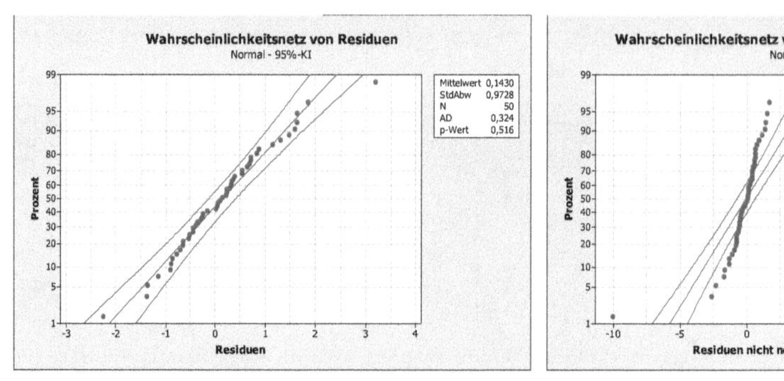

Bild 6-54 Normalverteilung der Residuen

Das linke Bild zeigt Residuen, die konsistent mit der Normalverteilung sind. Die Residuen streuen nur noch zufällig um den Wert 0. Im rechten Bild ist eine Abweichung von der Normalverteilung zu erkennen. In diesem Beispiel liegt der Grund bei zwei Ausreißern. Die Ursache dafür sollte gefunden und beseitigt werden.

Diese Überlegungen zur Residuenanalyse sind nicht nur für die Regressionsanalyse zutreffend, sondern lassen sich auch hervorragend zur Analyse von Statistischen Versuchen anwenden (siehe Abschnitt 6.2.3). Minitab stellt die grafische Darstellung der Residuen bei den entsprechenden Auswertungen bereit, sodass diese Analyse ohne großen Aufwand möglich ist.

6.2.2 Versuchsplanung mit „einfachen Methoden"

Bhote beschreibt in [2] einige Methoden nach D. Shainin. Wenn die Reststreuung im Vergleich zum Effekt der untersuchten Faktoren ausreichend klein ist, dann ermöglichen es diese Methoden, mit relativ wenig Aufwand die wichtigsten Faktoren zu identifizieren.

6.2.2.1 Komponententausch

Der Komponententausch stammt aus der Methodensammlung von Dorian Shainin [2] und wird angewendet auf Produkte, die zerlegt und wieder zusammengebaut werden können. Das Vorgehen ist folgendermaßen (nach [2]):

1. Eine gute und eine schlechte Einheit werden ausgewählt. Das quantitative Merkmal, anhand dessen die Einheiten bewertet werden, wird festgelegt. Anschließend werden gute und schlechte Einheiten bewertet.
2. Mit den Experten werden die möglichen Problemkomponenten identifiziert.
3. Beide Einheiten werden zerlegt, wieder gleich zusammengebaut und anschließend erneut bewertet. Wenn die mittlere Differenz D den fünffachen Betrag der mittleren Spannweite d übersteigt, dann ist eine signifikante und wiederholbare Differenz zwischen den guten und schlechten Einheiten nachgewiesen.

Mittlere Differenz zwischen „gut“ und „schlecht“

$$D = \left| \frac{G_1 + G_2}{2} - \frac{S_1 + S_2}{2} \right|$$

Mittlere Spannweite

$$d = \left| \frac{G_1 - G_2}{2} \right| + \left| \frac{S_1 - S_2}{2} \right|$$

G_1 Messergebnis Gutteil 1. Messung

G_2 Messergebnis Gutteil nach Zerlegen und wieder Zusammenbauen

S_1 Messergebnis Schlechtteil 1. Messung

S_2 Messergebnis Schlechtteil nach Zerlegen und wieder Zusammenbauen

Voraussetzung für signifikante und wiederholbare Differenz

$$\frac{D}{d} \geq \frac{5}{1}$$

4. Mit der als wahrscheinlichste Ursache eingestuften Komponente wird der Tausch begonnen. Anschließend werden wieder beide Baugruppen bewertet.
5. Interpretation der Ergebnisse:
   - Tritt keine Änderung auf, dann hat diese Komponente keine Bedeutung. Es wird mit der nächsten Komponente fortgesetzt.
   - Tritt durch den Tausch der Baugruppen eine teilweise Änderung der Ergebnisse auf, dann ist dies nicht die einzige wichtige Komponente. Bei der Komponente kann es sich um ein so genanntes Rosa X handeln. Der Versuch wird fortgesetzt.
   - Tritt eine völlige Umkehr der Ergebnisse auf, kann es sich um ein Rotes X handeln. In diesem Fall ist es nicht notwendig, den Komponententausch fortzusetzen.
6. Die erste Komponente wird wieder zurückgetauscht und der Komponententausch wird mit der zweitwahrscheinlichsten Komponente fortgesetzt.
7. Komponenten werden der Familie des Roten X zugeordnet, wenn bei ihrem Tausch eine vollständige Ergebnisumkehr auftritt. Ändert sich das Ergebnis nur zum Teil, dann werden sie der Familie des Rosa X oder Blassrosa X zugeordnet.
8. Nachdem die maßgeblichsten Komponenten ermittelt sind, wird ein Schlusslauf durchgeführt, um die Wichtigkeit der ausgewählten Komponenten zu bestätigen.

Beispiel 6-13 Geräuschoptimierung mittels Komponententausch (nach [4])

Bei einem Fahrzeug tritt in einem bestimmten Geschwindigkeitsbereich ein Geräusch auf. Nicht alle Fahrzeuge sind betroffen. Um die Ursache zu ermitteln, wird ein Komponententausch durchgeführt:

- Eine besonders ruhiges und ein besonders lautes Fahrzeug werden aus der Produktion ausgewählt.
- Geräusche im Fahrzeug werden häufig subjektiv beurteilt. Für eine objektivierte Bewertung wird durch das Team folgende Bewertungsskala erstellt:

10	8	6	4	2	0
ausgezeichnet	gut	annehmbar	nicht annehmbar	nicht zumutbar	unmöglich

- Aus der Erfahrung des Teams werden folgende Komponenten als mögliche Einflüsse auf das Geräusch identifiziert:
  - (A) Radlager
  - (B) Gleichlaufgelenke
  - (C) Feder
  - (D) Stoßdämpfer
  - (E) Räder
  - (F) Motor
- Die Fahrzeuge werden so weit zerlegt, dass alle als möglicher Einfluss identifizierten Komponenten als Einzelteil vorliegen, dann wird wieder zusammengebaut und bewertet. Wie die folgende Rechnung zeigt, ist der Unterschied signifikant und wiederholbar.

  Mittlere Differenz zwischen „gut" und „schlecht"

  $$D = \left| \frac{G_1 + G_2}{2} - \frac{S_1 + S_2}{2} \right| = \left| \frac{10 + 8}{2} - \frac{2 + 2}{2} \right| = 7$$

  Mittlere Spannweite

  $$d = \left| \frac{G_1 - G_2}{2} \right| + \left| \frac{S_1 - S_2}{2} \right| = \left| \frac{10 - 8}{2} \right| + \left| \frac{2 - 2}{2} \right| = 1$$

  Voraussetzung für signifikante und wiederholbare Differenz

  $$\frac{D}{d} = 7$$

- Der Komponententausch wird mit (A) Radlager gestartet. Es zeigt sich keine Änderung der Ergebnisse.
- Die erste Komponente wird wieder zurückgetauscht und der Komponententausch wird mit der zweitwichtigsten Komponente fortgesetzt. In diesem konkreten Beispiel wurde der Rücktausch nicht gemacht, um die Radlager nicht durch einen weiteren Wechsel zu gefährden. Da die Einflussgröße unwichtig ist, ist dies zulässig. Das Ergebnis der Untersuchung ist in Bild 6-55 bzw. 6-56 dargestellt.

Versuch	Tauschkomponenten	Baugruppe hochwertig	Ergebnis Geräusch-niveau	Baugruppe minderwertig	Ergebnis Geräusch-niveau
Anfangsprüfung	------	alle Komp. gut	10	alle Komp. schlecht	2
Wiederholung	------	alle Komp. gut	8	alle Komp. schlecht	2
1	A Radlager	$A_S R_G$	10	$A_G R_S$	2
2	B Gleichlaufgelenke	$B_S R_G$	8	$B_G R_S$	4
3	C Feder	$C_S R_G$	10	$C_G R_S$	4
4	D Stoßdämpfer	$D_S R_G$	8	$D_G R_S$	2
5	E Räder	$E_S R_G$	2	$E_G R_S$	8
6	F Motor	$F_S R_G$	10	$F_G R_S$	4
Schlusslauf	A & E	$B_S E_S RG$	2	$B_G E_G R_S$	10

R .... Restliche Komponenten G .... gut S .... schlecht

Bild 6-55 Versuchsplan und Ergebnisse zum Komponententausch

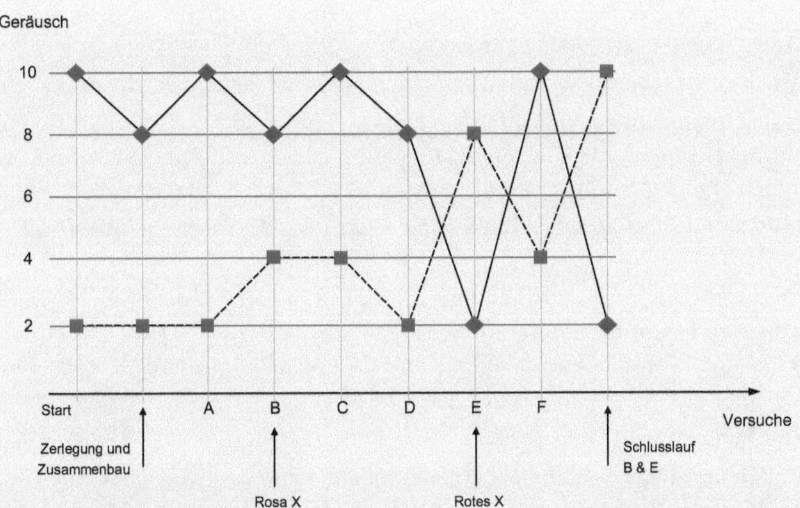

Bild 6-56 Grafische Darstellung der Ergebnisse zum Komponententausch

- Beim Schlusslauf werden die Räder als wichtigste Ursache bestätigt. Ein deutlich geringerer Einfluss kommt von den Gleichlaufgelenken. In einem nächsten Schritt wird man nun den Unterschied zwischen guten und schlechten Rädern untersuchen. Dazu eignet sich zum Beispiel der Paarweise Vergleich (siehe Abschnitt 5.2.1.9).

Weitere Beispiele zum Komponententausch finden Sie in [2]. Dort wird weiters dargestellt, wie auf Basis der Versuchsergebnisse Haupteffekte und Wechselwirkungen gerechnet werden können.

6.2.2.2 Variablenvergleich

Der Variablenvergleich ist dem Komponententausch sehr ähnlich. Er wird dazu verwendet, aus einer begrenzten Anzahl von Faktoren diejenigen auszuwählen, deren Änderung großen Einfluss auf die Zielgröße hat. Die zu untersuchenden Faktoren können Steuergrößen oder auch Störgrößen eines Prozesses sein.

Das Vorgehen ist wie folgt [2]:

1. Die wichtigsten Einflussgrößen werden identifiziert und nach dem geschätzten Einfluss gereiht.
2. Für jeden Faktor werden eine gute und eine schlechte Einstellung festgelegt. Von der guten Einstellung werden am ehesten gute Ergebnisse erwartet. Die schlechte Einstellung wird wahrscheinlich dürftige Ergebnisse liefern.
3. Zwei Versuche mit allen Faktoren auf der guten und zwei Versuche mit allen Faktoren auf der schlechten Einstellung werden durchgeführt.
4. Wie beim Komponententausch wird geprüft, ob die Unterschiede signifikant und wiederholbar sind. Auch hier muss das Verhältnis $D/d \geq 5$ sein. Ist dies nicht der Fall, so bestehen folgende Möglichkeiten:

- andere Faktoren einbeziehen
- Änderung der Einstellung der Faktoren
- Wechsel zu faktoriellen Versuchsplänen (siehe nächste Abschnitte)

5. Im ersten Versuch wird der Faktor A getauscht. Ein Versuch wird durchgeführt, bei dem alle Faktoren auf die gute Einstellung und nur A auf die schlechte Einstellung eingestellt werden. Bei einem zweiten Versuch werden alle Faktoren auf die schlechte Einstellung und nur A auf die gute Einstellung eingestellt. Die Interpretation ist ähnlich wie beim Komponententausch.
   - Tritt keine Änderung auf, dann hat dieser Faktor keine Bedeutung. Es wird mit dem nächsten Faktor fortgesetzt.
   - Tritt eine teilweise Änderung der Ergebnisse auf, dann ist dies nicht der einzige wichtige Faktor. Bei dem Faktor kann es sich um ein so genanntes Rosa X handeln. Der Versuch wird fortgesetzt.
   - Tritt eine völlige Umkehr der Ergebnisse auf, kann es sich um ein Rotes X handeln. In diesem Fall ist es nicht notwendig, den Variablenvergleich fortzusetzen.
6. Dieselbe Veränderung der Einstellungen erfolgt auch für die weiteren Faktoren.
7. Schließlich wird mit den als Rotes X und Rosa X identifizierten Faktoren ein Bestätigungsversuch durchgeführt.

Beispiel 6-14 Variablenvergleich zur Optimierung eines Pressvorganges (nach [2])

In einer Presse werden Metallteile umgeformt. Bei einem bestimmten Merkmal ist die Streuung zu groß, daher wird die Spannweite als zu untersuchende Zielgröße festgelegt. Um sie zu ermitteln, werden bei jeder Einstellung fünf Teile gefertigt, und die Differenz zwischen dem größten und kleinsten Wert wird ermittelt.

Mit den Experten wurden folgende Einflussfaktoren sowie gute bzw. schlechte Stufen ausgewählt:

Faktor	Beschreibung	GUT	SCHLECHT
A	Ausrichtung der Form	ausgerichtet	nicht ausgerichtet
B	Metalldicke	dick	dünn
C	Metallhärte	hart	weich
D	Metallbiegung	flach, eben	gebogen
E	Stößelaufnahme	kalibriert	mit Spiel
F	Halten des Materials	waagrecht	nicht waagrecht

Bild 6-57 Vermutete Faktoren und Faktorstufen für den Variablenvergleich

Mit Hilfe der Anfangsprüfung und einer Wiederholung wird geprüft, ob der Unterschied zwischen den guten und schlechten Ergebnissen ausreichend groß ist, sodass der Variablenvergleich ohne Wiederholung durchgeführt werden kann.

Versuch	Faktoren	gut	Spannweite [0,001 Zoll]	schlecht	Spannweite [0,001 Zoll]
Anfangsprüfung	---	alle Fakt. gut	4	alle Fakt schlecht	47
Wiederholung	---	alle Fakt. gut	4	alle Fakt schlecht	61

Mittlere Differenz zwischen „gut" und „schlecht"

$$D = \left|\frac{G_1 + G_2}{2} - \frac{S_1 + S_2}{2}\right| = \left|\frac{4+4}{2} - \frac{47+61}{2}\right| = 50$$

Mittlere Spannweite

$$d = \left|\frac{G_1 - G_2}{2}\right| + \left|\frac{S_1 - S_2}{2}\right| = \left|\frac{4-4}{2}\right| + \left|\frac{47-61}{2}\right| = 7$$

Voraussetzung für signifikante und wiederholbare Differenz

$$\frac{D}{d} = \frac{50}{7} \geq 5$$

Bild 6-58 Ausgangsversuche

Das Verhältnis D/d ist größer als 5, damit kann der Variablenvergleich durchgeführt werden. Bild 6-59 zeigt die Ergebnisse des Variablenvergleichs.

Versuch	Faktoren	gut	Spannweite [0,001 Zoll]	schlecht	Spannweite [0,001 Zoll]
1	A Ausrichtung der Form	$A_S R_G$	3	$A_G R_S$	102
2	B Metalldicke	$B_S R_G$	5	$B_G R_S$	47
3	C Metallhärte	$C_S R_G$	7	$C_G R_S$	72
4	D Metallbiegung	$D_S R_G$	23	$D_G R_S$	30
5	E Stößelaufnahme	$E_S R_G$	7	$E_G R_S$	20
6	F Halten des Materials	$F_S R_G$	73	$F_G R_S$	18
Schlusslauf	A & E	$D_S F_S RG$	70	$D_G F_G R_S$	4

R .... Restliche Faktoren G .... gut S .... schlecht

Bild 6-59 Versuchsplan und Ergebnisse zum Variablenvergleich

Wichtigster Einflussfaktor (Rotes X) ist das Halten des Materials. Zur Beseitigung dieses Einflusses wurde eine Vorrichtung geschaffen, damit der Maschinenbediener das Material immer waagrecht hält. Weiters wurde die Metallbiegung als Einflussfaktor identifiziert (Rosa X). Dieser Parameter muss gesteuert werden. ■

6.2.3 Versuchsplanung mit Statistischen Versuchsplänen

Der folgende Abschnitt beschreibt die wohl schlagkräftigsten Werkzeuge, welche in Six Sigma-Projekten zur Anwendung kommen. Mit Hilfe dieser Versuche gelingt es, Wissen über die Zusammenhänge im Prozess aufzubauen. Das Thema ist sehr umfassend, sodass wir uns darauf konzentrieren, die wesentlichen Zusammenhänge für die wichtigsten zur Anwendung kommenden Verfahren darzulegen und die Umsetzung in der Praxis mit Minitab zu erläutern. Eine detaillierte Darstellung der Vorgehensweisen und statistischen Hintergründe finden Sie beispielsweise in [1]. An diesem Buch orientieren sich auch die nun folgenden Erläuterungen. Dies soll es Ihnen möglich machen, sich bei Bedarf zielgerichtet zu vertiefen.

6.2.3.1 Begriffe und allgemeine Grundlagen

Haupteffekte

Um den Einfluss eines Faktors (z. B. Temperatur) auf eine Zielgröße (z. B. Oberflächenhärte) zu ermitteln, führt man Versuche bei mehreren Stufen des Faktors durch. Meist variiert man den Faktor auf zwei Stufen. Für die niedrige und die hohe Stufe wird der Mittelwert der zu untersuchenden Zielgröße ermittelt. Der Unterschied zwischen diesen Mittelwerten ist ein Maß für den Einfluss dieses Faktors und wird als Effekt des Faktors oder auch als Haupteffekt des Faktors bezeichnet.

Wechselwirkungen

Eine Wechselwirkung zwischen zwei Faktoren ist dann vorhanden, wenn der Effekt des einen Faktors davon abhängt, auf welchen Wert der andere Faktor eingestellt ist.

Die Effekte der Wechselwirkungen werden, wie auch die Effekte der Faktoren, berechnet und auf Signifikanz geprüft. Sind die Wechselwirkungen nicht signifikant, dann können die Faktoren unabhängig voneinander analysiert werden. Ist der Effekt der Wechselwirkung jedoch signifikant, dann müssen die beiden Faktoren gemeinsam betrachtet werden.

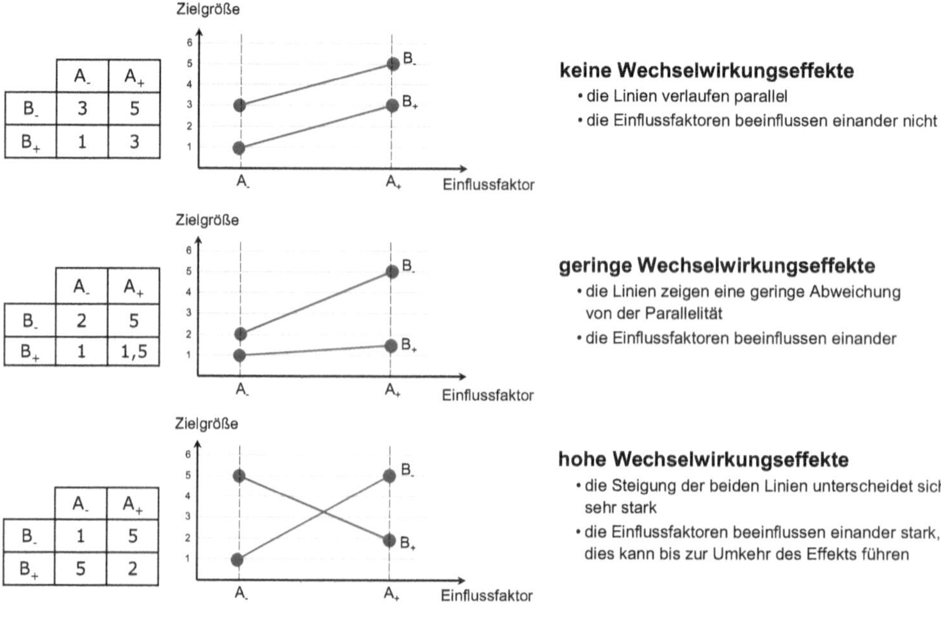

	A_-	A_+
B_-	3	5
B_+	1	3

	A_-	A_+
B_-	2	5
B_+	1	1,5

	A_-	A_+
B_-	1	5
B_+	5	2

Bild 6-60 Arten von Wechselwirkungseffekten

Bei den klassischen „Probiermethoden" bleiben die Wechselwirkungen meist unberücksichtigt. Dies ist einer der Gründe, warum Einflussfaktoren sich „plötzlich" anders verhalten und Einstellungen nicht mehr reproduziert werden können. Beim Vorliegen von Wechselwirkungen, wie in komplexen Systemen üblich, lassen sich die Zusammenhänge im Prozess nur mit Kenntnis der Wechselwirkungen beschreiben.

Wechselwirkungen bieten auch große Chancen zur Optimierung von Prozessen. Wenn man sie erkennt, kann man sie gezielt nützen. Der mittlere Teil von Bild 6-60 zeigt eine geringe Wechselwirkung. Wenn man Faktor B von „–“ auf „+“ verändert, wird der Prozess robust gegenüber Veränderungen von Faktor A. Dieser Faktor kann nun in großen Bereichen variiert werden, ohne dass sich die Zielgröße maßgeblich verändert.

Wenn eine signifikante Wechselwirkung vorliegt, müssen alle beteiligten Faktoren gesteuert werden, auch wenn einzelne Faktoren selbst keinen signifikanten Einfluss haben (z. B. Katalysator bei Prozessen in der chemischen Industrie).

Wiederholungen

Wiederholungen werden durchgeführt, um die Reststreuung abschätzen zu können. Das ist die Streuung, welche bei der Wiederholung unter den selben Bedingungen auftritt. Aufgrund der Kenntnis dieser Streuung kann beurteilt werden, ob der beobachtete Effekt zufällig (bereits aus der allgemeinen Streuung erklärbar) oder tatsächlich signifikant ist.

Führt man Wiederholungen durch, so verfügt man in jedem Versuchspunkt über mehrere Versuchsergebnisse. Dadurch können unplausible Werte leichter erkannt werden.

Schließlich machen es die Wiederholungen möglich, auch kleinere Effekte zu erkennen. Nachdem Mittelwerte weniger streuen als die Urwerte, können kleinere Unterschiede als signifikant nachgewiesen werden.

Faktoren und restliche Einflussgrößen

Als **Faktoren** bezeichnet man diejenigen Einflussgrößen, deren Bedeutung im Rahmen der Versuche ermittelt werden soll. Faktoren können stetig (z. B. Ofentemperatur) oder diskret (z. B. Ofentyp) veränderbar sein. Die Faktoren müssen unabhängig voneinander verändert werden können.

Die **restlichen Einflussgrößen** sind nicht Gegenstand der Untersuchung. Die Bedeutung dieser Einflussgrößen kann nicht erkannt werden. Um die Reststreuung zu reduzieren, werden sie während des Versuches möglichst konstant gehalten. Wenn sich wichtige dieser Einflussfaktoren während des Versuches unentdeckt verändern, kann dies das Ergebnis stark verfälschen.

Blockbildung

Um die Zufallsstreuung zu minimieren, werden die restlichen Einflussgrößen während der Versuche möglichst konstant gehalten. Dadurch erzielt man mit weniger Versuchen bereits signifikante Ergebnisse.

Wenn dies nicht möglich ist oder ein Einfluss nicht ausgeschlossen werden kann, hilft eventuell die Blockbildung. Darunter versteht man die Einteilung aller Einzelversuche in Gruppen, so dass innerhalb jeder Gruppe

- die zufälligen Unterschiede möglichst klein sind,
- die Faktorstufenkombinationen möglichst gleich häufig auftreten.

Reicht zum Beispiel eine Materialcharge nicht für alle Versuche, dann wird man für jede Charge einen Block bilden. Die Einzelversuche werden so zugeordnet, dass sie in jedem Block möglichst gleich oft vorkommen. Dadurch können eventuell vorhandene Unterschiede zwischen den Chargen ermittelt und aus der Zufallsstreuung entfernt werden. Durch die reduzierte Zufallsstreuung wird die Aussagekraft der Versuche erhöht.

Randomisierung

Unter Randomisierung versteht man die Durchführung der Versuche in zufälliger Reihenfolge. Dadurch soll verhindert werden, dass ein unerkannter Trend oder eine andere unerkannte Änderung die Effekte der untersuchten Einflüsse verfälscht.

Stellen wir uns einen Klebeprozess vor, bei dem als zu optimierende Größe die Haltekraft zwischen zwei Bauteilen definiert ist. Das Team hat die Vermutung, dass ein neues Material schlechtere Verbindungseigenschaften besitzt, und vergleicht daher das bestehende mit dem neuen Material. Dazu werden mit jedem Material acht Versuchsklebungen durchgeführt. Anschließend wird die Haltekraft gemessen.

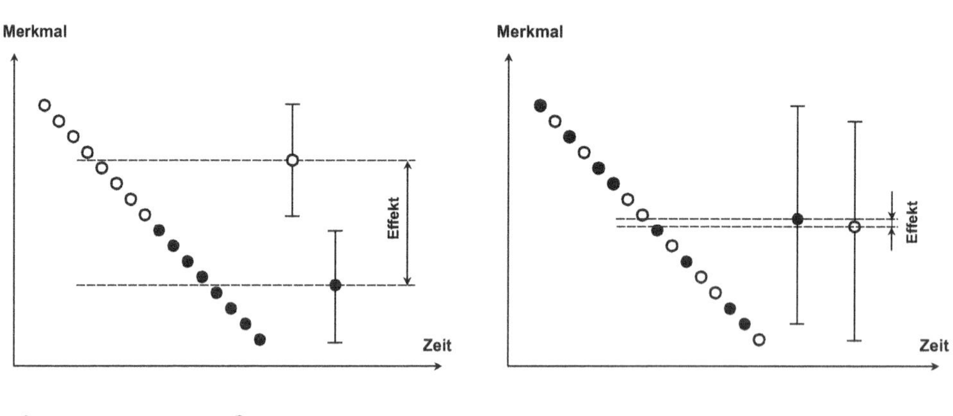

Bild 6-61 Beispiel zur Randomisierung

Stellen wir uns weiter vor, dass in Wirklichkeit kein Unterschied zwischen den beiden Materialsorten besteht (der Effekt ist gleich null). Allerdings tritt ein dem Team unbekannter Einfluss auf, nämlich eine Verklebung der Düse. Diese sorgt dafür, dass von Versuch zu Versuch weniger Kleber aufgetragen wird und sich dadurch die Haltekraft von Versuch zu Versuch verringert.

Das linke Bild zeigt die Versuchsergebnisse in systematischer Reihenfolge. Der Trend beeinflusst die Einzelwerte. Bei der Auswertung würde man einen signifikanten Unterschied zwischen den beiden Materialsorten feststellen. Der Effekt wird durch den Trend erzeugt.

Im rechten Bild ist die gleiche Versuchsreihe dargestellt, wobei die beiden Materialsorten den Versuchen in zufälliger Reihenfolge zugeordnet wurden. Diese Randomisierung sorgt dafür, dass der Effekt, abgesehen von einem geringen zufälligen Anteil, nicht verfälscht wird. Die beobachtete Reststreuung nimmt zu, wodurch die Signifikanz des Effektes nochmals verringert wird.

Daher wird man in der Praxis die Versuche soweit wie möglich in zufälliger Reihenfolge durchführen. Damit stellt man sicher, dass ein unbekannter Effekt nicht einem Faktor zugeordnet wird. Ist tatsächlich ein unbekannter Effekt vorhanden, so vergrößert er die Reststreuung. Leider ist die zufällige Reihung nicht immer möglich. Ist ein Faktor zum Beispiel die Ofentemperatur, so ist es aus Kostengründen häufig nicht möglich, den Ofen beliebig oft aufzuheizen und abzukühlen. Man wird alle Versuche bei einer Temperatur durchführen. Es muss allerdings darauf geachtet werden, dass ein möglicher unbekannter Trend der Ofentemperatur zugeordnet werden würde.

6.2.3.2 Arten von Versuchen

Probiermethode (trial and error)

Bei diesem Verfahren erhält man schnelle Ergebnisse bei genügenden Kenntnissen. Es bietet jedoch kaum Chancen, die Zusammenhänge im Prozess zu erkennen und gezielte Optimierungen vorzunehmen.

Im industriellen Umfeld hat diese Methode keine Berechtigung. Hat man Freude am Kochen, dann kann die Probiermethode dort verwendet werden. Beim Kochen geht es auch nicht darum, mit möglichst wenig Versuchen die Zusammenhänge zwischen den Materialien, den Prozessparametern und den Zielgrößen zu erfassen, sondern eher um den Spaß am Experimentieren.

Ein Faktor nach dem anderen (one factor at a time)

Dies ist ein bekanntes und weit verbreitetes Verfahren, jedoch hat man auch hier kaum Chancen, Erkenntnisse über die Zusammenhänge im Prozess zu gewinnen und damit gezielte Optimierungen vorzunehmen. Möglicherweise vorhandene Wechselwirkungen können gar nicht erkannt werden.

Vollständige faktorielle Versuchspläne

Bei diesen Versuchsplänen werden Versuche zu allen Kombinationsmöglichkeiten durchgeführt. Jede Wertstufe eines Faktors wird mit jeder Wertstufe der anderen Faktoren kombiniert. Untersucht man beispielsweise drei Faktoren auf jeweils zwei Stufen, dann ergibt dies $2 \cdot 2 \cdot 2 = 2^3 = 8$ Kombinationsmöglichkeiten.

Der wesentliche Vorteil dieser Versuchspläne ist, dass man vollständige Informationen über die Zusammenhänge im Prozess erhält. Alle Haupteffekte und alle Wechselwirkungen können errechnet werden. Durch den besonderen Aufbau des Versuchsplans kann jedes Versuchsergebnis für die Berechnung aller Effekte verwendet werden. Verglichen mit dem one factor at a time-Verfahren erzielt man dadurch in der Regel hochwertigere Information bei geringerem Aufwand.

Der Aufbau der Versuchspläne ist relativ einfach. Ebenso ist die Planung, Durchführung und Auswertung der Versuche (mit Hilfe einer geeigneten Software) auch für den nicht geübten Anwender möglich.

Der Nachteil dieser Versuchspläne ist, dass der Versuchsaufwand mit zunehmender Anzahl der Faktoren stark ansteigt. Daher sind nur Versuche mit bis zu etwa fünf Faktoren auf zwei Stufen wirtschaftlich vertretbar (wobei diese Zahl nach Produkt und Branche variieren kann).

Fraktionelle faktorielle Versuchspläne

Bei den fraktionellen faktoriellen Versuchsplänen werden nur für einen Teil aller Kombinationsmöglichkeiten Versuche durchgeführt. Dadurch wird es wirtschaftlich möglich, eine größere Anzahl von Faktoren zu untersuchen.

Da nicht zu allen Kombinationsmöglichkeiten Versuchsergebnisse zur Verfügung stehen, können auch nicht mehr alle Effekte unabhängig voneinander berechnet werden. Haupteffekte und/oder Wechselwirkungseffekte sind überlagert und können daher nicht mehr getrennt voneinander beurteilt werden. Damit werden Fehlinterpretationen möglich. Zwei Arten von Designs werden unterschieden:

Modeling Design: Mit Hilfe dieser Versuchspläne soll, wie auch beim vollfaktoriellen Versuchsplan, der Zusammenhang zwischen Zielgrößen und Einflüssen ermittelt werden.

Screening Design: Mit solchen Versuchsplänen werden aus einer großen Anzahl die wenigen einflussreichen Faktoren herausgefiltert. Das Modell wird in einem anschließenden Versuch gebildet.

Auch bei diesen Versuchsplänen ist der Aufbau relativ einfach. Gleiches gilt für die Planung, Durchführung und Auswertung.

Zentral zusammengesetzte Versuchspläne (Central Composite Design)

Sind die Zusammenhänge zwischen den Einflüssen und den Zielgrößen nicht linear, so wird häufig ein quadratisches Modell zur Anpassung verwendet. Damit bestehen gute Chancen zur Optimierung auch bei nichtlinearen Zusammenhängen.

Zentral zusammengesetzte Versuchspläne bestehen aus einem vollständigen bzw. fraktionellen faktoriellen Versuchsplan, zu dem Versuche so ergänzt werden, dass eine Anpassung mit einem quadratischen Modell vorgenommen werden kann.

Der Nachteil dieser Versuchspläne ist wiederum, dass der Versuchsaufwand mit steigender Faktorenanzahl stark zunimmt.

6.2.3.3 Planung und Durchführung von Versuchen

In Six Sigma-Projekten werden häufig nicht nur einer, sondern mehrere Versuche durchgeführt. Zunächst wird man zum Bespiel mit Hilfe eines Screening Designs die wenigen relevanten von den vielen (unwichtigen) Einflüssen trennen. Anschließend untersucht man die relevanten Einflussgrößen mit Hilfe eines vollständigen faktoriellen Versuchsplans.

Alle Beteiligten (z. B. auch der Maschineneinsteller) sollen in die Planung des Versuches eingebunden werden. Einerseits können sie wertvolle Erfahrungen einbringen, andererseits werden sie den Zweck der Versuche besser verstehen. Sie sollen die Versuche nicht als störenden Aufwand, sondern als Chance für eine Verbesserung ihres Produktes bzw. Prozesses ansehen.

Zielgrößen festlegen

Zielgrößen des Versuches sind in der Regel die zu optimierenden CTQs. Gegebenenfalls werden noch weitere Zielgrößen festgelegt, die zwar nicht vorrangig Gegenstand der Optimierung sind, jedoch während des Versuches beobachtet werden sollen.

Auswahl der Faktoren

Ausgangspunkt für die Auswahl der Faktoren ist das Brainstorming mit den Experten. Beispielsweise wird man mit Hilfe des Ishikawa-Diagramms die möglichen Einflüsse identifizieren und daraus die weiter zu untersuchenden Faktoren auswählen. Diese müssen unabhängig voneinander veränderbar sein.

Festlegung der Faktorstufen

Als Faktorstufen bezeichnet man die Werte, welche die Faktoren im Versuch annehmen sollen. Dabei muss grundsätzlich zwischen qualitativen und quantitativen Faktoren unterschieden werden.

Quantitative Faktoren, wie Ofentemperatur oder Pressdruck, können beliebige Werte annehmen. Um den Versuchsaufwand in Grenzen zu halten, werden im ersten Ansatz in der Regel nur zwei Stufen für jeden Faktor untersucht. Folgende Punkte sind zu berücksichtigen [1]:

- Eine Extrapolation über den untersuchten Bereich hinaus ist nicht zulässig. Daher sollten die Stufen den interessanten Bereich überdecken.
- Erwartet man eine Verbesserung in eine bestimmte Richtung, dann wird man den untersuchten Bereich in diese Richtung legen.
- Der Abstand zwischen den Stufen darf nicht zu klein gewählt werden, da man ansonsten Effekte nur mit großem Versuchsumfang erkennen kann.
- Je größer der Stufenabstand, umso größer kann die Abweichung von der Linearität sein. Daher wird der Stufenabstand eingegrenzt, um eine Anpassung mit einem linearen Modell zu erzielen.
- Zwischen den Stufen darf kein physikalisches oder technisches Phänomen auftreten. Untersucht man zum Beispiel das Haftvermögen von Reifen auf nasser Fahrbahn, so würde eine lineare Interpolation zwischen −20 °C und +20 °C zu falschen Erkenntnissen führen. Bei etwa 0 °C kommt es durch die Eisbildung zu einer sprunghaften Änderung der Zielgröße.
- Alle zu untersuchenden Faktorstufenkombinationen müssen realisierbar sein (z. B. hoher Druck und dünne Wanddicke).

Qualitative Faktoren, wie Art des Schutzgases oder Typ der Anlage, können nur bestimmte Werte annehmen. Daher ist die Anzahl der Stufen meist durch die Problemstellung festgelegt. Bei qualitativen Faktoren ist eine Interpolation zwischen den Stufen nicht möglich.

Werden nur zwei Stufen vorgesehen, so wird die niedrige Stufe mit „–" und die hohe Stufe mit „+" kodiert. Manchmal erfolgt die Bezeichnung mit 1 und 2, wobei dies allerdings den Rechengang unklarer macht. Bei Verwendung einer Software wird man sich nicht mit der Kodierung belasten und mit den tatsächlichen Werten der Faktoren arbeiten.

Erstellung des Versuchsplanes / Planen der Versuche

Es wird festgelegt, welche Faktorstufenkombinationen in welcher Form untersucht werden sollen. Dies wird in detaillierter Form im nächsten Abschnitt behandelt.

Vorbereitung der Versuche

Wie später noch dargestellt wird, wird jedes Versuchsergebnis zur Berechnung jedes Effektes verwendet. Ein falsches Versuchsergebnis kann daher alle Effekte verfälschen. Daher muss bei der Vorbereitung wie bei der Durchführung der einzelnen Versuche mit größter Sorgfalt vorgegangen werden.

Vor allem ist bei der Vorbereitung auf folgende Punkte zu achten: [1]

- Planung der erforderlichen Ressourcen

  Welche Mitarbeiter, Maschinen, Werkzeuge, Vorrichtungen, Prüfeinrichtungen und Rohmaterialien werden benötigt?

- Eignung der Prüfmittel sicherstellen

  Ist die Auflösung und Fähigkeit der Prüfmittel bekannt und ausreichend?

- Auswahl, Kennzeichnung und Zuordnung der Teile

  Sind die Teile repräsentativ? Sind die Teile einheitlich bzw. sind vorhandene Unterschiede als Blockfaktor im Versuchsplan berücksichtigt? Sind die Teile gekennzeichnet? Sind die Teile zufällig den Versuchsnummern zugeordnet?

- Festlegung des Versuchs- und Messablaufes

  Ist der Ablauf für Versuch und Messung eindeutig festgelegt? Ist sichergestellt, dass Umgebungsbedingungen und Rahmenbedingungen für alle Einzelversuche so einheitlich wie möglich sind? Werden die wichtigsten Umgebungsbedingungen erfasst und dokumentiert?

- Zuordnung und Einweisung des Personals

  Sind die Aufgaben klar festgelegt? Ist allen Beteiligten klar, dass die vorgesehene Versuchsreihenfolge eingehalten werden muss und dass jedes einzelne Ergebnis zur Berechnung aller Effekte benutzt wird und daher Sorgfalt und einheitliche Vorgehensweise sehr wichtig sind?

- Durchführung eines Pilotversuchs

  Wurde ein Pilotversuch (z. B. zwei extreme Einzelversuche) durchgeführt, um die Realisierbarkeit der geplanten Faktorstufenkombinationen zu überprüfen und den Versuchsablauf zu testen?

  Gerade weil man die Anzahl der notwendigen Versuche so gering wie möglich halten will, stellt sich die Frage, ob die Ergebnisse des Pilotversuches in die Auswertung einbezogen werden dürfen. Wenn man für den Pilotversuch und die nachfolgenden Versuche gleiche Bedingungen sicherstellen kann und die Ergebnisse des Pilotversuches in der Residuenanalyse nicht auffällig sind, dann ist dies zulässig.

Durchführung der Versuche

Während der Durchführung der Versuche müssen alle Besonderheiten dokumentiert werden. Eventuell sind auch die Schichtungskriterien mit aufzuzeichnen.

Alle Ergebnisse sollten sofort auf Plausibilität geprüft werden, damit man Ausreißer eventuell noch während des Versuches identifiziert. Ausreißer sind Ergebnisse, welche nicht zu den anderen Ergebnissen passen. Führt man Wiederholungen durch, dann lassen sich folgende Fälle unterscheiden:

- Ein Einzelergebnis passt nicht zu den anderen Werten. Dies deutet auf einen Fehler in der Versuchsdurchführung hin. Wenn möglich, sollte das Ergebnis korrigiert oder der entsprechende Versuch wiederholt werden.
- Die Ergebnisse bei bestimmten Einstellungen erscheinen ungewöhnlich. Auch wenn das Ergebnis auf den ersten Blick nicht plausibel erscheint, könnte es durch eine große Wechselwirkung hervorgerufen worden sein.

Auswertung der Versuche

Die Auswertung der Versuchsergebnisse wird anhand der vollständigen faktoriellen Versuchspläne detailliert erläutert.

6.2.3.4 Vollständige faktorielle Versuchspläne

Der vollfaktorielle Versuchsplan ist eine Verallgemeinerung des Mittelwertvergleiches und eines der schlagkräftigsten Werkzeuge zur Optimierung von Prozessen. Im folgenden Abschnitt wird die Vorgangsweise im Detail erläutert. Die Erkenntnisse können anschließend auf weitere Versuchspläne übertragen werden.

Beispiel 6-15 Verkupfern von Leiterplatten

Bei der Herstellung von Leiterplatten wird in einem chemischen Verfahren Kupfer aufgetragen. Die zu optimierende Zielgröße ist dabei die Dicke der Kupferschicht. Am Beginn jeder Untersuchung steht das Brainstorming mit den Experten. Dazu wurden die möglichen Einflussfaktoren mit Hilfe eines Ishikawa-Diagramms strukturiert dargestellt. Von den Experten wurden die Badtemperatur, die Vorschubgeschwindigkeit des Förderbandes und die Kupferkonzentration im Bad als wahrscheinlichste Einflussgrößen ausgewählt. Für diese Einflussgrößen wurde das Intervall, welches die besten Ergebnisse erwarten lässt, entsprechend Bild 6-62 festgelegt:

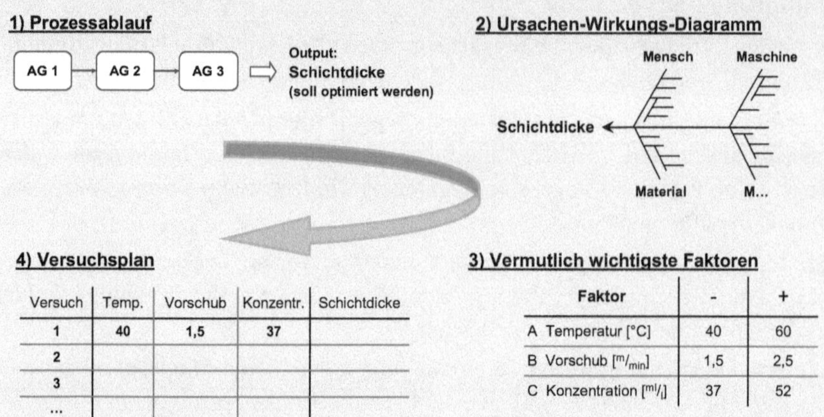

Versuch	Temp.	Vorschub	Konzentr.	Schichtdicke
1	40	1,5	37	
2				
3				
...				

Faktor	-	+
A Temperatur [°C]	40	60
B Vorschub [m/min]	1,5	2,5
C Konzentration [ml/l]	37	52

Bild 6-62 Chemisches Verkupfern: Ermittlung der zu untersuchenden Faktoren

Für diese Faktoren soll nun der Versuchsplan erstellt werden. Wenn wir drei Faktoren auf jeweils zwei Stufen untersuchen, dann gibt es insgesamt acht Kombinationsmöglichkeiten. Dafür lässt sich der Versuchsraum sehr anschaulich mit Hilfe eines Würfels visualisieren (siehe Bild 6-63). An den Würfelkanten sind die Faktoren aufgetragen. Beispielsweise repräsentiert die linke, vordere, untere Ecke die Einstellung 40 °C, 1,5 $^{m}/_{min}$ und 37 $^{ml}/_{l}$. An den Eckpunkten selbst werden schließlich die Ergebnisse der Versuche eingetragen. Nachdem jeder Versuch zweimal durchgeführt wurde, sind auch jeweils zwei Einträge vorhanden.

Anhand des Würfels soll das Vorgehen erläutert werden. Das Rechenschema ist dann auf beliebige Versuchspläne übertragbar.

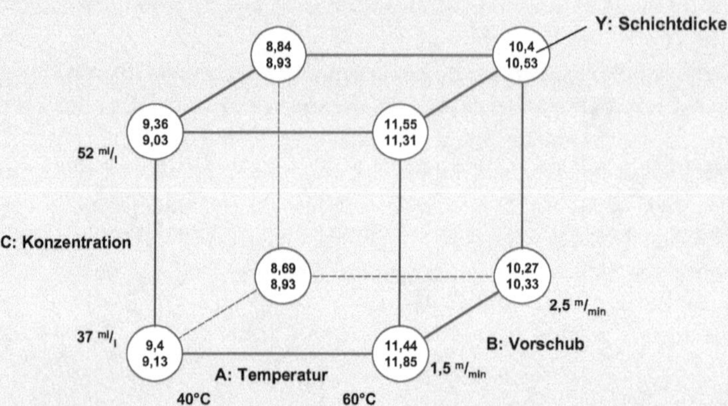

Bild 6-63 Darstellung des zu untersuchenden Bereiches als Würfel

Im ersten Schritt wollen wir die Wirkung des Faktors A untersuchen. Wie in Bild 6-64 dargestellt, werden der Mittelwert aller Versuchsergebnisse mit A auf der Stufe „–" und der Mittelwert aller Versuchsergebnisse mit A auf der Stufe „+" errechnet. Die Differenz dieser beiden Mittelwerte wird als Effekt von A bezeichnet.

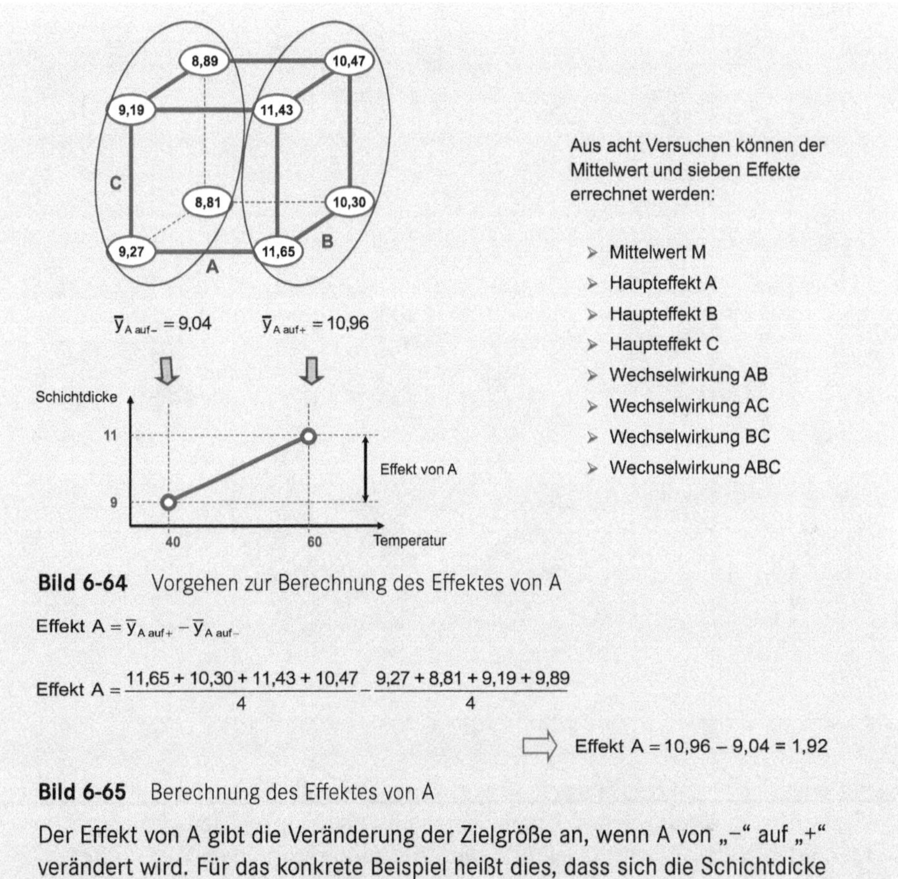

Bild 6-64 Vorgehen zur Berechnung des Effektes von A

$$\text{Effekt A} = \overline{y}_{A\,auf+} - \overline{y}_{A\,auf-}$$

$$\text{Effekt A} = \frac{11{,}65 + 10{,}30 + 11{,}43 + 10{,}47}{4} - \frac{9{,}27 + 8{,}81 + 9{,}19 + 9{,}89}{4}$$

$$\Rightarrow \text{Effekt A} = 10{,}96 - 9{,}04 = 1{,}92$$

Bild 6-65 Berechnung des Effektes von A

Der Effekt von A gibt die Veränderung der Zielgröße an, wenn A von „–" auf „+" verändert wird. Für das konkrete Beispiel heißt dies, dass sich die Schichtdicke um 1,92 erhöht, wenn man die Temperatur von 40 °C auf 60 °C steigert. ■

Aus den acht Versuchen können sieben Effekte und der Mittelwert berechnet werden. Die Effekte können auch als paarweiser Vergleich von Versuchsergebnissen betrachtet werden. Wie in Bild 6-66 dargestellt, gibt es sieben Möglichkeiten, je vier Versuchsergebnisse paarweise zu vergleichen.

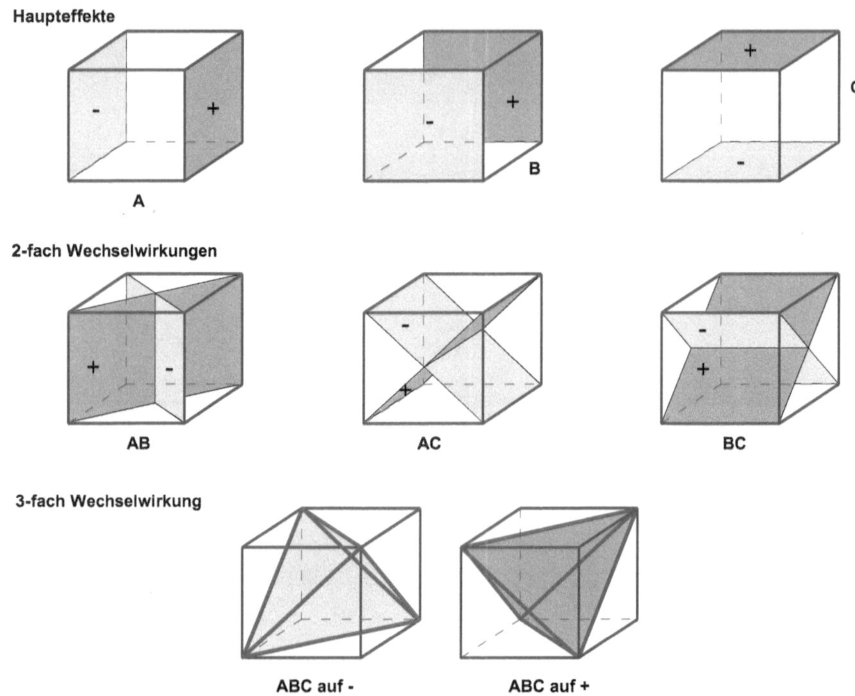

Bild 6-66 Möglichkeiten, je vier Versuchspunkte paarweise zu vergleichen

Damit zeigt sich bereits ein besonderer Vorteil der Versuchsmethodik. Durch die Gestaltung des Versuchsplans kann jedes Versuchsergebnis für mehrere Berechnungen verwendet werden. In diesem Fall wird jedes Resultat für acht Berechnungen verwendet.

Berechnung der Effekte

Das für den Effekt von A gezeigte Vorgehen zur Berechnung der Effekte kann in ein einfaches Rechenschema übertragen werden. Bild 6-67 zeigt das Schema anhand der Zahlenwerte aus Beispiel 6-15.

Zunächst werden die Spalten der Haupteffekte so mit Vorzeichen belegt, dass alle Kombinationsmöglichkeiten enthalten sind. Die Reihung kann grundsätzlich beliebig gewählt werden. Es empfiehlt sich jedoch, bei der vorgeschlagenen Vorgehensweise zu bleiben, da diese häufig verwendet wird und leicht erweiterbar ist. Damit ist der Versuchsplan fertig gestellt, und man kann die Versuche durchführen.

Für die Auswertung benötigt man auch die Vorzeichen-Belegung der Wechselwirkungsspalten. Diese erhält man, indem man die Vorzeichen der entsprechenden Haupteffekte ausmultipliziert. Zum Beispiel errechnet sich die Dreifachwechselwirkung des vorderen, linken, unteren Eckpunktes zu ABC = (-)·(-)·(-) = (-).

Im rechten Teil von Bild 6-67 sind auch die Ergebnisse der Versuche eingetragen. Aus den Einzelwerten wurden weiters Mittelwert und Varianz errechnet. Zur Berechnung des Effektes muss vorerst die Summe der jeweiligen Zeilenmittelwerte, multipliziert mit dem Vorzeichen der entsprechenden Spalte, gebildet werden.

So errechnet sich zum Beispiel die Summe für die Wechselwirkung AB wie folgt:

$$\Sigma_{AB} = + 9{,}265 - 11{,}645 - 8{,}81 + 10{,}3 + 9{,}19 - 11{,}43 - 8{,}885 + 10{,}465$$

$$\Sigma_{AB} = - 1{,}55$$

Der Effekt errechnet sich, indem diese Summe durch vier dividiert wird. Der Wert vier entspricht der Anzahl der Wertepaare und damit der Häufigkeit des Zeichens + in einer Spalte. Damit hat man die in Bild 6-65 dargestellte Berechnung schematisiert und kann sie auf beliebige Versuchspläne anwenden.

Nr.	A	B	C	AB	AC	BC	ABC	Einzel-ergebnisse		$\overline{y}$	s^2
1	-	-	-	+	+	+	-	9,4	9,13	9,265	0,03645
2	+	-	-	-	-	+	+	11,44	11,85	11,645	0,08405
3	-	+	-	-	+	-	+	8,69	8,93	8,81	0,0288
4	+	+	-	+	-	-	-	10,27	10,33	10,3	0,0018
5	-	-	+	+	-	-	+	9,36	9,02	9,19	0,0578
6	+	-	+	-	+	-	-	11,55	11,31	11,43	0,0288
7	-	+	+	-	-	+	-	8,84	8,93	8,885	0,00405
8	+	+	+	+	+	+	+	10,4	10,53	10,465	0,00845
Summe	7,69	-3,07	-0,05	-1,55	-0,05	0,53	0,23				0,2502
Effekt	1,9225	-0,7675	-0,0125	-0,3875	-0,0125	0,1325	0,0575				0,031275

Bild 6-67 Tabelle zur Berechnung der Effekte

Ergänzende Überlegungen zu diesem Versuchsplan

Prüfung auf Nichtlinearität: In Bild 6-64 wurde ein linearer Effekt eingetragen. Will man prüfen, ob das lineare Modell richtig ist, dann reicht ein weiterer Versuch. Dazu wählt man die Einstellung der Faktoren so, dass der Versuch in der Mitte des Würfels liegt (Zentrumspunkt, Center Point). Stimmt das Versuchsergebnis mit dem aus dem linearen Modell erwarteten Ergebnis überein, dann ist das lineare Modell zur Anpassung geeignet. Bei qualitativen Faktoren (z. B. Vergleich von zwei Anlagen) ist dies nicht möglich.

Erweiterbarkeit: Stellt man bei der Prüfung auf Nichtlinearität fest, dass das lineare Modell zur Anpassung nicht geeignet ist, dann lässt sich dieser Versuchsplan relativ leicht zu einem nicht linearen Modell erweitern. Weitere Informationen dazu finden Sie in Abschnitt 6.2.3.7 (zentral zusammengesetzter Versuchsplan, Central Composite Design).

Der Versuchsplan ist orthogonal: Während A auf der niedrigen Stufe untersucht wird, kommt beispielsweise C genau zweimal auf der niedrigen und zweimal auf der hohen Stufe vor. Damit mittelt sich bei der Untersuchung von A der Einfluss von C heraus. Diese Ausgewogenheit gilt für alle Faktoren und alle Wechselwirkungen.

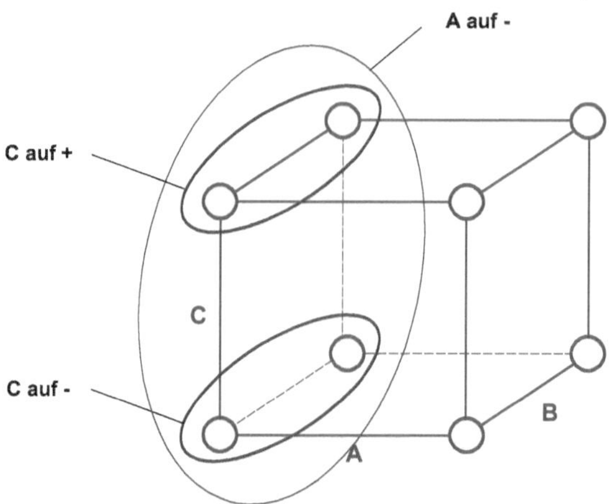

Bild 6-68 Prinzip des ausgewogenen Versuchsplans

Beurteilung der Signifikanz

Für jeden Faktor und jede Wechselwirkung lässt sich ein Effekt errechnen. Wiederum stellt sich die Frage, bis zu welcher Größe ein Effekt auch aus dem Zufall heraus aufgetreten sein kann.

Die Beurteilung, ob ein Faktor auch signifikant ist, erfolgt wie bereits beim Vergleich von zwei Mittelwerten vorgestellt. Jeder Effekt ist die Differenz von zwei Mittelwerten mit jeweils N/2 Einzelwerten. Bild 6-69 zeigt den Rechengang zur Bestimmung der Signifikanz beispielhaft für den Effekt von A.

$$\text{Effekt}_A = \bar{d} = 1{,}92$$ ... berechneter Effekt von A

$$s^2 = 0{,}031275 \quad s = 0{,}1768$$ ... mittlere Varianz / Standardabweichung der Einzelwerte

$$f = N - 8 = 16 - 8 = 8$$ ... Freiheitsgrad (in jeder Zeile wird ein Mittelwert gerechnet)

$$s_{\bar{d}} = \sqrt{\frac{4}{N} \times s^2} = \sqrt{\frac{4}{16}} \times 0{,}1768 = 0{,}0884$$ ... Standardabweichung des Effekts (standard error of effect)

$$t = \bar{d}/s_{\bar{d}} \quad t = \frac{1{,}92}{0{,}0884} = 21{,}72$$ ... t-Wert für den Fall, dass der Vertrauensbereich gerade den Wert 0 berührt

$$t_{f=8;1-\alpha/2} = 21{,}72 \Rightarrow \text{aus t – Verteilung: } \alpha \approx 0$$ ... p-Wert in Minitab

Bild 6-69 Berechnung der Signifikanz des Effektes von A

Wiederum gibt es mehrere Möglichkeiten der Berechnung. Man könnte für eine festgelegte Irrtumswahrscheinlichkeit (z. B. $\alpha = 5\,\%$) ermitteln, ob der Effekt signifikant ist. Die in Bild 6-69 dargestellte Berechnung zeigt den von Minitab eingeschlagenen Weg: Man berechnet den t-Wert und die entsprechende Irrtumswahrscheinlichkeit für den Fall, dass der Vertrauensbereich gerade den Wert 0 berührt.

Die Angabe des p-Werts macht es dem Anwender einfach, rasch die Signifikanz der Effekte zu beurteilen.

Erstellung des Versuchsplanes mit Hilfe von Minitab und JMP

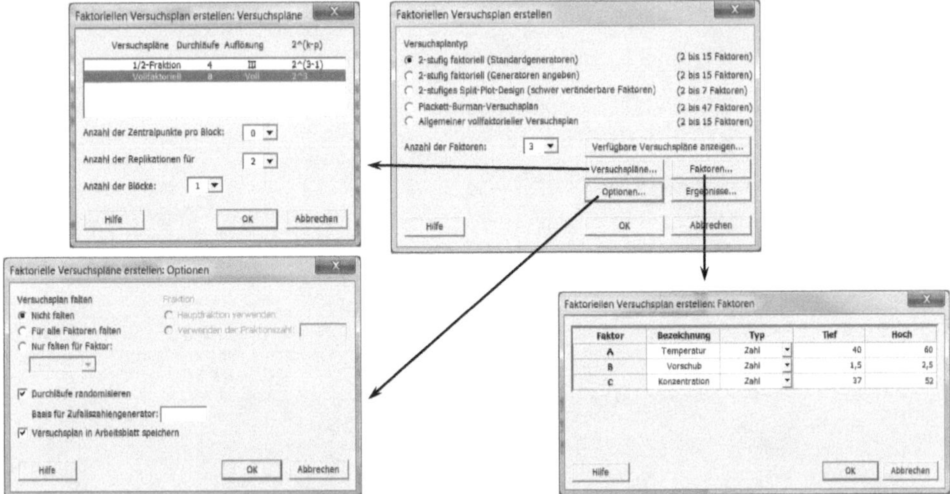

Minitab > Statistik > Versuchsplanung (DOE) > Faktoriell > Faktoriellen Versuchsplan erstellen ...

Bild 6-70 Erstellung des Versuchsplanes mit Minitab

Dialogfeld Versuchspläne: Nachdem der Versuchsplan alle möglichen Faktorstufenkombinationen enthalten soll, wählen wir den vollfaktoriellen Versuchsplan aus. Wie in Bild 6-63 dargestellt, werden zu jeder Kombinationsmöglichkeit zwei Versuche durchgeführt. Daher wählen wir „Anzahl der Replikationen für Eckpunkte: 2“[2].

Dialogfeld Optionen: Es besteht die Möglichkeit, die Basis für den Zufallszahlengenerator festzulegen. Trägt man hier immer die gleiche Zahl ein, so erhält man eine zufällige Reihenfolge der Versuche, die immer gleich ist. Dies ist hilfreich, wenn die Versuchsergebnisse zwischen unterschiedlichen Versuchsplänen kopiert werden sollen. Macht man dies nicht, dann wird die Systemzeit des Rechners als Basis für den Zufallszahlengenerator verwendet, und man erhält bei jedem Versuch eine andere zufällige Reihenfolge.

Dialogfeld Faktoren: Man kann auch die ursprünglichen Einträge (Faktoren A, B, C, usw. und Stufen −/+) belassen. Für die Durchführung der Versuche ist es jedoch einfacher, wenn man die Faktoren mit ihrem Namen bezeichnet und die Stufen in ihren tatsächlichen Einheiten einträgt.

Auch die Software JMP verfügt über ein sehr umfassendes und schlagkräftiges DOE-Modul. Bild 6-71 zeigt das Dialogfeld zur Erstellung eines Versuchsplans mit JMP.

[2] Hinweis: Wie auch Bild 6-70 zeigt, fehlt in diesem Dialogfeld manchmal das Wort „Eckpunkte“.

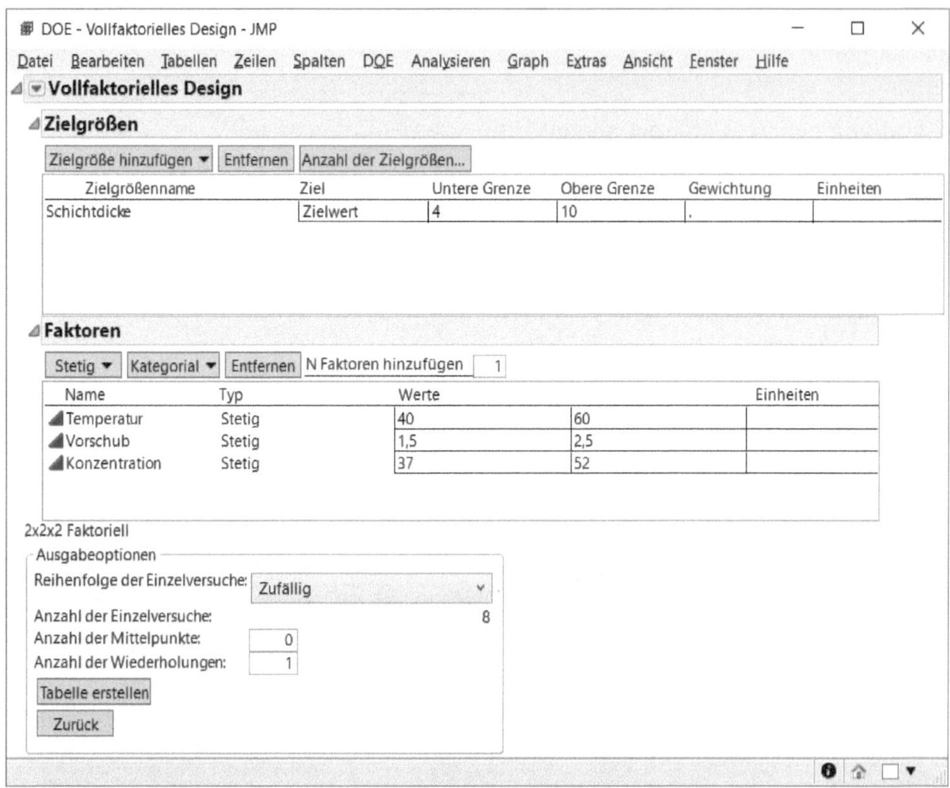

JMP > DOE > Klassisch > Vollfaktorielles Design …

Bild 6-71 Erstellung des Versuchsplans mit JMP

Durchführung der Versuche

Mit dem Abschluss des Dialogs wird der Versuchsplan in das Arbeitsblatt eingetragen. In dieser Tabelle muss für jede Zielgröße eine weitere Spalte für den Eintrag der Versuchsergebnisse angelegt werden. In der Regel sind dies mehrere Zielgrößen. So können Produktmerkmale (z. B. Einhärtetiefe, Verwindung, Risse) und Prozessmerkmale (z. B. Taktzeit, Geschwindigkeit) gleichzeitig untersucht werden, um eine Einstellung der Faktoren zu finden, die insgesamt ein Optimum ergibt.

Anschließend müssen die einzelnen Versuche in der vorgegebenen Reihenfolge durchgeführt werden. Die Ergebnisse werden in die Tabelle eingetragen.

Auswertung der Versuche mit Minitab

Bild 6-72 zeigt die Auswertung mit Minitab. Im ersten Schritt werden die Effekte im Pareto-Diagramm oder im Wahrscheinlichkeitsnetz beurteilt.

Pareto-Diagramm der Effekte: Dieses Diagramm erlaubt es, sehr rasch die Größe der einzelnen Effekte zu beurteilen. Wenn die Reststreuung ermittelt werden kann, dann trägt Minitab den standardisierten Effekt auf. Dies ist der beobachtete Effekt, dividiert durch seine Standardabweichung. Das Ergebnis entspricht dem t-Wert und ist somit ein Maß für die Signifikanz des Effektes. Für das Signifikanzniveau von α = 5 % ist der t-Wert in diesem Beispiel t = 2,31. Dieses Signifikanzniveau wird im Pareto-Diagramm durch eine senkrechte Linie dargestellt. Überragt ein Balken diese Linie, so ist der zugehörige Effekt signifikant. Wenn die Reststreuung nicht abgeschätzt werden kann, trägt Minitab den absoluten Wert des Effekts auf.

Wahrscheinlichkeitsnetz der Effekte: Dies ist eine weitere Darstellung zur Beurteilung der Effekte. Dazu werden die standardisierten Effekte in das Wahrscheinlichkeitsnetz eingetragen.

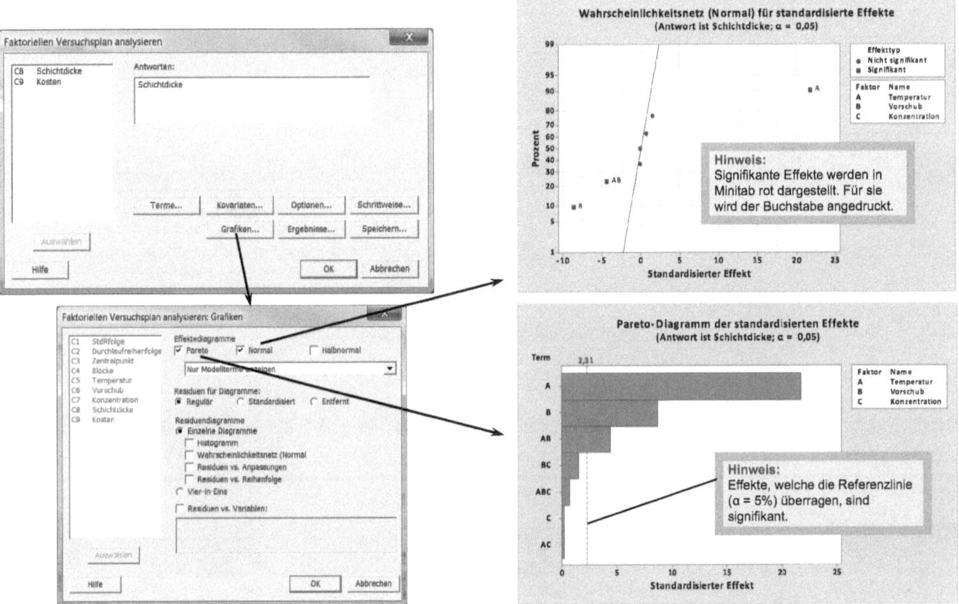

Minitab > Statistik > Versuchsplanung (DOE) > Faktoriell > Faktoriellen Versuchsplan analysieren ...

Bild 6-72 Darstellung der Effekte im Pareto-Diagramm und im Wahrscheinlichkeitsnetz

Sind die Effekte nicht signifikant, dann streuen sie nur zufällig und normalverteilt um den Wert 0. Signifikante Effekte weichen deutlich von 0 ab. Je weiter die Effekte vom Wert 0 abweichen, desto größer ist ihre Wirkung. Üblicherweise wird die Grenze wiederum mit 5 % gewählt. Signifikante Effekte werden in Minitab rot und quadratisch dargestellt. Für sie wird auch der Buchstabe angedruckt.

Faktorielle Regression: Schichtdicke vs. Temperatur; Vorschub; Konzentration

Varianzanalyse

Quelle	DF	Kor SS	Kor MS	F-Wert	p-Wert
Modell	7	17,8256	2,5465	81,42	0,000
Linear	3	17,1409	5,7136	182,69	0,000
Temperatur	1	14,7840	14,7840	472,71	0,000
Vorschub	1	2,3562	2,3562	75,34	0,000
Konzentration	1	0,0006	0,0006	0,02	0,891
2-Faktor-Wechselwirkungen	3	0,6715	0,2238	7,16	0,012
Temperatur*Vorschub	1	0,6006	0,6006	19,20	0,002
Temperatur*Konzentration	1	0,0006	0,0006	0,02	0,891
Vorschub*Konzentration	1	0,0702	0,0702	2,25	0,172
3-Faktor-Wechselwirkungen	1	0,0132	0,0132	0,42	0,534
Temperatur*Vorschub*Konzentration	1	0,0132	0,0132	0,42	0,534
Fehler	8	0,2502	0,0313		
Gesamt	15	18,0758			

Wichtige Ergebnisse aus der Varianzanalyse
p-Wert
Angabe, ob der Einfluss bzw. die Gruppe der Einflüsse statistisch signifikant sind

Zusammenfassung des Modells

S	R-Qd	R-Qd(kor)	R-Qd(prog)
0,176847	98,62%	97,40%	94,46%

Kodierte Koeffizienten

Term	Effekt	Koef	SE Koef	t-Wert	p-Wert
Konstante		9,9987	0,0442	226,16	0,000
Temperatur	1,9225	0,9613	0,0442	21,74	0,000
Vorschub	-0,7675	-0,3838	0,0442	-8,68	0,000
Konzentration	-0,0125	-0,0062	0,0442	-0,14	0,891
Temperatur*Vorschub	-0,3875	-0,1937	0,0442	-4,38	0,002
Temperatur*Konzentration	-0,0125	-0,0062	0,0442	-0,14	0,891
Vorschub*Konzentration	0,1325	0,0663	0,0442	1,50	0,172
Temperatur*Vorschub*Konzentration	0,0575	0,0287	0,0442	0,65	0,534

Wichtige Ergebnisse aus der Effektanalyse
Effekt
Effekt der Einflussgrößen – wie ändert sich die Zielgröße, wenn der Einfluss von - nach + verändert wird (kodierte Einheiten)
Koef
Koeffizienten für die Bestimmungsgleichung – die Einflussfaktoren sind in kodierten Einheiten anzugeben
p-Wert
Angabe, ob der Effekt statistisch signifikant ist

Regressionsgleichung in nicht kodierten Einheiten

```
Schichtdicke = 0,86 + 0,246 Temperatur + 2,09 Vorschub + 0,045 Konzentration
               - 0,0729 Temperatur*Vorschub - 0,00162 Temperatur*Konzentration
               - 0,0207 Vorschub*Konzentration
               + 0,00077 Temperatur*Vorschub*Konzentration
```

Regressionsgleichung in nicht kodierten Einheiten
Zusätzlich wird die Bestimmungsgleichung zur Verwendung des Wertes der Einflussfaktoren in den tatsächlichen (nicht kodierten) Einheiten angegeben

Bild 6-73 Zusammenfassung der Versuchsergebnisse im Session-Fenster

Die Ergebnisse sind auch im Session-Fenster im Detail dargestellt. Der erste Block fasst die Ergebnisse der Varianzanalyse zusammen. Weiters sind die Größe der Reststreuung und das Bestimmtheitsmaß (Anteil der quadrierten Abweichungen, die durch das Modell beschrieben werden) angegeben.

Der zweite Block enthält die Effektanalyse. Vergleichen Sie die Darstellung in Minitab auch mit der Rechnung in Bild 6-69. Für jeden Effekt wird Folgendes angegeben:

- Effekt: Änderung der Zielgrößen, wenn der betrachtete Einfluss von -1 nach +1 verändert wird.
- Koeffizient: Für die Verwendung in der Interpolationsgleichung wird die Hälfte des Effektes – der Koeffizient – benötigt. Dieser gibt an, wie sich die Zielgröße verändert, wenn der Einfluss von 0 nach +1 verändert wird.
- Standardabweichung der Koeffizienten: Diese wird aus der Reststreuung gerechnet und entspricht der Hälfte der Standardabweichung des Effekts.
- t-Wert: Dies ist der dem beobachteten Einfluss entsprechende Wert der t-Verteilung.
- p-Wert: Dies ist wiederum die Wahrscheinlichkeit dafür, dass der beobachtete Effekt oder ein noch größerer Effekt zufällig auftritt, wenn der wahre Effekt 0 ist. Damit dient der p-Wert zur Beurteilung der Signifikanz des Effekts.

Der dritte Block enthält die Koeffizienten der Bestimmungsgleichung, wobei hier die Einflussfaktoren in ihren tatsächlichen Werten einzusetzen sind.

Analyse der Residuen

Die Analyse der Residuen ist ein wichtiges Werkzeug, um die Güte der Anpassung des Modells zu bewerten. Die Vorgehensweise ist sinngemäß gleich wie bereits in Abschnitt 6.2.1.6 dargestellt. Die Residuen dürfen nur noch zufällige Streuungskomponenten enthalten. Ist dies nicht der Fall, muss die Ursache dafür gefunden werden.

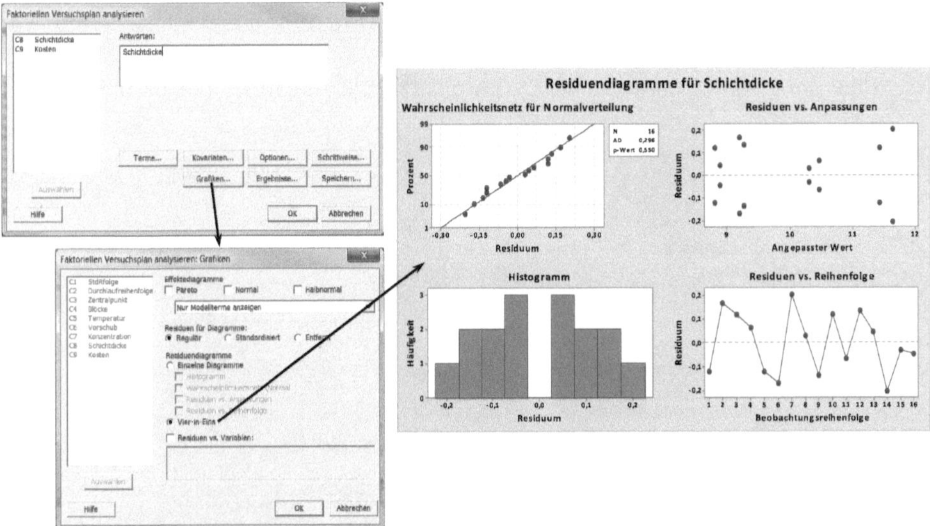

Minitab > Statistik > Versuchsplanung (DOE) > Faktoriell > Faktoriellen Versuchsplan analysieren > Grafiken ...

Bild 6-74 Darstellung der Residuen

Führt man Wiederholungen durch, dann können Ausreißer sehr gut an den Residuen erkannt werden. Häufig liegt die Ursache in einem Ablesefehler, Übertragungsfehler oder in einer falschen Prozesseinstellung. In diesem Fall wird man, falls möglich, den entsprechenden Versuch wiederholen. Werden die Ursachen für den Ausreißer nicht gefunden, so könnte noch ein besonderer Einfluss im Prozess vorliegen.

Bild 6-75 zeigt die Residuenanalyse für einen Versuch, bei dem ein Ausreißer aufgetreten ist. In jedem Versuchspunkt wurden zwei Versuche durchgeführt. Nachdem für die Berechnung der Mittelwert aus den beiden Versuchsergebnissen gebildet wird, führt der Ausreißer zu einem auffälligen Wertepaar in der Residuenanalyse.

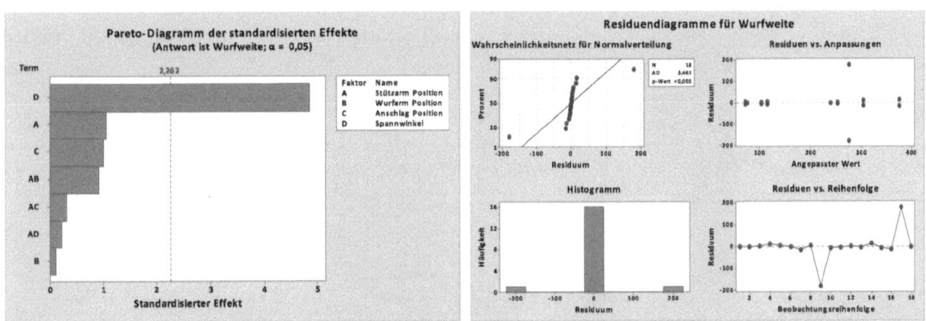

Bild 6-75 Pareto- und Residuenanalyse für Versuch mit einem Ausreißer

Nach der Wiederholung des fehlerhaften Versuches zeigt die Residuenanalyse nur noch zufällige Streuung. Durch die Korrektur des falschen Wertes wird auch die Reststreuung deutlich verringert, sodass weitere Einflüsse als signifikant ausgewiesen werden.

Darstellung der Haupteffekte und Wechselwirkungen

Die Pareto-Analyse gibt zwar Auskunft über die Größe des Effektes. Es lässt sich aber nicht ablesen, ob der Effekt positiv oder negativ ist. Daher wird die grafische Analyse durch die Beurteilung der Haupteffekte und Wechselwirkungseffekte ergänzt. Treten signifikante Wechselwirkungen auf, dann dürfen die Haupteffekte alleine nicht interpretiert werden.

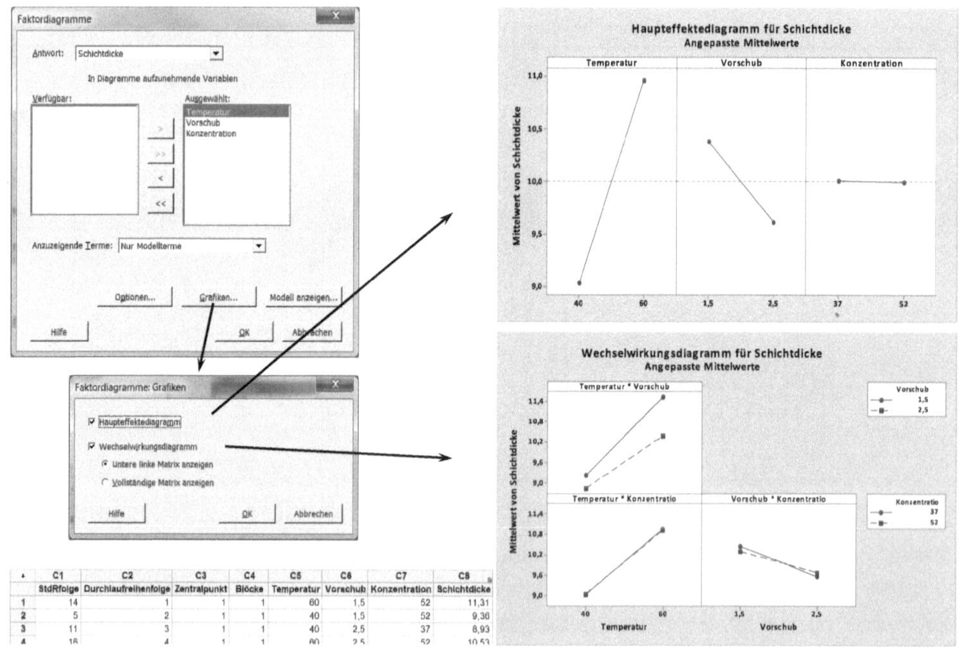

Minitab > Statistik > Versuchsplanung (DOE) > Faktoriell > Faktordiagramme ...

Bild 6-76 Darstellung der Haupteffekte und Wechselwirkungseffekte mit Minitab

Wie Minitab stellt auch JMP zahlreiche Berechnungsergebnisse zur Verfügung, wie Haupt- und Wechselwirkungseffekte, Signifikanz der Effekte und Koeffizienten zur Bildung des Modells. Unterstützt werden die Anwenderinnen und Anwender durch aussagekräftige grafische Darstellungen. Bild 6-77 zeigt beispielhaft die Darstellung der Haupteffekte und Wechselwirkungseffekte.

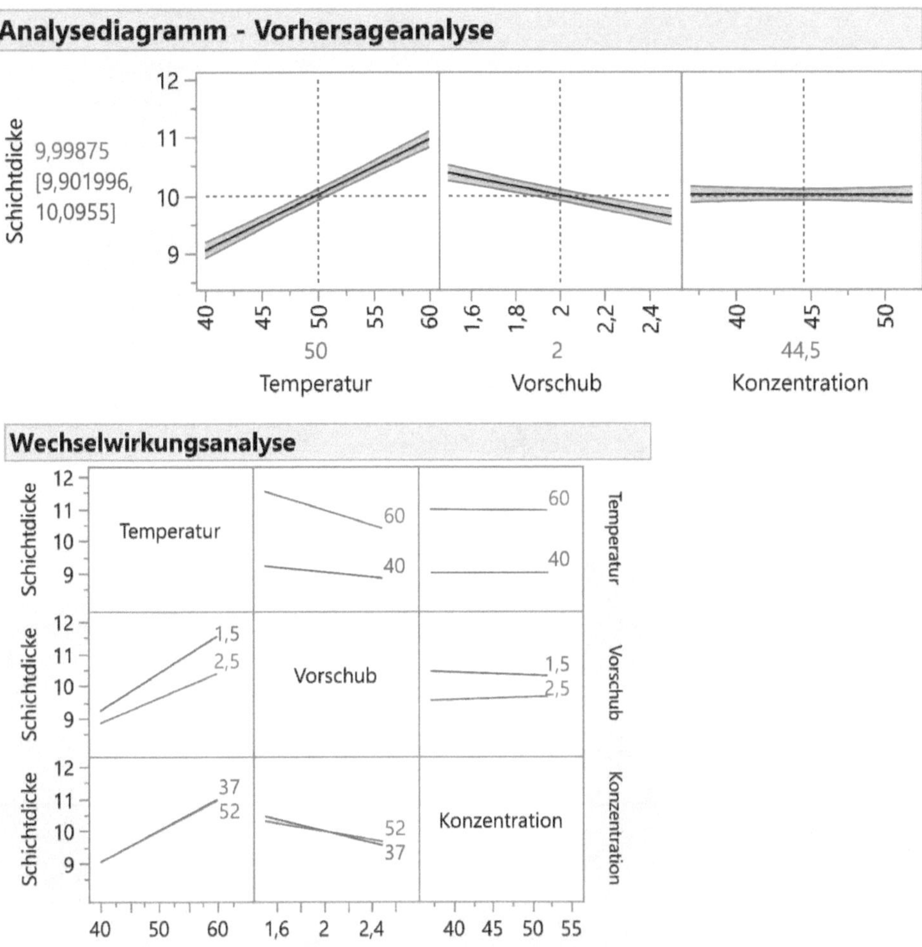

Bild 6-77 Darstellung der Haupteffekte und Wechselwirkungseffekte mit JMP

Nicht-signifikante Effekte aus dem Modell entfernen

Bevor Erkenntnisse aus dem erstellten Modell abgeleitet werden können, müssen alle nicht-signifikanten Effekte aus dem Modell entfernt werden. Bild 6-78 zeigt das Dialogfeld dazu. Das Modell enthält nur noch die signifikanten Haupt- und Wechselwirkungseffekte. Bei signifikanten Wechselwirkungseffekten müssen auch alle zugehörigen Haupteffekte in das Modell aufgenommen werden, denn diese werden zur Einstellung der Wechselwirkung benötigt.

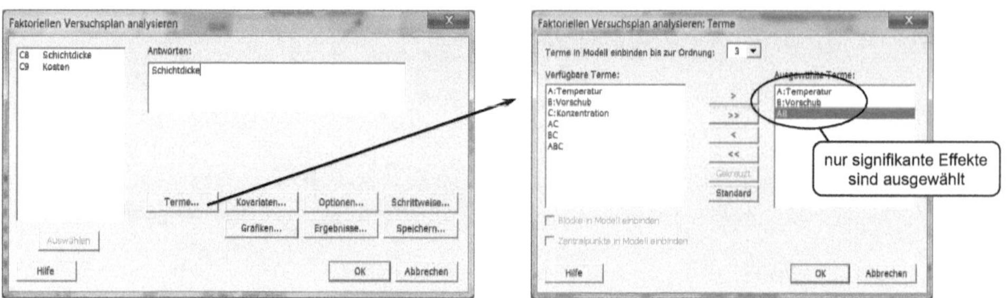

Minitab > Statistik > Versuchsplanung (DOE) > Faktoriell > Faktoriellen Versuchsplan analysieren ...

Bild 6-78 Auswahl der Effekte für die Auswertung mit Minitab

Optimierung der Faktoreinstellungen mit der Zielgrößenoptimierung

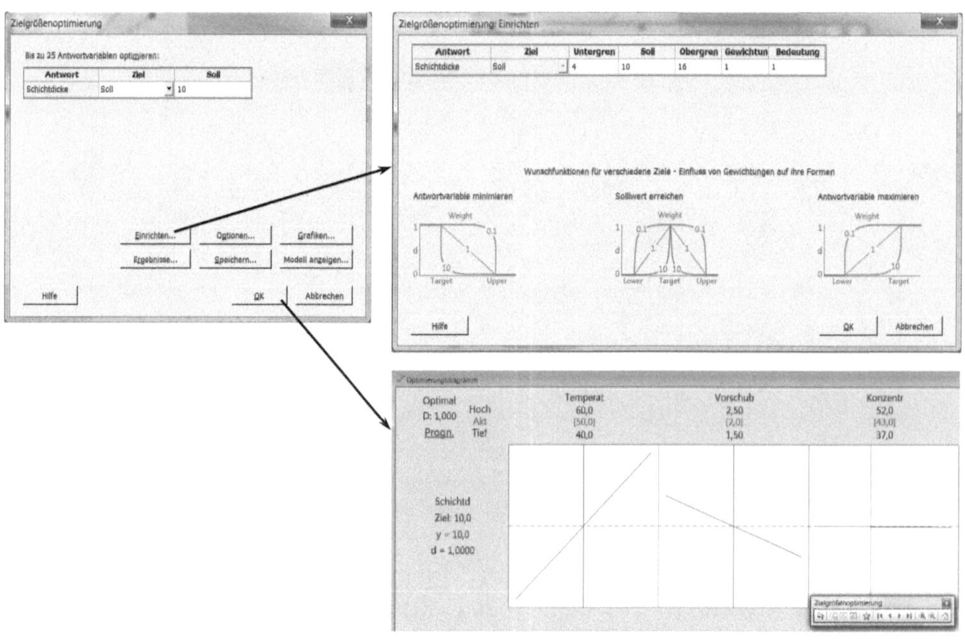

Minitab > Statistik > Versuchsplanung (DOE) > Faktoriell > Zielgrößenoptimierung ...

Bild 6-79 Interpolation mit Hilfe von Minitab

Als Ergebnis des Versuches liegt ein empirisch erhobenes Modell vor, welches den Zusammenhang zwischen den Zielgrößen und den untersuchten Faktoren beschreibt. Auch wenn die Koeffizienten für die Interpolationsgleichung angegeben werden, wird man sie in der Praxis kaum benötigen, denn Minitab stellt mit der Zielgrößenoptimierung ein sehr praktisches Werkzeug zur Identifikation optimaler Prozesseinstellungen bereit. Insbesondere wenn der Einfluss auf mehrere Zielgrößen gleichzeitig untersucht werden soll, ist dies sehr hilfreich.

Bild 6-79 zeigt im unteren, rechten Teil das Optimierungsdiagramm. Der rechte Teil enthält die Einflussfaktoren. Durch Eintrag des Wertes oder Verschieben der senkrechten Linie lassen sich Werte für die Faktoren vorgeben. Im linken Teil des Diagramms kann dann der für diese Einstellung zu erwartende Wert der Zielgröße abgelesen werden. Damit kann man fast schon spielerisch prüfen, wie sich Änderungen an den einzelnen Parametern auf die Zielgrößen auswirken.

Einstellungen im Dialogfeld Zielgrößenoptimierung

Für jede Zielgröße muss die Richtung der Optimierung angegeben werden:

- Minimieren: Die Zielgröße soll minimiert werden. Dazu müssen Werte für den Zielwert und die obere Grenze angegeben werden.
- Soll: Eine bestimmte Zielgröße wird angestrebt. Werte für den Zielwert sowie die untere und obere Grenze müssen angegeben werden.
- Maximieren: Die Zielgröße soll maximiert werden. Dazu müssen Werte für den Zielwert und die untere Grenze angegeben werden.

Desirability D zur Bewertung der Zielerreichung: Sobald mehrere Zielgrößen gleichzeitig optimiert werden, ist es im Allgemeinen nicht möglich, jedes Ziel in vollem Umfang zu erfüllen. Minitab berechnet für jede Zielgröße den Grad der Zielerreichung. Am Zielwert ist d = 1, ab den Grenzen ist d = 0. Dazwischen hat d einen Verlauf, der durch die Gewichtung (weight) festgelegt werden kann.

So wird für jede Zielgröße ein Wert für d ermittelt. Anschließend wird das gewichtete geometrische Mittel der einzelnen Werte für d gebildet. Dieses wird als D im Optimierungsdiagramm angegeben und wird zur Beurteilung des Grades der Zielerreichung verwendet.

Die Zielgrößenoptimierung in JMP beinhaltet auch eine Simulationsfunktion. Auf Basis des erstellten Modells, der ermittelten Reststreuung und einer gegebenenfalls festzulegenden Streuung der Einflussfaktoren wird die Streuung der Zielgröße simuliert.

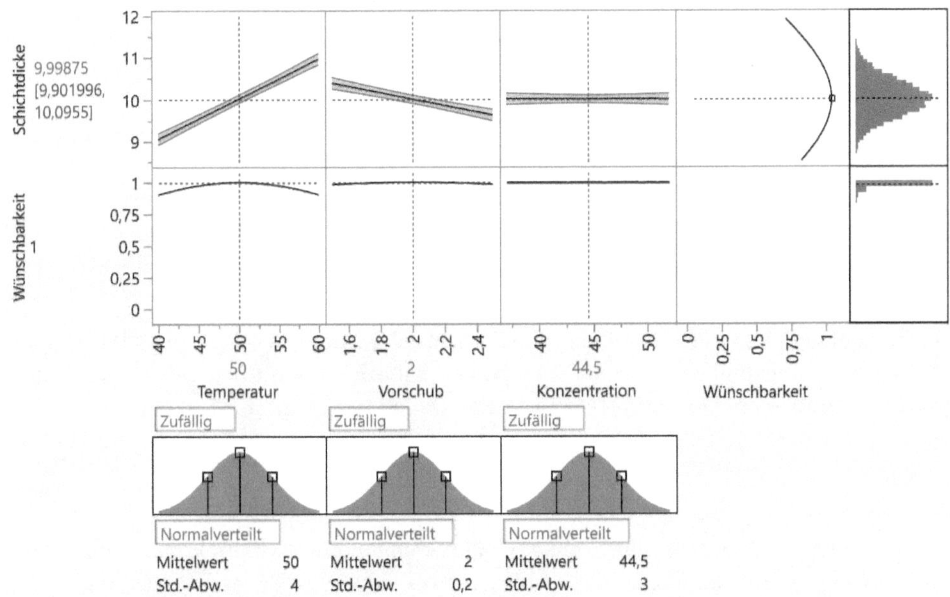

Bild 6-80 Simulation der Zielgröße mit JMP

Untersuchung von mehr als drei Faktoren

Die angestellten Überlegungen lassen sich auf Versuchspläne mit mehr als drei Faktoren übertragen.

	sys. Nr.	A	B	AB	C	AC	BC	ABC	D	AD	BD	CD	ABD	ACD	BCD	ABCD
	1	-	-	+	-	+	+	-	-	+	+	+	-	-	-	+
	2	+	-	-	-	-	+	+	-	-	+	+	+	+	-	-
k = 2	3	-	+	-	-	+	-	+	-	+	-	+	+	-	+	-
	4	+	+	+	-	-	-	-	-	-	-	+	-	+	+	+
	5	-	-	+	+	-	-	+	-	+	+	-	-	+	+	-
	6	+	-	-	+	+	-	-	-	-	+	-	+	-	+	+
	7	-	+	-	+	-	+	-	-	+	-	-	+	+	-	+
k = 3	8	+	+	+	+	+	+	+	-	-	-	-	-	-	-	-
	9	-	-	+	-	+	+	-	+	-	-	-	+	+	+	-
	10	+	-	-	-	-	+	+	+	+	-	-	-	-	+	+
	11	-	+	-	-	+	-	+	+	-	+	-	-	+	-	+
	12	+	+	+	-	-	-	-	+	+	+	-	+	-	-	-
	13	-	-	+	+	-	-	+	+	-	-	+	+	-	-	+
	14	+	-	-	+	+	-	-	+	+	-	+	-	+	-	-
	15	-	+	-	+	-	+	-	+	-	+	+	-	-	+	-
k = 4	16	+	+	+	+	+	+	+	+	+	+	+	+	+	+	+

$m = 2^k$ m … Anzahl der Faktorstufenkombinationen / Anzahl der Versuche

k … Anzahl der Faktoren

Bild 6-81 Vollständiger Versuchsplan für 4 Faktoren

Wie man aus Bild 6-81 leicht herauslesen kann, verdoppelt sich (bei zwei Stufen pro Faktor) mit jedem zusätzlichen Faktor die Anzahl der Faktorstufenkombinationen und damit die Anzahl der notwendigen Versuche ($m = 2^k$). Ein Versuchsplan mit mehr als drei Faktoren lässt sich grafisch nicht mehr so anschaulich in Form eines Würfels darstellen. Dies ist auch nicht notwendig, denn wenn man das Vorgehen anhand des Würfels verstanden und in ein Rechenschema übertragen hat, können Versuchspläne für eine beliebige Anzahl von Versuchen erstellt werden. Die Planung und Auswertung der Versuche erfolgt gleich wie beim 2^3-Versuchsplan.

Versuchspläne mit nur einer Realisierung (ohne Wiederholung)

Häufig ist es aus Kostengründen nicht möglich, Versuche zu wiederholen. Da jede Realisierung nur einmal durchgeführt wird, kann die Reststreuung zwischen den Wiederholungen nicht abgeschätzt werden. In diesem Fall behilft man sich, indem man die Reststreuung aus den zufälligen Effekten schätzt.

Die Zusammenfassung der zufälligen Effekte zur Schätzung der Zufallsstreuung wird als Pooling bezeichnet und erfolgt, indem nicht-signifikante Effekte aus dem Modell genommen werden (wie in Bild 6-78 dargestellt). Die Entscheidung, welche Effekte gepoolt werden, erfolgt mit Hilfe des p-Werts. Das Vorgehen und der Rechengang dazu sind in [1] sehr anschaulich dargestellt.

Ein weiterer Nachteil von Versuchen mit nur einer Realisierung ist, dass es sehr schwierig ist, Ausreißer zu erkennen. Führt man Wiederholungen durch, dann erkennt man diese meist sehr schnell an der überdurchschnittlich großen Spannweite der Versuchsergebnisse mit gleicher Faktorstufenkombination (in der Residuenanalyse).

6.2.3.5 Unvollständige faktorielle Versuchspläne

Der größte Nachteil der vollständigen faktoriellen Versuchspläne ist, dass die Anzahl der notwendigen Versuche rasch ansteigt.

Anzahl der notwendigen Versuche

		Anzahl der Faktoren					
		2	3	4	5	6	7
Anzahl der Stufen	2	4	8	16	32	64	128
	3	9	27	81	243	729	2187
	4	16	64	256	1024	4096	16384

Erkenntnis aus den Versuchen

Anzahl der Faktoren k	Anzahl der notwendigen Versuche a	Anzahl der berechneten Effekte		
		Haupteffekte	2-fach Wechselw.	3-fach Wechselw., 4-fach Wechselw., ...
1	2	1	-	-
2	4	2	1	-
3	8	3	3	1
4	16	4	6	5
5	32	5	10	16
6	64	6	15	42
10	1024	10	45	968

Bild 6-82 Versuchsumfang und Erkenntnis für vollständige faktorielle Versuche [1]

Ab etwa fünf Faktoren wird der Versuchsaufwand relativ groß, und der Gewinn an zusätzlicher Erkenntnis ist nur noch gering. Bei größerer Anzahl von Faktoren berechnet man hauptsächlich Wechselwirkungen höherer Ordnung.

Die fraktionellen faktoriellen Versuchspläne haben zum Ziel, die Anzahl der Versuche zu reduzieren. Man adaptiert den Versuchsplan so, dass man statt den höheren Wechselwirkungen weitere Faktoren untersuchen kann.

Aufbau der fraktionellen faktoriellen Versuchspläne

Syst. Nr	A	B	AB	C	AC	BC	ABC	Ergebnisse 1. Wiederholung	Ergebnisse 2. Wiederholung
1	-	-	+	-	+	+	-		
2	+	-	-	-	-	+	+		
3	-	+	-	-	+	-	+		
4	+	+	+	-	-	-	-		
5	-	-	+	+	-	-	+		
6	+	-	-	+	+	-	-		
7	-	+	-	+	-	+	-		
8	+	+	+	+	+	+	+		

Syst. Nr	A	B	AB	C	AC	BC	D	Ergebnisse 1. Wiederholung	Ergebnisse 2. Wiederholung
1	-	-	+	-	+	+	-		
2	+	-	-	-	-	+	+		
3	-	+	-	-	+	-	+		
4	+	+	+	-	-	-	-		
5	-	-	+	+	-	-	+		
6	+	-	-	+	+	-	-		
7	-	+	-	+	-	+	-		
8	+	+	+	+	+	+	+		

Bild 6-83 Entstehung des fraktionellen faktoriellen Versuchsplans

Stellen wir uns einen vollfaktoriellen Versuchsplan vor, der aus $2^3 = 8$ Faktorstufenkombinationen besteht. Demnach müssen acht Versuche durchgeführt werden, um alle Effekte berechnen zu können. In diesen Versuchsplan wird nun ein vierter Faktor D eingebaut. D wird während der Versuche genau nach den in Spalte ABC vorgegebenen Regeln verändert. Der entstandene Versuchsplan wird als 2^{4-1}-Plan oder auch als halbfaktorieller Versuchsplan bezeichnet. Die Anzahl der notwendigen Versuche ergibt sich zu $2^{4-1} = 8$. Allgemein werden faktorielle Versuchspläne folgendermaßen bezeichnet:

b^{k-p}-Plan

- a ... Anzahl der Versuche, um die geforderte Information zu erhalten
- b ... Anzahl der Stufen, auf welchen die Parameter variiert werden
- k ... Anzahl der Faktoren
- p ... p erfüllt folgende Gleichung: $a = b^{k-p}$
  ist $p = 0$, so spricht man von einem vollständigen Versuch,
  ist $p > 0$, handelt es sich um einen unvollständigen Versuch

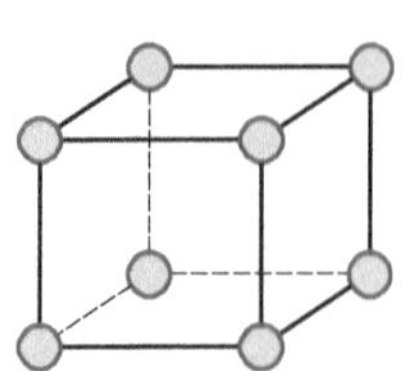

Bild 6-84 Bezeichnung der Versuchspläne

Vermengung von Effekten

Der entstandene Versuchsplan kann auch (wenngleich mit geänderten Vorzeichen in den Spalten) aus dem vollständigen faktoriellen Versuchsplan für die vier Faktoren A, B, C und D abgeleitet werden. Der vollständige Versuchsplan würde $2^4 = 16$ Versuche erfordern. Die in Bild 6-85 dargestellten acht Versuche sind ein Teil (eine Fraktion) des vollständigen Versuchsplanes, daher nennt man ihn fraktionellen faktoriellen Versuchsplan. Es sind genau jene acht Versuche ausgewählt, bei denen die 4-fach-Wechselwirkung ABCD auf „+“ gesetzt ist.

sys. Nr.	A	B	AB	C	AC	BC	ABC	D	AD	BD	CD	ABD	ACD	BCD	ABCD
1	-	-	+	-	+	+	-	-	+	+	+	-	-	-	+
2	+	-	-	-	-	+	+	-	-	+	+	+	+	-	-
3	-	+	-	-	+	-	+	-	+	-	+	+	-	+	-
4	+	+	+	-	-	-	-	-	-	-	+	-	+	+	+
5	-	-	+	+	-	-	+	-	+	+	-	-	+	+	-
6	+	-	-	+	+	-	-	-	-	+	-	+	-	+	+
7	-	+	-	+	-	+	-	-	+	-	-	+	+	-	+
8	+	+	+	+	+	+	+	-	-	-	-	-	-	-	-
9	-	-	+	-	+	+	-	+	-	-	-	+	+	+	-
10	+	-	-	-	-	+	+	+	+	-	-	-	-	+	+
11	-	+	-	-	+	-	+	+	-	+	-	-	+	-	+
12	+	+	+	-	-	-	-	+	+	+	-	+	-	-	-
13	-	-	+	+	-	-	+	+	-	-	+	+	-	-	+
14	+	-	-	+	+	-	-	+	+	-	+	-	+	-	-
15	-	+	-	+	-	+	-	+	-	+	+	-	-	+	-
16	+	+	+	+	+	+	+	+	+	+	+	+	+	+	+

Bild 6-85 Teilfaktorieller Versuchsplan: Fraktion des vollständigen Versuchsplans

D wird während der Versuche nach den gleichen Regeln wie die Wechselwirkung ABC verändert. Daher ist es bei der Auswertung nicht möglich, zwischen diesen Effekten zu unterscheiden. Wenn ein Effekt errechnet wird, kann nicht festgestellt werden, ob er von D oder von ABC stammt. Die beiden Effekte sind miteinander vermengt. Die Vermengung bzw. Überlagerung dieser beiden Effekte ist der Preis, den man für die Reduktion der Anzahl der Versuche bezahlt.

Bei genauerem Betrachten von Bild 6-85 stellt man fest, dass noch weitere Effekte vermengt sind. Nachdem wir nur die grau hinterlegten Versuche durchführen, ist auch A mit BCD vermengt. Die Vorzeichen in den grau hinterlegten Feldern sind für beide Spalten identisch.

Für die Vermengung verwendet man auch den Begriff Alias. Für den vorhandenen Versuchsplan lässt sich folgende Alias-Struktur darstellen:

1 A + BCD

2 B + ACD

3 C + ABD

4 D + ABC

5 AB + CD

6 AC + BD

7 AD + BC

(8 ABCD + Mittelwert)

Aus den acht Versuchen lassen sich sieben Ergebnisse berechnen. Es sind jeweils zwei Effekte miteinander vermengt. Der Gesamtmittelwert ist mit der 4-fach-Wechselwirkung vermengt.

Auflösung (Resolution)

Als Auflösung bezeichnet man die ungünstigste Vermengung, die im Versuchsplan vorkommt. Die Auflösung dient zur Bewertung der Güte des Versuchsplanes. Auflösung III bedeutet, dass Haupteffekte und 2-fach-Wechselwirkungen vermengt sind. Solche Versuchspläne werden üblicherweise nur als Screening-Versuchspläne empfohlen. Bei Auflösung IV sind Haupteffekte höchstens mit 3-fach-Wechselwirkungen vermengt. Nachdem meist zu erwarten ist, dass die Effekte der 3-fach-Wechselwirkungen deutlich kleiner sind als die Effekte der Faktoren, erzielt man mit solchen Versuchsplänen trotz Vermengung relativ aussagekräftige Ergebnisse. Die Vermengungen von zwei 2-fach-Wechselwirkungen ergibt ebenso die Auflösung IV.

Erstellung fraktioneller faktorieller Versuchspläne mit Minitab

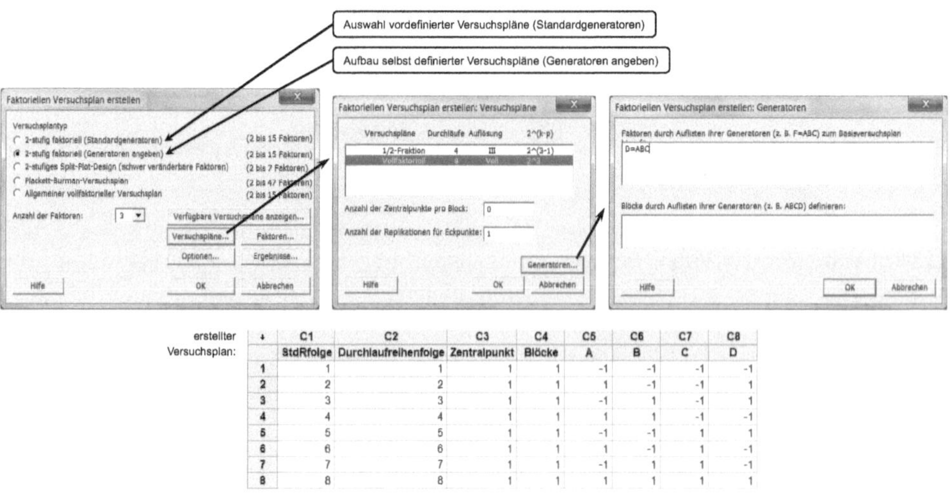

↓	C1	C2	C3	C4	C5	C6	C7	C8
	StdRfolge	Durchlaufreihenfolge	Zentralpunkt	Blöcke	A	B	C	D
1	1	1	1	1	-1	-1	-1	-1
2	2	2	1	1	1	-1	-1	1
3	3	3	1	1	-1	1	-1	1
4	4	4	1	1	1	1	-1	-1
5	5	5	1	1	-1	-1	1	1
6	6	6	1	1	1	-1	1	-1
7	7	7	1	1	-1	1	1	-1
8	8	8	1	1	1	1	1	1

Minitab > Statistik > Versuchsplanung (DOE) > Faktoriell > Faktoriellen Versuchsplan erstellen ...

Bild 6-86 Erstellung des fraktionellen faktoriellen Versuchsplans mit Minitab

Faktoriellen Versuchsplan erstellen: Verfügbare Versuchspläne anzeigen

Verfügbare faktorielle Versuchspläne (mit Auflösung)

	Faktoren													
Durc	**2**	**3**	**4**	**5**	**6**	**7**	**8**	**9**	**10**	**11**	**12**	**13**	**14**	**15**
4	Voll	III												
8		Voll	IV	III	III	III								
16			Voll	V	IV	IV	IV	III	III	III	III	III	III	III
32				Voll	VI	IV	IV	IV	IV	IV	IV	IV	IV	IV
64					Voll	VII	V	IV	IV	IV	IV	IV	IV	IV
128						Voll	VIII	VI	V	V	IV	IV	IV	IV

Verfügbare Plackett-Burman-Versuchspläne mit Auflösung III

Faktoren	Durchläufe	Faktoren	Durchläufe	Faktoren	Durchläufe
2-7	12,20,24,28,...,48	20-23	24,28,32,36,...,48	36-39	40,44,48
8-11	12,20,24,28,...,48	24-27	28,32,36,40,44,48	40-43	44,48
12-15	20,24,28,36,...,48	28-31	32,36,40,44,48	44-47	48
16-19	20,24,28,32,...,48	32-35	36,40,44,48		

Hilfe OK

Minitab > Statistik > Versuchsplanung (DOE) > Faktoriell > Faktoriellen Versuchsplan erstellen > Verfügbare Versuchspläne anzeigen ...

Bild 6-87 Mit teilfaktoriellen Versuchsplänen erzielbare Auflösung

Zur Erstellung von fraktionellen faktoriellen Versuchsplänen kann man entweder auf vordefinierte Versuchspläne zurückgreifen (Standardgeneratoren) oder selbst die Belegung der Spalten mit weiteren Faktoren in den Design Generator eintragen (Generatoren angeben).

Im Dialogfeld *Verfügbare Versuchspläne anzeigen* gibt Minitab in Abhängigkeit von der Anzahl der Versuche und der Anzahl der Faktoren die zu erreichende Auflösung an. Dies ist hilfreich, um rasch den notwendigen Versuchsaufwand abschätzen zu können. Wie daraus ersichtlich ist, kann mit 32 Versuchen auch eine größere Anzahl von Faktoren auf relativ hohem Niveau untersucht werden.

Ergänzungen zu den fraktionellen faktoriellen Versuchsplänen

Die Auswahl der Versuchspunkte erfolgt so, dass der beobachtete Untersuchungsraum möglichst gleichmäßig abgedeckt wird.

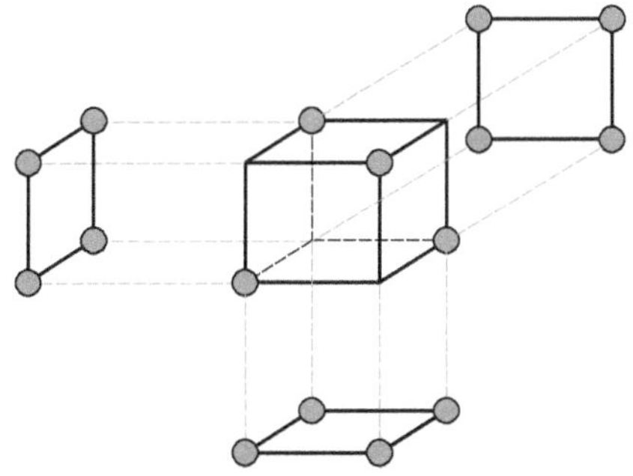

Bild 6-88 Fraktioneller faktorieller Versuchsplan, dargestellt als Würfel

Bild 6-88 zeigt dies am Beispiel des 2^{3-1}-Plans. Wenn sich bei diesem Versuchsplan nachträglich herausstellen sollte, dass ein Faktor keinen Einfluss hat, dann klappt der Würfel zu einem Quadrat zusammen, und es entsteht ein vollständiger Versuchsplan für die verbleibenden Faktoren.

Fraktionelle faktorielle Versuchspläne können, wenn notwendig, zu vollständigen faktoriellen Versuchsplänen erweitert werden. Dazu holt man die fehlenden Versuche (unter gleichen Bedingungen) nach.

Das Design ist sehr gut ausgeglichen, d.h. jeder Faktor wird gleich oft auf jeder Stufe untersucht.

6.2.3.6 Plackett-Burman-Versuchspläne

Plackett-Burman-Versuchspläne zählen ebenfalls zu den Screening-Versuchsplänen. Die am weitesten verbreiteten Versuchspläne haben die Auflösung III. Im Gegensatz zu den fraktionellen faktoriellen Versuchsplänen liegt die 2-fach-Wechselwirkung nicht auf einer Spalte, sondern teilt sich auf alle Haupteffekte (ausgenommen die zur Wechselwirkung zugehörigen Haupteffekte) auf. Dies hat den Vorteil, dass die 2-fach-Wechselwirkungen, solange sie nicht übermäßig groß sind, keinen der Faktoren maßgeblich verfälschen. Ist eine der 2-fach-Wechselwirkungen jedoch sehr groß, so verfälscht sie gleich mehrere Faktoren.

	A	B	C	D	E	F	G	H	I	J	K
1	+	-	+	-	-	-	+	+	+	-	+
2	+	+	-	+	-	-	-	+	+	+	-
3	-	+	+	-	+	-	-	-	+	+	+
4	+	-	+	+	-	+	-	-	-	+	+
5	+	+	-	+	+	-	+	-	-	-	+
6	+	+	+	-	+	+	-	+	-	-	-
7	-	+	+	+	-	+	+	-	+	-	-
8	-	-	+	+	+	-	+	+	-	+	-
9	-	-	-	+	+	+	-	+	+	-	+
10	+	-	-	-	+	+	+	-	+	+	-
11	-	+	-	-	-	+	+	+	-	+	+
12	-	-	-	-	-	-	-	-	-	-	-

Bild 6-89 Beispiel für einen Plackett-Burman-Versuchsplan

Der Versuchsplan wird folgendermaßen erzeugt: Die erste Zeile ist jeweils vorgegeben. In der zweiten Zeile werden die Vorzeichen der ersten Zeile um eine Spalte nach rechts verschoben.

In der Praxis wird man Plackett-Burman-Versuchspläne beispielsweise dann verwenden, wenn für ein Screening gerade zwölf Versuche zur Verfügung stehen.

6.2.3.7 Versuchspläne für nichtlineare Zusammenhänge

Bei den bisher besprochenen Versuchsplänen haben wir einen linearen Zusammenhang zwischen den Einflussfaktoren und den Zielgrößen vorausgesetzt. Es wird empfohlen, diese Versuchspläne um einen Versuch in der Mitte des Würfels zu ergänzen. Diese Einstellung wird als Zentrumspunkt bzw. Center-Point bezeichnet. Dabei werden die Faktoren auf den Mittelwert zwischen der jeweils niedrigen und hohen Stufe eingestellt. Unterscheidet sich das Versuchsergebnis in der Mitte des Würfels signifikant von dem aus den Versuchen an den Eckpunkten erwarteten Mittelwert, dann beschreibt das lineare Modell die Situation nicht richtig.

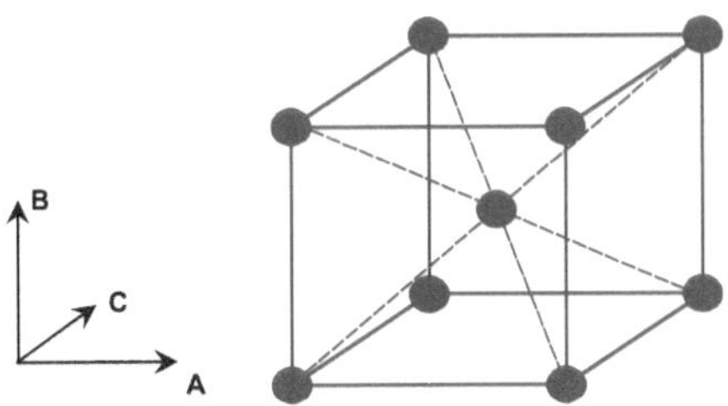

Bild 6-90 Zentrumspunkt zur Prüfung des linearen Modells

Häufig wird der Versuch im Zentrumspunkt mehrfach realisiert. Man erhält dadurch bei Versuchsplänen ohne Wiederholung ein Maß für die Zufallsstreuung. Ebenso wird er verwendet, um einen möglichen Trend zu erkennen. Wird der Versuch im Zentrumspunkt in regelmäßigen Abständen im Versuchsplan wiederholt, so lässt sich aus einer systematischen Veränderung der Ergebnisse auf einen Trend schließen. Entspricht die Einstellung im Zentrumspunkt der bisher verwendeten Prozesseinstellung, dann ist ein direkter Vergleich der bestehenden Serienproduktion mit den Versuchen möglich.

Mit Hilfe des Zentrumspunktes können Abweichungen von der Linearität erkannt werden. Es ist allerdings mit dem Zentrumspunkt alleine nicht möglich, sie einem bestimmten Faktor zuzuordnen. Man wird den Versuchsplan um den Stern erweitern, sodass ein zentral zusammengesetzter Versuchsplan entsteht.

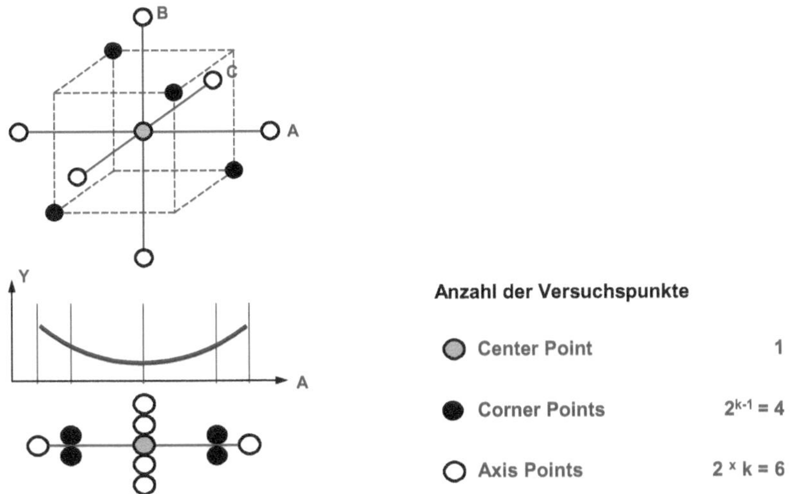

Bild 6-91 Beispiel für einen zentral zusammengesetzten Versuchsplan

Bild 6-91 zeigt wiederum die Analyse des Effektes von A. Nachdem Versuchsergebnisse für mehr als zwei Stufen vorliegen, kann eine nichtlineare Funktion (in der Regel ein quadratisches Modell) angepasst werden. Gleiches ist für die weiteren Effekte möglich.

Auch wenn der Rechengang nicht mehr ganz so einfach wie beim vollständigen faktoriellen Versuch ist, lassen sich solche nichtlinearen Zusammenhänge mit Softwarepaketen wie Minitab relativ einfach berechnen.

Beispiel 6-16 Reduktion von Grat und Bart beim Laserschneiden

[1] stellt das Prinzip und den Rechengang von zentral zusammengesetzten Versuchsplänen sehr anschaulich am Beispiel Laserschneiden dar. Dabei wird das Material aufgeschmolzen und mit dem Schneidgas ausgeblasen.

Zielgrößen:

- Barthöhe [mm] (bei nicht optimalen Betriebsparametern erstarrt das Material beim Ausblasen bereits an der Schnittkante und bildet dort einen scharfen Grat)
- Rautiefe [µm] (die Rauigkeit an der Schnittfläche soll so gering wie möglich sein)

Mögliche Einflussgrößen:

- Schneidgeschwindigkeit [m/min]
- Druck des Schneidgases [bar]
- Abstand der Düse vom Blech [mm]
- Fokuslage [mm]
- Laserleistung [kW]

Nach der Durchführung der Versuche erhält man unter anderem folgende Darstellungen der Ergebnisse:

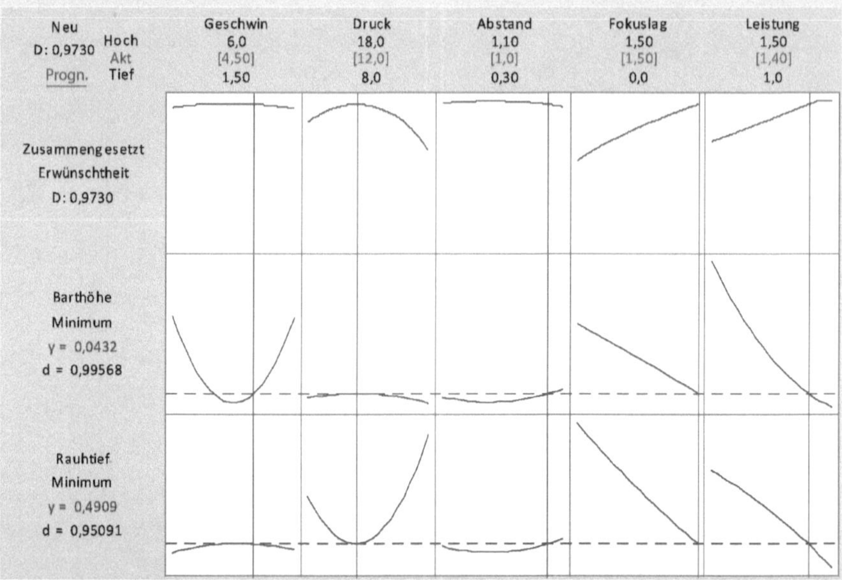

Minitab > Statistik > Versuchsplanung (DOE) > Wirkungsfläche > Zielgrößenoptimierung...

Bild 6-92 Darstellung der Zusammenhänge im Optimierungsdiagramm

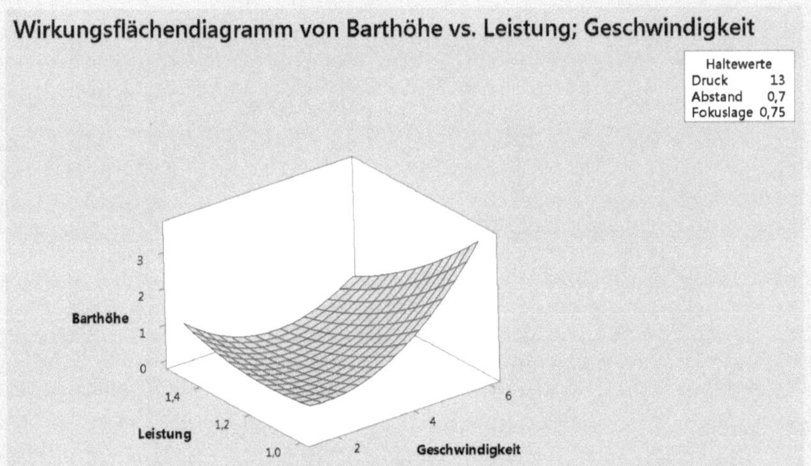

Minitab > Statistik > Versuchsplanung (DOE) > Wirkungsfläche > Wirkungsflächendiagramm…

Bild 6-93 Beispiel: Abhängigkeit der Barthöhe von Geschwindigkeit und Leistung

Mit Hilfe des Optimierungsdiagramms können für unterschiedliche Einstellungen der Einflussfaktoren die zu erwartenden Werte der Zielgrößen ermittelt werden. Sind Wechselwirkungen vorhanden, dann zeigt sich auch, wie sich die Effekte der Faktoren gegenseitig beeinflussen. Bild 6-93 enthält beispielsweise die Auswirkung von Geschwindigkeit und Leistung auf die Barthöhe für eine bestimmte Einstellung der weiteren Faktoren. ■

Durch Probieren wird man in diesem Beispiel nur sehr unwahrscheinlich den optimalen Betriebspunkt auffinden. Solche Aufgabenstellungen können nur noch mit Hilfe von Statistischer Versuchsmethodik gelöst werden. Heute hat man den Vorteil, dass die Rechenarbeit von Statistikprogrammen übernommen wird. Die Fachleute konzentrieren sich auf die Interpretation der Ergebnisse. Durch die klare Darstellung der Zusammenhänge gelingt es, auch Experten, die bisher die Probiermethode bevorzugt haben, zu Entscheidungen auf Basis von Zahlen und Fakten hinzuführen.

6.2.3.8 Versuchspläne zur Untersuchung der Streuung

Zielgröße der bisher beschriebenen Versuche war das zu optimierende Merkmal. Es wurde untersucht, wie dieses Merkmal von den verschiedenen Einflussfaktoren abhängt. Daraus lassen sich die optimalen Einstellungen für die Faktoren ableiten, um einen bestimmten Wert des Merkmals zu erreichen.

An dieser Stelle soll ein Ansatz vorgestellt werden, um Prozesse robust gegen die Streuung von Einflüssen zu gestalten. Der Rechengang dazu ist in [1] beschrieben.

Auswirkung der Streuung der Prozessparameter reduzieren

Auch die Prozessparameter selbst streuen. Zielsetzung dieser Ansätze ist es, Prozesseinstellungen zu identifizieren, bei denen sich diese Streuung der Prozessparameter weniger stark auf die Zielgröße auswirken kann.

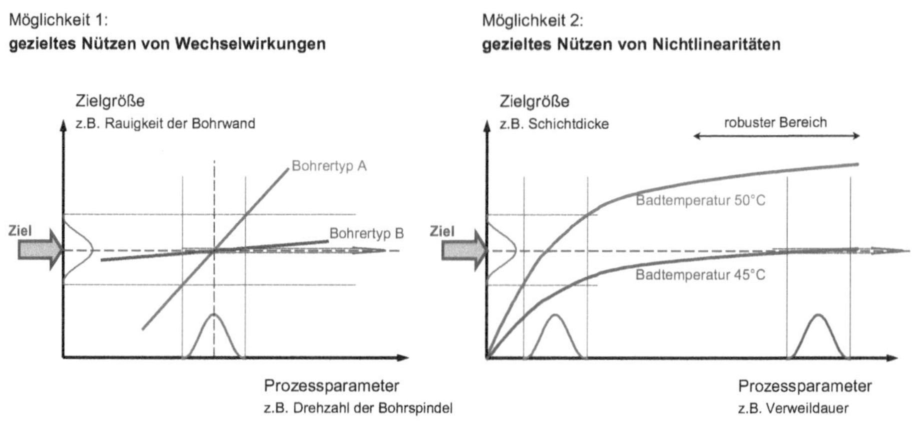

Bild 6-94 Ansätze, um den Prozess robust zu gestalten

Möglichkeit 1 (Nützen von Wechselwirkungen): Werden in den Versuchen Wechselwirkungen erkannt, dann können diese gezielt genutzt werden, um einen Prozess robust zu gestalten. In diesem Beispiel war die zu optimierende Zielgröße die Rauigkeit einer Bohrwand. Die Drehzahl der Bohrspindel hatte großen Einfluss auf dieses Merkmal. Nachdem eine Wechselwirkung zwischen Bohrertyp und Drehzahl der Bohrspindel erkannt wurde, konnte durch den Wechsel des Bohrertyps der Einfluss der Drehzahl deutlich reduziert werden.

Möglichkeit 2 (Nützen von Nichtlinearitäten): Wird ein nichtlineares Verhalten erkannt, dann soll auch dieses nach Möglichkeit gezielt genutzt werden. Im dargestellten Beispiel musste die Verweildauer zur Erzielung einer bestimmten Schichtdicke sehr genau eingehalten werden. Nachdem man Sättigungseffekte und damit verbundene Nichlinearitäten erkannt hatte und die Anlagen für dieses Produkt eine längere Verweildauer zuließen, konnte die Verweildauer in einen robusten Bereich gelegt werden. Die Streuung wurde reduziert, die Prozesslage hat sich dadurch aber auch geändert. Mit einem zweiten Faktor (Badtemperatur) wurde die Lage des Prozesses auf den Zielwert verschoben.

Parametereinstellungen für minimale Reststreuung identifizieren

Dieser Ansatz zielt auf die Reduktion der Reststreuung ab. Im Sinne von Taguchi wird man versuchen, robuste Prozesseinstellungen zu finden. Man wird die Steuergrößen so einstellen, dass sich die Störfaktoren weniger stark auswirken können.

Beispiel 6-17 Brennen von Keramikfliesen

Kleppmann [1] beschreibt das Prinzip von robustem Design sehr anschaulich anhand des folgenden Beispieles. Beim Brennen von Keramikfliesen tritt das Problem auf, dass durch unterschiedlich großes Schrumpfen Fliesen aus dem Innenbereich des Ofens eine andere Größe haben als Fliesen aus dem Außenbereich. Daraus ergibt sich eine relativ große Streuung der Abmessungen der Fliesen. Jetzt könnte man durch Abstände zwischen den Fliesen und durch eine Umwälzung im Ofen die Streuung der Störgröße *unterschiedliche Temperaturverteilung* etwas reduzieren. Robust Design beschreibt einen anderen Weg – man gestaltet den Prozess robust gegen diese Störgröße.

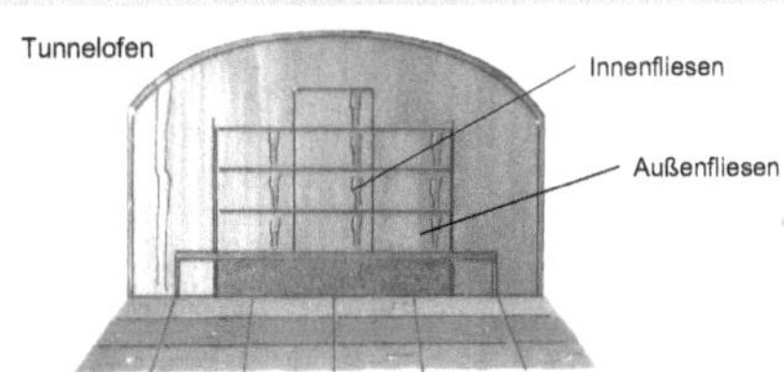

Versuchsplan und Auswertung für s

Nr	Stufen der Steuerfaktoren							Messwerte an verschiedenen Ofenpositionen						
	A	B	C	D	E	F	G	P1	P2	P3	P4	P5	Mittelwert	Streuung
1	-	-	-	+	+	+	-	153	152	151,3	150	149,5	151,16	1,433
2	+	-	-	-	-	+	+	154,5	153,3	151,8	150,4	149,6	151,92	2,017
3	-	+	-	-	+	-	+	156,5	152,1	150,3	148,5	144,6	150,4	4,398
4	+	+	-	+	-	-	-	151,5	150,8	150,6	150,2	149,7	150,56	0,673
5	-	-	+	+	-	-	+	152,2	151,3	151,1	150,6	150	151,04	0,820
6	+	-	+	-	+	-	-	153,1	151,8	151,8	151,4	150,6	151,74	0,904
7	-	+	+	-	-	+	-	151,5	150,8	150	149,4	149,1	150,16	0,991
8	+	+	+	+	+	+	+	151,9	151,4	150,4	150,2	149,6	150,7	0,933
Summe s	-3,12	1,821	-4,87	-4,45	3,166	-1,42	4,166							
Effekt s	-0,78	0,455	-1,22	-1,11	0,792	-0,36	1,041							

Bild 6-95 Einflüsse auf die Streuung bei der Fertigung von Keramikfliesen

Bild 6-95 zeigt das Grundprinzip des Rechenganges. Indem der Effekt nicht wie bisher für den Mittelwert, sondern für die Streuung gerechnet wird, versucht man, jene Steuerfaktoren zu identifizieren, die Einfluss auf die Streuung haben. Sind solche Faktoren signifikant, dann werden sie nach Möglichkeit so eingestellt, dass die Streuung minimal ist.

Im Beispiel hat der Faktor C den größten Einfluss auf die Streuung. Nachdem der Effekt negativ ist, wird C auf die Stufe „+“ eingestellt, um die Streuung zu verringern. In gleicher Art verfährt man mit den weiteren signifikanten Steuerfaktoren. Dadurch gelingt es, eine Einstellung zu finden, bei der sich die Störgrößen so wenig wie möglich auswirken können. ■

Zur Optimierung hinsichtlich Streuung werden unterschiedliche Zielgrößen empfohlen. Weitere Erläuterungen und Beispiele dazu finden Sie in [1].

6.2.4 Zusammenfassung der Ursachen-Wirkungs-Zusammenhänge

Zum Abschluss der Phase **Analyze** müssen die mit den verschiedenen Verfahren gewonnenen Erkenntnisse zusammengefasst werden.

- Welche potentiellen Ursachen wurden identifiziert?
- Welche dieser potentiellen Ursachen wurden weiter untersucht?
- Welche dieser potentiellen Ursachen haben maßgeblichen Einfluss auf die Zielgrößen?
- Wie ist der Zusammenhang zwischen den Ursachen und den Zielgrößen?

Man hat Wissen über die Zusammenhänge im Prozess aufgebaut und kann nun an die Verbesserungen herangehen.

Literatur

[1] *Kleppmann W.:* Taschenbuch Versuchsplanung, 3. Auflage, Carl Hanser Verlag, München, 2003

[2] *Bhote K. R.:* Qualität - der Weg zur Weltspitze, 1. Auflage, IQM - Institut für Qualitätsmanagement, Großbottwar, 1990

[3] *Box G.E.P., Hunter J.S., Hunter W.G.:* Statistics for Experimenters, 2. Auflage, John Wiley & Sons, New Jersey, 2005

[4] *Quentin H.:* Versuchsmethoden im Qualitäts-Engineering, 1. Auflage, Vieweg Verlag, Wiesbaden, 1994

[5] *Dietrich E., Schulze A.:* Statistische Verfahren zur Maschinen- und Prozessqualifikation, 5. Auflage, Carl Hanser Verlag, München, 2005

[6] *Rath & Strong Management Consultants (Hrsg.):* Rath & Strongs Six Sigma Pocket Guide, 1. Auflage, TÜV-Verlag, Köln, 2002

[7] *Magnusson K., Kroslid D., Bergmann B.:* Six Sigma umsetzen, 2. Auflage, Carl Hanser Verlag, München, 2004

[8] *Timischl W.:* Qualitätssicherung, Statistische Methoden, 3. Auflage, Carl Hanser Verlag, München, 1996

[9] *Jung B.:* Prozessmanagement in der Praxis, TÜV-Verlag, 1. Auflage, Köln, 2002

7 Phase Improve

Nachdem erkannt ist, wie die Einflussfaktoren die Zielgrößen des Prozesses beeinflussen, kann nun eine Verbesserung des Prozesses entwickelt werden. Nach der Beurteilung der Lösungen auf mögliche Risiken wird die Implementierung geplant.

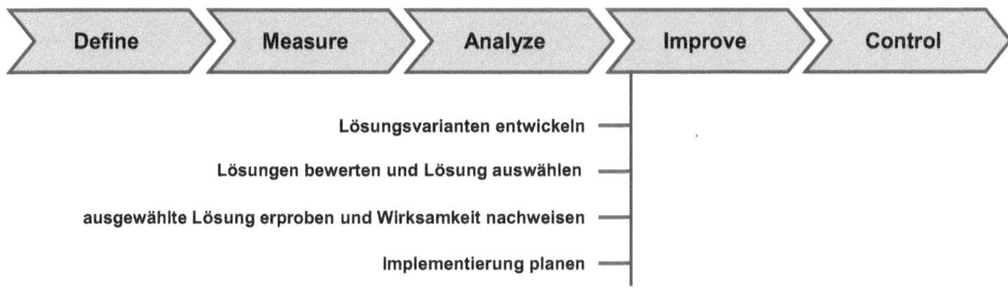

Bild 7-1 Hauptaufgaben der Phase **Improve**

Die Hauptschritte dazu sind:

7.1 Lösungsvarianten entwickeln

Je nach Aufgabenstellung werden unterschiedliche Verfahren zur Entwicklung von Lösungen verwendet. Im einfachsten Fall ist die Lösung offensichtlich. Häufig unterstützen Kreativitätstechniken bei der Lösungssuche. Bei komplexen Prozessen kann auch der Einsatz von Statistischer Versuchsmethodik zur Lösungsfindung notwendig sein.

7.2 Lösungen bewerten und Lösung auswählen

Liegen mehrere Varianten vor, dann wird man sie nach wirtschaftlichen, aber auch weiteren Kriterien beurteilen und die beste Lösung auswählen.

7.3 Ausgewählte Lösung erproben und Wirksamkeit nachweisen

Für die ausgewählte Variante muss nachgewiesen werden, dass die erwarteten Verbesserungen auch erbracht werden, und dass durch die Lösung nicht an anderer Stelle etwas verschlechtert wird.

7.4 Implementierung planen

Die Implementierung der Verbesserung muss geplant werden.

Am Ende der Phase **Improve** sollten eine erprobte Lösung und ein damit verbundener Umsetzungsplan vorliegen. Die Implementierung selbst erfolgt in der Phase **Control.**

7.1 Lösungsvarianten entwickeln

Je nach Art des Verbesserungsprojektes werden unterschiedliche Vorgehensweisen zur Entwicklung von Lösungsvarianten angewendet. In jedem Fall muss mit der Planung der Verbesserungsmaßnahmen auch die Planung der Wirksamkeitsprüfung einhergehen.

7.1.1 Lösungen lassen sich direkt aus Phase Analyze ableiten

Stellt man in der Phase **Analyze** fest, dass ein verschlissenes Lager oder eine defekte Steuerkarte der Maschine für die großen Streuungen verantwortlich ist, dann wird die Lösung rasch definiert sein. Der zu reparierende bzw. zu ersetzende Umfang muss festgelegt werden.

7.1.2 Lösungsfindung mittels Kreativitätstechnik

Meist liegt die Lösung nicht so klar auf der Hand. Auch ist es notwendig, das Team darauf aufmerksam zu machen, nicht immer die erste Idee sofort aufzugreifen, sondern über mögliche Alternativen nachzudenken.

Zur Generierung möglicher Lösungen kommen Kreativitätstechniken zum Einsatz, wobei zwischen Ideenfindung und Ideenauswahl unterschieden wird. Die Ergebnisse spiegeln immer den aktuellen Wissens- und Erfahrungsstand des Teams wider. Sie sind als „lebendes Dokument“ anzusehen. Man wird wieder darauf zurückgreifen, wenn man Ideen weiterentwickeln möchte.

7.1.2.1 Klassisches Brainstorming

Das klassische Brainstorming zählt zu den am häufigsten eingesetzten Werkzeugen zur Ideenfindung. Der Moderator hält die gesammelten Ideen auf einem Flipchart oder einer Pinnwand für alle sichtbar fest. Das entstehende Bild inspiriert die Teilnehmer. Bestehende Ideen werden aufgegriffen und zu neuen Ideen weiterentwickelt.

Durchführung

- Thema / Problemstellung klar definieren
- Grundregeln erläutern
- Brainstorming auf Zuruf (Dauer: 20 bis 40 Minuten)
- Moderator gibt bei nachlassendem Ideenfluss Impulse
- Moderator notiert jede Idee auf dem Flipchart oder einer Pinnwand

Grundregeln

- keine Kritik
- Ideen freien Lauf lassen
- Quantität vor Qualität
- Fremde Ideen aufgreifen und weiterentwickeln

Tipps für den Moderator

- Die Ideenproduktion läuft häufig in Wellen ab. Daher sollte der Moderator die Brainstorming-Sitzungen nicht zu früh abbrechen, sondern durch gezielte Fragen die Teilnehmer zu neuen, kreativen Ideen anregen.
- Darauf achten, dass die Formulierungen klar sind, damit auch später noch verstanden wird, was mit den Ideen gemeint war.

Bewertung der Ideen

Im Anschluss an die Ideenfindung folgt die Ideenbewertung. Wenn bis jetzt gegolten hat, dass Kritik untersagt ist, kommt es nun zur Analyse der Ideen. Die Auswahl der geeignetsten Ideen erfolgt am einfachsten durch Kleben von Punkten. Jeder Teilnehmer erhält eine Anzahl von Klebepunkten und klebt zu einer Idee, die er mit zielführend bewertet, einen Punkt, und zu einer Idee, die er mit sehr zielführend bewertet, zwei Punkte. Damit wird eine Reihung der Ideen möglich.

7.1.2.2 Kartenabfrage

Die Kartenabfrage ist dem klassischen Brainstorming sehr ähnlich. Jeder Teilnehmer notiert seine Ideen auf kleinen Karten. Der Moderator sammelt diese ein und stellt sie für alle gut sichtbar auf einer Pinnwand dar.

Durchführung

- Thema / Problemstellung klar definieren
- Grundregeln erläutern
- Kartenabfrage durchführen
- Karten einsammeln, vorlesen und mit Gruppe sortieren (clustern)
- Cluster mit Überschriften versehen

Grundregeln

- Teilnehmer
  - je Karte ein Gedanke
  - leserlich schreiben (Druckbuchstaben)
- Moderator
  - keine Karten wegwerfen
  - Karten nicht übereinander hängen (Häufungen sollen sichtbar sein)

Tipps für den Moderator

- „Musterkärtchen“ vorschreiben und den Teilnehmern zeigen
- Wenn zwei Fragen gleichzeitig gestellt werden (z. B. Pro - Kontra, Gefallen - Missfallen), sind im Vorfeld Kartenfarben festzulegen.
- Falls das Bild erhalten bleiben soll, bespannt man die Pinnwand mit Packpapier und klebt die Karten anschließend auf.

Bewertung der Ideen

Die Ideenbewertung erfolgt wie beim klassischen Brainstorming.

7.1.2.3 Brainstorming mittels Ishikawa-Diagramm / Mindmapping

Mindmaps (siehe z. B. Bild 5-7) und Ishikawa-Diagramme (siehe z. B. Bild 5-6) sind häufig eingesetzte Werkzeuge zur Darstellung von Ursachen-Wirkungs-Zusammenhängen. Der Wissens- und Erfahrungsschatz des Teams (aus unterschiedlichsten Bereichen) wird auf eine Problemstellung fokussiert und in Form eines strukturierten Bildes sichtbar.

Durchführung

- Thema / Problemstellung klar definieren
- Kernproblem schlagwortartig festhalten
- zwei bis vier zentrale, übergeordnete Aspekte zum Thema sammeln und als Hauptäste notieren (dabei geht es nicht um Vollständigkeit oder 100%-ige Trennschärfe)
- Ideen der Teilnehmer den Hauptästen zuordnen (oder zu einem neuen Hauptast machen)

Tipps für den Moderator

- Wird ein Ishikawa-Diagramm am Flipchart erstellt, so sind weiße Klebebänder sehr hilfreich. Bei Änderungen oder Korrekturen wird der zu korrigierende Teil einfach überklebt.

Bewertung der Ideen

Die Ideenbewertung erfolgt wie beim klassischen Brainstorming.

7.1.2.4 Methode 635

Der Name 635 leitet sich aus dem Grundprinzip der Methode her:

- 6 Personen notieren auf jeweils einem eigenen Formular 3 Ideen, die jeweils 5 Minuten lang weiterentwickelt werden

Durchführung

- Thema / Problemstellung definieren
- Grundregeln erläutern
- 6 Teilnehmer tragen in die oberste Zeile ihres Formblattes 3 Ideen ein (Dauer ca. 5 Minuten)
- Blätter 5 mal reihum tauschen und wiederum 3 Ideen eintragen (Dauer 5 mal ca. 5 Min.); Ergänzung / Veränderung der Vorgängerideen oder Eintrag einer völlig neue Idee
- Das Verfahren ist beendet, wenn jeder sein Blatt zurück erhalten hat.

Grundregeln

- ruhiges Verhalten (nicht untereinander austauschen, keine Killerbemerkungen)
- Zeitvorgaben einhalten
- je Feld nur eine Idee
- in Schlagworten, verständlich formulieren
- deutlich schreiben

Bewertung der Ideen

Zur Bewertung der Ideen bietet sich folgende Vorgangsweise an: Die 635-Formblätter kursieren in der bekannten Weise noch einmal in der Runde. Jeder Teilnehmer kreuzt 3 Ideen an, die ihm für die Lösung des Problems am zielführendsten erscheinen.

Problembeschreibung:		
Idee 1	Idee 2	Idee 3
Idee 1	Idee 2	Idee 3
Idee 1	Idee 2	Idee 3
Idee 1	Idee 2	Idee 3
Idee 1	Idee 2	Idee 3
Idee 1	Idee 2	Idee 3

Bild 7-2 Formblatt für Methode 635

7.1.3 Lösungsfindung mittels Statistischer Versuchsmethodik

Ist die Optimierung der Prozessparameter (z. B. bei einem Prozess in der chemischen Industrie) Gegenstand des Verbesserungsprojektes, dann wird man die Werkzeuge und Erkenntnisse aus der Phase **Analyze** nutzen, um optimierte Varianten für Prozesseinstellungen zu finden. Sind die Zusammenhänge zwischen den zu optimierenden Zielgrößen und den Einflussfaktoren zum Beispiel mit Hilfe der Statistischen Versuchsmethodik erfasst worden (siehe Abschnitt 6.2.3), wird man auf dieser Basis Lösungsvarianten entwickeln. Für jeden Prozessparameter muss der Zielwert und die zulässige Abweichung festgelegt werden.

Ermittlung des Mittelwertes für die Parameter

In der Regel ist der Einfluss von mehreren Faktoren auf mehrere Zielgrößen zu optimieren. In diesem Fall gilt es, eine Einstellung zu finden, die insgesamt zum besten Ergebnis führt. Bild 7-3 zeigt zum Beispiel die optimierte Einstellung der Prozessparameter Temperatur, Vorschubgeschwindigkeit und Konzentration hinsichtlich der Zielgrößen Schichtdicke und Kosten. Der Zielwert für die Schichtdicke liegt bei y = 10 µm, die Kosten sind zu minimieren. In der Praxis nutzt man zur Ermittlung der Vorgabewerte die Funktion zur Zielgrößenoptimierung. Das Vorgehen ist in Abschnitt 6.2.3.4 erläutert.

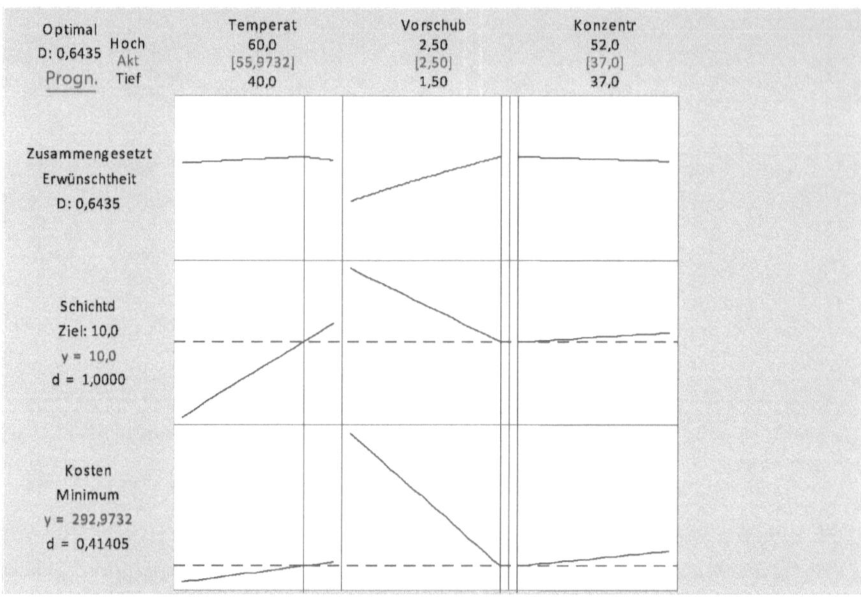

Minitab > Statistik > Versuchsplanung (DOE) > Faktoriell > Zielgrößenoptimierung …

Bild 7-3 Ermittlung der Vorgaben für die Prozessparameter mit Minitab

Ermittlung der zulässigen Schwankungen der Parameter

Anschließend muss für die Prozessparameter die zulässige Schwankung ermittelt werden. Dazu nutzt man wieder die Kenntnis der Zusammenhänge im Prozess. Je größer der Effekt ist, desto mehr wird man den entsprechenden Einflussfaktor eingrenzen müssen, um die Zielgröße in ihren Toleranzen zu halten. Auf dieser Basis werden die Grenzen für die Prozessparameter festgelegt. Im Sinne von Taguchi würde man dies als Tolerance Design bezeichnen.

7.1.4 Spezielle Werkzeuge zur Lösungsfindung

Je nach Problemstellung kommen auch weitere Werkzeuge zur Lösungsfindung zum Einsatz. Stellt man beispielsweise in der Phase **Analyze** fest, dass die Rüstdauer zu lang ist und auch noch sehr stark schwankt, dann wird man Rüstworkshops zur Optimierung heranziehen. Im folgenden Abschnitt werden einige dieser Werkzeuge vorgestellt. In der Praxis wird man weitere, auf die eigene Problemstellung zugeschnittene, Werkzeuge einsetzen.

7.1.4.1 Schnelles Rüsten / SMED

Das SMED-System (Single Minute Exchange of Die, System der schnellen Werkzeugwechsel) beinhaltet die Optimierung von Rüstvorgängen. Das Verfahren zielt darauf ab, Bestände und Durchlaufzeiten zu reduzieren und damit einhergehend die Flexibilität zu erhöhen. Shigeo Shingo, ein Hauptentwickler des Toyota Produktionssystems, wird es zugeschrieben, das SMED-Konzept entwickelt zu haben.

Noch zu oft wird dem Rüsten nicht die notwendige Beachtung geschenkt. Der Ablauf des Rüstens ist nicht standardisiert. Jeder Einrichter hat seine eigene Vorgehensweise entwickelt. Lange Wege sind während des Rüstens notwendig. Durch mangelnde Vorbereitung stehen die Werkzeuge und Einrichtungen während des Rüstens nicht sofort zur Verfügung.

Das Grundprinzip des schnellen Rüstens kann am Boxenstopp in der Formel 1 sehr gut beobachtet werden:

- strikte Trennung zwischen internem (Fahrzeug ist in der Box) und externem (Fahrzeug ist im Rennen) Rüsten

  Das Team stellt alle erforderlichen Materialien und Werkzeuge vorab schon bereit. Mit dem Aufräumen wird erst begonnen, wenn das Fahrzeug die Box verlassen hat.
- Ausführung von Paralleloperationen

  Ein eingespieltes Team aus mehreren Mitarbeitern führt parallel Arbeitsgänge durch.
- Optimierung aller Wege und Bewegungen

  Die Wege und Bewegungen werden auf das Notwendigste reduziert.
- Abstimmung des Produktionsprogramms

  Die Anzahl der Betankungen ist optimiert. Der Boxenstopp mehrerer Fahrzeuge eines Rennstalls wird aufeinander abgestimmt, sodass nicht zwei Fahrzeuge gleichzeitig in die Box kommen.

Im Hinblick auf die Organisation des Rüstvorganges lassen sich folgende Stufen unterscheiden [6]:

- Vorstufe: dem Rüstvorgang wird keine besondere Aufmerksamkeit geschenkt
- Stufe 1: Trennung in internes und externes Rüsten
  - internes Rüsten (Maschine nicht in Betrieb): Dies umfasst alle Tätigkeiten, die durchgeführt werden, wenn die Maschine abgestellt ist, z. B. den Austausch von Vorrichtungen.
  - externes Rüsten (Maschine in Betrieb): Dies umfasst die Tätigkeiten, welche während des Betriebes der Maschine stattfinden können, z. B. Reinigung der ausgebauten Vorrichtung.
- Stufe 2: Umwandlung von internem Rüsten in externes Rüsten
  - Für alle während des Rüstens durchgeführten Arbeitsgänge wird geprüft, ob sie fälschlicherweise intern durchgeführt werden.
  - Weiters werden die internen Arbeitsgänge dahingehend geprüft, ob sie nicht in externe Vorgänge umgewandelt werden können. Beispiele dafür sind die Vormontage von Werkzeugen, die Verwendung von Zwischenspannvorrichtungen oder auch die Verwendung von Rüstwägen mit optimal bereitgestelltem Werkzeug und Zubehör. Auch das Vorheizen von Werkzeugen ist eine sehr wirksame Methode, um einen internen in einen externen Rüstvorgang umzuwandeln.

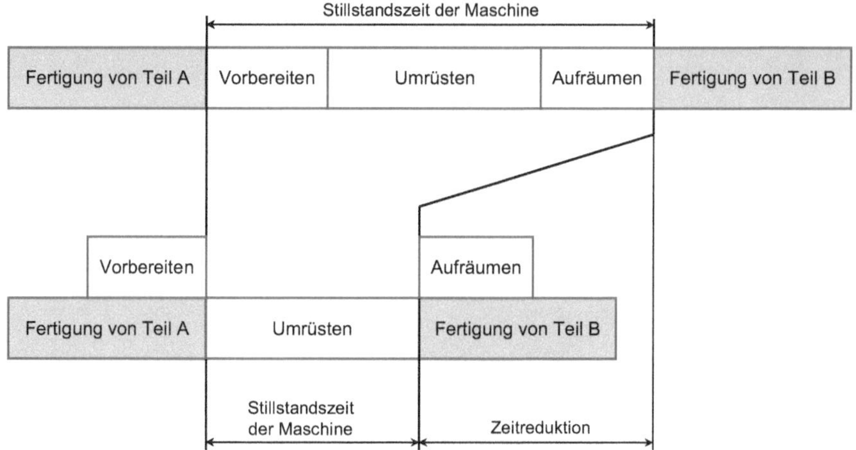

Bild 7-4 Auswirkung der Umwandlung von internem Rüsten in externes Rüsten [6]

- Stufe 3: Leistungssteigerung bei allen Rüstoperationen
  - Die noch verbleibende Zeit wird weiter verkürzt. Befestigungs- und Lösevorrichtungen werden vereinfacht, Justiervorgänge werden überflüssig gemacht, zusätzliche Personen werden als Hilfskräfte bereitgestellt, usw.

Die Optimierung der Rüstvorgänge erfolgt im Zuge von Rüstworkshops. Dabei werden alle Rüstoperationen analysiert und bewertet. Die Erfahrung zeigt, dass die ersten 50% Rüstzeitreduktion mit relativ wenig Investitionsaufwand realisiert werden können.

Verkürzte Rüstzeiten sind der Schlüssel zu reduzierten Beständen. Üblicherweise werden die Rüstkosten (Kosten des Maschinenstillstands, Löhne und Material für das Umrüsten, usw.) den Bestandskosten (Flächenbedarf, Kosten des gebundenen Kapitals, usw.) gegenübergestellt. Daraus wird die optimale Größe des Produktionsloses ermittelt. Durch die Verkürzung der Rüstzeiten werden kleinere Losgrößen wirtschaftlich darstellbar. Dadurch können die Bestände reduziert werden, die Flexibilität steigt an.

7.1.4.2 Prozessoptimierung mit Systemen vorbestimmter Zeiten

Beispielsweise bei der Optimierung von Montage- oder Verpackungsprozessen wird man häufig feststellen, dass die Dauer der Arbeit in großem Umfang von den ausführenden Mitarbeitern beeinflussbar ist. Solche Prozesse werden verbessert, indem man Handgriffe und Wege einspart. Die Anordnung der Arbeitsschritte wird optimiert. Material wird dort bereitgestellt, wo es benötigt wird. Die Werkzeuge stehen immer griffbereit zur Verfügung.

Als Werkzeuge zur Optimierung dieser Art von Prozessen bieten sich *Systeme vorbestimmter Zeiten (SvZ)* an. Diese Verfahren werden zur Ermittlung von Soll-Zeiten für die Vorgänge verwendet. Darüber hinaus ermöglicht die systematische Analyse der einzelnen Arbeitsschritte die gezielte Optimierung des gesamten Prozesses. Ausgehend von der erforderlichen Leistung wird die Auslegung, Anordnung und Gestaltung der Prozesse und der entsprechenden Arbeitsplätze geplant bzw. verbessert.

Ein häufig eingesetztes SvZ ist das MTM-Verfahren (Methods Time Measurement), welches die Bewegungsabläufe in Grundbewegungen gliedert. Jeder Grundbewegung sind Normzeitwerte zugeordnet, welche in ihrer Höhe durch die erfassten Einflussgrößen (vor-) bestimmt sind. Diese Vorgaben können von jeder arbeitenden Person mit durchschnittlicher Geschicklichkeit und durchschnittlicher Anstrengung erreicht werden [5].

7.1.4.3 Ordnung und Sauberkeit am Arbeitsplatz (5S)

Unter 5S (manchmal auch als 5A, 6S oder 6A bezeichnet) wird ein Vorgehensmodell zur Optimierung der Arbeitsumgebung verstanden. Es beschreibt, wie in fünf Schritten der Arbeitsplatz schrittweise systematisch verbessert wird und diese Verbesserung auch erhalten werden kann. Die Arbeitsplatzfunktionalität soll vor allem durch eine bestmögliche Anordnung, Ablage und Kennzeichnung von Gegenständen und Einrichtungen optimiert und laufend weiterentwickelt werden. Bild 7-5 zeigt in Form einer Roadmap das Vorgehen bei der Umsetzung von 5S. Zugeordnet zu den fünf Schritten werden Hauptaufgaben, Werkzeuge und Ergebnisse dargestellt.

Stellt man in der Phase **Analyze** fest, dass die Ursachen für die Abweichungen im Prozess in einer mangelhaften Arbeitsplatzorganisation liegen, wird man 5S als Verbesserungswerkzeug einsetzen. Ebenso könnte bei der Abarbeitung des Six Sigma-Projektes auch ein 5S-Programm initiiert werden. Dieses ist dann jedoch nicht mehr Teil des Verbesserungsprojektes.

Weitere Informationen zu 5S finden Sie unter anderem in [17] und [18].

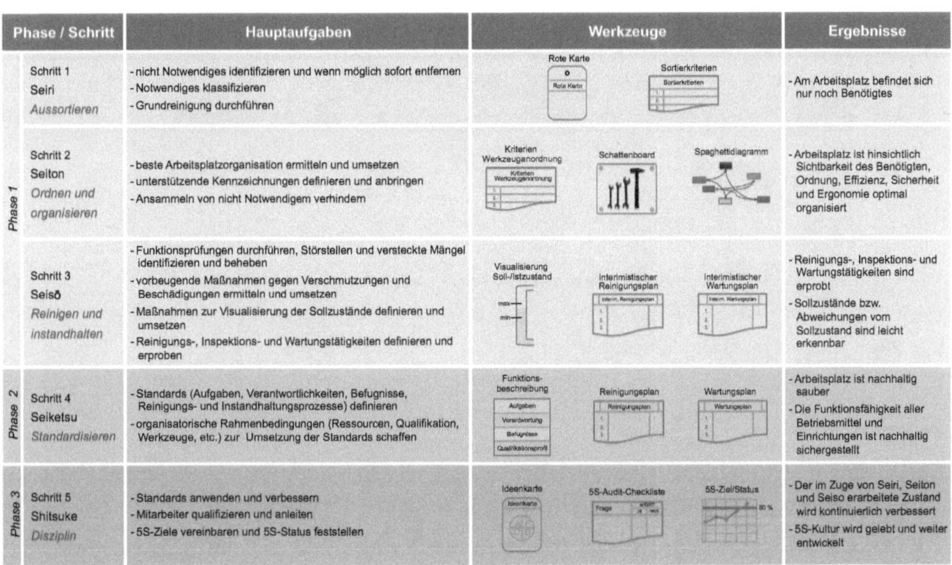

Phase / Schritt		Hauptaufgaben	Werkzeuge	Ergebnisse
Phase 1	Schritt 1 Seiri *Aussortieren*	- nicht Notwendiges identifizieren und wenn möglich sofort entfernen - Notwendiges klassifizieren - Grundreinigung durchführen	Rote Karte Sortierkriterien	- Am Arbeitsplatz befindet sich nur noch Benötigtes
	Schritt 2 Seiton *Ordnen und organisieren*	- beste Arbeitsplatzorganisation ermitteln und umsetzen - unterstützende Kennzeichnungen definieren und anbringen - Ansammeln von nicht Notwendigem verhindern	Kriterien Werkzeuganordnung Schattenboard Spaghettidiagramm	- Arbeitsplatz ist hinsichtlich Sichtbarkeit des Benötigten, Ordnung, Effizienz, Sicherheit und Ergonomie optimal organisiert
	Schritt 3 Seisō *Reinigen und instandhalten*	- Funktionsprüfungen durchführen, Störstellen und versteckte Mängel identifizieren und beheben - vorbeugende Maßnahmen gegen Verschmutzungen und Beschädigungen ermitteln und umsetzen - Maßnahmen zur Visualisierung der Sollzustände definieren und umsetzen - Reinigungs-, Inspektions- und Wartungstätigkeiten definieren und erproben	Visualisierung Soll-/Istzustand Interimistischer Reinigungsplan Interimistischer Wartungsplan	- Reinigungs-, Inspektions- und Wartungstätigkeiten sind erprobt - Sollzustände bzw. Abweichungen vom Sollzustand sind leicht erkennbar
Phase 2	Schritt 4 Seiketsu *Standardisieren*	- Standards (Aufgaben, Verantwortlichkeiten, Befugnisse, Reinigungs- und Instandhaltungsprozesse) definieren - organisatorische Rahmenbedingungen (Ressourcen, Qualifikation, Werkzeuge, etc.) zur Umsetzung der Standards schaffen	Funktionsbeschreibung Reinigungsplan Wartungsplan	- Arbeitsplatz ist nachhaltig sauber - Die Funktionsfähigkeit aller Betriebsmittel und Einrichtungen ist nachhaltig sichergestellt
Phase 3	Schritt 5 Shitsuke *Disziplin*	- Standards anwenden und verbessern - Mitarbeiter qualifizieren und anleiten - 5S-Ziele vereinbaren und 5S-Status feststellen	Ideenkarte 5S-Audit-Checkliste 5S-Ziel/Status	- Der im Zuge von Seiri, Seiton und Seiso erarbeitete Zustand wird kontinuierlich verbessert - 5S-Kultur wird gelebt und weiter entwickelt

Bild 7-5 5S-Roadmap

7.1.4.4 Fehlhandlungsvermeidung (Poka Yoke)

Wird in einem Six Sigma-Projekt eine Verbesserungsmaßnahme erarbeitet, dann sollte der verbesserte Zustand möglichst robust gegen unbeabsichtigte Fehlhandlungen sein. Eine mögliche Hilfestellung bei der Entwicklung solcher Lösungen bietet Poka Yoke. Der japanische Ausdruck Poka Yoke (Poka = versehentliche Fehler, Yoke = verhindern) steht für die fehlhandlungssichere Gestaltung von Produkten und Prozessen. Entwickelt und erstmals veröffentlicht wurde das Poka Yoke-Konzept von Shigeo Shingo (siehe [8]).

Im Mittelpunkt von Poka Yoke stehen mögliche menschliche Fehlhandlungen. Ausgangsbasis ist die Überzeugung, dass unbeabsichtigte Fehlhandlungen in Prozessen, die diese zulassen, nicht vollständig vermieden werden können. Menschen machen Fehler – Unaufmerksamkeit, Versehen, Vergesslichkeit oder Missverständnisse sind einige mögliche Ursachen dafür.

Mit Hilfe von Poka Yoke sollen Vorkehrungen getroffen werden, damit Fehlhandlungen entweder gar nicht möglich sind oder diese bzw. durch sie verursachte Fehler unmittelbar nach dem Auftreten entdeckt werden.

Beispiele für solche Vorkehrungen sind technische Vorrichtungen wie Montagehilfen, die das falsche Einlegen von Bauteilen verhindern, oder Gestaltungsmaßnahmen an Bauteilen, die eine falsche Montage verhindern.

Bei der Entwicklung von Poka Yoke-Lösungen ist strukturiert vorzugehen. Dazu dient die Poka Yoke-Systemmatrix (siehe Bild 7-6), mit deren Hilfe für jede Poka Yoke-Aufgabenstellung eine Prüfmethode, ein Auslösemechanismus und ein Regulierungsmechanismus entwickelt wird. Mit Hilfe der Systemmatrix gelingt es, Ideen für Poka Yoke-Lösungen zu generieren und die am besten geeignete auszuwählen.

Bei regelmäßiger und konsequenter Anwendung dieser Systemmatrix entsteht eine unternehmensspezifische Beispielsammlung mit Best-Practice-Lösungen und die Entwicklung zukünftiger Poka Yoke-Lösungen wird vereinfacht.

Prüfmethode	Auslösemechanismus	Regulierungs-mechanismus
Fehlerquellenprüfung	Kontaktmethode	Eingriffsmethode
Prüfung mit direktem Feedback	Konstantwertmethode	
Prüfung mit indirektem Feedback	Schrittfolgemethode	Warnmethode

Bild 7-6 Poka Yoke-Systemmatrix

Prüfmethode

Die Prüfmethode definiert, wann geprüft wird (vor der Fehlhandlung, während des Arbeitsschrittes oder nach dem Arbeitsschritt).

- **Fehlerquellenprüfung:** Die Fehlhandlung kann nicht ausgeführt werden oder man wird auf die beabsichtigte Fehlhandlung unmittelbar aufmerksam gemacht. Beispiele: Anschlag verhindert, dass Teile falsch in die Vorrichtung eingelegt werden können; geometrische Form stellt sicher, dass nur das richtige Anschlusskabel angesteckt werden kann.
- **Prüfung mit direktem Feedback (Selbstkontrolle):** Die ausgeführte Fehlhandlung bzw. der Fehler wird im Arbeitsschritt entdeckt. Beispiele: Blechbiegemaschine öffnet erst, wenn die Biegung vollständig ausgeführt wurde (z. B. Endlage nicht erreicht); Anlage

stoppt, wenn das Kegelrollenlager nicht auf Anschlag gepresst wurde (z.B. Kraft oder Weg nicht erreicht).

- **Prüfung mit indirektem Feedback (Folgekontrolle):** Die ausgeführte Fehlhandlung bzw. der Fehler wird beim Übergang in den nächsten Arbeitsschritt entdeckt. Beispiele: unvollständig montierte Baugruppen können nicht auf Transportgebinde abgelegt werden; fehlerhafte Produkte werden auf Teilerutsche aussortiert.

Auslösemechanismus

Der Auslösemechanismus gibt an, wie die Prüfung erfolgt. Er beschreibt die Methode, mit der die Fehlhandlung bzw. der Fehler entdeckt wird.

- **Kontaktmethode:** Die Fehlhandlung bzw. der Fehler wird mit Hilfe physikalischer Größen (z.B. Geometrie, Gewicht, Temperatur) erkannt. Dies erfolgt durch physischen Kontakt oder mittels sensorgestützten Einrichtungen. Beispiele: geometrische Ausführung der Bauteile lässt eine falsche Montage nicht zu; geometrische Ausführung der Vorrichtung stellt sicher, dass Teile nicht falsch eingelegt werden können.
- **Konstantwertmethode:** Die Fehlhandlung bzw. der Fehler wird durch die falsche Anzahl an Handlungen erkannt. Beispiele: Anzahl der Schweißpunkte wird von der Anlage gezählt und überwacht; notwendige Anzahl der Schrauben wird am Arbeitsplatz abgezählt bereitgestellt.
- **Schrittfolgemethode:** Die Fehlhandlung bzw. der Fehler wird durch die falsche Reihenfolge der Handlungen erkannt. Beispiele: Werkzeuge und Vorrichtungen an einer Montagestation funktionieren nur, wenn eine vorgegebene Reihenfolge eingehalten wird; Material wird in der Reihenfolge der Verwendung zugeteilt.

Regulierungsmechanismus

Der Regulierungsmechanismus beschreibt die Konsequenz eines negativen Prüfergebnisses.

- **Eingriffsmethode:** Der Arbeitsgang wird gestoppt oder unmöglich gemacht. Beispiele: Maschinenstart ist blockiert, solange das Teil nicht korrekt gespannt ist; Anlage wird gestoppt, wenn ein Arbeitsgang nicht vollständig ausgeführt ist.
- **Warnmethode:** Der Mitarbeiter wird auf den Fehler / die Fehlhandlung aufmerksam gemacht. Beispiele: Signal weist auf die Weitergabe einer falschen Menge hin; Signal weist auf die Entnahme des falschen Teiles hin.

Beispiel: Falsche Montage eines Deckels

In einem Montageprozess wurde ein Deckel falsch ausgerichtet auf das Gehäuse montiert. Die Schraubenteilung von sechsmal 60° hat dies zugelassen (siehe linker Teil von Bild 7-7). In der Folge war die Ölablassschraube an der falschen Position.

Mit Hilfe der Poka Yoke-Systemmatrix wurden mehrere Lösungen erarbeitet. Ausgewählt wurde schließlich die im rechten Teil von Bild 7-7 dargestellte Lösung. Die Schraubenteilung wurde im oberen Bereich des Deckels geändert.

- **Prüfmethode Prüfung mit direktem Feedback:** Der Mitarbeiter erkennt, dass er den Deckel falsch ausgerichtet angesetzt hat, da er nicht alle Schrauben verschrauben kann.

- **Auslösemechanismus Kontaktmethode:** Der Mitarbeiter wird durch die nicht übereinstimmende Geometrie auf die Fehlhandlung aufmerksam gemacht.
- **Regulierungsmechanismus Eingriffsmethode:** Die weitere Ausführung des Arbeitsschrittes wird unmöglich gemacht.

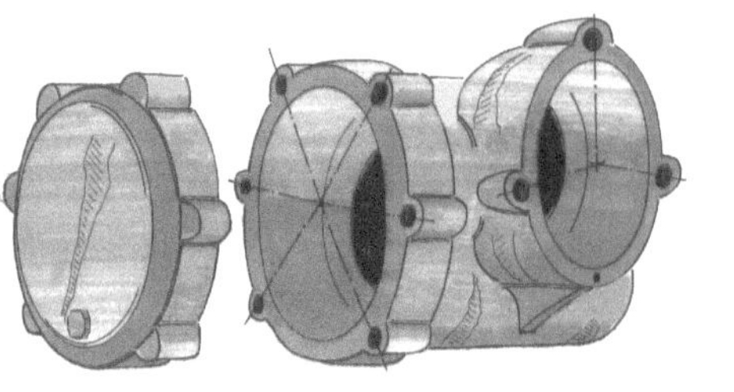

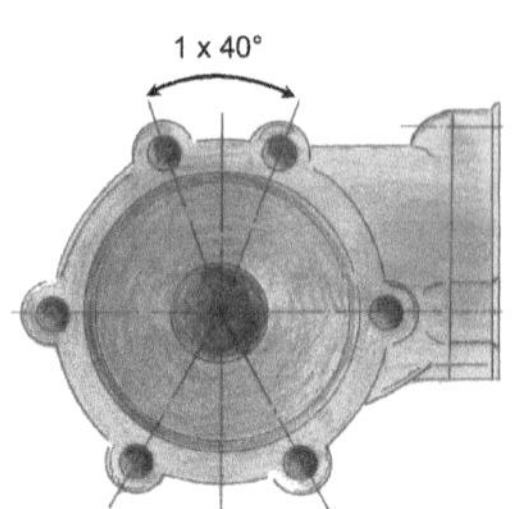

Bild 7-7 Poka Yoke-Lösung für Beispiel Deckelmontage

Prüfmethode		Auslösemechanismus		Regulierungsmechanismus	
Fehlerquellen-prüfung		Kontakt-methode	X	Eingriffs-methode	X
Prüfung mit direktem Feedback	X	Konstantwert-methode			
Prüfung mit indirektem Feedback		Schrittfolge-methode		Warn-methode	

Bild 7-8 Poka Yoke-Systemmatrix für Beispiel Deckelmontage

7.2 Lösungen bewerten und Lösung auswählen

Wenn eine Lösung ganz offensichtlich die meisten Vorteile bietet, dann wird man diese auch sofort umsetzen. Werden mehrere Lösungen in Betracht gezogen, dann sollte in jedem Fall eine Kosten-Nutzen-Analyse für den Vergleich herangezogen werden. Das Vorgehen dazu ist in den Unternehmen meist festgelegt. Sollen zusätzliche, in Geldeinheiten nur schwer oder gar nicht bewertbare Kriterien in den Vergleich einbezogen werden, dann wird man beispielsweise eine Nutzwertanalyse durchführen.

Neben der wirtschaftlichen Bewertung müssen die Lösungsvarianten auch auf mögliche Risiken untersucht werden. Nicht selten kommt es vor, dass man mit der Optimierung zwar ein Merkmal verbessert hat, aber gleichzeitig ein anderes Merkmal verschlechtert wird. Zur Abschätzung derartiger Risiken dienen FMEA und Fehlerbaumanalyse.

7.2.1 Bewertung mittels Nutzwertanalyse

Die Nutzwertanalyse wird zur Entscheidungsfindung verwendet, wenn mehrere Lösungsmöglichkeiten vorliegen. Insbesondere können monetär bewertbare und monetär nicht bewertbare Kriterien zu einer Gesamtbewertung zusammengefasst werden.

Bewertungskriterien	Gewichtung	Lösung 1		Lösung 2		Lösung 3	
		Be-wertung	Teil-nutzwert	Be-wertung	Teil-nutzwert	Be-wertung	Teil-nutzwert
Flexibilität der Lösung	20	7	140	2	40	8	160
Komplexität der Lösung	15	6	90	7	105	7	105
Bedienungsfreundlichkeit	30	8	240	8	240	9	270
Wartungsfreundlichkeit	15	4	60	4	60	4	60
Verfügbarkeit von Ersatzteilen	20	4	80	5	100	6	120
...							
Gesamtnutzwert			610		545		715
Rangfolge - Varianten			**2**		**3**		**1**

Bild 7-9 Beispiel zur Nutzwertanalyse

Vorgehensweise bei der Nutzwertanalyse:

- Festlegung der Bewertungskriterien

  Die Bewertungskriterien werden im Team ausgewählt und mit einer Gewichtung versehen, die ihrer Bedeutung entspricht. Der Zahlenbereich für die Gewichtung ist grundsätzlich frei wählbar.
- Bewertung des Teilnutzens

  Für jede Variante wird bewertet, wie gut sie die entsprechenden Kriterien erfüllt (0 = gar nicht, 10 = sehr gut). Durch Multiplikation dieser Bewertung mit der Gewichtung errechnet sich der Teilnutzwert.
- Ermittlung des Gesamtnutzwertes

  Durch Aufsummieren aller Teilnutzwerte erhält man schließlich den Gesamtnutzwert für jede Variante.
- Auswahl der Vorzugsvariante

  Die Gesamtnutzwerte werden in eine Rangfolge gebracht und die Variante mit dem höchsten Gesamtnutzwert wird ausgewählt.

Ein weiterer Vorteil der Nutzwertanalyse ist, dass durch diese Vorgangsweise objektivierte Entscheidungen möglich werden. In der Praxis kommt es vor, dass zum Beispiel unterschiedliche Abteilungen verschiedene Lösungen bevorzugen. Wie man sich auch entscheidet, einer der Bereiche wird die Entscheidung nicht mittragen (und vielleicht später beweisen, dass die andere Entscheidung besser gewesen wäre). Mit Hilfe der Nutzwertanalyse wird es eher gelingen, Entscheidungen zu treffen, die von allen Bereichen akzeptiert und mitgetragen werden.

7.2.2 Fehler-Möglichkeits- und Einfluss-Analyse (FMEA)

Die FMEA wurde Mitte der sechziger Jahre in den USA von der NASA für das Apollo-Projekt entwickelt. Nach der ursprünglichen Anwendung der Methode in der Raum- und Luftfahrttechnik folgte ihre Nutzung in der Kerntechnik und in der Automobilindustrie.

Sie ist heute beispielsweise bei allen Automobilherstellern integraler Bestandteil der Produkt- und Prozessentwicklung.

Zur Unterstützung des Verständnisses soll die FMEA vorerst allgemein erläutert werden. Anschließend wird auf die Anwendung in Six Sigma-Projekten eingegangen.

Arten von FMEAs

Obwohl in der Literatur viele Arten von FMEAs vorgestellt werden, unterscheidet man im Wesentlichen zwischen der Produkt-FMEA und der Prozess-FMEA.

Die **Produkt-FMEA** soll helfen, mögliche Schwachstellen in der Produktauslegung und im Erprobungsprogramm zu erkennen und durch konstruktive Änderungen zu beseitigen.

Die **Prozess-FMEA** soll helfen, mögliche Schwachstellen in einem geplanten Herstellprozess (Prozessablauf und Control Plan) zu erkennen und durch entsprechende Maßnahmen zu beseitigen.

Wie schon aus der Bezeichnung der Methode hervorgeht, geht es um mögliche Fehler. Dabei ist zu beachten, dass der Fehlerbegriff im deutschen Sprachgebrauch negativ besetzt ist. Im Sinne der FMEA ist dies nicht so. „Fehler" bedeutet einfach, dass eine Vorgabe nicht erfüllt ist. Im Zuge der FMEA werden Fehler neutral bewertet und diskutiert.

Die zentrale Frage bei der FMEA

Folgende Fragestellung steht bei der FMEA im Mittelpunkt: Welches Risiko besteht für den Kunden, ein Produkt zu bekommen, das nicht seinen Anforderungen, Vorgaben und Erwartungen entspricht, und wie groß ist für ihn das daraus resultierende „Problem"?

Dieses Risiko ergibt sich aus drei Faktoren:

- **A Auftreten:** Wie groß ist die Wahrscheinlichkeit, dass der betrachtete Fehler auftritt?
- **E Entdecken:** Wie groß ist die Wahrscheinlichkeit, dass der Fehler *nicht* entdeckt wird, bevor die Fehlerfolgen beim Kunden eintreten?
- **B Bedeutung:** Wie groß ist die Folge des Problems für den Kunden?

Brainstorming zu möglichen Fehlern

Am Beginn der FMEA wird man in einem Brainstorming mögliche Fehler identifizieren. Dies ist der kreative Teil der FMEA. Ausgehend von den Erfahrungen mit früheren Produkten (Produkterprobungen, Kundenreklamationen, etc.) wird man die möglichen Fehler zum Beispiel in einem Ursache-Wirkungs-Diagramm strukturiert darstellen. Erst nachdem man sich so ein Gesamtbild über die möglichen Fehler verschafft hat, wird man zur Bewertung der einzelnen Fehler schreiten.

Risikobewertung im FMEA-Formblatt

Die Risikobewertung erfolgt im FMEA-Formblatt:

Fehler-Möglichkeits- und Einfluss-Analyse									Datum:	
o Produkt o Prozessabschnitt:				Teil / ZB (Bezeichnung, Nr., Änderungsstand):					Team:	
				Zuständig (für Produktentw./Planung/Produktion):						
Mögliche Folgen	B	Mögliche Fehler	Mögliche Fehlerursachen	Vermeidungs-maßnahmen	A	Entdeckungs-maßnahmen	E	RPZ	empfohlene / getroffene Maßn.	zuständig Termin

Bild 7-10 Beispiel für ein FMEA-Formblatt

Dabei werden folgende Kriterien zur Bewertung verwendet:

- **A Auftreten:**

  Ausgangspunkt für die Bewertung des Auftretens ist der mögliche Fehler. Unter Berücksichtigung der möglichen Fehlerursachen und der Vermeidungsmaßnahmen wird die Wahrscheinlichkeit des Auftretens bewertet.

- **E Entdecken:**

  Ausgangspunkt für die Bewertung des Entdeckens ist wiederum der mögliche Fehler. Unter Berücksichtigung der Entdeckungsmaßnahmen wird die Wahrscheinlichkeit, dass der Fehler *nicht* entdeckt wird, bewertet.

  Hinweis: Bei der Bewertung des Auftretens führt eine hohe Wahrscheinlichkeit auch zu einer hohen Bewertungszahl. Achten Sie darauf, dass dies bei der Bewertung der Entdeckungswahrscheinlichkeit genau umgekehrt ist. Eine hohe Wahrscheinlichkeit, einen Fehler zu entdecken, führt zu einer niedrigen Bewertungszahl für E. Für das Verständnis ist es daher leichter, wenn man von der Nicht-Entdeckungswahrscheinlichkeit spricht. Dann führt eine hohe Wahrscheinlichkeit auch wieder zu einer hohen Bewertungszahl.

- **B Bedeutung:**

  Auch bei der Bewertung der Bedeutung wird vom möglichen Fehler ausgegangen. Unter Berücksichtigung der Folgen des Fehlers wird die Bedeutung des Fehlers für den Kunden bewertet.

Um die Bewertung möglichst wiederholbar und nachvollziehbar zu gestalten, muss die Bewertungsskala klar festgelegt sein. Bild 7-11 zeigt ein unternehmensspezifisches Bewertungsblatt, welches aus [10] abgeleitet ist.

Risiko priorisieren und Maßnahmen ableiten

Nach der Bewertung im Formblatt erfolgt die Berechnung der Risikoprioritätszahl (RPZ) durch Bildung des Produktes der Bewertungszahlen: $RPZ = A \cdot B \cdot E$.

Hauptzweck dieses Vorgehens ist es, die größten Schwachstellen in dem zu entwickelnden Produkt oder Prozess zu identifizieren. Das sind jene möglichen Fehler, welche mit hoher Wahrscheinlichkeit auftreten, unwahrscheinlich entdeckt werden und gravierende Folgen beim Kunden verursachen. Genau auf diese Problempunkte müssen die begrenzten Ressourcen angesetzt werden.

Die Festlegung einer festen Grenze für die Risikoprioritätszahl (z. B. 100 oder 125) ist nicht sinnvoll. Sobald Fehler die Sicherheit gefährden können, muss in jedem Fall alles unternommen werden, um das Risiko zu minimieren. Daher wird häufig eine abgestufte Grenze für die Risikoprioritätszahl festgelegt.

$B = 10$: $RPZ \leq 60$

$B = 9$: $RPZ \leq 80$

$B \leq 8$: $RPZ \leq 100$

AIAG und VDA haben diesem Umstand Rechnung getragen und in ihrem gemeinsamen FMEA-Handbuch [19] aus dem Jahr 2019 die Risikoprioritätszahl durch die Aufgabenpriorität (AP) ersetzt. In einer Aufgabenprioritätstabelle wird je nach Kombination von B, A und E eine hohe, mittlere oder niedrige Priorität für die Festlegung entsprechender Maßnahmen vergeben.

Bedeutung der Fehlerfolgen		Wahrscheinlichkeit des Auftretens				Bewertung der Entdeckungswahrscheinlichkeit			
B	Fehlerfolgen	**A**	Auftretens-wahr-scheinlichkeit	Möglicher Fehleranteil	ppm-Wert	**E**	Entdeckung	Entdeckungs-wahrscheinlichkeit	
10	Sicherheitsgefahr bzw. Übertretung von Gesetzen ohne Vorwarnung	10	sehr hoch	1 in 2	500.000	10	fast unmöglich	0%	(fehlerhaftes Teil kann nicht gefunden werden)
9	Sicherheitsgefahr bzw. Übertretung von Gesetzen (mit Vorwarnung, Erkennen der Gefahr ist möglich, z.B. Kontrollleuchte am Instrumentenbrett)	9		1 in 3	333.333	9	unwahr-scheinlich	10%	(in einem von 10 Fällen wird das fehlerhafte Teil entdeckt)
8	Fahrzeuge nicht fahrbereit, Liegenbleiber, Abschleppen	8	hoch	1 in 8	125.000	8	unsicher	50%	(in einem von 2 Fällen wird das fehlerhafte Teil entdeckt)
7	Fahrzeug eingeschränkt fahrbereit, unmittelbare Fahrt zur Werkstätte möglich u. erforderlich	7		1 in 20	50.000	7		80%	(in 4 von 5 Fällen wird das fehlerhafte Teil entdeckt)
6		6	mäßig	1 in 80	12.500	6		90%	(in 9 von 10 Fällen wird das fehlerhafte Teil entdeckt)
5	Funktionseinschränkung von Komfortsystemen, Besuch der Werkstätte mittelfristig erforderlich	5		1 in 400	2.500	5	wenig wahr-scheinlich	95%	(in 19 von 20 Fällen wird das fehlerhafte Teil entdeckt)
4		4	gering	1 in 2.000	500	4		98%	(in 98 von 100 Fällen wird das fehlerhafte Teil entdeckt)
3		3		1 in 15.000	66	3	wahr-scheinlich	99%	(in 99 von 100 Fällen wird das fehlerhafte Teil entdeckt)
2	Folgen für Kunden kaum erkennbar	2	sehr gering	1 in 150.000	6	2	sehr wahr-scheinlich	99,9%	(in 999 von 1000 Fällen wird das fehlerhafte Teil entdeckt)
1	Folgen für Kunden nicht erkennbar	1	fast auszu-schließen	1 in 1,500.000	0,66	1	sicher	100%	(in 100% der Fälle wird das fehlerhafte Teil entdeckt)

Bild 7-11 Beispiel für ein FMEA-Bewertungsblatt

Zeitpunkt der Durchführung von FMEAs

Bild 7-12 zeigt die in [11] dargestellten Phasen zur Produktentwicklung und Produktionsvorbereitung. Darüber hinaus sind auch die Zeitpunkte der Durchführung von FMEAs eingetragen. Einerseits sollen die FMEAs so früh wie möglich durchgeführt werden, damit die Probleme, die vermieden werden sollen, auch tatsächlich vermieden werden. Konkret heißt das, dass der erste Durchlauf der Produkt-FMEA vor der Herstellung der ersten Prototyp-Generation abgeschlossen sein muss. Andererseits müssen für die Durchführung der Produkt-FMEA aber auch bewertbare Produktkonzepte vorliegen. Damit ist ein sehr schmales Zeitfenster in der frühen Produktentwicklungsphase festgelegt, in dem der erste Durchlauf liegen sollte. Die FMEA-Reviews erfolgen, wenn weitere Erkenntnisse, wie zum Beispiel die Ergebnisse von Produkterprobungen, vorhanden sind.

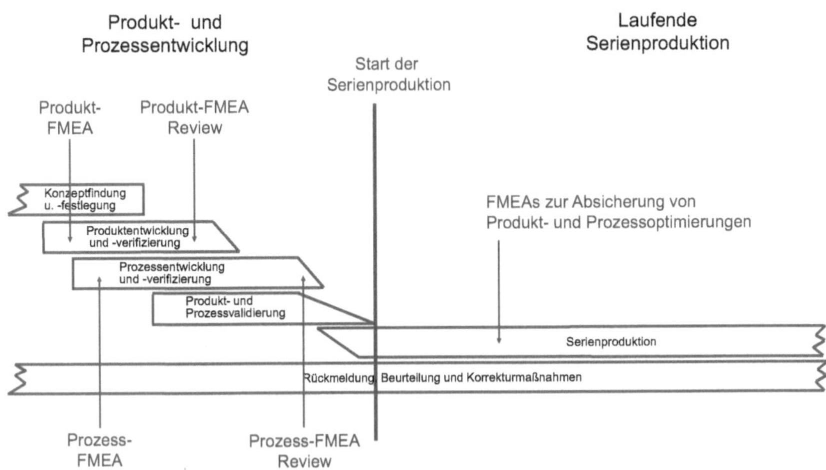

Bild 7-12 Zeitpunkt der Durchführung von FMEAs

Beispiel 7-1 Durchführung einer Prozess-FMEA

Zur Herstellung eines Gehäuseteiles sind vier Prozessschritte notwendig. Beim dritten Arbeitsgang wird eine Anschlussfläche mechanisch bearbeitet. Die Ebenheit dieser Fläche ist wichtig für die Dichtheit der Verbindung und wird daher als Merkmal mit erhöhter Bedeutung definiert. Bei der Planung des Prozesses wird daher auch dieses Merkmal in der Prozess-FMEA betrachtet.

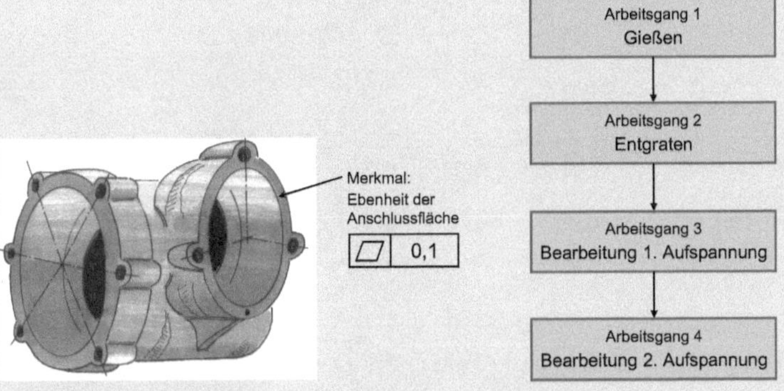

Bild 7-13 Prozessablauf zur Herstellung des Gehäuseteiles

Zunächst führt das Team ein Brainstorming zu möglichen Ursachen durch. Die Visualisierung der Ursache-Wirkungs-Zusammenhänge erfolgt auf einem Flipchart mit Hilfe des Ishikawa-Diagramms.

Im Kopf wird der mögliche Fehler „Ebenheit von 0,1 außer Toleranz" eingetragen. An den Hauptästen und Unterästen werden die möglichen Ursachen eingetragen. Mit warum-warum-warum wird so lange gefragt, bis man die Wurzelursache gefunden hat. Diese ist dann erreicht, wenn die Prozessplanung konkrete Maßnahmen zur Verbesserung ableiten kann.

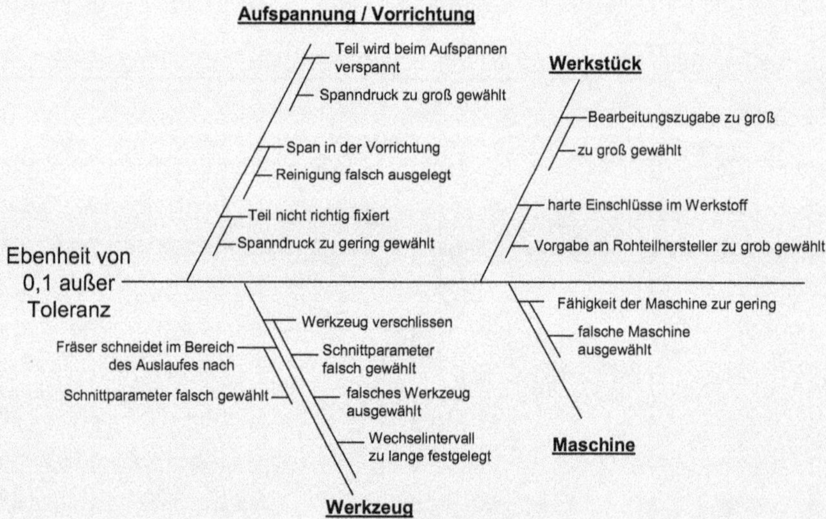

Bild 7-14 Ishikawa-Diagramm zum Beispiel Prozess-FMEA

Nach dem Brainstorming erfolgt die Bewertung der Fehler im FMEA-Formblatt. Ausgehend von den errechneten Risikoprioritätszahlen (RPZ = A·B·E) erfolgt die Prioritätenreihung und Festlegung von Maßnahmen.

Fehler-Möglichkeits- und Einfluss-Analyse										Datum:
o Produkt x Prozessabschnitt		AG3 1. Aufspannung		Teil / ZB (Bezeichnung, Nr., Änderungsstand):						Team:
				Zuständig (für Produktentw./Planung/Produktion):						
Mögliche Folgen	B	Mögliche Fehler	Mögliche Fehlerursachen	Vermeidungs-maßnahmen	A	Entdeckungs-maßnahmen	E	RPZ		empfohlene / zuständig getroffene Maßn. Termin
Aggregat wird beim Anschrauben verspannt Geräusch im Fahrzeug	7	Ebenheit von 0,1 außer Toleranz	Aufspannung / Vorrichtung - Teil wird beim Aufspannen verspannt	Spanndruck wird beim ersten Rüsten abgestimmt (s. Arbeitsplan)	3	Vermessung von 2 # pro Schicht (lt. Control Plan) generelle Verschlechterung	3	63		
			- Span in der Vorrichtung	Aufbau der Vorrichtung wie bei Teil 2356	3	Vermessung von 2 # pro Schicht (lt. Control Plan) Einzelfehler	9	189		Abdeckung für die Vorrichtung vorsehen Egger/KW12

Bild 7-15 Formblatt zum Beispiel Prozess-FMEA

Durchführung von FMEAs in Six Sigma-Projekten

Die Durchführung von FMEAs in Six Sigma-Projekten betrifft vorrangig die Optimierungen von Produkten oder Produktionsprozessen. Im Zuge der Six Sigma-Projekte werden häufig Änderungen an Produkten bzw. Prozessen vorgenommen. Dies ist meist in der laufenden Serienproduktion der Fall. Um das Risiko der Änderungen bewerten zu können, wird die bestehende FMEA auf den aktuellen Stand gebracht. Sie beinhaltet nun die getätigten Änderungen am Prozess und stellt damit den aktuellen Risikostand dar. Damit lässt sich bewerten, ob die Änderung umgesetzt werden kann oder nicht.

7.2.3 Fehlerbaumanalyse (Fault Tree Analysis)

Die Fehlerbaumanalyse stammt aus der Sicherheits- und Zuverlässigkeitstechnik und kann ebenso zur Bewertung von Lösungsvarianten eingesetzt werden. Ausgangspunkt der Analyse ist die funktionale Darstellung der Systemstruktur. Aus der Verknüpfung der Komponenten wird ermittelt, wie sich die Ausfälle von Teilsystemen auf das Gesamtsystem auswirken. Auf Basis der Ausfallswahrscheinlichkeit der Komponenten und der Kenntnis der Verknüpfung kann die Zuverlässigkeit und Sicherheit des Gesamtsystems beurteilt werden.

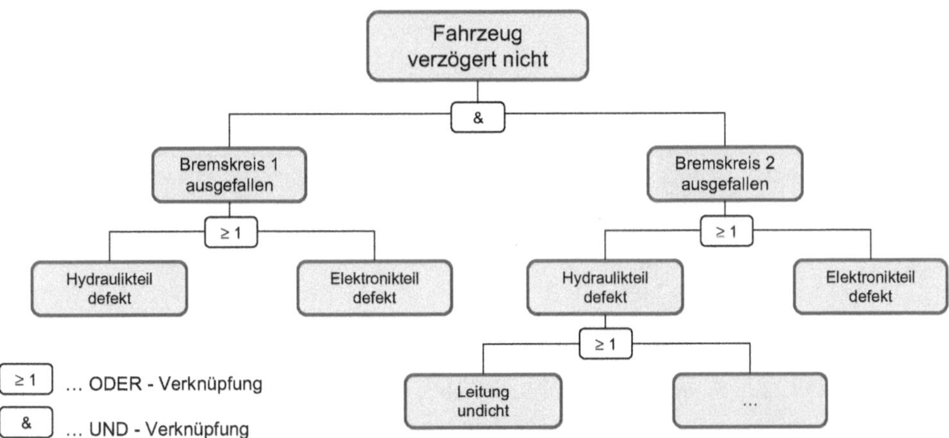

Bild 7-16 Beispiel zur Fehlerbaumanalyse

UND-Verknüpfung: Es kommt nur dann zu einem Ausgangssignal, wenn an beiden (oder mehreren) Eingängen ein Signal vorliegt. Beispielsweise bei Sicherungen oder Redundanzen fällt das System erst aus, wenn beide (oder mehr) Untersysteme gleichzeitig ausfallen.

ODER-Verknüpfung: Ein Eingangssignal reicht aus, um ein Ausgangssignal zu erhalten. D. h. für die Funktion des Systems ist die Funktion jedes Untersystems erforderlich.

Vorgangsweise bei der Fehlerbaumanalyse [4]:

- System- und Funktionsanalyse
- Definition des unerwünschten Ereignisses (Top Event) samt Ausfallkriterien
- Festlegung der Zuverlässigkeitszielgröße mit Zeitintervall

- Bestimmung der Ausfallsarten und Ausfallskategorien
- Darstellung des Ausfallsverhaltens im Fehlerbaum bis zu Basisereignissen
- Ermittlung der kritischen und anderen Minimalschnitte (1., 2., 3. Ordnung)

  Als Minimalschnitte bezeichnet man kleinstmögliche Ausfall-Kombinationen von Basisereignissen, die gemeinsam auftreten können und so das unerwünschte Ereignis auslösen. Besonders kritisch sind Minimalschnitte, die von nur einem Basisereignis hervorgerufen werden (Minimalschnitte 1. Ordnung).
- Bewertung der Basisereignisse durch Eingangsdaten (Ausfallsraten, -zeiten)
- Probabilistische Auswertung des Fehlerbaums (Berechnung des Top Event)
- Bewertung der Ergebnisse, Soll / Ist-Vergleich, Maßnahmen
- Fehlerbaumanalyse des verbesserten Systems

Aufgrund dieser Ergebnisse können die wirksamsten Maßnahmen zur Beseitigung von Schwachstellen und Erreichung von Zuverlässigkeits- und Sicherheitszielen erreicht werden.

7.3 Ausgewählte Lösung erproben und Wirksamkeit nachweisen

Nachdem die beste Lösung ausgewählt wurde, muss nun nachgewiesen werden, dass dadurch die erwarteten Verbesserungen auch erreicht werden. In der Regel erfolgt dies, indem der verbesserte Prozess in einem begrenzten Bereich für eine begrenzte Dauer pilotartig realisiert wird. Beispiele dafür sind:

Verbesserung eines Geschäftsprozesses

Im Zuge eines Six Sigma-Projektes soll der elektronische Datenaustausch mit den Lieferanten verbessert werden. Ein neuer Prozess und neue Werkzeuge wurden entwickelt. Um die Lösung zu erproben, wird man den neuen Prozess mit zwei bis drei typischen Lieferanten pilotmäßig umsetzen. Nach dem Nachweis der Verbesserung erfolgt das Roll-Out auf alle Lieferanten.

Optimierung der Anlagenauslastung

Bei einem Six Sigma-Projekt steht die Verbesserung der Anlagenauslastung im Vordergrund. Als Hauptursache wurden Störungen an den Vorrichtungen identifiziert. Man wird die Störungen an einer typischen Vorrichtung analysieren und beseitigen. Nach der pilotartigen Erprobung der Verbesserungen an dieser Vorrichtung erfolgt das Roll-Out auf die weiteren Vorrichtungen.

Optimierung eines Herstellprozesses

Bei einem Härteprozess soll der Verzug von Teilen reduziert werden. Auf Basis der Ergebnisse der Phase **Analyze** werden optimierte Prozessparameter festgelegt. Anhand eines serienrepräsentativen Loses wird man pilotartig prüfen, ob die erwartete Verbesserung auch eintritt. Nach dem Nachweis der Verbesserung erfolgt das Roll-Out, indem die neuen Prozessparameter in Kraft gesetzt werden.

Der Nachweis der Wirksamkeit erfolgt in folgenden Schritten:

- Planung und Vorbereitung der Wirksamkeitsprüfung
  - Bereich für die Erprobung der ausgewählten Lösung festlegen
  - Form der Untersuchung, relevante Merkmale, Art der Auswertung und Kriterien für die Freigabe festlegen
  - Dauer und Umfang der Pilotphase festlegen (z. B. Anzahl der Schichten, Anzahl der Teile)
  - Verbesserungen im Pilotbereich installieren (z. B. optimierter Prozessablaufplan, verbesserte Checklisten, Einstellblatt mit neuen Prozessparametern)
  - Einweisung bzw. Schulung der an der Wirksamkeitsprüfung beteiligten Mitarbeiter
- Durchführung der Wirksamkeitsprüfung

Um den Nachweis der Wirksamkeit zu erbringen, wird man wieder je nach Problemstellung aus unterschiedlichen Verfahren auswählen.

7.3.1.1 Hypothesentests

Vergleicht man den Zustand vor und nach der Prozessänderung, so kann mit Hilfe von Hypothesentests gezeigt werden, dass eine signifikante Prozessverbesserung stattgefunden hat. Mit dem t-Test wird geprüft, ob sich die Lage des Prozesses maßgeblich verändert hat. Anhand des F-Tests kann gezeigt werden, dass die Streuung maßgeblich reduziert wurde.

7.3.1.2 Prozessfähigkeitsuntersuchungen

Ein häufig verwendeter und vielfach auch geforderter Weg ist der Nachweis der Prozessfähigkeit anhand einer Versuchsproduktion. Nach der Umsetzung der Verbesserung wird ein repräsentatives Los produziert. Für dieses Los werden die Fähigkeitskennwerte ermittelt.

7.3.1.3 Prozesssimulationen

Wenn eine sofortige Erprobung der gewählten Variante nicht möglich ist, kann der verbesserte Zustand eventuell mit Hilfe einer Simulation bewertet werden. Prozesse im administrativen Bereich können beispielsweise mit der Software iGrafx Process simuliert werden (siehe Bild 7-17).

Auf den ersten Blick sieht die Benutzeroberfläche wie bei vielen Softwarepaketen zur Darstellung von Prozessen aus. Die Besonderheit von iGrafx liegt darin, dass jeder Prozessschritt mit Kennwerten hinterlegt ist. Gibt man beispielsweise für jeden Arbeitsgang die Dauer der Bearbeitung von Aufträgen (Verteilungsform, Mittelwert und Streuung) an, dann kann die Durchlaufzeit durch den gesamten Prozess simuliert werden. Durchlaufzeiten, Auslastungen, Engpässe, etc. können abgeschätzt werden.

iGrafx eignet sich auch sehr gut für die Entwicklung von Lösungsvarianten, da durch die Simulation rasch beurteilt werden kann, wie sich zum Beispiel die Verschiebung von Ressourcen auswirkt. Weitere Informationen zu dieser Software finden Sie unter www.igrafx.de.

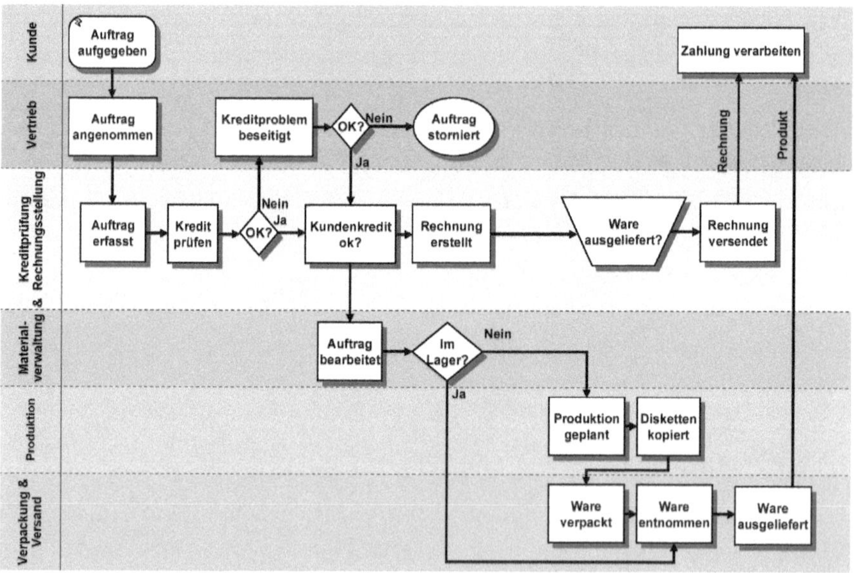

Bild 7-17 Prozesssimulation mit Hilfe von iGrafx

Ein weiteres sehr praktikables Werkzeug für eine rasche Durchführung von Simulationen ist Crystal Ball. Dies ist ein Excel-add-on, mit dem beispielsweise einfache Toleranzsimulationen rasch durchgeführt werden können.

Bild 7-18 zeigt die Simulation der Bauhöhe eines Lamellenstapels mit der Software Crystal Ball. Fünf dünne und fünf dicke Lamellen werden zu einem Stapel aufgebaut. Mittelwert, Streuung und Verteilungsform der Lamellen sind bekannt. Unter Anwendung der Monte-Carlo-Simulation lässt sich die zu erwartende Stapelhöhe simulieren.

Festlegung der Kennwerte der Verteilung (Beispiel Lamelle 1):

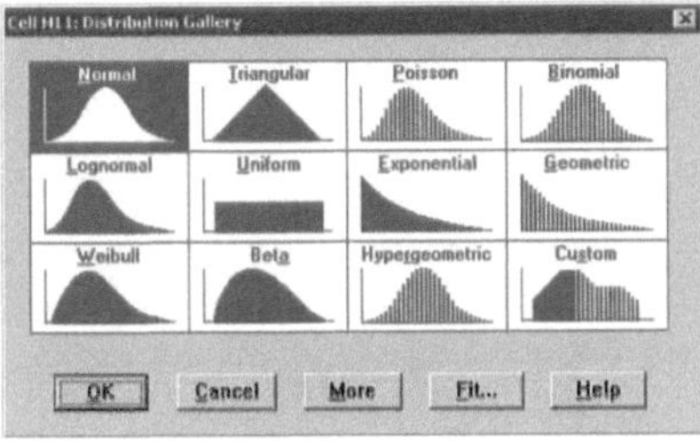

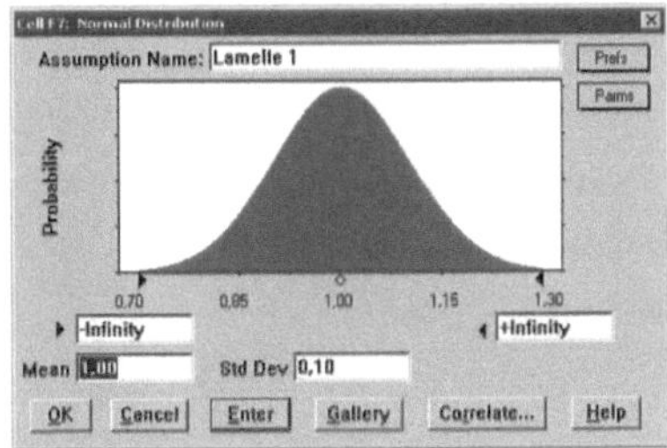

Ergebnis der Simulation der Stapeldicke für 1000 Versuche:

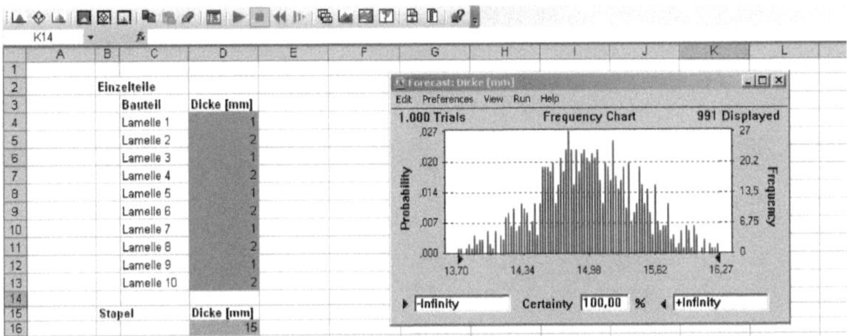

Bild 7-18 Prozesssimulation mit Hilfe von Crystal Ball

Weitere Informationen zu Crystal Ball finden Sie unter www.decisioneering.com.

7.3.2 Produkt- und Prozessfreigabe durchführen

Six Sigma-Projekte ziehen in der Regel Änderungen an Produkt bzw. Prozess nach sich. Dies kann die Änderung oder den Entfall einzelner Bauteile betreffen. Ebenso ist es möglich, dass Prozessschritte verändert werden oder sogar entfallen. Solche Veränderungen bergen immer die Gefahr einer unerkannten Verschlechterung des Prozesses, des Produktes oder der Leistung.

Um dieser Gefahr entgegenzuwirken, fordert die Automobilindustrie die Anwendung eines speziellen Freigabeverfahrens bei Änderungen an Produkten oder Prozessen. Vor dem Beginn der Serienproduktion, aber auch vor Änderungen während der Serienproduktion, wird mit Hilfe einer vordefinierten Checkliste geprüft, ob alle Voraussetzungen (z. B. Zeichnungen auf neuestem Stand, Risikopunkte der FMEA abgearbeitet, Fähigkeit der Prozesse nachgewiesen) gegeben sind, um die Serienproduktion zu starten.

Das Verfahren dazu ist im Referenzhandbuch PPAP (PPAP = Production Part Approval Process) [12] beschrieben. Dieses stammt von den amerikanischen Automobilherstellern. Nachdem gerade die Produktionsteilfreigabe bei jedem Serienstart vom Kunden gefordert und überprüft wird, zählt das PPAP zu den am konsequentesten umgesetzten Regelwerken. Das vergleichbare Regelwerk der deutschen Automobilindustrie ist Band 2 des VDA [15].

Die Checklistenpunkte sind (zusammengefasst):

- Designaufzeichnungen des verkaufsfähigen Produktes
- Technische Freigabe durch den Kunden (falls gefordert)
- Produkt-FMEA
- Prozessflussdiagramme
- Prozess-FMEA
- Messergebnisse
- Materialprüfungen und Leistungstests
- Untersuchungen zur Kurzzeitfähigkeit von Prozessen
- Analyse von Messsystemen
- Control Plan
- Bericht zur Freigabe des Aussehens / Erscheinungsbildes (falls anwendbar)
- Referenzmuster (Bezugsmuster)
- Spezifische Prüfmittel

Werden also im Zuge eines Six Sigma-Projektes Änderungen an Produkt oder Prozess vorgenommen, so muss je nach Vereinbarung mit dem Kunden.

- diese Änderung dem Kunden bekannt gegeben werden,
- die Genehmigung des Kunden für die Änderung eingeholt werden
- oder auch eine Produktionsteil-Freigabe durchgeführt werden.

Auch den nicht-automobilspezifischen Branchen wird empfohlen, diesen Schritt in die Wirksamkeitsprüfung zu integrieren und die Checkliste nach einer geeigneten Adaptierung als letztes Fangnetz vor der Überleitung von Änderungen in die Serienproduktion zu verwenden. In jedem Fall sollte bei Änderungen das interne Qualitätsmanagement eingebunden und gegebenenfalls eine interne Produktionsteil-Freigabe durchgeführt werden.

7.4 Implementierung planen

Die festgelegten Verbesserungen werden in der Phase **Control** dauerhaft implementiert. Die erprobte Lösung wird in Kraft gesetzt und auf den gesamten, im Projektauftrag definierten Bereich ausgeweitet. Der letzte Schritt der Phase **Improve** beinhaltet die Planung der dafür notwendigen Maßnahmen. Zur Umsetzung der Verbesserung sind in der Regel vielfältige Aufgaben notwendig, wobei meist auch mehrere Fachbereiche einzubinden sind. Um diese Aufgaben zu steuern, bieten sich unterschiedliche Werkzeuge an:

Maßnahmenlisten (z. B. in MS Word oder MS Excel), wie in Bild 2-7 dargestellt, sind einfach zu handhaben und werden in den Unternehmen vielfach verwendet.

Gantt-Diagramme (z.B. in MS Project) werden bei komplexeren Vorhaben eingesetzt. Aufgaben und Teilaufgaben werden festgelegt, ein Zeitplan wird erstellt, Mitarbeiter und Ressourcen werden zugeordnet.

Abgrenzung zwischen Phase Improve und Phase Control

Die Abgrenzung zwischen der Phase **Improve** und der Phase **Control** wird in der Literatur unterschiedlich dargestellt. Insbesondere die Implementierung der Verbesserung wird zum Teil der Phase **Improve** und zum Teil der Phase **Control** zugeordnet. Für die Verbesserung hat dies aber keine Relevanz.

Nach der in diesem Buch dargestellten Roadmap ist das Ergebnis der Phase **Improve** eine optimierte Lösung und ein damit verbundener Umsetzungsplan. Die Implementierung selbst erfolgt in der Phase **Control**.

Literatur

[1] *Kleppmann W.:* Taschenbuch Versuchsplanung, 3. Auflage, Carl Hanser Verlag, München, 2003

[2] *Magnusson K., Kroslid D., Bergmann B.:* Six Sigma umsetzen, 2. Auflage, Carl Hanser Verlag, München, 2004

[3] *Rath & Strong Management Consultants (Hrsg.):* Rath & Strongs Six Sigma Pocket Guide, 1. Auflage, TÜV-Verlag, Köln, 2002

[4] *Brunner F.J., Wagner K.W.:* Taschenbuch Qualitätsmanagement, 3. Auflage, Carl Hanser Verlag, München, 2004

[5] *Kuhlang P.:* Prozessoptimierung und analytische Personalbedarfsermittlung, Donau-Universität Krems, TIM-Verlag, Krems, 2001

[6] *Matyas K.:* Taschenbuch Instandhaltungslogistik - Qualität und Produktivität steigern, 2. Auflage, Carl Hanser Verlag, München, 2005

[7] *Suzaki K.:* Modernes Management im Produktionsbetrieb, 1. Auflage, Carl Hanser Verlag, München, 1989

[8] *Shingo S.:* Poka Yoke, Prinzip und Technik für eine Null-Fehler-Produktion, gfmt - Gesellschaft für Management und Technologie AG, St. Gallen, 1991

[9] *Taguchi G., Wu Y.:* Introduction to Off-Line Quality Control, Central Japan Quality Control Association, Nagaya, 1985

[10] *Chrysler Corporation, Ford Motor Company, General Motors Corporation:* Potential Failure Mode and Effects Analysis (FMEA), 3. Auflage, Michigan, USA, 2001

[11] *Chrysler Corporation, Ford Motor Company, General Motors Corporation:* Advanced Product Quality Planning and Control Plan (APQP), 1. Auflage, Michigan, USA, 1994

[12] *DaimlerChrysler Corporation, Ford Motor Company, General Motors Corporation:* Production Part Approval Process (PPAP), 3. Auflage, Michigan, USA, 1999

[13] *VDA-Verband der Automobilindustrie e.V.:* Band 4, Teil 2: System FMEA, 1. Auflage, Frankfurt, 1996

[14] *VDA-Verband der Automobilindustrie e.V.:* Band 4, Teil 3: Projektplanung, 1. Auflage, Frankfurt, 1998

[15] *VDA-Verband der Automobilindustrie e.V.:* Band 2: Sicherung der Qualität von Lieferungen, Lieferantenauswahl, Qualitätssicherungsvereinbarung, Produktionsprozess- und Produktfreigabe, Qualitätsleistung in der Serie, Deklaration von Inhaltsstoffen, 4. Auflage, Frankfurt, 2004

[16] *Bergbauer A.K.:* Six Sigma in der Praxis, 1. Auflage, Expert Verlag, Renningen, 2004

[17] *Takeda H.:* Das synchrone Produktionssystem, 4. Auflage, Redline Wirtschaft, Frankfurt, 2004

[18] *Kroslid D., Gorzel F., Ohnesorge D.:* 5S - Prozesse und Arbeitsumgebung optimieren, Carl Hanser Verlag, München, 2011

[19] *Automotive Industry Action Group & VDA - Verband der Automobilindustrie e. V.:* Fehler-Möglichkeits- und -Einfluss-Analyse; FMEA-Handbuch, Berlin, 2019

8 Phase Control

Nachdem nun eine erprobte Lösung vorliegt, muss diese nachhaltig in der Organisation verankert werden. Es ist dafür zu sorgen, dass der verbesserte Zustand auch unter dem Druck des Tagesgeschäftes aufrecht erhalten bleibt.

Nach der Übergabe der verbesserten Situation an den Prozesseigner wird das Projekt abgeschlossen und das Projektteam aufgelöst.

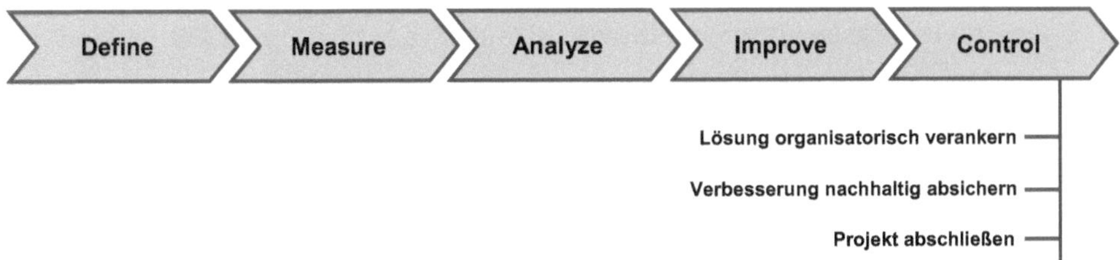

Bild 8-1 Hauptaufgaben der Phase **Control**

Die Hauptschritte dazu sind:

8.1 Lösung organisatorisch verankern

Nun erfolgt das Roll-Out des verbesserten Prozesses. Der neue Prozess wird in Kraft gesetzt. Die verbesserte Situation muss z. B. in Zeichnungen, Prozessbeschreibungen oder auch Arbeitsanweisungen dokumentiert werden. Alle betroffenen Bereiche müssen über die Änderung informiert sein.

8.2 Verbesserung nachhaltig absichern

Damit der verbesserte Zustand auch unter dem Druck des Tagesgeschäftes aufrecht erhalten bleibt, werden Vorkehrungen getroffen, dass sich der Zustand nicht wieder verschlechtern kann oder eine Verschlechterung zumindest umgehend erkannt wird. Anschließend wird der verbesserte Zustand vom Prozesseigner übernommen.

8.3 Projekt abschließen

Das Projekt wird formal abgeschlossen. Die Erfahrungen aus dem Projekt sollen der gesamten Organisation zugänglich gemacht werden.

Am Ende der Phase **Control** sollte ein langfristig abgesicherter, verbesserter Zustand vorliegen.

8.1 Lösung organisatorisch verankern

In der Phase **Improve** wurde ein verbesserter Zustand entwickelt, erprobt und freigegeben. Auf Basis des in der Phase **Improve** erarbeiteten Implementierungsplans wird dieser Prozess nun in Kraft gesetzt. Dazu gehören unter anderem folgende Aufgaben:

Erforderliche Unterlagen aktualisieren und freigeben

Viele Dokumente (z. B. Prozessablaufplan, Konstruktionszeichnungen von Produkten) wurden bereits im Rahmen der pilotartigen Erprobung des verbesserten Zustandes benötigt und sollten daher im aktualisierten Stand vorliegen. Ist die Aktualisierung nicht erfolgt, so muss sie jetzt nachgeholt werden. Beispielsweise betrifft dies Konstruktionszeichnungen von Werkzeugen und Vorrichtungen, die häufig erst im Nachhinein aktualisiert werden.

Weitere Beispiele für betroffene Werkzeuge und Unterlagen sind: Arbeitsanweisungen, Arbeitspläne, Formblätter und Checklisten, Einstellblätter für Maschinen und Einrichtungen, NC-Programme, Vorgabewerte für die Prozessparameter.

Diese Aktualisierung ist ein Punkt, der in der Praxis immer wieder vernachlässigt wird. Änderungen an Werkzeugen und Vorrichtungen werden durchgeführt. Die Aktualisierung der entsprechenden Zeichnungen wird unter dem Druck des Tagesgeschäftes vergessen. Daher trifft man in der Praxis Fälle an, wo nach viel Probieren, verbunden mit vielen Änderungen und dem entsprechenden Aufwand, ein Werkzeug so weit verbessert wird, dass die Produkte den Vorgaben entsprechen. Da keine Dokumentation erfolgt und die Änderungen am Werkzeug im Nachhinein nicht mehr nachvollziehbar sind, wird man bei der Anfertigung eines Ersatzwerkzeuges oder eines ähnlichen Werkzeuges wieder von vorne starten müssen. Daher ist es wichtig, dass Änderungen auch in den Vorgabedokumenten festgehalten werden.

Geänderte Dokumente an den erforderlichen Stellen bereitstellen

Nach der Freigabe müssen die Unterlagen allen betroffenen Bereichen zur Verfügung gestellt werden.

Mitarbeiter zu den neuen Prozessen informieren und schulen

Im Zuge des Roll-Outs wird der verbesserte Prozess auf weitere Bereiche ausgeweitet. Auch die Mitarbeiter aus diesen Bereichen müssen eine Unterweisung oder Schulung zu dem verbesserten Prozess erhalten. Sie müssen Sicherheit in der Umsetzung der neuen Prozesse und Regelungen erlangen.

Implementierung überwachen

Die Implementierung muss auch überwacht werden, denn die Phase der Umstellung des Prozesses birgt eine größere Gefahr von Fehlern. Dem kann z. B. durch höhere Aufmerksamkeit zu Beginn der Implementierung entgegengewirkt werden.

8.2 Verbesserung nachhaltig absichern

8.2.1 Laufende Qualifikation der Mitarbeiter sicherstellen

Es ist sicherzustellen, dass in Zukunft neue Mitarbeiter ebenso zu diesem Prozess geschult werden. Daher sind die Schulungspläne anzupassen. Bild 8-2 zeigt das Beispiel einer Qualifikationsmatrix. Einerseits kann mit deren Hilfe klar festgelegt werden, welche Kenntnisse und Fähigkeiten zur Erfüllung einer bestimmten Tätigkeit gefordert werden, andererseits gibt sie einen raschen Überblick über den Qualifikationsstand der Mitarbeiter. Die Flexibilität der Mitarbeiter kann rasch beurteilt werden. Ebenso können rasch Technologien identifiziert werden, für die zu wenig Mitarbeiter qualifiziert sind.

	BASIS - TRAINING	- Unternehmensorganisation, Unternehmensführung	- Dokumente am Arbeitsplatz	- Grundlagen des Qualitätsmanagements	- Handhabung von Regelkarten	- Handhabung von Prüf- und Messmitteln	- Abfallwirtschaft / Umweltschutz	Erfüllungsgrad BASIS - TRAINING		SICHERHEITS - TRAINING	- Sicherheit am Arbeitsplatz	- Werkssicherheit / Brandschutz	Erfüllungsgrad SICHERHEITS - TRAINING		GRUPPENARBEIT - TRAINING	- Zusammenarbeit im Team	- Problemlösungstechniken	- Moderationstechnik	Erfüllungsgrad GRUPPENARBEIT - TRAINING		TECHNOLOGIE - TRAINING	- Drehmaschine Typ 1	- Drehmaschine Typ 2	- Messstation Typ 1	- Maschinensteuerung Typ 1	- Maschinensteuerung Typ 2	Erfüllungsgrad TECHNOLOGIE - TRAINING		TRAINING GESAMT	Erfüllungsgrad TRAINING GESAMT
Mitarbeiter 1	●	●	●	●	●	●	●	100%		●	●	●	100%		○	○	○	○	0%		○	●	●	○	●	●	80%		○	73%
Mitarbeiter 2	○	○	●	○	○	○	○	17%		●	●	●	100%		○	○	○	○	0%		○	○	○		○	○	0%		○	15%
Mitarbeiter 3	○	○	●	○	○	○	○	17%		●	●	●	100%		○	○	○	○	0%		○						0%		○	25%
Mitarbeiter 4	○	○	●	○	●	●	○	50%		●	●	●	100%		○	○	○	○	0%		●	●	●				100%		○	63%
Mitarbeiter 5	○	○	●	○	○	○	○	17%		●	●	●	100%		○	○	○	○	0%		○						0%		○	25%

Bild 8-2 Beispiel einer Qualifikationsmatrix

8.2.2 Laufende Qualifikation der Prozesse sicherstellen

Vielfalt von Einflüssen auf den Prozess

Die folgende Abbildung zeigt als Beispiel die Einflussgrößen auf einen Fräsprozess. Wie ersichtlich ist, wirken auf einen einzelnen Prozessschritt viele Einflussgrößen. Jede Veränderung an einem dieser Parameter kann eine Verschlechterung des Prozesses nach sich ziehen.

In diesem Abschnitt wird die Vorgangsweise dargestellt, um sicherzustellen, dass die Verbesserung des Prozesses aufrecht erhalten bleibt bzw. dass eine Verschlechterung umgehend erkannt wird. Dies betrifft die Einplanung von zweckmäßigen Wartungs- und Instandhaltungsaktivitäten, sowie die Regelung des Prozesses mit Hilfe von statistischen Verfahren (Statistische Prozessregelung).

Bild 8-3 Einflussgrößen auf den Prozessschritt „Verzahnung fräsen“

8.2.2.1 Wartung und Instandhaltung

Zur Aufrechterhaltung der geforderten Verfügbarkeit von Produktionsanlagen reicht es heute nicht mehr, nach Ausfällen zu reparieren. Es sind planmäßige und vorbeugende Maßnahmen notwendig, um teure Ausfälle zu verhindern.

Die Instandhaltungsmaßnahmen lassen sich nach DIN 31051 folgendermaßen einteilen:

Inspektion: Maßnahmen zur Feststellung und Beurteilung des Ist-Zustandes von technischen Einrichtungen eines Systems.

Wartung: Maßnahmen zur Bewahrung des Sollzustandes von technischen Einrichtungen eines Systems.

Instandsetzung: Maßnahmen zur Wiederherstellung des Soll-Zustandes von technischen Einrichtungen eines Systems.

Im Zuge von Six Sigma-Projekten muss auch geprüft werden, ob das Wartungs- und Instandhaltungssystem anzupassen ist. Mit den Erfahrungen aus den Six Sigma-Projekten wird es möglich, die begrenzten Instandhaltungs-Ressourcen zielgerichtet einzusetzen. Als weitere Vertiefung zum Thema Instandhaltung wird [8] empfohlen.

8.2.2.2 Das Grundprinzip der Statistischen Prozessregelung

Mit der Einführung von Statistischer Prozessregelung hat ein Umdenken stattgefunden. Die Kontrolle von Teilen im Nachhinein (Maßnahmen am Produkt) wurde ersetzt durch die Regelung von Prozessen (Maßnahmen am Prozess). Verschwendung wird nicht mehr toleriert, das Ziel lautet null Fehler.

früher:

Kontrollsystem ohne Regelung
- Maßnahmen am Produkt
- System zur (Fehler-)Entdeckung
- Verschwendung wird toleriert

Motto
- fehlerfreie Produktion ist unwirtschaftlich

heute:

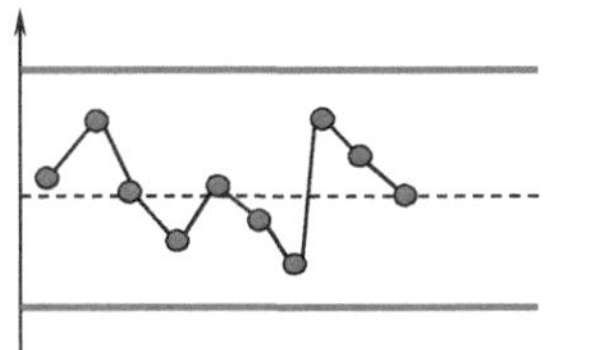

System zur Prozessregelung
- Maßnahmen am Prozess
- präventives System
- Verschwendung und Fehler sollen vermieden werden

Motto
- das Ziel lautet null Fehler

Bild 8-4 Regeln statt Kontrollieren

Maßnahmen am Produkt: Diese zielen auf das Entdecken von Fehlern in bereits hergestellten Produkten ab. Wenn die laufende Produktion nicht ständig die Spezifikationen erfüllt, ist es in diesem Fall notwendig, alle Produkte zu kontrollieren. Die fehlerhaften Produkte müssen verschrottet bzw. nachgearbeitet werden.

Maßnahmen am Prozess: Veränderungen werden erkannt und korrigiert, noch bevor fehlerhafte Teile produziert wurden. Diese Strategie der Fehlervermeidung führt zu einer wirtschaftlicheren Fertigung, in der unbrauchbare Produkte erst gar nicht hergestellt werden.

Bild 8-5 zeigt das Grundprinzip der Statistischen Prozessregelung am Beispiel eines Produktionsprozesses. Der Prozess hat die Aufgabe, Produktionsfaktoren wie Rohmaterialien und Arbeitskraft in Produkte umzuwandeln. Auf den Prozess wirken Steuergrößen und Störgrößen ein. Sowohl Input wie auch die weiteren Steuer- und Störgrößen unterliegen zufälligen Schwankungen. Daher werden die Merkmale an den Produkten (Output) auch schwanken.

Mit Hilfe von Stichproben, die in regelmäßigen Abständen entnommen werden, beurteilt man, ob der Prozess noch dem Ausgangszustand entspricht. Treten nur die zufälligen und auch erwarteten Schwankungen auf, dann nimmt man an, dass sich der Prozess nicht geändert hat.

Anders ist die Situation, wenn sich die Einflüsse maßgeblich geändert haben. Liegt eine systematische Veränderung im Prozess vor, so zeigt sich diese auch in den beobachteten Schwankungen. Statistische Prozessregelung dient dazu, eine solche systematische Veränderung im Prozess zu erkennen. Die Ursachen müssen beseitigt werden, denn ein Prozess mit systematischen Einflussfaktoren entspricht nicht mehr dem Ausgangszustand. Vor allem kann nicht mehr vom ursprünglich angenommenen Fehleranteil ausgegangen werden.

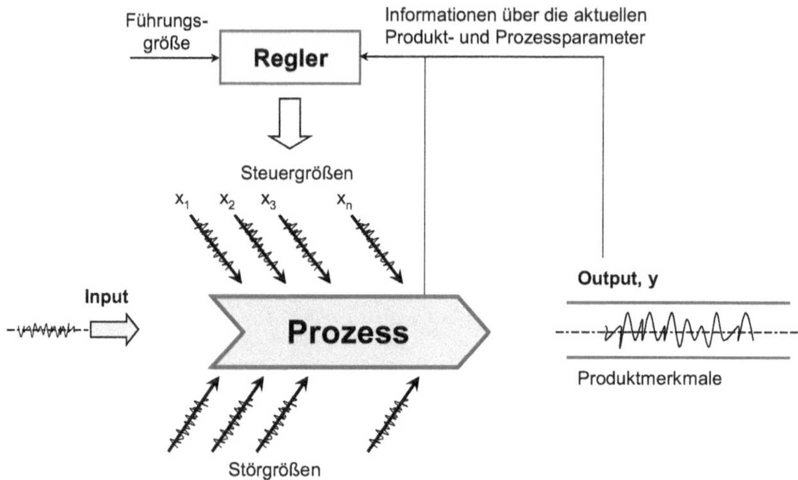

Bild 8-5 Grundprinzip der Statistischen Prozessregelung

Beispiel 8-1 Schwankungen in der Fahrdauer

Wenn Sie die Dauer für die Fahrt zur Arbeit betrachten, dann gibt es eine Reihe von zufälligen Ursachen, welche die Fahrtdauer beeinflussen. Daher dauert Ihre Fahrt im Durchschnitt 23 Minuten, manchmal schaffen Sie es auch schon in 21 Minuten, selten dauert die Fahrt länger als 25 Minuten. Der Grund für die Schwankungen liegt in den zufälligen Einflüssen. Es können aber auch spezielle Ursachen auftreten, die über einen längeren Zeitraum wirken (z. B. Einrichtung einer Baustelle) oder nur sporadisch auftreten (z. B. Straßensperre durch Unfall). Diese sorgen dafür, dass die Fahrtdauer signifikant von der im ungestörten Fall erwarteten Fahrtdauer abweicht. ■

Zufällige Einflüsse

Zufällige Einflüsse treten immer auf, wobei der Grad des Auftretens von Teil zu Teil variiert. Jeder Einflussfaktor trägt zu einem geringen Teil zum Gesamtbild bei. Die konkrete Ausprägung des Teiles ergibt sich aus der Kombination der zufälligen Ursachen, die gerade im Augenblick der Teileherstellung auftrat.

Zufällige Einflüsse sind normaler Bestandteil des Prozesses und bewirken die zufällige Streuung des Prozesses. Die Abweichungen sind unauffällig. Man spricht von einem stabilen oder auch ungestörten Prozess.

Besondere Einflüsse

Als besondere Einflüsse bezeichnet man Einflüsse, die im Prozess normalerweise nicht auftreten. Sie sind von besonderer Natur und beeinflussen den Prozess erheblich. Die Streuung des Prozesses weicht von der zufälligen Streuung ab. Besondere Einflüsse können sporadisch auftreten oder auch von länger andauernder Art sein. Treten besondere

Einflüsse auf, dann ist der Prozess nicht stabil und nicht voraussagbar. Ein Eingriff in den Prozess ist notwendig.

Einen Sonderfall stellen Trendprozesse dar. Systematische Einflüsse (z. B. Verschleiß von Werkzeugen) werden aus wirtschaftlichen Gründen hingenommen. In diesem Fall wird man adaptierte Verfahren zur Prozessregelung verwenden (siehe Abschnitt 8.2.2.9).

Eine sehr verständliche und umfassende Darstellung dieses Themengebietes finden Sie in *Statistische Verfahren zur Maschinen- und Prozessqualifikation* von E. Dietrich und A. Schulze [1]. An diesem Buch orientiert sich auch der folgende Abschnitt. Für die weitere Vertiefung wird auch [4] und [6] empfohlen.

8.2.2.3 Auswahl der Merkmale für die Statistische Prozessregelung

Bauteile haben in der Regel eine Vielzahl von Merkmalen. Es ist nicht sinnvoll, alle Merkmale der Prozessregelung zu unterwerfen. Die Auswahl der zu regelnden Merkmale erfolgt unter Einbeziehung von:

- Produktspezifikationen
- Merkmalen mit erhöhter Bedeutung
- Ergebnissen der Prozess-FMEA
- Inhalten des Control Plans
- bekannten Problemfeldern des Prozesses
- Zusammenhängen zwischen Merkmalen im Prozessschritt

8.2.2.4 Vorgehen zur Statistischen Prozessregelung

Vor der Bestimmung der Eingriffsgrenzen (häufig auch als Regelgrenzen bezeichnet) muss die Fähigkeit der Prozesse nachgewiesen werden. Das Vorgehen dazu wurde bereits in Abschnitt 5.5 dargestellt. Dazu werden Teile unter Serienbedingungen hergestellt und die entsprechenden Kennwerte ermittelt. Anschließend können die Eingriffsgrenzen berechnet und die Regelkarten erstellt werden.

Die Berechnung der Eingriffsgrenzen wurde bereits in Abschnitt 3.6.2 hergeleitet. Dort wurde gezeigt, wie der Zufallsstreubereich bestimmt wird. Dieser gibt ein Intervall an, in dem ausgehend von einer bekannten (oder als bekannt angenommenen) Grundgesamtheit der Kennwert einer Stichprobe mit einer bestimmten Wahrscheinlichkeit erwartet wird.

Die Vorgangsweise bei der Statistischen Prozessregelung ist folgende: Aus den zur Prozessfähigkeitsuntersuchung hergestellten Teilen werden Verteilungsform, Mittelwert und Streuung der Grundgesamtheit geschätzt. Ausgehend von diesen Parametern kann der Zufallsstreubereich errechnet werden.

Dazu muss noch die Nichteingriffswahrscheinlichkeit festgelegt werden. Berechnen wir zum Beispiel den 99%-Zufallsstreubereich, dann beträgt die Nichteingriffswahrscheinlichkeit beim ungestörten Prozess 99%. Wenn sich der Prozess nicht verändert hat, dann werden die Kennwerte einer Zufallsstichprobe mit einer Wahrscheinlichkeit von 99% in diesem berechneten Intervall (dem Zufallsstreubereich) liegen. Beachten Sie, dass, auch wenn sich der Prozess nicht geändert hat, eine Zufallsstichprobe in diesem Fall mit einer Wahrscheinlichkeit von α = 1% außerhalb des berechneten Zufallsstreubereiches liegen wird. Dies ist die Eingriffswahrscheinlichkeit bei einem ungestörten Prozess. Im Sinne von Hypothesentests entspricht dies wiederum der Wahrscheinlichkeit α, einen Fehler 1. Art zu machen. Man könnte α auch als Wahrscheinlichkeit für einen Fehlalarm bezeichnen: Die Regelkarte signalisiert eine Veränderung, obwohl der Prozess in Wirklichkeit unverändert ist.

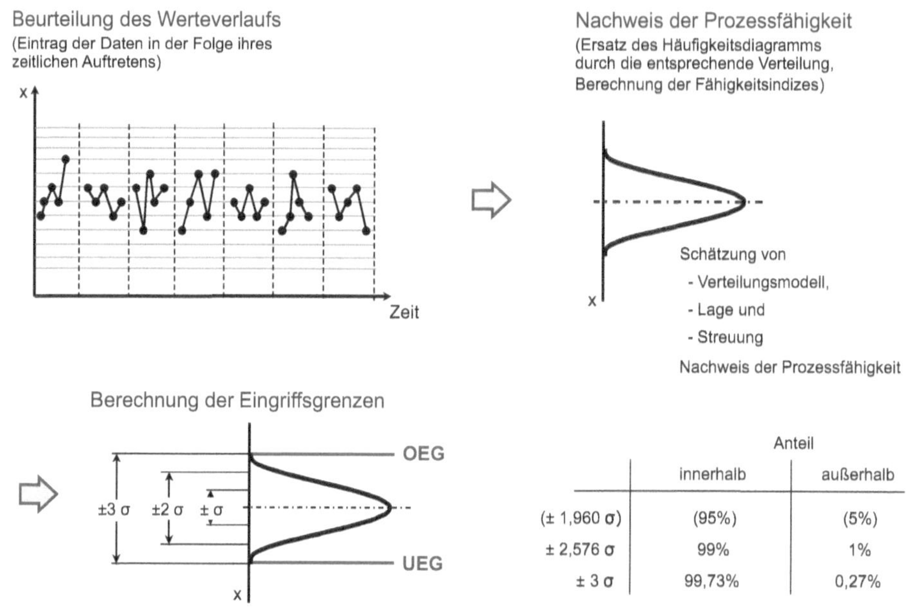

Bild 8-6 Bestimmung der Eingriffsgrenzen

Die Nichteingriffswahrscheinlichkeit wurde früher häufig mit 99% festgelegt. Heute verwendet man meist eine Nichteingriffswahrscheinlichkeit von 99,73%. In diesem Fall liegen die Regelgrenzen bei ±3σ.

Bild 8-7 zeigt das Beispiel einer Regelkarte. Es handelt sich um eine Einzelwertkarte, in die zur nachfolgenden Erläuterung auch die Spezifikationsgrenzen eingetragen sind. Üblicherweise werden Spezifikationsgrenzen in Regelkarten nicht eingetragen.

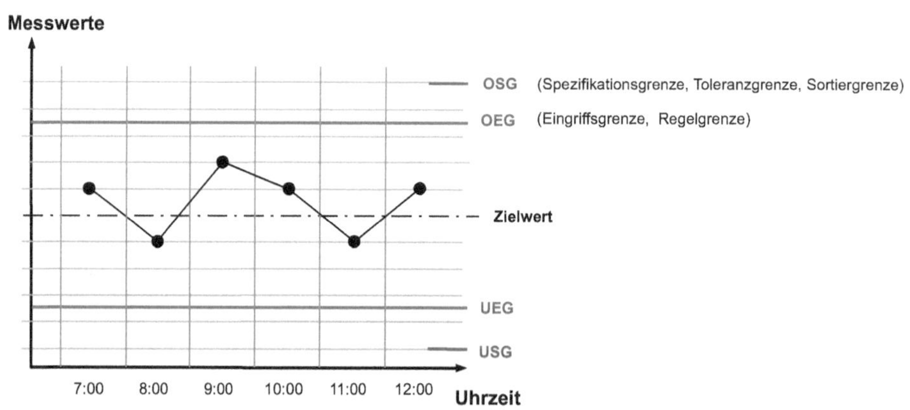

Bild 8-7 Beispiel für eine Regelkarte (Einzelwertkarte)

x-Achse: Auf der x-Achse wird im Allgemeinen die Zeit aufgetragen. Ebenso könnte auch die Nummer der Stichprobe oder eine Chargennummer eingetragen werden.

Eingriffsgrenzen: Die Eingriffsgrenzen (Regelgrenzen) werden, wie bereits besprochen, direkt aus den Kennwerten des Prozesses berechnet. Sie geben üblicherweise den Bereich an, in dem Stichproben mit einer Wahrscheinlichkeit von 99,73% erwartet werden.

Eingriffsgrenzen geben an, was der Prozess leisten kann. Sie ändern sich, wenn der Prozess geändert wird. Beispiel: beim heute üblichen 99,73%-Zufallsstreubereich (Eingriffswahrscheinlichkeit 0,27%) liegen die Eingriffsgrenzen bei ±3σ.

Spezifikationsgrenzen: Die Spezifikationsgrenzen (Toleranzgrenzen) ergeben sich aus den technischen Anforderungen. Durch sie werden die Montierbarkeit und die Funktion des Produktes sichergestellt.

Spezifikationsgrenzen geben an, was vom Prozess gefordert wird. Sie ändern sich, wenn das Produkt geändert wird. Beispiel: bei einer geforderten Prozessfähigkeit von $c_{pk} \geq 1{,}33$ liegen die Toleranzgrenzen bei ±4σ oder noch weiter vom Prozessmittelwert entfernt.

8.2.2.5 Regelung nach Lage und Streuung

In der Praxis werden selten Einzelwertkarten eingesetzt. Auch Urwertkarten werden selten verwendet. Bei Urwertkarten werden Stichproben eines bestimmten Umfangs n genommen. Die Regelgrenzen werden so ermittelt, dass im ungestörten Fall mit einer Wahrscheinlichkeit von 99,73% alle Urwerte einer Stichprobe zwischen den Regelgrenzen liegen. Häufiger erfolgt die Regelung nach Lage und Streuung. Die Gründe dafür sollen anhand von Bild 8-8 erläutert werden. Stellen wir uns einen Prozess vor, der durch eine Störung in der Lage verschoben wurde. Wir wollen nun prüfen, wie zwei verschiedene Arten von Regelkarten auf diese Störung reagieren.

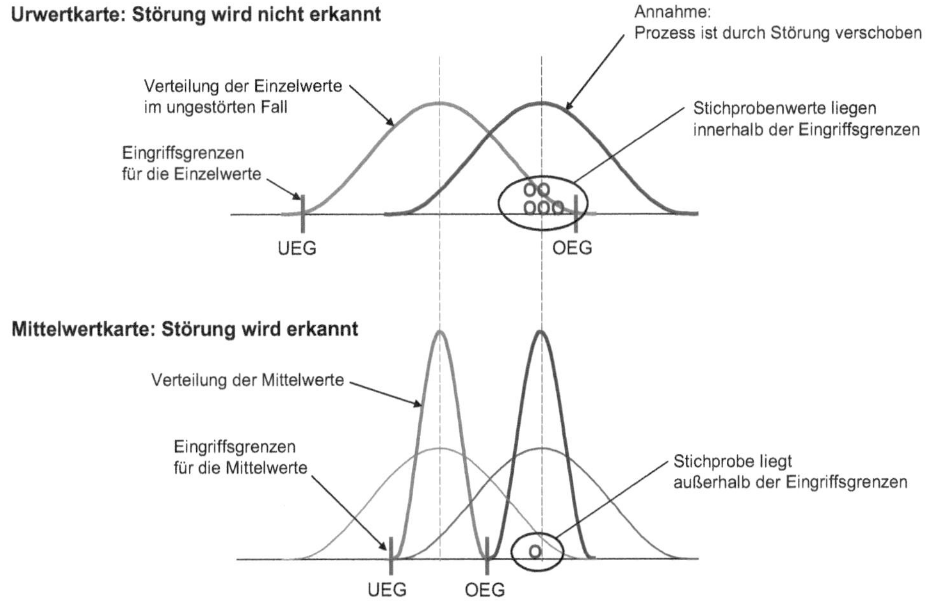

Bild 8-8 Prozessregelung nach Mittelwerten

Urwertkarte: Alle Werte liegen innerhalb der Eingriffsgrenzen. Damit liegen nicht ausreichend Hinweise auf eine Störung des Prozesses vor.

Mittelwertkarte: Nachdem Mittelwerte um $\sqrt{n}$ weniger stark streuen als die Urwerte, liegen auch die Regelgrenzen entsprechend enger. Aus diesem Grund werden Verschiebungen in der Lage früher erkannt als bei Urwertkarten.

In der Praxis wird man daher Lagekarten verwenden, um Störungen in der Lage früher zu erkennen. Der Nachteil der Lagekarten ist, dass durch die Mittelwertbildung eine Störung in der Streuung nicht erkannt werden würde. Daher werden die Lagekarten gemeinsam mit Streuungskarten zu Regelkarten kombiniert. Man spricht auch von einer Lagespur (Urwerte, Mittelwerte oder Medianwerte) und einer Streuungsspur (Standardabweichung oder Spannweite).

Je nachdem, in welcher Spur die Störung auftritt, können unterschiedliche Ursachen dafür verantwortlich gemacht werden. Während bei einer Störung in der Lagespur oft ein einfacher Eingriff (z. B. Werkzeug nachstellen) ausreicht, kann bei einer Störung in der Streuungsspur häufig nicht mehr von Regelung gesprochen werden. Werden die Regelgrenzen für die Streuung überschritten, können die erforderlichen Maßnahmen bis zu einer Überholung der Maschine reichen.

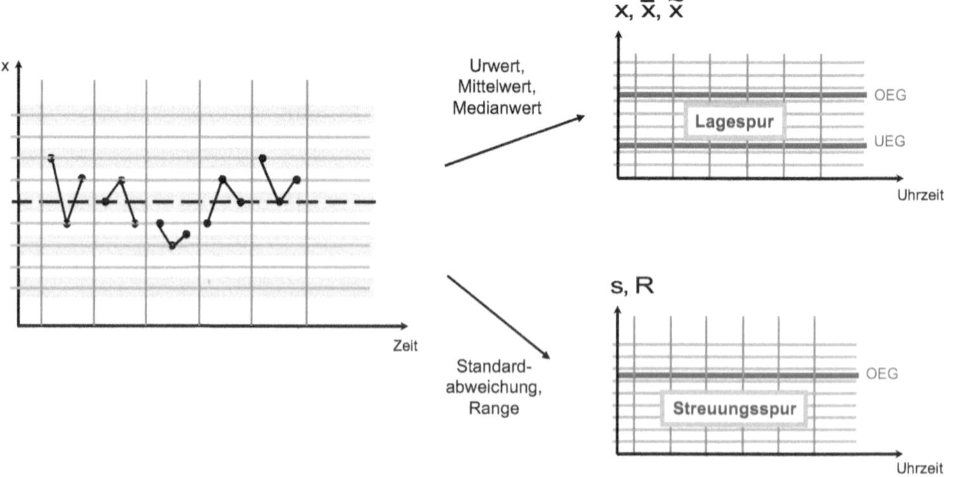

Bild 8-9 Regelung von Lage und Streuung

Bild 8-10 zeigt das Beispiel einer in der Praxis eingesetzten, händisch geführten Regelkarte. Die Messwerte werden in vordefinierte Klassen eingetragen. Da die Stichprobengröße ungerade ist, kann der Median einfach durch Abzählen ermittelt werden. Er wird in der Lagespur eingekreist. Sind in der entsprechenden Zeile mehr Werte, dann kann ein beliebiger davon zum Median erklärt werden. Zusätzlich wird noch die Spannweite als Anzahl der vom kleinsten bis zum größten Wert belegten Klassen ermittelt und in die Streuungsspur eingetragen.

Mit Hilfe dieser Regelkarte kann der Prozess ohne großen Rechenaufwand geregelt werden. Die in diesem Beispiel eingetragenen Messwerte stellen einen Prozess mit relativ geringer Streuung dar. Nachdem die Regelgrenzen in der Lagespur für den Median gültig sind, könnten Einzelwerte durchaus außerhalb der Eingriffsgrenzen liegen, ohne dass eingegriffen werden müsste. Dass hier kein Einzelwert außerhalb der Regelgrenzen liegt, deutet darauf hin, dass sich der Prozess im Vergleich zum Zustand, als die Regelgrenzen berechnet wurden, verbessert hat.

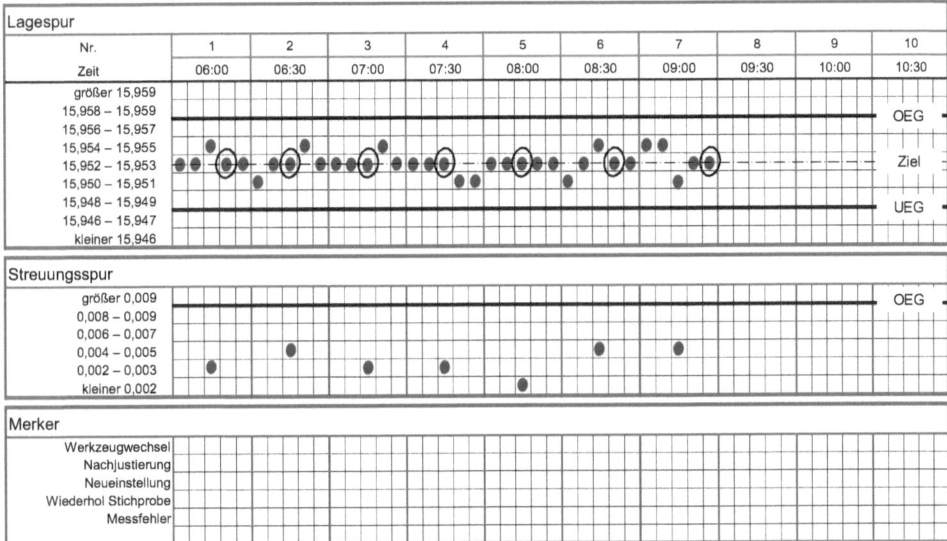

Bild 8-10 Beispiel einer händisch geführten Regelkarte

Unter den beiden Spuren ist ein weiterer Bereich dargestellt, in dem Eingriffe in den Fertigungsprozess eingetragen werden. Dies muss erfolgen, damit bei späteren Auswertungen den erfassten Werten auch die gesetzten Maßnahmen zugeordnet werden können. Mittlerweile werden Regelkarten häufiger mit Hilfe von SPC-Systemen geführt. Der Mitarbeiter wird entlastet, die Vorgangsweise ist aber prinzipiell gleich.

8.2.2.6 Berechnung der Eingriffsgrenzen

In Bild 8-11 sind die Formeln zur Berechnung der Eingriffsgrenzen für Lagekarten dargestellt. Basis ist die in Abschnitt 3.6.2 hergeleitete Formel für den zweiseitigen Zufallsstreubereich. Dieser Zufallsstreubereich gibt die Eingriffsgrenzen für Einzelwerte an.

Eingriffsgrenzen für arithmetische Mittelwerte: Um die Eingriffsgrenzen für den Mittelwert zu errechnen, muss berücksichtigt werden, dass Mittelwerte um $\sqrt{n}$ weniger stark streuen als die Einzelwerte. Die Eingriffsgrenzen sind wieder symmetrisch um μ, aber entsprechend enger.

Eingriffsgrenzen für Medianwerte: Die Formeln für die Eingriffsgrenzen des arithmetischen Mittelwertes werden um den Korrekturfaktor c_n ergänzt. Dieser berücksichtigt, dass Medianwerte stärker streuen als arithmetische Mittelwerte. Daher müssen die Regelgrenzen auch etwas breiter sein, um wieder den Bereich von 99% bzw. 99,73% abzudecken. Die Werte für c_n finden sich im Anhang.

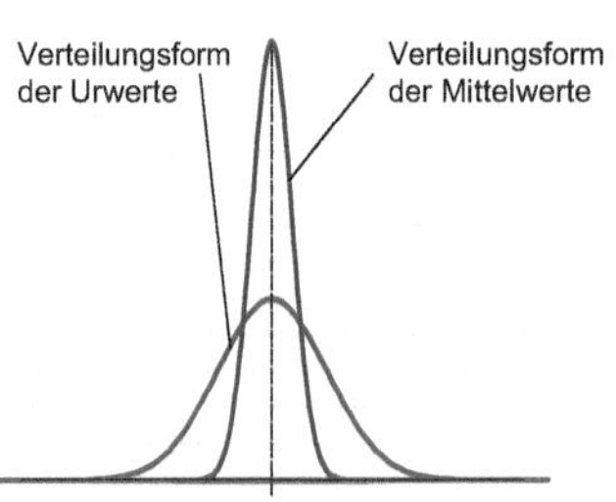

99%-Zufallsstreubereich für die Urwerte:

$$\mu - 2{,}576 \times \sigma \leq x \leq \mu + 2{,}576 \times \sigma$$

Arithmetischer Mittelwert:

99%-Zufallsstreubereich:

$$\mu - 2{,}576 \times \frac{\sigma}{\sqrt{n}} \leq \bar{x} \leq \mu + 2{,}576 \times \frac{\sigma}{\sqrt{n}}$$

99,73%-Zufallsstreubereich:

$$\mu - 3 \times \frac{\sigma}{\sqrt{n}} \leq \bar{x} \leq \mu + 3 \times \frac{\sigma}{\sqrt{n}}$$

Medianwert:

99%-Zufallsstreubereich:

$$\mu - 2{,}576 \times C_n \times \frac{\sigma}{\sqrt{n}} \leq \tilde{x} \leq \mu + 2{,}576 \times C_n \times \frac{\sigma}{\sqrt{n}}$$

99,73%-Zufallsstreubereich:

$$\mu - 3 \times C_n \times \frac{\sigma}{\sqrt{n}} \leq \tilde{x} \leq \mu + 3 \times C_n \times \frac{\sigma}{\sqrt{n}}$$

Bild 8-11 Eingriffsgrenzen für Lagekarten

Eingriffsgrenzen für Streuungskarten: In gleicher Art könnten auch die Eingriffsgrenzen für die Streuungsspur errechnet werden. Für die exakte Berechnung ist aber zu berücksichtigen, dass die Verteilung von s und R asymmetrisch ist. Der Einfachheit halber wird manchmal eine Annäherung durch die Normalverteilung durchgeführt.

Auf eine Herleitung der Formeln wird an dieser Stelle verzichtet. In der Praxis wird man die Berechnung der Regelgrenzen einer Software überlassen. Interessierte finden detaillierte Erläuterungen zu den Formeln unter anderem in [1].

Beispiel 8-2 Erstellung einer $\bar{x}$-s-Karte

Bei einem Drehprozess soll ein Außendurchmesser mit Hilfe einer Regelkarte überwacht werden. Zur Schätzung von Lage und Streuung des Prozesses wird ein Los unter Serienbedingungen produziert. Der Einfachheit halber wird in diesem Beispiel mit nur zehn Stichproben zu je fünf Teilen gerechnet.

Schätzwerte für die Parameter der Grundgesamtheit

Nr.	1	2	3	4	5	6	7	8	9	10	
1	55,92	55,59	53,60	57,44	51,85	56,67	52,50	56,73	54,08	55,18	
2	57,17	55,73	54,57	57,71	54,97	54,59	56,97	55,74	57,07	53,85	
3	56,22	53,96	54,62	55,28	53,04	54,24	55,91	56,55	52,75	53,87	
4	55,72	54,56	55,79	55,48	55,81	55,07	52,26	55,15	54,95	56,98	Schätzwerte für
5	55,30	55,96	54,25	52,89	56,83	56,08	54,21	56,77	53,98	56,18	Lage und Streuung
$\bar{x}_i$	56,065	55,161	54,565	55,759	54,500	55,328	54,370	56,188	54,566	55,212	$\bar{\bar{x}} = 55{,}17 = \hat{\mu}$
$\tilde{x}_i$	55,917	55,592	54,567	55,478	54,969	55,071	54,212	56,547	54,081	55,180	$\bar{\tilde{x}} = 55{,}16 = \hat{\mu}$
s_i	0,701	0,860	0,796	1,949	2,032	1,020	2,068	0,713	1,606	1,389	$\bar{s}/a_n = 1{,}397 = \hat{\sigma}$
s_i^2	0,491	0,739	0,634	3,798	4,130	1,039	4,275	0,508	2,579	1,928	$\sqrt{\overline{s_i^2}} = 1{,}419 = \hat{\sigma}$
R_i	1,865	2,006	2,192	4,821	4,982	2,429	4,709	1,614	4,323	3,134	$\bar{R_i}/d_n = 1{,}379 = \hat{\sigma}$
											$s_{ges} = 1{,}433 = \hat{\sigma}$

Eingriffsgrenzen: 99,73%-Zufallsstreubereich für den arithmetischen Mittelwert:

$$55{,}17 - 3 \times \frac{1{,}397}{\sqrt{5}} \leq \bar{x} \leq 55{,}17 + 3 \times \frac{1{,}397}{\sqrt{5}} \quad \Rightarrow \quad 53{,}297 \leq \bar{x} \leq 57{,}046$$

Bild 8-12 Berechnung der Regelgrenzen für den arithmetischen Mittelwert

Aus den Kennwerten der Stichprobe werden die Parameter der Grundgesamtheit μ und σ geschätzt. Nun müssten die Prüfung auf Verteilungsform und der Nachweis der Prozessfähigkeit folgen. Für das Beispiel wird davon ausgegangen, dass die Messwerte normalverteilt sind und die Prozessfähigkeit erfüllt ist.

Mit Hilfe der geschätzten Parameter für die Grundgesamtheit und der bereits vorgestellten Formeln können die Eingriffsgrenzen für den arithmetischen Mittelwert errechnet werden. In ähnlicher Art lassen sich auch die Eingriffsgrenzen für die Streuung ermitteln. Bild 8-13 zeigt die Berechnung dieser Regelkarte mit Minitab.

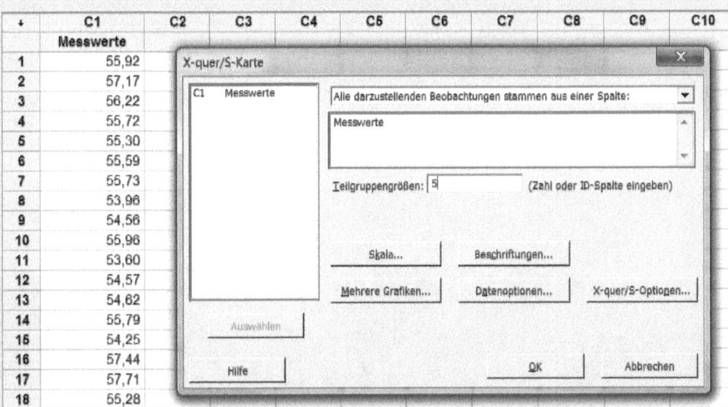

Minitab > Statistik > Regelkarten > Regelkarten für Variablen (Teilgruppen) > X-quer/S ...

Bild 8-13 Dialogfeld zur Erstellung der Regelkarte mit Minitab

Anmerkung: Um bei der händischen Rechnung die gleichen Ergebnisse wie in Minitab zu erhalten, müssen auch dieselben Schätzwerte für die Parameter der Grundgesamtheit herangezogen werden. In diesem Beispiel wurde $\overline{\overline{x}}$ zur Schätzung von μ und $\overline{s}/a_n$ zur Schätzung von σ verwendet.

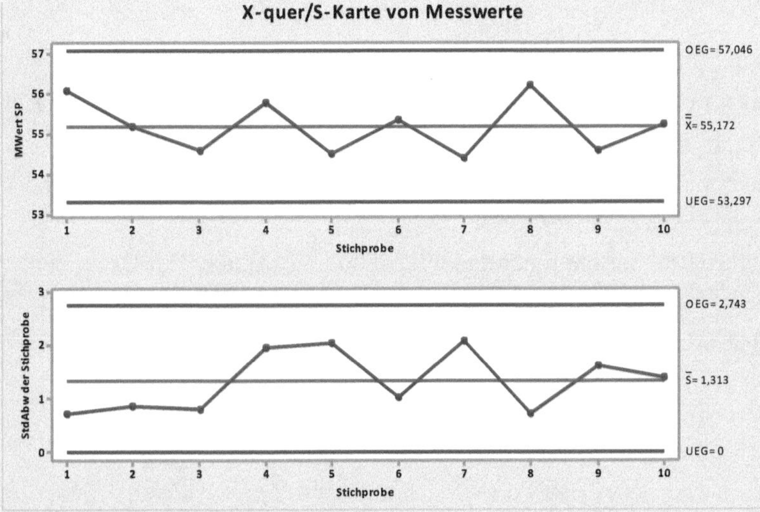

Bild 8-14 Regelkarte erstellt mit Minitab

Regelkarten, deren Grenzen ausschließlich auf Basis der Prozessparameter bestimmt werden, bezeichnet man auch als **Shewhart-Regelkarten**. Die Toleranz des Merkmals findet bei der Berechnung der Eingriffsgrenzen keine Berücksichtigung. Im Gegensatz dazu werden bei der **Annahme-Regelkarte** die Regelgrenzen ausgehend von den Parametern des Prozesses *und* den Toleranzgrenzen berechnet. Die Annahme-Regelkarte wird in Abschnitt 8.2.2.9 vorgestellt.

Bei Prozessregelkarten für nicht normalverteilte Merkmalswerte dürfen die Eingriffsgrenzen nicht auf die in Bild 8-11 dargestellte Weise ermittelt werden. Sie werden über das 0,135%-Quantil und das 99,865%-Quantil bestimmt. Bild 8-15 zeigt beispielhaft eine Regelkarte für ein nicht normalverteiltes Merkmal. Darin ist ersichtlich, dass die Eingriffsgrenzen nicht symmetrisch um die Mittellinie liegen, da auch das verwendete Verteilungsmodell (hier: Weibull-Verteilung) nicht symmetrisch ist.

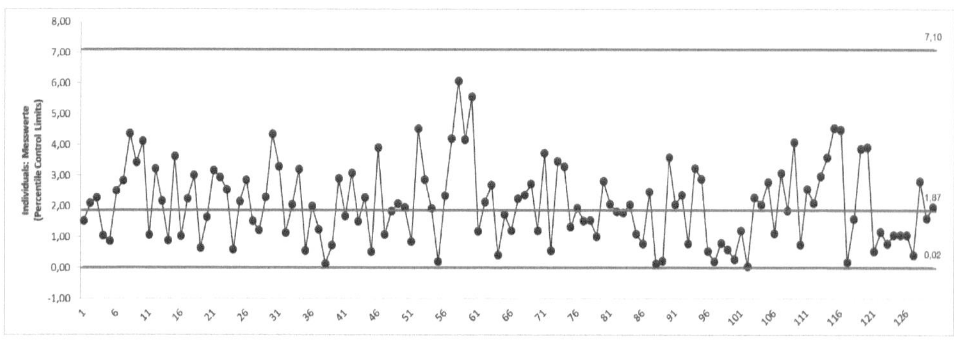

SigmaXL > Control Charts > Nonnormal > Individuals Nonnormal

Bild 8-15 Beispiel einer Regelkarte für nicht normalverteilte Merkmalswerte aus SigmaXL

8.2.2.7 Führen von Regelkarten

Prüfschärfe:

Der Umfang und die Häufigkeit der Entnahme von Stichproben richtet sich nach:

- Kritikalität der Merkmale
- Fähigkeit und Stabilität des Prozesses
- Erfahrung mit dem Prozess
- Fertigungsform (Serienproduktion mit hohen Stückzahlen oder Losgrößenfertigung)
- Kosten der Teile
- Merkmalsart und Prüfverfahren

Der Stichprobenumfang wird üblicherweise konstant gehalten. Ebenso wird die Entnahme von Stichproben in regelmäßigen Zeitabständen erfolgen.

Beurteilen von Stichproben

- Stichprobenergebnis liegt innerhalb der Eingriffsgrenzen

  Es wird angenommen, dass der Prozess und damit verbunden der Fehleranteil den Vorgaben entspricht. Es wird weiterproduziert.

- Stichprobenergebnis liegt außerhalb der Eingriffsgrenzen

  Man wird sofort eine weitere Stichprobe ziehen.

  - Liegt das zweite Stichprobenergebnis innerhalb der Eingriffsgrenzen, so nimmt man an, dass das erste Stichprobenergebnis aus dem seltenen, aber doch vorkommenden „0,27%-Bereich" stammt und der Prozess sich nicht geändert hat. Es wird weiterproduziert.
  - Liegt das zweite Stichprobenergebnis wieder außerhalb der Eingriffsgrenzen, so nimmt man an, dass sich der Prozess geändert hat. Der Prozess darf erst nach einer Korrektur und dem Nachweis einer konformen Stichprobe weitergeführt werden. Ebenso müssen die vor dem Eingriff produzierten Teile sortiert werden.

Die Wahrscheinlichkeit, dass trotz unverändertem Prozess eine Stichprobe außerhalb der Eingriffsgrenzen liegt, ist 0,27%. Umgekehrt kann es auch vorkommen, dass trotz systematischer Änderung des Prozesses die Stichprobe innerhalb der Eingriffsgrenzen liegt. D. h., auch wenn die Stichprobe innerhalb der Eingriffsgrenzen liegt, kann nicht mit Sicherheit geschlossen werden, dass sich der Prozess nicht verändert hat (Fehler 2. Art bei statistischen Tests).

8.2.2.8 Indikatoren für das Vorhandensein besonderer Ursachen

Liegen besondere Einflussgrößen in einem Prozess vor, so zeigen sich diese auch als besondere Streuung des Prozessergebnisses. Einen wichtigen Indikator für das Vorhandensein besonderer Einflüsse haben wir bereits kennen gelernt: die Verletzung der Eingriffsgrenzen. Daneben gibt es auch weitere Indikatoren für besondere Einflüsse. Bild 8-16 soll das Prinzip erläutern.

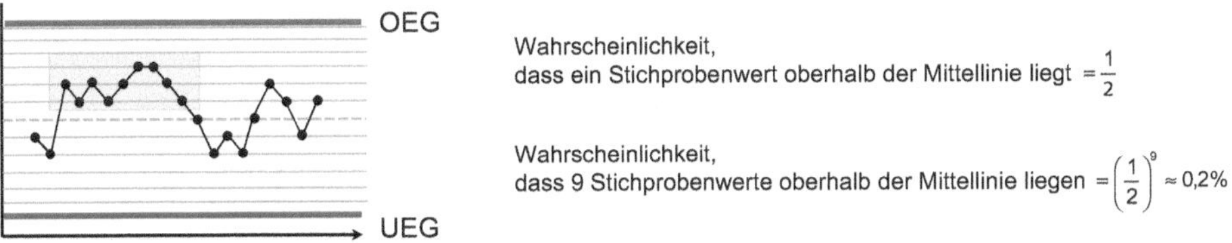

Bild 8-16 Besonderer Einfluss: zu viele Punkte auf derselben Seite der Mittellinie

Die Wahrscheinlichkeit, dass 9 Stichprobenwerte hintereinander zufällig auf der gleichen Seite der Mittellinie liegen, beträgt etwa 0,2%. Diese Wahrscheinlichkeit liegt ungefähr in der Größenordnung der Irrtumswahrscheinlichkeit bei den Regelgrenzen ($\alpha = 0{,}27\%$). Wenn also ein solches Muster auftritt, wird man annehmen, dass ein besonderer Einfluss vorliegt.

Daneben gibt es auch noch weitere Indikatoren für das Vorhandensein besonderer Einflüsse. Softwarepakete führen die Tests im Hintergrund automatisch durch. Man muss nur einmal die Grenzen festlegen. Bild 8-17 zeigt das Dialogfeld zur Definition der Tests mit Minitab.

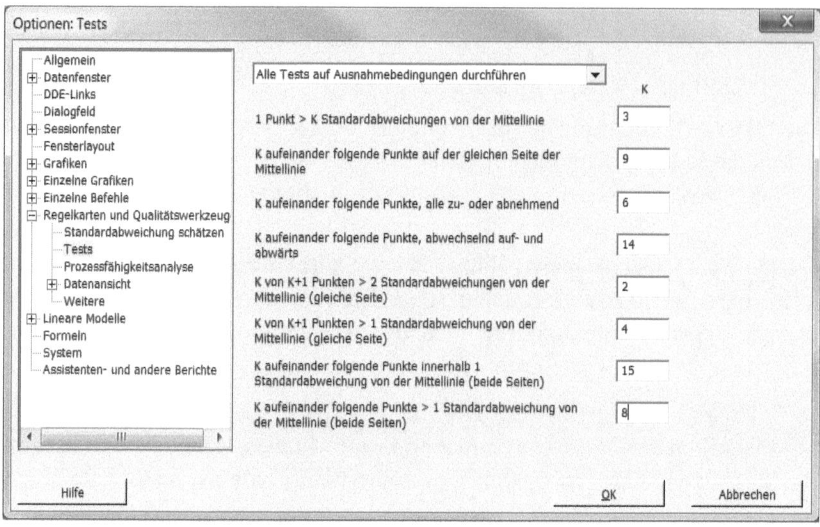

Minitab > Extras > Optionen > Regelkarten und Qualitätswerkzeuge > Tests

Bild 8-17 Definition der Tests auf besondere Einflüsse in Minitab

Die in Minitab voreingestellten Grenzen richten sich nach den Empfehlungen der AIAG [3] (Ausnahme: AIAG empfiehlt ein K von 7 anstatt von 9 bei Test Nr. 2).

8.2.2.9 Weitere Regelkarten für kontinuierliche Merkmale

Regelkarten mit gleitenden Kennwerten

Regelkarten mit gleitenden Kennwerten werden eingesetzt, wenn der Stichprobenumfang n = 1 ist. Dies kommt beispielsweise bei der zerstörenden Prüfung vor. Ebenso kann es sein, dass die Kosten für die Prüfung zu hoch sind, um mehrere Teile zu prüfen.

Grundsätzlich könnten zur Regelung solcher Prozesse Einzelwertkarten verwendet werden. Will man jedoch die Vorteile der $\overline{x}$-s-Karte nutzen, dann werden jeweils zwei, drei oder mehr aufeinander folgende Werte zu einer Ersatzstichprobe zusammengefasst. Für diese Stichprobe können wieder Mittelwert und Streuung berechnet werden. Dadurch erhält man eine Regelkarte, die empfindlicher auf Veränderungen des Prozesses reagiert. Bild 8-18 zeigt das Prinzip dieser Regelkarte.

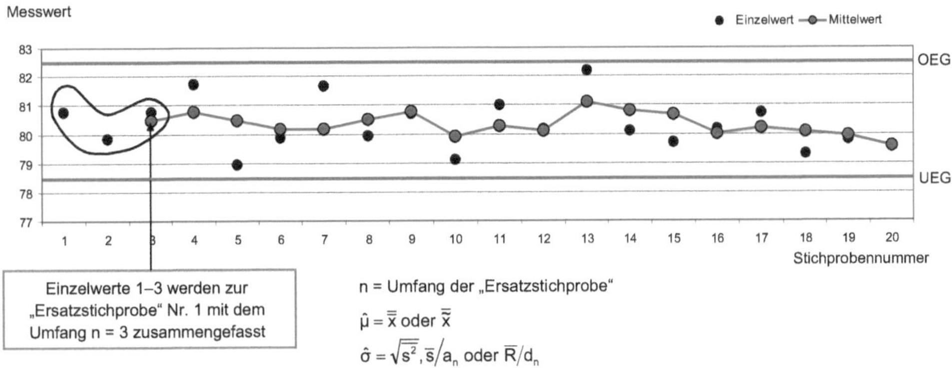

Bild 8-18 Prinzip der Regelkarte mit gleitenden Kennwerten

Eine Sonderform stellen die EWMA-Regelkarten (Exponentially Weighted Moving Average) dar. Die einzelnen Stichprobenwerte werden nicht gleich, sondern exponential gewichtet. Der zeitlich letzte Messwert erhält die größte Gewichtung. Je weiter die Werte in der Vergangenheit liegen, desto weniger wirken sie sich auf den Mittelwert aus.

Regelkarten mit erweiterten Grenzen

In der Praxis kommt es vor, dass auch beim ungestörten Prozess unvermeidbare Schwankungen des Mittelwertes auftreten (Prozessmodell C3 oder C4). Würde man die Eingriffsgrenzen ohne Berücksichtigung dieser Mittelwertschwankungen berechnen, dann wäre die Regelkarte zur Regelung des Prozesses ungeeignet. Durch die laufende Überschreitung von Regelgrenzen müsste ständig eingegriffen werden.

Um auch solche Prozesse überwachen zu können, werden die Eingriffsgrenzen erweitert. Dazu bieten sich zwei Möglichkeiten:

- Erweiterung der Eingriffsgrenzen um die Streuung zwischen den Stichproben. Das Ausmaß der Streuung zwischen den Stichproben kann zum Beispiel mit Hilfe der Varianzanalyse oder aus der Standardabweichung der Mittelwerte berechnet werden.
- Berechnung der Eingriffsgrenzen aus den Parametern des Prozesses und den Toleranzgrenzen. Tritt zum Beispiel ein durch den Verschleiß einer Reibahle verursachter Trend auf, dann wird man versuchen, die Toleranz so weit wie möglich auszunützen. Man wird das Werkzeug so auslegen, dass der Merkmalswert zu Beginn nahe der einen Toleranzgrenze liegt und mit dem Werkzeugverschleiß zur anderen Toleranzgrenze wandert. Die Eingriffsgrenze wird so gelegt, dass rechtzeitig vor dem Überschreiten des zulässigen Fehleranteils ein Eingriff erfolgt.

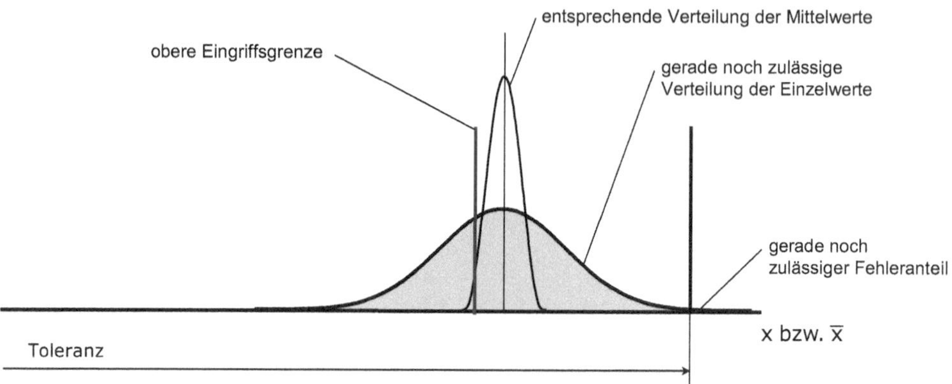

Bild 8-19 Prinzip der Annahme-Regelkarte (nach [1])

Weitere Erläuterungen, Beispiele und auch Empfehlungen für die Umsetzung in die Praxis zu Regelkarten mit erweiterten Grenzen finden Sie unter anderem in [1].

Pre-Control-Regelkarten

Bei Pre-Control-Regelkarten wird ebenso von den Toleranzgrenzen ausgegangen.

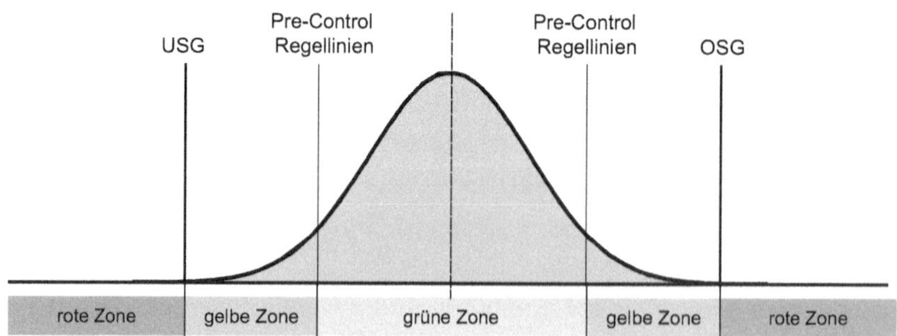

Bild 8-20 Zonen der Pre-Control-Regelkarte

Die Vorgangsweise ist folgendermaßen:

1. Man teilt die Toleranz in vier gleiche Teile. Die beiden mittleren Viertel bilden die grüne Zone, die äußeren Viertel die gelbe Zone. Die Grenzen zwischen den grünen und gelben Zonen bilden die sogenannten Pre-Control-Regellinien. Der Bereich außerhalb der Toleranz wird als rote Zone bezeichnet.
2. Zu Beginn eines neuen Prozesses werden fünf hintereinander gefertigte Teile entnommen. Sind alle in der grünen Zone, so gilt der Prozess als fähig. Die Serienproduktion kann einsetzen. Der Prozess gilt als nicht fähig, wenn nur eine einzige Einheit nicht in die grüne Zone fällt. In diesem Fall muss der Prozess optimiert und der Vorgang von Neuem gestartet werden.

3. Nach dem Start entnimmt man dem Prozess in Intervallen zwei aufeinander folgende Einheiten und entscheidet nach folgender Regel:
   - 2 Einheiten grün — weiterproduzieren
   - 1 Einheit grün, 1 Einheit gelb — weiterproduzieren
   - 2 Einheiten gelb — Stopp, Maschine nachstellen
   - 1 Einheit rot — Stopp, Maschine nachstellen
4. Das Zeitintervall zwischen zwei Stichprobenentnahmen wird ermittelt, indem das Zeitintervall zwischen zwei Stopps durch sechs geteilt wird.

Pre-Control-Regelkarten können als einfache Form der Prozessregelung bei Prozessen mit hoher Prozessfähigkeit eingesetzt werden. Der Nachteil liegt vor allem darin, dass durch den geringen Stichprobenumfang die Empfindlichkeit relativ gering ist. Die Pre-Control-Regelkarten werden in [7] vorgestellt. Weitere Informationen finden Sie auch in [1].

8.2.2.10 Regelkarten für diskrete Merkmalswerte

Beispiele für diskrete Merkmalsausprägungen sind:

- die Anzahl von merkmalsbehafteten Einheiten in einer Stichprobe (z. B. fehlerhafte Teile pro Lieferung)
- die Anzahl der Beobachtungen an einer Einheit (z. B. Kratzer pro Windschutzscheibe, Anrufe pro Minute)

Ähnlich wie bei kontinuierlichen Merkmalen gezeigt, kann die Statistische Prozessregelung auch bei diskreten Merkmalen angewendet werden. Die Berechnung der Eingriffsgrenzen erfolgt wiederum mit Hilfe des zweiseitigen Zufallsstreubereiches. Der Anzahl merkmalsbehafteter Einheiten pro Stichprobe liegt die Binomialverteilung zugrunde, bei der Anzahl von Beobachtungen pro Einheit wird die Poisson-Verteilung verwendet. Sind bestimmte Voraussetzungen erfüllt, dann werden die beiden Verteilungen der Einfachheit halber näherungsweise durch die Normalverteilung ersetzt.

Bei Regelkarten für kontinuierliche Merkmalswerte konnten Veränderungen erkannt werden, ohne dass dafür fehlerhafte Teile auftreten müssen. Bei Regelkarten für diskrete Merkmalsausprägungen wird der Prozess anhand der beobachteten Fehler geregelt. Ein bestimmter Anteil von Fehlern muss von vornherein zugestanden werden. Dies widerspricht jedoch dem Prinzip der Ständigen Verbesserung und dem Null-Fehler-Ziel. Insbesondere sind die heute in der Industrie zulässigen Fehleranteile mit diesen Regelkarten nicht mehr abzusichern.

Beispiel 8-3 Regelung der fehlerhaften Einheiten pro Stichprobe

Bei der Herstellung von Glühbirnen wird aufgrund einer vorangegangenen Untersuchung von einem Fehleranteil von 6% ausgegangen. Um eine Veränderung des Prozesses erkennen zu können, werden stündlich 100 Glühbirnen entnommen und geprüft (α = 1%).

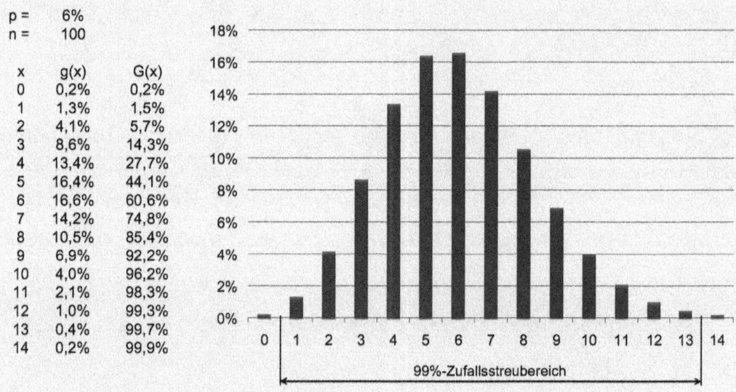

p = 6%
n = 100

x	g(x)	G(x)
0	0,2%	0,2%
1	1,3%	1,5%
2	4,1%	5,7%
3	8,6%	14,3%
4	13,4%	27,7%
5	16,4%	44,1%
6	16,6%	60,6%
7	14,2%	74,8%
8	10,5%	85,4%
9	6,9%	92,2%
10	4,0%	96,2%
11	2,1%	98,3%
12	1,0%	99,3%
13	0,4%	99,7%
14	0,2%	99,9%

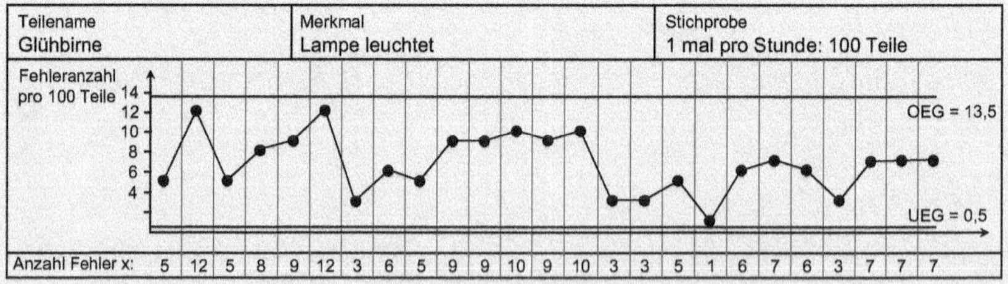

Bild 8-21 Regelkarte für fehlerhafte Teile pro Stichprobe (Binomialverteilung)

Wenn der Umfang der Stichprobe nicht konstant gehalten werden kann, müssen die Eingriffsgrenzen für jeden Stichprobenumfang ermittelt und in der Regelkarte dargestellt werden.

Beispiel 8-4 Regelung der fehlerhaften Einheiten pro Stichprobe (mit unterschiedlichem Stichprobenumfang)

Die Produktion von Bauteilen läuft mit einem Fehleranteil von 5%. Um eine Veränderung des Prozesses erkennen zu können, werden je nach Losgröße zwischen 150 und 250 Teile entnommen und geprüft. Bild 8-22 zeigt die Regelkarte für 50 Stichproben.

Die Eingriffsgrenzen werden in Abhängigkeit vom jeweiligen Umfang der Stichprobe berechnet und in die Regelkarte eingetragen. In einer größeren Stichprobe wird eine größere Anzahl fehlerhafter Einheiten erwartet. Der Zufallsstreubereich wandert zu höheren Anzahlen fehlerhafter Einheiten.

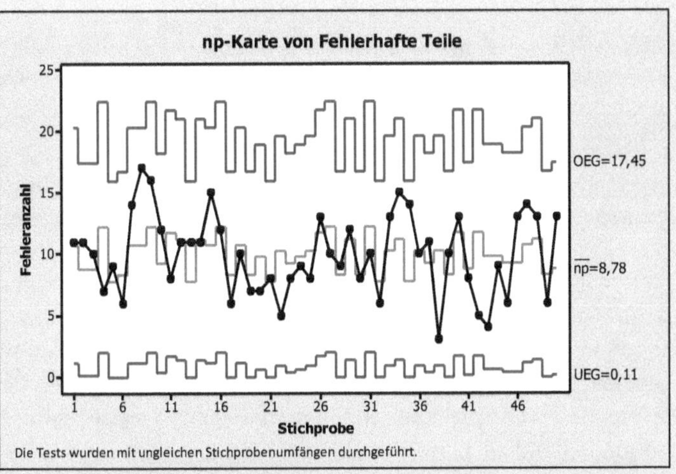

Bild 8-22 Regelkarte für fehlerhafte Teile pro Stichprobe (mit unterschiedlichem Stichprobenumfang)

Beispiel 8-5 Regelung der Fehler pro Einheit

Beim Schweißen von Seitenblechen sollen anhaftende Schweißspritzer vermieden werden. Untersuchungen an dem Prozess haben gezeigt, dass pro Blechteil mit durchschnittlich vier Schweißspritzern gerechnet werden muss. Um Veränderungen zu erkennen, wird jedes hundertste Teil auf Schweißspritzer geprüft. Bild 8-23 zeigt die Regelkarte dazu (α = 1%).

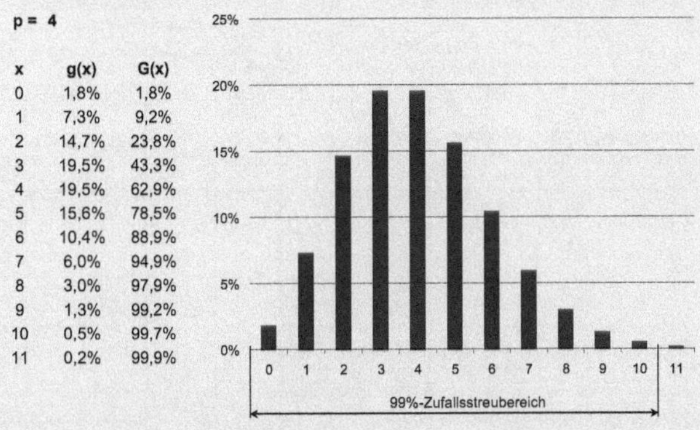

p = 4

x	g(x)	G(x)
0	1,8%	1,8%
1	7,3%	9,2%
2	14,7%	23,8%
3	19,5%	43,3%
4	19,5%	62,9%
5	15,6%	78,5%
6	10,4%	88,9%
7	6,0%	94,9%
8	3,0%	97,9%
9	1,3%	99,2%
10	0,5%	99,7%
11	0,2%	99,9%

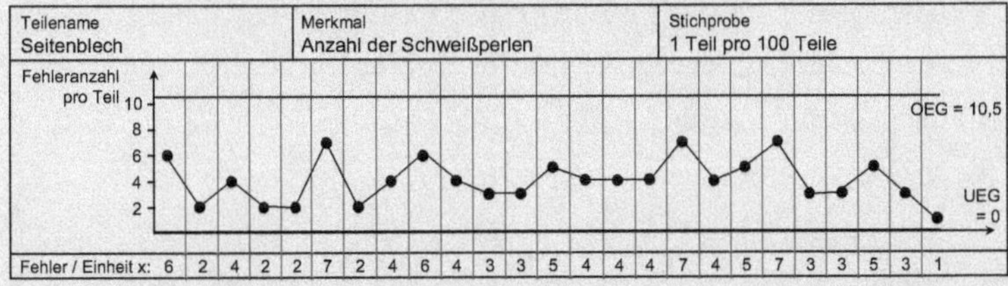

Bild 8-23 Regelkarte für Fehler pro Teil (Poisson-Verteilung)

8.2.2.11 Control Plan

Der Control Plan stellt alle Maßnahmen zur Regelung und Überwachung des Prozesses in übersichtlicher Art dar. Der Aufbau des Control Plans und die Vorgehensweise zur Anwendung ist in [2] dargestellt. Er wird entweder für jeden einzelnen Prozessschritt getrennt oder durchgängig für eine gesamte Prozesskette erstellt.

Meist sind mehrere Bereiche an der Prozessregelung beteiligt. Der Maschinenbediener vor Ort führt Prüfungen durch. Seine Prüfergebnisse und die daraus abgeleiteten Maßnahmen werden dokumentiert, manchmal wird auch darauf verzichtet. Häufig werden mit Hilfe von integrierten Messstationen Messungen direkt in der Maschine vorgenommen und daraus ebenso Korrekturen abgeleitet. Messungen, die in der Produktion nicht durchführbar sind, erfolgen in einem Messraum. In der Regel sind auch Labors, beispielsweise zur Durchführung von werkstofftechnischen Untersuchungen, eingebunden. Der Control Plan ist das Werkzeug, um diese verschiedenen Maßnahmen zur Prozessregelung frühzeitig und zielgerichtet zu planen und auch zweckmäßig aufeinander abzustimmen.

Freilich wird man im Zuge eines Six Sigma-Projektes nicht das gesamte Prozessregelsystem des Unternehmens überarbeiten können. Wenn im Unternehmen andere Werkzeuge zum Einsatz kommen, so wird doch empfohlen, die Inhalte des Control Plans durchzugehen und zu prüfen, wie diese im eigenen System abgebildet sind.

Der Control Plan enthält weit mehr als nur die Kontrolle von Prozessen. Daher ist auch die häufig verwendete Übersetzung „Kontrollplan" unzureichend, da im englischen Sprachgebrauch unter Control mehr als nur Kontrolle verstanden wird.[1] Der Zweck des Control Plans wird besser durch die Bezeichnung „Produktions-Lenkungsplan" zum Ausdruck gebracht.

Control Plan	Prototyp Vorserie X Serie	Arbeitsgang-Nummer 50	erstellt / geändert R. Schwarz	Datum 03.04.20xx	Muster GmbH
Teilenummer / Änderungsstand 215-352-443 / c		Arbeitsgang-Benennung Härten	Team W. Müller, F. Maier, R. Huber, W. Binder		
Teile-Benennung Antriebswelle links		Maschine, Vorrichtung, Werkzeug Härtemaschine Inv.-Nr.: HM_345	freigegeben C. Egger	Datum 03.04.20xx	

Nr.	Produkt-merkmal	Prozess-merkmal	Spezifikation / Toleranz	Bedeutung aus FMEA	Prüfmittel (Inv. Nr.)	Prüfung Fest-legung	Prüfung Durch-führung	Prüfschärfe Umfang	Prüfschärfe Häufig-keit	Dokumentation	Maßnahmen, wenn Vorgaben nicht erfüllt sind
1	Oberflächen-härte		60 - 63 HRC	7	Universal-Härteprüfgerät PM_HPG_17	Prozess-planer	Anlagen-bediener	1 Teil	pro Gebinde	Regelkarte FO_018	Korrektur lt. Arbeits-anweisung AA 17
2	Einhärtetiefe		0,5 - 0,9 mm	7	Schliff-prüfung	Prozess-planer	Werkstoff-labor	5 Teile	pro Härtelos	Laborbericht WT_22	Korrektur lt. Arbeits-anweisung AA 17
3		Kohlenstoff-gehalt	0,9 - 1%		Überwachung durch Anlage	Prozess-planer		laufend		mit Betriebsdaten in Anlage	Korrektur lt. Arbeits-anweisung AA 22
4		Temperatur von Ölbad	90 - 100 °C		Überwachung durch Anlage	Prozess-planer		laufend		mit Betriebsdaten in Anlage	Korrektur lt. Arbeits-anweisung AA 28
5											

Bild 8-24 Beispiel für einen Control Plan

[1] Gleiches gilt für die Begriffe „Statistical Process Control" und „Control Charts". Statistical Process Control wird besser übersetzt als Statistische Prozessregelung und Control Charts entsprechen den Regelkarten.

Einige Felder des Control Plans sollen besonders hervorgehoben werden:

Produkt-/Prozessmerkmal: Diese beiden Spalten beschreiben die zu regelnden Produkt- bzw. Prozessmerkmale. Hier soll versucht werden, die Regelung von Produktmerkmalen sukzessive durch die Regelung von Prozessmerkmalen zu ersetzen. Dazu ist es allerdings notwendig, die Zusammenhänge zwischen den Produktmerkmalen und den Prozessmerkmalen zu kennen. Das Prozesswissen aus der Phase **Analyze** hilft dabei.

Bedeutung: Dies ist die Bedeutung aus der FMEA. Durch den Eintrag der Bedeutung in den Control Plan gelingt es, die Merkmale mit erhöhter Bedeutung durchgängig bis hin zur Werkerebene zu kommunizieren.

Prüfmittel: Der Eintrag der Prüfmittel im Control Plan stellt sicher, dass bereits in der Planungsphase des Prozesses auch an die Prüfmittel gedacht wird und in weiterer Folge geeignete Prüfmittel vorgesehen werden. Von hoher Bedeutung ist die Funktion des Control Plans als Brücke zwischen den Merkmalen mit erhöhter Bedeutung und der Prüfmittelüberwachung. Mit Hilfe des Control Plans lassen sich jene Prüfmittel identifizieren, mit denen kritische Merkmale gemessen oder geregelt werden. Damit sind bereits alle Prüfmittel festgelegt, auf die im Zuge des Eignungsnachweises von Prüfprozessen besonders geachtet werden muss. Beispielsweise bei der Durchführung von GR&R-Untersuchungen wird man genau bei diesen Prüfmitteln starten.

Dokumentation: Gerade von Mitarbeitern in der Produktion wird die Dokumentation häufig als lästig und nicht notwendig aufgefasst. Die Erfahrung zeigt, dass Prüfungen ohne geeignete Dokumentation nur wenig Nutzen bringen. Daher sollte der Leitspruch lauten: Was wert ist, gemessen zu werden, sollte es auch Wert sein, dokumentiert zu werden. Aufgabe der planenden Bereiche ist es, die Aufzeichnungen so einfach wie möglich zu gestalten (z. B. in Form von einfachen Strichlisten).

Maßnahmen: Einen Prozess zu regeln fordert, dass bei Bedarf eingegriffen wird. Werden Abweichungen erkannt, müssen nach festgelegten Spielregeln Maßnahmen ergriffen werden.

Damit ist der Control Plan als besonders wichtiges und zentrales Dokument im Prozess anzusehen.

8.2.3 Verbesserten Prozess an Eigner übergeben

Das Projektteam hat einen verbesserten Prozess erarbeitet und Maßnahmen geplant, damit dieser Zustand auch unter dem Druck des Tagesgeschäftes aufrechterhalten wird. Nachdem sich das Projektteam am Ende der Phase **Control** auflösen wird, muss der verbesserte Prozess an den Prozesseigner übergeben und von diesem übernommen werden.

Dies betrifft beispielsweise:

- Prozess-Dokumentation (z. B. neuer Prozessablauf, neue Prozessanweisungen, neue Arbeitsanweisungen, neuer Control Plan)
- Ergebnisse der Prozessanalysen (z. B. Darstellung der Ursachen-Wirkungs-Zusammenhänge, Auswertungen zu den durchgeführten Versuchen)
- adaptierte Schulungsunterlagen

Nach dem Abschluss des Projektes und der Auflösung des Projektteams besteht die Gefahr, dass der verbesserte Prozesszustand nicht langfristig aufrecht erhalten bleibt und das im Projekt erarbeitete und dokumentierte Wissen nicht mehr greifbar ist. Durch die Beachtung folgender Punkte bei der Übergabe erhöhen sich die Chancen, langfristig vom Projektergebnis zu profitieren:

- Woran erkennen Prozesseigner und Mitarbeiter, wenn sich der Prozess wieder verschlechtert? Diese Frage zielt vor allem auf die in Abschnitt 8.2 festgelegten Inhalte ab.
- Wer reagiert im Falle einer Verschlechterung? Für den Produktionsprozess ist diese Frage relativ leicht zu beantworten. Bei Themen wie Maschinenauslastung oder generell Geschäftsprozessen ist dies nicht mehr so einfach. Es muss sichergestellt sein, dass auch tatsächlich reagiert wird.
- Was waren die wesentlichsten Fakten für den nicht so optimalen Zustand vor Projektbeginn? Worin lagen die Defizite?
- Was sind die wesentlichsten Faktoren für die Verbesserung? Worauf muss in Zukunft gezielt geachtet werden?

Eine wichtige Maßnahme während des Projektes ist die Einbindung der im Prozess tätigen Mitarbeiter. Auch damit wird die Basis für den langfristigen stabilen verbesserten Zustand gelegt.

Mit der Übergabe der Verantwortung wird das Six Sigma-Projektteam entlastet. Tritt nach der Übergabe wieder eine Verschlechterung auf, dann liegt es in der Verantwortung des Prozesseigners, Verbesserungsmaßnahmen zu ergreifen.

8.3 Projekt abschließen

8.3.1 Lessons Learned

Vor allem in den Phasen **Analyze** und **Improve** hat man viel Aufwand investiert, um die Zusammenhänge im Prozess zu erfassen. Im ersten Schritt kommen diese Erfahrungen natürlich dem gegenwärtigen Six Sigma-Projekt zugute. Sehr viel mehr profitiert die Organisation, wenn man sich am Ende des Projektes noch die Zeit nimmt und die gemachten Erfahrungen in systematischer Form dem Rest des Unternehmens zugänglich macht.

8.3.1.1 Erfahrungen für bestehende Produkte bzw. Prozesse nutzen

Man überträgt die Erkenntnisse auf andere bestehende Produkte bzw. Prozesse. Dies kann zum Beispiel folgendermaßen erfolgen:

- Analyse ähnlicher Produkte bzw. ähnlicher Produktionsprogramme

  Wurden beispielsweise im Verbesserungsprojekt die Parameter eines Schweißprozesses optimiert, so können die Erkenntnisse daraus auf ähnliche Produkte übertragen werden.

Oft ist es möglich, die Erkenntnisse direkt auf andere Maschinen und Einrichtungen zu übertragen.

- gezielte Weitergabe der Erfahrungen an andere Fachbereiche

  Zum Beispiel im Rahmen von Qualitätszirkeln können die Erkenntnisse aus Verbesserungsprojekten gezielt an andere Bereiche weitergegeben werden.

- Ergänzung von Audit-Checklisten

  Nimmt man die Problempunkte zum Beispiel in Prozessaudit-Checklisten auf, dann hat man nach einem vollständigen Audit alle Bereiche auf diesen Problempunkt hin überprüft. Somit lassen sich Audits gezielt nutzen, um Verbesserungen unternehmensweit umzusetzen.

- Nutzung weiterer interner Kommunikationsschienen

  Beispiele dafür sind Mitarbeiterzeitung, Mitarbeiterinformationsveranstaltungen und auch Anschlagtafeln. Nicht selten inspirieren solche Berichte Mitarbeiter zu Verbesserungsideen in ganz anderen Bereichen.

Eventuell kann man aus dem Projekt heraus auch weitere Ideen für Six Sigma-Projekte initiieren. Um das gegenwärtige Six Sigma-Projekt nicht unnötigerweise in die Länge zu ziehen, wird man dieses jedoch abschließen und die neue Verbesserungsidee auch als neues Projekt starten.

8.3.1.2 Erfahrungen für zukünftige Produkte bzw. Prozesse nutzen

Weiters müssen die Erkenntnisse für neue Produkte bzw. Prozesse bereitgehalten werden. Dies gelingt allerdings nicht, indem man große Mengen an Informationen breit verteilt. Die Erkenntnisse müssen so bereitgestellt werden, dass man im Bedarfsfall automatisch auf sie stößt. Beispiele dafür sind:

- Ergänzung der Meilenstein-Checklisten für Produktentwicklungsprojekte

  Damit sind Checklisten gemeint, wie sie beispielsweise in [2] beschrieben sind. Werden diese Checklisten laufend ergänzt, dann prüft man zu den Meilensteinen nicht mehr Theoretisches, sondern genau jene Punkte, die in der Vergangenheit Probleme bereitet haben.

- Aktualisierung der Design- und Prozess-FMEAs

  Bei Unternehmen, welche beispielsweise nach IATF 16949 zertifiziert sind, müsste es die Regel sein, dass bei Änderungen am Produkt bzw. Prozess auch die zugehörigen FMEAs aktualisiert werden. Orientiert man sich bei neuen Produkten an diesen FMEAs, dann hat man automatisch eine aktuelle Darstellung der Risiken.

- Erstellung von Checklisten für die planenden Bereiche

  Das können zum Beispiel Checklisten für Montageplaner sein, die Punkte enthalten, welche bei der Planung von Montagelinien zu berücksichtigen sind. Diese Checklisten werden anschließend auch bei der Abnahme der Montageeinrichtungen verwendet.

- Anpassung der Inhalte von Lastenheften

  Ebenso können Ergänzungen in den Lastenheften von Maschinen und Einrichtungen vorgenommen werden.

- Adaptierung von Erprobungs- und Testprogrammen

  Hat man im Zuge des Verbesserungsprojektes eine Schwachstelle beseitigt, die durch Prüfungen zu erkennen gewesen wäre, dann wird man die Spezifikationen des Prüfprogramms überarbeiten.

- Einrichtung einer Projektplattform

  In größeren Unternehmen bewährt sich die Einrichtung einer Projektplattform. Kerninformationen über laufende und abgeschlossene Six Sigma-Projekte werden zum Beispiel über das Intranet bereitgestellt. Dadurch kann man im Zuge von Verbesserungsprojekten gezielt auf die Erfahrungen aus ähnlichen Projekten zugreifen.

Bei der Entwicklung von neuen Produkten bzw. Planung von neuen Prozessen wird so sichergestellt, dass die gemachten Erfahrungen schon von vornherein in die Produkte bzw. Prozesse einfließen.

8.3.1.3 Erfahrungen für Six Sigma-Projektarbeit nutzen

Daneben soll aber auch die Projektarbeit reflektiert werden. Wie hat die Zusammenarbeit im Projektteam funktioniert? Wie ist die Akzeptanz des Projektergebnisses? Daraus sollen Optimierungsansätze für die Abwicklung von Six Sigma-Projekten abgeleitet werden.

Die konsequente Nutzung der Lessons Learned ist ein äußerst wichtiger Schritt zur lernenden Organisation!

8.3.2 Projektabschlussbericht erstellen

Bild 2-9 zeigt das Beispiel eines Projektabschlussberichtes. Die geplanten und realisierten Ergebnisse, Einsparungen und auch Termine werden gegenübergestellt. Die Erfahrungen aus dem Projekt werden gezielt zusammengefasst und bewertet.

Literatur

[1] *Dietrich E., Schulze A.:* Statistische Verfahren zur Maschinen- und Prozessqualifikation, 5. Auflage, Carl Hanser Verlag, München, 2005
[2] *Chrysler Corporation, Ford Motor Company, General Motors Corporation:* Advanced Product Quality Planning and Control Plan (APQP), 1. Auflage, Michigan, USA, 1994
[3] *DaimlerChrysler Corporation, Ford Motor Company, General Motors Corporation:* Statistical Process Control (SPC), Reference Manual, 2. Auflage, Michigan, USA, 2005
[4] *Timischl W.:* Qualitätssicherung, Statistische Methoden, 3. Auflage, Hanser Verlag, 1996
[5] *Shingo S.:* Poka Yoke, Prinzip und Technik für eine Null-Fehler-Produktion, gfmt - Gesellschaft für Management und Technologie AG, St. Gallen, 1991
[6] *Linß G.:* Qualitätsmanagement für Ingenieure, 2. Auflage, Carl Hanser Verlag, München, 2005
[7] *Bhote K. R.:* Qualität - der Weg zur Weltspitze, 1. Auflage, IQM - Institut für Qualitätsmanagement, Großbottwar, 1990
[8] *Matyas K.:* Taschenbuch Instandhaltungslogistik - Qualität und Produktivität steigern, 2. Auflage, Carl Hanser Verlag, München, 2005
[9] *Bergbauer A. K.:* Six Sigma in der Praxis, 1. Auflage, Expert Verlag, Renningen, 2004

9 Verankerung von Six Sigma in der Unternehmensorganisation

In den vorherigen Kapiteln wurde die Abwicklung von Six Sigma-Projekten behandelt, vor allem die dabei eingesetzten Werkzeuge und Methoden. Damit Six Sigma als Programm zur Umsetzung von Verbesserungen dauerhaft zum Unternehmenserfolg beitragen kann, sind organisatorische Rahmenbedingungen zu schaffen. In diesem Kapitel werden die erforderlichen Maßnahmen und Schritte zum Aufbau dieser Rahmenbedingungen und zur Verankerung von Six Sigma in der Unternehmensorganisation vorgestellt:

9.1 Einordnung von Six Sigma in die Formen der Verbesserungsarbeit

Six Sigma wird zur Realisierung von Verbesserungen eingesetzt. In Unternehmen kommen aber auch noch andere Formen der Verbesserungsarbeit zur Anwendung, die vom individuellen Agieren der Mitarbeiter über das Verbessern in Arbeitskreisen bis hin zur Anwendung von Lean-Methoden reichen. Optimale Ergebnisse werden erzielt, wenn das Vorgehen zur Verbesserung abhängig von der Aufgabenstellung ausgewählt wird. In diesem Abschnitt werden die verschiedenen Formen der Verbesserungsarbeit vorgestellt. Das Zusammenspiel von Six Sigma mit Lean Management wird besonders betrachtet. Es wird dargelegt, welche Form der Verbesserungsarbeit für welche Aufgabenstellung am besten geeignet ist und wo Six Sigma eingesetzt werden sollte.

9.2 Einbindung von Six Sigma in die Aufbauorganisation

Entscheidenden Anteil am Erfolg der Umsetzung von Six Sigma haben die handelnden Personen. Dazu sind in Six Sigma Rollen definiert, die von Mitarbeitern aus unterschiedlichen Bereichen des Unternehmens zu besetzen sind. Beispiele dafür sind Green Belts, Black Belts und Champions. Die Rollen stehen für bestimmte Aufgaben im Six Sigma-Programm und für einen bestimmten Umfang an Kenntnissen und Fähigkeiten.

Eine Übersicht über Six Sigma-Rollen und deren Aufgaben und Qualifikationen ist bereits in Abschnitt 1.2 dargestellt. In Abschnitt 9.2 wird auf ausgewählte Rollen und deren Einbindung in die Aufbauorganisation detailliert eingegangen.

9.3 Einbindung von Six Sigma in die Ablauforganisation

Six Sigma ist ein projektorientiertes Vorgehen zur Optimierung von Produkten bzw. Prozessen. Zur Verankerung von Six Sigma in der Ablauforganisation muss das Vorgehen sowohl für die Abwicklung eines einzelnen Six Sigma-Projektes wie auch für die übergreifende Steuerung des Projektportfolios festgelegt werden. Es bietet sich an, die Abläufe, die wiederholt und bereichsübergreifend auftreten, in Form von Prozessen zu standardisieren. Die Prozesse und die dabei eingesetzten Werkzeuge und Methoden sind in diesem Abschnitt beispielhaft dargestellt. Zielsetzung ist, dass die Abwicklung von Verbesserungsprojekten für die involvierten Mitarbeiter zur Routine wird.

9.4 Beurteilung des Reifegrades des Unternehmens bezüglich Six Sigma

Noch bevor mit der Einführung von Six Sigma gestartet wird, sollte der Reifegrad des Unternehmens bezüglich Verbesserungsarbeit beurteilt werden. Es gibt durchaus Gründe, die dafür sprechen, mit der Einführung von Six Sigma (noch) nicht bzw. nur mit besonderer Sorgfalt zu starten. Mögliche Gründe und geeignete Lösungsansätze werden dargestellt.

9.5 Einführung von Six Sigma

In den Abschnitten 9.1 bis 9.4 wurde auf einzelne Aspekte eingegangen, die bei der Verankerung von Six Sigma in der Unternehmensorganisation zu beachten sind. In diesem Abschnitt werden nun ein Implementierungsmodell und ein zugehöriger Vorgehensplan vorgestellt, mit deren Hilfe die Verankerung von Six Sigma in der Organisation umfassend dargestellt wird. Zunächst wird ein auf dem 7-S-Modell von McKinsey basierendes Modell vorgestellt, dass dafür sorgt, dass bei der Einführung und organisatorischen Verankerung von Six Sigma alle notwendigen Aspekte einbezogen werden. Anschließend wird ein darauf aufbauender Vorgehensplan zur Einführung und organisatorischen Verankerung von Six Sigma beschrieben, der auf dem Dreiphasenmodell von Lewin basiert. Die beiden Modelle sollen Führungskräften, die mit der Einführung von Six Sigma in ihrem Unternehmen betraut sind, als praxisbezogener Leitfaden dienen.

9.6 Problemlösungsprozess nach 8D

Eine Kunden- oder interne Reklamation löst nicht automatisch ein Verbesserungsprojekt aus. Vielmehr gilt es, beim Eingang einer Reklamation das Problem rasch und nachhaltig zu lösen. Dafür steht mit dem Problemlösungsprozess nach 8D ein Vorgehensmodell zur strukturierten und nachhaltigen Problemlösung zur Verfügung. 8D hat viele Parallelen zu Six Sigma. Der wesentliche Unterschied liegt darin, dass beim Auftreten von Reklamationen Sofortmaßnahmen ergriffen werden müssen, die in Six Sigma-Projekten nicht erforderlich sind. Das Vorgehen bei der Problemlösung nach 8D stellt somit eine wichtige Ergänzung zu Six Sigma dar. Darauf wird in diesem Abschnitt eingegangen.

9.1 Einordnung von Six Sigma in die Formen der Verbesserungsarbeit

9.1.1 PDCA-Zyklus – Grundlage aller Formen der Verbesserungsarbeit

In Unternehmen kommen verschiedene Formen der Verbesserungsarbeit zur Anwendung. Grundsätzlich setzen alle auf der gleichen Basis, dem PDCA-Zyklus von Deming, auf (siehe Bild 9-1). PDCA steht für eine immer wiederkehrende Abfolge der Phasen Plan (Planen), Do (Durchführen), Check (Beurteilen) und Act (Umsetzen). Der PDCA-Zyklus ist ein bewährter systematischer Standard zur Umsetzung identifizierter Verbesserungspotenziale sowie zur Beseitigung aufgetretener Fehler. Gegebenenfalls wird der Zyklus etwas konkretisiert, wodurch das Vorgehen für die jeweilige Aufgabenstellung maßgeschneidert wird. Ein Beispiel dafür ist das Vorgehen nach DMAIC in Six Sigma-Projekten, das ebenfalls auf dem PDCA-Zyklus basiert.

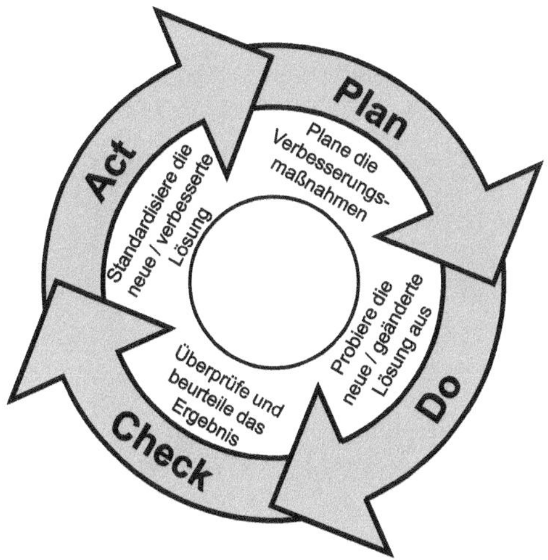

Bild 9-1 PDCA-Zyklus

9.1.2 Verbesserungsmanagement im Überblick

Das Verankern einer Kultur des Strebens nach ständiger Verbesserung sowie das Initiieren und Umsetzen eines entsprechenden Verbesserungsprozesses ist zunächst einmal eine Managementaufgabe. Führungskräfte haben einen Kontinuierlichen Verbesserungsprozess (KVP) im Unternehmen gezielt zu entwickeln und zu steuern. Verbesserungsmanagement ist dabei kein starres Konzept, sondern bietet die Möglichkeit, verschiedene Methoden entsprechend der Aufgabenstellungen einzusetzen.

Bild 9-2 zeigt das Zusammenspiel zwischen einer notwendigen Verbesserungskultur, der Identifikation von Verbesserungspotenzialen und den Formen der Verbesserungsarbeit. Six Sigma und Lean Management-Methoden spielen dabei eine zentrale Rolle.

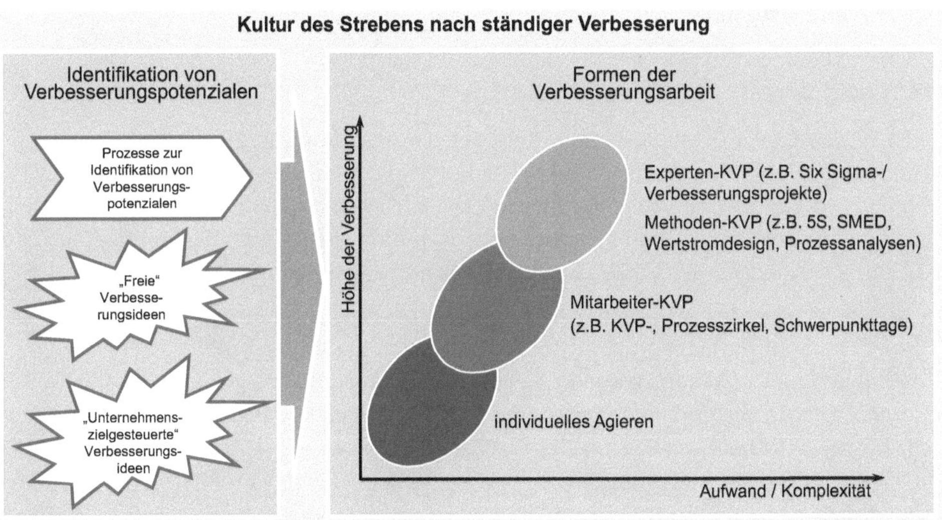

Bild 9-2 Verbesserungsmanagement im Überblick

Kultur des Strebens nach ständiger Verbesserung

Zum Kontinuierlichen Verbesserungsprozess (KVP) gehört, wie der Name schon sagt, Kontinuität. D.h. KVP begnügt sich nicht damit, Verbesserungsmaßnahmen von Fall zu Fall zu treffen, es geht vielmehr um ein permanentes und organisatorisch verankertes Bemühen um den Fortschritt. Unter Einbindung aller Mitarbeiter gilt es, Verschwendungen zu identifizieren und durch entsprechende Verbesserungsmaßnahmen nachhaltig zu beseitigen. Voraussetzung dafür ist eine vom Streben nach ständiger Verbesserung getragene Unternehmenskultur.

Identifikation von Verbesserungspotenzialen

Ausgangspunkt für die Umsetzung von Verbesserungen ist die Identifikation von Verbesserungspotenzialen. Dies kann auf verschiedene Arten erfolgen. Verbesserungsideen können aus den Unternehmenszielen abgeleitet werden. Ebenso können sie aus Verbesserungsvorschlägen von Mitarbeitern stammen, welche im Unternehmen über ein Ideenmanagement erfasst werden. Daneben existieren auch einige Prozesse im Unternehmen, die als wesentliches Ergebnis Potenziale für Verbesserungen liefern. Beispiele für solche Prozesse sind „Interne Audits durchführen“ und „Kundenzufriedenheit ermitteln“.

Formen der Verbesserungsarbeit

Zur Realisierung der Verbesserungspotenziale können unterschiedliche Formen der Verbesserungsarbeit zur Anwendung kommen. Dies reicht vom individuellen Agieren einzelner Mitarbeiter bis hin zur Durchführung von Verbesserungsprojekten.

KVP durch individuelles Agieren

Durch eine ausgeprägte Verbesserungskultur im Unternehmen sollte es für die Mitarbeiter eine Selbstverständlichkeit sein, ihren Arbeitsbereich laufend zu verbessern und weiterzuentwickeln. KVP beginnt daher beim individuellen Agieren jedes Mitarbeiters.

Mitarbeiter-KVP

Der Mitarbeiter-KVP entspricht am stärksten der ursprünglichen KVP-Idee, die im Japanischen auch als »Gemba-Kaizen« bezeichnet wird (Gemba heißt „Ort des Geschehens“, Arbeitsplatz). Jeder Mitarbeiter kann und soll Verbesserungsvorschläge sofort machen, wenn er Potenziale in seinem Arbeitsalltag erkennt. In weiterer Folge arbeiten diese Mitarbeiter auch an der Umsetzung der Verbesserungen mit.

Die Umsetzung des Mitarbeiter-KVP erfolgt beispielsweise in KVP-, Qualitäts- oder Prozesszirkeln. Es handelt sich um einen Bottom-up-KVP, die Arbeitskreise können weitgehend selbstständig agieren. Die Rolle der Führungskräfte ist dabei, diesen KVP zu fordern und zu fördern. Führungskräfte müssen vor allem die erforderlichen Rahmenbedingen für die Selbststeuerung der Verbesserungsarbeit durch die Mitarbeiter schaffen (z.B. Definition der Befugnisse der Arbeitskreise, Festlegung von Rhythmus und Dauer der Arbeitskreistreffen).

Methoden-KVP

Der Methoden-KVP ist geprägt durch die Anwendung spezifischer Methoden, die für die Behebung spezieller Problemstellungen maßgeschneidert sind. Die Methoden des Lean Managements spielen bei dieser KVP-Art eine wesentliche Rolle. Beispiele sind 5S (Arbeitsplatzoptimierung), SMED (Rüstprozessoptimierung), Wertstromdesign, Durchlaufzeitanalyse, Wertschöpfungsanalyse, etc. Die Anwendung erfordert neben den Mitarbeitern und Fachexperten aus dem zu optimierenden Bereich auch eigene Methodenspezialisten.

Beim Methoden-KVP handelt es sich um einen Top-down-KVP. Die Aufgabe der Führungskräfte ist es sicherzustellen, dass die Methoden zielorientiert und aufeinander abgestimmt zum Einsatz kommen, die entsprechende Methodenkompetenz im Unternehmen vorhanden ist und dass die Mitarbeiter den Bedarf für den Einsatz der Methoden erkennen.

Experten-KVP

Handelt es sich bei den Verbesserungsvorhaben um komplexere Aufgabenstellungen (z. B. Probleme mit bereichsübergreifenden Prozessen oder technische Probleme an einem Herstellprozess), die eine Zusammenarbeit mehrerer Fachabteilungen über einige Monate erforderlich machen, dann ist eine Abwicklung in Projektform zweckmäßig. Dies ist der Bereich, in dem Six Sigma zum Einsatz kommt. Die Abwicklung solcher Verbesserungsprojekte erfolgt gemäß dem DMAIC-Phasenmodell in einem Team aus Methodenspezialisten und Fachexperten. Die Führungskräfte sind für die Beauftragung der Verbesserungsprojekte und die ausreichende Bereitstellung von qualifizierten Mitarbeitern verantwortlich.

Gemeinsame Nutzung der begrenzten Ressourcen im Unternehmen

Die angeführten Formen der Verbesserungsarbeit stehen nicht im Wettbewerb zueinander, sondern ergänzen einander. Alle Formen verfolgen das gleiche Ziel, die Leistungsfähigkeit des Unternehmens zu steigern. Unterschiede bestehen im Anwendungsbereich und im Vorgehen.

Bei der Einführung und organisatorischen Verankerung von Six Sigma darf nicht außer Acht gelassen werden, dass die verschiedenen Formen der Verbesserungsarbeit auf die in der Regel sehr knappen Ressourcen im Unternehmen zugreifen. Daher muss behutsam vorgegangen werden. Auf andere, im Unternehmen bereits bestehende Formen der Verbesserungsarbeit muss Rücksicht genommen werden.

Vor allem ist unternehmensspezifisch festzulegen, wann welche Form der Verbesserungsarbeit zur Anwendung kommt. Das Zusammenspiel der verschiedenen Formen ist zu definieren. Für jede Form sind die erforderlichen Rahmenbedingungen zu schaffen. Zur bestmöglichen Nutzung der knappen Ressourcen im Unternehmen wird man in der laufenden Verbesserungsarbeit regelmäßig Schwerpunkte und Prioritäten abstimmen müssen.

9.1.3 Zusammenspiel zwischen Lean Management und Six Sigma

Lean Management ist ein weiteres wichtiges Konzept zur Erzielung von Verbesserungen. Insbesondere Industrieunternehmen beschäftigen sich parallel mit Lean Management und Six Sigma. Daher ist es erforderlich, die Einsatzbereiche, das Zusammenspiel und die Kombinationsmöglichkeiten dieser beiden Ansätze zu untersuchen.

Lean Management und Six Sigma haben viele Gemeinsamkeiten. Sie stehen nicht im Wettbewerb zueinander, sondern ergänzen sich. Beide verfolgen die gleiche Zielsetzung, nämlich die Verbesserung von Effizienz und Effektivität im Unternehmen. Beide Konzepte verlangen ein Commitment der Unternehmensleitung, erfordern die Bereitstellung von Ressourcen und sind zur Sicherstellung der Nachhaltigkeit in geeigneter Form in der Organisation des Unternehmens zu verankern.

Unterschiede zwischen Lean Management und Six Sigma bestehen im Vorgehen:

Lean Management

Die Umsetzung von Verbesserungen erfolgt mit Hilfe verschiedener Werkzeuge und Methoden, die für spezielle Aufgabenstellungen entwickelt wurden. Ein Beispiel dafür ist SMED (Single Minute Exchange of Die / Rüstprozessoptimierung). Ein explizites Lean-Vorgehensmodell, wie der DMAIC-Zyklus bei Six Sigma, existiert nicht.

Six Sigma

Projektwürdige Verbesserungspotenziale werden je nach Aufgabenstellung entweder entsprechend dem DMAIC- oder dem PIDOV-Zyklus abgearbeitet. Innerhalb der Phasen kommen verschiedene Werkzeuge und Methoden (z. B. Statistische Versuchsplanung) zur Anwendung.

Lean Management und Six Sigma ergänzen einander

Lean Management löst Six Sigma-Projekte aus

Werden in der Lean Management-Initiative Aufgabenstellungen erkannt, die aufgrund ihrer Art und Komplexität mit den bestehenden Lean Management-Methoden nicht bearbeitet werden können, sondern ein Vorgehen im Sinne von DMAIC erfordern, dann kommt Six Sigma zur Anwendung. D. h. die Anwendung von Lean Management-Methoden dient als Quelle für die Identifikation von Six Sigma-Projekten. Aus der Sicht von Lean Management wird Six Sigma damit zu einer Verbesserungsmethode, die im Bedarfsfall zur Anwendung gebracht wird.

Beispiel 9-1 Identifikation eines Six Sigma-Projekts im Zuge der Wertstromanalyse

Im Zuge der Optimierung eines Prozesses mit Hilfe der Wertstromanalyse wurde erkannt, dass an einer Engpassmaschine die geplanten Zykluszeiten nicht erreicht werden. In Abhängigkeit vom eingesetzten Rohmaterial wurden von den Mitarbeitern zwar laufend verschiedene Einstellungen an Maschine und Vorrichtung erprobt, eine nachhaltige Verbesserung wurde jedoch nicht erreicht. Zur Optimierung des Wertstroms musste dieser Engpass beseitigt werden. Nachdem es sich um eine komplexe Aufgabenstellung handelte, welche die Zusammenarbeit mehrerer Fachbereiche erforderte, wurde zur Verbesserung ein Six Sigma-Projekt gestartet. ■

Six Sigma nutzt Lean Management-Methoden im Verbesserungsprojekt

Umgekehrt kommt es vor, dass man im Zuge der Abwicklung von Six Sigma-Projekten auf die Werkzeuge und Methoden des Lean Managements zugreifen muss. Erkennt man beispielsweise bei der Optimierung eines Produktionsprozesses in der Phase **Analyze**, dass im Rüstprozess große Optimierungspotenziale liegen, kann die Methode SMED (eine Methode aus Lean Management) wertvolle Dienste leisten.

Vermeidung von Verschwendung

Ein weiterer Ausgangspunkt für den Vergleich der beiden Ansätze ist das Streben nach Vermeidung von Verschwendung. Im Lean Management-Ansatz steht die Vermeidung jeglicher Verschwendung im Mittelpunkt. Auch wenn dieses Anliegen im Six Sigma-Ansatz nicht so klar ausformuliert ist, zielen Six Sigma-Projekte in der Regel auch auf die Vermeidung von Verschwendung ab.

Als Hilfestellung für die Identifikation und Vermeidung von Verschwendung wurden von Toyota sieben Verschwendungsarten definiert (siehe Bild 9-3).

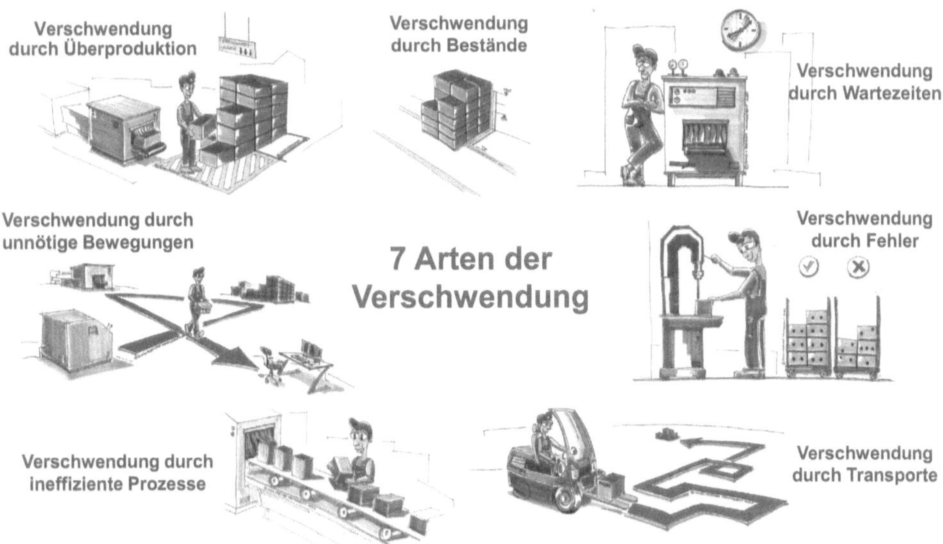

Bild 9-3 Die sieben Verschwendungsarten

Bild 9-4 zeigt ausgehend von diesen sieben Verschwendungsarten das Zusammenspiel von Lean Management und Six Sigma. Da die Methoden der Qualitätssicherung ebenso zur Vermeidung von Verschwendung dienen, wurden sie in die Betrachtung miteinbezogen. Das Bild zeigt, wie Lean Management und Six Sigma einander unterstützen und ergänzen.

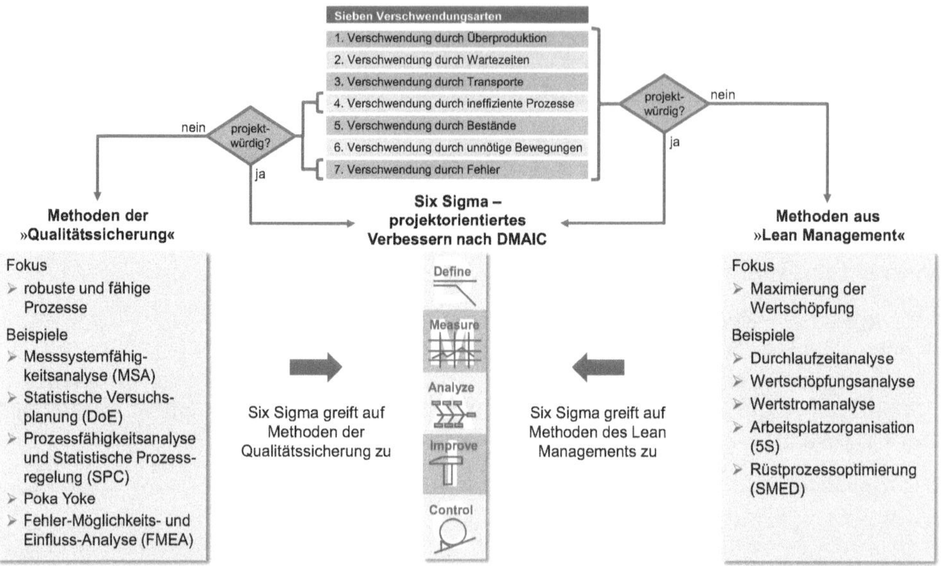

Bild 9-4 Zusammenspiel unterschiedlicher Optimierungsansätze

Die anzuwendende Methode zur Vermeidung von Verschwendung leitet sich aus der Aufgabenstellung ab.

Vermeidung von Verschwendung mit Hilfe von Methoden aus Lean Management

Die Lean Management-Methoden werden unter breiter Einbindung der Mitarbeiter in allen Bereichen des Unternehmens zur Beseitigung aller sieben Verschwendungsarten eingesetzt. Stellt man Verschwendung fest, so wird je nach Art der Aufgabenstellung eine der Methoden eingesetzt. Der Fokus liegt auf der Maximierung der Wertschöpfung.

Vermeidung von Verschwendung mit Hilfe von Methoden der Qualitätssicherung

Die Methoden der Qualitätssicherung kommen vorrangig bei der Beseitigung von Verschwendungen infolge ineffizienter Prozesse oder Fehler zur Anwendung. Der Fokus liegt auf der Gestaltung robuster und fähiger Prozesse.

Vermeidung von Verschwendung mit Hilfe von Six Sigma

Projektorientiertes Vorgehen nach DMAIC kommt dann zur Anwendung, wenn die Aufgabenstellung ein Vorgehen in Projektform erfordert. Identifiziert man komplexe Aufgabenstellungen, die zur Lösung eine fundierte Untersuchung des gegenwärtigen Zustandes (Phase **Measure**), eine tiefgehende Ursachenanalyse, verbunden mit der Durchführung von Versuchen (Phase **Analyze**), und eine strukturierte Entwicklung von Verbesserungs- und Absicherungsmaßnahmen (Phase **Improve**) erfordern, dann kommt Six Sigma zum Einsatz. Six Sigma zielt dabei vorrangig auf effiziente, beherrschte und fähige Prozesse ab.

Bild 9-4 zeigt weiters, dass bei der Abwicklung von Six Sigma-Projekten auf die Methoden der Qualitätssicherung und des Lean Managements zugegriffen wird.

9.2 Einbindung von Six Sigma in die Aufbauorganisation

Entscheidenden Anteil am Erfolg bei der Umsetzung von Six Sigma haben die handelnden Personen. Daher sind in Six Sigma Rollen definiert, die von Mitarbeitern aus unterschiedlichen Bereichen des Unternehmens wahrzunehmen sind. Die Rollen stehen für bestimmte Aufgaben, Verantwortlichkeiten, Befugnisse und Anforderungsprofile. Eine Übersicht dazu ist bereits in Abschnitt 1.2 dargestellt. In diesem Kapitel wird auf ausgewählte Rollen und deren Einbindung in die Aufbauorganisation eingegangen.

Die Bezeichnungen der Rollen sind zum Teil von asiatischen Kampfsportarten entliehen. Unterschieden wird dabei üblicherweise zwischen Green Belts, Black Belts, Master Black Belts und Champions. White Belts, Yellow Belts und Six Sigma-Manager sind weitere Rollen, die in Six Sigma-Programmen häufig vorkommen.

Eine Übersicht über die Einordnung der Six Sigma-Rollen in die Aufbauorganisation gibt Bild 9-5. Six Sigma-Champions sind Führungskräfte, die die Befugnis haben, Verbesserungsprojekte zu beauftragen. Green Belts und Black Belts nehmen eine zentrale Rolle ein. Ihre Aufgabe ist es, die Verbesserungsprojekte zu leiten. Master Black Belts übernehmen neben der Abwicklung von Verbesserungsprojekten auch Trainingsaufgaben und organisatorische Aufgaben. Yellow Belts arbeiten als Prozessexperten in den Six Sigma-Projektteams mit. Sie stammen aus denjenigen Bereichen, die an dem zu verbessernden Prozess beteiligt sind. Der Six Sigma-Manager hat vor allem die Aufgabe, das Six Sigma-Programm zu koordinieren.

Die Rollen sind zweckmäßig aufeinander abgestimmt. Für den Erfolg des Programms ist das optimale Zusammenspiel dieser Rollen erforderlich.

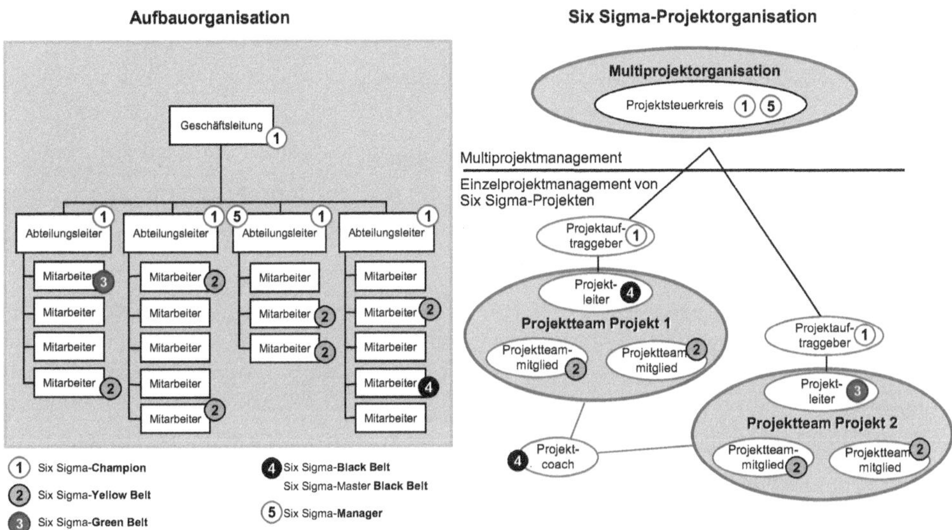

Bild 9-5 Six Sigma-Rollen in der Aufbauorganisation und im Projektteam

Eine weitere Besonderheit im Six Sigma-Programm liegt in der klaren Forderung nach einer geeigneten Qualifikation der Mitarbeiter. Für die Rollen sind in der Six Sigma-Literatur neben den Aufgaben auch die erforderlichen Qualifikationen und die damit verbundenen Ausbildungsinhalte über weite Bereiche standardisiert.

Ein wichtiger Teil der Six Sigma-Einführung ist die Einbindung der Six Sigma-Rollen in die Aufbauorganisation des Unternehmens. Die zu etablierenden Rollen sind festzulegen. Aufgaben, Befugnisse und Verantwortlichkeiten der Inhaber dieser Rollen müssen unternehmensspezifisch konkretisiert und in die Aufbauorganisation eingebunden werden. Schließlich müssen die Mitarbeiter durch eine geeignete Qualifizierung auf ihre Rolle vorbereitet werden.

9.2.1 Six Sigma-Champions

Champions sind Führungskräfte im Unternehmen. Sie steuern das Six Sigma-Programm und sind für dessen Erfolg verantwortlich. Sie definieren die Mitarbeiter, die eine Yellow Belt-, Green Belt-, Black Belt- oder Master Black Belt-Ausbildung erhalten sollen und sorgen auch für ihre Ausbildung. Sie identifizieren Verbesserungspotenziale und wählen daraus die umzusetzenden Six Sigma-Projekte aus. Champions beauftragen Green Belts, Black Belts und Master Black Belts mit der Umsetzung der Six Sigma-Projekte, stellen ihnen dafür die notwendigen Ressourcen zur Verfügung und unterstützen die Teams bei der Projektabwicklung. Sie nehmen die abgeschlossenen Projekte ab und sorgen für die Nachhaltigkeit der Verbesserung.

Liegt die Verantwortung für den zu verbessernden Prozess innerhalb einer Abteilung (z.B. Optimierungsprojekt an einer Schweißanlage), dann sollte der entsprechende Abteilungsleiter auch die Rolle des Champions wahrnehmen. Ist die Verantwortung für den zu verbessernden Prozess eine abteilungsübergreifende (z.B. Optimierung des Prozesses „Aufträge abwickeln“), dann sollte der Prozesseigner dieses Prozesses die Rolle des Champions wahrnehmen. In beiden Fällen übernimmt dieser Champion gleichzeitig auch die Rolle des Projektauftraggebers des Six Sigma-Projektes.

Funktionsbeschreibung für Six Sigma-Champions

Bild 9-6 zeigt ein Beispiel einer Funktionsbeschreibung für Six Sigma-Champions. Der große Umfang der Funktionsbeschreibung spiegelt auch die umfangreichen Aufgaben der Six Sigma-Champions wider.

Die Funktionsbeschreibung verschafft Klarheit über die Aufgaben, die Befugnisse, die Verantwortlichkeiten und die Anforderungen in Bezug auf die Rolle des Champions. Sie unterstützt die Führungskräfte bei der Integration dieser Rolle in die bestehende Aufbauorganisation.

Eine besonders wichtige Aufgabe der Champions ist die Bereitstellung der Ressourcen für die notwendigen Verbesserungsprojekte. Die Erfahrung zeigt, dass die Verbesserungsarbeit durch den Druck des Tagesgeschäftes immer wieder zurückgedrängt wird. Die Führungskräfte müssen dafür Sorge tragen, dass die Black Belts, Green Belts und Yellow Belts die notwendigen zeitlichen Ressourcen für ihre Verbesserungsarbeit erhalten.

Muster GmbH	**Funktionsbeschreibung** **Six Sigma-Champion**	Datum: 13. Jänner 20xx Ausgabe 1.0

Aufgaben / Tätigkeiten

- potenzielle Verbesserungsprojekte identifizieren und auswählen
- Projektleiter auswählen / bei der Auswahl der Teammitglieder unterstützen
- mit dem Projektteam Ziele vereinbaren / Ressourcen genehmigen
- an Projektstart- und Projektabschluss-Workshop teilnehmen, punktuell an Projektbesprechungen teilnehmen
- Projektleiter führen und unterstützen / regelmäßigen Informationsaustausch mit dem Projektleiter pflegen
- systematisches Vorgehen im Projekt sicherstellen
- übergeordnetes Projektcontrolling durchführen
- Koordination zwischen den Projekten sicherstellen und gegebenenfalls Prioritäten setzen
- Ressourcen bereitstellen
- bei der Bewältigung von Konflikten unterstützen
- beim Projektmarketing unterstützen
- gemachte Erfahrungen sichern / Nachhaltigkeit der Projektergebnisse sicherstellen
- Projektleiter / Teammitglieder durch die Projektabnahme entlasten
- bei der Auswahl von Kandidaten für Green Belts und Black Belts unterstützen

Verantwortung

- Projekt ist über einen klaren Projektauftrag definiert
- Projekt verfügt über die notwendigen Ressourcen
- Projekt steht im Einklang mit den Unternehmenszielen
- adäquate Strukturen für die Nachprojektphase sind garantiert

Befugnisse

- Festlegung von Projektleitern / Teammitgliedern (in Abstimmung mit Fachabteilungen)
- Definition und Veränderung der Projektziele und Rahmenbedingungen
- Beauftragung des Projektteams
- Abbruch von Projekten
- Abnahme des Projektes / Entlastung des Projektteams

Anforderungsprofil

- Kenntnis des Unternehmens (z. B. Strategie, Organisation)
- Kenntnis der Six Sigma-Philosophie, der Vorgehensmodelle, der eingesetzten Werkzeuge und der notwendigen Rahmenbedingungen
- Methodenwissen, grundlegendes Wissen zum Werkzeugeinsatz in Six Sigma-Projekten
- Kenntnis des Projektmanagements zur Steuerung von Six Sigma-Projekten (insbesondere Prozesse im Einzel- und Multiprojektmanagement)
- Führungsfähigkeiten
- Fachwissen nach Anforderungen des Verbesserungsprojektes

Bild 9-6 Beispiel für die Funktionsbeschreibung „Six Sigma-Champion“

Organisatorische Eingliederung von Six Sigma-Champions

Analysiert man die Funktionsbeschreibung im Detail, dann erkennt man, dass es sich dabei im Wesentlichen um Aufgaben, Verantwortlichkeiten und Befugnisse handelt, die von Abteilungsleitern, Prozesseignern und Projektauftraggebern ohnehin wahrzunehmen sind. Six Sigma-Champions werden daher üblicherweise nicht als eigenständige Rollen in die Aufbauorganisation eingegliedert. Vielmehr handelt es sich um eine Rolle, die von Führungskräften neben ihren weiteren Aufgaben wahrzunehmen ist.

Im Sinne eines integrierten Managementsystems sollte man die in Bild 9-6 dargestellte Funktionsbeschreibung lediglich als Ideenlieferant nutzen und die Inhalte zweckmäßig in bereits bestehende Stellen- und Funktionsbeschreibungen integrieren. Bild 9-7 stellt dies beispielhaft dar.

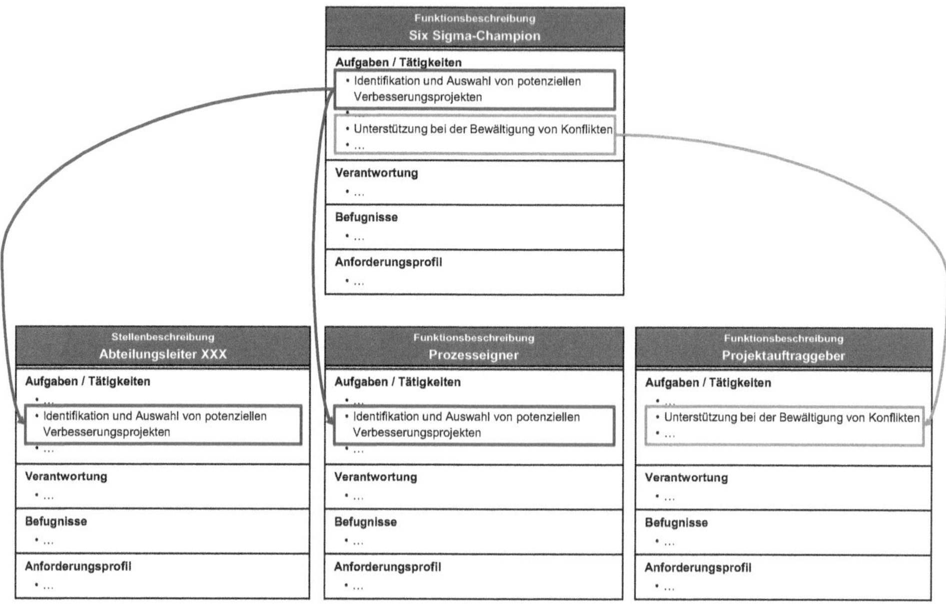

Bild 9-7 Adaptierung bestehender Stellen- und Funktionsbeschreibungen

Ausbildung zum Six Sigma-Champion

Die Ausbildung zum Six Sigma-Champion dient vor allem dazu, die Führungskräfte für die Idee der ständigen Verbesserung und für Six Sigma zu gewinnen. Die Führungskräfte müssen den Nutzen von Six Sigma für ihre Bereiche erkennen. Ebenso ist es von Bedeutung, dass die Führungskräfte ihre wichtige Rolle verstehen und wahrnehmen können. Ein wichtiger Bestandteil der Ausbildung von Champions ist daher die intensive Auseinandersetzung mit der Funktionsbeschreibung Six Sigma-Champion.

Die angebotenen Ausbildungen zum Six Sigma-Champion dauern üblicherweise ein bis zwei Tage und behandeln Themen wie das Management von Six Sigma-Projekten, das DMAIC-Phasenmodell, die eingesetzten Werkzeuge und Methoden und das Vorgehen zur organisatorischen Verankerung von Six Sigma. Die Führungskräfte werden dadurch in die Lage versetzt, das Six Sigma-Programm zu steuern, Six Sigma-Projekte zielgerichtet auszuwählen und die Green Belts und Black Belts bei der Projektabwicklung wirksam zu unterstützen. Für den erfolgreichen Einsatz von Six Sigma ist es notwendig, dass in der Champion-Ausbildung auch konkret auf das eigene Unternehmen eingegangen wird und die Inhalte auf das eigene Unternehmen übertragen werden.

9.2.2 Six Sigma-Manager

Im Zuge der Einführung von Six Sigma ist auch eine Stelle zu definieren, welche die organisatorischen und administrativen Aufgaben im Zusammenhang mit Six Sigma übernimmt. Dazu gehört beispielsweise die Steuerung der Qualifizierungsprogramme und die

Koordination der regelmäßigen Treffen des Steuerkreises. Diese Rolle wird häufig von einem Six Sigma-Manager wahrgenommen. Er koordiniert die laufende Umsetzung des Verbesserungsprogramms.

Funktionsbeschreibung für den Six Sigma-Manager

Bild 9-8 zeigt beispielhaft die Funktionsbeschreibung für den Six Sigma-Manager.

Muster GmbH	**Funktionsbeschreibung** **Six Sigma-Manager**	Datum: 13. Jänner 20xx Ausgabe 1.0

Aufgaben / Tätigkeiten

- Six Sigma-Anwendung unternehmensweit steuern
- Pool an Projektideen verwalten
- Projektsteuerkreis / Multiprojektmanagement koordinieren
- Auswahl der Kandidaten für die Six Sigma-Qualifizierung koordinieren
- Qualifizierungen zu Six Sigma planen und organisieren (abgestimmt mit Personalmanagement)
- Six Sigma-Zertifizierungen abwickeln
- Aktivitäten und Ergebnisse bezüglich Six Sigma an Leitung berichten
- projektübergreifendes Six Sigma-Marketing koordinieren
- Six Sigma-Anwendung im Unternehmen weiterentwickeln
- ...

Verantwortung

- Six Sigma ist in die Organisation zweckmäßig integriert
- Mitarbeiter sind für den erfolgreichen Einsatz von Six Sigma qualifiziert
- notwendige Rahmenbedingungen für die Verbesserungsarbeit (z.B. externer Coach, Anwendungssoftware) sind vorhanden
- ...

Befugnisse

- ...

Anforderungsprofil

- ...

Bild 9-8 Beispiel für die Funktionsbeschreibung „Six Sigma-Manager“

Organisatorische Eingliederung des Six Sigma-Managers

Die Rolle des Six Sigma-Managers sollte von einer zentralen, der Unternehmensleitung zugeordneten Stelle übernommen werden. Dies kann beispielsweise der Verbesserungsmanager oder der Qualitätsmanager sein. Idealerweise ist diese zentrale Stelle nicht nur für Six Sigma, sondern für den gesamten Verbesserungsprozess verantwortlich. So wird sichergestellt, dass Six Sigma harmonisch in die bestehenden Formen der Verbesserungsarbeit eingebettet ist.

Ausbildung zum Six Sigma-Manager

Six Sigma-Manager sollten die gleiche Ausbildung wie Six Sigma-Champions erhalten.

9.2.3 Six Sigma-Black Belts

Black Belts (und auch Green Belts) sind die tragenden Säulen der Six Sigma-Initiative. Sie leiten die Six Sigma-Projekte und sorgen damit für die Realisierung der Verbesserungen.

Funktionsbeschreibung für Six Sigma-Black Belts

Bild 9-9 zeigt ein Beispiel für die Funktionsbeschreibung für den Six Sigma-Black Belt.

Muster GmbH	Funktionsbeschreibung **Six Sigma-Black Belt**	Datum: 13. Jänner 20xx Ausgabe 1.0

Aufgaben / Tätigkeiten

- bei der Identifikation und Auswahl von potenziellen Verbesserungsprojekten unterstützen
- Zielvereinbarung zum Six Sigma-Projekt erstellen (gemeinsam mit Champion)
- Teammitglieder auswählen
- Projektplanung erstellen / Projektstart-Workshop durchführen
- Projektkommunikation sicherstellen / Projektbesprechungen vorbereiten und durchführen
- Projekthandbuch führen / Projektdokumentation sicherstellen
- Projekt koordinieren
- Projektberichte erstellen / regelmäßigen Informationsaustausch mit dem Champion pflegen
- systematisches Vorgehens im Sinne von Six Sigma sicherstellen
- zweckmäßige Anwendung der Six Sigma-Werkzeuge im Projekt sicherstellen
- Projektcontrolling durchführen
- Projektmarketing planen und umsetzen
- Projektabschluss-Workshop vorbereiten und durchführen
- Green Belts und andere Mitarbeiter bei der zweckmäßigen Anwendung der Werkzeuge und Methoden unterstützen

Verantwortung

- Projektziele sind erreicht
- Projekttermine, Kosten und geplante Ressourcen sind eingehalten
- Standards zur Abwicklung von Six Sigma-Projekten sind eingehalten

Befugnisse

- Festlegung von Teammitgliedern (in Abstimmung mit Fachabteilungen und Champions)
- Ablehnung von Projektzielen bzw. Rahmenbedingungen
- Verfügung über die genehmigten Ressourcen

Anforderungsprofil

- Kenntnis des Unternehmens (z. B. Strategie, Organisation)
- Kenntnis der Six Sigma-Philosophie, der Vorgehensmodelle, der eingesetzten Werkzeuge und der notwendigen Rahmenbedingungen
- detailliertes Wissen zur Abwicklung von Six Sigma-Projekten und zum Werkzeugeinsatz in Six Sigma-Projekten
- Kenntnis des Projektmanagements zur Steuerung von Six Sigma-Projekten
- Führungsfähigkeiten
- Fachwissen nach Anforderungen des Verbesserungsprojektes

Bild 9-9 Beispiel für die Funktionsbeschreibung „Six Sigma-Black Belt"

Organisatorische Eingliederung der Six Sigma-Black Belts

Black Belts können zentral oder dezentral in die Aufbauorganisation eingegliedert werden. Die Zuordnung der Black Belts zu einer zentralen Stelle (z. B. Abteilung Verbesserungsmanagement), wie in der Literatur auch häufig dargestellt, basiert auf der Idee, dass sie als Dienstleister für die Führungskräfte Verbesserungsprojekte realisieren. Dafür spricht ein möglicherweise zielgerichteterer Einsatz der Black Belts aus der Sicht des Gesamtunternehmens und der bessere Erfahrungsaustausch unter den Black Belts bezüglich Six Sigma.

In kleinen und mittelständischen Unternehmen ist häufiger die dezentrale Eingliederung der Black Belts anzutreffen. Vielfach handelt es sich um Prozessentwickler, Prozessoptimierer oder Qualitätstechniker, die neben ihren weiteren Aufgaben auch die Rolle des Black Belts wahrnehmen. Für diese Form der Eingliederung spricht der stärkere Bezug der Black Belts zu den operativen Bereichen und die engere Zusammenarbeit mit diesen Bereichen. Wählt man diese Variante, so wird man die Inhalte der in Bild 9-9 dargestellten Funktionsbeschreibung in verdichteter Form in die Stellenbeschreibung dieser Mitarbeiter integrieren.

Unabhängig von der Form der Eingliederung ist dafür zu sorgen, dass die Black Belts die notwendigen (vor allem zeitlichen) Ressourcen für ihre Verbesserungsarbeit erhalten.

Ausbildung zum Six Sigma-Black Belt

Black Belts verfügen über eine umfangreiche Ausbildung für die Abwicklung von Six Sigma-Projekten und den Einsatz der Werkzeuge. Die Ausbildung besteht aus einer zielgerichteten Kombination von Trainings, Umsetzung in die betriebliche Praxis und Reflexion der individuell gemachten Erfahrungen. Sie umfasst in der Regel vier mal fünf Trainingstage und erstreckt sich über einen Zeitraum von mehreren Monaten (siehe Bild 9-10).

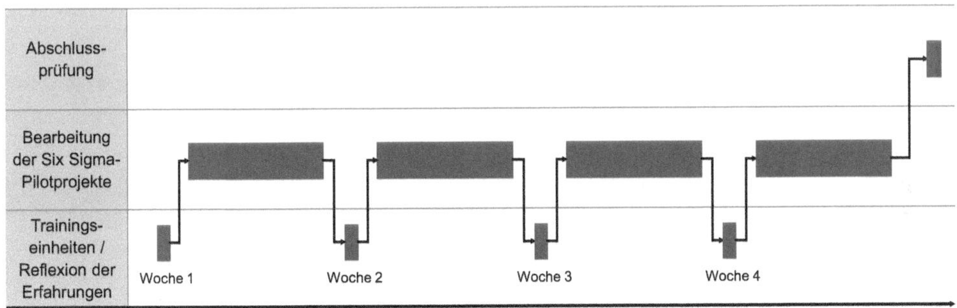

Bild 9-10 Beispiel für den Aufbau einer Black Belt-Ausbildung

Die Besonderheit dieses Ausbildungskonzepts liegt darin, dass die in den Theorieeinheiten vermittelten Inhalte anhand von zumindest einem konkreten Verbesserungsprojekt ausbildungsbegleitend in der betrieblichen Praxis anzuwenden sind. In der zweiten, dritten und vierten Ausbildungswoche haben die angehenden Black Belts die Gelegenheit, ihr Vorgehen, die Ergebnisse und die gemachten Erfahrungen zu präsentieren. Vom Trainer und von den anderen Teilnehmern erhalten sie dabei Feedback zur Abwicklung des Projektes sowie zur Auswahl und Anwendung der eingesetzten Werkzeuge. Damit sammeln die Teilnehmer bereits während der Theorieausbildung Praxiserfahrung, denn jeder Teilnehmer wickelt selbst ein Projekt ab und begleitet je nach Anzahl der Trainingsteilnehmer etwa zehn weitere Projekte. Die Teilnehmer lernen nicht nur aus ihrem eigenen Projekt, sondern profitieren auch von den gemachten Erfahrungen ihrer Kollegen. Dadurch wird das Verständnis für die Methoden gefördert. Die gelernten Inhalte werden gefestigt und die Teilnehmer erhalten die notwendige Sicherheit im Vorgehen sowie in der Anwendung der Werkzeuge und Methoden.

Ein nicht außer Acht zu lassender zusätzlicher Nutzen der Black Belt-Ausbildung ist, dass die Teilnehmer bereits während der Ausbildung Verbesserungen und Einsparungen für das Unternehmen realisieren. Die Ausbildungskosten werden in der Regel bei Weitem durch die Einsparungen bei der Durchführung der Ausbildungsprojekte gedeckt.

9.2.4 Six Sigma-Green Belts

Ähnlich wie Black Belts leiten auch Green Belts Six Sigma-Projekte und sorgen damit für die Realisierung von Verbesserungen im Unternehmen. Ihre Ausbildung ist vor allem im Bereich der Werkzeuge und Methoden weniger umfangreich als bei den Black Belts und dauert bis zu zehn Tage. Dementsprechend werden sie im Vergleich zu den Black Belts für weniger komplexe Aufgabenstellungen eingesetzt.

Die Funktionsbeschreibung für Six Sigma-Green Belts entspricht weitgehend derjenigen für Black Belts. Die organisatorische Eingliederung erfolgt in gleicher Form wie bei Black Belts.

9.2.5 Six Sigma-Yellow Belts

Yellow Belts stammen aus denjenigen Bereichen, die an dem zu verbessernden Prozess beteiligt sind. Sie verfügen über eine grundlegende Ausbildung in Six Sigma im Umfang von etwa zwei Trainingstagen und sind damit in der Lage, als Fachexperten in Six Sigma-Projekten mitzuarbeiten. Dazu ist es nicht notwendig, dass sie selbstständig Verbesserungsprojekte abwickeln und Werkzeuge anwenden können. Wichtig ist vielmehr, dass sie die Anwendung der Werkzeuge grundsätzlich verstehen, Analyseergebnisse interpretieren können und ihre Erfahrungen einbringen. Ihre Mitarbeit in Six Sigma-Projekten fördert außerdem ihre Identifikation mit den Verbesserungen und erleichtert das Aufrechterhalten des verbesserten Zustandes.

Die Erstellung einer eigenen Funktionsbeschreibung für Six Sigma-Yellow Belts ist nicht notwendig. Das Verbessern des eigenen Bereiches und die Mitarbeit in Verbesserungsteams sollten in den Funktionsbeschreibungen von z. B. Produktionsmitarbeitern ohnehin bereits enthalten sein. Six Sigma-spezifische Inhalte (z. B. Verständnis des DMAIC-Phasenmodells) sind zu ergänzen.

9.2.6 Six Sigma-Master Black Belts

Master Black Belts wickeln wie Green Belts und Black Belts Verbesserungsprojekte ab. Sie verfügen über eine tiefergehende Ausbildung zu Six Sigma und eine umfangreichere Erfahrung in der Projektabwicklung und widmen sich daher komplexeren Aufgabenstellungen. Master Black Belts sind zudem eine wichtige Ansprechstelle für Green Belts und Black Belts. Sie trainieren zu Six Sigma und coachen Green Belts und Black Belts bei der Abwicklung ihrer Verbesserungsprojekte. Daneben unterstützen Master Black Belts als Six Sigma-Experten die Führungskräfte bei der Auswahl und

Definition der Verbesserungsprojekte. Ebenso unterstützen sie den Six Sigma-Manager bei der Bereitstellung der erforderlichen organisatorischen Rahmenbedingungen für die Verbesserungsarbeit.

Die Ausbildung zum Master Black Belt ist nicht standardisiert. Sie beinhaltet jedenfalls eine Vertiefung in ausgewählten Werkzeugen und Methoden sowie eine didaktische Ausbildung, um die Trainings entwickeln und durchführen zu können. In der Literatur ist man zudem der einheitlichen Auffassung, dass eine mehrjährige Tätigkeit als Black Belt Voraussetzung für eine Tätigkeit als Master Black Belt ist.

Für die organisatorische Eingliederung der Master Black Belts gilt sinngemäß das gleiche wie für die Black Belts.

9.2.7 Unternehmensleitung

Eine entscheidende Rolle in der Six Sigma-Initiative fällt der Leitung des Unternehmens zu. Diese muss von Six Sigma überzeugt sein und dies auch entsprechend vermitteln. Der Erfolg des Six Sigma-Programms muss von den Mitarbeitern als persönliches Anliegen der Unternehmensleitung aufgefasst werden.

Hauptaufgaben der Unternehmensleitung sind z. B.:

- Mitarbeiter von der Notwendigkeit und der Zweckmäßigkeit von Six Sigma überzeugen
- Six Sigma in der Strategie und in den Zielen des Unternehmens verankern
- Six Sigma-Initiative anstoßen, einführen und verfolgen
- Fortschritt der Projekte verfolgen und Leistung der Teams würdigen
- Erfolgsfaktoren schaffen und aufrechterhalten (insbesondere Bereitstellung der Ressourcen und Motivation der Mitarbeiter)

Für die Mitglieder der Unternehmensleitung ist keine spezielle Six Sigma-Ausbildung vorgesehen. Sie sollten wie die Vertreter des übrigen Führungskreises eine Six Sigma-Champion-Ausbildung absolvieren.

9.3 Einbindung von Six Sigma in die Ablauforganisation

Six Sigma ist ein projektorientiertes Vorgehen zur Optimierung von Produkten bzw. Prozessen. Das Vorgehen zur Auswahl, Beauftragung und Abwicklung von Verbesserungsprojekten wurde bereits in Abschnitt 2 beschrieben. Die Basis dafür bildet die Six Sigma-Roadmap mit dem darin integrierten Projektstrukturplan.

Im Zuge der Verankerung von Six Sigma in der Unternehmensorganisation muss das Vorgehen sowohl für die Abwicklung eines einzelnen Projektes wie auch für die übergreifende Steuerung des Projektportfolios festgelegt werden. Es bietet sich an, die Abläufe, die wiederholt und bereichsübergreifend auftreten, in Form von Prozessen zu standardisieren. Zielsetzung dieser Bemühungen ist letztendlich, dass die Abwicklung von Verbesserungsprojekten für die involvierten Mitarbeiter zur Routine wird.

Bild 9-11 gibt einen Überblick über die wichtigsten Prozesse für die Umsetzung der Verbesserungsprojekte und die wesentlichen Nahtstellen zwischen den Teilprozessen. Der Prozess „Projekt starten" wird aus dem Prozess „Projekt beauftragen" heraus angestoßen. In der Projektabwicklung existiert ein starker Austausch zwischen dem Prozess „Projektcontrolling durchführen" auf der Ebene des einzelnen Projektes und dem Prozess „Multiprojektcontrolling durchführen". Der Prozess „Projekt abschließen" wiederum steht in enger Beziehung mit dem Prozess „Projekt abnehmen und evaluieren".

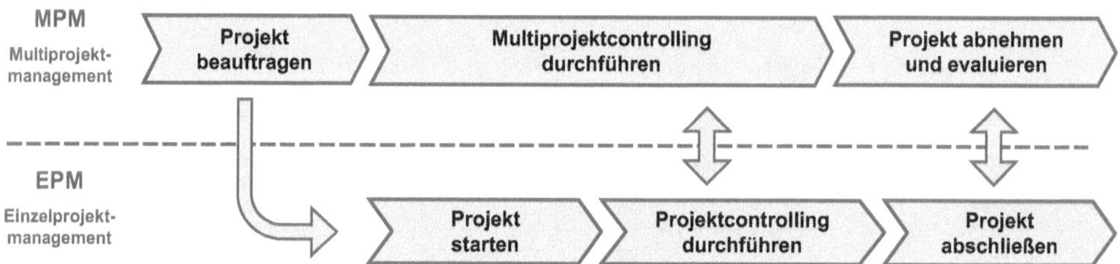

Bild 9-11 Übersicht über die Einzel- und Multiprojektmanagementprozesse

Im weiteren Verlauf dieses Abschnittes werden die in Bild 9-11 angeführten Prozesse erläutert und beispielhaft in Form von Prozessbeschreibungen dargestellt. Darin sind zu den einzelnen Prozessschritten neben Tätigkeiten, Verweisen, Ergebnissen und Anmerkungen auch Zuständigkeiten eingetragen. Die Zuständigkeiten werden in die folgenden vier Kategorien eingeteilt:

D	Durchführung
E	Entscheidung
M	Mitarbeit
I	Information

Die für die Zuständigkeiten verwendeten Rollen werden folgendermaßen abgekürzt:

FK	Führungskräfte (Leitung, erste bis zweite Führungsebene)
IL	Ideenlieferant (jener Mitarbeiter, der die Verbesserungsidee vertritt)
SSK	Six Sigma-Steuerkreis
SSM	Six Sigma-Manager
PAG	Projektauftraggeber
PL	Projektleiter (Six Sigma-Green Belt, Six Sigma-Black Belt oder Six Sigma-Master Black Belt)
PT	Projektteam

Die Verankerung der Prozesse in der Unternehmensorganisation muss unternehmensspezifisch erfolgen. Die Prozesse sind zweckmäßig in die bestehende Ablauforganisation zu integrieren. Einerseits sollen dabei die zur Abwicklung der Verbesserungsprojekte erforderlichen Abläufe klar festgelegt und standardisiert sein. Andererseits ist aber auch darauf zu achten, dass die Abläufe nicht zu kompliziert werden und dadurch die Verbesserungsarbeit behindern.

9.3.1 Prozess „Projekt beauftragen“

Der erste Teil des Projektbeauftragungsprozesses dient der laufenden Erfassung und Bewertung von Ideen für Verbesserungsprojekte. Anschließend werden daraus Six Sigma-Projekte abgeleitet und nach Maßgabe der verfügbaren Ressourcen in die Organisation eingesteuert.

Identifikation von potenziellen Projekten

Zunächst gilt es, Ideen in systematischer Form zu identifizieren und zu erfassen. Ideen für Six Sigma-Projekte können aus unterschiedlichen Quellen stammen, wie z. B.:

- aus der Strategie des Unternehmens
- aus den Kennzahlen (z. B. Unternehmens-, Bereichs-, Prozess- oder Qualitätskennzahlen)
- aus Ergebnissen von Prozessen (z. B. Prozess „Interne Audits durchführen“, „Kundenzufriedenheit ermitteln“)
- aus Kundenrückmeldungen (allgemeines Feedback, Beschwerden, Reklamationen)
- aus Vorschlägen von Mitarbeitern (evtl. auch aus betrieblichem Vorschlagswesen)
- aus anderen Six Sigma-Projekten

Die Ideen sollten in einer Liste potenzieller Six Sigma-Projekte gesammelt werden. Da solche Ideen laufend einlangen, muss diese Liste auch ständig gepflegt werden.

Bewertung, Auswahl und Beauftragung der Projekte

Die Ideen werden zunächst auf ihre Projektwürdigkeit geprüft. Ein typisches Kriterium für die Projektwürdigkeit ist, dass die zu realisierende Verbesserung einen bestimmten Umfang an Komplexität hat, zumindest mehrere Monate für die Bearbeitung erfordert und nur in einem interdisziplinären Team zu lösen ist. Verbesserungsideen, die sich als nicht projektwürdig herausstellen, können beispielsweise in einem KVP-Team (Mitarbeiter-KVP) weiterbehandelt werden oder direkt von einem Mitarbeiter aus einer der Verbesserungsidee zuordenbaren Abteilung zur Bearbeitung übernommen werden.

Üblicherweise wird man im Unternehmen rasch über einen großen Pool von Ideen für Six Sigma-Projekte verfügen. Daher gilt es, im nächsten Schritt daraus jene Projektvorschläge auszuwählen, bei deren Realisierung mit geringstem Aufwand der größte Nutzen für das Unternehmen erreicht werden kann. Durch diesen systematischen Auswahlprozess wird sichergestellt, dass mit den begrenzten Ressourcen im Unternehmen die größte Wirkung erzielt wird.

Aus den vorausgewählten Projektvorschlägen wird man nun unter Berücksichtigung der verfügbaren Ressourcen Six Sigma-Projekte auswählen und die Umsetzung beauftragen. Theoretisch wäre es möglich, dass aufgrund von fehlenden Ressourcen kein einziges der Projekte gestartet werden kann. Konsequenterweise sollte man trotzdem die Potenziale für Verbesserungsprojekte analysieren. Es ist ein wichtiges Signal für Führungskräfte, wenn Verbesserungspotenziale vorhanden sind, die Projekte aber nicht gestartet werden können, weil die Ressourcen nicht zur Verfügung stehen. Die Führungskräfte müssen zumindest mittelfristig die Rahmenbedingungen schaffen, um die Verbesserungsprojekte umsetzen zu können.

Bild 9-12 zeigt ein Beispiel für einen aus diesen Überlegungen abgeleiteten Projektbeauftragungsprozess:

Nr.	Tätigkeit	D	E	M	I	Verweis, Ergebnis, Anmerkung
1	Ideen für Verbesserungsprojekte erfassen	SSM		IL		Input: Six Sigma-Projektsteckbrief Ergebnis: Projektidee ist in Six Sigma-Projektliste erfasst
2	Ideen für Verbesserungsprojekte bewerten	SSM		IL		Vorgabe: unternehmensspezifisches Projektbewertungsschema (Aufwand, Einsparungen, etc.) Ergebnis: Six Sigma-Würdigkeit ist bewertet Aufwand / Nutzen ist bewertet potenzieller PAG, potenzieller PL und potenzielles PT sind identifiziert Inhalte in Six Sigma-Projektliste sind aktualisiert
3	Potenzielle Projekte priorisieren, umzusetzende Projekte auswählen	SSM	SSK	SSK PAG	FK IL PAG	Vorgabe: unternehmensspezifisches Projektbewertungsschema (Aufwand, Einsparungen, etc.) Ergebnis: Six Sigma-Projekte sind gereiht, umzusetzende Projekte sind ausgewählt Ziele der Projekte sind im SSK abgestimmt PAG und PL sind identifiziert erforderliche Ressourcen sind bestätigt FK sind über aktualisiertes Projektportfolio informiert IL ist über weiteres Vorgehen zu seiner Projektidee informiert Inhalte in Six Sigma-Projektliste sind aktualisiert
4	Projektleiter mit Six Sigma-Projekt beauftragen	PAG		PL		Vorlage: Projektauftrag Ergebnis: Erstansatz von Projektauftrag liegt vor

Bild 9-12 Beispiel für eine Prozessbeschreibung zur Projektbeauftragung

Die entscheidenden Schritte im Projektbeauftragungsprozess werden durch einen Six Sigma-Steuerkreis (siehe auch Abschnitt 9.5.1.2) im Rahmen von regelmäßigen Besprechungen ausgeführt. Die Projektbeauftragung muss daher ein fester Agendapunkt in den Six Sigma-Steuerkreis-Besprechungen sein.

Zur Erläuterung des Prozesses „Projekt beauftragen“ wird nun, wie auch bei den weiteren Prozessen, auf ausgewählte Teile dieses Prozesses etwas detaillierter eingegangen.

Projektsteckbrief zur Erfassung von Ideen für Verbesserungsprojekte

Zur Erfassung der Projektidee ist diese zunächst in grober Form schriftlich festzuhalten. Dazu ist die Einführung eines Projektsteckbriefes, wie beispielhaft in Bild 9-13 dargestellt, hilfreich.

Projektsteckbrief für Verbesserungsprojekte	
Ausgangssituation	
Zielsetzung	
Einsparungspotenzial	
Hauptaufgaben	
Aufwand (personell, finanziell, zeitlich)	
Potenzieller Projektleiter und erforderliche Fachbereiche	
Risiken / Schwierigkeiten / Barrieren	
Ersteller / Abteilung:	Datum: Unterschrift:

Bild 9-13 Beispiel für einen Six Sigma-Projektsteckbrief

Ein solcher Projektsteckbrief sollte im Unternehmen generell zur Erfassung von Ideen für Verbesserungsprojekte eingesetzt werden. Identifiziert man beispielsweise bei der Durchführung eines internen Audits ein potenzielles Verbesserungsprojekt, dann sollte dieses mit Hilfe des Steckbriefes festgehalten und an den Six Sigma-Steuerkreis kommuniziert werden.

Erfassung der Projekte in einer Six Sigma-Projektliste

Zur gezielten Auswahl und Steuerung der Projekte müssen alle identifizierten Projektideen sowie die geplanten, laufenden und eventuell auch abgeschlossenen Projekte in übersichtlicher Form dargestellt werden. Dazu eignet sich eine Six Sigma-Projektliste, wie in Bild 9-14 dargestellt. Neben den Eckdaten zu den Projekten enthält die Übersicht auch die Projektbewertung, die schließlich für die Reihung der Projekte maßgeblich ist.

Übersicht über Six Sigma-Projekte

Status	Projekt-Nr.	Projekt-Titel	Zuständigkeiten		Bewertung				Termine		Anmerkungen
			Projekt-leiter	Projekt-auftraggeber	Einsparung	Aufwand	Netto-einsparung	Gesamt-bewertung	Start-termin	End-termin	

Bild 9-14 Beispiel für eine Six Sigma-Projektliste

Den Status des Projektes könnte man beispielsweise den nachfolgend angeführten Kategorien zuordnen und zur besseren Übersicht in der Projektliste auch färbig kennzeichnen:

- Verbesserungsidee identifiziert
- Six Sigma-Projekt geplant
- Six Sigma-Projekt in Arbeit
- Six Sigma-Projekt abgeschlossen
- Six Sigma-Projekt abgebrochen

Die Six Sigma-Projektliste muss vom Six Sigma-Manager laufend aktuell gehalten werden. Bei den regelmäßigen Besprechungen des Six Sigma-Steuerkreises bildet sie die Basis für die Weiterentwicklung des Projektportfolios. In der Six Sigma-Projektliste sind auch die beiden grundlegenden Kriterien zur Projektbewertung, der Aufwand für das Projekt und die durch das Projekt realisierbaren Einsparungen, dargestellt.

Für die Ermittlung der Einsparungen und des Aufwands wird üblicherweise folgendermaßen vorgegangen (siehe Bild 9-15):

- Bewertung der Einsparungen

  Unter Einsparungen werden die ausgabewirksamen Einsparungen verstanden, die in den auf den Projektabschluss folgenden 12 Monaten realisiert werden. Einfach zu bewerten sind die Einsparungen durch verringerten Verbrauch an Material und reduzierten Arbeitseinsatz. Verbesserungen führen aber nicht immer unmittelbar zu ausgabewirksamen Einsparungen. Gelingt es beispielsweise, die Zykluszeit an einer Maschinen zu verringern, dann wirkt sich dies (abgesehen von einem reduzierten Bedarf an Bedienpersonal, Energie, etc.) vorerst noch nicht auf das Unternehmensergebnis aus. Erst wenn die frei gewordene Kapazität für zusätzliche Produkte genützt wird oder auf die geplante Beschaffung einer Anlage verzichtet werden kann, darf die entsprechende Einsparung in die Bewertung aufgenommen werden. Gleiches gilt auch für durch das Projekt noch nicht realisierte Potenziale. Diese können aufgezeigt werden, dürfen in die Berechnung der Einsparung aber nicht einbezogen werden.

- Bewertung des Aufwands

  Unter Aufwand werden alle durch das Projekt verursachten Kosten zusammengefasst. Dazu gehören auch die anteiligen Personalkosten aller Projektmitarbeiter. Für die Ermittlung dieser Kosten müssen z. B. die unternehmensintern zur Anwendung kommenden Kostensätze festgelegt werden.

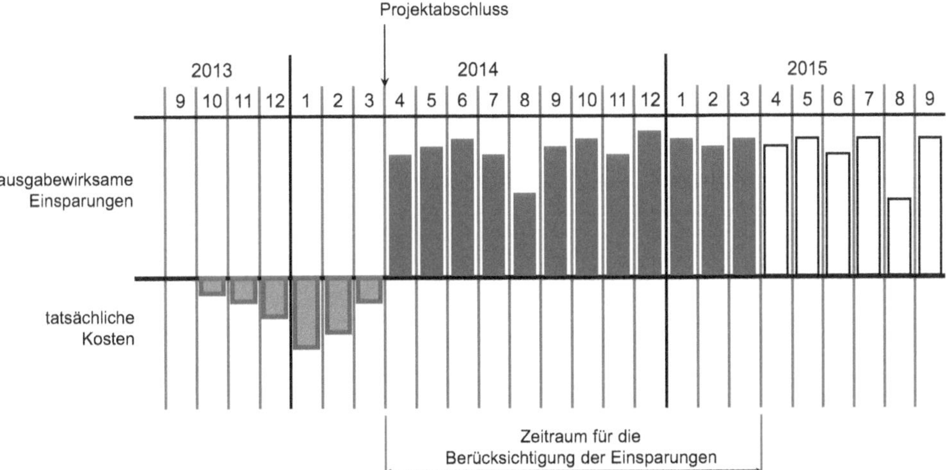

Bild 9-15 Berechnung von Kosten und Einsparungen in Six Sigma-Projekten

Eine Ausnahme in dieser Hinsicht bilden die Kosten für die Six Sigma-Qualifizierung. Diese werden üblicherweise nicht als Kosten einzelnen Projekten zugeordnet, sondern erst bei der Bewertung des gesamten Six Sigma-Programms einbezogen.

Auf Basis der beiden Kriterien Aufwand und Einsparungen kann das Projektportfolio auch sehr anschaulich grafisch dargestellt werden (siehe Bild 9-16). Eine Visualisierung der potenziellen Projekte in dieser Form erleichtert dem Steuerkreis möglicherweise die Auswahl der Projekte.

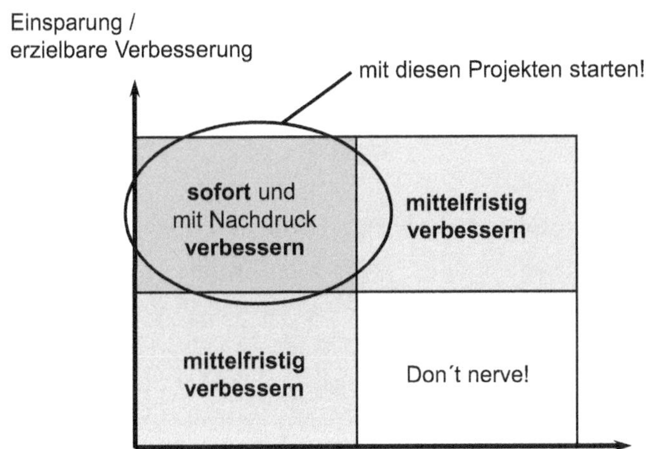

Bild 9-16 Matrix zur Bewertung und Auswahl der Projekte

Damit lassen sich grundsätzlich folgende Entscheidungen ableiten:

a) hohe Einsparung / geringer Aufwand

   Diese Projekte haben höchste Priorität. Bei geringer Ressourcenbelastung liefern sie einen hohen Beitrag zum Unternehmenserfolg.

b) hohe Einsparung / hoher Aufwand

   Wegen der hohen Einsparung sind auch diese Projekte von Interesse. Allerdings sollte man gleichzeitig Möglichkeiten zur Reduktion des Ressourceneinsatzes untersuchen und das Projekt eventuell in einem Zeitraum positionieren, in dem die erforderlichen Ressourcen nicht knapp sind.

c) geringe Einsparung / geringer Aufwand

   Diese Projekte haben wegen ihres geringen Beitrags zum Unternehmenserfolg nur geringe Priorität. Trotzdem sind sie nicht außer Acht zu lassen, da die Verbesserung mit geringem Aufwand erzielt werden kann.

d) geringe Einsparung / hoher Aufwand

   Diese Projektideen sollten nicht weiter verfolgt werden.

Aus der Differenz zwischen den Einsparungen und dem Aufwand wird der Net Benefit (die Nettoeinsparung) ermittelt. Es ist zweckmäßig, eine Richtlinie zu erstellen, in der das Vorgehen zur Berechnung des Net Benefit klar festgeschrieben ist.

Weitere Kriterien zur Bewertung der Projektideen

Darüber hinaus können zur Bewertung der Six Sigma-Projekte auch zusätzliche Kriterien, wie Erfolgswahrscheinlichkeit, Übertragbarkeit auf andere Bereiche, Projektbearbeitungsdauer, Projektkomplexität, etc., einbezogen werden. Grundsätzlich ist es zu befürworten, dass weitere Kriterien in die Projektbewertung einfließen. Andererseits muss man beachten, dass der Bewertungsaufwand steigt, und den Mehrwert im Vergleich zu den beiden wichtigen Kriterien Aufwand und Einsparung hinterfragen. Daher wird unternehmensspezifisch festzulegen sein, ob weitere Kriterien in die Bewertung einfließen sollen. Daraus abgeleitet ist ein unternehmensspezifisches Projektbewertungsschema, einschließlich einer klaren Bewertungsskala, zu erstellen.

Ergänzende Anmerkungen zur Bewertung der potenziellen Projekte

Bei der Berechnung des Net Benefit sind auf jeden Fall folgende Punkte zu berücksichtigen:

- Eine in vollem Umfang objektive Projektbewertung ist nicht möglich

  Die Bewertungen können niemals ein vollständig objektives Bild der Situation widerspiegeln. Auch wenn die Einsparungen scheinbar präzise errechenbar sind, können sie das Ergebnis des Verbesserungsprojektes nie in vollem Umfang beschreiben. Beispielsweise führt eine Verbesserung der Qualität letztendlich auch zu einer Erhöhung der Kundenzufriedenheit, die in Geldeinheiten kaum bewertbar ist.

  Für die Projektauswahl muss diese Unsicherheit akzeptiert werden. Die Berechnung von Einsparungen und Aufwand wird letztendlich trotzdem dazu führen, dass aus den vielen potenziellen Projekten jene ausgewählt werden, die mit den begrenzten Ressourcen die größte Wirkung erzielen. Gegebenenfalls kann die Auswirkung auf den Kunden als zusätzliches Kriterium eingeführt werden.

- Investitionen führen möglicherweise zu einer verfälschten Projektbewertung

  In manchen Fällen sind zur Umsetzung des Verbesserungsprojektes auch größere Investitionen zu tätigen. Bei der angeführten Form zur Berechnung des Net Benefit werden die Investitionen wie auch die restlichen Kosten des Verbesserungsprojektes direkt den Einsparungen des *ersten* Jahres gegenübergestellt. Diese Form der Bewertung kann dazu führen, dass die Wirkung des Projektes unterschätzt wird. Stellt man sich ein Projekt vor, welches zu sehr hohen Einsparungen über viele Jahre führt, dafür aber im ersten Jahr hohe Investitionen erfordert, dann kann der Net Benefit sehr gering, vielleicht sogar negativ sein. Möglicherweise wird diese Projektidee mit einer anderen Projektidee verglichen, bei der deutlich geringere Projektkosten und sehr viel niedrigere Einsparungen insgesamt einen höheren Net Benefit liefern. Auf lange Sicht betrachtet, sollte der ersten Projektidee der Vorzug gegeben werden. Auch für solche Fälle sind unternehmensspezifische Festlegungen zu treffen.

- Sonderfall: Projekte, die im Rahmen der Six Sigma-Ausbildung abgewickelt werden

  Verbesserungsprojekte, die während einer Six Sigma-Ausbildung abgewickelt werden, bilden eine Ausnahme hinsichtlich der Bewertung und Auswahl. Hier wird man Projekte so auswählen, dass die Komplexität noch nicht zu groß und die Erfolgswahrscheinlichkeit hoch ist. Darüber hinaus wird man darauf achten, dass die zu erlernenden Werkzeuge gut anwendbar sind.

- Sonderfall: strategische Projekte

  In der Praxis wird man Projekte auch ohne Ermittlung der Einsparungen starten, wenn sie aus strategischer Sicht erforderlich sind. Beispielsweise sind Unternehmen in manchen Fällen aus gesetzlichen Gründen oder aufgrund von Kundenvorgaben gezwungen, bestimmte Änderungen an Prozessen vorzunehmen. Diese Prozessänderungen lassen sich häufig gut nach dem DMAIC-Schema abwickeln. Bei solchen Projekten ist es dann in der Praxis kaum möglich, Einsparungen zu errechnen. Man wird diese Projekte daher in das Portfolio aufnehmen, ohne den Net Benefit zu ermitteln.

9.3.2 Prozess „Projekt starten“

Der Projektstartprozess umfasst vor allem die Projektplanung. Er startet mit der Bereitstellung eines durch den Projektauftraggeber erstellten Erstansatzes des Projektauftrages und schließt mit der vollständigen Projektplanung und dem abgestimmten und unterzeichneten Projektauftrag ab. Die Inhalte des Projektstartprozesses decken sich in weiten Bereichen mit der Phase **Define**.

Bild 9-17 zeigt ein Beispiel für die Beschreibung des Projektstartprozesses.

Nr.	Tätigkeit	D	E	M	I	Verweis, Ergebnis, Anmerkung
1	Inhalte des Projektauftrages mit PAG klären	PL		PAG		Input: Projektauftrag-Erstansatz
2	Projektstartgespräch vorbereiten	PL				Vorlage: Vorlagen zu Projektmanagement-methoden Ergebnis: Entwürfe für Terminplan, Kostenplan, etc. liegen vor
3	Projektstartgespräch durchführen	PL		PAG PT		Ergebnis: Projektplanung und Projektauftrag sind abgestimmt
4	Projektstartgespräch nachbereiten	PL			PAG PT	Ergebnis: Projektauftrag ist von PL und PAG unterzeichnet Projektmanagementdokumentation ist verteilt und abgelegt

Bild 9-17 Beispiel für eine Beschreibung des Projektstartprozesses

Projektauftrag

Der Projektauftrag wurde bereits in Abschnitt 2.2.2 vorgestellt. Mit seiner Hilfe wird eine klare Vereinbarung zwischen dem Projektauftraggeber und dem Projektleiter über die Ziele des Projekts, die Rahmenbedingungen und die dem Projekt zur Verfügung stehenden Ressourcen getroffen. Das in Bild 2-4 gezeigte Beispiel für den Projektauftrag enthält alle notwendigen Inhalte. Liegt im Unternehmen bereits ein verwendetes Formular für den Projektauftrag (z. B. für Kleinprojekte) vor, dann kann auch dieses (gegebenenfalls adaptiert) für die Beauftragung von Six Sigma-Projekten herangezogen werden.

Einsatz weiterer Projektmanagementwerkzeuge

Six Sigma-Projekte sind stark standardisiert. Das zentrale Werkzeug im Projektmanagement, der Projektstrukturplan, ist beispielsweise für jedes Six Sigma-Projekt gleich. Daher werden auch Terminpläne, Kostenpläne und weitere Pläne von unterschiedlichen Projekten in Bezug auf ihre Struktur sehr ähnlich sein. Gerade darin liegt ein entscheidender Vorteil von Six Sigma. Durch das Standardisieren können Erfahrungen in der Projektarbeit gesammelt und weitergenutzt werden. Das Verbessern wird zu einem Routineprozess.

Um dieses standardisierte Vorgehen zu unterstützen, sollten Projektmanagementwerkzeuge im Unternehmen entwickelt bzw. adaptiert werden und einheitlich in den Six Sigma-Projekten zur Anwendung kommen. Beispiele für wichtige Projektmanagementwerkzeuge, die sich für eine solche Standardisierung anbieten, sind:

- Projektauftrag (siehe Bild 2-4)
- Projektabschlussbericht (siehe Bild 2-9)
- Projektstrukturplan (siehe Bild 2-3)
- Projektterminplan und Projektmeilensteinplan (siehe Bild 2-5)
- Kosten- und Einsparungsplan (siehe Bild 2-6)
- Projektablagestruktur (siehe Bild 2-8)

Damit entfällt im Projektstartprozess die üblicherweise notwendige Auswahl der Projektmanagementwerkzeuge.

9.3.3 Prozess „Projektcontrolling durchführen"

Der Projektcontrollingprozess ist ein repetitiver Prozess. Da sich im Zuge der Abwicklung der Projekte Abweichungen von den Zielen ergeben können, ist es notwendig, regelmäßig den Status zu erheben und bei Abweichungen entsprechende Maßnahmen zu ergreifen. Ebenso Teil des Projektcontrollings ist das Erstellen und Weiterleiten der Statusberichte an den Projektauftraggeber.

Bild 9-18 zeigt ein Beispiel für die Beschreibung des Projektcontrollingprozesses.

Nr.	Tätigkeit	D	E	M	I	Verweis, Ergebnis, Anmerkung
1	Istdaten zu vorgegebenen Stichtagen erfassen	PL				
2	Soll-Ist-Vergleiche durchführen	PL				Ergebnis: Status zu Leistungs-, Termin-, Einsparungszielen und Ressourcen ist bekannt
3	Ursachen für Abweichungen und mögliche Auswirkungen analysieren	PL		PAG		Ergebnis: Ursachen für Abweichungen sind bekannt Prognose für den weiteren Projektverlauf und das Projektende liegt vor
4	Korrekturmaßnahmen entwickeln und implementieren	PL	PAG	PAG		
5	Projektstatusbericht erstellen	PL			PAG SSM	Vorlage: Statusbericht zu Six Sigma-Projekten Ergebnis: Projektstatusbericht ist verteilt

Bild 9-18 Beispiel für eine Beschreibung des Projektcontrollingprozesses

Mit der Durchführung des Projektcontrollings verknüpft sind Erwartungshaltungen von beiden Seiten. Der Projektauftraggeber erwartet sich eine klare Information zum Stand des Projektes und dass er insbesondere über Abweichungen in Kenntnis gesetzt wird. Auf der anderen Seite erwartet sich das Projektteam Unterstützung durch den Projektauftraggeber, wenn die Abweichungen durch das Projektteam nicht mehr zu bewältigen sind. D. h. auch dem Projektauftraggeber fällt im Rahmen des Projektcontrollings eine wichtige Aufgabe zu, die auch in der Funktionsbeschreibung des Six Sigma-Champions entsprechend festzuhalten ist.

Projektstatusbericht

Ein wichtiges Werkzeug im Projektcontrolling ist der Projektstatusbericht. Bild 9-19 zeigt ein Beispiel für einen solchen Statusbericht zu Six Sigma-Projekten. Um den Aufwand für den Projektleiter gering zu halten und dem Projektauftraggeber und weiteren interessierten Gruppen rasch eine Übersicht zu geben, ist er relativ einfach aufgebaut. Zu den wesentlichen

Zielen und den Ressourcen wird der Status angegeben. Abweichungen werden begründet und eingeleitete Maßnahmen werden erläutert. Darüber hinaus können auch besondere Vorkommnisse angegeben werden.

Muster GmbH	Six Sigma-Projekt – Statusbericht					
Projekt-Nr.	Projektname				Projektleiter	Berichtsdatum
	Projektstatus			Begründung / Bemerkungen		
	GREEN	YELLOW	RED			
Leistungsziele						
Terminziele						
Ressourcen						
Einsparungsziele						

Legende zu Projektstatus
GREEN: Ziel wird voraussichtlich erreicht.
YELLOW: Ziel wird voraussichtlich nicht erreicht; Team ist eigenständig in der Lage, das Ziel zu erreichen.
RED: Ziel wird voraussichtlich nicht erreicht; Team ist nicht eigenständig in der Lage, das Ziel zu erreichen.

Bild 9-19 Beispiel für einen Statusbericht zu einem Six Sigma-Projekt

Zur raschen Übersicht über den Projektstatus empfiehlt es sich auch hier, den Status farblich darzustellen. Bild 9-19 enthält eine geeignete Notation dafür, wobei mit den verschiedenen Farben folgende Bedeutung verbunden ist:

- GREEN Das Ziel wird voraussichtlich erreicht.
- YELLOW Das Ziel wird aus aktueller Sicht nicht erreicht. Das Team ist jedoch eigenständig in der Lage, das Ziel noch zu erreichen. Ein Eingriff des Steuerkreises ist nicht erforderlich.
- RED Das Ziel wird aus aktueller Sicht nicht erreicht. Das Team ist eigenständig nicht in der Lage, das Ziel noch zu erreichen. Ein Eingriff des Steuerkreises ist erforderlich. Die häufigste Ursache dafür ist, dass Ressourcen aus einer Fachabteilung dem Team nicht im ursprünglich geplanten Umfang zur Verfügung stehen.

9.3.4 Prozess „Multiprojektcontrolling durchführen“

Das Multiprojektcontrolling erfolgt wie das Controlling einzelner Six Sigma-Projekte in einem repetitiven Prozess. Hier steht allerdings die *projektübergreifende* Beurteilung des Status der Six Sigma-Projekte und die Priorisierung von Maßnahmen und Ressourcen im Vordergrund. Für das Multiprojektcontrolling werden in regelmäßigen Zeitabständen die

(Zwischen-)Ergebnisse, Termine, Ressourcen und Budgets im gesamten Projektportfolio erfasst und beurteilt.

Regelmäßige Reviews bieten dem Steuerkreis die Möglichkeit, diesen Aufgaben nachzukommen. Umgekehrt haben auch die Projektleiter die Möglichkeit, aktuelle Probleme im Projekt, welche vom Team selbst nicht gelöst werden können, anzusprechen. Ein konsequentes Controlling sorgt dafür, dass Projekte nicht im Sand verlaufen können. Geraten Projekte ins Stocken, wird dies spätestens beim nächsten Multiprojektcontrolling-Termin evident und Handlungen werden gesetzt. Dies ist ein wesentliches Erfolgsmerkmal von Six Sigma.

Bild 9-20 zeigt ein Beispiel für eine Beschreibung des Prozesses für das Multiprojektcontrolling.

Nr.	Tätigkeit	D	E	M	I	Verweis, Ergebnis, Anmerkung
1	Projektstatusbericht zu vorgegebenen Stichtagen bereitstellen	PL			SSM PAG	Vorlage: Statusbericht zu Six Sigma-Projekten Ergebnis: Status zu Leistungs-, Termin-, Einsparungszielen und Ressourcen ist bekannt Abweichungen und deren Ursachen sind bekannt Prognose für den weiteren Projektverlauf und das Projektende liegen vor
2	Multiprojektcontrolling-Besprechung vorbereiten	SSM			SSK	Vorlage: projektübergreifender Statusbericht zu Six Sigma-Projekten Ergebnis: projektübergreifender Statusbericht ist aktualisiert
3	Multiprojektcontrolling-Besprechung durchführen	SSM		SSK		Ergebnis: SSK ist über Projektstatus informiert für Abweichungen, die vom Projektteam nicht mehr bewältigbar sind, sind Maßnahmen festgelegt Prognose für den weiteren Verlauf der Projekte ist erstellt projektübergreifender Statusbericht ist aktualisiert
4	Multiprojektcontrolling-Besprechung nachbereiten	SSM			PL	Ergebnis: Projektleiter sind über Maßnahmen informiert

Bild 9-20 Beispiel für eine Beschreibung des Prozesses zum Multiprojektcontrolling

Die entscheidenden Schritte im Multiprojektcontrollingprozess werden durch den Six Sigma-Steuerkreis im Rahmen der regelmäßigen Besprechungen dieser Gruppe (siehe auch Abschnitt 9.5.1.2) ausgeführt. Das Multiprojektcontrolling muss daher ein fester Agendapunkt in den Six Sigma-Steuerkreisbesprechungen sein.

Projektübergreifender Statusbericht

Bild 9-21 zeigt ein Beispiel für einen projektübergreifenden Statusbericht zu den laufenden Six Sigma-Projekten. In einfacher und klarer Form gewährt er dem Six Sigma-Steuerkreis einen raschen Überblick über den Stand der laufenden Six Sigma-Projekte. Er ist so gestaltet, dass er leicht als Zusammenfassung aus den Statusberichten zu den einzelnen Six Sigma-Projekten erstellt werden kann.

Muster GmbH	Projektübergreifender Statusbericht zu Six Sigma-Projekten																
																	Berichtsdatum
Projekteckdaten			Phase (DMAIC)		Status der Zielerreichung												
Projekt-Nr.	Projekt-name	Projektleiter	Plan	Aktuell	Leistung			Termin			Ressourcen			Einsparung			
					G	Y	R	G	Y	R	G	Y	R	G	Y	R	

Legende zu Projektstatus
GREEN: Ziel wird voraussichtlich erreicht.
YELLOW: Ziel wird voraussichtlich nicht erreicht; Team ist eigenständig in der Lage, das Ziel zu erreichen.
RED: Ziel wird voraussichtlich nicht erreicht; Team ist nicht eigenständig in der Lage, das Ziel zu erreichen.

Bild 9-21 Beispiel für einen projektübergreifenden Statusbericht

9.3.5 Prozess „Projekt abschließen“

Der Projektabschluss umfasst den inhaltlichen und sozialen Abschluss des Projektes, die geordnete Projektablage, die Erstellung des Projektabschlussberichtes, die Sicherstellung des organisatorischen Lernens sowie die Projektabnahme durch den Projektauftraggeber.

Gerade bei internen Verbesserungsprojekten, wo kein so großer Kundendruck auf das Team wirkt, ist es wichtig, die Projekte in strukturierter Form abzuschließen und die Projektergebnisse und -erfahrungen zu sichern.

Bild 9-22 zeigt ein Beispiel für eine Prozessbeschreibung zum Projektabschluss.

Nr.	Tätigkeit	D	E	M	I	Verweis, Ergebnis, Anmerkung
1	Projektabschlussveranstaltung vorbereiten	PL				Vorlage: Projektabschlussbericht Ergebnis: Projektabschlussbericht-Erstansatz liegt vor
2	Projektabschlussveranstaltung durchführen	PL	PAG	PAG PT	FK	Ergebnis: Projektergebnis und Projekterfolg ist analysiert und gesichert, Projektarbeit ist bewertet Projekterfahrungen sind gesichert Nachprojektphase ist analysiert, offene Restarbeiten sind an Zuständige übergeben Vorgehen zur Projektevaluierung ist festgelegt Projektabschlussbericht ist feingeschliffen Projekt ist vom Projektauftraggeber abgenommen
3	Projektabschlussveranstaltung nachbereiten	PL				Ergebnis: Projektabschlussprotokoll und Projektabschlussbericht sind verteilt Projektablage ist aktualisiert und abgeschlossen

Bild 9-22 Beispiel für eine Prozessbeschreibung zum Projektabschluss

Projektabschlussgespräch

Den Kern eines erfolgreichen Projektabschlusses bildet ein professionell vorbereitetes und strukturiertes Projektabschlussgespräch. Es wird vom Black Belt bzw. Green Belt geleitet. Alle Teammitglieder und der Champion sind einzuladen. Die Agenda kann direkt aus dem in der Prozessbeschreibung geforderten Ergebnis abgeleitet werden. Bild 9-23 zeigt ein Beispiel für eine solche Agenda.

Agenda für Six Sigma-Projektabschlussgespräch

1. Analyse der Projektergebnisse und des Projekterfolges
2. Analyse und Bewertung der Projektarbeit
3. Analyse der Konsequenzen auf die Nachprojektphase
4. Sicherstellung der erworbenen Erfahrungen
5. Zuordnung der noch offenen Aufgaben
6. Emotionaler Projektabschluss, Dankesworte an das Projektteam

Bild 9-23 Beispiel für die Agenda eines Projektabschlussgespräches

Sicherstellung des erworbenen Wissens

Eine insbesondere im Hinblick auf Six Sigma-Projekte wichtige Aufgabe in der Projektabschlussphase ist die Sicherstellung des erworbenen Wissens (Lessons Learned). Sowohl die fachlichen Erkenntnisse wie auch die Erfahrungen in der Projektabwicklung müssen für die Zukunft nutzbar gemacht werden. Erfahrungen müssen in systematischer Form und durch organisatorische Regelungen gestützt gesichert werden.

Vom Team muss überprüft werden, an welchen Stellen in der Organisation bzw. in welcher Form das erworbene Wissen und die gemachten Erfahrungen verankert werden können. Dies kann von der Adaptierung einer Arbeitsanweisung in der Produktion über die Ergänzung von Audit- und Projektreview-Checklisten bis hin zur Verteilung von Erfahrungsberichten an ausgewählte Zielgruppen reichen. Die Sicherstellung der erworbenen Erfahrungen sollte ein fester Punkt im Projektabschlussgespräch sein.

Übergabe der gemachten Erfahrungen an die Stammmannschaft

Mit dem Abschluss des Verbesserungsprojektes werden die relevanten, während der Abwicklung des Verbesserungsprojektes gemachten Erfahrungen an die am verbesserten Prozess beteiligten Bereiche weitergegeben. Damit einhergehend werden auch wichtige Analyseergebnisse und aktualisierte Dokumente (z. B. geänderte Prozessanweisung) übergeben. Durch eine intensive Einbindung der Stammmannschaft wird dies in der Regel ohnehin bereits während der Abwicklung des Verbesserungsprojektes erfolgt sein.

Projektabschlussbericht

Der Projektabschlussbericht wird im Rahmen des Projektabschlussgespräches mit dem Projektauftraggeber abgestimmt und vom Projektleiter und vom Projektauftraggeber unterzeichnet. Er dokumentiert die wesentlichen Ergebnisse und Erfahrungen aus dem Projekt und die offenen Punkte für die Nachprojektphase. Bild 2-9 zeigt ein Beispiel für einen Projektabschlussbericht. Über die dort gezeigten Inhalte hinaus sollte im Projektabschlussbericht auch bereits ein Vorschlag für das Vorgehen zur Projektevaluierung enthalten sein.

9.3.6 Prozess Projekt abnehmen und evaluieren

Die Projektabnahme und -evaluierung hat insbesondere die Abnahme des Projektes im Steuerkreis zum Inhalt. Mit dem Abschluss des Projektes erfolgt die Aktualisierung des Projektportfolios, Ressourcen werden verfügbar, möglicherweise stehen Ergebnisse für die Nutzung in anderen Projekten bereit und die im Zusammenhang mit dem Projekt gemachten Erfahrungen sind aufzuarbeiten. Schließlich wird auch das Vorgehen zur Evaluierung des Projektes festgelegt.

Bild 9-24 zeigt ein Beispiel für die Beschreibung des Prozesses zur Projektabnahme und -evaluierung.

Nr.	Tätigkeit	D	E	M	I	Verweis, Ergebnis, Anmerkung
1	Projektabnahme vorbereiten	SSM			SSK	Ergebnis: Projektabschlussbericht ist an SSK verteilt
2	Projektabnahme durchführen und Projektevaluierung planen	SSM	SSK	SSK		Ergebnis: SSK ist über Projektergebnis und Projekterfolg informiert Projekterfahrungen sind projektübergreifend gesichert Vorgehen zur Projektevaluierung ist festgelegt Projekt ist im SSK abgenommen Projektportfolio ist aktualisiert
3	Projektabnahme nachbereiten	SSM			SSK PL	Ergebnis: Protokoll zur Projektabnahme ist verteilt
4	Projektevaluierung durchführen	SSM		PE		Ergebnis: Zustand des Prozesses ist ermittelt, Projekt ist evaluiert
5	Ergebnisse der Projektevaluierung aufbereiten und im Six Sigma-Steuerkreis berichten	SSM			SSK	Ergebnis: Steuerkreis ist über langfristige Wirksamkeit des Verbesserungsprojektes informiert

Bild 9-24 Beispiel für die Beschreibung des Prozesses zur Projektabnahme und -evaluierung

Projektevaluierung

Die Evaluierung des Projektes sollte etwa sechs Monate nach dem Projektabschluss erfolgen. Die Effektivität und die Effizienz des verbesserten Prozesses werden auf Basis von Zahlen und Fakten bewertet. Damit wird es möglich, die langfristige Wirkung des Verbesserungsprojektes zu beurteilen. Die Projektevaluierung sollte mit einem kurzen Bericht an den Six Sigma-Steuerkreis abgeschlossen werden.

9.4 Beurteilung des Reifegrades des Unternehmens bezüglich Six Sigma

Noch bevor mit der Einführung von Six Sigma gestartet wird, sollte der Reifegrad des Unternehmens bezüglich Six Sigma beurteilt werden. Es gibt durchaus Gründe, die dafür sprechen, mit der Einführung von Six Sigma (noch) nicht bzw. nur mit besonderer Sorgfalt zu starten:

- Verbesserungskultur ist nicht etabliert

  Die Notwendigkeit der ständigen Verbesserung wird von den Mitarbeitern nicht erkannt. Das Verharren auf dem Bestehenden herrscht vor.

Vorgehen: In diesem Fall erscheint es zweckmäßig, zunächst beispielsweise durch eine transparente Darstellung von Zielen und Ergebnissen oder auch durch Benchmarkings das Bewusstsein für Verbesserungen zu schaffen. Anschließend könnte eventuell mit der Anwendung einfacherer Formen der Verbesserungsarbeit begonnen werden.

- Basis bzw. Standards sind nicht vorhanden

  Die Aufbau- und Ablauforganisation im Unternehmen sind kaum definiert. Prozesse sind nicht beschrieben. Es existiert kein standardisiertes Vorgehen.

  Vorgehen: Vor der Einführung von Six Sigma sollten klare Strukturen und Systeme geschaffen und eingeführt werden. Erst wenn ein Standard implementiert ist und von den Mitarbeitern gelebt wird, sollte er bewertet und mit Hilfe von Six Sigma-Projekten weiterentwickelt werden.

- Zahlreiche einfach realisierbare Verbesserungspotenziale liegen vor

  Im Unternehmen liegen zahlreiche Verbesserungspotenziale vor, die mit einfachen Mitteln zu realisieren wären.

  Vorgehen: Vor der Einführung von Six Sigma sollten einfachere Formen der Verbesserungsarbeit etabliert und die vorliegenden Potenziale mit diesen abgearbeitet werden. Dadurch gelingt es mit vergleichsweise geringem Aufwand, Verbesserungen zu realisieren und bereits eine Kultur der ständigen Verbesserung zu etablieren.

- Zahlreiche nicht nachhaltig beseitigte Kundenreklamationen liegen vor

  Im Unternehmen liegen zahlreiche, noch nicht nachhaltig beseitigte Kundenreklamationen vor. Wiederholfehler treten regelmäßig auf.

  Vorgehen: Den noch nicht nachhaltig beseitigten Kundenreklamationen ist höhere Priorität einzuräumen. Dazu sollte ein Problemlösungsprozess nach 8D (siehe Abschnitt 9.6) etabliert werden. Erst wenn die professionelle und nachhaltige Beseitigung von solchen Problemen zum Standard geworden ist, sollten die knappen Ressourcen im Unternehmen für die Verbesserungsarbeit aufgewendet werden.

Ebenso sollte auf die möglichen Nachwirkungen vorhergehender Verbesserungsinitiativen geachtet werden. Sind im Unternehmen in der vergangenen Zeit ähnliche Initiativen gescheitert, dann sollten die Ursachen für dieses Scheitern analysiert werden. Durch entsprechende Vorkehrungen muss dem Scheitern der Six Sigma-Einführung entgegengewirkt werden. In Abschnitt 9.5 werden zwei Modelle vorgestellt, die dazu beitragen sollen, dass die Six Sigma-Einführung erfolgreich verläuft.

9.5 Einführung von Six Sigma

Zielsetzung der organisatorischen Verankerung von Six Sigma ist es, bestmögliche Rahmenbedingungen für die Identifikation, Auswahl, Beauftragung und Abwicklung der Six Sigma-Projekte zu schaffen. Die Verankerung von Six Sigma in der Organisation erfordert Fingerspitzengefühl. Six Sigma muss auf Bestehendes Rücksicht nehmen und behutsam in die gewachsenen Strukturen des Unternehmens eingepflanzt werden. Da alle Bereiche des Unternehmens davon betroffen sind, ist es hilfreich, für die Einführung von Six Sigma ein gesamtheitliches Modell heranzuziehen, in dem alle erforderlichen Aspekte berücksichtigt werden.

In diesem Abschnitt werden nun ein Modell zur Verankerung von Six Sigma in der Organisation und ein Vorgehensplan zur Einführung von Six Sigma vorgestellt.

- Modell zur Verankerung von Six Sigma in der Organisation

  In den Abschnitten 9.2 und 9.3 wurden bereits wesentliche Aspekte der organisatorischen Verankerung von Six Sigma dargestellt. In Abschnitt 9.2 wurde gezeigt, wie die Six Sigma-Rollen in der Aufbauorganisation verankert werden können, in Abschnitt 9.3 wurde auf die Einbindung von Six Sigma in die Ablauforganisation eingegangen.

  Diese beiden Teilaspekte werden nun zu einem gesamtheitlichen Modell erweitert, das zeigt, welche Faktoren bei der nachhaltigen Verankerung von Six Sigma in der Organisation zu berücksichtigen sind. Den groben Rahmen dafür bildet das 7-S-Modell von McKinsey. Zugeordnet zu den sieben S wird beschrieben, an welchen Stellen und in welcher Form Six Sigma in der Organisation des Unternehmens zu verankern ist. Diesem Modell widmet sich Abschnitt 9.5.1.

- Vorgehensplan zur Einführung von Six Sigma

  Aufbauend auf dem in Abschnitt 9.5.1 vorgestellten Modell wird anschließend ein Vorgehensplan zur Einführung von Six Sigma gezeigt. Die Basis dafür bildet ein Projektstrukturplan, der die erforderlichen Phasen und Arbeitspakete zur Einführung von Six Sigma enthält. Dieses Modell basiert auf dem Dreiphasenmodell von Lewin und ist in Abschnitt 9.5.2 beschrieben.

Damit stehen ein klares Verankerungsmodell und ein Vorgehensplan zur Erfolg versprechenden Einführung von Six Sigma zur Verfügung. Diese dienen nicht nur als Leitfaden, sondern verschaffen Führungskräften bereits zum Zeitpunkt der Entscheidung für Six Sigma Klarheit darüber, welche Aktionen dieser Entscheidung folgen müssen.

9.5.1 Modell zur Verankerung von Six Sigma in der Organisation

Unterschiedliche Quellen belegen, dass es Unternehmen nicht immer gelingt, Six Sigma nachhaltig in der Organisation zu verankern. Es kommt vor, dass nach einer anfänglichen Euphorie die Verbesserungsprojekte ins Stocken geraten und Six Sigma langsam „einschläft“. Die Ursache dafür liegt vor allem in den fehlenden organisatorischen Rahmenbedingungen für die Verbesserungsarbeit in den Unternehmen.

Die Einbindung von Six Sigma in die Aufbau- und Ablauforganisation wurde bereits detailliert behandelt. Um bestmögliche Rahmenbedingungen für die Abwicklung von Verbesserungsprojekten zu schaffen, ist es jedoch notwendig, ein gesamtheitliches Modell heranzuziehen. In diesem Abschnitt wird ein solches Modell vorgestellt, das zeigt, welche Faktoren bei der nachhaltigen Verankerung von Six Sigma in der Organisation zu berücksichtigen sind. Den Rahmen dafür bildet das 7-S-Modell von McKinsey (siehe Bild 9-25).

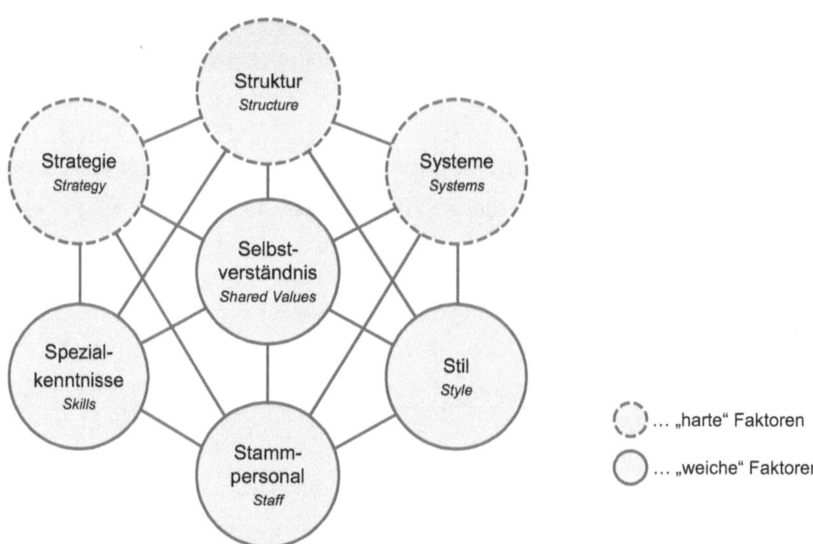

Bild 9-25 7-S-Modell von McKinsey

Ausgangspunkt für die Entwicklung des 7-S-Modells waren umfangreiche empirische Untersuchungen von McKinsey. Diese führten zu dem Schluss, dass trotz einer scheinbar gut formulierten Strategie und einer scheinbar optimalen Aufbau- und Ablauforganisation der Unternehmenserfolg sich nicht automatisch einstellt. Die Ursache ist, dass neben diesen sogenannten „harten“ Faktoren auch „weiche“ Faktoren, wie beispielsweise Führungsstil und Unternehmenskultur, miteinzubeziehen sind. Der Erfolg der Unternehmen hängt offensichtlich in gleichem, wenn nicht in noch höherem Maße von diesen weichen Faktoren ab.

Die Bezeichnung des Modells leitet sich von den sieben, mit „S“ beginnenden Faktoren ab, die bei der Veränderung bzw. Weiterentwicklung von Organisationen zu berücksichtigen sind. Im oberen Teil des Modells finden sich die drei harten Faktoren Strategie, Struktur und Systeme. Diese drei S liegen in der Regel auch im Fokus der Führungskräfte. Im unteren Teil des Modells und in der Mitte sind die vier weichen Faktoren angeordnet. Durch die Darstellung der vier weichen Faktoren gemeinsam mit den drei harten Faktoren soll das Modell Führungskräfte dazu anleiten, ihre Aufmerksamkeit auch auf die weichen Faktoren zu lenken. Diese Faktoren müssen ebenfalls durch Führungsmaßnahmen gesteuert werden. Weitere Informationen zum 7-S-Modell finden sich beispielsweise in [6], [11] und [12].

Das 7-S-Modell bietet einen zweckmäßigen Orientierungsrahmen für Führungskräfte, um Organisationsprobleme gezielt analysieren und Organisationsaufgaben erfolgreich bewältigen zu können. Daher bietet es sich an, das 7-S-Modell zur nachhaltigen Verankerung von Six Sigma heranzuziehen. Nachfolgend werden die sieben Faktoren im Hinblick auf Six Sigma beschrieben.

9.5.1.1 Strategie / Strategy

Der harte Faktor Strategie beschreibt Maßnahmen, um die langfristigen Ziele des Unternehmens bestmöglich zu erreichen. Auch Six Sigma wird in der Literatur häufig als unternehmensweite strategische Initiative bezeichnet. In der Regel wird Six Sigma allerdings keine so zentrale Rolle in der Strategie eines Unternehmens einnehmen, sondern vielmehr an unterschiedlichen Stellen mit der Strategie des Unternehmens verknüpft. Beispiele dafür sind:

- Six Sigma als Vorgehen zur Verbesserung und Kostenreduktion

  Ob nun in der Unternehmensstrategie besonders ausformuliert oder nicht, werden die kontinuierliche Verbesserung und die Reduktion der Kosten in der Regel Bestandteil der Unternehmensstrategie sein. Six Sigma unterstützt dieses Bestreben und kann zur Bearbeitung einer bestimmten Gruppe von Verbesserungspotenzialen herangezogen werden.

- Ableitung von Six Sigma-Projekten aus der Unternehmensstrategie

  Im Rahmen der Strategiearbeit wird man nach der Definition von Zielen konkrete Aktivitäten (vor allem Maßnahmen und Projekte) zur Zielerreichung definieren. Hat man beispielsweise die Senkung von Kosten als ein strategisches Ziel definiert, wird man Maßnahmen und Projekte definieren, die zur angestrebten Kostenreduktion führen. D. h. im Zuge der Strategiearbeit werden Six Sigma-Projekte identifiziert und beauftragt.

- Beurteilung der Strategiekonformität im Rahmen der Projektbeauftragung

  Der Bezug zur Unternehmensstrategie sollte in den Projektauftrag aufgenommen werden, wie dies in Bild 2-4 beispielsweise dargestellt ist. Damit ist der Bezug zwischen jedem einzelnen Six Sigma-Projekt und der Unternehmensstrategie hergestellt.

  Darüber hinaus kann die „strategische Bedeutung" als Kriterium in die Matrix zur Beurteilung potenzieller Six Sigma-Projekte (siehe Abschnitt 9.3.1) aufgenommen werden. Damit wäre der Strategiebezug bereits in der Projektbewertung berücksichtigt.

9.5.1.2 Struktur / Structure

Der harte Faktor Struktur betrifft die Aufbauorganisation. Er befasst sich damit, wie die Aufgaben im Unternehmen verteilt und koordiniert werden. Die Struktur des Unternehmens wird insbesondere durch das Organigramm, die Stellenbeschreibungen und die Funktionsbeschreibungen definiert.

Mit der Einführung von Six Sigma sind auch Anpassungen an der Struktur des Unternehmens für die Abwicklung der Verbesserungsprojekte vorzunehmen. Damit sind vor allem folgende Aufgaben verbunden:

- Definition und Besetzung der speziellen Six Sigma-Rollen
- Einrichtung eines Six Sigma-Steuerkreises
- Einrichtung einer Six Sigma-Koordinationsstelle

Die Definition und Besetzung der speziellen Six Sigma-Rollen wurde bereits in Abschnitt 9.2 behandelt. Auf die weiteren beiden Punkte wird nachfolgend eingegangen.

Einrichtung eines Six Sigma-Steuerkreises

Die Übersicht zur Einordnung der Six Sigma-Rollen in die Aufbauorganisation, dargestellt in Bild 9-5, zeigt auch einen Projektsteuerkreis. Dieser setzt sich vor allem aus Führungskräften, welche die Rolle der Six Sigma-Champions wahrnehmen, zusammen und wird vom Six Sigma-Manager geleitet.

Der Steuerkreis steuert mit Hilfe der Multiprojektmanagementprozesse („Projekt beauftragen“, „Multiprojektcontrolling durchführen“ und „Projekt abnehmen und evaluieren“) die Verbesserungsprojekte und damit letztendlich das Verbesserungsprogramm. Umgekehrt lassen sich aus den Multiprojektmanagementprozessen (siehe Abschnitt 9.3) auch die wesentlichen Aufgaben des Steuerkreises ableiten.

Im Unternehmen ist daher auch ein solcher Steuerkreis einzurichten, der sich periodisch (z. B. monatlich) trifft. Bild 9-26 zeigt ein Beispiel für eine Agenda des Steuerkreistreffens.

Agenda für Six Sigma-Steuerkreistreffen

1. Übersicht über den Status aller Six Sigma-Projekte in verdichteter Form
   Hinweis: Projektstatusberichte wurden im Vorfeld bereits verteilt
2. Präsentation ausgewählter Projekte durch die Projektleiter
3. Abstimmung von Maßnahmen bei Abweichungen vom Plan
   Status zu vereinbarten Maßnahmen aus den vorangegangenen Steuerkreis-Besprechungen
4. Abnahme von abgeschlossenen Projekten
5. Identifikation, Bewertung und Auswahl von Projektvorschlägen, Beauftragung von Neuprojekten

Bild 9-26 Beispiel einer Agenda für das Six Sigma-Steuerkreistreffen

Einrichtung einer Six Sigma-Koordinationsstelle

Im Zuge der unternehmensweiten Steuerung von Six Sigma sind zahlreiche administrative Aufgaben durchzuführen, die von einem Six Sigma-Manager koordiniert werden (siehe Abschnitt 9.2.2.). Für dessen Unterstützung kann es erforderlich sein, eine Six Sigma-Koordinationsstelle einzurichten.

Wichtige Aufgaben einer solchen Stelle sind:

- Pool an Projektideen verwalten
- Projektsteuerkreis administrativ unterstützen
- Auswahl der Kandidaten für die Six Sigma-Qualifizierung koordinieren
- Qualifizierungen zu Six Sigma planen und organisieren (abgestimmt mit dem Personalmanagement)
- Six Sigma-Zertifizierungen abwickeln
- Leistungsfähigkeit des Six Sigma-Programms darstellen
- projektübergreifendes Six Sigma-Marketing koordinieren

9.5.1.3 Systeme / Systems

Der harte Faktor Systeme befasst sich mit der Ablauforganisation. Er umfasst die Prozesse und die zugehörigen organisatorischen Richtlinien, welche die Rahmenbedingungen für die Prozesse schaffen. Mit der Einführung von Six Sigma sind Prozesse zu entwickeln bzw. zu adaptieren.

Insbesondere betrifft dies die folgenden drei Bereiche:

- Entwicklung der Projektmanagementprozesse für Verbesserungsprojekte
- Ergänzung von weiteren Prozessbeschreibungen
- Integration von Six Sigma in das Kennzahlen- und Reportingsystem

Entwicklung der Projektmanagementprozesse für Verbesserungsprojekte

Ein sehr wichtiger Teil der Verankerung von Six Sigma in der Unternehmensorganisation besteht darin, die Abläufe zur Abwicklung der Verbesserungsprojekte zu entwickeln und in die Prozesslandschaft des Unternehmens zu integrieren. Die grundlegende Basis dafür bildet die Six Sigma-Roadmap (siehe Bild 1-3) mit dem darin integrierten Projektstrukturplan. Von dieser Roadmap ausgehend erfolgt die Gestaltung bzw. Anpassung der notwendigen Prozesse zur Umsetzung der Verbesserungsprojekte. Die erforderlichen Einzel- und Multiprojektmanagementprozesse sind zu definieren. Notwendige Werkzeuge zur Ausführung der Prozesse (z. B. Projektsteckbrief, Projektübersicht, Projektauftrag, Projektstatusbericht) sind zu erarbeiten.

Die Entwicklung und Integration dieser Prozesse zielt darauf ab, die knappen, für die Verbesserungsarbeit zur Verfügung stehenden Ressourcen möglichst zielgerichtet einzusetzen. Sie bilden die Basis für die Identifikation, Beauftragung und Abwicklung von Verbesserungsprojekten im Unternehmen. Die Prozesse dazu wurden bereits in Abschnitt 9.3 detailliert behandelt.

Ergänzung von weiteren Prozessbeschreibungen

Darüber hinaus sind die Prozessbeschreibungen der Prozesse, die dazu dienen, Verbesserungspotenziale zu identifizieren, gegebenenfalls zu ergänzen. „Kundenzufriedenheit ermitteln", „Mitarbeiterzufriedenheit ermitteln" und „Interne Audits durchführen" sind Beispiele für solche Prozesse.

Bild 9-27 zeigt die mögliche Ergänzung einer Prozessbeschreibung. Identifiziert man beispielsweise bei der Durchführung einer Kundenbefragung Verbesserungspotenziale, dann sind diese in entsprechend aufbereiteter Form in den Pool an potenziellen Six Sigma-Projekten aufzunehmen.

Nr.	Tätigkeit	D	E	M	I	Verweis, Ergebnis, Anmerkung
...	...	...				...
...	Potenzielle Verbesserungsprojekte beschreiben	...			SSM	Vorlage: Six Sigma-Projektsteckbrief Ergebnis: SSM ist über das potenzielle Six Sigma-Projekt informiert
...	...	...				...

Bild 9-27 Beispiel für die Adaptierung einer Prozessbeschreibung

Es gibt noch viele weitere Möglichkeiten, Ideen für Six Sigma-Projekte zu generieren. Ideen lassen sich beispielsweise ableiten aus allgemeinen Kundengesprächen und aus Kundenreklamationen, aus Gesprächen mit weiteren Interessenspartnern, aus dem Studium von Fachartikeln, aus dem Besuch von Weiterbildungsveranstaltungen oder Messen, etc. Mitarbeiter müssen dazu angehalten werden, Verbesserungspotenziale zu identifizieren und diese in Form eines Projektsteckbriefes grob auszuformulieren und festzuhalten.

Integration von Six Sigma in das Kennzahlen- und Reportingsystem

Ebenso ist zu prüfen, inwiefern das im Unternehmen praktizierte Kennzahlen- und Reportingsystem im Zusammenhang mit der Einführung von Six Sigma zu adaptieren ist. Wenn im Unternehmen bereits professionelle Systeme etabliert sind, dann existiert eine gute Ausgangsbasis. Aus den prozessbezogenen Kennzahlen bzw. aus den verschiedenen Kennzahlen aus der Produktion können beispielsweise sehr gut Verbesserungsbedarfe abgeleitet und Verbesserungsprojekte zielgerichtet initiiert werden. Im Idealfall ist für die Etablierung von Six Sigma dann keine Anpassung erforderlich.

Kennzahlen zur Darstellung der Leistungsfähigkeit von Six Sigma im Unternehmen sind jedenfalls zu definieren. Beispiele dafür sind:

- Anzahl der Projekte (identifiziert / geplant / in Arbeit / abgeschlossen / abgebrochen)
- Nutzen und Aufwand der Six Sigma-Projekte
- Anzahl der qualifizierten Mitarbeiter zu Six Sigma

Diese Kennzahlen sollten in einem regelmäßigen Bericht des Six Sigma-Managers zum Six Sigma-Programm enthalten sein und den Führungskräften und der Unternehmensleitung ein Bild über die Güte der Umsetzung und die Ergebnisse der Six Sigma-Verbesserungsarbeit geben.

9.5.1.4 Stil / Style

Unter dem weichen Faktor Stil versteht man den Führungsstil, also das Verhalten und den Umgang des Managements mit den Mitarbeitern. Die Praxis zeigt, dass der Erfolg der Verbesserungsarbeit in großem Ausmaß von diesem Faktor abhängt.

Themen, wie offene Gesprächskultur mit Mitarbeitern pflegen, klare Verbesserungsziele vorgeben, Projekte definieren und beauftragen, Projektergebnisse verfolgen und mittragen, sollten fester Bestandteil der Führungsarbeit und Führungsphilosophie in Six Sigma praktizierenden Unternehmen sein. Im Zuge der Einführung von Six Sigma ist daher auch der vorherrschende Führungsstil zu reflektieren und gegebenenfalls gezielt weiterzuentwickeln. Die unter „Struktur“ geschaffenen Rahmenbedingungen (siehe Abschnitt 9.5.1.2) und die Anwendung der unter „Systeme“ geschaffenen Prozesse und Werkzeuge (siehe Abschnitt 9.5.1.3) unterstützen bei dieser Weiterentwicklung.

9.5.1.5 Stammpersonal / Staff

Der weiche Faktor Stammpersonal befasst sich damit, ob das Unternehmen über genügend leistungsfähige und leistungswillige Mitarbeiter verfügt. Wichtige Themen dazu sind die Akquisition von Mitarbeitern, die Ausbildung und Förderung der Mitarbeiter sowie das Schaffen der Rahmenbedingungen, um die Mitarbeiter langfristig an das Unternehmen zu binden.

Integration von Six Sigma in das Personalentwicklungsprogramm

In Abschnitt 9.2 wurden bereits die Six Sigma-Rollen und das zugehörige Ausbildungskonzept erläutert. Dieses Ausbildungskonzept muss in das im Unternehmen bestehende Personalentwicklungsprogramm integriert werden. In Abstimmung zwischen dem Six Sigma-Manager, dem Personalmanager und den weiteren Führungskräften sind vor allem folgende Aufgaben auszuführen:

- Entwicklung eines auf die Anforderungen des Unternehmens ausgerichteten Qualifizierungsziels und -programms, einschließlich der Festlegung der Anzahl der zu qualifizierenden Personen je Bereich
- Definition der Auswahlkriterien für die Six Sigma-Akteure, Festlegung eines Vorgehens für die laufende Auswahl von Kandidaten für die Six Sigma-Qualifizierungen
- Schaffung von Entwicklungsplänen für die Six Sigma-Akteure

Bei der Festlegung des Qualifizierungsprogramms darf nicht auf die Führungskräfte vergessen werden. Die Führungskräfte sollten standardmäßig eine Ausbildung zum Six Sigma-Champion absolvieren.

Auswahl der Kandidaten für Green Belts und Black Belts

Die Ausbildung zum Green Belt bzw. Black Belt gibt Mitarbeitern die Chance, sich weiterzuentwickeln. Sie übernehmen neue Verantwortung und haben in der Regel ein attraktiveres Betätigungsfeld. Die neue Aufgabe fordert von ihnen aber auch Einsatzbereitschaft und Engagement. Green Belts und Black Belts sollen sich mit Verantwortungsgefühl und Begeisterung für Six Sigma einsetzen.

Die Teilnahme von Mitarbeitern an den Six Sigma-Ausbildungsprogrammen und die damit verbundene Übernahme von Verantwortung im Six Sigma-Programm sollte daher nicht erzwungen werden, vielmehr sollte diese Teilnahme von den Mitarbeitern erwünscht sein. Die Rolle des Green Belts und des Black Belts sollte im Unternehmen so attraktiv gestaltet sein, dass die Qualifizierung dazu von den Mitarbeitern als Chance aufgefasst wird und sie sich intern auch dafür bewerben. Anschließend sollte eine sorgfältige Auswahl der Qualifizierungskandidaten erfolgen. Eine Hilfestellung dafür kann das in Bild 9-28 dargestellte Beispiel für Anforderungen an Green Belt-Kandidaten geben.

Anforderungen an Green Belt-Kandidaten

- Interesse für Verbesserungsprojekte / aufgeschlossen gegenüber Neuem
- technisches und wirtschaftliches Verständnis / Produkt- und Prozesskenntnis im eigenen Bereich
- Interesse für systematisches und analytisches Vorgehen
- Kenntnis ausgewählter Anwendungssoftware (z.B. Minitab)
- soziale Kompetenz / Fähigkeit zur Leitung von Verbesserungsteams / Fähigkeit zur Moderation von Workshops

Bild 9-28 Beispiel für Anforderungen an Green Belt-Kandidaten

Schaffung motivierender Rahmenbedingungen für die Verbesserungsarbeit

Six Sigma bietet grundsätzlich eine hervorragende Ausgangssituation für ein motivierendes Arbeitsumfeld. Green Belts und Black Belts identifizieren sich rasch mit der Verbesserungsarbeit und wickeln die Six Sigma-Projekte mit großer Begeisterung ab. In der Regel können sie dabei auch an Themen arbeiten, die sie interessieren und bei denen sie mit viel Gestaltungsspielraum Verbesserungen vornehmen können. In der Praxis zeigt sich dies beispielsweise darin, dass Green Belts und Black Belts teilweise auch ihre Freizeit für die Projektarbeit aufwenden.

Aufgabe der Führungskräfte ist es, die Rahmenbedingungen für die erfolgreiche Projektarbeit zu schaffen und aufrechtzuerhalten. Vor allem geht es darum, den Green Belts und Black Belts die erforderlichen Ressourcen bereitzustellen. Gelingt dies nicht, ist mit demotivierten Green Belts und Black Belts und letztendlich mit einem Scheitern von Six Sigma zu rechnen.

9.5.1.6 Spezialfähigkeiten / Skills

Unter dem weichen Faktor Spezialfähigkeiten versteht man die herausragenden Fähigkeiten, die ein Unternehmen besonders erfolgreich machen. Im Hinblick auf Six Sigma gibt es zwei Fähigkeiten, die in der Organisation für die erfolgreiche Umsetzung der Verbesserungsarbeit besonders professionell beherrscht werden müssen:

- Abwicklung von Verbesserungsprojekten: Damit ist insbesondere das Beherrschen der Prozesse zur Abwicklung von Verbesserungsprojekten gemeint.
- Anwendung von Methoden und Werkzeugen: Dies betrifft die Methoden und Werkzeuge, die innerhalb der Verbesserungsprojekte eingesetzt werden.

9.5.1.7 Selbstverständnis / Shared values

Der weiche Faktor Selbstverständnis befasst sich mit der Unternehmenskultur. Diese kann als langfristig existierende, gemeinsame Basis von Überzeugungen und grundlegenden Einstellungen verstanden werden, die den Mitarbeitern als Grundlage für ihr Handeln dient. Shared Values sollen letztendlich auch das Gefühl der Zusammengehörigkeit vermitteln und Sinn stiften.

Auch dieser Faktor ist bei der Einführung von Six Sigma von großer Bedeutung. Noch vor dem Start von Six Sigma sollte eine Einschätzung der Unternehmenskultur erfolgen. Wie groß ist der Leidensdruck / Handlungsdruck für Verbesserungen? Wird das Verbessern von den Mitarbeitern als Notwendigkeit für den nachhaltigen Unternehmenserfolg angesehen? Auf dieser Basis können gegebenenfalls mit der Six Sigma-Einführung einhergehende Ansätze zur Weiterentwicklung der Unternehmenskultur abgeleitet werden. Einige Beispiele dafür sind:

- Null-Fehler-Anspruch

  Six Sigma sollte dazu führen, dass Fehler im Unternehmen nicht mehr akzeptiert werden und es für alle Mitarbeiter eine Selbstverständlichkeit ist, Fehler durch entsprechende Korrektur- und Vorbeugungsmaßnahmen nachhaltig zu beseitigen.

- Orientierung an den Kunden

  Durch die Identifikation der Kunden und deren Anforderungen soll die Orientierung an (internen und externen) Kunden einen höheren Stellenwert im Unternehmen erhalten.

- Würdigung der Projekterfolge

  Die mit Six Sigma-Projekten realisierten Verbesserungen sollten in breiter Form im Unternehmen bekannt gemacht werden. Die Leistungen der Green Belts und Black Belts müssen anerkannt werden. Damit festigt sich die Bedeutung der kontinuierlichen Verbesserung in der Unternehmenskultur.

- Orientierung an Zahlen, Daten und Fakten

  Die Verbesserungsarbeit soll dazu führen, dass Entscheidungen im Unternehmen immer mehr auf fundierter Basis und in strukturierter Form getroffen werden.

Die Unternehmenskultur wird vor allem durch das Verhalten der Führungskräfte geprägt. Will man die Unternehmenskultur weiterentwickeln, dann müssen die Führungskräfte das von ihren Mitarbeitern erwartete Verhalten, z. B. Entscheidungen auf Basis von Zahlen und Fakten zu treffen, auch vorleben.

Darüber hinaus sollten die Führungskräfte die sichtbaren Ausprägungen der Unternehmenskultur identifizieren und weiterentwickeln, sodass die Verbesserungsarbeit einen hohen Stellenwert bekommt. Dazu gehören die Zertifizierung und Anerkennung von Green Belts und Black Belts ebenso wie die regelmäßige Teilnahme an institutionalisierten Meetings zu Six Sigma.

9.5.2 Vorgehensplan zur Einführung von Six Sigma

Der Erfolg von Six Sigma steht und fällt mit der Einstellung der Unternehmensleitung zu Six Sigma. Die Unternehmensleitung muss von Six Sigma überzeugt sein und dies auch entsprechend vermitteln. Ist diese Voraussetzung erfüllt, kann an die Einführung von Six Sigma herangegangen werden.

Die Implementierung von Six Sigma bindet Zeit-, Geld- und Managementressourcen und kann vor allem nicht beliebig oft neu gestartet werden. Es ist ein Vorhaben, das letztendlich mehrere Jahre dauert und alle Bereiche des Unternehmens einbindet oder zumindest tangiert. Eine solche Einführung ist daher in Projektform abzuwickeln. Einen zweckmäßiger Rahmen dafür bietet das Dreiphasenmodell von Lewin.

Lewin geht davon aus, dass erfolgreiche Organisationsänderungen planbar sind und stets die drei Phasen Unfreeze (auftauen), Move (verändern) und Refreeze (stabilisieren) benötigen. Im Hinblick auf die Einführung von Six Sigma gilt es daher, zunächst in der Phase Unfreeze die Bereitschaft für die Veränderung herzustellen. Nach der Umsetzung der Veränderungen in der Phase Move wird der verbesserte Zustand in der Phase Refreeze nachhaltig abgesichert. Bild 9-29 zeigt die wesentlichen Zielsetzungen und Hauptaufgaben in den drei Phasen im Hinblick auf die Einführung von Six Sigma.

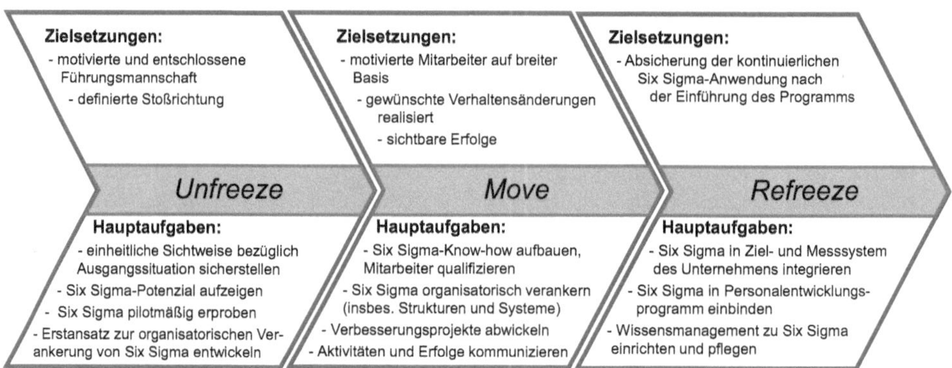

Bild 9-29 Dreiphasenmodell von Lewin als Rahmen für die Einführung von Six Sigma

9.5.2.1 Phase Unfreeze

Vor der unternehmensweiten Einführung von Six Sigma gilt es, im Sinne von Unfreeze zunächst die Bereitschaft in der Führungsmannschaft für diese Initiative zu schaffen. Die Führungskräfte sollen von der Notwendigkeit der kontinuierlichen Verbesserung und der Zweckmäßigkeit der Anwendung von Six Sigma überzeugt sein.

Am besten gelingt dies, wenn Six Sigma vor dem unternehmensweiten Rollout in einem überschaubaren Bereich pilotmäßig erprobt wird, indem eine begrenzte Anzahl von Mitarbeitern zu Six Sigma geschult wird und dabei Pilotprojekte abwickelt. Dabei erhalten die Führungskräfte ein konkreteres Bild von Six Sigma. Sie können die Anwendbarkeit von Six Sigma im eigenen Unternehmen und die dabei realisierbaren Verbesserungen besser beurteilen. Diese pilotmäßige Erprobung erfolgt meist noch mit geringstmöglichem Aufwand, was die organisatorischen Rahmenbedingungen betrifft. Nur eine überschaubare Gruppe von Mitarbeitern wird in intensivem Umfang eingebunden. Es sind auch noch keine Adaptierungen in der Organisation erforderlich.

Auf Basis der Erfahrungen aus den Pilotprojekten fällt es den Führungskräften dann auch leichter, über die Einführung von Six Sigma und die zweckmäßigste Form der Verankerung von Six Sigma im eigenen Unternehmen zu entscheiden. Am Ende der Phase Unfreeze sollte schließlich das Vorgehen zur Integration von Six Sigma in die gewachsenen Strukturen des Unternehmens erarbeitet sein.

Zur Strukturierung der Phase Unfreeze wird ein Vorgehen vorgeschlagen, das aus folgenden Hauptaufgaben besteht:

- Bereiche für die pilotmäßige Erprobung von Six Sigma auswählen
- Führungsteam über Six Sigma informieren
- Führungskräfte zur Projektbegleitung qualifizieren und Pilotprojekte auswählen
- Mitarbeiter auswählen, qualifizieren und Pilotprojekte abwickeln
- gemachte Erfahrungen reflektieren und Entscheidung zu Six Sigma treffen, Führungskräfte auf Six Sigma einschwören
- Six Sigma-Einführung im Unternehmen kommunizieren
- Phasen Move und Refreeze planen

Bereits für die Phase Unfreeze muss ein klarer Auftrag von der Unternehmensleitung vorliegen. Dieser muss insbesondere auch die Zielsetzungen dieser Phase enthalten. Am Ende der Phase Unfreeze ist ein Abschlussbericht zu erstellen, in dem die Erkenntnisse zusammengefasst dargestellt werden. Eventuell kann die Phase Unfreeze auch als Kleinprojekt abgewickelt werden.

Bereiche für die pilotmäßige Erprobung von Six Sigma auswählen

Zunächst gilt es festzulegen, in welchen Bereichen Six Sigma pilotmäßig erprobt werden soll. Aus diesen Bereichen werden anschließend die im Mittelpunkt der Erprobung von Six Sigma stehenden Pilotprojekte ausgewählt. Die Bereiche sind daher so festzulegen, dass die daraus gewählten Verbesserungsprojekte repräsentativ für die typische spätere Anwendung von Six Sigma sind.

Führungsteam über Six Sigma informieren

Auch wenn die pilotmäßige Erprobung von Six Sigma nur ausgewählte Bereiche des Unternehmens betrifft, müssen zu Beginn der Phase Unfreeze alle Führungskräfte in kompakter Form über Six Sigma, die geplanten Pilotprojekte und die damit verbundenen Zielsetzungen informiert werden. Dadurch wird verhindert, dass sich Führungskräfte nicht ausreichend eingebunden fühlen und Six Sigma von vornherein ablehnend gegenüberstehen. Im Zuge dieser Informationsveranstaltung können eventuell auch noch weitere in das Pilotvorhaben einzubindende Bereiche festgelegt werden.

Führungskräfte zur Projektbegleitung qualifizieren und Pilotprojekte auswählen

Während der Abwicklung der Pilotprojekte existieren in den Unternehmen in der Regel keine organisatorischen Rahmenbedingungen für die Abwicklung von Six Sigma-Projekten. Daher kommt den Führungskräften, die diese Pilotprojekte beauftragen und begleiten, eine wichtige Rolle zu, für die sie zu qualifizieren sind.

In einem Führungskräfte-Trainingsworkshop, der aus einem theoretischen und einem unternehmensbezogenen Teil besteht und ein bis zwei Tage dauert, werden sie auf diese Aufgabe vorbereitet. Im theoretischen Teil wird unter den Teilnehmern ein einheitliches Verständnis für Six Sigma geschaffen. Im unternehmensbezogenen Workshop, der etwa die Hälfte der Zeit beansprucht, sollen bereits konkrete Ideen für die Verbesserungsprojekte identifiziert und daraus Verbesserungsprojekte abgeleitet werden.

Daraus ergibt sich folgende Agenda für den Führungskräfte-Trainingsworkshop:

Agenda für Führungskräfte-Trainingsworkshop

1. Six Sigma im Überblick / Philosophie von Six Sigma
2. Abwicklung von Verbesserungsprojekten nach DMAIC bzw. PIDOV
3. Überblick über den Werkzeugeinsatz in Six Sigma-Projekten
4. Projektmanagement zur Abwicklung von Six Sigma-Projekten
5. Erfolgsfaktoren für Six Sigma, organisatorische Verankerung von Six Sigma
6. Rollen in Six Sigma, Rolle der Führungskräfte
7. Workshop: Identifikation der Verbesserungsprojekte

Bild 9-30 Beispiel einer Agenda für einen Führungskräfte-Trainingsworkshop

Für den Erfolg des Trainingsworkshops ist eine gute Vorbereitung und ein geeignetes Workshopdesign erforderlich. Die Verbesserungsideen sollten in strukturierter Form identifiziert, erfasst und bewertet werden. Für Letzteres bietet es sich an, das in Bild 9-31 gezeigte Formblatt zu verwenden. Die Ergebnisse daraus können mit Hilfe eines Portfolios anschaulich visualisiert werden. Für die Erfolg versprechendsten Ideen ist schließlich ein Projektsteckbrief (siehe Bild 9-13) zu erstellen.

Ideen für Six Sigma-Projekte	Einsparungspotenzial		Umsetzungsaufwand		Gesamt-bewertung
	Bewertung (vergebene Punkte der Teilnehmer)	Begründung für die Bewertung	Bewertung (vergebene Punkte der Teilnehmer)	Begründung für die Bewertung	

Bild 9-31 Formblatt zur Bewertung der Verbesserungsideen

Die Pilotprojekte sind für die angehenden Green Belts und Black Belts als Lernprojekte zu verstehen. Die Teilnehmer lernen, die Six Sigma-Methodik anzuwenden, Verbesserungsprojekte orientiert an der Six Sigma-Roadmap abzuwickeln und die entsprechenden Werkzeuge und Methoden einzusetzen.

Bei der Auswahl der Pilotprojekte sollten daher folgende Kriterien berücksichtigt werden:

- die Komplexität sollte nicht zu hoch sein
- die Erfolgschancen des Projektes müssen realistisch und eher hoch sein
- die Six Sigma-Werkzeuge sollten auf breiter Basis zum Einsatz kommen
- das Pilotprojekt sollte bis zum Ende der Ausbildung abgeschlossen werden können

Es ist nicht zielführend, als erstes Projekt gleich ein äußerst komplexes Thema auszuwählen. Schon gar nicht ein Projekt, an dem bereits andere Teams gescheitert sind. Beim Pilotprojekt geht es darum, mit Six Sigma vertraut zu werden. Wenn nach einigen Projekten die Routine vorhanden ist, dann wird man sich auch an schwierigere Aufgabenstellungen wagen.

In der Praxis werden zu Beginn meist Projekte aus dem Produktionsbereich gewählt. Klar erkennbare Abweichungskosten durch Ausschuss, Nacharbeiten und Sortierarbeiten sind der Auslöser dafür. Um den Lerneffekt für alle Teilnehmer anzuheben, sollten auch Pilotprojekte aus dem produktionsnahen Umfeld und dem administrativen Bereich ausgewählt werden.

Zur Abwicklung der Pilotprojekte greifen die Projektleiter auf Ressourcen aus unterschiedlichen Fachbereichen zu. Daher muss darauf geachtet werden, nicht zu viele Projekte gleichzeitig zu starten. Wenn beispielsweise ein Unternehmen mit 200 Mitarbeitern 14 Green Belts ausbildet, dann können in der Regel aus Kapazitätsgründen nicht 14 Ausbildungsprojekte gleichzeitig gestartet und parallel durchgeführt werden. Dies würde die Organisation nicht verkraften und der Einführung von Six Sigma schaden. In einem solchen Fall können mehrere Trainingsteilnehmer gemeinsam an einem Projekt arbeiten.

Neben den definierten Verbesserungsprojekten liefert der Führungskräfteworkshop auch einen Pool von konkreten Verbesserungsideen. Diese von den Führungskräften selbst entwickelten Ideen und die damit verbundenen Einsparungen zeigen ihnen anschaulich das Potenzial und die Notwendigkeit der Six Sigma-Initiative auf.

Mitarbeiter auswählen, qualifizieren und Pilotprojekte abwickeln

Aus den ausgewählten Bereichen und zugeordnet zu den festgelegten Pilotprojekten werden Kandidaten für die Ausbildung zum Green Belt bzw. Black Belt ausgewählt. Für die Auswahl können die in Abschnitt 9.5.1.5 gezeigten Kriterien dienen.

Die Ausbildung zum Green Belt bzw. Black Belt sollte nach dem in Abschnitt 9.2.3 gezeigten Schema gestaltet sein. Parallel zu den Trainingseinheiten wickelt jeder Teilnehmer auch ein konkretes Verbesserungsprojekt ab und realisiert damit Verbesserungen für das Unternehmen. Bei den am Markt angebotenen Ausbildungen zum Green Belt ist die begleitende Abwicklung eines Verbesserungsprojektes nicht von allen Anbietern gefordert. Für den Lernerfolg wird dies jedoch auch für die Green Belts ausdrücklich empfohlen.

Das Unternehmen profitiert durch diese Kombination aus Ausbildung und Pilotprojekt sofort, weil jeder Teilnehmer am Ende der Ausbildung auch ein Verbesserungsprojekt umgesetzt und damit Einsparungen für das Unternehmen realisiert hat. Die Erfahrung zeigt, dass bereits bei den Pilotprojekten die Einsparungen bei Weitem die Kosten der Ausbildung übersteigen.

Ein weiterer Nutzen der Pilotprojekte soll nicht außer Acht gelassen werden. In den meisten Organisationen gibt es Menschen, die solchen Initiativen skeptisch gegenüberstehen. Mit Hilfe der nachvollziehbaren Ergebnisse gelingt es vielfach, auch diese Skeptiker zu überzeugen. Daher müssen diese ersten Erfolge in der Organisation auch entsprechend bekannt gemacht werden.

Gemachte Erfahrungen reflektieren und Entscheidung zu Six Sigma treffen, Führungskräfte auf Six Sigma einschwören

Nach dem Abschluss der Pilotprojekte sollten die gemachten Erfahrungen reflektiert werden. Dazu können die Projektergebnisse und die in den Projektteams individuell gemachten Erfahrungen herangezogen werden. Damit kann über das weitere Vorgehen bezüglich Six Sigma entschieden werden.

Von großer Bedeutung für diese Entscheidung ist die Abschätzung des mit Six Sigma realisierbaren Verbesserungspotenzials. Als Basis dafür können Analysen von Fehlerkosten, wie zum Beispiel Ausschusskosten, Nacharbeitskosten oder Gewährleistungskosten, dienen. Dabei ist zu beachten, dass der tatsächliche Erfolg vor allem von der Anzahl der umgesetzten Verbesserungsprojekte und den durchschnittlich pro Projekt realisierten Einsparungen abhängt.

Nach diesen Analysen besteht mehr Klarheit darüber, welche Ergebnisse im Unternehmen langfristig zu erwarten sind und welcher Aufwand mit der Einführung von Six Sigma verbunden ist. Ebenso lässt sich daraus ein konkreteres Bild darüber ableiten, wie Six Sigma im Unternehmen organisatorisch verankert werden könnte. Somit kann die Leistungsfähigkeit von Six Sigma für die Optimierung der eigenen Organisation beurteilt werden. Die Unternehmensleitung kann unter Einbindung der Führungskräfte die Entscheidung für oder gegen Six Sigma treffen.

Damit einhergehend muss es gelingen, die Führungskräfte auf Six Sigma einzuschwören. Die Führungskräfte müssen von der Notwendigkeit der kontinuierlichen Verbesserung und der Zweckmäßigkeit der Anwendung von Six Sigma überzeugt sein. Den Führungskräften muss die Bedeutung von Six Sigma für den nachhaltigen Unternehmenserfolg bewusst sein.

Six Sigma-Einführung im Unternehmen kommunizieren

Fällt die Entscheidung für Six Sigma, dann sollten die Mitarbeiter auch über dieses Vorhaben, das Vorgehen und die Zielsetzungen informiert werden. Dazu eignen sich Informationsveranstaltungen oder auch Berichte in unternehmensinternen Medien.

Phasen Move und Refreeze planen

Eine letzte wichtige Aufgabe in der Phase Unfreeze ist es schließlich, die Festlegung der weiteren Schritte für die Phasen Move und Refreeze vorzunehmen und die Erstellung des Projektauftrages auszulösen.

9.5.2.2 Phasen Move und Refreeze

Die Phasen Move und Refreeze umfassen den weitaus größeren Teil der Einführung von Six Sigma. Ein Vielzahl von aufeinander abgestimmten Aufgaben ist abzuarbeiten. Große Teile des Unternehmens sind in unterschiedlichem Umfang einzubeziehen. Daher ist dieses Vorhaben unbedingt in Projektform abzuwickeln.[1]

Projektauftrag

Von entscheidender Bedeutung für den Erfolg der Einführung von Six Sigma sind ein klarer Projektauftrag und ein professioneller Projektstart. Der Projektauftrag ist eine schriftliche Vereinbarung zwischen dem Projektauftraggeber und dem Projektleiter. Darin sind vor allem die Projektziele, das Projektteam, der Zeitplan, die Rahmenbedingungen und die Ressourcen festgelegt.

Projektauftraggeber muss die Geschäftsführung sein. Die Projektleitung sollte vom künftigen Six Sigma-Manager übernommen werden. In das Projektteam sind Mitarbeiter der Bereiche aufzunehmen, die an der Gestaltung der organisatorischen Rahmenbedingungen für die laufende Identifikation, Bewertung, Auswahl und Abwicklung von Six Sigma-Projekten mitwirken. Letztendlich geht es dabei darum, wie in Abschnitt 9.5.1 detailliert dargestellt, Six Sigma sorgfältig in der Organisation des Unternehmens zu verankern. Typischerweise wird man daher einen Master Black Belt, Vertreter aus den

[1] Hinweis: Aus der Sicht von Projektmanagement sollten auch die Inhalte der Phase Unfreeze in das Einführungsprojekt integriert werden. In der Praxis wird die Phase Unfreeze allerdings häufig noch durch viele Unklarheiten und einen Meinungsbildungsprozess geprägt sein, sodass es erst gegen Ende dieser Phase möglich ist, einen klaren Projektauftrag zu formulieren. Daher werden an dieser Stelle nur die Inhalte der Phasen Move und Refreeze in das Projekt aufgenommen. Unternehmensspezifisch kann es selbstverständlich zweckmäßig sein, auch die Phase Unfreeze in das Projekt zu integrieren.

wertschöpfenden Bereichen, die Leitung der Organisationsabteilung, die Leitung des Qualitätsmanagements, die Leitung des Personalwesens und die Leitung des Controllings in das Projekt einbinden. Bild 9-32 zeigt ein Beispiel für einen Projektauftrag für das Projekt zur Einführung von Six Sigma.

Muster GmbH	**Projektauftrag** **„Einführung von Six Sigma bei Muster GmbH“**	Datum: 13. Jänner 20xx Ausgabe 1.0

Projektname: Einführung von Six Sigma bei Muster GmbH	**Projektnummer:** xxx
Projektauftraggeber: H. Müller	**Projektleitung:** G. Spork
Projektkernteam:	
Startereignis: Projektstartmeeting	**Endereignis:** Projektabschlussmeeting
Starttermin: 15. Jänner 20xx	**Endtermin:** 20. Dezember 20xx
Vorprojektphase: - xxx - xxx	**Nachprojektphase:** - xxx - xxx
Ziele: - Wir leben eine von allen Bereichen getragene Kultur der ständigen Verbesserung auf Basis von Six Sigma. - Die Rahmenbedingungen für eine laufende Auswahl, Beauftragung, Abwicklung und Verfolgung von Six Sigma-Projekten sind geschaffen. - Notwendige Adaptierungen in der Aufbau- und Ablauforganisation zur Umsetzung von Six Sigma sind geschaffen. - Ein System zur Messung des Erfolgs von Six Sigma ist etabliert.	**Rahmenvorgaben:** - Das bestehende Programm „Ideenmanagement bei Muster GmbH“ soll nicht verändert werden.
Projektphasen / Hauptaufgaben: - Unternehmensbezogene Six Sigma-Strategie entwickeln - Six Sigma organisatorisch verankern - Six Sigma nachhaltig absichern	**Erforderliche Ressourcen / Kosten:** - xxx Mitarbeiterstunden für organisatorische Aufgaben, Trainings, Abwicklung der Verbesserungsprojekte - € xx.xxx,- für Trainings-, Beratungs- und Projektcoachingleistungen
Zusammenhang mit der Unternehmensstrategie: - Six Sigma ist Teil der strategischen Initiative „XXXXX bei Muster GmbH“	**Zusammenhang zu anderen Projekten:** - xxx

13. Jänner 20xx	H. Müller	G. Spork
Datum	Projektauftraggeber	Projektleiter

Bild 9-32 Beispiel für einen Projektauftrag zur Einführung von Six Sigma

Mit Hilfe des gezeigten Projektauftrages wird die Basis für eine erfolgreiche Einführung von Six Sigma geschaffen.

Projektstrukturplan

Der Projektauftrag löst den Projektstartprozess aus. Ein wesentlicher Bestandteil des Projektstartprozesses ist die Projektplanung. Das Gerüst für die Projektplanung bildet der

Projektstrukturplan, der vom Projektleiter gemeinsam mit dem Projektteam erstellt wird. Darin ist das gesamte Projekt in plan- und kontrollierbare Teilaufgaben aufgeteilt.

Bild 9-33 zeigt ein Beispiel für einen Projektstrukturplan für die Einführung von Six Sigma. Das dargestellte Beispiel ist aus dem in Abschnitt 9.5.1 vorgestellten Modell zur organisatorischen Verankerung von Six Sigma abgeleitet. Mit Hilfe des Projektstrukturplans wird nun gezeigt, wie diese Verankerung in Projektform abgewickelt werden kann.

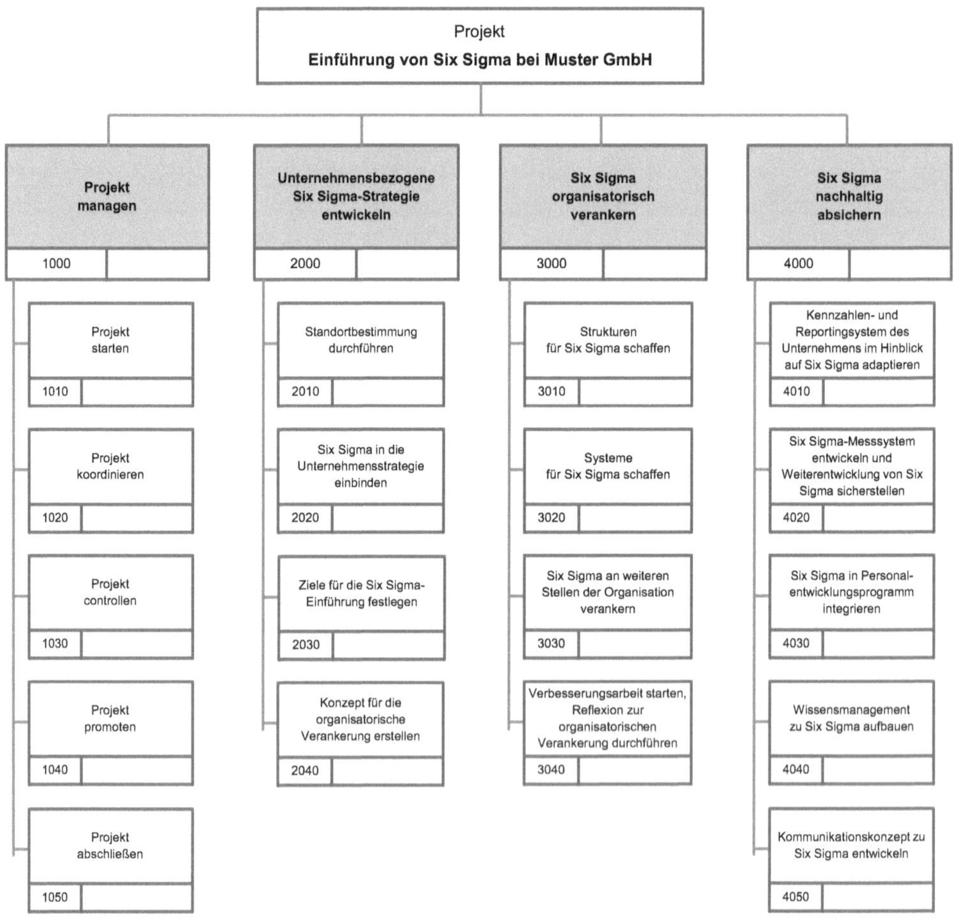

Bild 9-33 Beispiel für einen Projektstrukturplan zur Einführung von Six Sigma

Im Projektstrukturplan ist das Projekt in vier Phasen und diese sind wiederum in Arbeitspakete aufgeteilt. Die Phasen und Arbeitspakete sind nachfolgend beschrieben. Die Inhalte der Arbeitspakete müssen in Form von Arbeitspaketbeschreibungen (siehe auch Bild 9-34) präzisiert werden. Damit sollen alle Aufgaben zur Einführung von Six Sigma in übersichtlicher Form vorliegen und damit plan- und verfolgbar sein. Bei der Einführung von Six Sigma wird es in der Praxis erforderlich sein, diesen beispielhaft dargestellten Projektstrukturplan zu ergänzen bzw. unternehmensspezifisch zu adaptieren.

Darüber hinaus ist der Projektstrukturplan noch durch zweckmäßig gewählte Meilensteine zu ergänzen. Diese stellen Zwischenziele des Projektes dar. Dabei wird überprüft, ob sich alle Aktivitäten im Plan befinden. Abweichungen bei Ergebnissen, Terminen oder Kosten müssen untersucht und gegebenenfalls korrigiert werden.

Phase 1000: Projekt managen

Die Hauptaufgaben in der Phase 1000 fallen dem Projektleiter, d. h. dem designierten Six Sigma-Manager, zu. Die Inhalte der Arbeitspakete in dieser Phase erfordern keine Adaptierung für das Six Sigma-Einführungsprojekt. In Unternehmen, in denen Projektmanagement bereits praktiziert wird, können die bestehenden Arbeitspaketbeschreibungen daher übernommen werden. Liegen solche nicht vor, kann man sich auch an den in Abschnitt 9.3 beschriebenen Projektmanagementprozessen orientieren.

Zur Ausführung seiner Aufgaben bedient sich der Projektleiter der bekannten Projektmanagementmethoden (z. B. Projektorganigramm, Projektmeilensteinplan, Projektterminliste, Projektabschlussbericht). Diese sind in der Literatur zu Projektmanagement gut beschrieben. Besondere Adaptierungen zur Verwendung bei der Einführung von Six Sigma sind nicht erforderlich. Daher wird auf diese Methoden an dieser Stelle nicht weiter eingegangen.

Phase 2000: Unternehmensbezogene Six Sigma-Strategie entwickeln

Die pilotmäßige Erprobung von Six Sigma (Phase Unfreeze, siehe Abschnitt 9.5.2.1) liefert den Führungskräften die Basis, um die zweckmäßigste Form der Verankerung von Six Sigma im eigenen Unternehmen festzulegen. Hauptaufgabe der Phase 2000 ist es nun, die unternehmensbezogene Six Sigma-Strategie zu entwickeln. Dazu wird diese Phase in vier Arbeitspakete eingeteilt.

Arbeitspaket 2010: Standortbestimmung durchführen

Im Rahmen dieses Arbeitspaketes ist eine Einschätzung der Unternehmenskultur vorzunehmen (siehe Abschnitt 9.5.1.7). Ebenso müssen die praktizierten Formen der Verbesserungsarbeit (siehe Abschnitt 9.1.1) und der vorherrschende Führungsstil (siehe Abschnitt 9.5.1.4) erhoben und beurteilt werden. Bild 9-34 zeigt ein Beispiel für die Beschreibung dieses Arbeitspaketes. Darin sind vor allem die Aufgaben und das geplante Ergebnis dargestellt.

AP Nr.	Arbeitspaket Bezeichnung	Basistermin Anfang	Basistermin Ende	Beteiligte Abteilungen / Partner	Geplantes Ergebnis
2010	Standortbestimmung durchführen	xx. xx. 20xx	xx. xx. 20xx		Ausgangssituation im Unternehmen bezogen auf die Einführung von Six Sigma ist erhoben und bewertet

Hauptaufgaben

- praktizierte Unternehmenskultur, Verbesserungskultur, Veränderungsbereitschaft bewerten
- praktizierte Formen der Verbesserungsarbeit und deren Erfolge darstellen, bereits erfolgreich eingesetzte Werkzeuge ermitteln
- praktizierten Problemlösungsprozess bewerten (Anzahl der Probleme, Durchlaufzeit für die Problembehandlung, Anzahl von Wiederholfehlern, …)
- Niveau des vorhandenen Prozessmanagement- / Qualitätsmanagement-Systems bewerten (Niveau der vorhandenen Standards, Güte der Umsetzung der Standards in der Praxis, …)
- Rahmenbedingungen für die Einführung von Six Sigma bewerten (z.B. Verfügbarkeit von Ressourcen)
- …

Bild 9-34 Beispiel für die Beschreibung von Arbeitspaket 2010

Damit wird die Beurteilung der Ausgangssituation für die Einführung von Six Sigma möglich und das weitere Vorgehen kann unter Berücksichtigung der gegenwärtigen Situation im Unternehmen festgelegt werden. Six Sigma kann sorgfältig in die etablierten Strukturen implementiert werden.

Arbeitspaket 2020: Six Sigma in die Unternehmensstrategie einbinden

In weiterer Folge muss festgelegt werden, welche Rolle Six Sigma in der Strategie des Unternehmens spielen soll (siehe Abschnitt 9.5.1.1).

Arbeitspaket 2030: Ziele für die Six Sigma-Einführung festlegen

Dieser Punkt hängt eng mit der Unternehmensstrategie (siehe Abschnitt 9.5.1.1) zusammen. Nach der Klärung der Rolle von Six Sigma in der Unternehmensstrategie sind die mit der Einführung von Six Sigma verbundenen Ziele zu konkretisieren. Das wichtigste Ziel wird die Erzielung von Einsparungen sein. Typischerweise wird die vom Six Sigma-Programm erwartete Einsparung pro Jahr angegeben. Daneben sollten auch weitere Ziele in Betracht gezogen werden, wie z. B. die Erhöhung der Kundenzufriedenheit, die Optimierung von Prozessen und die Erhöhung der Qualifikation der Mitarbeiter.

Die Ergebnisse der abgewickelten Pilotprojekte und die dabei gemachten Erfahrungen (siehe Abschnitt 9.5.2.1) unterstützen dabei, realistische Ziele festzulegen.

Arbeitspaket 2040: Konzept für die organisatorische Verankerung erstellen

Anschließend gilt es, ein zweckmäßiges Konzept für die organisatorische Verankerung von Six Sigma festzulegen. Zur Orientierung dabei dienen vor allem das in Abschnitt 9.5.1 vorgestellte Modell sowie das in Abschnitt 9.2 und 9.3 beschriebene Vorgehen zur Einbindung von Six Sigma in die Aufbau- und Ablauforganisation.

Phase 3000: Six Sigma organisatorisch verankern

Phase 3000 widmet sich der organisatorischen Verankerung von Six Sigma. Vor allem geht es darum, die notwendigen Standards zur laufenden Abwicklung der Verbesserungsprojekte zu schaffen.

Arbeitspaket 3010: Strukturen für Six Sigma schaffen

Einen umfangreichen Anteil an der Einführung von Six Sigma nimmt die Einbindung von Six Sigma in die Aufbauorganisation ein. Die notwendigen Six Sigma-Rollen sind unternehmensspezifisch festzulegen und in die Aufbauorganisation einzubinden. Führungskräfte sind für Six Sigma zu qualifizieren. Geeignete Green Belt- und Black Belt-Kandidaten sind auszuwählen (siehe Abschnitt 9.5.1.5) und auszubilden. In Abschnitt 9.2 sind die organisatorische Eingliederung der Six Sigma-Rollen in die Struktur des Unternehmens und das damit einhergehende Qualifizierungskonzept detailliert dargestellt.

Arbeitspaket 3020: Systeme für Six Sigma schaffen

Ebenso gilt es, Six Sigma in die Ablauforganisation einzubinden. Die Projektmanagementprozesse für Verbesserungsprojekte und die dabei verwendeten Werkzeuge sind zu entwickeln. Gegebenenfalls sind auch weitere Prozesse zu adaptieren, wie z. B. Prozesse, die dazu dienen, Verbesserungspotenziale zu identifizieren. Die Abschnitte 9.3 und 9.5.1.3 widmen sich diesem Thema.

Arbeitspaket 3030: Six Sigma an weiteren Stellen der Organisation verankern

Die Arbeitspakete 3010 und 3020 befassen sich mit der Verankerung von Six Sigma in der Aufbau- und Ablauforganisation. Dies betrifft die beiden Faktoren „Struktur" und „Systeme" des 7-S-Modells. Für die Schaffung der Rahmenbedingungen für die erfolgreiche Verbesserungsarbeit müssen auch die weiteren fünf Faktoren berücksichtigt werden. Six Sigma ist an die Strategie anzuknüpfen, die für Six Sigma erforderlichen Spezialfähigkeiten sowie der Führungsstil und die Unternehmenskultur sind weiterzuentwickeln. Orientierung bei der Abarbeitung dieses Arbeitspakets gibt Abschnitt 9.5.1.

Arbeitspaket 3040: Verbesserungsarbeit starten, Reflexion zur organisatorischen Verankerung durchführen

Das letzte Arbeitspaket der Phase 3000 dient dazu, die Verbesserungsarbeit anzustoßen. Führungskräfte und weitere Mitarbeiter werden zu Six Sigma ausgebildet, Verbesserungsprojekte werden ausgewählt, beauftragt und abgewickelt. Zielsetzung dieses Arbeitspaketes ist es, den Fortschritt der organisatorischen Verankerung zu verfolgen und gegebenenfalls Korrekturen auszulösen.

Phase 4000: Six Sigma nachhaltig absichern

Nachdem die wesentlichen Rahmenbedingungen für die Umsetzung von Six Sigma geschaffen sind, ist noch dafür Sorge zu tragen, dass Six Sigma auch langfristig abgesichert ist.

Arbeitspaket 4010: Kennzahlen- und Reportingsystem des Unternehmens im Hinblick auf Six Sigma adaptieren

Das im Unternehmen praktizierte Kennzahlen- und Reportingsystem ist im Hinblick auf Six Sigma zu adaptieren. Damit soll sichergestellt werden, dass die im Unternehmen festgelegten Kennzahlen zur Identifikation und Auswahl von Six Sigma-Projekten geeignet sind. Anleitung dazu gibt Abschnitt 9.5.1.3.

Arbeitspaket 4020: Six Sigma-Messsystem entwickeln und Weiterentwicklung von Six Sigma sicherstellen

Das praktizierte Kennzahlen- und Reportingsystem muss auch dahingehend ergänzt werden, dass der Erfolg der Verbesserungsarbeit sichtbar wird. Dies kann zum Beispiel durch eine regelmäßige Gegenüberstellung von Aufwand und Einsparungen erfolgen. Dazu finden sich Erläuterungen in Abschnitt 9.5.1.3.

Um die Weiterentwicklung des Six Sigma-Programms sicherzustellen, ist eine Stelle zu schaffen, die diese Aufgabe übernimmt (siehe Abschnitt 9.2.2). Auch unterstützende Strukturen, wie ein Six Sigma-Steuerkreis und eine Six Sigma-Koordinationsstelle, sind einzurichten (siehe Abschnitt 9.5.1.2).

Arbeitspaket 4030: Six Sigma in Personalentwicklungsprogramm integrieren

Das Qualifizierungs- und Zertifizierungskonzept für Six Sigma ist gegebenenfalls unternehmensspezifisch zu adaptieren und in das bestehende Personalentwicklungsprogramm zu integrieren. Dazu sind in Abschnitt 9.2 zugeordnet zu den Rollen die entsprechenden Ausbildungskonzepte beschrieben. Ergänzende Informationen zur Integration in das Personalentwicklungsprogramm finden sich in Abschnitt 9.5.1.5.

Arbeitspaket 4040: Wissensmanagement zu Six Sigma aufbauen

Im Zuge der Erläuterung der Phase **Control** (siehe Abschnitt 8.3.1) wurde bereits dargestellt, wie am Ende eines Verbesserungsprojektes die gemachten Erfahrungen dem restlichen Unternehmen zugänglich gemacht werden. Bei der organisatorischen Verankerung von Six Sigma sind die Rahmenbedingungen dafür zu schaffen, wie beim Projektabschluss das erworbene Wissen gesichert und verfügbar gemacht werden kann (siehe Abschnitt 9.3.5).

Arbeitspaket 4050: Kommunikationsplan zu Six Sigma entwickeln

Die mit Six Sigma-Projekten realisierten Verbesserungen müssen in breiter Form im Unternehmen bekannt gemacht werden. Dazu ist ein Kommunikationsplan zu Six Sigma zu entwickeln. Indem die Projekte und deren Erfolge präsentiert werden, soll auch die Motivation der Mitarbeiter, die in Verbesserungsprojekte involviert sind, gefördert werden (siehe Abschnitt 9.5.1.5).

Eine regelmäßige Information zu Six Sigma sorgt letztendlich auch für die Weiterentwicklung der Unternehmenskultur und das Festigen der Bedeutung der kontinuierlichen Verbesserung im Unternehmen (siehe Abschnitt 9.5.1.7). Der Stellenwert der Verbesserungsarbeit im Unternehmen steigt.

Der Projektstrukturplan und die Arbeitspaketbeschreibungen bilden einen klaren Vorgehensplan zur strukturierten Planung und Koordination der zahlreichen, auf Basis des 7-S-Modells erarbeiteten Teilschritte zur Einführung von Six Sigma.

Damit steht ein Erfolg versprechendes Modell zur nachhaltigen Verankerung von Six Sigma zur Verfügung. Dieses Modell muss gegebenenfalls unternehmensspezifisch adaptiert und ergänzt werden.

Empfehlungen zur Vertiefung

Zur vertiefenden Beschäftigung mit der Einführung von Six Sigma gibt es auch im deutschsprachigen Raum einige sehr gute Bücher. Vor allem [1] und [2] geben einen sehr guten Überblick über Six Sigma. Die darin enthaltenen Fallstudien und Erfahrungsberichte liefern eine Vielzahl von Tipps und Ideen für die Einführung von Six Sigma. Darüber hinaus sei auf Artikel in Fachzeitschriften und auf einschlägige Veranstaltungen verwiesen. ■

■ 9.6 Problemlösungsprozess nach 8D

Dieses Buch beschäftigt sich intensiv mit der Verbesserung von Produkten und Prozessen. Im nun folgenden Abschnitt wird ein Thema beleuchtet, das in diesem Zusammenhang sehr wichtig ist. Es geht um das systematische Vorgehen bei der Lösung von Problemen. Unter Problemen verstehen wir hier „Notfälle“, bei denen schnell, professionell und nachhaltig gehandelt werden muss, z. B. Produkte sind beim Kunden nicht montierbar, Produkte fallen in der Anwendung aus, die Lieferverpflichtung kann nicht erfüllt werden.

Unter dem Namen »8D-Methode« (8D) ist in der Industrie ein Vorgehensmodell zur Lösung von Problemen bekannt geworden. Dieses hat viele Parallelen zu Six Sigma. Das Vorgehen ist sehr ähnlich, in den einzelnen Schritten werden vielfach auch die gleichen Werkzeuge eingesetzt. Der wesentliche Unterschied liegt darin, dass beim Auftreten von „Notfällen“ Sofortmaßnahmen ergriffen werden müssen, die in Six Sigma-Projekten nicht erforderlich sind.

In der Praxis kommt es vor, dass 8D auf ein Formular reduziert wird, das beim Eingang einer Kundenreklamation auszufüllen und an den Kunden zu übermitteln ist. Dabei wird übersehen, dass es sich bei 8D um ein sehr schlagkräftiges Vorgehensmodell zur nachhaltigen Beseitigung von Problemen und damit verbunden zur Reduktion von Kosten und zur Erhöhung der Zufriedenheit der Kunden handelt.

Tatsächlich wurde 8D entwickelt, um beim Auftreten fehlerhafter Teile dem Lieferanten einen Leitfaden zur Problemlösung in die Hand zu geben. Kundenreklamationen sind damit zu einem häufigen Auslöser von 8D-Prozessen geworden. Das Vorgehensmodell kann jedoch zur Beseitigung jeglicher Art von Problemen eingesetzt werden. In einer Produktion könnte 8D zum Beispiel zur Beseitigung von Maschinenstörungen herangezogen werden. Im Sinne eines standardisierten Vorgehens wäre 8D z. B. auch bei einem Umweltstörfall oder einem Arbeitsunfall anzuwenden. Ziel ist es immer, dass die Probleme nachhaltig beseitigt werden und das Auftreten ähnlicher Probleme vermieden wird.

Im Kern geht es beim Problemlösungsprozess nach 8D darum, beim Auftreten von Problemen systematisch vorzugehen. Das Vorgehen zur Problemlösung wird strukturiert. Ein klarer „roter Faden“ in Form der acht Schritte führt den Anwender durch die Problemlösung. In jedem Schritt kommen schlagkräftige Werkzeuge, wie z. B. das Ishikawa-Diagramm, zum Einsatz. Das Wissen der Fachleute wird somit methodisch unterstützt auf die Problemlösung fokussiert. Informationen und Daten werden strukturiert aufbereitet. Zur Problemlösung gehört aber auch, dass Maßnahmen konsequent verfolgt werden und dass aus jedem Problem für andere und auch zukünftige Produkte bzw. Prozesse gelernt wird.

Nachfolgend wird der Problemlösungsprozess nach 8D in kompakter Form dargestellt, da dieser eine wichtige Ergänzung zu Six Sigma ist. Da das rasche und nachhaltige Lösen von Problemen in der Regel höhere Priorität als das Abwickeln von Verbesserungsprojekten hat, sollte ein solcher Problemlösungsprozess noch vor der Six Sigma-Einführung etabliert werden.

Anhand des Vorgehens bei einer Kundenreklamation wird der Problemlösungsprozess nach 8D nun näher erläutert. „8D“ steht für die acht Schritte[2] (acht Disziplinen) in diesem Vorgehensmodell.

[2] Die Bezeichnung der Schritte ist in der Literatur nicht einheitlich, daher wurden in den nachfolgenden Erläuterungen Namen verwendet, die möglichst klar die Inhalte der Schritte wiedergeben.

Schritt 1: Team bilden

Zunächst wird ein Teamleiter benannt und ein Team zusammengestellt. Der Teamleiter ist für die korrekte Durchführung der nachfolgenden sieben Schritte verantwortlich. Das Team muss über entsprechende Produkt- bzw. Prozesskenntnisse verfügen, um das Problem lösen zu können.

Schritt 2: Problem beschreiben

Die erste Aufgabe des Teams ist es, das Problem möglichst klar und vollständig zu beschreiben. Alle Beteiligten werden dabei auf den gleichen Wissensstand gebracht.

Typische Fragestellungen in diesem Schritt sind:

- Was ist das Problem? Wie ist der Sollzustand? Wie ist der Istzustand? Was ist der Unterschied zwischen dem Soll- und dem Istzustand?
- Wann ist das Problem erkannt worden? Ist es früher schon einmal aufgetreten?
- Welche Teile sind betroffen? Welche Teile sind sicher nicht betroffen? Wie viele Teile sind betroffen?

Bevor voreilig Versuche oder Prozessumstellungen gemacht werden, gilt es, alle Informationen zum Problem aufzubereiten. Daher darf in diesem Schritt noch nicht auf die Analyse der Ursachen und das Planen von Lösungen losgegangen werden.

Schritt 3: Sofortmaßnahmen treffen

Noch vor der (möglicherweise langwierigen) Suche nach den Ursachen für das Problem muss der Kunde vor den Auswirkungen geschützt werden. Einerseits müssen alle fehlerhaften Teile aus dem Umlauf entfernt werden. Dazu wird man üblicherweise Sortierprüfungen in der gesamten Lieferkette einführen. Andererseits muss die Teileversorgung des Kunden sichergestellt werden, d. h. Ersatzteile sind zu produzieren und zu liefern. In der Praxis bedeutet das häufig, dass mit geänderten Prozessen und zusätzlichen Prüfungen und damit verbundenen deutlich höheren Herstellkosten produziert werden muss. Diese Sofortmaßnahmen müssen so lange aufrecht bleiben, bis das Problem beseitigt ist. Das Ergebnis von Schritt 3 ist, dass der Kunde mit dem Problem nicht mehr konfrontiert ist.

Schritt 4: Ursachen analysieren

Das Vorgehen in Schritt 4 erfolgt zweistufig. Zunächst muss sich das Team einen Überblick über die *möglichen Ursachen* des Problems verschaffen. Mit Hilfe des Ishikawa-Diagramms gelingt es im Rahmen eines Brainstormings sehr gut, mögliche Ursachen-Wirkungs-Zusammenhänge strukturiert darzustellen. Mögliche Kernursachen können dabei durch wiederholtes Fragen mit „Warum?" identifiziert werden.

Im zweiten Teil dieses Schrittes müssen daraus die *tatsächlichen Ursachen* identifiziert werden. Häufig reichen dazu einfache Werkzeuge, wie z. B. das Verlaufsdiagramm, das Histogramm, das Korrelationsdiagramm oder die Fehlersammelkarte. Bei Produktionsprozessen kann es aber auch notwendig sein, Versuche zur Ermittlung der Zusammenhänge durchzuführen. Am Ende von Schritt 4 sind die tatsächlichen Ursachen des Problems bekannt.

Schritt 5: Korrekturmaßnahmen festlegen (inkl. Wirksamkeitsprüfung)

Zielsetzung von Schritt 5 ist es, geeignete Korrekturmaßnahmen zu entwickeln und zu überprüfen. Korrekturmaßnahmen sind Maßnahmen, welche die Ursache des Problems nachhaltig beseitigen und den Prozess wieder in den serienfähigen Zustand rückversetzen. Typische Beispiele für Korrekturmaßnahmen sind Änderungen an Werkzeugen, Vorrichtungen und Anlagen. Die Korrekturmaßnahmen müssen erprobt und auf Wirksamkeit geprüft werden. Es ist nachzuweisen, dass durch die Korrekturmaßnahmen alle unter Schritt 2 beschriebenen Symptome des Problems beseitigt sind. Dazu können zum Beispiel Fertigungsversuche, verbunden mit Prozessfähigkeitsuntersuchungen, dienen.

Bei der Bewertung der Korrekturmaßnahmen muss auch auf die nachhaltige Wirkung geachtet werden. Es muss sichergestellt werden, dass das aufgetretene Problem nicht „in einem halben Jahr" wieder auftreten kann. Daher wird man in diesem Schritt beispielsweise die Eignung des laufenden Schulungsprogramms oder die praktizierten Vorgehensweisen in Wartung und Instandhaltung bewerten.

Schritt 6: Korrekturmaßnahmen organisatorisch verankern

Nachdem in Schritt 5 nachgewiesen wurde, dass die geplanten Korrekturmaßnahmen geeignet sind, das Problem nachhaltig zu beseitigen, müssen diese in der Organisation verankert werden. Dazu gehört die Überarbeitung der Arbeitsunterlagen (z. B. Arbeitsanweisungen, Control Plans) und auch die Schulung[3] der Mitarbeiter.

Frühestens jetzt, wo die als wirksam bestätigten Korrekturmaßnahmen erfolgreich eingeführt sind, dürfen die noch laufenden Sofortmaßnahmen aufgehoben werden.

Schritt 7: Vorbeugungsmaßnahmen treffen

Mit den ersten sechs Schritten hat man das konkrete Problem nachhaltig beseitigt. Zielsetzung dieses siebenten Schrittes ist es, die gewonnenen Erkenntnisse für *andere bestehende* Produkte bzw. Prozesse und auch für *zukünftige* Produkte bzw. Prozesse verfügbar zu machen. Die aktuell zur Anwendung kommenden Praktiken und Verfahren, d. h. die praktizierten Standards, sind weiterzuentwickeln.

Um das Auftreten des gleichen Problems bei *bestehenden* Produkten bzw. Prozessen auszuschließen, wird man ähnliche Produkte bzw. Prozesse analysieren und prüfen, ob die gesetzten Korrekturmaßnahmen dort ebenfalls zweckmäßig wären.

Das zentrale Werkzeug zur Vermeidung des in den Schritten 1 bis 6 gelösten Problems bei *zukünftigen* Produkten bzw. Prozessen ist die FMEA (siehe Abschnitt 7.2.2). Man wird das Problem in eine FMEA-Checkliste oder eine FMEA-Datenbank aufnehmen und damit sicherstellen, dass bei der Durchführung der FMEA für neue Produkte und Prozesse auch dieses mögliche Problem in Betracht gezogen wird. Darüber hinaus wird man zum Beispiel auch Konstruktionsrichtlinien, Audit-Checklisten und Lastenhefte für Maschinen und Einrichtungen überarbeiten müssen.

---

[3] Hinweis: Die Schulung der Mitarbeiter wird in den Problemlösungsberichten häufig als Korrekturmaßnahme angeführt. Dabei ist zu beachten, dass eine einmalige Schulung nicht ausreicht, um das Problem nachhaltig zu beseitigen.

Schritt 8: Problemlösungsprozess abschließen

Hauptaufgabe dieses Schrittes ist es, den Problemlösungsprozess formal abzuschließen. Dazu gehört nicht zuletzt, dass sich der Teamleiter überzeugt, dass alle vereinbarten Maßnahmen erfolgreich umgesetzt wurden.

8D-Roadmap

Um die Problemlösungsarbeit zu unterstützen, dem Problemlösungsteam mehr Klarheit zu verschaffen und das Vorgehen soweit als möglich zu standardisieren, empfiehlt sich auch hier wieder die Einführung einer Roadmap. Bild 9-35 zeigt eine 8D-Roadmap. Jedem Schritt sind Hauptaufgaben, Werkzeuge und Ergebnisse zugeordnet.

Für die Etablierung von 8D im Unternehmen ist die Roadmap von zentraler Bedeutung. Sie stellt die Struktur des Problemlösungsprozesses klar und übersichtlich dar. Gegebenenfalls wird man die Roadmap unternehmensspezifisch adaptieren müssen.

Existiert in den Unternehmen kein solches Vorgehensmodell, dann wird bei der Lösung von Problemen in der Regel unstrukturiert oder unvollständig vorgegangen. Beim Auftreten von Problemen sind die Mitarbeiter dazu verleitet, sofort Änderungen am Prozess auszuprobieren. Mit großem Eifer testen sie Einstellungen an den Maschinen, von denen sie sich Verbesserungen erwarten. Diese werden in der Regel nicht eintreten und das Problem wird verschleppt. Selbst wenn es mit der Probiermethode gelingt, das Problem zu beseitigen, wird man (unter dem Druck des Tagesgeschäftes) kaum an die organisatorische Verankerung von Korrekturmaßnahmen oder Vorbeugungsmaßnahmen denken. D. h. das Problem wird wahrscheinlich in Zukunft wieder auftreten. Nachstehendes Beispiel aus der Praxis illustriert diese Feststellung.

Beispiel 9-2 Maschinenstörung an einer Presse

An einer Presse werden mit Hilfe eines Beladesystems Teile eingelegt. Beim Schließen der Presse werden die Teile über Stifte exakt positioniert und miteinander verpresst. Im Schichtbuch zu dieser Presse steht folgender Eintrag: „Teil A von Greifer nicht richtig eingelegt → Stempel gebrochen → Stempel repariert → 25 Minuten Maschinenstillstand.“

Wurde das Problem nachhaltig beseitigt? Die Philosophie von 8D sollte in den Köpfen aller Mitarbeiter verankert sein. Man sollte diesen Mitarbeiter sofort fragen, was getan wurde, damit dieses Problem nie wieder auftritt. In diesem Fall werden vermutlich auch Verbesserungen am Beladesystem notwendig sein. ■

Schritt	Hauptaufgaben	Werkzeuge	Ergebnisse
Schritt 1: Team bilden	– Problemlösungsteam (inkl. Teamleiter) festlegen	8D-Report	– Problemlösungsteam ist definiert
Schritt 2: Problem beschreiben	– Problem erfassen, vollständig beschreiben und abgrenzen	Fehlersammelkarte; Histogramm; Pareto-Diagramm	– Problem ist klar beschrieben und abgegrenzt
Schritt 3: Sofortmaßnahmen treffen	– fehlerhafte Teile aus dem gesamten Umlauf entfernen – Maßnahmen treffen, die die Lieferfähigkeit sicherstellen	Interimistischer Arbeitsplan; Interimistischer Prüfplan / Control Plan	– Kunde (intern/extern) ist mit dem Problem nicht mehr konfrontiert
Schritt 4: Ursachen analysieren	– mögliche Problemursachen ermitteln – Ursachen-Wirkungs-Zusammenhänge ermitteln und darstellen	Ursachen-Wirkungs-Diagramm; Verlaufsdiagramm; Korrelations-diagramm	– Kernursachen des Problems sind identifiziert
Schritt 5: Korrekturmaß-nahmen festlegen (inkl. Wirksamkeitsprüfung)	– mögliche Korrekturmaßnahmen entwickeln, bewerten und auswählen – ausgewählte Korrekturmaßnahmen erproben und Wirksamkeit nachweisen	FMEA; Erprobungsplan; Prozessfähigkeits-untersuchung	– Wirksamkeit der Korrektur-maßnahmen ist nachgewiesen
Schritt 6: Korrekturmaßnahmen organisatorisch verankern	– Korrekturmaßnahmen organisatorisch verankern – Sofortmaßnahmen aufheben	Arbeitsplan; Prüfplan / Control Plan; Schulungsplan	– Korrekturmaßnahmen sind nachhaltig in der Organisation verankert
Schritt 7: Vorbeugungs-maßnahmen treffen	– gewonnene Erkenntnisse für andere bestehende Produkte/Prozesse verfügbar machen – gewonnene Erkenntnisse für zukünftige Produkte/Prozesse verfügbar machen	Konstruktions-richtlinie; Audit-Checkliste; FMEA-Software / FMEA-Datenbank	– gewonnene Erkenntnisse werden auch für andere Produkte/Prozesse genutzt
Schritt 8: Problemlösungs-prozess abschließen	– erfolgreiche Umsetzung der vereinbarten Maßnahmen überprüfen und Problemlösungs-prozess abschließen	8D-Report	– Problemlösungsprozess ist formal abgeschlossen

Bild 9-35 8D-Roadmap

Zeitliches Zusammenspiel der acht Schritte

Bild 9-36 zeigt, wie die acht Schritte im zeitlichen Verlauf zusammenspielen. Die Betrachtung dieses Aspekts soll das Verständnis für die Schritte schärfen. Den Schritten überlagert sind drei Meilensteine dargestellt. Beim Meilenstein A ist der Kunde mit dem Problem nicht mehr konfrontiert. Die fehlerhaften Teile sind aus der Lieferkette entfernt. Der Kunde ist mit Ersatzlieferungen versorgt. Für die weitere Produktion sind Sondermaßnahmen (z.B. geänderte Parameter, zusätzliche Prüfungen) eingeleitet. Bei terminkritischen Teilen ist eine übliche Forderung, dass Meilenstein A innerhalb von 24 Stunden erreicht ist. Beim Meilenstein B sind die Korrekturmaßnahmen nachhaltig in der Organisation verankert. Frühestens zu diesem Zeitpunkt dürfen die Sofortmaßnahmen eingestellt werden. Beim Meilenstein C ist der Problemlösungsprozess schließlich abgeschlossen. Dabei muss aber sichergestellt sein, dass die Korrekturmaßnahmen so in der Organisation verankert sind, dass sie wirksam bleiben und auch dem Druck des Tagesgeschäftes standhalten.

Formular zur Unterstützung der 8D-Methode (8D-Report)

Wie schon dargestellt, wird unter 8D in manchen Fällen das „Ausfüllen eines Formulars für den Kunden" verstanden. 8D ist als Vorgehensmodell zur nachhaltigen Beseitigung von Problemen an die acht Schritte und nicht an ein Formular gebunden.

Sobald an der Problemlösung aber ein Team beteiligt ist, wird man die im Zuge der Teambesprechungen festgelegten Maßnahmen und die getroffenen Entscheidungen in einem Protokoll festhalten. Dazu ist ein klar strukturiertes 8D-Formular hervorragend geeignet. Es orientiert sich an der 8D-Struktur und enthält im Wesentlichen den Schritten zugeordnet Maßnahmen, Zuständigkeiten und Termine. Bild 9-37 zeigt ein Beispiel für ein solches 8D-Formular.

In der Praxis wird das 8D-Formular häufig auch in Datenbanken abgebildet. Der zentrale Zugriff auf die Informationen zu den Problemlösungen ermöglicht es, Analysen durchzuführen und beispielsweise gezielte Schwerpunktaktionen zur Verbesserung der Produkte bzw. Prozesse zu setzen. Beim Auftreten eines Problems kann gezielt nach vergleichbaren, bereits gelösten Problemen gesucht werden. Ebenso wird die laufende Verfolgung der Maßnahmen durch eine solche Datenbank erleichtert.

Auch wenn im Zuge der bisherigen Erläuterungen vorwiegend die Behandlung von Kundenreklamationen als Anwendungsbeispiel für 8D herangezogen wurde, muss betont werden, dass 8D universell einsetzbar ist. Beispiele für Anwendungsgebiete sind Anlagenstörungen, unzulässige Umweltbeeinträchtigungen oder auch Arbeitsunfälle. Bei all diesen Themen sind zunächst Sofortmaßnahmen zu setzen und in weiterer Folge ist das Problem nachhaltig zu beseitigen. Abschließend muss dafür gesorgt werden, dass das Problem auch an anderer Stelle nicht wieder auftreten kann.

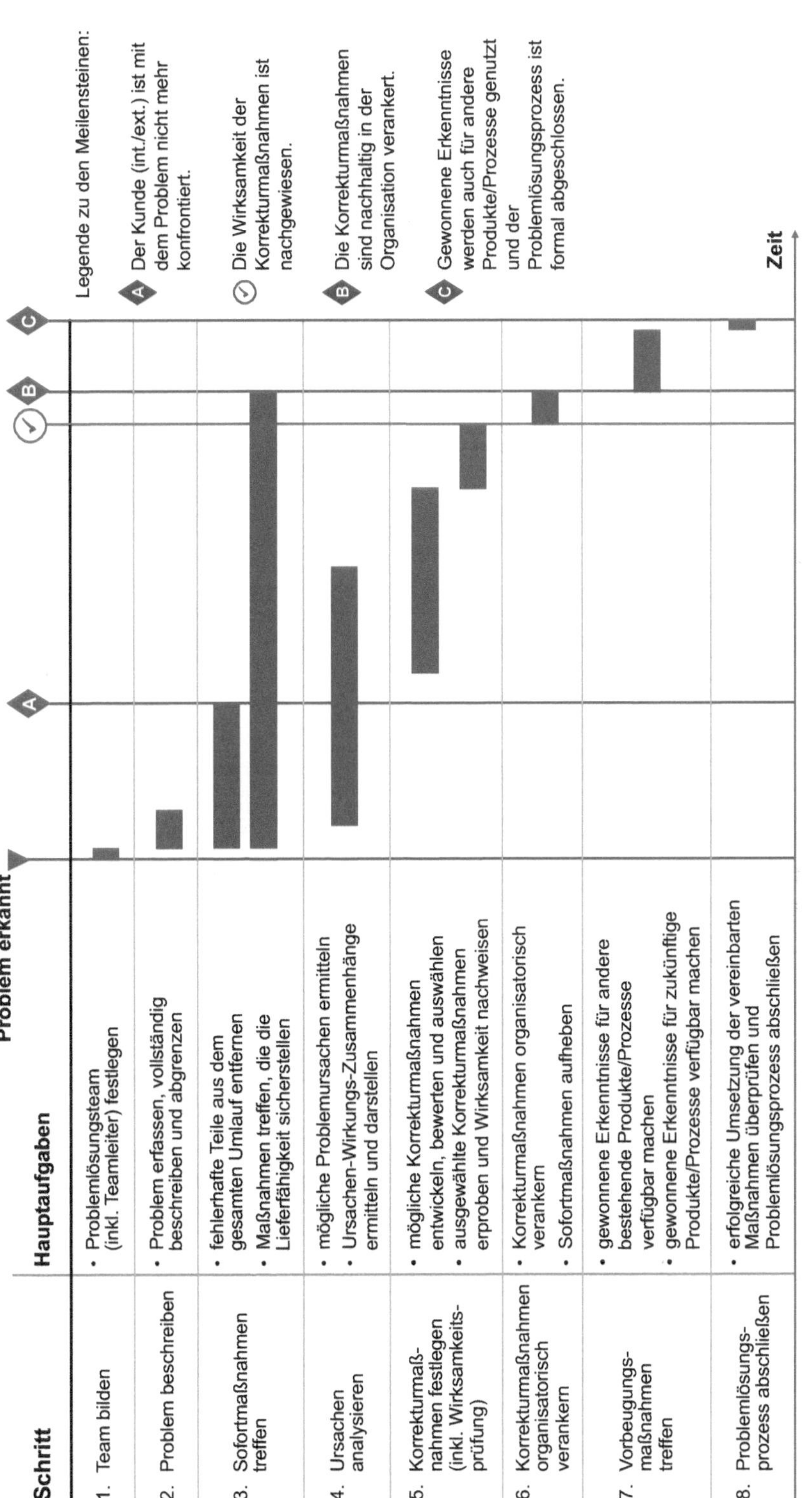

Bild 9-36 Zeitliches Zusammenspiel der acht Schritte

Problemlösungsblatt nach 8D			
Problem / Reklamation *Aggregat beim Kunden nicht montierbar*			**Problem Nr.:** *0815* **Projekt:** *XP 32*
Problembehandlung eingeleitet durch am *F. Winkler / FA* *07.04.20xx*		**Teamleiter für die Problembehandlung** erledigt am *B. Maier / QF*	
Schritt 1: Team bilden			
Problemlösungsteam *F. Winkler / FA, B. Maier / QF, R. Gruber / MF, C. Eder / MI*		**Verteiler für Berichte** *G. Müller / F, M. Sommer / Q, R. Huber / M*	
Schritt 2: Problem beschreiben	**Teilenummer**	**Stichwort für das Problem**	**Ergebnis, Anmerkungen, Verweise**
In Lieferlos XXX wurden durch den Kunden zwei Getriebe mit versetzt montiertem Deckel gefunden. Der Fehler ist erstmals bei diesem Los aufgetreten.	*124 675 345 A*	*Verbaubarkeit beim Kunden*	
Schritt 3: Sofortmaßnahmen treffen	**zuständig / Termin**	**Erledigungs-Termin**	**Ergebnis, Anmerkungen, Verweise**
100%-Prüfung und Nacharbeit aller Getriebe auf dem Lieferweg zum Kunden und beim Kunden durchführen.	*Maier / 07.04.*		
100%-Prüfung und Nacharbeit aller im Hause vorhandenen Getriebe durchführen. 100%-Prüfung in der laufenden Montage einführen.	*Gruber / 07.04.*		
Ersatzlieferung zur Sicherung des Kundenbedarfes durchführen.	*Gruber / 07.04.*		
Schritt 4: Ursachen analysieren	**Prozessabschnitt, in dem Ursache auftrat**	**Stichwort für die Ursache**	**Ergebnis, Anmerkungen, Verweise**
Ein neuer Mitarbeiter wurde in der Montage eingesetzt. Dieser hat den Deckel versetzt montiert.	*Montage / 5020*	*Fehlmontage*	
Schritt 5: Korrekturmaßnahmen festlegen (inkl. Wirksamkeitsprüfung)	**zuständig / Termin**	**Erledigungs-Termin**	**Ergebnis, Anmerkungen, Verweise**
Die Aufnahmevorrichtung für den Prüflauf wird so geändert, dass Getriebe mit falsch montiertem Deckel nicht aufgespannt werden können.	*Eder / 10.04.*		
Es wird geprüft, ob diese Absicherung eine falsche Montage des Deckels auch zuverlässig erkennt.	*Gruber / 10.04.*		
Schritt 6: Korrekturmaßnahmen organisatorisch verankern	**zuständig / Termin**	**Erledigungs-Termin**	**Ergebnis, Anmerkungen, Verweise**
Die Wartungsanweisung wird ergänzt: Die Vorrichtung zur Erkennung des falsch montierten Deckels muss monatlich geprüft werden.	*Eder / 10.04.*		
Die Dokumentation zur Anlage wird aktualisiert. Die vorgenommenen Änderungen werden dokumentiert.	*Eder / 11.04.*		
Die Mitarbeiter aus Produktion und Instandhaltung werden zu den Änderungen geschult. Die Schulungspläne werden aktualisiert.	*Gruber / 10.04.*		
Schritt 7: Vorbeugungsmaßnahmen treffen	**zuständig / Termin**	**Erledigungs-Termin**	**Ergebnis, Anmerkungen, Verweise**
Es wird geprüft, ob dieser Fehler auch bei Montagelinie Y auftreten kann. Falls dies möglich ist, werden dort die gleichen Maßnahmen durchgeführt.	*Eder / 15.04.*		
Die Checkliste für die Montageplanung wird ergänzt: Durch die Vorrichtungen muss sichergestellt werden, dass Deckel nicht versetzt montierbar sind.	*Winkler / 15.04.*		
Schritt 8: Problemlösungsprozess abschließen	**zuständig / Termin**	**Erledigungs-Termin**	**Ergebnis, Anmerkungen, Verweise**
Die erfolgreiche Umsetzung der vereinbarten Maßnahmen wird geprüft und der Problemlösungsprozess wird abgeschlossen.	*Maier / 20.04.*		

Bild 9-37 Beispiel für ein ausgefülltes 8D-Formblatt

Detailliertere Informationen und Praxisbeispiele zum Thema Problemlösungstechnik sind in [5] zu finden.

Literatur

[1] *Magnusson K., Kroslid D., Bergmann B.:* Six Sigma umsetzen, 2. Auflage, Carl Hanser Verlag, München, 2004

[2] *Töpfer A. (Hrsg.):* Six Sigma, Konzeption und Erfolgsbeispiele für praktizierte Null-Fehler-Qualität, 4. Auflage, Springer-Verlag, Berlin Heidelberg, 2007

[3] *Harry M., Schoeder R.:* Six Sigma, Prozesse optimieren, Null-Fehler-Qualität schaffen, Rendite radikal steigern, Campus Verlag, 2. Auflage, Frankfurt, 2001

[4] *Jung B.:* Prozessmanagement in der Praxis, 2. Auflage, TÜV-Verlag, Köln, 2006

[5] *Jung B., Schweißer S., Wappis J.:* 8D – Systematisch Probleme lösen, 3. Auflage, Carl Hanser Verlag, München, 2017

[6] *Kerth K., Asum H., Stich V.:* Die besten Strategietools in der Praxis, 4. Auflage, Carl Hanser Verlag, München, 2009

[7] *Patzak G., Rattay G.:* Projektmanagement, 4. Auflage, Linde Verlag, Wien, 2004

[8] *Sterrer C., Winkler G.:* > setting milestones, Projektmanagement, Methoden – Prozesse – Hilfsmittel, 2. Auflage, Goldegg Verlag, Wien, 2010

[9] *Eckes G.:* The Six Sigma Revolution, How General Electric and Others Turned Process Into Profits, John Wiley & Sons, New York, 2001

[10] *Eckes G.:* Making Six Sigma Last, Managing the Balance Between Cultural and Technical Change, John Wiley & Sons, New York, 2001

[11] *Pascale R. T., Athos A. G.:* Geheimnis und Kunst des japanischen Managements, Wilhelm Heyne Verlag, München, 1982

[12] *Peters T. J., Watermann R. H.:* Auf der Suche nach Spitzenleistungen, Was man von den bestgeführten US-Unternehmen lernen kann, Redline Wirtschaft, Heidelberg, 2006

10 Design for Six Sigma

10.1 Six Sigma in der Entwicklung

Bisher wurde vorwiegend die Verbesserung von bereits existierenden Prozessen behandelt. Es wurde dargestellt, wie man den DMAIC-Zyklus anwendet, um Produktions- und Organisationsprozesse zu optimieren. Zielsetzung ist es, die Durchlaufzeiten zu verkürzen, Fehlerraten zu reduzieren und die Kosten zu senken. Dies ist der Bereich, in dem Six Sigma derzeit am häufigsten eingesetzt wird.

Noch sehr viel mehr lässt sich bewirken, wenn man diese Bemühungen bereits auf die Entwicklung von Produkten und Prozessen ausrichtet. Die Maßnahmen zur Fehlervermeidung werden damit so früh wie möglich ergriffen. Qualität wird in das Produkt und in den Prozess „hineinentwickelt“. Neben dem klassischen Six Sigma-Ansatz (DMAIC-Zyklus) hat sich Design for Six Sigma (DFSS) etabliert, das genau auf solche Verbesserungen abzielt.

DFSS wird in zwei unterschiedlichen Formen interpretiert. Zum einen versteht man darunter ein Vorgehensmodell, dass ähnlich wie der DMAIC-Zyklus die Schritte zur Entwicklung neuer Lösungen für Produkte bzw. Prozesse beschreibt. Zum anderen wird unter DFSS auch eine Sammlung von Werkzeugen verstanden, welche in den bestehenden Entwicklungsprozess eingebunden werden. Sowohl auf das Vorgehensmodell wie auch auf die eingesetzten Werkzeuge wird in diesem Abschnitt eingegangen.

DFSS-Vorgehensmodelle

Zur Entwicklung von neuen Lösungen für Produkte bzw. Prozesse wird nicht der DMAIC-Zyklus verwendet, denn dieser ist für die Gestaltung und Planung von Neuentwicklungen nicht optimal geeignet. Einerseits sind die Phasen des DMAIC-Zyklus zu sehr auf bestehende Produkte und Prozesse ausgerichtet, wie beispielsweise bei der Erfassung des Ist-Zustandes in der Phase **Measure**. Andererseits fehlen wichtige Aufgaben, wie zum Beispiel die Erstellung und Bewertung von konzeptionell neuen Lösungen. Aus diesen Gründen kommen bei der Neugestaltung von Produkten und Prozessen andere Vorgehensmodelle zum Einsatz, die speziell für diesen Anwendungsfall entwickelt worden sind.

Während das Vorgehen nach DMAIC in der Literatur und auch in den Unternehmen weitgehend einheitlich ist, gibt es im Bereich von DFSS unterschiedliche Ansätze.

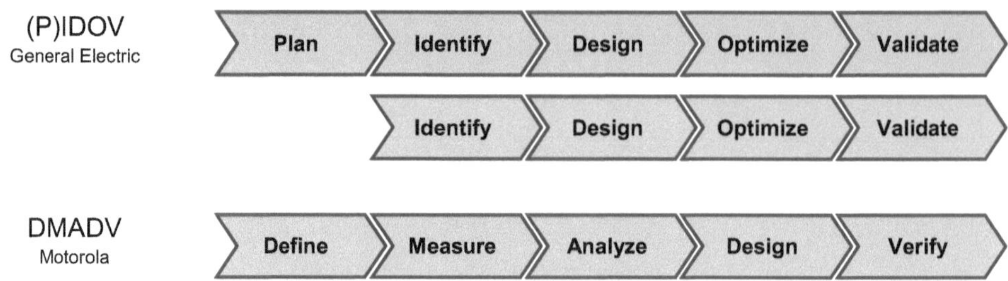

Bild 10-1 Häufig eingesetzte Vorgehensmodelle zur Umsetzung von DFSS (nach [1])

Die zwei am häufigsten eingesetzten Modelle sind der PIDOV-Zyklus und der DMADV-Zyklus. PIDOV wird manchmal auch auf IDOV reduziert. Daneben existieren noch einige weitere Vorgehensmodelle. Auch wenn für die einzelnen Phasen unterschiedliche Bezeichnungen verwendet werden, wird man bei detaillierter Betrachtung der Modelle feststellen, dass Zielsetzung, Inhalte und eingesetzte Werkzeuge sehr ähnlich sind.

Die weiteren Ausführungen in diesem Buch basieren auf dem PIDOV-Modell[1]. Selbstverständlich lassen sich die Überlegungen auch auf andere Modelle übertragen.

PIDOV-Vorgehensmodell im Überblick

Beispiel 10-1 PIDOV-Projekt „Optimierung Hinterradantrieb eines Motorrades"

Um den Inhalt und die Abgrenzung der Phasen besser zu verstehen, wird das PIDOV-Modell anhand der Optimierung eines Motorradhinterradantriebes diskutiert.

Plan: Der zu verbessernde Umfang, die Ziele und die damit in Zusammenhang stehenden Hauptaufgaben werden festgelegt. Zudem werden die notwendigen Rahmenbedingungen für das Verbesserungsprojekt geschaffen.

Identify: Die Anforderungen der Kunden an das Produkt bzw. den Prozess werden ermittelt und analysiert.

In unserem Beispiel sind dies die Kundenanforderungen an den Hinterradantrieb. Typische Kundenanforderungen sind möglichst direkte Übertragung des Drehmoments, lange Lebensdauer, Wartungsfreiheit und Geräuscharmut. Wir erfassen diese Kundenanforderungen und gewichten sie. Allgemein formulierte Forderungen übersetzen wir in technische Spezifikationen. Schließlich bewerten wir, wie gut unsere Produkte und auch die Produkte des Wettbewerbs diese Anforderungen erfüllen.

[1] Nach einem detaillierten Vergleich der unterschiedlichen Vorgehensmodelle haben sich die Autoren für PIDOV als Phasenmodell zur Umsetzung in der betrieblichen Praxis entschieden. Das PIDOV-Modell ist in seinen Phasen sehr klar und verständlich und unterstützt die Abwicklung von DFSS-Projekten sehr gut. Die Namen der Phasen geben sehr klar den Inhalt wieder. Durch den großen Unterschied zu DMAIC sowohl im Akronym als auch in den Phasenbezeichnungen ist die Gefahr der Verwechslung von DMAIC mit PIDOV gering.

Design: Lösungsvarianten für das Produkt bzw. den Prozess werden entwickelt und bewertet. Daraus wird ein Lösungskonzept ausgewählt.

An dieser Stelle entwickeln und bewerten wir Lösungsmöglichkeiten für den Antrieb. Typische Lösungsmöglichkeiten sind der Antrieb des Hinterrades mittels Kette oder Zahnriemen. Ebenso kann das Hinterrad über eine Kardanwelle oder direkt über ein Getriebe, wie es bei Motorrollern der Fall ist, angetrieben werden. Darüber hinaus sind auch neue Lösungsmöglichkeiten anzudenken, wie zum Beispiel der elektrische oder hydraulische Antrieb des Hinterrades. Nach einer Bewertung der Varianten ist ein Lösungskonzept, welches auch den geplanten Herstellprozess beinhaltet, auszuwählen.

Optimize: Das ausgewählte Lösungskonzept für Produkt und Prozess wird detailliert und weiter optimiert.

Nachdem wir zum Beispiel den Kettenantrieb als Lösungskonzept ausgewählt haben, geht es nun an die Detailkonstruktion. Achsabstand, Zähnezahlen und Anzahl der Kettenglieder werden festgelegt. Berechnungen werden durchgeführt und die Abmessungen der Bauteile und die zugehörigen Toleranzen werden festgelegt. Parallel dazu werden Versuche zur Optimierung des Herstellprozesses durchgeführt. Notwendige Änderungen am bestehenden Herstellprozess werden umgesetzt.

Validate: Im letzten Schritt wird überprüft, ob mit der optimierten Lösung die in der Phase **Identify** erfassten Kundenanforderungen auch erfüllt sind. Dazu werden Produkterprobungen geplant und durchgeführt. Parallel dazu wird auch geprüft, ob der Herstell- und Montageprozess alle Anforderungen erfüllt. Abschließend werden die gemachten Erfahrungen und gewonnenen Erkenntnisse so aufbereitet, dass sie auch anderen Bereichen zugänglich sind.

In unserem Beispiel führen wir für die einzelnen Bauteile Fähigkeitsuntersuchungen durch, um nachzuweisen, dass die Produktionsprozesse fähig sind. Ebenso überprüfen wir die Montageprozesse. Anschließend verwenden wir die montierten Baugruppen, um mit Hilfe von Prüfstands- und Fahrerprobungen nachzuweisen, dass auch die Kundenanforderungen erfüllt sind.

■

Dieses Beispiel zeigt sehr anschaulich den Inhalt und die Abgrenzung der Phasen. In der Phase **Plan** wird das Verbesserungsprojekt gestartet und in der Phase **Identify** werden die Anforderungen der Kunden ermittelt. Das sind bereits zwei wichtige Phasen mit sehr klaren Inhalten. Trotzdem werden ihre Aufgaben im Zuge von Verbesserungsprojekten in der Praxis teilweise vernachlässigt.

Die wesentliche Besonderheit des PIDOV-Modells liegt darin, dass die Produkt- bzw. Prozessgestaltung bewusst in die zwei Phasen **Design** und **Optimize** geteilt wird.

In der Phase **Design** steht die Kreativität im Vordergrund. Ohne sich noch in der Detailkonstruktion zu verlieren, sollen unterschiedliche Lösungsmöglichkeiten entworfen und verglichen werden. Zum Beispiel durch die Recherche von Patenten oder durch die bewusste Analyse von Widersprüchen wird man zumindest angeregt, neue Lösungsmöglichkeiten anzudenken. Erst nach der Bewertung der Lösungsvarianten und der Auswahl der Lösung erfolgt in der Phase **Optimize** die Detailkonstruktion und Detailoptimierung der Lösung.

In der Phase **Validate** schließt sich der Kreis. Mit Hilfe von Erprobungen und Prozessfähigkeitsuntersuchungen wird überprüft, ob das Ergebnis aus der Phase **Optimize** auch die in der Phase **Identify** ermittelten Anforderungen erfüllt.

10.2 Abwicklung von PIDOV-Projekten

Bild 10-2 zeigt die Roadmap zur Abwicklung von PIDOV-Projekten. Wie bereits bei der DMAIC-Roadmap sind auch hier den einzelnen Phasen Ziele, Hauptaufgaben, Werkzeuge und Ergebnisse zugeordnet. Diese sind allerdings auf die speziellen Anforderungen der Entwicklung von Produkten und Prozessen zugeschnitten.

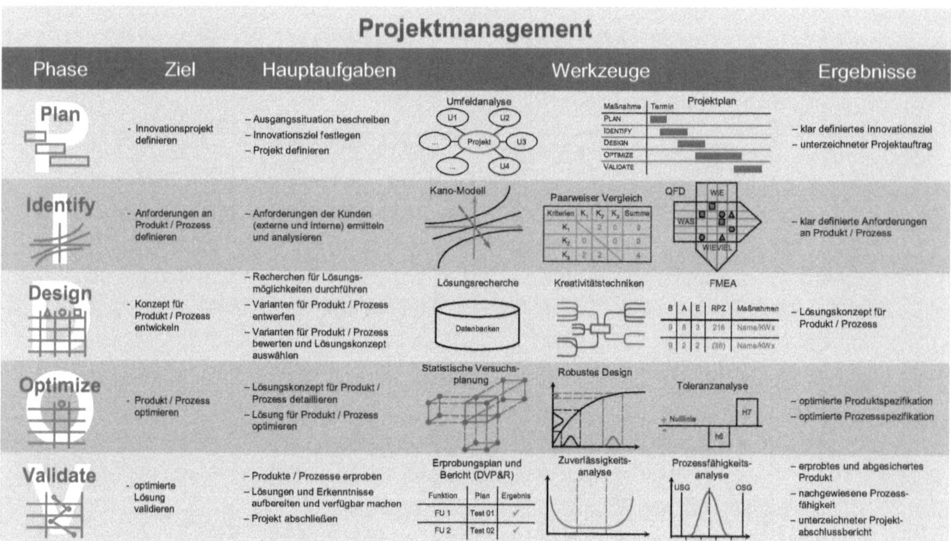

Bild 10-2 PIDOV-Roadmap

In diesem Abschnitt wird ausgehend von der PIDOV-Roadmap das Vorgehen bei der Abwicklung von DFSS-Projekten erläutert. Vor allem die Hauptaufgaben werden dargestellt. Diese entsprechen auch hier den Arbeitspaketen im Projektstrukturplan. An ihnen orientiert sich die gesamte Abwicklung des Projektes. Weiters wird auch auf den Einsatz unterstützender Werkzeuge eingegangen.

10.2.1 Phase Plan

In der Phase **Plan** werden die Voraussetzungen und Rahmenbedingungen für die Umsetzung des Verbesserungsprojektes geschaffen. Diese Phase entspricht in weiten Bereichen der Phase **Define** im DMAIC-Zyklus. Einzig die detaillierte Auseinandersetzung mit den Kundenforderungen findet nicht in dieser Phase statt, denn im PIDOV-Zyklus widmet sich die zweite Phase **Identify** ausschließlich diesem Thema.

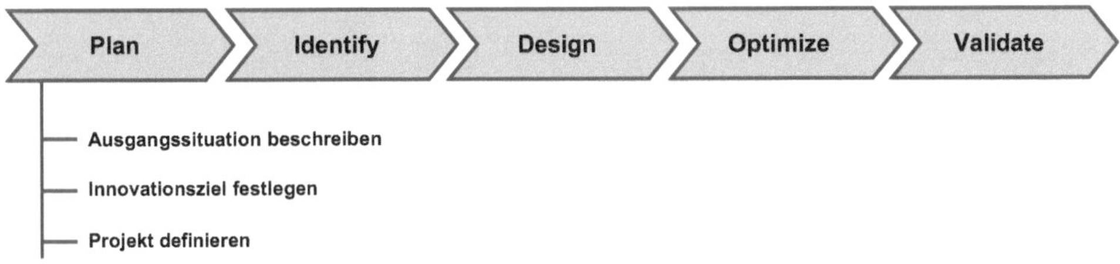

Bild 10-3 Hauptaufgaben der Phase **Plan**

10.2.1.1 Ausgangssituation beschreiben

Ähnlich wie im DMAIC-Zyklus startet das Projektteam mit einer Beschreibung der Ausgangssituation und der beabsichtigten Verbesserung.

10.2.1.2 Innovationsziel festlegen

Das Ergebnis des PIDOV-Projektes, die beabsichtigte Innovationsleistung, wird beschrieben. Je nach Art des Projektes kann die Innovation von der Entwicklung einer neuen Produkt- oder Prozesstechnologie bis hin zur Detailverbesserung an einem bestehenden Produkt reichen.

10.2.1.3 Projekt definieren

Den Abschluss der Phase **Plan** bildet auch hier die Abstimmung und Unterzeichnung des Projektauftrages. Dazu wird der in Bild 2-4 dargestellte Projektauftrag verwendet. Dieser enthält zunächst die Ausgangssituation und die Zielsetzung des Projektes. Auch bei PIDOV-Projekten ist die Zielsetzung in Form von klaren, messbaren Größen zu definieren (z.B. Reduktion des Geräuschpegels von derzeit x dB auf y dB, Erhöhung der Lebensdauer von Teilsystem A von derzeit x Stunden auf y Stunden).

Weiters legt der Projektauftrag den Rahmen für die Umsetzung des Projektes fest. Dies betrifft vor allem die Leistungs-, Termin-, Ressourcen- und Kostenplanung. Die dafür verwendeten Werkzeuge wurden bereits im Zuge der Erläuterungen zum DMAIC-Zyklus ausführlich behandelt und werden sinngemäß auch hier eingesetzt.

Mit der Unterzeichnung des Projektauftrages wird das Team formell beauftragt, das Projekt umzusetzen. Damit stehen dem Team auch die festgelegten Ressourcen zur Verfügung.

10.2.2 Phase **Identify**

An dieser Stelle treffen wir bereits auf einen großen Unterschied zwischen DMAIC und PIDOV. Im DMAIC-Zyklus beschäftigen wir uns in der zweiten Projektphase sehr intensiv mit der Darstellung des Ist-Zustandes. In Form von Zahlen, Daten und Fakten wird die Ausgangssituation beschrieben. Dieses Wissen über den Prozess bildet das Fundament für die weitere Analyse.

Bei der Neuentwicklung von Produkten und Prozessen wären die Aufgaben der Phase **Measure** nicht anwendbar. Vielmehr geht es hier darum, detailliert zu analysieren, wer die Kunden und was deren Anforderungen sind. Der hohe Stellenwert der Kundenforderungen in DFSS zeigt sich auch darin, dass eine eigene Phase ausschließlich diesem Thema gewidmet wird.

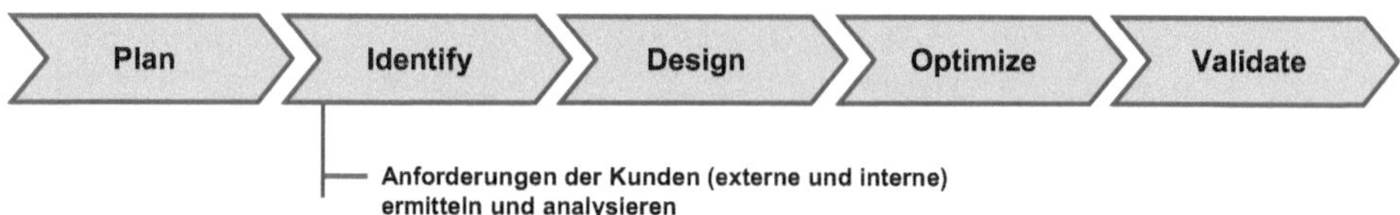

Bild 10-4 Hauptaufgabe der Phase **Identify**

Am Ende der Phase **Identify** liegen klar definierte Anforderungen an das zu optimierende Produkt bzw. den zu optimierenden Prozess vor. Damit ist die Basis für ein zielgerichtetes Vorgehen in den nachfolgenden Phasen geschaffen.

10.2.2.1 Anforderungen der Kunden ermitteln und analysieren

Die Hauptaufgabe dieser Phase ist es, die Anforderungen der externen und internen Kunden verständlich darzustellen, zu analysieren und in klare Spezifikationen zu übersetzen. Das Kano-Modell und Quality Function Deployment sind zwei wichtige Werkzeuge dafür. Auf diese wird nun näher eingegangen. Weiters wird auch auf die in Abschnitt 4.3 beschriebenen Werkzeuge verwiesen.

Werkzeug: Kano-Modell

Das Kano-Modell unterscheidet hinsichtlich der Arten von Kundenanforderungen zwischen Basis-, Leistungs- und Begeisterungsanforderungen.

Basisanforderungen sind Anforderungen, deren Erfüllung durch den Kunden vorausgesetzt wird. Ein Beispiel dafür ist das sichere Fahrverhalten eines Fahrzeuges. Das Erfüllen von Basisanforderungen führt zu keiner besonderen Zufriedenheit beim Kunden. Werden sie hingegen nicht erfüllt, führt dies zu großer Unzufriedenheit beim Kunden.

Leistungsanforderungen sind Anforderungen, deren Erfüllung zur Zufriedenheit beim Kunden führt. Ein Beispiel dafür ist das Beschleunigungsverhalten eines Fahrzeuges. Je besser Leistungsanforderungen erfüllt werden, umso zufriedener sind die Kunden.

Begeisterungsanforderungen führen zu einer besonderen Zufriedenheit des Kunden. Beispiele für Begeisterungsanforderungen aus der Automobilindustrie sind LED-Scheinwerfer, integrierte DVD-Player in den Kopfstützen oder auch das gekühlte Handschuhfach. Der Kunde wird überrascht, denn er erhält eine Leistung, mit der er nicht gerechnet hat.

Ein weiterer zu beachtender Aspekt ist die zeitliche Dimension in dem Modell. So können Begeisterungsanforderungen mit der Zeit in Leistungs- oder gar in Basisanforderungen übergehen. Waren beispielsweise elektrische Fensterheber vor einigen Jahrzehnten noch zu den Begeisterungsanforderungen zu zählen, so sind sie heute in der Regel Basisanforderungen.

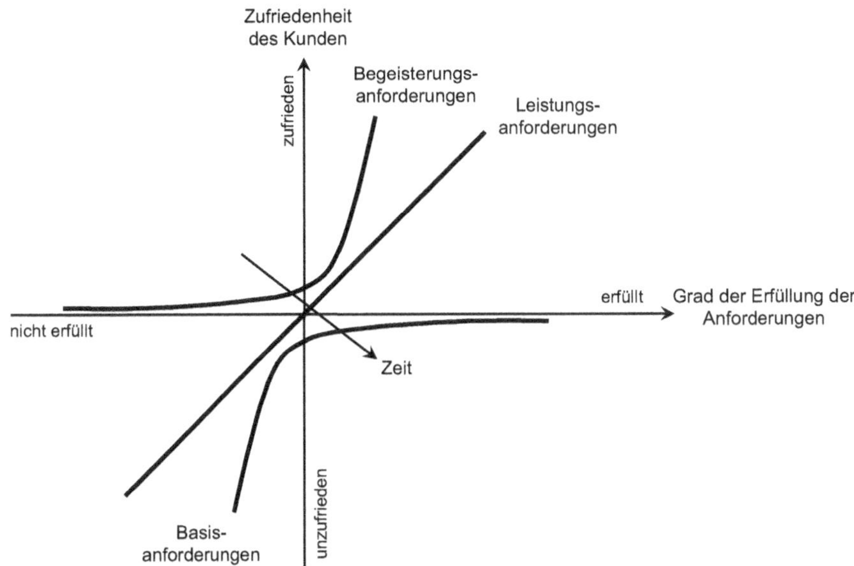

Bild 10-5 Kano-Modell

Das Kano-Modell dient als Gedankenmodell zur Analyse der Kundenforderungen. Man wird diese je nachdem, welcher Kategorie sie zuzuordnen sind, unterschiedlich behandeln. Dabei ist zu beachten, dass nur die Leistungsanforderungen vom Kunden auch explizit genannt werden.

Werkzeug: Quality Function Deployment (QFD)

QFD bedeutet sinngemäß »Kundenorientierte Produktentwicklung«. Das Ziel von QFD ist die Entwicklung von Produkten, die am Markt überzeugen. Das sind Produkte, die die Kundenerwartungen erfüllen und sich bei den für die Kunden wichtigen Themen klar vom Wettbewerb abheben. Im Mittelpunkt stehen die systematische Erfassung der Kundenwünsche und Erwartungen sowie deren Übersetzung in technische Produktanforderungen. D. h. die „Stimme des Kunden" wird in die „Sprache des Ingenieurs" übersetzt. Dies wird mit Hilfe des sogenannten House of Quality (HoQ) durchgeführt. Bild 10-6 zeigt die für die Entwicklungs- und Analysearbeit häufig verwendeten Felder. Eine anwendungsspezifische Anpassung (inkl. der nachfolgend beschriebenen Reihung) ist natürlich möglich. Anhand dieses Modells soll das Vorgehen erläutert werden.

I) Kundenwünsche ermitteln (WAS)

Ein auf Basis einer fundierten Bedürfnisanalyse erstellter und in der Sprache des Kunden formulierter Wunschkatalog ist Ausgangspunkt für den QFD-Prozess. Die vorläufig noch völlig unstrukturierte Sammlung aller Wünsche, Vorstellungen und Erwartungen der Kunden wird zusammengefasst und nach thematischen Gesichtspunkten gegliedert.

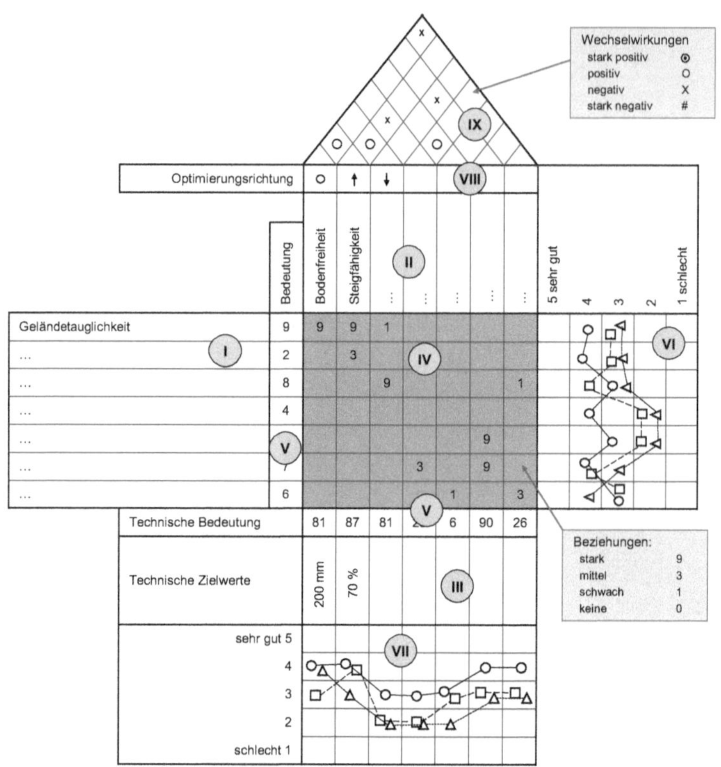

Bild 10-6 House of Quality

II) Kundenwünsche in technische Produktanforderungen übersetzen (WIE)

Die in der Sprache des Kunden formulierten Wünsche werden in technische Produktanforderungen übersetzt. Die technischen Produktanforderungen beschreiben wie oder wodurch die Kundenwünsche erfüllt werden können. Es geht hier allerdings noch nicht um die Definition von Produktgruppen oder Teilen, sondern vielmehr um die Festlegung allgemeiner technischer Anforderungen an das Produkt.

III) Zielwerte für die technischen Produktanforderungen festlegen

Um die Entwicklungsziele klar zu definieren, werden Zielwerte für die technischen Produktanforderungen festgelegt.

IV) Beziehungen zwischen Kundenwünschen u. Produktanforderungen ermitteln

In diesem Schritt sucht man nach direkten Beziehungen zwischen den Kundenwünschen und den technischen Produktanforderungen. Zur Beschreibung der Stärke der Beziehung eignen sich Zahlen oder Symbole.

V) Kundenwünsche gewichten und technische Bedeutung berechnen

Nicht alle Kundenwünsche sind von gleicher Bedeutung. Daher müssen sie gewichtet werden. Dies kann zum Beispiel mit Hilfe eines paarweisen Vergleiches erfolgen.

Anschließend wird die technische Bedeutung durch Aufsummierung der Produkte aus der Bedeutung der Kundenwünsche und der Stärke der Beziehung zwischen den Kundenwünschen und den Produktanforderungen berechnet. Das Ergebnis gibt an, wie wichtig die einzelnen technischen Produktanforderungen für die Erfüllung der Kundenwünsche sind.

VI) Wettbewerbsanalyse aus Kundensicht durchführen

Nun wird der Erfüllungsgrad der Kundenwünsche durch das eigene Produkt und durch Produkte des Wettbewerbs beurteilt. Diese Wettbewerbsanalyse ist von großer strategischer Bedeutung, denn es werden möglicherweise Kundenwünsche identifiziert, die vom Wettbewerb in noch nicht ausreichendem Maße berücksichtigt werden. Ziel ist es, die Schwächen des Wettbewerbs zu Stärken des eigenen Unternehmens zu machen.

VII) Wettbewerbsanalyse aus Technikersicht durchführen

Dieser Schritt erfordert wie schon Schritt VI eine intensive Auseinandersetzung mit dem Wettbewerb. Der Erfüllungsgrad der Produktanforderungen durch das geplante Produkt und durch die am Markt befindlichen bzw. erwarteten Wettbewerbsprodukte wird beurteilt.

VIII) Optimierungsrichtung der Produktanforderungen festlegen

Die Angabe der Richtung, in die jede Produktanforderung optimiert werden soll, hilft bei der Untersuchung der zwischen den Produktanforderungen existierenden Wechselwirkungen.

IX) Vorhandene Wechselwirkungen zwischen Produktanforderungen ermitteln

Zur Identifikation und Beurteilung vorhandener Wechselwirkungen zwischen den Produktanforderungen werden diese paarweise zueinander in Beziehung gesetzt. Eine negative Wechselwirkung liegt vor, wenn bei der Veränderung einer Produktanforderung in Optimierungsrichtung eine andere Produktanforderung unweigerlich entgegen der Optimierungsrichtung beeinflusst wird. Die Stärke dieser Wechselwirkungen wird durch Symbole dargestellt.

Aus den ermittelten Produktanforderungen sind Designanforderungen für Baugruppen und Teile sowie Anforderungen an den Herstellprozess und an die Produktionsplanung abzuleiten. Dieses Vorgehen wird Deployment genannt.

In der QFD-Literatur wird dieser Prozess über die Entwicklung weiterer Matrizen dargestellt. Diese Methode kommt in der Praxis jedoch selten zur Anwendung. Zur Unterstützung dieses Prozesses haben sich Werkzeuge wie z. B. Produkt-FMEA, Identifikation von Merkmalen mit erhöhter Bedeutung, DVP&R, Prozess-FMEA und Control Plan durchgesetzt.

10.2.3 Phase Design

Hauptaufgabe der Phase **Design** ist es, unterschiedliche Lösungsmöglichkeiten für das Produkt bzw. den Prozess zu entwerfen, zu bewerten und schließlich ein Lösungskonzept auszuwählen. In dieser Phase steht die Kreativität im Vordergrund. Beispielsweise sollen durch den Einsatz von Kreativitätstechniken auch Varianten ins Spiel kommen, die bisher nicht angedacht wurden. Viele weitere in dieser Phase eingesetzte Werkzeuge sollen anregen, neue Lösungsmöglichkeiten anzudenken. Nach einer Bewertung dieser Lösungsmöglichkeiten ist eine Vorzugsvariante auszuwählen.

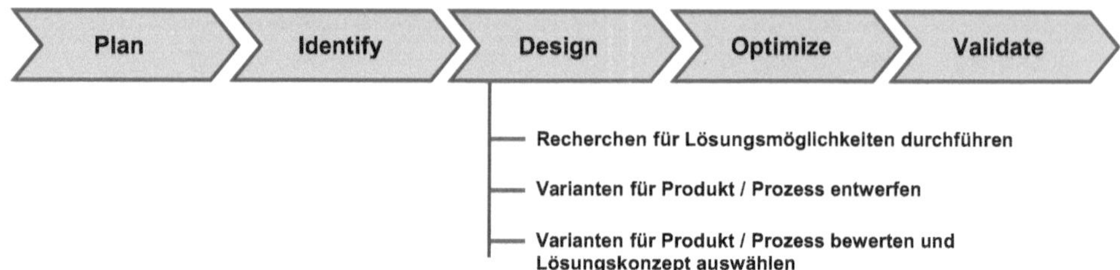

Bild 10-7 Hauptaufgaben der Phase **Design**

Am Ende der Phase **Design** liegt ein Lösungskonzept vor. Dieses wird in der anschließenden Phase **Optimize** weiter detailliert und optimiert.

10.2.3.1 Recherchen für Lösungsmöglichkeiten durchführen

Recherchen dienen dazu, interessante Lösungsansätze oder Technologien zu finden, die auf die eigene Aufgabenstellung angewendet werden können. Recherchen werden in der Literatur, im Internet, in Patentdatenbanken oder auch in speziellen Informationsplattformen durchgeführt.

Das Ergebnis der Recherche kann von der Inspiration zu neuen Lösungen über die Übernahme bestimmter technischer Prinzipien bis hin zur Übernahme einer fertigen Lösung für die Problemstellung reichen. Schließlich führen Recherchen häufig auch zu einer Erweiterung der eigenen Perspektive und damit zu neuen Ansätzen.

10.2.3.2 Varianten für Produkt / Prozess entwerfen

Wie bereits dargestellt, sollen in der Phase **Design** unterschiedliche Lösungsmöglichkeiten entworfen werden, ohne sich noch in der Detailkonstruktion zu verlieren. Durch den gezielten Einsatz kreativitätsfördernder Werkzeuge soll das Entwicklungsteam an neue Lösungsmöglichkeiten herangeführt werden. Zielsetzung ist, dass man sich von bestehenden Konzepten löst und auch neue Ansätze andenkt und bewertet.

Dazu dienen die vielen bekannten Kreativitätstechniken. Ebenso schlagkräftig ist eine Sammlung von Werkzeugen, die unter dem Begriff TRIZ Bekanntheit erlangt hat.

Werkzeug: Kreativitätstechniken

Kreativitätstechniken werden eingesetzt, um neue Ideen zu entwickeln. Durch die Struktur der Workshops wird die Kreativität der Teilnehmer gezielt gefördert. Ideen werden im Team generiert und weiterentwickelt. Dies führt zu neuen Lösungsvarianten. Einige Kreativitätstechniken sind in Abschnitt 7.1.2 dargestellt.

Werkzeug: Theorie des erfinderischen Problemlösens (TRIZ)[2]

TRIZ ist ein russisches Akronym, das sinngemäß übersetzt „Theorie des erfinderischen Problemlösens“ bedeutet. TRIZ beinhaltet Vorgehensweisen und Werkzeuge, um systematisch Ideen zu finden und zu innovativen Konzepten zu gelangen.

[2] Die Erläuterungen zu TRIZ orientieren sich an [6], [7], [8], [9] und [18]. Diese Bücher werden auch zur weiteren Vertiefung empfohlen.

TRIZ wurde vom russischen Patentexperten Genrich S. Altshuller entwickelt. Ausgehend von der Analyse zahlreicher Patente erkannte er immer wiederkehrende Muster des Problemlösens. Er stellte fest, dass jeder Erfindung ein systematischer Prozess vorangeht, der bestimmten Grundregeln folgt.

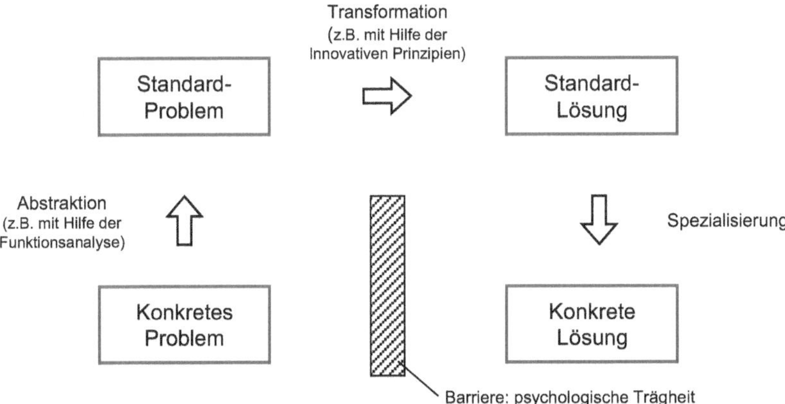

Bild 10-8 TRIZ-Vorgehensmodell zur Lösungsfindung (in Anlehnung an [6] und [8])

Im Zentrum von TRIZ steht ein Vorgehensmodell, das zu neuen innovativen Ideen führen soll (Bild 10-8). Zunächst formuliert man die konkrete Problemstellung in ein Standardproblem um. Diese Abstrahierung kann zum Beispiel mit Hilfe der Funktionsanalyse erfolgen. Danach sucht man für dieses Standardproblem nach bekannten Standardlösungen. Dafür eignen sich beispielsweise die „40 Innovativen Prinzipien". Im letzten Schritt muss die Standardlösung auf das spezielle Problem adaptiert werden.

Durch die Abstrahierung des Problems können allgemein formulierte, vielfach anwendbare Lösungsprinzipien identifiziert und angewendet werden. Durch dieses Vorgehen soll die psychologische Trägheit überwunden und der Blick über den Horizont der eigenen Erfahrung frei werden.

Darüber hinaus enthält TRIZ in seiner heutigen Form eine Zusammenstellung von Werkzeugen, die diesen kreativen Erfindungsprozess unterstützen. Diese Werkzeuge werden auch losgelöst von dem dargestellten Vorgehensmodell angewendet. Bild 10-9 zeigt die Zuordnung dieser Werkzeuge zu vier Klassen, die auch als die vier Säulen von TRIZ bezeichnet werden.

Systematik	Wissen	Analogie	Vision
- Innovations-Checkliste	- Effekte-Datenbank	- Technische Widersprüche	- Idealität
- Funktions-analyse	- Patent-Recherchen	- Physikalische Widersprüche	- S-Kurve
- Ressourcen-Checkliste	- Internet-Recherchen	- Stoff-Feld-Analyse	- Trends of Evolution
- ...	- ...	- ...	- ...

Bild 10-9 Die vier Säulen von TRIZ (in Anlehnung an [8] und [9])

Die Säule der Systematik enthält Werkzeuge zur systematischen Analyse von Problemen und zur Überwindung von Denkblockaden. Die zweite Säule steht für die Nutzung von bestehendem Wissen und gibt einige mögliche Quellen zur Recherche an. Die Säule Analogie beinhaltet feste Lösungsansätze, um auf abstrakter Ebene aus Standard-Problemen Standard-Lösungen zu generieren. Die Säule Vision befasst sich mit Trends. Dies soll helfen, den Standort zu bestimmen und die Richtung künftiger Entwicklungen aufzuzeigen.

Auf ausgewählte Werkzeuge wird kurz eingegangen. Für das detaillierte Studium der Werkzeuge wird auf [6] bis [9] verwiesen.

Funktionsanalyse

Im Zuge der Funktionsanalyse stellt man die einzelnen Funktionen im Gesamtsystem und auch deren Verknüpfung dar. Zielsetzung ist es, neue Lösungen zu finden, die die gewünschten Funktionen bereitstellen. Dabei unterscheidet man zwischen nützlichen, neutralen und schädlichen Funktionen. Schädliche Funktionen können möglicherweise eliminiert oder in nützliche Funktionen umgewandelt werden. Ebenso können Teile eliminiert werden, indem andere Teile ihre Funktion übernehmen.

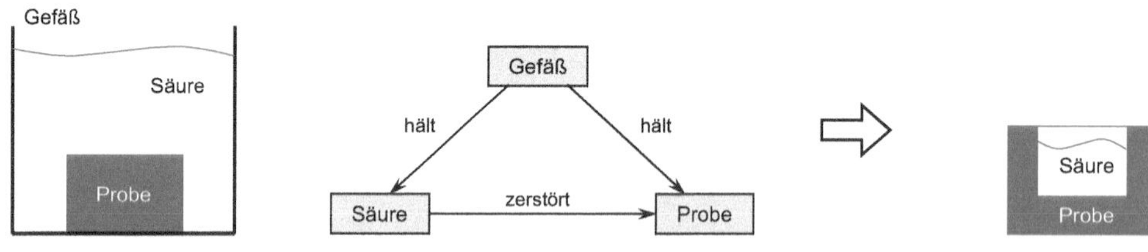

Bild 10-10 Beispiel für eine Teilereduktion im Zuge der Funktionsanalyse [10]

Bild 10-10 zeigt ein Beispiel für das Ergebnis einer Funktionsanalyse. Zur Beurteilung der Säurebeständigkeit einer Legierung wurden regelmäßig Proben in einer Säure geprüft. Das Problem war, dass im Laufe der Zeit auch der Säurebehälter angegriffen wurde. Nach der Analyse der Funktionen ist klar, dass durch eine Änderung der Form der Probe diese selbst die Funktion des Behälters (Haltefunktion) übernehmen kann.

Ressourcen-Checkliste

Mit Hilfe der Ressourcen-Checkliste sollen Ideen generiert werden, indem man Ressourcen im System oder im Umfeld identifiziert, die bisher nicht genutzt werden.

[6] teilt die verfügbaren Ressourcen in folgende Kategorien:

- Stoffliche Ressourcen (z. B. Abfall, Rohmaterialien und Produkte)
- Feldförmige Ressourcen (z. B. Energie im System oder aus der Umgebung)
- Räumliche Ressourcen (z. B. Leerraum, Verschachtelung)
- Zeitliche Ressourcen (z. B. im Voraus arbeiten, parallel arbeiten)

- Informationsressourcen (z. B. Information durch Substanz selbst überbracht, Information über eine Zustandsänderung)
- Funktionale Ressourcen (z. B. schädliche Effekte nutzen)

Technische Widersprüche / 40 Innovative Prinzipien

Das wohl bekannteste Werkzeug im Zusammenhang mit TRIZ ist die Widerspruchsmatrix von Altshuller. In dieser Matrix sind 39 technische Parameter sowohl horizontal als auch vertikal aufgetragen. Ein Konflikt liegt vor, wenn die Verbesserung eines technischen Parameters zu einer Verschlechterung eines anderen technischen Parameters führt. Zum Beispiel führt die Reduktion der Masse eines bewegten Objektes in der Regel auch zu einer Verringerung der Stabilität des Objektes.

zu verbessernder Parameter ⇩ / sich verschlechternder Parameter ⇨		1 Masse eines beweglichen Objekts	2 Masse eines unbeweglichen Objekts	3 Länge eines beweglichen Objekts	4 Länge eines unbeweglichen Objekts	5 Fläche eines beweglichen Objekts	6 Fläche eines unbeweglichen Objekts	7 Volumen eines beweglichen Objekts	8 Volumen eines unbeweglichen Objekts	9 Geschwindigkeit	10 Kraft
1	Masse eines beweglichen Objekts			15, 8, 29, 34		29, 17, 38, 34		29, 2, 40, 28		2, 8, 15, 38	8, 10, 18, 37
2	Masse eines unbeweglichen Objekts				10, 1, 29, 35		35, 30, 13, 2		5, 35, 14, 2		8, 10, 19, 35
3	Länge eines beweglichen Objekts	8, 15, 29, 34				15, 17, 4		7, 17, 4, 35		13, 4, 8	17, 10, [illegible]
4	Länge eines unbeweglichen Objekts		35, 28, 40, 29				17, 7, 10, 40		35, 8, 2, 14		28, 1
5	Fläche eines beweglichen Objekts	2, 17, 29, 4		14, 15, 18, 4				7, 14, 17, 4		29, 30, 4, 34	19, 30, 35, 2
6	Fläche eines unbeweglichen Objekts		30, 2, 14, 18		26, 7, 9, 39						1, 18, 35, 3
7	Volumen eines beweglichen Objekts	2, 26, 29, 40		1, 7, 4, 35		1, 7, 4, 17				29, 4, 38, 34	15, 3[illegible] 36, [illegible]
8	Volumen eines unbeweglichen Objekts		35, 10, 19, 14	19, 14	35, 8, 2, 14						2, 18, [illegible]
9	Geschwindigkeit	2, 28, 13, 38		13,14,8		29, 30, 34		7, 29, 34			13, 2[illegible] 15, 1[illegible]
10	Kraft	8, 1, [illegible]	18, 13, [illegible]	17, 19, [illegible]	28, 1	19, 10, 15	1, 18, 36, 37	15, 9, 12, 37	2, 36, 18, 37	13, 28, 15, 12	

Bild 10-11 Auszug aus der Widerspruchsmatrix von Altshuller

Das Erkennen dieser Konflikte ist die Voraussetzung für die Entwicklung innovativer Ideen und Problemlösungen. Mit den 39 technischen Parametern ergeben sich 1482 mögliche Widerspruchskombinationen, die durch nur 40 allgemein gültige innovative Lösungsprinzipien gelöst werden können. In der Widerspruchsmatrix gibt Altshuller die Nummer des innovativen Prinzips an, welches zur Lösung des Konfliktes herangezogen werden könnte.

Ein Beispiel für die 40 Innovativen Prinzipien ist das Prinzip Nr. 7, die Verschachtelung. Ein Objekt befindet sich im Inneren eines anderen Objektes, das sich ebenfalls wieder im Inneren eines dritten Objektes befindet. Beispiele für die Anwendung des Prinzips der Verschachtelung sind: Planetengetriebe, Teleskopantenne, Bauschuttrutsche oder auch das von Kindern geliebte Überraschungsei. Auch Computerviren wenden dieses Prinzip an: Ein vermeintlich nützliches Programm enthält auch unerwünschte Programmteile.

Physikalische Widersprüche / Vier Separationsprinzipien

Ein physikalischer Widerspruch liegt vor, wenn einer der 39 technischen Parameter zur Erfüllung der gestellten Anforderungen entgegengesetzte Zustände annehmen muss. Ein

Beispiel für einen technischen Widerspruch findet man bei Sesselliftanlagen. Der Sessellift soll gleichzeitig möglichst schnell (für kurze Fahrtzeiten) und möglichst langsam (für sicheres und bequemes Aus- und Einsteigen) fahren. Die Lösung erfolgt durch eine Separation in der Zeit. Die Anlage fährt für einen zügigen Transport sehr rasch. Für das Ein- und Aussteigen wird der Sessel vom Seil entkoppelt und bewegt sich in diesem Zeitraum sehr langsam.

Solche Widersprüche löst man durch Separation, wobei man zwischen vier Separationsprinzipien unterscheidet:

- Separation im Raum
- Separation in der Zeit
- Separation innerhalb eines Objektes oder seiner Teile
- Separation durch Bedingungswechsel

Trends of Evolution

Dahinter steht die Theorie, dass die Entwicklung von technischen Systemen bestimmten Gesetzmäßigkeiten folgt. Ein Beispiel für eine solche Gesetzmäßigkeit ist die Dynamisierung. Dieses Prinzip beschreibt die Entwicklung eines Objektes vom starren über den gelenkigen bis hin zum völlig flexiblen und dann weiter über den flüssigen oder gasförmigen zum feldförmigen Zustand. Dieser Trend lässt sich an vielen Beispielen beobachten. Die Kraftübertragung bei Bremssystemen von Fahrzeugen hat sich von ursprünglich rein mechanischen Systemen über Seilzuganwendungen bis zu den heute gebräuchlichen hydraulischen Lösungen entwickelt. Auch die Werkzeuge zur Längenmessung auf Baustellen haben diese Entwicklung erfahren: starrer Meterstab - mehrfach klappbarer Zollstock - flexibles Maßband - Lasermesssystem.

Die Analyse von Trends ist ein Beispiel für ein Werkzeug, das auch losgelöst von anderen Werkzeugen zur Anwendung kommen kann. Die Analyse der Trends und die Übertragung dieser Trends auf die eigenen Produkte soll wiederum die Kreativität des Teams fördern und zu neuen Ideen führen.

Idealität

Ausgangspunkt dieses Ansatzes ist die Annahme, dass innovative Lösungen immer mit einer Erhöhung der Idealität verbunden sind. Der Grad an Idealität ergibt sich aus folgendem Verhältnis:

$$\text{Idealität} = \frac{\text{Summe aller nützlichen Funktionen}}{\text{Summe aller schädlichen Funktionen}}$$

Hinweis: Zu den schädlichen Funktionen zählen auch Kosten, Ressourcenverbrauch und Emissionen.

Ein Produkt ist demnach umso idealer, je mehr Funktionen es erfüllt, je weniger Kosten es verursacht und je weniger Ressourcen es verbraucht. Internet-Suchmaschinen sind beispielsweise nahe an der Idealität, denn sie verursachen keine Kosten, verbrauchen praktisch keine Ressourcen und erfüllen trotzdem die gewünschte Funktion. Dieser Ansatz ist weniger als Methode zu verstehen, vielmehr sollen durch den Vergleich der bestehenden Lösung mit einem idealen System Denkanstöße gegeben werden.

Zur Verbesserung der Idealität werden in [6] sechs Wege vorgeschlagen. Dazu zählt zum Beispiel das Eliminieren von Hilfsfunktionen und Teilen oder auch die Nutzung von bisher ungenützten Ressourcen. Die Beschäftigung mit dem idealen Endresultat soll aber auch kreative Ideen provozieren und immer wieder zur Erkenntnis führen, dass technische Systeme nicht Selbstzweck sind, sondern Funktionen bereitstellen sollen.

10.2.3.3 Varianten für Produkt / Prozess bewerten und Lösungskonzept auswählen

Die letzte Aufgabe in der Phase **Design** ist es, die entwickelten Varianten zu bewerten und ein Lösungskonzept auszuwählen. Eine Form der Bewertung der Varianten ist die Wirtschaftlichkeitsbetrachtung. Dafür gibt es in den Unternehmen meist festgelegte Vorgehensweisen. Fester Bestandteil der Phase **Design** sollen aber auch eine Risikobewertung (siehe z. B. Abschnitt 7.2.2) und eine Herstellbarkeitsuntersuchung der Varianten sein.

Für eine gesamthafte Bewertung der zur Auswahl stehenden Varianten sind häufig auch Kriterien zu berücksichtigen, die in Geldeinheiten nur schwer oder gar nicht bewertbar sind. In diesem Fall empfiehlt sich die Durchführung einer Nutzwertanalyse (siehe z. B. Abschnitt 7.2.1). Damit gelingt es vielfach Entscheidungen nachvollziehbar zu treffen, sodass sie von allen beteiligten Bereichen auch akzeptiert und mitgetragen werden.

10.2.4 Phase Optimize

Die Phase **Optimize** umfasst den zweiten Teil der Gestaltung von Produkt und Prozess. Nachdem man sich in der Phase **Design** eingehend mit möglichen Lösungskonzepten befasst und daraus ein Lösungskonzept ausgewählt hat, geht es nun darum, dieses Lösungskonzept zu detaillieren und zu optimieren.

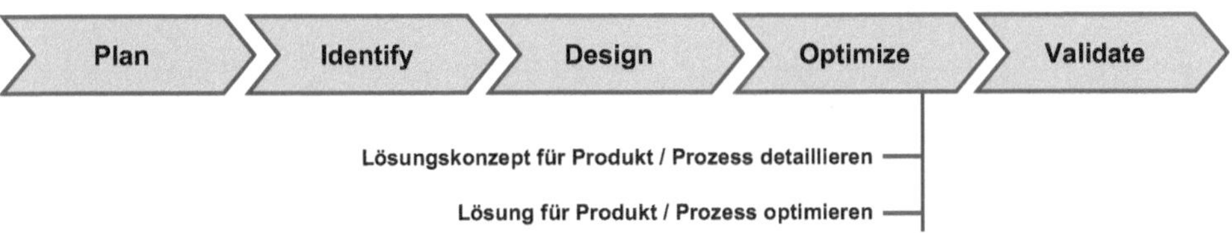

Bild 10-12 Hauptaufgaben der Phase **Optimize**

Am Ende der Phase **Optimize** liegt ein optimiertes Design in Form von Zeichnungen, Stücklisten und gegebenenfalls auch weiteren technischen Spezifikationen vor. Ebenso müssen auch die Vorgaben für den Herstellprozess festgelegt sein.

10.2.4.1 Lösungskonzept für Produkt / Prozess detaillieren

Das ausgewählte Lösungskonzept wird nun detailliert. Zeichnungen und Stücklisten werden erstellt, Details der konstruktiven Gestaltung des Systems werden fixiert, Abmessungen einschließlich der zugehörigen Toleranzen und auch technologische Vorgaben wie Oberflächenrauheiten und Einhärtetiefen werden festgelegt. Ebenso werden Zusammenstellungszeichnungen erstellt, die auch Vorgaben für die Montage der Teile enthalten (z. B. Einstellwerte, Anzugsmomente).

Parallel dazu wird der Fertigungs- und Montageprozess geplant. Die Abfolge der Prozessschritte wird festgelegt. Zu jedem Schritt werden Maschinen, Werkzeuge und Einrichtungen geplant. Technologieexperten stimmen den Bearbeitungszustand der Bauteile nach jedem Prozessschritt ab. Mit Hilfe von Control Plans wird die Regelung der Prozesse geplant. Möglicherweise müssen zur Abstimmung der Prozessparameter auch Fertigungsversuche durchgeführt werden. In einer begleitenden Kalkulation wird geprüft, ob die für die Serienproduktion geplanten Herstellkosten auch eingehalten werden können.

10.2.4.2 Lösung für Produkt / Prozess optimieren

Dieses Arbeitspaket enthält alle Aufgaben zur Optimierung des realisierten Lösungskonzepts. Naturgemäß werden diese Aufgaben Hand in Hand mit den in 10.2.4.1 beschriebenen Aufgaben ausgeführt.

Die wichtigste Zielsetzung dieser Optimierungsaktivitäten ist in der Regel, die Kosten weiter zu reduzieren. Daneben werden aber auch noch weitere Ziele verfolgt, wie zum Beispiel die Reduktion des Bauteilgewichts oder die Verbesserung der Herstellbarkeit der Bauteile.

Werkzeug: Toleranzanalyse (arithmetische und statistische Tolerierung)[3]

Merkmale an Bauteilen werden mit Toleranzen versehen. Eine Toleranz gibt an, in welchem Bereich der tatsächliche Wert des Merkmals an einem Bauteil liegen darf.[4]

Toleranzen beeinflussen die Funktion, die Montierbarkeit, die vollständige Austauschbarkeit und natürlich die Kosten der Bauteile. Zur Festlegung der Toleranzen werden unterschiedliche Quellen herangezogen. Toleranzen können vom Entwickler aufgrund seiner Erfahrung mit vergleichbaren Produkten festgelegt werden. Ebenso können sie aus vorhandenen Konstruktionen übernommen werden. Zulässige Toleranzen können aber auch mit Hilfe von Untersuchungen an Grenzmustern gezielt festgelegt werden.

Aufgabe der Toleranzanalyse ist es vor allem, das Zusammenwirken der Bauteiltoleranzen zu untersuchen und Möglichkeiten zur gezielten Toleranzerweiterung und einer damit verbundenen Kostenreduktion aufzuzeigen. Ausgangspunkt in der Toleranzanalyse ist in jedem Fall die arithmetische Tolerierung. Dabei werden Toleranzen so festgelegt, dass jeder Teil mit jedem anderen Teil kombinierbar ist. Dieses Vorgehen wird auch als „worst case"-Betrachtung bezeichnet.

Das Vorgehen bei der arithmetischen und statistischen Tolerierung soll anhand des in Bild 10-13 gezeigten Beispiels erläutert werden. Es sind vier Hülsen gegeben, die übereinander gestapelt werden. Laut Kundenvorgabe muss die Höhe des Stapels zwischen 9,984 mm (untere Spezifikationsgrenze) und 10,016 mm (obere Spezifikationsgrenze) liegen.

---

[3] Hinweis: Die Begriffe Toleranzen und Spezifikationen werden in diesem Buch synonym verwendet. Gleiches gilt für Toleranzgrenzen bzw. Spezifikationsgrenzen.

[4] Aus unseren Überlegungen zur Prozessfähigkeit wissen wir bereits, dass nur ein bestimmter Anteil der Bauteile innerhalb der Toleranzgrenzen liegen wird. In Abschnitt 5.5 haben wir erfahren, dass beispielsweise bei einer potenziellen und kritischen Prozessfähigkeit von $c_p = c_{pk} = 1{,}33$ der Anteil der Bauteile außerhalb der Toleranzgrenzen etwa 63 ppm betragen wird.

Der linke Teil des Bildes zeigt das Vorgehen bei der arithmetischen Tolerierung. Unter der Voraussetzung, dass alle Teile gleich schwer herstellbar sind, würde man die zur Verfügung stehende Gesamttoleranz gleichmäßig auf die vier Hülsen verteilen. Damit ergibt sich die Toleranz von ± 4 µm für jedes Bauteil. Wenn alle vier Hülsen an der oberen Toleranzgrenze liegen, liegt auch der gesamte Stapel an der oberen Toleranzgrenze. Das Gleiche gilt sinngemäß für die untere Toleranzgrenze. Das heißt, jeder Teil ist mit jedem anderen Teil beliebig kombinierbar. Die Summe der vier Einzeltoleranzen ergibt wieder die Gesamttoleranz. Bei der arithmetischen Tolerierung werden Toleranzen addiert.

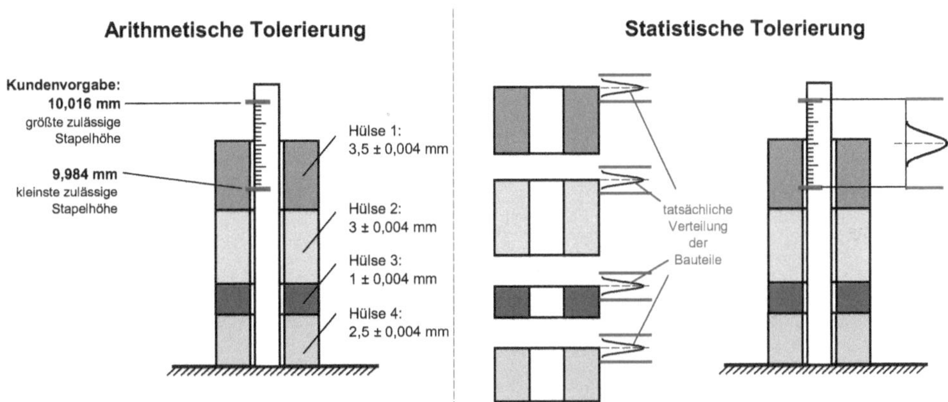

Bild 10-13 Überlegungen zur arithmetischen und statistischen Tolerierung

Der rechte Teil des Bildes zeigt die grundsätzlichen Überlegungen bei der statistischen Tolerierung. Berücksichtigt man die Verteilung der Bauteile innerhalb der Toleranzgrenzen, so ist das Zusammentreffen von Teilen an der Grenzlage sehr unwahrscheinlich. Es ist praktisch auszuschließen, dass aus reinem Zufall alle Hülsen eines Stapels zum Beispiel an der oberen Toleranzgrenze liegen. Eher wird eine große Hülse 1 mit einer kleinen Hülse 2 und vielleicht einer mittleren Hülse 3 und 4 kombiniert. Abweichungen werden zum Teil sogar ausgeglichen. Dies hat auch Auswirkungen auf den gesamten Stapel. Die resultierende Verteilung ist schmäler, als man sie aus der Addition der Toleranzen erwarten würde. Auf Basis dieser Erkenntnisse können daher die Einzeltoleranzen erweitert werden, ohne dass am Stapel unzulässig hohe Anteile außerhalb der Toleranzen liegen.

Beispiel 10-2 Arithmetische und statistische Tolerierung

Zum besseren Verständnis soll dieses einfache Beispiel auch durchgerechnet werden.

Arithmetische Tolerierung

Hinweis: Um einfachere Zahlen zu erhalten, setzen wir die Vorgaben in µm ein.

$T_a = 10.016 - 9.984 \Rightarrow T_a = 32\mu m$ Dies wird im vorliegenden Beispiel als Kundenforderung angenommen.

Bei der arithmetischen Tolerierung werden die Einzeltoleranzen zur Gesamttoleranz addiert $T_a = \sum T_i$

Daher wird die Gesamttoleranz gleichmäßig auf die Hülsen aufgeteilt $T_{1\text{-}4} = \frac{T_a}{4} = \frac{32}{4} \Rightarrow T_{1\text{-}4} = 8$

bzw. $T_1 = T_2 = T_3 = T_4 = 8$

Bild 10-14 Rechengang bei der arithmetischen Tolerierung

Die Toleranzanalyse startet immer mit der arithmetischen Tolerierung. Aus der vom Kunden vorgegebenen Gesamttoleranz werden zunächst die zulässigen Toleranzen der einzelnen Hülsen ermittelt. Da wir davon ausgehen, dass die vier Hülsen gleich schwer herstellbar sind, teilen wir die Gesamttoleranz von 32 µm gleichmäßig auf. Daraus ergibt sich die Toleranz der Hülsen von jeweils 8 µm.

Statistische Tolerierung (siehe dazu auch Bild 10-15)

Für die weitere Rechnung wird die zulässige Standardabweichung der Hülsen benötigt. Unter der Annahme eines zentrierten und fähigen Prozesses mit c_p = 1,33 und c_{pk} = 1,33 lässt sich die Standardabweichung der Hülsen mit σ = 1 µm leicht ermitteln.

Bei der statistischen Tolerierung werden die Streuung und die Prozessfähigkeit der gesamten Stapelhöhe untersucht. Aus diesen Kennzahlen werden mögliche Toleranzerweiterungen der Einzelteile abgeleitet. Zunächst muss daher die Standardabweichung des Stapels ermittelt werden. Dazu dürfen allerdings nicht die Standardabweichungen addiert werden, sondern es müssen ihre Quadrate (die Varianzen) herangezogen werden. Genau darin liegt der Grund, dass die Streuung des Stapels geringer ist als die Summe der Streuungen der einzelnen Bauteile. Aus der Summe der Varianzen ergibt sich nämlich eine kleinere Standardabweichung des gesamten Stapels als aus der direkten Addition der Standardabweichungen. In unserem Beispiel ergibt sich für den Stapel eine Standardabweichung von 2 µm.

Mit dieser Kenntnis errechnen wir in Schritt 3 die bei einer geforderten Prozessfähigkeit von c_p = 1,33 und c_{pk} = 1,33 erforderliche Toleranz des Stapels. Man stellt sich dabei die Frage, wie groß die vom Kunden vorgegebene Toleranz sein müsste, damit der Prozess als fähig bezeichnet werden kann. Diese Toleranz wäre in unserem Fall T_s = 16 µm. Man bezeichnet diese Toleranz auch als statistische Schließmaßtoleranz. Als Schließmaß bezeichnet man jenes Maß, auf das sich die Streuungen der einzelnen Bauteile auswirken. In diesem Beispiel ist es die Stapelhöhe.

Wir könnten also eine vorgegebene Toleranz für die Stapelhöhe von T_s = 16 µm mit unserem Prozess erfüllen. Die Kundenvorgabe ist jedoch T_a = 32 µm. Das heißt, dass die Streuung der Stapelhöhe deutlich geringer als zulässig ist. Umgekehrt können wir die Toleranzen der Bauteile so lange erweitern, bis die erfüllbare Toleranz auf die Vorgabe des Kunden angestiegen ist. Dazu bestimmen wir den Erweiterungsfaktor e. In unserem Beispiel beträgt e = 2. Wir können daher die Einzeltoleranzen verdoppeln. Die Kontrollrechnung zeigt, dass trotz dieser Erweiterung der Toleranzen der Hülsen die Prozessfähigkeit des Stapels noch immer die Vorgaben des Kunden erfüllt.

Schritt 1: Bestimmung der zulässigen Standardabweichung der Hülsen
(Annahme: Prozess ist fähig, c_p = 1,33 u. c_{pk} = 1,33)

mit $c_p = \frac{T}{6 \cdot \sigma} = 1{,}33$ folgt $\sigma_{1\text{-}4} = \frac{T_{1\text{-}4}}{6 \cdot 1{,}33} = \frac{8}{8}$ ⇨ für die Bauteile gilt: $\sigma_1 = \sigma_2 = \sigma_3 = \sigma_4 = 1$

Schritt 2: Ermittlung der Streuung des Stapels

$\sigma^2_{Stapel} = \sum_{i=1}^{n} \sigma_i^2 = (1^2 + 1^2 + 1^2 + 1^2)$ ⇨ $\sigma^2_{Stapel} = 4$ bzw. $\sigma_{Stapel} = 2$

Schritt 3: Ermittlung der erforderlichen Toleranz des Stapels
(Annahme: Prozess ist fähig, c_p = 1,33 u. c_{pk} = 1,33)

mit $c_p = \frac{T}{6 \cdot \sigma} = 1{,}33$ folgt $T = 6 \cdot 1{,}33 \cdot \sigma = 8 \cdot 2$ ⇨ $T_s = 16$

Schritt 4: Ermittlung des Erweiterungsfaktors

$e = \frac{T_a}{T_s} = \frac{32}{16} = 2$

Schritt 5: Kontrollrechnung

Erweiterung der Einzeltoleranzen: $T_1 = T_2 = T_3 = T_4 = 16$

Dadurch erhöhen sich auch die zulässigen Standardabweichungen der Hülsen: $\sigma_1 = \sigma_2 = \sigma_3 = \sigma_4 = 2$

Die Standardabweichung des Stapels beträgt nun: $\sigma^2_{Stapel} = \sum_{i=1}^{n} \sigma_i^2 = (2^2 + 2^2 + 2^2 + 2^2)$ ⇨ $\sigma_{Stapel} = 4$

Damit ergibt sich die Prozessfähigkeit des gesamten Stapels: $c_p = \frac{T}{6 \cdot \sigma} = \frac{32}{6 \cdot 4}$ ⇨ $c_p = 1{,}33$

Bild 10-15 Rechengang bei der statistischen Tolerierung

Hinweis: Auf eine Gefahr bei Anwendung der statistischen Toleranzrechnung muss an dieser Stelle hingewiesen werden. Die Erweiterung der Toleranzen ist nur deshalb möglich, weil sich bedingt durch die Streuung der einzelnen Bauteile in der Maßkette Abweichungen teilweise aufheben. Das Ergebnis entspricht natürlich nur dann der Realität, wenn die bei der Berechnung angenommenen Verteilungen auch mit den tatsächlichen Verteilungen aus der Produktion übereinstimmen. Stimmen diese nicht überein, kann es zu deutlich höheren Überschreitungsanteilen im Zusammenbau kommen. Im schlimmsten Fall können die Teile nicht montierbar oder die montierte Baugruppe nicht verwendbar sein.

Statistische Versuchsmethodik

Die statistische Versuchsmethodik ist auch innerhalb von PIDOV-Projekten ein zentrales Werkzeug. Mit dem Vorgehen bei der Planung und Analyse von Versuchen mit Hilfe von statistischen Verfahren haben wir uns in Abschnitt 6.2.3 bereits sehr ausführlich beschäftigt. Dort wird das Werkzeug hauptsächlich zur Optimierung von Prozessen verwendet. Dafür wird die statistische Versuchsmethodik auch im Rahmen von PIDOV-Projekten eingesetzt. Wenn zum Beispiel ein Getriebe zu optimieren ist, sind in der Regel auch die zugehörigen Prozesse zu entwickeln. Enthält der Herstellprozess beispielsweise einen Laserschweißvorgang, könnte die statistische Versuchsmethodik zur Entwicklung und Optimierung des Prozesses verwendet werden. Auf Basis der Analyse von Schweißversuchen würde man Prozessparameter (z. B. Leistung des Lasers, Vorschubgeschwindigkeit) und den Vorbearbeitungszustand der Bauteile (z. B. Schweißspalt) festlegen.

Die statistische Versuchsmethodik wird also verwendet, um Wissen über die Zusammenhänge im Prozess aufzubauen. Darüber hinaus soll die statistische Versuchsmethodik im Zuge der Neugestaltung von Produkten und Prozessen auch eingesetzt werden, um die Zusammenhänge zwischen Produktmerkmalen und dem Grad der Erfüllung von Anforderungen an das Produkt zu ermitteln. Durch dieses Wissen wird es möglich, Produkte robust zu gestalten und Toleranzen zur Kostenreduktion zu vergrößern. Anhand von zwei Beispielen soll dies näher erläutert werden.

Beispiel 10-3 Optimierung der Spezifikationen einer Crashbox

Crashboxen werden in Fahrzeugen eingesetzt, um bei einem Auffahrunfall durch die Deformation von Material innerhalb der Crashbox Bewegungsenergie abzubauen.

Zielgröße

- Verformungsarbeit möglichst hoch
- Kosten möglichst gering
- Gewicht möglichst niedrig

Einflussgrößen

- Breite
- Höhe
- Blechdicke
- ...

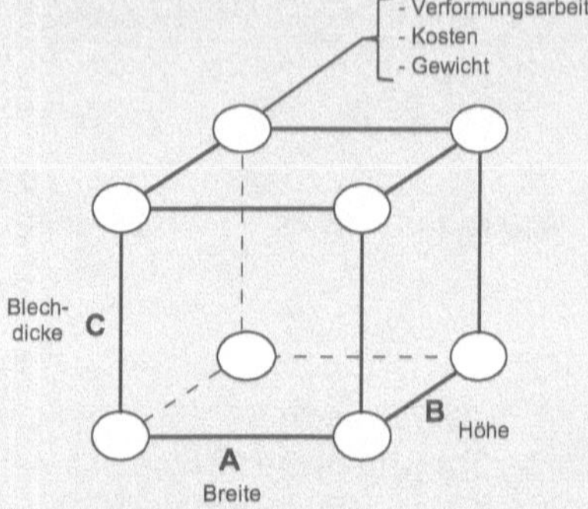

Bild 10-16 Zielgrößen und Einflussgrößen bei der Optimierung von Crashboxen

Bild 10-16 zeigt, dass die bekannten Vorgehensweisen auch zur Optimierung des Designs verwendet werden können. Die Crashbox soll bei geringem Gewicht und möglichst niedrigen Kosten eine bestimmte Verformungsarbeit übernehmen können. Einflussgrößen dafür sind neben vielen weiteren die Breite und die Höhe der Crashbox sowie die Dicke des verwendeten Materials. Hat man diesen Zusammenhang mit Hilfe von statistischer Versuchsmethodik beschrieben, dann kann man gezielt das optimale Design ermitteln. Zunächst wird man die Produktparameter so festlegen, dass die Zielgrößen bestmöglich erfüllt werden. Darüber hinaus kann man aus dem Effekt der einzelnen Einflussgrößen ableiten, wie stark sich ihre Streuungen auf die Zielgröße auswirken. Mit diesem Wissen können die Toleranzen anforderungsgerecht festgelegt werden. Zeigen sich im Modell auch Nichtlinearitäten oder Wechselwirkungen, dann kann gezielt ein robustes Design entwickelt werden. Das heißt, dass die Produktparameter so festgelegt werden, dass das Produkt weniger empfindlich auf Streuungen einzelner Produktmerkmale reagiert. ■

Beispiel 10-4 Optimierung des Kennfeldes von Motoren

In ähnlicher Art wird bei der Ermittlung des Motorkennfeldes für Verbrennungsmotoren vorgegangen. Die Schwierigkeit dabei ist, dass die optimale Einstellung der Einflussgrößen für sehr viele Betriebspunkte (z. B. Volllast; 3.000 U/min) ermittelt werden muss.

Zielgrößen sind in diesem Fall unter anderem ein möglichst hohes Drehmoment bei möglichst geringem Kraftstoffverbrauch unter Einhaltung der Vorgaben bezüglich Geräuschentwicklung und Abgasausstoß.

Zielgröße (für jeden Betriebspunkt)

- Drehmoment möglichst hoch
- Kraftstoffverbrauch möglichst niedrig
- Geräuschpegel möglichst niedrig
- Abgasausstoß möglichst gering

Einflussgrößen

- Zündzeitpunkt
- Einspritzmenge
- Einspritzzeitpunkt
- …

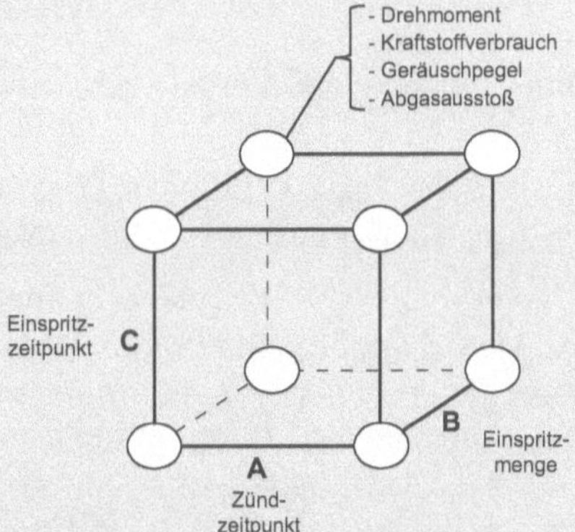

Bild 10-17 Zielgrößen und Einflussgrößen bei der Entwicklung des Motorkennfeldes

Aus der Untersuchung des Zusammenhangs können wiederum die optimalen Einstellungen z. B. für den Zündzeitpunkt, die Einspritzmenge und den Einspritzzeitpunkt ermittelt und als Parameter im Motorsteuergerät abgelegt werden.

Das Beispiel kann noch fortgesetzt werden. Was macht z. B. ein Motortuner? Auch wenn die Realität nicht ganz so einfach ist, unterstützen ein paar Überlegungen dazu doch das Verständnis für das Vorgehen. Im einfachsten Fall übernimmt der Tuner die vom Motorenhersteller bereits im Zuge der Motorentwicklung erarbeitete Kenntnis über die Zusammenhänge. Er gewichtet die Zielgrößen anders und ermittelt aus der Kenntnis des Zusammenhangs zwischen Einflussgrößen und Zielgrößen neue Einstellwerte für die Einflussgrößen. Ein Motortuning könnte daher erfolgen, ohne auch nur einen einzigen Testlauf am Motorenprüfstand gemacht zu haben. ■

10.2.5 Phase Validate

Die Phase **Validate** schließt das Verbesserungsprojekt ab. Mit Hilfe von Erprobungen und Prozessfähigkeitsuntersuchungen wird überprüft, ob das Ergebnis aus der Phase **Optimize** auch die in der Phase **Identify** ermittelten Anforderungen erfüllt. Die Lösung und die gewonnenen Erkenntnisse werden aufbereitet und anderen Bereichen zugänglich gemacht. Im letzten Schritt wird das Projekt abgeschlossen.

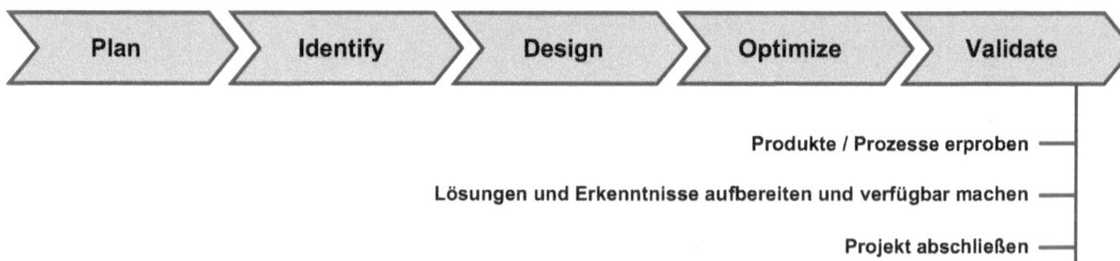

Bild 10-18 Hauptaufgaben der Phase **Validate**

Das Ergebnis der Phase **Validate** ist ein erprobtes und abgesichertes Konzept für Produkt bzw. Prozess. Ebenso liegt auch der Projektabschlussbericht vor.

Je nach Art des PIDOV-Projektes können die Ergebnisse unterschiedlich verwertet werden. War es ein Projekt zur Entwicklung neuer Produkt- und Prozesstechnologien, wird man die Ergebnisse in ein Serienentwicklungsprojekt einbringen. Hat man sich hingegen mit der Verbesserung eines Teilsystems eines bestehenden Produktes beschäftigt, dann wird man die Ergebnisse so rasch wie möglich in die Serienfertigung einfließen lassen.

10.2.5.1 Produkte / Prozesse erproben

Erprobungen dienen zur Absicherung der optimierten Lösung für Produkt bzw. Prozess. Dabei wird in der Regel zwischen der Produkt- und der Prozesserprobung unterschieden.

Ausgangspunkt für die Produkterprobungen sind die Anforderungen der Kunden. Daraus werden Tests abgeleitet, mit Hilfe derer nachgewiesen werden soll, dass die Anforderungen der Kunden erfüllt sind. Neben der klaren Beschreibung der Tests selbst ist es für die Beurteilung des Erprobungsprogramms auch wichtig, sich einen Überblick über alle durchgeführten Tests und ein mögliches Zusammenspiel zwischen verschiedenen Tests zu verschaffen. Dazu eignet sich zum Beispiel der Design Verification Plan and Report (DVP&R).

Ebenso ist nachzuweisen, dass der Herstellprozess in der Lage ist, dauerhaft den Vorgaben entsprechende Produkte herzustellen. Dies erfolgt zum Beispiel mit Hilfe einer Prozessfähigkeitsuntersuchung. Das Vorgehen dazu ist in Abschnitt 5.5 sehr ausführlich dargestellt.

Werkzeug: Design Verification Plan and Report

Bild 10-19 zeigt den Design Verification Plan and Report (DVP&R). Dabei handelt es sich um eine relativ einfach aufgebaute Tabelle, mit deren Hilfe Produkterprobungen geplant und verfolgt werden können.

DESIGN VERIFICATION PLAN AND REPORT (DVP&R)

Projekt Manager:			Project description:						Customer
DVP&R Responsibility:									Customer Projec
Test plan						**State of developement**			
pos.	Function	Test description	Acceptance target / criterion	Standard No.	Release related	PT	Aggr.No	Remarks	Actual start
1									
2									
3									
4									
5									
6									

EPORT (DVP&R)

		Customer					Project name:			
		Customer Project No.:					Project No.:			
lopement		**Test execution**					**Test result**			
No	Remarks	Actual start	Actual End	Resp.	Sampls tested		passed		Remarks	report No. (link)
					requ.	tested	Y	N		

Bild 10-19 Design Verification Plan and Report (DVP&R)

Der DVP&R ist in gewisser Weise das Pendant zum Control Plan. Während der Control Plan beschreibt, durch welche Maßnahmen ein Prozess geregelt und abgesichert wird, gibt der DVP&R an, wodurch das Produktdesign abgesichert wird.

Konsequenterweise spiegelt sich dies auch in der FMEA wider. Zur Bewertung der Entdeckungswahrscheinlichkeit bei der Produkt-FMEA wird der DVP&R benötigt. Die Bewertung der Entdeckungswahrscheinlichkeit bei der Prozess-FMEA erfolgt auf Basis der Inhalte des Control Plans. Für DVP&R und Control Plan gilt, dass sie nicht während der FMEA erstellt werden, sondern zur FMEA bereits vorliegen müssen. Das heißt, auch wenn der DVP&R erst in der letzten Phase zur Umsetzung kommt, wird er bereits viel früher erstellt und benötigt. Nicht selten wird er bereits in der Phase **Plan** erstellt. Der Grund liegt darin, dass in dieser Phase bereits die Erprobungen geplant und festgelegt werden, da gerade diese die Gesamtkosten des Projektes maßgeblich beeinflussen.

Werkzeug: Analyse der Zuverlässigkeit

Bei der Planung und Durchführung der Tests wird man sich möglicherweise auch mit der Zuverlässigkeitstechnik beschäftigen. Wie schon der DVP&R darf auch die Zuverlässigkeitstechnik nicht ausschließlich auf die Phase **Validate** begrenzt gesehen werden. Viel mehr begleitet sie das gesamte Projekt und beginnt bereits in der Phase **Plan** mit der Festlegung der Zuverlässigkeitsziele.

In der Phase **Validate** kann die Zuverlässigkeitstechnik bei der Planung und Umsetzung des Erprobungsprogramms dienen. Zum einen sollen die Erprobungen möglichst aussagekräftig und gut abgesichert sein. Zum anderen stehen dafür sowohl in zeitlicher wie auch finanzieller Hinsicht nur begrenzte Ressourcen zur Verfügung. Daher gilt es, diese begrenzten Ressourcen zielgerichtet einzusetzen.

Je nach Art des Produktes wird man unterschiedlichste Tests verwenden. Meist versucht man dabei die Testdauer so kurz als möglich zu halten. Dies kann zum Beispiel erfolgen, indem man bei erhöhter mechanischer Belastung testet. Bei elektronischen Bauteilen können Ausfallmechanismen häufig durch die Temperatur aktiviert werden. Daher erreicht man bei solchen Baugruppen eine Verkürzung der Testdauer durch höhere Temperaturen während der Erprobung. Bei Prüfstandsversuchen verkürzt man die Testzeit, indem man zunächst im Fahrversuch unter realistischen Betriebsbedingungen Lastkollektive aufzeichnet, im Erprobungsprogramm dann aber nur die für die Lebensdauer relevanten Zeitanteile nachfährt. Weitere Informationen dazu finden Sie zum Beispiel in [15].

10.2.5.2 Lösungen und Erkenntnisse aufbereiten und verfügbar machen

Nachdem nun die Projektarbeit weitgehend abgeschlossen ist, muss sichergestellt sein, dass die Ergebnisse und Erkenntnisse auch nachvollziehbar aufbereitet sind. Vor allem, wenn es sich um ein Projekt zur Entwicklung von neuen Produkt- oder Prozesstechnologien handelt, muss die Übergabe von der bisher zuständigen Forschungsgruppe in die Serienentwicklungsgruppe möglichst verlustfrei erfolgen.

10.2.5.3 Projekt abschließen

Den Abschluss des PIDOV-Projektes bildet die Unterzeichnung des Projektabschlussberichtes. Auch für diese Projekte gilt das bereits in Abschnitt 8.3 beschriebene Vorgehen für DMAIC-Projekte. Vor allem ist hier darauf zu achten, dass die Erfahrungen aus dem PIDOV-Projekt auch zur Weiterentwicklung der Organisation dienen. Dies kann von der Adaptierung von Konstruktionsrichtlinien oder Erprobungsprogrammen bis hin zur Weiterentwicklung der Six Sigma-Projektarbeit führen.

10.3 Organisatorische Verankerung von DFSS

10.3.1 Einbindung von DFSS in den Entwicklungsprozess

In den Unternehmen existiert in der Regel ein Prozess zur Entwicklung von Produkten und Prozessen. Die Automobilindustrie hat dazu in den Referenzhandbüchern APQP der AIAG [6] und Band 4, Teil 3 des VDA [7] ein sehr gut geeignetes Vorgehensmodell beschrieben.

Im Kern besteht dieses Vorgehensmodell aus einem Phasenplan, dem Meilensteine überlagert sind. Alle im Zuge der Entwicklung von Produkten und Prozessen erforderlichen Tätigkeiten können diesen Phasen zugeordnet werden.

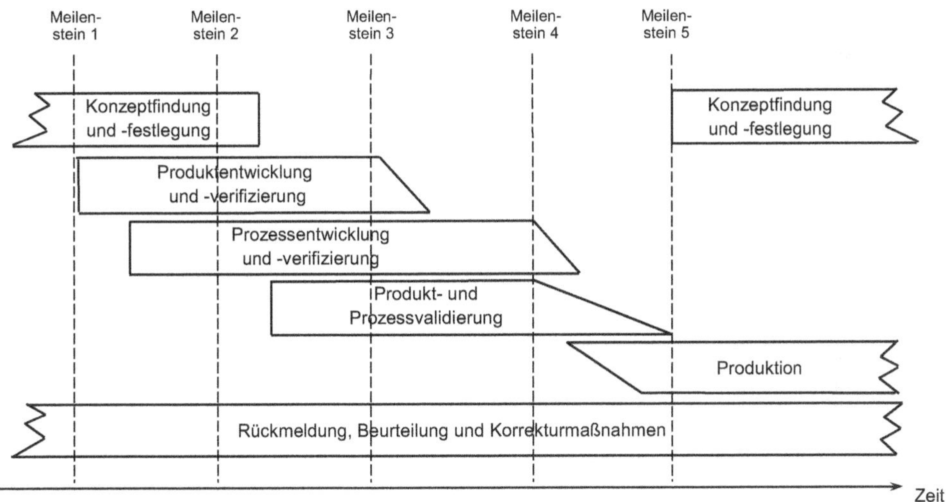

Bild 10-20 Ablaufplan entsprechend APQP [6] bzw. VDA Band 4, Teil 3 [7]

Beispielsweise enthält die Phase „Produktentwicklung und -verifizierung" alle Aufgaben von der Konstruktion der Teile über Simulationsaktivitäten bis hin zur Herstellung und Erprobung von Prototypen. Besonders betont wird in beiden Regelwerken die weitestgehend parallele Entwicklung der Produkte und der zugehörigen Herstellprozesse. Man spricht in diesem Zusammenhang von Simultaneous Engineering (SE). Simultaneous Engineering wird auch durch die Überlappung der einzelnen Phasen veranschaulicht. Auslöser für Simultaneous Engineering war die Forderung nach kürzeren Entwicklungszeiten. Der große Nutzen liegt jedoch vor allem in der besseren Berücksichtigung der Anforderungen von Fertigung und Montage durch die frühzeitige Einbindung der Prozessentwicklung in den Produktentwicklungsprozess (Stichwort: Design for Manufacturing, Design for Assembly).

Zur Steuerung der Zusammenarbeit zwischen den unterschiedlichen Fachbereichen dienen die Meilensteine. Für die Meilensteine existieren in den Unternehmen vordefinierte Checklisten, anhand derer im Rahmen von Projektreviews der Fortschritt im Projekt überprüft wird. Die Meilensteinchecklisten werden damit zum zentralen Werkzeug, um den fachbereichsübergreifenden Informationsaustausch sicherzustellen. Sie sind das Grundgerüst für den projektspezifisch zu erstellenden Projektstruktur- und Projektablaufplan.

Die besondere Schlagkraft dieses Ansatzes liegt darin, dass mit Hilfe der Meilensteine und der zugehörigen Checklisten in relativ einfacher und transparenter Art die Zusammenarbeit zwischen unterschiedlichen Fachbereichen, aber auch zwischen internen und externen Partnern grundsätzlich festgelegt und anschließend projektspezifisch gesteuert werden kann. Die Meilensteine und die Inhalte der Checklisten müssen unternehmensspezifisch festgelegt und weiterentwickelt werden. Ein Beispiel für einen Meilenstein ist die „Freigabe zur Beschaffung von Maschinen und Einrichtungen". Da mit der Auslösung der Bestellung von Maschinen weitreichende Konsequenzen verbunden sind, wird man einen Meilenstein vorsehen und von allen Teammitgliedern bestimmte Ergebnisse abfragen (z.B. Reifegrad bestimmter Erprobungsaktivitäten, Risikobeurteilung aus Sicht der Produkt- und Prozess-FMEA). Die Definition der Meilensteine und der zugehörigen Checklisten, verbunden mit der konsequenten Durchführung der Projektreviews, wird damit zum Schlüssel einer transparenten Abwicklung von komplexen Projekten mit fachbereichs- und unter Umständen unternehmensübergreifenden Projektteams.

Es stellt sich nun die Frage, welche Rolle DFSS im Entwicklungsprozess übernehmen kann. In der Literatur wird DFSS auch als übergeordneter Prozess zur Entwicklung von Produkten und Planung bzw. Vorbereitung von Produktionsprozessen angesehen. Vergleicht man DFSS mit den in APQP und Band 4, Teil 3 des VDA beschriebenen Vorgehensmodellen, dann wird klar, dass DFSS diese Rolle nicht übernehmen kann. Vielmehr muss DFSS sorgfältig in den bestehenden Entwicklungsprozess eingebunden werden und kann bei guter Integration eine eigene, sehr wertvolle Rolle wahrnehmen.

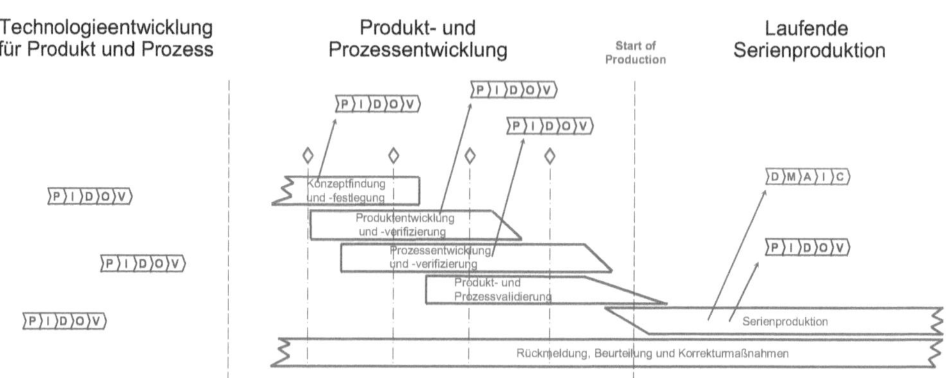

Bild 10-21 Einbindung von DMAIC und PIDOV in bestehende Strukturen

Einen möglichen Ansatz für die Einbindung von PIDOV in die bestehenden Strukturen im Unternehmen zeigt Bild 10-21. Nachdem der PIDOV-Zyklus auf die Neuentwicklung von Produkten bzw. Prozessen ausgerichtet ist, kann er in folgenden Bereichen unterstützen:

Technologieentwicklung für Produkt und Prozess

PIDOV kann als zentrales Vorgehensmodell zur Entwicklung von neuen Technologien für Produkte bzw. Prozesse eingesetzt werden. Zum einen gibt es dafür in den Unternehmen oft kein festgelegtes Vorgehen. Zum anderen bietet das PIDOV-Modell mit seinen Hauptaufgaben eine sehr gute Anleitung für solche Projekte. Durch die konsequente Orientierung an der Roadmap gelingt es, dass auch die Entwicklung von neuen Produkt- und Prozesstechnologien zur Routine wird.

Produkt- und Prozessentwicklung

Im Rahmen von Produkt- bzw. Prozessentwicklungsprojekten kommen Methoden wie z. B. QFD oder FMEA zur Anwendung, weiters werden Simulationen, Versuche und Tests durchgeführt. Dabei werden teilweise technische bzw. technologische Problemstellungen identifiziert, die die Suche nach konzeptionell neuen Lösungen erforderlich machen. Die Praxis zeigt vielfach, dass diese Probleme zwar mehrfach besprochen, aber aufgrund der Komplexität, gepaart mit hohem Zeitdruck, verschleppt werden. Im Rahmen des Serienanlaufs wird plötzlich heftig diskutiert, warum niemand zeitgerecht etwas unternommen hat.

Die mit der Problemidentifikation einhergehende Bildung einer DFSS-Arbeitsgruppe innerhalb des Projektteams, die sich unter Zuhilfenahme des PIDOV-Vorgehensmodells der systematischen Lösung des Problems annimmt, kann derartige Anlaufprobleme verhindern. D. h. die Lösung solcher Probleme wird über DFSS-Subprojekte realisiert.

Laufende Serienproduktion

In der laufenden Serienproduktion wird PIDOV neben DMAIC angewendet. PIDOV kommt zum Einsatz, falls man im Rahmen der Projektdefinition erkennt, dass zur Lösung des Problems auch konzeptionelle Änderungen erforderlich sind.

10.3.2 Verankerung von DFSS im Unternehmen

Wie bereits dargestellt, ist das Vorgehen bei DFSS bei Weitem nicht so einheitlich beschrieben wie beim DMAIC-Zyklus. Zudem existieren auch unterschiedliche Auffassungen über DFSS. Darüber hinaus sind möglicherweise auch die verwendeten Werkzeuge nicht einheitlich. Ein Hersteller von elektronischen Komponenten wird andere Werkzeuge einsetzen als ein Lebensmittelhersteller. Auch die Werkzeuge selbst werden in unterschiedlichen Formen angewendet.

Zur Umsetzung von DFSS müssen Unternehmen daher die unterschiedlichen Ansätze genau prüfen und entscheiden, welches Programm am besten in die gewachsenen Strukturen ihrer Organisation passt. Die PIDOV-Roadmap ist unternehmensspezifisch anzupassen. Es ist möglich, dass aufgrund der speziellen Struktur der Produkte und Prozesse geänderte Hauptaufgaben definiert werden oder andere Werkzeuge zum Einsatz kommen. Schließlich wird man auch definieren müssen, was die Auslöser für ein DFSS-Projekt sind.

Literatur

[1] *Magnusson K., Kroslid D., Bergmann B.:* Six Sigma umsetzen, 2. Auflage, Carl Hanser Verlag, München, 2004

[2] *Töpfer A. (Hrsg.):* Six Sigma, Konzeption und Erfolgsbeispiele für praktizierte Null-Fehler-Qualität, 3. Auflage, Springer-Verlag, Berlin Heidelberg, 2004

[3] *Brue G., Launsby R.G.:* Design for Six Sigma, 1. Auflage, McGraw-Hill, New York, 2003

[4] *Chrysler Corporation, Ford Motor Company, General Motors Corporation:* Advanced Product Quality Planning and Control Plan (APQP), 2. Auflage, Michigan, USA, 2008

[5] *VDA-Verband der Automobilindustrie e.V.:* Band 4, Teil 3: Projektplanung, 1. Auflage, Frankfurt, 1998

[6] *Gimpel B., Herb R., Herb T.:* Ideen finden, Produkte entwickeln mit TRIZ, Carl Hanser Verlag, München, 2000

[7] *Gundlach C., Nähler H. Th. (Hrsg.):* Innovation mit TRIZ, Konzepte, Werkzeuge, Praxisanwendungen, Symposion Publishing GmbH, Düsseldorf, 2006

[8] *Jantschgi J., Krenn C., Fresner J.:* TRIZ_ipedia, TRIZ, Theorie der innovativen Problemlösung, www.stenum.at, Graz, 2008

[9] *Herb R., Herb T., Kohnhauser V.:* TRIZ - Der systematische Weg zur Innovation, Verlag Moderne Industrie, Landsberg/Lech, 2000

[10] *Jantschgi J.:* TRIZ Basisschulung, Trainingshandout von Six Sigma Austria, Brunn am Gebirge, 2009

[11] *Klein B.:* Prozessorientierte Statistische Tolerierung, Expert Verlag, Renningen, 2007

[12] *Reuter K.:* Moderne Methoden der Statistischen Tolerierung, TQU Verlag, Ulm, 2007

[13] *Gamweger J., Jöbstl O., Strohrmann M., Suchowerskyj W.:* Design for Six Sigma, Kundenorientierte Produkte und Prozesse fehlerfrei entwickeln, Carl Hanser Verlag, München, 2009

[14] *Rehbehn R., Kleinert A., Buthmann A.:* Produkt- und Prozessdesign für Six Sigma mit DFSS, Strategien, Methoden und Praxisbeispiele zu innovativem, nachhaltigem Design, Publicis Corporate Publishing, Erlangen, 2008

[15] *Bertsche B., Lechner G.:* Zuverlässigkeit im Fahrzeug- und Maschinenbau, Ermittlung von Bauteil- und System-Zuverlässigkeiten, 3. Auflage, Springer-Verlag, Berlin, 2004

[16] *Harry M., Schoeder R.:* Six Sigma, Prozesse optimieren, Null-Fehler-Qualität schaffen, Rendite radikal steigern, Campus Verlag, 2. Auflage, Frankfurt, 2001

[17] *Pyzdek T.:* The Six Sigma Handbook, McGraw-Hill, New York, 2003

[18] *Koltze K., Souchkov V.:* Systematische Innovation, TRIZ-Anwendung in der Produkt- und Prozessentwicklung, Carl Hanser Verlag, München, 2011

11 Anhang

11.1 Wichtige verwendete Abkürzungen

α	Irrtumswahrscheinlichkeit, Wahrscheinlichkeit für den Fehler 1. Art, Signifikanzniveau
$1-\alpha$	Vertrauensniveau
ANOVA	Analysis of Variance (Varianzanalyse)
χ^2	Wert der χ^2-Verteilung
c_p	potenzieller Prozessfähigkeitsindex
c_{pk}	kritischer Prozessfähigkeitsindex
c_{gk}	Fähigkeitsindex des Messsystems (nach Verfahren 1)
f	Freiheitsgrad
F	Wert der F-Verteilung
μ	Mittelwert der Grundgesamtheit
$\hat{\mu}$	Schätzwert für den Mittelwert der Grundgesamtheit
n	Umfang der Stichprobe
OEG	obere Eingriffsgrenze, obere Regelgrenze
OSG	obere Spezifikationsgrenze, obere Toleranzgrenze
p_p	potenzieller Prozessleistungsindex (früher im deutschsprachigen Raum: vorläufiger potenzieller Prozessfähigkeitsindex)
p_{pk}	kritischer Prozessleistungsindex (früher im deutschsprachigen Raum: vorläufiger kritischer Prozessfähigkeitsindex)
R	Range, Spannweite
r	Korrelationskoeffizient
R^2	Bestimmtheitsmaß (r-squared)
R&R	Wiederhol- und Vergleichspräzision, Repeatability & Reproducibility
%R&R	Wiederhol- und Vergleichspräzision in % bezogen auf einen Referenzwert
s	Standardabweichung der Stichprobe
s^2	Varianz der Stichprobe
$\bar{s}$	Mittelwert der Standardabweichungen der Stichproben
σ	Standardabweichung der Grundgesamtheit

σ^2	Varianz der Grundgesamtheit
$\hat{\sigma}$	Schätzwert für die Standardabweichung der Grundgesamtheit
t	Wert der t-Verteilung
T	Toleranz
u	Wert der standardisierten Normalverteilung (u-Verteilung)
UEG	untere Eingriffsgrenze, untere Regelgrenze
USG	untere Spezifikationsgrenze, untere Toleranzgrenze
$\bar{x}$	Mittelwert der x-Werte, Stichprobenmittelwert
$\tilde{x}$	Median, Zentralwert
y	Wert einer Zielgröße, Versuchsergebnis
$\bar{y}$	Mittelwert der y-Werte, Stichprobenmittelwert (Anwendung für Zielgrößen)

11.2 Korrekturfaktoren a_n, c_n und d_n

Stichprobenumfang n	Korrekturfaktor a_n	Korrekturfaktor c_n	Korrekturfaktor d_n
2	0,798	1,000	1,128
3	0,886	1,160	1,693
4	0,921	1,092	2,059
5	0,940	1,197	2,326
6	0,952	1,135	2,534
7	0,959	1,214	2,704
8	0,965	1,160	2,847
9	0,969	1,223	2,970
10	0,973	1,176	3,078
11	0,975	1,228	3,173
12	0,978	1,187	3,258
13	0,979	1,232	3,336
14	0,981	1,196	3,407
15	0,982	1,235	3,472
16	0,983	1,202	3,532
17	0,985	1,237	3,588
18	0,985	1,207	3,640
19	0,986	1,239	3,689
20	0,987	1,212	3,735

Tabelle 11-1 Korrekturfaktoren a_n, c_n und d_n

Quelle: *Dietrich E., Schulze A.:* Statistische Verfahren zur Maschinen- und Prozessqualifikation, 5. Auflage, Carl Hanser Verlag, München, 2005

11.3 Standardisierte Normalverteilung

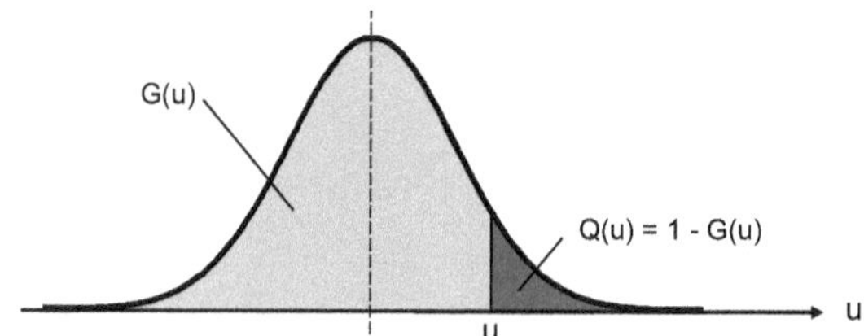

u	G(u)	Q(u)	u	G(u)	Q(u)	u	G(u)	Q(u)
0,00	50,0000%	50,0000%	1,50	93,3193%	6,6807%	3,00	99,8650%	0,1350%
0,05	51,9939%	48,0061%	1,55	93,9429%	6,0571%	3,05	99,8856%	0,1144%
0,10	53,9828%	46,0172%	1,60	94,5201%	5,4799%	3,10	99,9032%	0,0968%
0,15	55,9618%	44,0382%	1,65	95,0529%	4,9471%	3,15	99,9184%	0,0816%
0,20	57,9260%	42,0740%	1,70	95,5435%	4,4565%	3,20	99,9313%	0,0687%
0,25	59,8706%	40,1294%	1,75	95,9941%	4,0059%	3,25	99,9423%	0,0577%
0,30	61,7911%	38,2089%	1,80	96,4070%	3,5930%	3,30	99,9517%	0,0483%
0,35	63,6831%	36,3169%	1,85	96,7843%	3,2157%	3,35	99,9596%	0,0404%
0,40	65,5422%	34,4578%	1,90	97,1283%	2,8717%	3,40	99,9663%	0,0337%
0,45	67,3645%	32,6355%	1,95	97,4412%	2,5588%	3,45	99,9720%	0,0280%
0,50	69,1462%	30,8538%	2,00	97,7250%	2,2750%	3,50	99,9767%	0,0233%
0,55	70,8840%	29,1160%	2,05	97,9818%	2,0182%	3,55	99,9807%	0,0193%
0,60	72,5747%	27,4253%	2,10	98,2136%	1,7864%	3,60	99,9841%	0,0159%
0,65	74,2154%	25,7846%	2,15	98,4222%	1,5778%	3,65	99,9869%	0,0131%
0,70	75,8036%	24,1964%	2,20	98,6097%	1,3903%	3,70	99,9892%	0,0108%
0,75	77,3373%	22,6627%	2,25	98,7776%	1,2224%	3,75	99,9912%	0,0088%
0,80	78,8145%	21,1855%	2,30	98,9276%	1,0724%	3,80	99,9928%	0,0072%
0,85	80,2337%	19,7663%	2,35	99,0613%	0,9387%	3,85	99,9941%	0,0059%
0,90	81,5940%	18,4060%	2,40	99,1802%	0,8198%	3,90	99,9952%	0,0048%
0,95	82,8944%	17,1056%	2,45	99,2857%	0,7143%	3,95	99,9961%	0,0039%
1,00	84,1345%	15,8655%	2,50	99,3790%	0,6210%	4,00	99,9968%	0,0032%
1,05	85,3141%	14,6859%	2,55	99,4614%	0,5386%	4,05	99,9974%	0,0026%
1,10	86,4334%	13,5666%	2,60	99,5339%	0,4661%	4,10	99,9979%	0,0021%
1,15	87,4928%	12,5072%	2,65	99,5975%	0,4025%	4,15	99,9983%	0,0017%
1,20	88,4930%	11,5070%	2,70	99,6533%	0,3467%	4,20	99,9987%	0,0013%
1,25	89,4350%	10,5650%	2,75	99,7020%	0,2980%	4,25	99,9989%	0,0011%
1,30	90,3200%	9,6800%	2,80	99,7445%	0,2555%	4,30	99,9991%	0,0009%
1,35	91,1492%	8,8508%	2,85	99,7814%	0,2186%	4,35	99,9993%	0,0007%
1,40	91,9243%	8,0757%	2,90	99,8134%	0,1866%	4,40	99,9995%	0,0005%
1,45	92,6471%	7,3529%	2,95	99,8411%	0,1589%	4,45	99,9996%	0,0004%

Tabelle 11-2 Flächenanteile der Standardisierten Normalverteilung für ausgewählte u

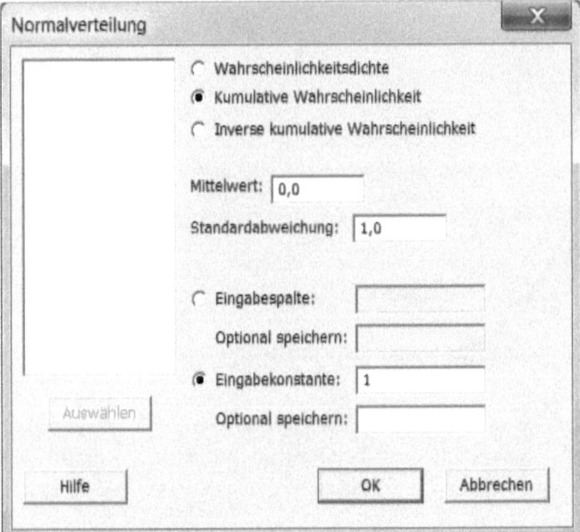

Kumulative Verteilungsfunktion

```
Normal mit Mittelwert = 0 und Standardabweichung = 1

x  p( X <= x )
1     0,841345
```

Minitab > Berechnen > Wahrscheinlichkeitsverteilungen > Normal...

Bild 11-1 Umrechnung von u auf G(u) mit Minitab

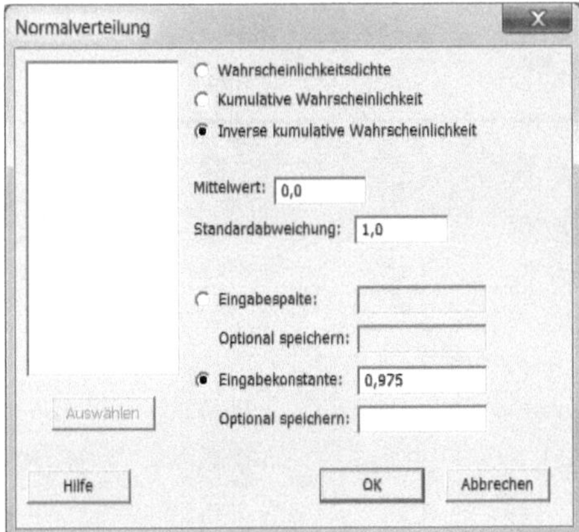

Inverse kumulative Verteilungsfunktion

```
Normal mit Mittelwert = 0 und Standardabweichung = 1

p( X <= x )        x
      0,975  1,95996
```

Minitab > Berechnen > Wahrscheinlichkeitsverteilungen > Normal...

Bild 11-2 Umrechnung von G(u) auf u mit Minitab

11.4 t-Verteilung

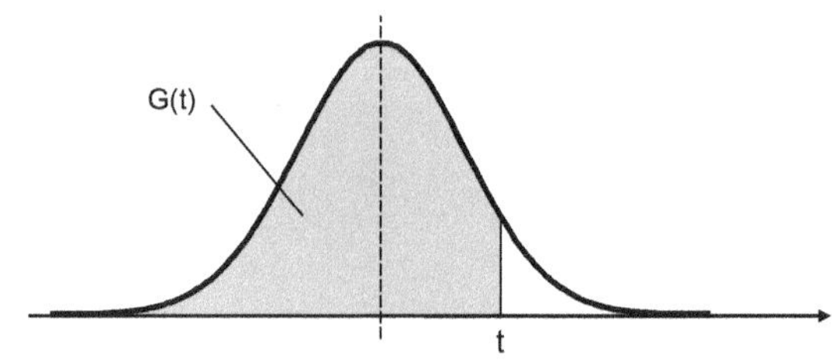

G(t)=

f=	90%	95%	97,5%	99%	99,5%	99,73%	99,865%	99,9%
1	3,078	6,314	12,706	31,821	63,657	117,890	235,784	318,309
2	1,886	2,920	4,303	6,965	9,925	13,553	19,206	22,327
3	1,638	2,353	3,182	4,541	5,841	7,256	9,219	10,215
4	1,533	2,132	2,776	3,747	4,604	5,480	6,620	7,173
5	1,476	2,015	2,571	3,365	4,032	4,687	5,507	5,893
6	1,440	1,943	2,447	3,143	3,707	4,247	4,904	5,208
7	1,415	1,895	2,365	2,998	3,499	3,969	4,530	4,785
8	1,397	1,860	2,306	2,896	3,355	3,778	4,277	4,501
9	1,383	1,833	2,262	2,821	3,250	3,640	4,094	4,297
10	1,372	1,812	2,228	2,764	3,169	3,535	3,957	4,144
11	1,363	1,796	2,201	2,718	3,106	3,453	3,850	4,025
12	1,356	1,782	2,179	2,681	3,055	3,387	3,764	3,930
13	1,350	1,771	2,160	2,650	3,012	3,332	3,694	3,852
14	1,345	1,761	2,145	2,624	2,977	3,287	3,636	3,787
15	1,341	1,753	2,131	2,602	2,947	3,248	3,586	3,733
16	1,337	1,746	2,120	2,583	2,921	3,215	3,544	3,686
17	1,333	1,740	2,110	2,567	2,898	3,187	3,507	3,646
18	1,330	1,734	2,101	2,552	2,878	3,162	3,475	3,610
19	1,328	1,729	2,093	2,539	2,861	3,139	3,447	3,579
20	1,325	1,725	2,086	2,528	2,845	3,120	3,422	3,552

Tabelle 11-3 $t_{f;G}$ - Werte für ausgewählte G(t)

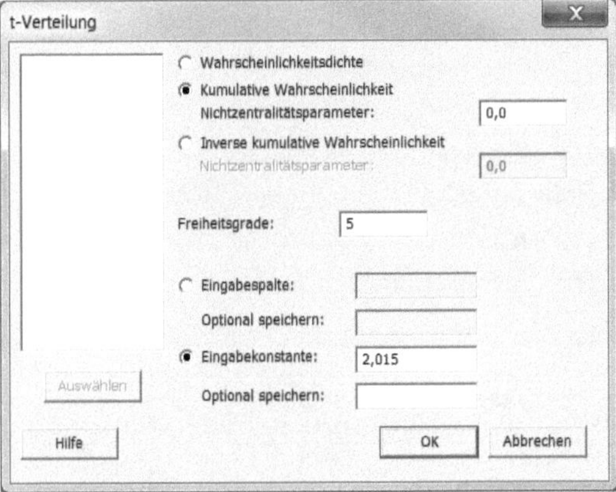

Kumulative Verteilungsfunktion

```
Student-t-Verteilung mit 5 DF

    x  p( X <= x )
2,015     0,949997
```

Minitab > Berechnen > Wahrscheinlichkeitsverteilungen > t...

Bild 11-3 Umrechnung von t auf G(t) mit Minitab

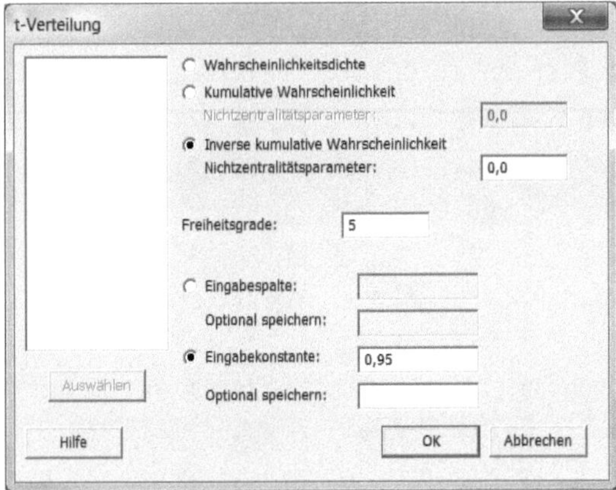

Inverse kumulative Verteilungsfunktion

```
Student-t-Verteilung mit 5 DF

p( X <= x )        x
       0,95  2,01505
```

Minitab > Berechnen > Wahrscheinlichkeitsverteilungen > t...

Bild 11-4 Umrechnung von G(t) auf t mit Minitab

11.5 χ^2-Verteilung

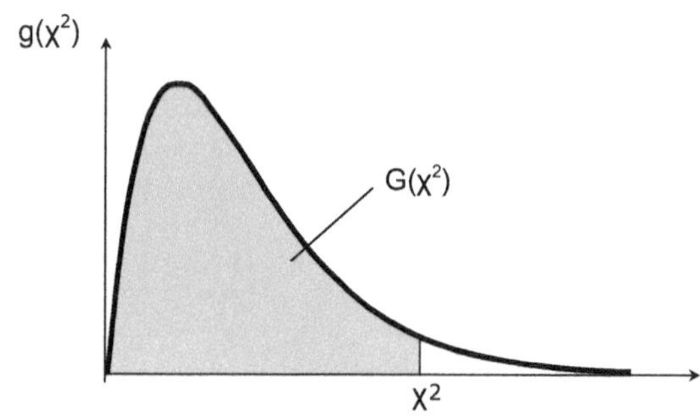

G(χ^2)=

f=	0,5%	1%	2,5%	5%	10%	90%	95%	97,5%	99%	99,5%
1	0,000	0,000	0,001	0,004	0,016	2,706	3,841	5,024	6,635	7,879
2	0,010	0,020	0,051	0,103	0,211	4,605	5,991	7,378	9,210	10,597
3	0,072	0,115	0,216	0,352	0,584	6,251	7,815	9,348	11,345	12,838
4	0,207	0,297	0,484	0,711	1,064	7,779	9,488	11,143	13,277	14,860
5	0,412	0,554	0,831	1,145	1,610	9,236	11,070	12,833	15,086	16,750
6	0,676	0,872	1,237	1,635	2,204	10,645	12,592	14,449	16,812	18,548
7	0,989	1,239	1,690	2,167	2,833	12,017	14,067	16,013	18,475	20,278
8	1,344	1,646	2,180	2,733	3,490	13,362	15,507	17,535	20,090	21,955
9	1,735	2,088	2,700	3,325	4,168	14,684	16,919	19,023	21,666	23,589
10	2,156	2,558	3,247	3,940	4,865	15,987	18,307	20,483	23,209	25,188
11	2,603	3,053	3,816	4,575	5,578	17,275	19,675	21,920	24,725	26,757
12	3,074	3,571	4,404	5,226	6,304	18,549	21,026	23,337	26,217	28,300
13	3,565	4,107	5,009	5,892	7,042	19,812	22,362	24,736	27,688	29,819
14	4,075	4,660	5,629	6,571	7,790	21,064	23,685	26,119	29,141	31,319
15	4,601	5,229	6,262	7,261	8,547	22,307	24,996	27,488	30,578	32,801
16	5,142	5,812	6,908	7,962	9,312	23,542	26,296	28,845	32,000	34,267
17	5,697	6,408	7,564	8,672	10,085	24,769	27,587	30,191	33,409	35,718
18	6,265	7,015	8,231	9,390	10,865	25,989	28,869	31,526	34,805	37,156
19	6,844	7,633	8,907	10,117	11,651	27,204	30,144	32,852	36,191	38,582
20	7,434	8,260	9,591	10,851	12,443	28,412	31,410	34,170	37,566	39,997

Tabelle 11-4 $\chi^2_{f;G}$ - Werte für ausgewählte G(χ^2)

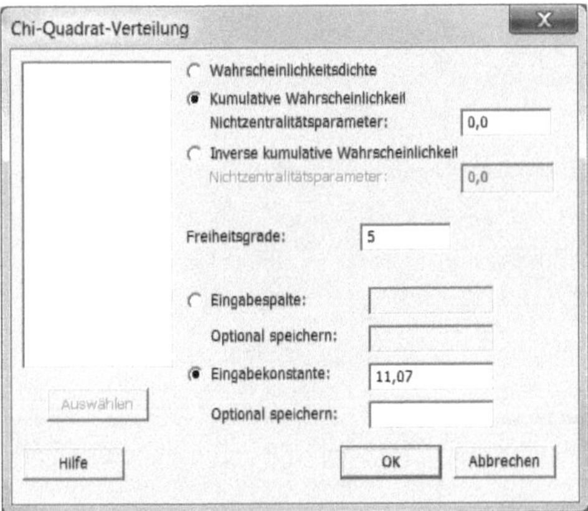

Kumulative Verteilungsfunktion

```
Chi-Quadrat mit 5 DF

    x  p( X <= x )
11,07     0,949990
```

Minitab > Berechnen > Wahrscheinlichkeitsverteilungen > Chi-Quadrat...

Bild 11-5 Umrechnung von χ^2 auf $G(\chi^2)$ mit Minitab

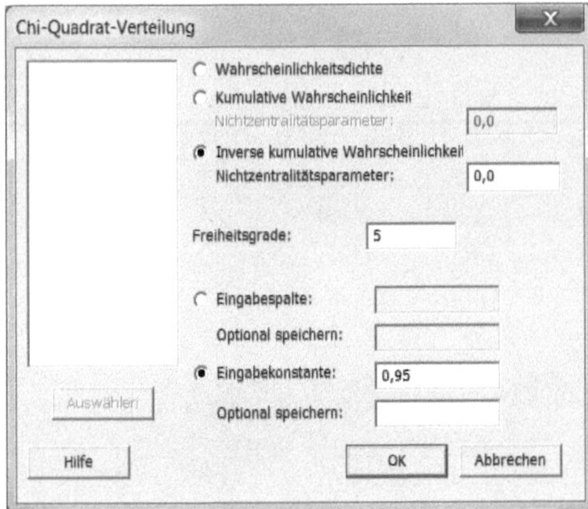

Inverse kumulative Verteilungsfunktion

```
Chi-Quadrat mit 5 DF

p( X <= x )         x
       0,95   11,0705
```

Minitab > Berechnen > Wahrscheinlichkeitsverteilungen > Chi-Quadrat...

Bild 11-6 Umrechnung von $G(\chi^2)$ auf χ^2 mit Minitab

11.6 F-Verteilung

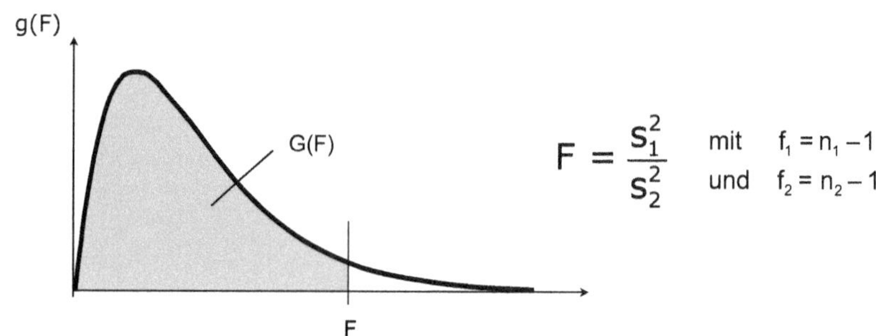

$F = \frac{s_1^2}{s_2^2}$ mit $f_1 = n_1 - 1$ und $f_2 = n_2 - 1$

$F_{f_1;f_2;95\%}$

f_2 = \ f_1 =	1	2	3	4	5	6	7	8	9	10	20	100	∞
1	161	199	216	225	230	234	237	239	241	242	248	253	254
2	18,51	19,00	19,16	19,25	19,30	19,33	19,35	19,37	19,38	19,40	19,45	19,49	19,50
3	10,13	9,55	9,28	9,12	9,01	8,94	8,89	8,85	8,81	8,79	8,66	8,55	8,53
4	7,71	6,94	6,59	6,39	6,26	6,16	6,09	6,04	6,00	5,96	5,80	5,66	5,63
5	6,61	5,79	5,41	5,19	5,05	4,95	4,88	4,82	4,77	4,74	4,56	4,41	4,36
6	5,99	5,14	4,76	4,53	4,39	4,28	4,21	4,15	4,10	4,06	3,87	3,71	3,67
7	5,59	4,74	4,35	4,12	3,97	3,87	3,79	3,73	3,68	3,64	3,44	3,27	3,23
8	5,32	4,46	4,07	3,84	3,69	3,58	3,50	3,44	3,39	3,35	3,15	2,97	2,93
9	5,12	4,26	3,86	3,63	3,48	3,37	3,29	3,23	3,18	3,14	2,94	2,76	2,71
10	4,96	4,10	3,71	3,48	3,33	3,22	3,14	3,07	3,02	2,98	2,77	2,59	2,54
20	4,35	3,49	3,10	2,87	2,71	2,60	2,51	2,45	2,39	2,35	2,12	1,91	1,84
100	3,94	3,09	2,70	2,46	2,31	2,19	2,10	2,03	1,97	1,93	1,68	1,39	1,28
∞	3,84	3,00	2,60	2,37	2,21	2,10	2,01	1,94	1,88	1,83	1,57	1,24	1,00

$F_{f_1;f_2;99\%}$

f_2 = \ f_1 =	1	2	3	4	5	6	7	8	9	10	20	100	∞
1	4052	4999	5403	5625	5764	5859	5928	5981	6022	6056	6209	6334	6366
2	98,50	99,00	99,17	99,25	99,30	99,33	99,36	99,37	99,39	99,40	99,45	99,49	99,50
3	34,12	30,82	29,46	28,71	28,24	27,91	27,67	27,49	27,35	27,23	26,69	26,24	26,13
4	21,20	18,00	16,69	15,98	15,52	15,21	14,98	14,80	14,66	14,55	14,02	13,58	13,46
5	16,26	13,27	12,06	11,39	10,97	10,67	10,46	10,29	10,16	10,05	9,55	9,13	9,02
6	13,75	10,92	9,78	9,15	8,75	8,47	8,26	8,10	7,98	7,87	7,40	6,99	6,88
7	12,25	9,55	8,45	7,85	7,46	7,19	6,99	6,84	6,72	6,62	6,16	5,75	5,65
8	11,26	8,65	7,59	7,01	6,63	6,37	6,18	6,03	5,91	5,81	5,36	4,96	4,86
9	10,56	8,02	6,99	6,42	6,06	5,80	5,61	5,47	5,35	5,26	4,81	4,41	4,31
10	10,04	7,56	6,55	5,99	5,64	5,39	5,20	5,06	4,94	4,85	4,41	4,01	3,91
20	8,10	5,85	4,94	4,43	4,10	3,87	3,70	3,56	3,46	3,37	2,94	2,54	2,42
100	6,90	4,82	3,98	3,51	3,21	2,99	2,82	2,69	2,59	2,50	2,07	1,60	1,43
∞	6,63	4,61	3,78	3,32	3,02	2,80	2,64	2,51	2,41	2,32	1,88	1,36	1,00

Tabelle 11-5 $F_{f_1;f_2;G}$ – Werte für ausgewählte G(F)

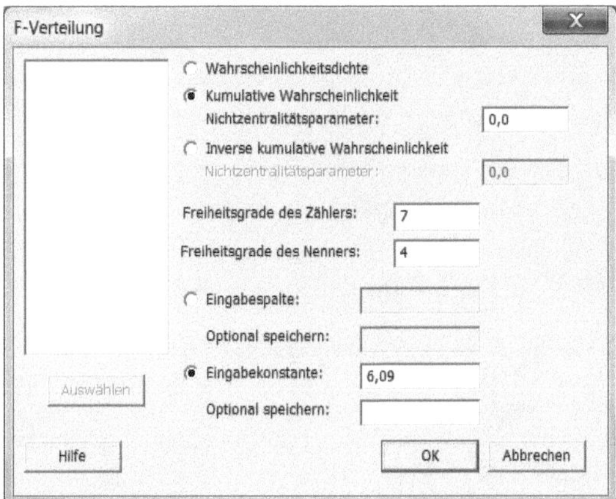

Kumulative Verteilungsfunktion

```
F-Verteilung mit 7 DF im Zähler und 4 DF im Nenner

   x  p( X <= x )
6,09     0,949942
```

Minitab > Berechnen > Wahrscheinlichkeitsverteilungen > F...

Bild 11-7 Umrechnung von F auf G(F) mit Minitab

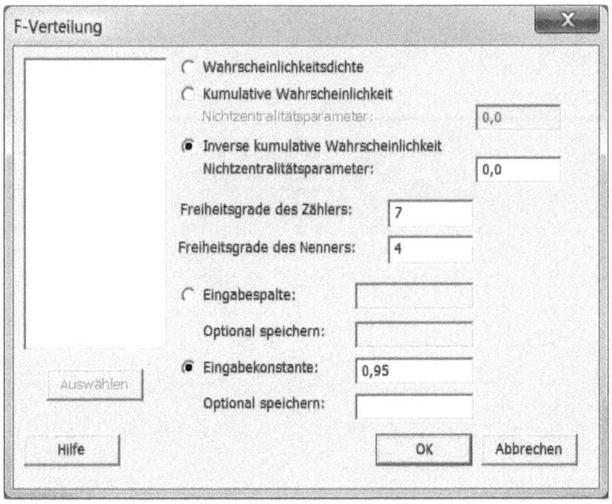

Inverse kumulative Verteilungsfunktion

```
F-Verteilung mit 7 DF im Zähler und 4 DF im Nenner

p( X <= x )        x
       0,95  6,09421
```

Minitab > Berechnen > Wahrscheinlichkeitsverteilungen > F...

Bild 11-8 Umrechnung von G(F) auf F mit Minitab

Stichwortverzeichnis

Symbole

A

B

C

D

E

F

G

H

I

K

L

M

N

O

P

Q

R

S

T

U

V

W

Y

Z